COURS COMPLET DE MATHÉMATIQUES

À l'usage de la classe de mathématiques élémentaires, des candidats au baccalauréat ès sciences, aux écoles de Saint-Cyr, navale et forestière, par MM. BOS, inspecteur de l'Académie de Paris, et PICHOT, censeur du lycée Fontanes.

ÉLÉMENTS

DE

GÉOMÉTRIE

PAR

H. BOS

ANCIEN ÉLÈVE DE L'ÉCOLE NORMALE, AGRÉGÉ DES SCIENCES
INSPECTEUR DE L'ACADÉMIE DE PARIS

Avec la collaboration de

M. A. REBIÈRE

ANCIEN ÉLÈVE DE L'ÉCOLE NORMALE, AGRÉGÉ DES SCIENCES,
PROFESSEUR AU LYCÉE SAINT-LOUIS

PARIS

LIBRAIRIE HACHETTE ET Cⁱᵉ

79, BOULEVARD SAINT-GERMAIN, 79

ÉLÉMENTS

DE

GÉOMÉTRIE

AVERTISSEMENT

Ces Éléments de Géométrie sont destinés à la fois aux Candidats au baccalauréat ès sciences et aux jeunes gens qui aspirent à entrer dans les écoles du Gouvernement.

Nous avons marqué d'un astérisque tous les paragraphes qui ne sont pas indispensables pour le baccalauréat.

24557. — Imprimerie A. Lahure, 9, rue de Fleurus, Paris.

COURS COMPLET DE MATHÉMATIQUES

à l'usage de la classe de mathématiques élémentaires, des candidats au baccalauréat ès sciences, aux écoles de Saint-Cyr, navale et forestière, par MM. BOS, inspecteur de l'Académie de Paris, et PICHOT, censeur au lycée Fontanes.

ÉLÉMENTS

DE

GÉOMÉTRIE

PAR

H. BOS

ANCIEN ÉLÈVE DE L'ÉCOLE NORMALE, AGRÉGÉ DES SCIENCES
INSPECTEUR DE L'ACADÉMIE DE PARIS

avec la collaboration de

M. A. REBIÈRE

ANCIEN ÉLÈVE DE L'ÉCOLE NORMALE, AGRÉGÉ DES SCIENCES
PROFESSEUR AU LYCÉE SAINT-LOUIS

PARIS

LIBRAIRIE HACHETTE ET Cⁱᵉ

79, BOULEVARD SAINT-GERMAIN, 79

1881

ÉLÉMENTS DE GÉOMÉTRIE

NOTIONS PRÉLIMINAIRES

1. On appelle *volume* d'un corps la portion de l'espace occupée par ce corps. La *surface* d'un corps est la limite qui sépare son volume de l'espace environnant. On donne le nom de *ligne* à la limite d'une surface ou à l'intersection de deux surfaces. Enfin, on appelle *point* l'extrémité d'une ligne, ou encore l'intersection de deux lignes.

Les notions de surface, de ligne et de point résultent donc tout naturellement de la considération d'un corps matériel, ou, pour être plus précis, de la considération d'une des propriétés des corps : *l'étendue*. Mais pour l'étude des surfaces, des lignes et des points, il faut faire abstraction du corps qui leur sert de support et les considérer isolément. On est conduit ainsi à généraliser l'idée première que nous fournit l'examen d'un corps sur les surfaces et les lignes, et à se représenter des surfaces ou des lignes *indéfinies*, bien qu'on ne trouve dans la nature que des corps de dimensions finies et limités dans tous les sens.

2. La plus simple de toutes les lignes est la *ligne droite*, dont la notion est familière à tout le monde, et dont un fil bien tendu nous offre l'image. *Deux lignes droites indéfinies qui ont deux points communs coïncident dans toute leur étendue ;* en d'autres termes, *par deux points on ne peut faire passer qu'une ligne droite.* C'est là une conséquence évidente de l'idée que nous nous formons de la ligne droite. Il en résulte que *deux lignes droites distinctes ne peuvent se couper qu'en un point.*

3. Si deux droites[1] limitées peuvent s'appliquer l'une sur l'autre

---

[1] Pour abréger, nous dirons ordinairement une *droite* au lieu de dire une *ligne droite*.

de manière que leurs extrémités coïncident, on dit qu'elles sont *égales*, ou qu'elles ont la même *longueur*. Si l'on place bout à bout deux, trois, quatre, etc., droites égales, de manière à n'avoir qu'une seule ligne droite, cette droite aura une longueur double, triple, quadruple, etc., de la longueur d'une quelconque des premières. Il résulte de là que l'on peut comparer les longueurs de deux droites limitées et trouver leur rapport, en déterminant d'abord une commune mesure entre ces deux longueurs[1]. Nous apprendrons plus tard à trouver cette commune mesure.

4. *La droite qui joint deux points est le plus court chemin entre ces deux points.* Bien qu'on puisse établir la vérité de cette proposition par une démonstration rigoureuse, nous regarderons comme évidente la propriété qu'elle exprime.

5. On appelle *ligne brisée* une ligne composée de plusieurs lignes droites ; la ligne ABCD (fig. 1) est une ligne brisée.

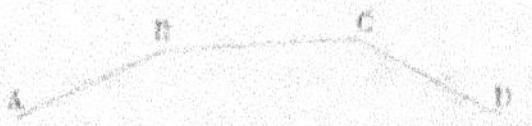

Fig. 1. 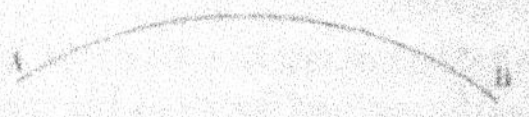   Fig. 2.

6. Une *ligne courbe* est une ligne qui n'est ni droite, ni composée de lignes droites ; telle est la ligne AB (fig. 2).

7. On appelle *plan* ou *surface plane* une surface telle que, si l'on joint par une ligne droite deux points quelconques de cette surface, cette ligne droite est contenue tout entière sur la surface ; la surface d'une glace parfaitement polie, celle d'une eau tranquille nous offrent des exemples de surfaces planes.

On nomme *surface courbe* toute surface qui n'est ni plane ni composée de surfaces planes.

8. On donne le nom de *figure* à un ensemble quelconque de surfaces, de lignes et de points, ou même à ces divers éléments pris isolément.

Deux figures sont dites *égales*, lorsqu'on peut les superposer l'une à l'autre de manière qu'elles coïncident dans toutes leurs parties.

1. Voir les *Éléments d'arithmétique*, de M. J. Pichot. — Paris, Hachette et Cᵉ.

9. La Géométrie a pour objet l'étude des propriétés des figures et la mesure de leur étendue.

On la divise ordinairement en deux parties : la *Géométrie plane*, où l'on étudie les figures dont tous les points sont dans un même plan, et la *Géométrie dans l'espace*, qui traite des figures dont les éléments ne sont pas tous situés dans un même plan.

10. Définition de quelques mots souvent employés. — On appelle *axiome* une vérité évidente d'elle-même. Ex. *Deux quantités égales à une troisième sont égales entre elles.*

Un *théorème* est une vérité qu'il faut *démontrer*. Un *lemme* est un théorème préliminaire destiné à faciliter la démonstration d'un autre théorème. Un *corollaire* est une conséquence d'un théorème. Un *scolie* est une remarque sur un ou plusieurs théorèmes.

Un *problème* est une question à résoudre.

Les axiomes, les théorèmes, les lemmes et les corollaires portent le nom commun de *propositions*. L'énoncé d'une proposition comprend deux parties, l'*hypothèse* et la *conclusion* qui en découle, soit évidemment, soit par démonstration.

Deux propositions sont dites *réciproques*, lorsque l'hypothèse de la première est la conclusion de la seconde et *vice versa*. Ex. :

Proposition directe. *Une fraction dont les deux termes sont premiers entre eux, est irréductible.*

Proposition réciproque. *Une fraction irréductible a ses deux termes premiers entre eux.*

Deux propositions sont dites *contraires*, lorsque l'hypothèse et la conclusion de la seconde sont respectivement contraires à l'hypothèse et à la conclusion de la première. Ex. :

Proposition directe. *Une fraction dont les deux termes sont premiers entre eux, est irréductible.*

Proposition contraire. *Une fraction dont les deux termes ne sont pas premiers entre eux, n'est pas irréductible.*

Lorsqu'une proposition est vraie, la proposition réciproque peut être fausse, aussi bien que la proposition contraire ; mais si l'une de celles-ci est vraie, il en est de même de l'autre. Le cours de géométrie nous offrira de nombreux exemples de ces deux cas.

PREMIÈRE PARTIE

GÉOMÉTRIE PLANE

LIVRE PREMIER

LIGNE DROITE

§ I. — DES ANGLES

11. Définitions. — On appelle *angle* la figure formée par deux droites qui partent d'un même point dans des directions différentes (fig. 3) ; ce point est le *sommet* de l'angle, et les deux droites en sont les *côtés* ; on dit l'angle BAC, en mettant la lettre du sommet au milieu, ou simplement l'angle A, s'il n'y a pas de confusion possible.

12. Deux angles sont *adjacents*, quand ils ont même sommet, un côté commun, et qu'ils sont situés de part et d'autre du côté commun. Tels sont les angles BAC et CAD (fig. 4).

Fig. 3.

13. On fait la *somme* de deux angles en les plaçant à côté l'un de l'autre, de manière qu'ils soient adjacents. L'angle BAD est la somme des angles BAC, CAD (fig. 4).

Un angle est double, triple, quadruple, etc., d'un autre, quand il est la somme de 2, 3, 4, etc., angles égaux à cet autre.

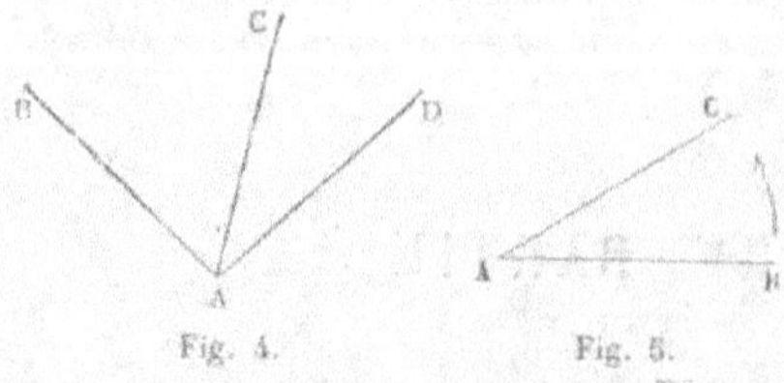

Fig. 4.   Fig. 5.

14. La *bissectrice* d'un angle est une droite qui le partage en deux parties égales.

15. On peut imaginer qu'un angle soit engendré par le mouvement d'une droite mobile, qui, d'abord appliquée sur une droite fixe AB (fig. 5), s'en écarte en tournant autour du point A : l'angle CAB, formé par la droite mobile avec la droite fixe, ira en augmentant lorsque la droite mobile s'écartera de plus en plus de la droite fixe. La grandeur d'un angle ne dépend donc nullement de la longueur de ses côtés, elle ne dépend que de leur écartement.

16. On dit qu'une droite est *perpendiculaire* sur une autre lorsqu'elle la rencontre en formant avec elle deux angles adjacents égaux. Ainsi la droite CD est perpendiculaire sur AB si l'angle ACD est égal à l'angle DCB (fig. 6).

Une droite est dite *oblique* à une autre quand elle la rencontre et qu'elle ne lui est pas perpendiculaire. Par exemple, si les angles EGH et FGH sont inégaux, la droite GH est oblique à EF (fig. 7).

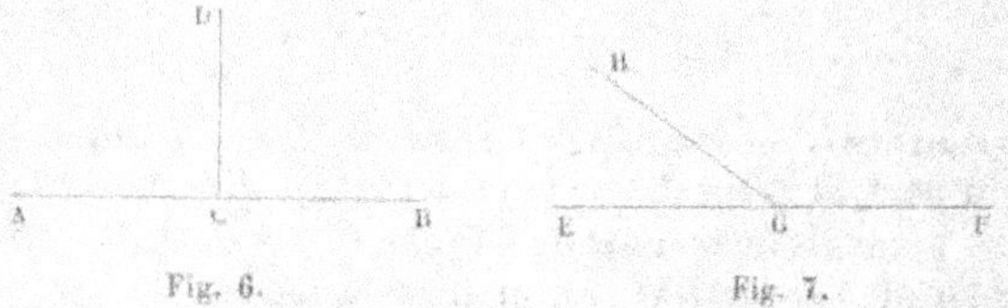

Fig. 6.   Fig. 7.

Un *angle droit* est un angle dont les côtés sont perpendiculaires ; tel est l'angle ACD (fig. 6).

17. Théorème. — *Par un point d'une droite, on peut élever une perpendiculaire à cette droite et on ne peut en élever qu'une* (fig. 8).

Soit AB une droite indéfinie, O un point de cette droite ; je dis qu'on peut toujours, par le point O, élever une perpendiculaire à AB et que par le même point on ne peut lui en élever qu'une.

En effet, imaginons qu'une droite mobile, d'abord appliquée sur OB, tourne autour du point O dans le sens de la flèche, l'angle BOC croîtra d'une manière continue depuis zéro jusqu'à une valeur très grande, et l'angle adjacent COA, d'abord très grand, décroîtra d'une manière continue jusqu'à zéro. Il y aura donc une position OD de la droite mobile pour laquelle ces deux angles seront égaux; la droite OD sera perpendiculaire à AB.

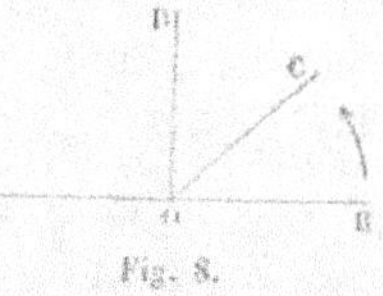

Fig. 8.

Si on écarte cette droite OD de sa position, l'un des angles qu'elle forme avec AB augmentera, l'autre diminuera; ils cesseront donc d'être égaux, et, par suite, OD est la seule perpendiculaire que l'on puisse mener à la ligne AB au point O; ce qu'il fallait démontrer.

18. Corollaire. — *Tous les angles droits sont égaux* (fig. 9).

Transportons l'angle droit DEF sur l'angle droit ABC, de manière que le côté EF s'applique sur BC, et le point E sur le point B; la ligne ED, perpendiculaire à EF, coïncidera avec BA, perpendiculaire à BC, en vertu du théorème précédent, et par conséquent les deux angles droits ABC, DEF sont égaux (**8**)[1].

Fig. 9.

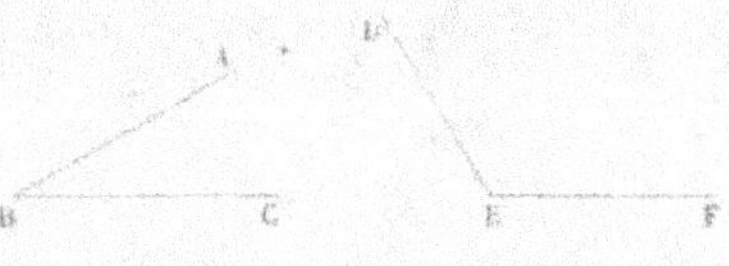

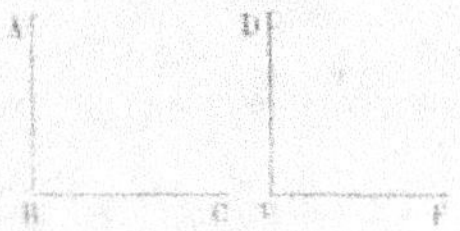

19. Définitions. — Un angle est dit *aigu* ou *obtus* suivant qu'il est plus petit ou plus grand qu'un angle droit. Par exemple, des deux angles ABC et DEF, le premier est aigu et le deuxième obtus (fig. 10).

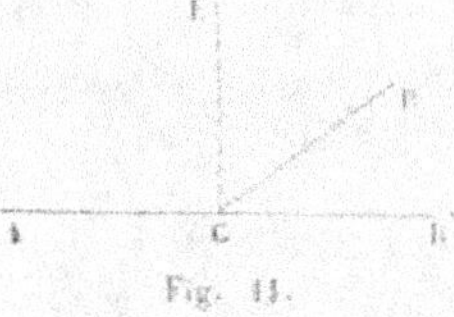

Fig. 10.

20. Deux angles sont *supplémentaires*, quand leur somme est égale à deux angles droits; *complémentaires*, quand leur somme vaut un droit[2].

21. Théorème. — *Toute droite qui en rencontre une autre forme avec elle deux angles adjacents supplémentaires* (fig. 11).

Soit la droite CD qui rencontre AB en C. Au point C, je mène CE perpendiculaire à AB; on a

$$ACD = ACE + ECD,$$
$$BCD = BCE - ECD.$$

Fig. 11.

1. Les numéros entre parenthèses sont des renvois aux numéros de l'ouvrage.
2. Pour abréger, nous dirons souvent un *droit* pour un *angle droit*.

Si l'on ajoute membre à membre ces deux égalités, l'angle ECD disparaît, et l'on a

$$ACD + BCD = ACE + BCE = 2 \text{ droits.} \quad \text{c. q. f. d.}$$

22. Corollaire I. — *La somme des angles consécutifs, ACD, DCE, etc., formés autour d'un point C, d'un même côté d'une droite AB, est égale à deux droits* (fig. 12).

Car

$$ACD + DCE + ECF + FCB = ACD + BCD = 2 \text{ droits.}$$

23. Corollaire II. — *La somme des angles AOB, BOC, etc., formés autour d'un point O et recouvrant tout le plan est égale à quatre droits* (fig. 13).

Prolongeons la droite AO, on aura

$$AOB + BOC + COD + DOE + EOA = AOB + BOC + COF + FOD$$
$$+ DOE + EOA = 2 \text{ droits} + 2 \text{ droits} = 4 \text{ droits.}$$

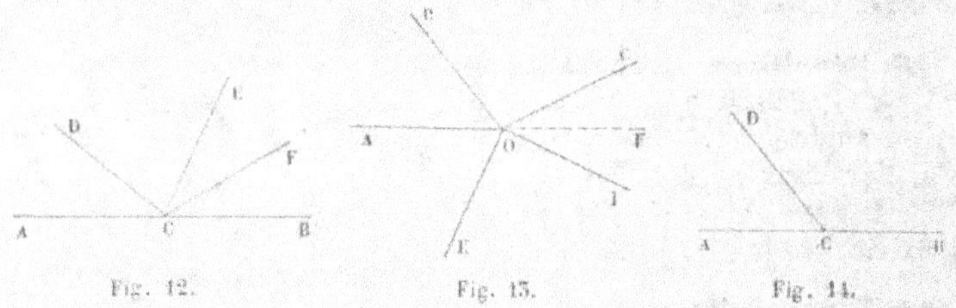

Fig. 12.   Fig. 13.   Fig. 14.

24. Théorème. — *Si deux angles adjacents ACD, BCD, sont supplémentaires, leurs côtés extérieurs AC, CB, sont en ligne droite* (fig. 14).

Si l'on prolongeait la droite AC au delà du point C, ce prolongement formerait avec DC un angle supplémentaire de ACD (**21**); cet angle serait donc égal à BCD; donc le prolongement de AC coïncide avec CB. c. q. f. d.

Remarque. — Ce théorème est le théorème réciproque du précédent n° **21**.

25. Définition. — Deux angles sont *opposés par le sommet* lorsque les côtés de l'un sont les prolongements des côtés de l'autre au delà du sommet commun.

26. Théorème. — *Deux angles opposés par le sommet sont égaux* (fig. 15).

Considérons, par exemple, les angles AOD, BOC, opposés par le sommet ; je dis qu'ils sont égaux. En effet, les angles AOD, AOC, sont supplémentaires (**21**) ; il en est de même des angles BOC, AOC ; les deux angles AOD, BOC, ayant le même supplément, sont égaux. C. Q. F. D.

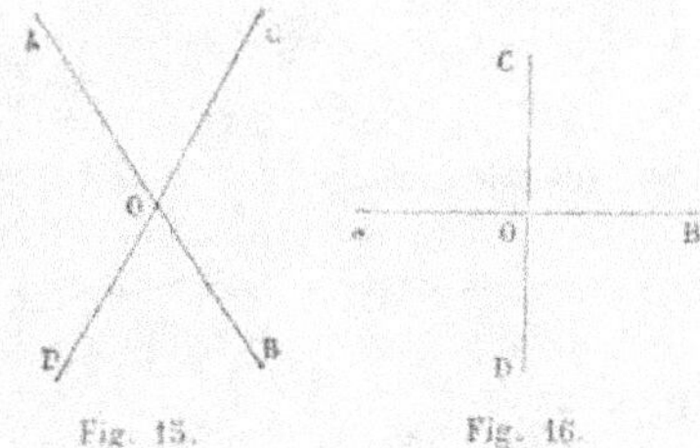

Fig. 15.   Fig. 16.

27. Corollaire I. — *Si l'un des quatre angles formés par la rencontre de deux droites indéfinies est droit, les trois autres sont aussi droits* (fig. 16).

Car si l'angle AOC, par exemple, est droit, l'angle opposé par le sommet, BOD, qui lui est égal, est aussi droit, et il en est de même de chacun des angles AOD et BOC qui sont les suppléments des deux autres.

De là résulte évidemment que, *si une droite est perpendiculaire sur une autre, réciproquement la seconde est perpendiculaire sur la première.*

28. Corollaire II. — *Les bissectrices de deux angles adjacents AOC, COB, formés par deux droites qui se coupent, sont perpendiculaires, et les bissectrices de deux angles opposés par le sommet sont dans le prolongement l'une de l'autre* (fig. 17).

Soient OE et OF les bissectrices des deux angles adjacents AOC et COB ; puisque la somme de ces deux angles est égale à deux droits (**21**), la somme de leurs moitiés EOC, COF est égale à un droit, ce qui revient à dire que OF est perpendiculaire à OE.

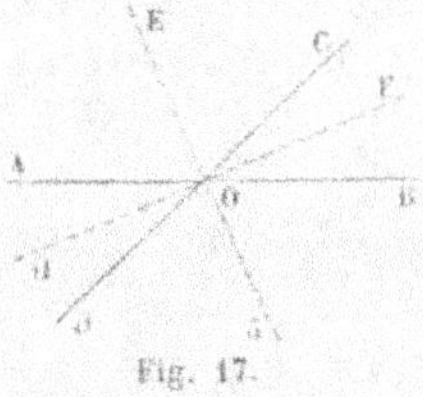

Fig. 17.

Soit OG le prolongement de OE ; les angles BOG et DOG sont respectivement égaux aux angles AOE et COE (**26**) ; or ces deux derniers sont égaux entre eux ; donc BOG = DOG, et par conséquent OG est la bissectrice de l'angle BOD ; donc enfin les bissectrices des deux angles AOC, BOD, opposés par le sommet, sont dans le prolongement l'une de l'autre ; il en est de même des bissectrices des angles BOC et AOD.

Il résulte de là que *les bissectrices des quatre angles formés par la*

rencontre de deux droites indéfinies AB, CD, *forment deux droites indé-*
finies EG *et* FH, *perpendiculaires l'une à l'autre.*

§ II. — CAS D'ÉGALITÉ DES TRIANGLES. — TRIANGLE ISOCÈLE.

29. Définitions. — On appelle *triangle* une portion de plan limitée
par trois droites qui se coupent deux à deux. Ces droites sont les
côtés du triangle; les angles qu'elles forment s'appellent les *angles*
du triangle, et les sommets de ces angles sont les *sommets* du triangle
(fig. 18).

Un triangle est dit *isocèle*, quand il a deux côtés égaux ; *équilatéral*,
quand il a ses trois côtés égaux ; *équiangle*, quand il a ses trois angles
égaux. Dans un triangle isocèle, le point de rencontre des côtés
égaux s'appelle plus spécialement le *sommet* du triangle, et le côté
opposé en est la *base*.

Un triangle est dit *rectangle*, quand il a un angle droit: le
côté opposé à l'angle droit s'appelle *hypoténuse*.

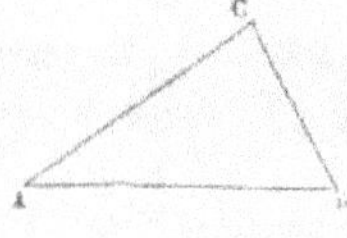

Fig. 18.

30. Théorème. — *Dans un triangle, un côté*
quelconque est plus petit que la somme des deux
autres (fig. 18).

D'après la propriété connue de la ligne droite
(**4**), la droite AB est le plus court chemin entre
A et B ; donc

$$AB < AC + CB.$$

31. COROLLAIRE I. — *Dans un triangle, un côté quelconque est plus*
grand que la différence des deux autres (fig. 18).

Il suffit évidemment de démontrer la proposition pour le plus petit côté CB. Nous savons que

$$AC + CB > AB ;$$

d'où, en retranchant AC des deux membres de l'inégalité,

$$CB > AB - AC. \quad \text{C. Q. F. D.}$$

32. COROLLAIRE II. — *Si on joint un point* C, *pris dans l'intérieur*
d'un triangle ABD, *à deux sommets* A *et* B, *la somme des deux droites*
CA, CB *est plus petite que la somme des deux côtés* DA *et* DB (fig. 19).

Prolongeons AC jusqu'à son intersection avec BD au point E. On

peut aller du point A au point B en suivant trois chemins différents,
ACB, AEB et ADB. Les deux premiers ont une partie commune AC, et
comme la ligne droite CB est plus petite que
la ligne brisée CEB, il est clair que le chemin
ACB est plus court que AEB. De même, les
deux chemins AEB et ADB ont une partie commune EB, et la ligne droite AE est plus courte
que la ligne brisée ADE; d'où il résulte que
le chemin AEB est plus court que ADB. Donc le

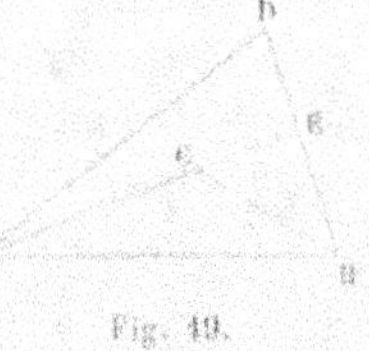

Fig. 19.

chemin ACB, qui est plus court que AEB, est, *à fortiori*, plus court
que ADB. C. Q. F. D.

33. Théorème. — *Deux triangles qui ont un côté égal adjacent à
deux angles égaux chacun à chacun, sont égaux.*

Soient deux triangles ABC, DEF (fig. 20), dans lesquels on a

$$AB = DE; \quad \text{angle } A = \text{angle } D; \quad \text{angle } B = \text{angle } E;$$

je dis qu'ils sont égaux.

Je transporte le triangle DEF sur ABC de manière que DE coïncide
avec son égal AB, le
point D tombant sur
le point A, et le point
E sur le point B; l'an-
gle D étant égal à l'an-
gle A, le côté DF pren-
dra la direction AC, et

Fig. 20.

le point F tombera quelque part sur AC. De même l'angle E étant
égal à l'angle B, le côté EF prendra la direction BC, et le point F
tombera quelque part sur BC. Le point F, devant tomber à la fois sur
AC et sur BC, coïncidera avec le point C; donc les deux triangles
coïncident et, par conséquent, sont égaux. C. Q. F. D.

REMARQUE. — Les égalités

$$AB = DE, \quad A = D, \quad B = E,$$

entraînent comme conséquences

$$AC = DF, \quad BC = EF, \quad C = F.$$

34. Théorème. — *Deux triangles qui ont un angle égal compris
entre côtés égaux chacun à chacun, sont égaux.*

Soient ABC, DEF (fig. 21) deux triangles dans lesquels on a

$$\text{angle } C = \text{angle } F, \quad CA = FD, \quad CB = FE;$$

je dis qu'ils sont égaux.

Transportons le triangle DEF sur le triangle ABC de manière que

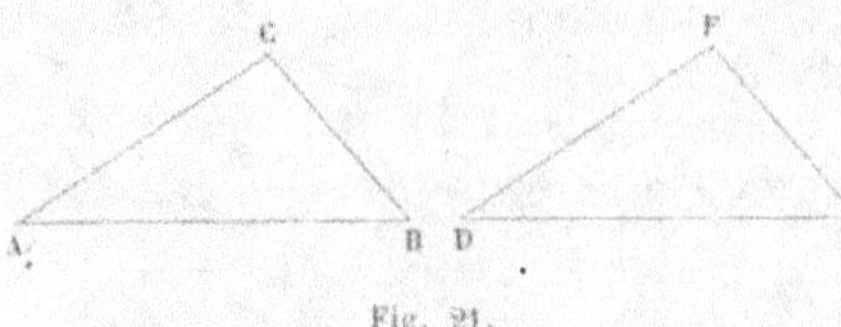

Fig. 21.

le côté FD coïncide avec son égal CA : l'angle F étant égal à l'angle C, le côté FE prendra la direction CB ; et comme FE = CB, le point E tombera au point B ; les côtés DE et AB, ayant les mêmes extrémités, coïncideront aussi ; donc les triangles sont égaux. C. Q. F. D.

REMARQUE. — Les égalités

$$C = F, \quad CA = FD, \quad CB = FE,$$

entraînent les suivantes :

$$A = D, \quad B = E, \quad AB = DE.$$

35. Théorème. — *Si deux triangles ont un angle inégal compris entre côtés égaux chacun à chacun, les troisièmes côtés sont inégaux, et celui qui est opposé au plus grand angle est le plus grand.*

Soient ABC, DEF (fig. 22) deux triangles dans lesquels on a

$$CA = FD, \quad AB = DE, \quad CAB > D.$$

Je transporte le triangle DEF sur ABC de manière que le côté ED

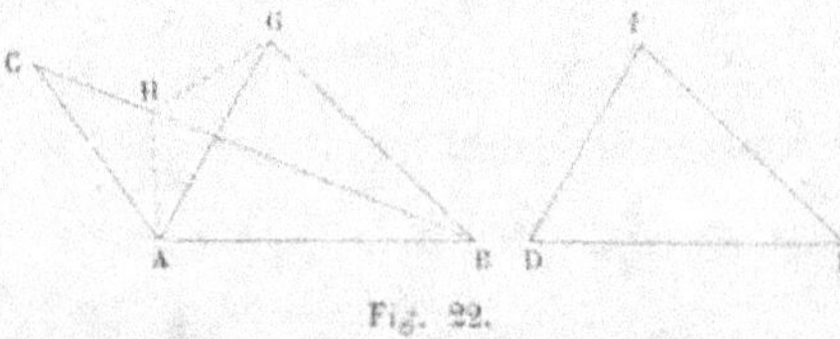

Fig. 22.

coïncide avec son égal BA ; l'angle D étant plus petit que l'angle A, le côté FD tombera dans l'intérieur de l'angle CAB, et le triangle DEF occupera la position ABG. Je mène la bissectrice AH de l'angle GAC, qui coupe en H le côté BC, et je joins GH. Les deux triangles AGH, ACH ont le côté AH commun, le côté AG = AC par hypothèse, et l'angle GAH = CAH par construction; donc ils sont égaux (**34**), et on a CH = GH. Or (**30**)

$$BG < BH + GH;$$

en remplaçant BG par son égal EF, et GH par son égal CH, on a

$$EF < BC. \quad \text{c. q. f. d.}$$

36. Théorème. — Réciproquement, *si deux triangles* ABC, DEF *ont deux côtés égaux chacun à chacun,* AB = DE, *et* AC = DF, *et que les troisièmes côtés* BC *et* EF *soient inégaux, les angles* A *et* D, *opposés aux côtés inégaux, sont inégaux, et le plus grand angle est opposé au plus grand côté* (fig. 22).

En effet, les angles A et D ne peuvent être égaux ; car alors les triangles ABC, DEF auraient un angle égal compris entre côtés égaux chacun à chacun, et par conséquent seraient égaux (**34**) ; les troisièmes côtés BC et EF seraient aussi égaux, ce qui est contraire à l'hypothèse. Les angles A et D sont donc inégaux ; mais alors, en vertu du théorème précédent, le plus grand est opposé au plus grand côté. c. q. f. d.

37. Théorème. — *Deux triangles qui ont les trois côtés égaux chacun à chacun, sont égaux.*

Soient ABC, DEF (fig. 21) deux triangles dans lesquels on a

$$AB = DE, \quad AC = DF, \quad BC = EF ;$$

je dis que l'angle A est égal à l'angle D ; car s'ils étaient inégaux, les côtés opposés BC et EF seraient inégaux (**35**), ce qui est contre l'hypothèse ; donc A = D, et alors les triangles sont égaux en vertu du théorème du n° **34**. c. q. f. d.

REMARQUE. — Les égalités

$$AB = DE, \quad AC = DF, \quad BC = EF$$

entraînent les suivantes :

$$A = D, \quad B = E, \quad C = F.$$

Mais *la réciproque n'est pas vraie*, et deux triangles peuvent avoir les angles égaux chacun à chacun sans que les côtés opposés soient respectivement égaux.

38. Remarque générale. — Un triangle a six éléments : trois côtés et trois angles. Nous venons de voir (**33**, **34** et **37**) que, si trois des éléments d'un triangle, convenablement choisis, et parmi lesquels se trouve *au moins un côté*, sont égaux aux éléments correspondants d'un autre triangle, les triangles sont égaux dans toutes leurs parties, ce qui entraîne comme conséquence l'égalité des autres éléments chacun à chacun. Aussi, l'un des moyens les plus employés de démontrer l'égalité de deux longueurs ou de deux angles, appartenant à la même figure ou à deux figures différentes, consiste à les engager dans deux triangles et à établir que ces deux triangles rentrent dans l'un des trois cas d'égalité.

Il est essentiel de remarquer que, dans deux triangles égaux, les côtés égaux sont opposés aux angles égaux, et réciproquement.

39. Théorème. — *Dans un triangle isocèle, les angles opposés aux côtés égaux sont égaux.*

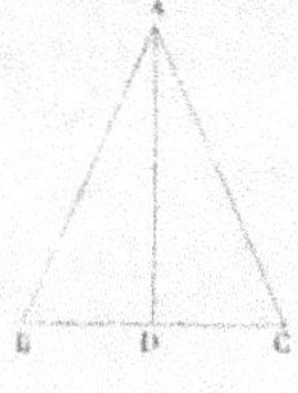

Fig. 23.

Nous supposons le côté AB égal au côté AC, je dis que l'angle C est égal à l'angle B (fig. 23). En effet, joignons le sommet A au milieu D de la base BC ; les triangles ABD, ACD ont le côté AB = AC par hypothèse, BD = DC par construction, et AD commun. Ces deux triangles sont donc égaux (**37**) ; donc les angles B et C, opposés au côté commun AD, sont égaux. c. q. f. d.

40. Corollaire I. — *Tout triangle équilatéral est en même temps équiangle.*

41. Corollaire II. — De l'égalité des triangles ABD, ACD, on déduit que les angles ADB, ADC sont égaux, ainsi que les angles BAD et CAD ; donc, *dans un triangle isocèle, la ligne qui joint le sommet au milieu de la base est perpendiculaire à cette base, et divise l'angle du sommet en deux parties égales.*

42. Théorème. — *Si deux angles d'un triangle sont égaux, les côtés opposés à ces angles sont égaux et le triangle est isocèle.*

Fig. 24.

Supposons l'angle B égal à l'angle C (fig. 24) ; je dis que AC = AB. Je fais un triangle A'B'C' égal au triangle ABC, et je le transporte sur le triangle ABC en le retournant, de manière que le point C' tombe au point B et le point B' au point C. Les angles B et B′ sont égaux par construction , et comme B = C par hypothèse, l'angle B′ est égal à l'angle C : donc le côté B′A′ prendra la direction CA ; de même C′A′ prendra la direction BA, et le point A′ tombera en A ; donc B′A′ = CA, et par suite BA = CA. c. q. f. d.

43. Corollaire. — *Tout triangle équiangle est en même temps équilatéral.*

44. Théorème. — *Si deux angles d'un triangle sont inégaux, les côtés opposés à ces angles sont inégaux, et le plus grand angle est opposé au plus grand côté* (fig. 25).

Soit ABC un triangle dans lequel on suppose l'angle B plus grand que l'angle C ; je dis que le côté AC, opposé à l'angle B, est plus grand que le côté AB, opposé à l'angle C. En effet, menons par le point B une ligne BD qui fasse avec BC un angle DBC égal à l'angle C ; l'angle ABC étant, par hypothèse, plus grand que l'angle C, la ligne BD sera comprise à l'intérieur de l'angle ABC et, par suite, rencontrera le côté AC en un point D

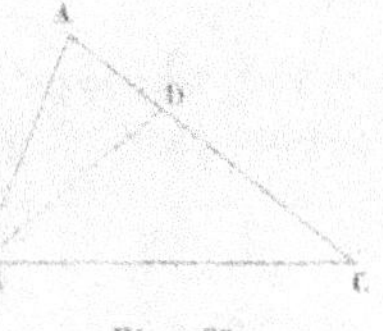

Fig. 25.

situé entre A et C. Cela posé, dans le triangle DBC, les deux angles DBC et DCB sont égaux par construction ; donc les côtés DC et DB sont égaux (**42**). D'autre part, on a (**30**).

$$AB < AD + DB ;$$

en remplaçant DB par la ligne égale DC, on obtient

$$AB < AD + DC,$$

ou enfin

$$AB < AC. \text{ c. q. f. d.}$$

45. Théorème. — Réciproquement, *si deux côtés d'un triangle sont inégaux, les angles opposés à ces côtés sont inégaux, et le plus grand côté est opposé au plus grand angle.*

En effet, les deux angles considérés ne peuvent pas être égaux ; car à des angles égaux sont opposés des côtés égaux (**42**) et, par hypothèse, les côtés sont inégaux. Du moment que les angles sont inégaux, au plus grand angle est opposé le plus grand côté (**44**).

46. Remarque. — Les théorèmes **39** et **42** sont réciproques ; il en est de même des théorèmes **44** et **45**, si l'on ne prend que la première partie de l'énoncé de chacun d'eux.

De plus, les théorèmes **39** et **45** sont des propositions contraires, aussi bien que les théorèmes **42** et **44**. Nous avons donc là un exemple de propositions réciproques et contraires, toutes également vraies. C'est pour nous conformer à l'usage que nous avons présenté ces propositions dans l'ordre précédent; il serait à la fois plus logique et plus simple de démontrer d'abord le théorème **42** et le théorème contraire, **44**; les deux autres, qui en sont les réciproques, en découleraient immédiatement.

§ III. PERPENDICULAIRES ET OBLIQUES. — CAS D'ÉGALITÉ DES TRIANGLES RECTANGLES.

17. Théorème. — *D'un point extérieur à une droite, on peut abaisser une perpendiculaire sur cette droite, et on n'en peut abaisser qu'une* (fig. 26).

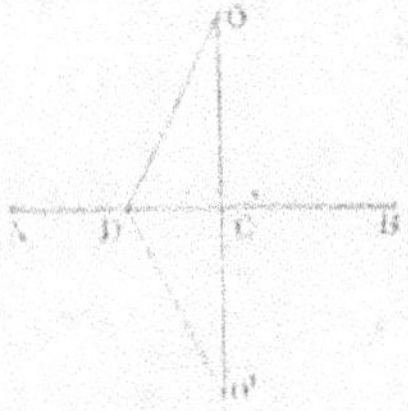

1° Soit le point O donné en dehors de la droite AB. Plions le plan le long de AB pour rabattre la partie supérieure sur la partie inférieure : le point O viendra en O'; joignons OO'. Cette ligne est perpendiculaire à AB; car si on replie de nouveau le plan, l'angle OCA coïncidera avec O'CA; donc ces angles sont droits, et la droite AC est perpendiculaire à OO' (**16**); ou, ce qui revient au même, la droite OO' est perpendiculaire à AB. C. Q. F. D.

Fig. 26.

2° Soit OD une autre ligne; menons O'D; les deux triangles ODC, O'DC sont égaux, car CD est commun, OC = CO' par construction, angle OCD = O'CD comme droits; donc angle ODC = O'DC. Or la somme ODC + O'DC est différente de deux droits, puisque O'D n'est pas le prolongement de OD (**24**); donc ODC n'est pas droit, et, par suite, OD est oblique à AB. C. Q. F. D.

REMARQUE. — Le point où la perpendiculaire abaissée d'un point sur une droite coupe cette droite s'appelle le *pied* de la perpendiculaire. On dit aussi le *pied* d'une oblique.

18. Théorème. — *Si d'un point O pris hors d'une droite AB on mène à cette droite une perpendiculaire OC et diverses obliques :*

1° *La perpendiculaire est plus courte que toute oblique;*

2° *Deux obliques également éloignées du pied C de la perpendiculaire sont égales;*

*3° De deux obliques inégalement éloignées du pied de la perpendi-
culaire, celle qui s'en écarte le plus est la plus grande (fig. 27).*

1° La perpendiculaire OC est plus
courte que l'oblique OD. En effet, prolongeons la perpendiculaire OC d'une longueur CO′ égale à elle-même, et joignons
O′D. Les deux triangles COD, CO′D ont le
côté CD commun, le côté CO = CO′ par construction, et l'angle DCO = DCO′ comme
droits ; donc (**34**) ils sont égaux, et par
suite OD = O′D. Cela posé, la ligne droite
OO′ est plus courte que la ligne brisée
ODO′,

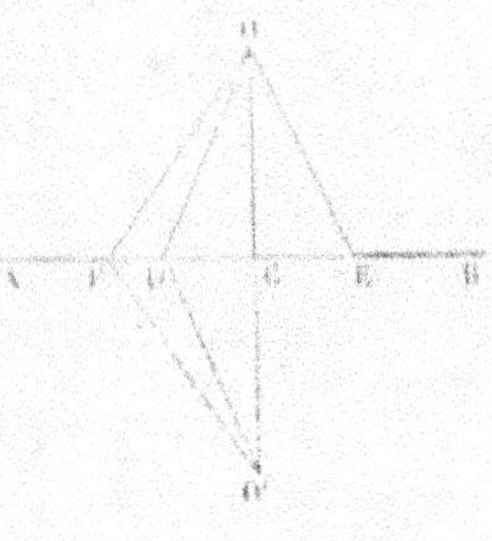

Fig. 27.

$$OO' < OD + DO',$$

d'où l'on tire, en prenant les moitiés des deux membres,

$$OC < OD. \qquad \text{C. Q. F. D.}$$

2° Les deux obliques OE, OD, également éloignées du pied C de
la perpendiculaire, sont égales. En effet, les deux triangles OCD, OCE
ont le côté OC commun, le côté CE = CD par hypothèse, et l'angle
OCD = OCE comme droits ; donc (**34**) ils sont égaux, et par suite
OD = OE. C. Q. F. D.

3° Des deux obliques OE, OF inégalement éloignées du pied de la
perpendiculaire, l'oblique OF qui s'en écarte le plus est la plus
grande. En effet, prenons sur CF une longueur CD égale à CE, et joignons OD ; prolongeons ensuite la perpendiculaire OC d'une longueur CO′ égale à elle-même, et joignons DO′, FO′. Les lignes DO, DO′
sont des obliques à OO′ également distantes du pied C de la perpendiculaire DC, puisque CO = CO′ ; donc (2°) DO = DO′ ; par la même
raison, FO = FO′. Or nous savons (**32**) qu'on a

$$OD + O'D < OF + O'F,$$

et, en prenant les moitiés des deux membres,

$$OD < OF ;$$

d'ailleurs OD = OE (2°); donc enfin

$$OE < OF. \qquad \text{C. Q. F. D.}$$

49. Corollaire. — *D'un point O à une droite AB, on ne peut mener que deux lignes égales.*

50. Remarque I. — La perpendiculaire OC étant la ligne la plus courte que l'on puisse mener du point O à la droite AB, on a pris sa longueur pour mesure de la *distance* du point O à la droite AB.

51. Remarque II. — Les réciproques des deux dernières parties du théorème précédent sont évidentes. On les énonce ainsi :

Deux obliques égales sont également éloignées du pied de la perpendiculaire.

Deux obliques inégales sont inégalement éloignées du pied de la perpendiculaire, et la plus grande est celle qui s'en écarte le plus.

52. Théorème. — *Deux triangles rectangles sont égaux lorsqu'ils ont l'hypoténuse égale et un angle aigu égal* (fig. 28.)

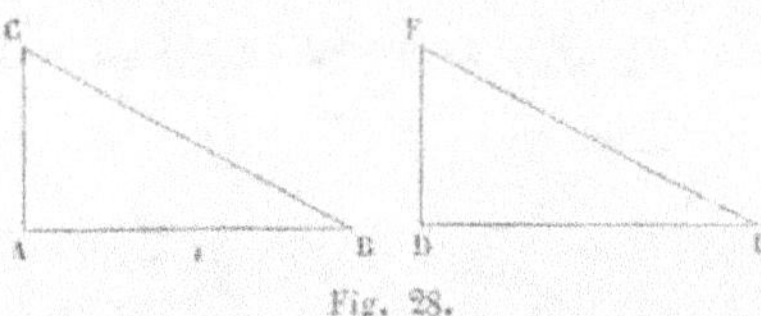

Fig. 28.

Je suppose que les triangles rectangles ABC, DEF aient l'hypoténuse BC = EF et l'angle C = F. Je transporte le triangle DEF sur le triangle ABC de manière que EF coïncide avec son égal BC ; l'angle F étant égal à l'angle C, la ligne FD prendra la direction CA, et par suite ED, perpendiculaire à FD, coïncidera avec BA, perpendiculaire à CA, puisque le point E est au point B, et que d'un point on ne peut abaisser qu'une perpendiculaire sur une droite (**47**). Donc les triangles coïncident. C Q. F. D.

Remarque. — Les égalités

$$A = D = 1 \text{ dr.}, \quad C = F, \quad BC = EF,$$

entraînent les suivantes :

$$AC = DF, \quad AB = DE, \quad B = E.$$

53. Théorème. — *Deux triangles rectangles sont égaux lorsqu'ils ont l'hypoténuse égale et un côté de l'angle droit égal* (fig. 29).

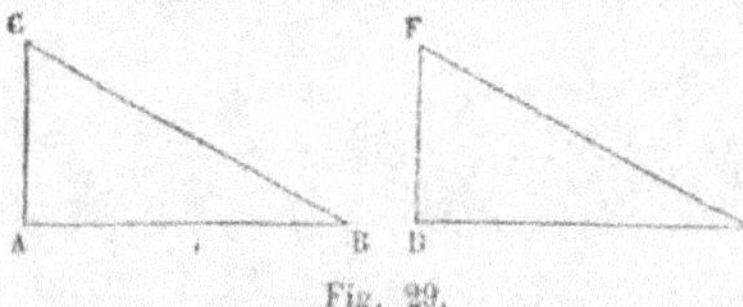

Fig. 29.

Je suppose que les triangles rectangles ABC, DEF aient l'hypoténuse BC = EF et le côté AB = DE. Je transporte le triangle DEF sur ABC, de manière que le côté DE coïncide

avec son égal AB ; l'angle D et l'angle A étant égaux comme droits,
la ligne DF prendra la direction AC, et l'hypoténuse EF deviendra
une oblique à AC menée par le point B ; cette oblique, étant égale à
BC par hypothèse, doit être également distante du pied de la perpendiculaire (**51**) ; donc le point F tombera au point C, et les
triangles coïncideront. C. Q. F. D.

REMARQUE. — Les égalités

$$A = D = 1 \text{ dr.,} \quad BC = EF, \quad AB = DE,$$

entraînent les suivantes :

$$B = E, \quad C = F, \quad AC = DF.$$

54. REMARQUE. — Les triangles rectangles sont égaux comme les
triangles quelconques dans les conditions indiquées aux n°s **33, 34**
et **37** ; mais on voit, par les théorèmes précédents, qu'il y a, outre
les trois cas généraux d'égalité, deux cas nouveaux d'égalité particu-
liers aux triangles rectangles.

§ IV. — LIEU GÉOMÉTRIQUE DES POINTS ÉQUIDISTANTS DE DEUX POINTS
DONNÉS. — LIEU DES POINTS ÉQUIDISTANTS DE DEUX DROITES.

55. Théorème. — *Si, au milieu d'une droite, on élève une perpendiculaire à cette droite :*

*1° Tout point de cette perpendiculaire est également distant des ex-
trémités de la droite ;*

*2° Tout point également distant des extrémités de la droite appar-
tient à cette perpendiculaire* (fig. 30).

1° Soit CD la perpendiculaire élevée au
milieu C de la droite AB, M un point de cette
droite ; je joins MA, MB ; ces deux droites
sont égales comme obliques s'écartant également du pied de la perpendiculaire.

2° Soit P un point également distant des
points A et B, PA = PB ; je joins PC ; le triangle PAB étant isocèle, la ligne PC qui joint
le sommet P de ce triangle au milieu de la
base est perpendiculaire à cette base ; donc
le point P est sur la perpendiculaire DC. C. Q. F. D.

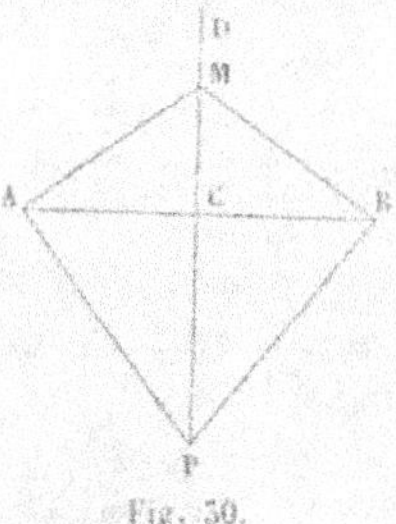
Fig. 30.

56. REMARQUE. — Lorsque des points jouissent d'une propriété commune, on appelle *lieu géométrique*, ou simplement *lieu* de ces points, une ligne qui les contient tous, et dont tous les points jouissent de la même propriété.

Ainsi, en vertu du théorème précédent, la perpendiculaire élevée au milieu de la ligne AB contient tous les points équidistants des points A et B, et, de plus, tous les points de cette perpendiculaire sont équidistants des points A et B. On pourra alors réunir les deux parties du théorème dans cet énoncé :

La perpendiculaire élevée sur le milieu d'une droite est le lieu géométrique des points équidistants des deux extrémités de cette droite.

57. Théorème. — *La bissectrice d'un angle est le lieu des points intérieurs équidistants des côtés* (fig. 51).

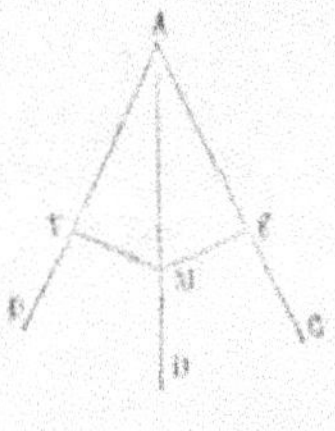

Nous avons à prouver que tout point de la bissectrice est équidistant des côtés et que réciproquement tout point pris à l'intérieur de l'angle, et à égale distance des côtés, appartient à la bissectrice.

1° Soit M un point pris à volonté sur la bissectrice AD de l'angle BAC ; je dis que ce point M est également distant des deux côtés AB et AC. En effet, la distance du point M au côté AB est la longueur de la perpendiculaire ME abaissée du point M sur AB ; de même la distance du point M au côté AC est mesurée par la perpendiculaire MF abaissée du point M sur AC. Il faut donc prouver que ME = MF. Or les deux triangles rectangles AME, AMF, ont l'hypoténuse AM commune, et l'angle aigu MAE égal à MAF, puisque la droite AM est la bissectrice de l'angle BAC ; ces deux triangles sont donc égaux (**52**) ; et par suite les côtés ME et MF, opposés aux angles égaux, sont égaux. C. Q. F. D.

Fig. 51.

2° Soit M un point pris à l'intérieur de l'angle BAC, de telle sorte que les perpendiculaires ME et MF abaissées de ce point sur les côtés AB et AC de l'angle soient égales ; je dis que le point M appartient à la bissectrice de l'angle BAC (fig. 51). En effet, joignons MA ; les deux triangles rectangles MAE, MAF ont l'hypoténuse MA commune, et le côté ME égal à MF par hypothèse ; donc ils sont égaux (**53**) ; et par suite l'angle MAE, opposé au côté ME, est égal à l'angle MAF, opposé au côté MF ; en d'autres termes, la ligne AM est la bissectrice de l'angle BAC. C. Q. F. D.

58. REMARQUE. — On peut dire d'une manière plus complète, que *le lieu de tous les points équidistants de deux droites qui se coupent est le système des deux bissectrices de leurs angles* (**28**).

§ V. — DROITES PARALLÈLES. — SOMME DES ANGLES D'UN POLYGONE.

59. Définition. — Deux droites sont *parallèles*, lorsque, étant situées dans un même plan, elles ne se rencontrent jamais, à quelque distance qu'on les prolonge.

60. Théorème. — *Deux perpendiculaires à une même droite sont parallèles.*

En effet, on sait que d'un point on ne peut abaisser qu'une perpendiculaire sur une droite (**47**); donc deux perpendiculaires à une même droite ne peuvent pas se rencontrer; donc elles sont parallèles. C. Q. F. D.

61. Théorème. — *D'un point pris hors d'une droite on peut mener une parallèle à cette droite, et on n'en peut mener qu'une* (fig. 32).

Fig. 32.

1° Soit AB la droite donnée, et C un point extérieur à cette droite; du point C, j'abaisse CD perpendiculaire sur AB, et je mène CE perpendiculaire à CD; la droite CE est parallèle à AB, car ces deux lignes sont perpendiculaires à une même droite CD.

2° ON ADMET SANS DÉMONSTRATION que *par un point on ne peut mener qu'une parallèle à une droite.*

REMARQUE. — Cette dernière proposition, qu'on admet sans démonstration, s'appelle pour ce motif un POSTULATUM.

62. COROLLAIRE. — *Deux droites parallèles à une troisième sont parallèles entre elles* (fig. 33).

Fig. 33.

Soient A et B deux droites parallèles à la droite C; puisque d'un même point on ne peut mener qu'une parallèle à une droite, les deux lignes A et B ne peuvent pas se rencontrer; donc elles sont parallèles. C. Q. F. D.

63. Théorème. — *Si deux droites sont parallèles, toute perpendiculaire à l'une est perpendiculaire à l'autre* (fig. 34).

Soient AB et CD deux parallèles et EF perpendiculaire à AB; je dis qu'elle est aussi perpendiculaire à CD. D'abord elle n'est pas pa-

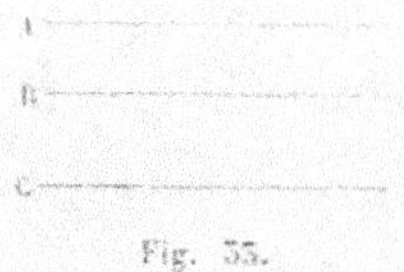

rallèle à CD, puisque du point E on ne peut mener à CD qu'une seule parallèle, qui est AB. Soit alors F le point de rencontre de CD et

de EF ; par ce point, menons une perpendiculaire à EF, elle sera parallèle à AB (**60**) ; donc elle coïncidera avec CD (**61**) ; donc enfin CD est perpendiculaire à EF. C. Q. F. D.

Fig. 34.

64. Théorème. — *Lorsque deux droites parallèles sont coupées par une sécante, les quatre angles aigus formés sont égaux entre eux, ainsi que les quatre angles obtus* (fig. 35).

Soient AB, CD deux parallèles, EF une sécante qui les rencontre

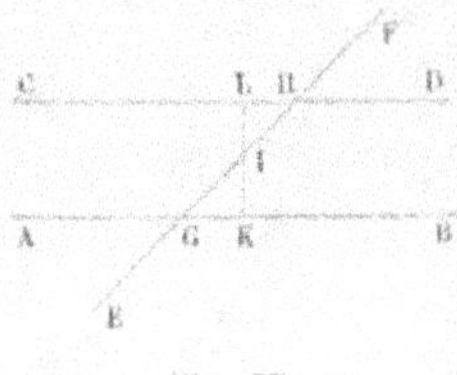

aux points G, H ; la ligne EF forme avec chacune de ces droites quatre angles dont deux aigus et deux obtus, sauf dans le cas particulier où EF serait perpendiculaire aux deux parallèles. Cela posé, je considère d'abord les deux angles aigus, CHG, HGB, et je dis qu'ils sont égaux. En effet, par le milieu I de GH, je mène LK perpendiculaire à AB ; elle

Fig. 35.

sera aussi perpendiculaire à CD (**63**). Les deux triangles IGK, IHL sont donc rectangles ; de plus ils ont l'hypoténuse IG = IH par construction, et les angles en I égaux comme opposés par le sommet ; ils sont donc égaux (**52**), et par conséquent les angles IGK, IHL sont égaux.

Les deux autres angles aigus sont respectivement égaux aux précédents comme opposés par le sommet ; donc les quatre angles aigus sont égaux entre eux.

Chaque angle obtus est le supplément d'un des angles aigus (**21**) ; ces derniers étant égaux, les angles obtus le sont aussi.

65. Remarque. — On a donné des noms aux divers angles qu'une sécante forme avec deux droites.

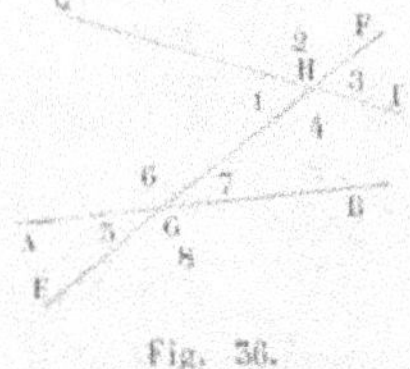

Soient AB, CD les deux droites, EF la sécante (fig. 36). On appelle :

Angles *alternes-internes*, deux angles non adjacents, situés à l'intérieur des deux lignes et de côtés différents de la sécante. Ce sont les angles 1 et 7, 4 et 6.

Fig. 36.

Angles *alternes-externes*, deux angles non adjacents situés en dehors des deux droites et de côtés différents de la sécante. Ce sont les angles 2 et 8, 3 et 5.

Angles *correspondants*, deux angles non adjacents situés du même côté de la sécante, l'un entre les deux droites, l'autre en dehors. Ce sont les angles 1 et 5, 2 et 6, 3 et 7, 4 et 8.

Angles *intérieurs d'un même côté*, deux angles situés entre les deux droites et d'un même côté de la sécante. Ce sont les angles 1 et 6, 4 et 7.

Angles *extérieurs d'un même côté*, deux angles situés en dehors des deux droites et d'un même côté de la sécante. Ce sont les angles 2 et 5, 3 et 8.

66. Corollaire. — En se reportant à la figure 35, on voit que le théorème précédent peut s'énoncer ainsi :

Lorsque deux parallèles sont coupées par une sécante,

1° *Les angles alternes-internes sont égaux ;*

2° *Les angles alternes-externes sont égaux ;*

3° *Les angles correspondants sont égaux ;*

4° *Les angles intérieurs d'un même côté sont supplémentaires ;*

5° *Les angles extérieurs d'un même côté sont supplémentaires.*

67. **Théorème**. — Réciproquement, *si deux droites forment avec une sécante*

Des angles alternes-internes égaux,

Ou des angles alternes-externes égaux,

Ou des angles correspondants égaux,

Ou des angles intérieurs d'un même côté supplémentaires,

Ou des angles extérieurs d'un même côté supplémentaires,

Ces droites sont parallèles (fig. 37).

Je suppose, par exemple, que les angles alternes-internes CHG, HGB soient égaux ; je dis que les droites AB, CD sont parallèles. En effet, imaginons qu'on mène par le point H une parallèle à AB ; cette droite devra faire avec la sécante HG, et au-dessus de cette ligne, un angle égal à l'angle HGB, parce que ces deux angles seront alternes-internes ; mais la droite HC remplit cette condition, puisque, d'après l'hypothèse, l'angle GHC est égal à l'angle HGB ; donc la ligne HC est précisément la parallèle à AB menée par le point H. c. q. f. d.

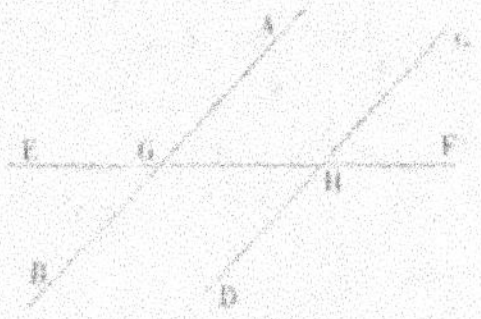

Fig. 37.

Le même raisonnement s'appliquerait évidemment aux autres cas du théorème.

68. **Théorème**. — *Deux angles qui ont les côtés parallèles sont égaux ou supplémentaires* (fig. 38).

Il y a trois cas à distinguer :

1° Les deux angles BAC, EDF ont les côtés parallèles et *dirigés dans le même sens*; je dis qu'ils sont égaux. En effet, les deux droites AC et ED ne sont pas parallèles; par conséquent, elles se rencontrent en un point G. Les angles BAC, EGC sont égaux comme correspondants formés par les parallèles AB, DE coupées par la sécante AC; de même les angles EDF, EGC sont égaux comme correspondants formés par les parallèles AC, DF coupées par la sécante DG; alors les angles BAC, EDF, égaux au même angle EGC, sont égaux entre eux.

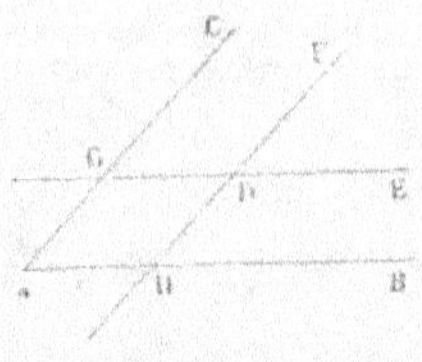

Fig. 38.

C. Q. F. D.

2° Les deux angles BAC, GDH ont les côtés parallèles et *dirigés en sens contraire*; je dis qu'ils sont encore égaux. En effet, prolongeons au delà du sommet les côtés de l'angle GDH, nous obtenons ainsi un angle EDF qui est égal à BAC (1°); mais les angles GDH et EDF sont égaux comme opposés par le sommet; donc BAC = GDH. C. Q. F. D.

3° Les deux angles BAC, EDH ont *deux côtés dirigés dans le même sens et deux en sens contraire* ; je dis qu'ils sont supplémentaires. En effet, prolongeons au delà du sommet le côté HD du second angle. Nous formons ainsi un angle EDF égal à BAC (1°) ; mais EDH et EDF sont supplémentaires (**21**); donc EDH et BAC sont supplémentaires. C. Q. F. D.

69. Théorème. — *Deux angles qui ont les côtés perpendiculaires sont égaux ou supplémentaires* (fig. 39).

Soient ABC et DEF deux angles qui ont les côtés perpendiculaires deux à deux; je dis qu'ils sont égaux ou supplémentaires. En effet, au point B, j'élève à BC une perpendiculaire BC' située du même côté de BC que BA, et je fais tourner l'angle ABC autour du sommet B, jusqu'à ce que le côté BC coïncide avec BC'; le côté BA viendra occuper la position BA', et l'angle A'BC' sera égal à l'angle ABC. Les deux angles CBC', ABA'

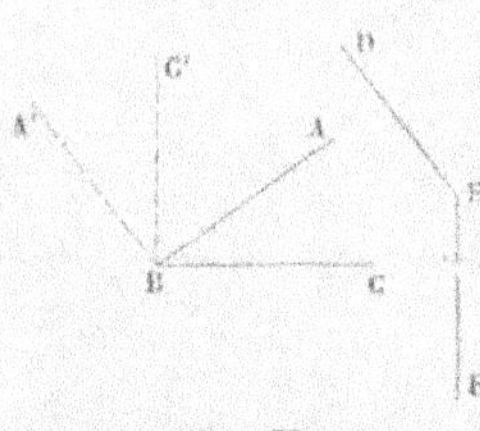

Fig. 39.

seront aussi égaux; car ces deux angles, augmentés respectivement des angles égaux A'BC', ABC, donnent la même somme CBA'; mais l'angle CBC' est droit par construction; donc ABA' est droit aussi, et BA' est perpendiculaire à BA. Cela posé, BA' et DE, perpendiculaires à une même droite BA, sont parallèles (**60**) ; pour la même raison, BC' et EF sont parallèles ; donc les angles A'BC', DEF, ayant les côtés parallèles, sont égaux ou supplémentaires (**68**) ; par conséquent, les angles ABC, DEF sont égaux ou supplémentaires. c. q. f. d.

REMARQUE. Si les angles donnés sont tous les deux aigus ou tous les deux obtus, ils sont égaux ; si l'un d'eux est aigu et l'autre obtus, ils sont supplémentaires.

70. Définitions. — On appelle *polygone* une portion de plan limitée de toute part par des lignes droites. Ces droites s'appellent les *côtés* du polygone, les angles qu'elles forment sont les *angles* du polygone, et les sommets de ces angles sont les *sommets* du polygone ; une droite joignant deux sommets non consécutifs d'un polygone est une *diagonale*.

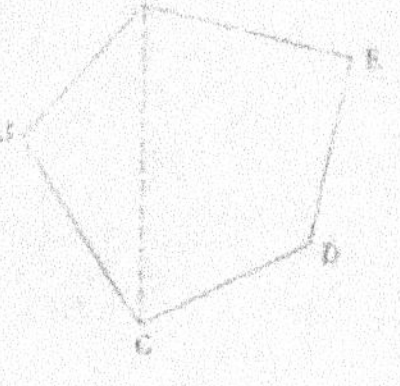

Fig. 40.

La figure 40 représente un polygone dont les côtés sont les droites AB, BC, CD, DE, EA ; les sommets sont les points A, B, C, D, E ; les angles sont BAE, CBA, DCB, EDC, AED ; enfin AC est une diagonale.

La somme des côtés d'un polygone s'appelle le *périmètre* de ce polygone.

On appelle *triangle*, *quadrilatère*, *pentagone*, *hexagone*, *heptagone*,

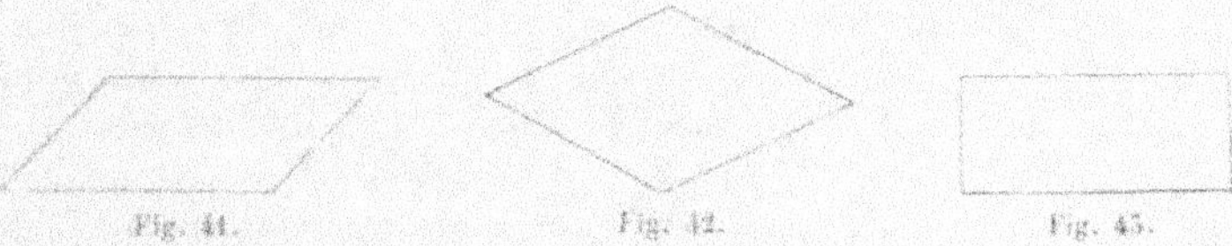

Fig. 41.   Fig. 42.   Fig. 43.

octogone, *décagone*, etc., un polygone de 3, 4, 5, 6, 7, 8, 10, etc., côtés.

On appelle *parallélogramme* un quadrilatère dont les côtés opposés sont parallèles (fig. 41).

On appelle *losange* un quadrilatère qui a ses quatre côtés égaux (fig. 42).

On appelle *rectangle* un quadrilatère qui a ses quatre angles droits (fig. 43).

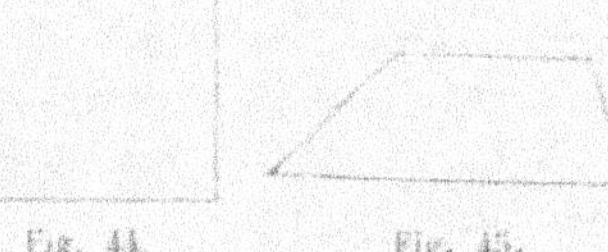

Fig. 44.   Fig. 45.

On appelle *carré* un quadrilatère qui a ses côtés égaux et ses angles droits (fig. 44).

On appelle *trapèze* un quadrilatère qui a deux côtés opposés parallèles ; ces côtés parallèles se nomment les *bases* du trapèze (fig. 45).

71. Un polygone est dit *convexe* lorsque, en prolongeant indéfiniment tous ses côtés, le polygone est tout entier situé d'un même côté de chacune de ces droites.

De même, une ligne brisée est dite *convexe* lorsqu'elle est située tout entière d'un même côté de chacune des droites qui la composent, prolongée indéfiniment.

Une droite quelconque tracée dans le plan d'une ligne brisée convexe ne peut rencontrer cette ligne brisée en plus de deux points. Supposons, en effet, qu'une droite indéfinie MN (fig. 46) rencontre une ligne brisée ABCD... en plus de deux points, et soient H, I, K, trois points d'intersection consécutifs ; les deux points H et K sont de côtés différents du point

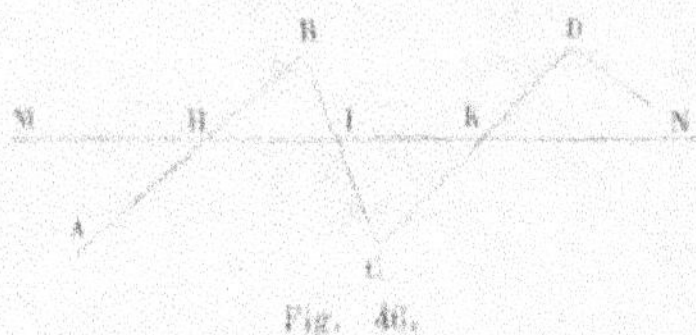

Fig. 46.

I et, par suite, de la ligne BC qui contient le point I. La ligne brisée ABCD... n'est donc pas située tout entière du même côté de la droite BC ; en d'autres termes, elle n'est pas convexe.

72. Théorème. — *Une ligne brisée convexe est plus courte qu'une ligne brisée enveloppante terminée aux mêmes extrémités* (fig. 47).

Soit ACDB une ligne brisée convexe, et AEFGB une autre ligne brisée terminée aux mêmes extrémités A et B et qui *enveloppe* la première, c'est-à-dire qui soit située tout entière à l'extérieur du polygone convexe ABDC ; je dis que la ligne brisée ACDB est plus courte que AEFGB. En effet, je prolonge les côtés AC et CE de la ligne brisée enveloppée jusqu'à

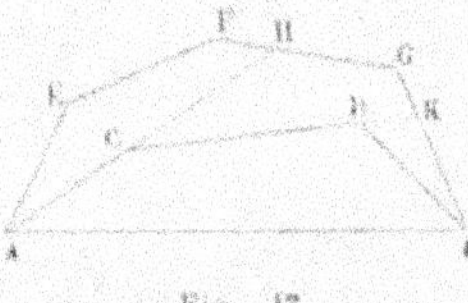

Fig. 47.

leur intersection avec le contour de la ligne enveloppante aux points H et K. Si, dans la ligne brisée AEFGB, on remplace la partie AEFH par la ligne droite AH, on aura un nouveau contour AHGB plus court que le premier,

$$\text{AEFGB} > \text{AHGB}.$$

Remplaçons de même dans le contour AHGB la partie CHGK par

la ligne droite CK ; nous aurons une troisième ligne brisée ACKB plus courte que la précédente,

$$AHGB > ACKB.$$

Enfin, dans la ligne brisée ACKB, substituons la ligne droite DB à la ligne brisée DKB ; nous aurons un contour ACDB plus court que le précédent,

$$ACKB > ACDB.$$

Il résulte de ces inégalités que la ligne brisée AEFGB est plus longue que ACDB. c. q. f. d.

REMARQUE. — Le corollaire démontré au n° **32** n'est qu'un cas particulier du théorème précédent.

* **33**. COROLLAIRE. — *Le périmètre d'un polygone convexe* ABCDE *est plus court que toute ligne fermée qui l'enveloppe* (fig. 48).

En effet, prolongeons l'un des côtés AB du polygone convexe jusqu'à son intersection avec la ligne enveloppante aux points F et G. La ligne droite FG est plus petite que la ligne brisée FA'B'G : ce qu'on peut écrire

$$FA + AB + BG < FA'B'G.$$

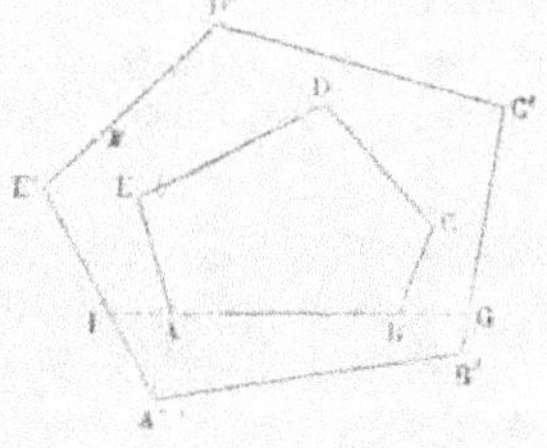

Fig. 48.

D'autre part, en vertu du théorème précédent, la ligne brisée convexe AEDCB est plus courte que la ligne enveloppante AFE'D'C'GB : ce qu'on peut écrire

$$AE + ED + DC + CB < FA + BG + FE'D'C'G.$$

En ajoutant membre à membre ces deux inégalités et retranchant ensuite FA et BG aux deux membres, on a enfin

$$AE + ED + DC + CB + BA < A'B'C'D'E'. \qquad \text{c. q. f. d.}$$

34. Théorème. — *La somme des trois angles d'un triangle est égale à deux droits* (fig. 49).

Soit ABC un triangle, je prolonge le côté AC en CD, et je mène par le point C la ligne CE parallèle à BA. L'angle A du triangle est égal à DCE, comme angles correspondants formés par les parallèles BA, CE coupées par la sécante AD ; l'angle B du triangle est égal à l'angle BCE, comme angles alternes-internes formés par les parallèles AB, CE

coupées par la sécante BC. Donc la somme des trois angles du triangle est égale à la somme des angles

$$DCE + ECB + ACB,$$

Fig. 49.

et cette somme elle-même vaut deux droits (**22**) ; donc, etc.

75. COROLLAIRE I. — L'angle BCD formé par un côté BC et le prolongement d'un autre côté est dit *extérieur* au triangle. Il résulte de la démonstration précédente que *l'angle extérieur d'un triangle est égal à la somme des angles intérieurs non adjacents.* Ainsi l'angle BCD est égal à la somme des angles intérieurs A et B.

76. COROLLAIRE II. — Le troisième angle d'un triangle est le supplément de la somme des deux autres. Donc, *si deux triangles ont deux angles égaux chacun à chacun, les troisièmes angles sont aussi égaux.*

77. COROLLAIRE III. — *Un triangle ne peut avoir plus d'un angle droit ou plus d'un angle obtus.*

78. COROLLAIRE IV. — *Dans un triangle rectangle, les angles aigus sont complémentaires.*

79. Théorème. — *La somme des angles intérieurs d'un polygone convexe est égale à autant de fois deux angles droits que le polygone a de côtés moins deux* (fig. 50).

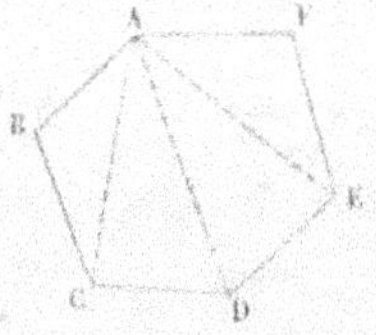

Soit ABCDEF un polygone convexe ; du sommet A je mène toutes les diagonales possibles ; je décompose ainsi le polygone en triangles ayant pour sommet commun A, et dans lesquels les côtés opposés à ce sommet sont tous les côtés du polygone, à l'exception des deux côtés AB, AF issus du point A. Le nombre de ces triangles est donc égal au nombre des côtés du polygone diminué de deux ; d'ailleurs la somme des angles du polygone est évidemment la même que celle des angles de tous ces triangles ; donc, en vertu du théorème précédent, elle est égale à autant de fois deux droits que le polygone a de côtés moins deux. C. Q. F. D.

Fig 50.

80. Remarque. — Soit n le nombre des côtés du polygone ; la somme de ses angles est égale à

$$2 \text{ droits} \times (n - 2) = (2n - 4) \text{ droits} :$$

ce qu'on peut énoncer ainsi : Pour avoir la somme des angles d'un polygone convexe, on multiplie 2 droits par le nombre des côtés et on diminue ce produit de 4 droits.

En vertu de cette règle, la somme des angles d'un quadrilatère est égale à 4 droits, celle des angles d'un pentagone à 6 droits, et ainsi de suite.

81. *Théorème*. — *Si l'on prolonge successivement dans le même sens tous les côtés d'un polygone convexe, la somme des angles extérieurs ainsi formés est égale à quatre angles droits* (fig. 51).

La somme d'un angle intérieur du polygone et de l'angle extérieur adjacent, tels que BAE et GAE, est égale à deux droits (**21**) ; donc la somme de tous les angles intérieurs et de tous les angles extérieurs vaut autant de fois deux droits que le polygone a de côtés. Cette somme surpasse donc de quatre droits la somme des

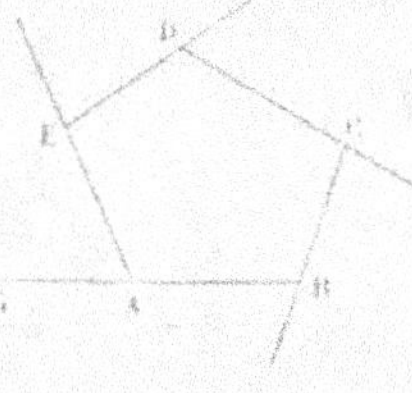

Fig. 51.

angles intérieurs (**80**) ; par conséquent, la somme des angles extérieurs est égale à quatre droits. c. q. f. d.

82. Corollaire. — *Un polygone convexe ne peut pas avoir plus de trois angles intérieurs aigus.*

Car, en vertu du théorème précédent, un polygone ne peut pas avoir plus de trois angles extérieur sobtus, et d'ailleurs chaque angle intérieur est le supplément de l'angle extérieur adjacent ; il ne peut donc y avoir plus de trois angles intérieurs aigus. c. q. f. d.

§ VI. — DES PARALLÉLOGRAMMES.

83. *Théorème*. — *Dans tout parallélogramme :*
1° *Les angles opposés sont égaux,*
2° *Les côtés opposés sont égaux.*

1° Les angles opposés sont égaux, comme ayant les côtés parallèles et dirigés en sens contraire (**68**, 2°).

2° Soit le parallélogramme ABCD (fig. 52) ; je mène la diagonale BD ; les deux triangles ABD, CDB ont le côté BD commun, l'angle

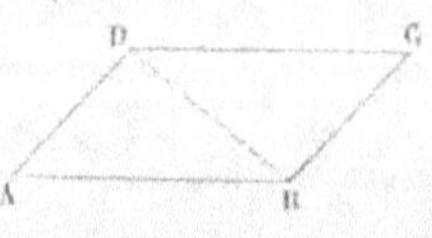
Fig. 52.

ABD=CDB comme alternes-internes par rapport aux parallèles AB, DC coupées par la sécante BD, et l'angle ADB = CBD comme alternes-internes par rapport aux parallèles DA, BC coupées par la sécante DB ; ces triangles sont donc égaux (**33**) ; par suite AD opposé à l'angle ABD est égal à BC opposé à l'angle CDB, et de même AB = CD. c. q. f. d.

84. Corollaire. — *Deux parallèles sont partout à égale distance* (fig. 53).

Soient AB, CD deux parallèles, EF, GH deux perpendiculaires à ces droites ; elles sont parallèles (**60**) ; la figure EGHF est donc un parallélogramme, et par suite EF = GH. c. q. f. d.

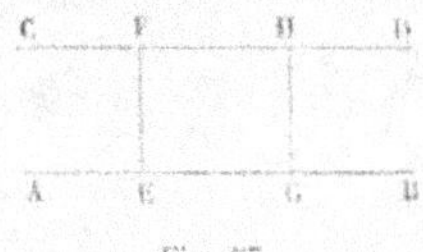
Fig. 53.

85. Théorème. — *Si dans un quadrilatère les angles opposés sont égaux chacun à chacun, le quadrilatère est un parallélogramme.*

La somme des quatre angles d'un quadrilatère est égale à 4 droits (**80**) ; donc si les angles opposés sont égaux deux à deux, la somme de deux angles non opposés vaudra la moitié de 4 droits ou 2 droits ; c'est-à-dire que deux angles voisins de ce quadrilatère seront supplémentaires. Si l'on suppose que, dans le quadrilatère ABCD (fig. 55), les angles A et C soient égaux, ainsi que les angles B et D, il en résulte que les angles A et B, par exemple, sont supplémentaires ; mais ces angles sont intérieurs d'un même côté par rapport aux deux droites AD et BC coupées par la sécante AB ; donc les droites AD et BC sont parallèles (**67**), et il en est de même des deux autres côtés opposés ; le quadrilatère est donc un parallélogramme.

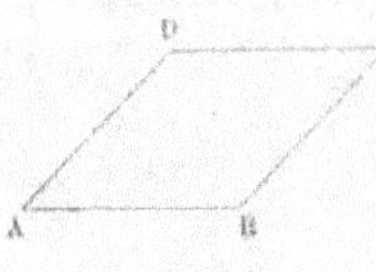
Fig. 54.

c. q. f. d.

86. Corollaire. — *Un rectangle est un parallélogramme* ; car ses angles opposés sont égaux deux à deux, comme droits.

87. Théorème. — *Si dans un quadrilatère les côtés opposés sont égaux, le quadrilatère est un parallélogramme* (fig. 55).

Soit ABCD le quadrilatère, dans lequel on a

$$AB = CD, \quad AD = BC ;$$

je mène la diagonale BD ; les deux triangles ABD, CDB ont le côté BD
commun, AB=CD et AD=BC par hypothèse ; donc ils sont égaux
(**32**) ; donc l'angle ABD=CDB. Mais ces angles
sont alternes-internes par rapport aux lignes
AB et CD coupées par la sécante BD ; donc
(**67**) ces lignes sont parallèles ; de même les
angles ADB, CBD sont égaux, et les droites
AD, CB sont parallèles ; la figure est donc un
parallélogramme. C. Q. F. D.

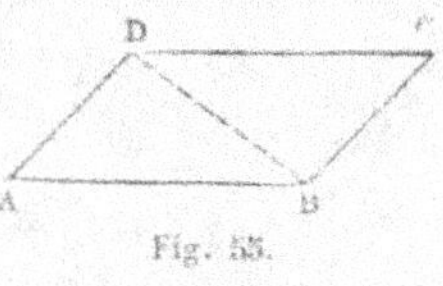

Fig. 55.

88. Corollaire. — *Un losange est un parallélogramme ; car ses cô-*
tés opposés sont évidemment égaux.

Le carré est aussi un parallélogramme.

89. Théorème. — *Si dans un quadrilatère deux côtés opposés
sont égaux et parallèles, le quadrilatère est un parallélogramme*
(fig. 56).

Soit ABCD le quadrilatère, dans lequel je suppose le côté AB égal et
parallèle au côté CD ; je vais démontrer que les
deux autres côtés AD, BC sont parallèles. En
effet, menons la diagonale BD ; les deux triangles ABD, CDB ont le côté BD commun, le côté
AB=CD par hypothèse, et l'angle ABD=CDB
comme alternes-internes par rapport aux pa-
rallèles AB, CD coupées par la sécante BD ; donc ils sont égaux
(**34**) ; donc l'angle ADB=DBC. Mais ces angles sont alternes-internes
par rapport aux droites AD, CB coupées par la sécante BD ; donc ces
droites sont parallèles (**67**), et le quadrilatère ABCD est un parallélogramme. C. Q. F. D.

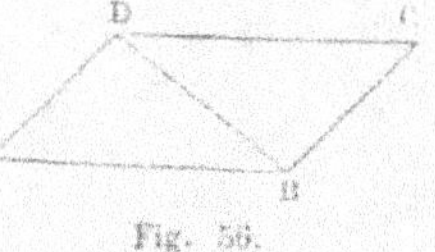

Fig. 56.

90. Théorème. — *Les diagonales d'un parallélogramme se coupent
mutuellement en deux parties égales* (fig. 57).

Soit ABCD un parallélogramme, AC, BD, ses diagonales qui se coupent en O ; je dis que OA=OC et que OB=OD.
En effet, les deux triangles OAB, OCD ont le
côté AB=CD comme côtés opposés d'un parallélogramme (**83**), l'angle OAB=OCD comme
alternes-internes, et l'angle OBA=ODC pour
la même raison ; ces deux triangles sont donc
égaux (**33**), et alors les côtés AO, CO, opposés aux angles égaux
ABO, CDO, sont égaux ; de même OB=OD. C. Q. F. D.

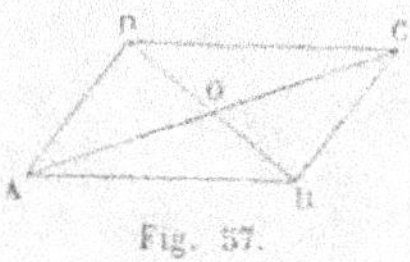

Fig. 57.

91. Remarque I. — *Les diagonales d'un losange ABCD sont perpendi-*
culaires entre elles (fig. 58).

Le losange ayant ses quatre côtés égaux, les points B et D sont l'un et l'autre à égale distance des points A et C; donc ils appartiennent tous les deux à la perpendiculaire élevée au milieu de AC (**55**); par conséquent la droite BD est perpendiculaire à AC. c. q. f. d.

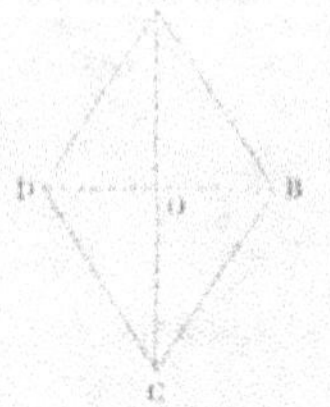

9. Remarque II. — *Les diagonales d'un rectangle* ABCD *sont égales* (fig. 59).

En effet, les deux triangles rectangles ABC, BAD ont le côté AB commun et le côté BC égal à AD (**83**); ils ont donc un angle égal compris entre côtés

Fig. 58.   Fig. 59.

égaux chacun à chacun, et par conséquent ils sont égaux (**34**); il en résulte que leurs hypoténuses AC et BD sont égales. c. q. f. d.

Le carré est à la fois un losange et un rectangle; *donc les diagonales d'un carré sont perpendiculaires et égales entre elles.*

93. Théorème. — *Si les diagonales d'un quadrilatère se coupent mutuellement en deux parties égales, ce quadrilatère est un parallélogramme* (fig. 60).

Soit ABCD un quadrilatère, dont les diagonales AC et BD se coupent mutuellement en deux parties égales, en sorte qu'on ait :

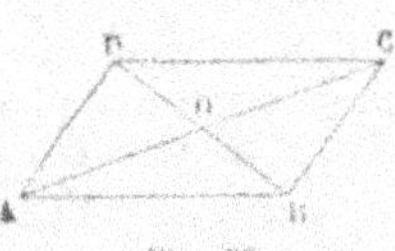

OA = OC et OB = OD. Les deux triangles OAB, OCD ont alors les angles en O égaux comme opposés par le sommet et les côtés qui comprennent ces angles, égaux par hypothèse; ces deux triangles sont donc égaux (**34**).

Fig. 60.

Par suite, AB = CD, et l'angle OAB est égal à l'angle OCD; mais ces angles sont alternes-internes par rapport aux droites AB et CD coupées par la sécante AC; donc ces droites sont parallèles (**67**). Le quadrilatère ABCD a deux côtés opposés AB et CD égaux et parallèles; c'est donc un parallélogramme (**89**). c. q. f. d.

94. Corollaires. — On démontrerait facilement les corollaires suivants, qui peuvent être considérés comme les réciproques des propositions des nᵒˢ **91** et **92**.

Si, dans un quadrilatère, les diagonales sont perpendiculaires et se coupent mutuellement en deux parties égales, ce quadrilatère est un losange.

Si, dans un quadrilatère, les diagonales sont égales et se coupent mutuellement en deux parties égales, ce quadrilatère est un rectangle.

Enfin, *si les diagonales d'un quadrilatère sont perpendiculaires, égales entre elles et qu'elles se coupent mutuellement en deux parties égales, ce quadrilatère est un carré.*

§ VII. — PROPRIÉTÉS DIVERSES DU TRIANGLE.

95. Définitions. — On appelle *hauteur* d'un triangle la perpendiculaire abaissée d'un sommet quelconque sur le côté opposé ; il y a trois hauteurs dans un triangle.

La ligne qui joint un sommet quelconque d'un triangle au milieu du côté opposé porte le nom de *médiane* ; il y a trois médianes dans un triangle.

96. Théorème. — *Les perpendiculaires élevées sur les milieux des trois côtés d'un triangle se coupent en un même point* (fig. 61).

Soient DE et FG les perpendiculaires élevées sur les milieux des côtés BC et CA du triangle ABC ; je dis d'abord que ces deux droites se coupent. Car si elles étaient parallèles, les lignes CB et CA, menées d'un même point C perpendiculairement à ces deux parallèles, ne formeraient qu'une seule et même ligne droite (**63**) ; les trois points A, B, C seraient donc en ligne droite, ce qui est contraire à l'hypothèse. Cela posé, soit M le point

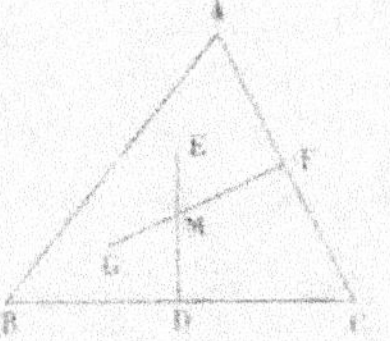

Fig. 61.

d'intersection des droites DE et FG ; ce point, appartenant à la perpendiculaire DE élevée sur le milieu de BC, est également distant des points B et C (**55**, 1°) ; ce même point, étant situé sur la perpendiculaire FG élevée au milieu de CA, est équidistant des points C et A ; donc il est à égale distance des points B et A et, par conséquent, il appartient à la perpendiculaire élevée sur le milieu de BA (**55**, 2°). Ainsi, la perpendiculaire élevée sur le milieu de BA passe par le point M où se coupent les perpendiculaires DE et FG élevées sur les milieux des côtés BC et CA ; en d'autres termes, les perpendiculaires élevées sur les milieux des trois côtés du triangle ABC concourent en un même point. C. Q. F. D.

REMARQUE. — Le point M, où se coupent les perpendiculaires élevées sur les milieux des trois côtés du triangle, est équidistant des trois sommets de ce triangle.

***97. Théorème.** — *Les trois hauteurs d'un triangle concourent en un même point* (fig. 62).

Soient AD, BE, CF, les trois hauteurs du triangle ABC; je dis qu'elles se coupent en un même point. En effet, par chacun des sommets du triangle ABC, menons une parallèle au côté opposé; nous formons ainsi un nouveau triangle A'B'C'. La figure ABCB' est un parallélogramme; donc AB' = BC (**83**, 2°); de même, dans

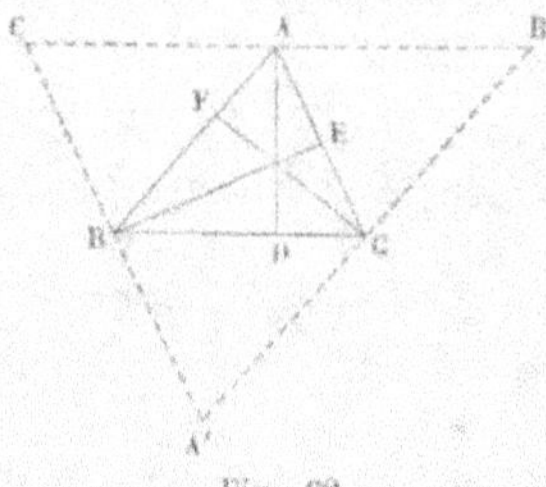

le parallélogramme ACBC', AC' = BC. Il résulte de là que AB' est égal à AC'; donc le point A est le milieu du côté B'C' du nouveau triangle. On ferait voir de même que le point B est le milieu de A'C' et que le point C est le milieu de A'B'.

Cela posé, la hauteur AD, perpendiculaire à BC, est aussi perpendiculaire à B'C' parallèle à BC (**63**); et

Fig. 62.

comme le point A est le milieu de B'C', AD est la perpendiculaire élevée sur le milieu du côté B'C'. Pareillement, BE est la perpendiculaire élevée sur le milieu du côté A'C', et CF est la perpendiculaire élevée sur le milieu du côté A'B'. Donc, en vertu du théorème précédent, ces trois droites AD, BE, CF, concourent en un même point. C. Q. F. D.

98. Théorème. — *Les bissectrices des trois angles d'un triangle concourent en un même point* (fig. 63).

Soient BD et CE les bissectrices des angles B et C du triangle ABC

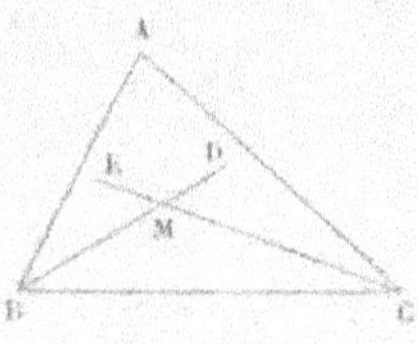

et M leur point d'intersection. Le point M, appartenant à la bissectrice de l'angle ABC, est équidistant des côtés AB et BC de cet angle (**57**, 1°); ce même point, appartenant aussi à la bissectrice de l'angle BCA, est équidistant des côtés BC et CA; donc il est

Fig. 63.

équidistant des deux côtés AB et CA de l'angle BAC, et comme de plus il est situé à l'intérieur du triangle et, par suite, à l'intérieur de l'angle BAC, il appartient à la bissectrice de cet angle (**57**, 2°). Les trois bissectrices concourent donc au même point M. C. Q. F. D.

99. Remarque. — On démontrerait d'une manière absolument identique que *les bissectrices de deux angles extérieurs d'un triangle et la bissectrice du troisième angle intérieur se coupent en un même point.*

Le point de concours des trois bissectrices intérieures et chacun des points de concours d'une bissectrice intérieure avec les bissectrices des deux autres angles extérieurs jouissent d'une propriété commune, c'est d'être équidistants des trois côtés du triangle ; cela découle évidemment de la démonstration même. Il résulte de là qu'il existe dans le plan d'un triangle quatre points équidistants des côtés de ce triangle ; l'un d'eux est à l'intérieur du triangle, les trois autres sont à l'extérieur.

*100. LEMME. — *La droite qui joint les milieux de deux côtés d'un triangle est parallèle au troisième côté de ce triangle et égale à la moitié de ce troisième côté* (fig. 64).

Par le milieu D du côté AB du triangle ABC, je mène une parallèle DE au côté BC ; le théorème sera démontré si je fais voir que le point E où cette parallèle coupe le côté AC est le milieu de ce côté et que la longueur DE est la moitié de BC. Par le point D, je mène DF parallèle à AC ; les deux triangles ADE, DBF ont le côté AD égal à DB par hypothèse, les angles EAD et FDB égaux comme correspondants et les angles ADE et

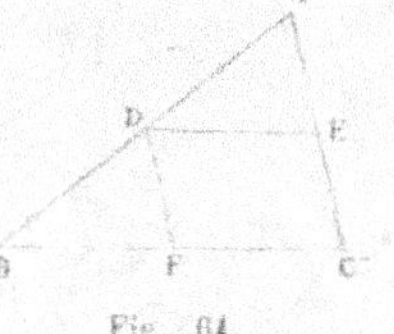

Fig. 64.

DBF égaux pour la même raison ; ces triangles sont donc égaux (**33**) et par conséquent AE = DF et DE = BF. Mais, dans le parallélogramme DECF, on a aussi (**83**) CE = DF et DE = CF. Il en résulte d'abord que AE = CE, c'est-à-dire que le point E est le milieu de AC ; on a ensuite DE = BF = CF ; donc le point F est le milieu de BC et DE est égale à BF, c'est-à-dire à la moitié de BC. La proposition se trouve ainsi complètement démontrée.

*101. Théorème. — *Les trois médianes d'un triangle concourent en un même point* (fig. 65).

Soient AD et BE deux médianes du triangle ABC, G leur point d'intersection. Par le point C, je mène une parallèle à BE ; elle coupe la médiane AD prolongée en F. Les deux triangles BGD, CFD ont le côté BD égal à CD par hypothèse, les angles en D égaux comme opposés par le sommet et les angles DBG et DCF égaux comme alternes-internes ; ces deux triangles sont donc égaux (**33**) et par suite

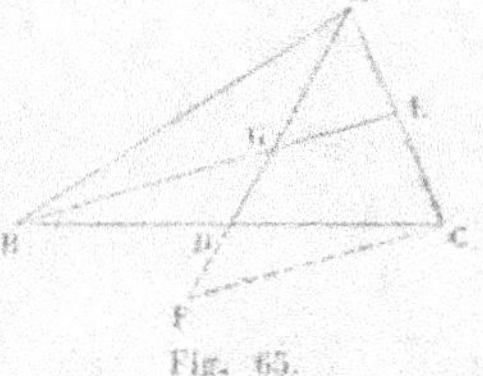

Fig. 65.

GD = DF, ou, en d'autres termes, GD est la moitié de GF. Mais, en vertu du lemme précédent, la ligne EG menée par le milieu E du côté AC du triangle ACF parallèlement au côté CF passe par le milieu de l'autre côté ; donc $AG = GF = 2GD$; ou encore, $DG = \dfrac{AD}{3}$. On démontrerait de même que la médiane issue du point C rencontrerait DA au tiers de sa longueur à partir du point D, c'est-à-dire qu'elle passerait par le point G ; donc enfin les trois médianes concourent en un même point. c. q. f. d.

102. REMARQUE. — On démontre en mécanique que le point de concours des médianes d'un triangle est le *centre de gravité* de la surface de ce triangle ; la démonstration qui précède fait voir que ce point se trouve sur chaque médiane aux deux tiers de sa longueur à partir du sommet d'où elle est issue, et par conséquent au tiers de sa longueur à partir du côté sur lequel elle tombe.

EXERCICES SUR LE LIVRE PREMIER

1. La somme des distances d'un point pris à l'intérieur d'un triangle aux trois sommets est plus petite que le périmètre du triangle.

2. Une médiane d'un triangle est plus petite que la demi-somme des deux côtés qui la comprennent et plus grande que la moitié de l'excès de cette somme sur le troisième côté.

3. Si une droite est à la fois hauteur et médiane d'un triangle, le triangle est isocèle.

4. Si une droite est à la fois hauteur et bissectrice d'un triangle, le triangle est isocèle.

5. Dans tout triangle isocèle, les deux hauteurs partant des extrémités de la base sont égales. — Réciproque.

6. Si par le milieu d'une droite on mène une autre droite quelconque, elle est équidistante des extrémités de la premi èr e.

7. Lorsque deux parallèles sont coupées par une sécante, les bissectrices de deux angles intérieurs d'un même côté sont perpendiculaires.

8. Si d'un point quelconque de la base d'un triangle isocèle on mène des parallèles aux deux autres côtés, le périmètre du parallélogramme ainsi formé est constant.

9. Quelle est la valeur de l'angle d'un triangle équilatéral?

10. L'un des angles aigus d'un triangle rectangle est les $\frac{2}{3}$ d'un angle droit ; quelle est la valeur de l'autre ?

11. L'angle au sommet d'un triangle isocèle est les $\frac{5}{9}$ d'un angle droit ; combien vaut chacun des angles à la base?

12. Chacun des angles à la base d'un triangle isocèle est égal à $\frac{3}{4}$ de droit ; quelle est la valeur de l'angle au sommet?

13. La somme des angles d'un polygone convexe est égale à 94 angles droits ; combien ce polygone a-t-il de côtés ?

14. Calculer l'angle d'un polygone équiangle de 14 côtés; — plus généralement de n côtés.

15. Calculer le nombre des côtés d'un polygone convexe, sachant que ses angles sont en progression arithmétique de raison 5 et que le plus petit vaut $\frac{4}{5}$ de droit.

16. Établir la formule qui donne le nombre des diagonales d'un polygone convexe de n côtés.

17. Un polygone convexe a 54 diagonales; combien a-t-il de côtés?

18. Si une médiane d'un triangle est la moitié du côté sur lequel elle tombe, le triangle est rectangle.

19. L'un des angles A d'un triangle ABC ayant une valeur connue, on demande de déterminer l'angle que forment entre elles les bissectrices des deux autres angles B et C, et l'angle que forment entre elles les bissectrices des angles extérieurs. — Cas où l'angle A est droit.

20. Dans un trapèze *isocèle*, c'est-à-dire tel que les côtés non parallèles soient égaux, les angles opposés sont supplémentaires.

21. Deux parallélogrammes qui ont un angle égal compris entre côtés égaux chacun à chacun, sont égaux.

22. Deux polygones de n côtés sont égaux lorsqu'ils ont $n-1$ côtés égaux et les $n-2$ angles compris égaux chacun à chacun. — Combien l'égalité de deux polygones de n côtés demande-t-elle de conditions?

23. La somme des distances d'un point quelconque de la base d'un triangle isocèle aux deux autres côtés est constante. — Comment la proposition doit-elle être modifiée si le point est pris sur le prolongement de la base?

24. Étant donné un triangle isocèle, trouver le lieu des points dont la distance à la base égale la somme des distances aux deux côtés.

25. Trouver le lieu des points dont la somme des distances à deux droites données a une valeur constante donnée. — Même question lorsqu'il s'agit de la différence des distances.

26. La somme des distances d'un point quelconque pris à l'intérieur d'un triangle équilatéral aux trois côtés de ce triangle est constante.

27. On donne un triangle équilatéral. Trouver le lieu des points tels que la somme de leurs distances aux trois côtés soit égale à une longueur donnée. — Discussion.

28. Toute droite menée par le point de concours des diagonales d'un parallélogramme et terminée au contour de ce parallélogramme est divisée par le point en deux parties égales; de plus, les deux trapèzes obtenus sont égaux.

29. Si par les sommets d'un quadrilatère quelconque on mène des parallèles aux diagonales, le parallélogramme obtenu a une surface double de celle du quadrilatère.

30. Deux quadrilatères ont des surfaces égales lorsque leurs diagonales sont égales chacune à chacune et se coupent sous le même angle.

31. Propriétés du quadrilatère formé par les bissectrices des angles d'un parallélogramme et du quadrilatère formé par les bissectrices des angles extérieurs. (Concours académique; Troisième, Dijon.)

32. Dans un triangle, la hauteur et la bissectrice partant d'un même sommet font un angle égal à la demi-différence des deux angles adjacents au côté opposé.

33. Sur l'un des côtés d'un angle O, on marque deux points A et B, et sur l'autre côté on prend deux longueurs OA' et OB' respectivement égales à OA et à OB; démontrer que les droites AB' et BA' se coupent sur la bissectrice de l'angle.

34. Le sommet d'un triangle, le point de concours des bissectrices intérieures et le point de concours des bissectrices des angles extérieurs adjacents à la base sont en ligne droite. (*B.* Paris[1].)

35. Si l'on joint deux à deux les milieux des côtés d'un quadrilatère convexe, on a un parallélogramme. Dans quel cas ce parallélogramme est-il un losange ou un rectangle?

36. Lieu des milieux des droites menées d'un point donné à une droite donnée.

37. Lieu des milieux des portions de droites comprises entre deux parallèles données.

38. La parallèle à un côté d'un triangle menée par le point de concours des bissectrices est égale à la somme des segments des deux autres côtés compris entre la parallèle et le premier côté.

39. La parallèle menée aux bases d'un trapèze par le milieu d'un des côtés non parallèles passe par les milieux des diagonales et du côté opposé; sa longueur entre les deux côtés du trapèze est égale à la demi-somme des bases, et la portion de cette parallèle comprise entre les deux diagonales est égale à la demi-différence des bases.

---

1. Problème proposé aux examens du *baccalauréat ès sciences*, faculté de Paris.

LIVRE II

LA CIRCONFÉRENCE

§ VIII. — DES ARCS ET DES CORDES.

103. Définitions. — La *circonférence de cercle* est une ligne courbe dont tous les points sont équidistants d'un point intérieur appelé *centre*. La fig. 66 représente une circonférence dont le centre est O.

Le *cercle* est la portion du plan limitée par une circonférence.

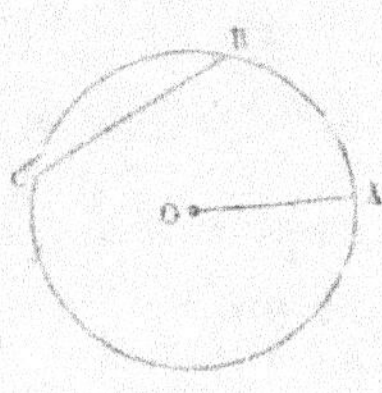

Il ne faut pas confondre la circonférence qui est une ligne et le cercle qui est une surface; cependant on emploie souvent le mot *cercle* au lieu du mot *circonférence*, lorsqu'il n'y a pas de confusion possible.

On nomme *rayon* toute droite joignant le centre à un point de la circonférence; ainsi OA est un rayon. Par définition, tous les rayons sont égaux. Tout point intérieur à la circonfé-

Fig. 66.

rence est à une distance du centre moindre que le rayon, et tout point extérieur est à une distance du centre plus grande que le rayon.

Deux cercles de même rayon sont égaux; car si on les superpose de manière que les centres coïncident, l'égalité des rayons entraînera évidemment la coïncidence des deux circonférences.

On appelle *arc* une portion quelconque BC de la circonférence, et *corde*, la droite qui joint les deux extrémités de l'arc. On dit habituellement que la corde *sous-tend* l'arc, ou que l'arc est *sous-tendu* par la corde.

On appelle *segment* de cercle la portion du cercle comprise entre un arc et sa corde.

104. Théorème. — *Une droite ne peut avoir plus de deux points communs avec une circonférence.*

Car d'un point on ne peut mener à une droite que deux lignes droites égales (49); donc du centre on ne pourra mener à la droite plus de deux lignes égales au rayon.

REMARQUE. — Pour cette raison, on dit que la circonférence est une courbe *convexe*.

105. Définitions. — On appelle *sécante* à une circonférence une droite qui la coupe en deux points.

On appelle *diamètre* une droite qui passe par le centre et qui est terminée des deux côtés à la circonférence. — Le diamètre est le double du rayon; donc tous les diamètres sont égaux.

106. Théorème. — *Le diamètre est la plus grande corde du cercle* (fig. 67).

Soit AB une corde, BC un diamètre de la circonférence O; je mène le rayon AO. La ligne droite AB est plus petite que la ligne brisée

Fig. 67.

AOB; en d'autres termes, la corde AB est moindre que le double du rayon; elle est donc plus petite que le diamètre BC. C. Q. F. D.

107. Théorème. — *Tout diamètre partage la circonférence et le cercle en deux parties égales* (fig. 68).

Plions la figure autour du diamètre AB, jusqu'à ce que la partie supérieure du plan s'applique sur la partie inférieure; un rayon OM quelconque prendra une position ON faisant avec OA un angle AON égal à AOM, et comme tous les rayons sont égaux, le point M tombera en un point N situé sur la partie inférieure de la circonférence; tous les points de l'arc AMB tomberont de même sur l'arc ANB; donc ces deux arcs coïncident, ce qui démontre le théorème.

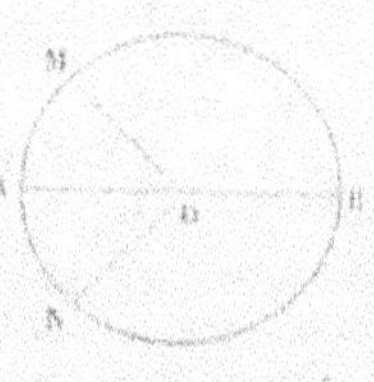

Fig. 68.

REMARQUE. — Une corde qui ne passe pas par le centre partage la circonférence en deux arcs inégaux, l'un plus petit qu'une demi-circonférence, l'autre plus grand, et elle sous-tend ces deux arcs; habituellement nous ne considérerons que le plus petit de ces deux arcs.

108. Théorème. — *Dans un même cercle ou dans des cercles égaux :*

1° Des arcs égaux sont sous-tendus par des cordes égales ;

2° Si des arcs moindres qu'une demi-circonférence sont inégaux, le plus grand est sous-tendu par la plus grande corde (fig. 69).

1° Soient AB, CD deux arcs égaux pris sur les circonférences égales O et O' ; je transporte la circonférence O' sur la circonférence O, de manière que le rayon O'C coïncide avec son égal OA ; les circonférences coïncideront, et comme l'arc CD est égal à l'arc AB, le point D tombera au point B ; donc

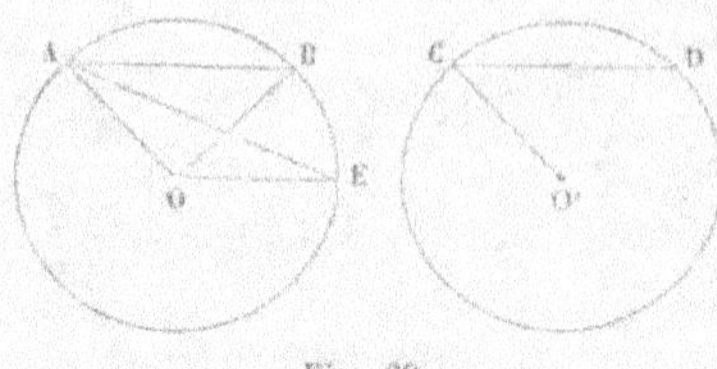

Fig. 69.

les cordes AB, CD coïncideront. c. q. f. d.

2° Supposons que les arcs AE, CD, pris dans les circonférences égales O et O' soient inégaux, et soit AE le plus grand ; je dis que la corde AE est plus grande que la corde CD. En effet, prenons sur AE un arc AB égal à l'arc CD, le point B tombera évidemment entre A et E ; menons les rayons OA, OB, OE, l'angle AOB sera moindre que AOE ; alors les deux triangles AOB, AOE ont le côté OA commun, le côté OB égal à OE comme rayons, et l'angle AOB plus petit que AOE ; donc (**35**) le côté AB est plus petit que AE ; mais la corde AB est égale à CD (1°) ; donc enfin la corde CD est plus petite que la corde AE.

109. Corollaire. — Les réciproques des théorèmes précédents s'en déduisent facilement :

Dans un même cercle, ou dans des cercles égaux :

1° Des cordes égales sous-tendent des arcs égaux ;

2° Si deux cordes sont inégales, la plus grande sous-tend le plus grand arc.

Car, en vertu du théorème précédent, les cordes sont égales ou inégales suivant que les arcs eux-mêmes sont égaux ou inégaux ; donc les cordes ne peuvent être égales si les arcs sont inégaux, et elles ne peuvent être inégales si les arcs sont égaux. De plus, quand elles sont inégales, la plus grande sous-tend nécessairement le plus grand arc.

Remarque. — Les énoncés qui précèdent supposent expressément qu'on ne considère que des arcs moindres qu'une demi-circonférence.

110. Théorème. — *Le diamètre perpendiculaire à une corde par-*

*tage la corde et chacun des arcs qu'elle sous-tend en deux parties
égales* (fig. 70).

Soit CD le diamètre perpendiculaire à la corde AB et soit E le
point d'intersection de ces deux droites ; plions
la figure suivant le diamètre CD et rabattons
la demi-circonférence CBD sur la demi-circonférence CAD ; le point B tombera quelque part
sur l'arc CAD. Mais, à cause de l'égalité des
angles droits CEB, CEA, la droite EB prendra
la direction EA et le point B tombera sur EA
ou sur son prolongement. Ce point B, devant
se trouver à la fois sur l'arc CAD et sur EA,

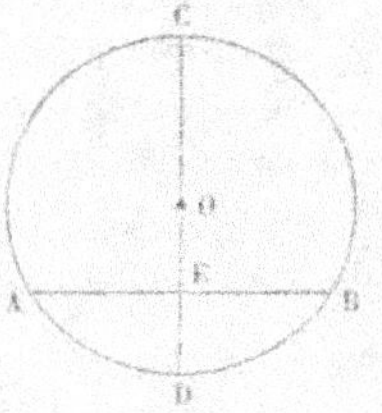

Fig. 70.

coïncidera avec le point A ; par suite, EB s'applique exactement sur
EA, l'arc CB sur l'arc CA et l'arc DB sur l'arc DA. c. q. f. d.

111. Remarque. — On voit que le milieu d'une corde, les
milieux des deux arcs sous-tendus et le centre du cercle sont quatre
points en ligne droite, et de plus, que cette droite est perpendiculaire à
la corde ; cela fait en tout cinq conditions que remplit la droite CD.
Deux de ces cinq conditions étant remplies, les trois autres le sont
aussi, ce qui permet d'énoncer le théorème précédent de dix manières différentes. Par exemple, *la perpendiculaire sur le milieu d'une
corde passe par le centre et par les milieux des deux arcs sous-tendus.*

112. Corollaire. — Si l'on considère dans la circonférence O
autant de cordes qu'on voudra parallèles à AB, elles seront toutes
perpendiculaires au même diamètre CD ; donc, en vertu du théorème
précédent, leurs milieux seront tous sur ce diamètre, propriété qui
s'énonce ainsi :

*Le lieu géométrique des milieux des cordes parallèles à une même
direction est le diamètre perpendiculaire à cette direction.*

113. Théorème. — *Par trois points non en ligne droite, on peut
faire passer une circonférence de cercle et on ne
peut en faire passer qu'une* (fig. 71).

1° Soient A, B, C, les trois points donnés ;
je les joins deux à deux, ce qui me donne le
triangle ABC. Nous savons **(96)** que les perpendiculaires élevées sur les milieux des trois côtés
de ce triangle se coupent en un point O équidistant des points A, B, C ; ce point est donc

Fig. 71.

le centre d'une circonférence passant par les trois points A, B, C.

2° Je dis, de plus, qu'on ne peut faire passer qu'une circonférence par les trois points A, B, C; car le centre de toute circonférence passant par A et B est également éloigné de ces deux points; donc c'est un point de la perpendiculaire DE élevée sur le milieu de AB (**55**); de même le centre de toute circonférence passant par B et C se trouve sur FG, perpendiculaire sur le milieu de BC; donc, si une circonférence doit passer par les trois points A, B, C, son centre se trouvera à la fois sur DE et sur FG; donc il coïncidera avec le point O; donc on ne peut mener qu'une circonférence par les trois points donnés.

REMARQUE. — On énonce souvent ce théorème d'une manière plus abrégée, en disant que *trois points non en ligne droite déterminent une circonférence, et une seule.*

114. COROLLAIRE. — *Deux circonférences ne peuvent avoir plus de deux points communs sans coïncider.*

115. Définition. — La circonférence qui passe par les trois sommets d'un triangle est dite *circonscrite* à ce triangle et le triangle est dit *inscrit* dans la circonférence.

Il résulte du théorème précédent que le centre de la circonférence circonscrite ou, comme on dit plus ordinairement, du cercle circonscrit à un triangle, est le point de concours des perpendiculaires élevées sur les milieux des côtés de ce triangle.

116. Théorème. — *Dans un même cercle ou dans des cercles égaux :*

1° *Deux cordes égales sont également éloignées du centre ;*

2° *De deux cordes inégales, la plus petite est la plus éloignée du centre* (fig. 72).

1° Soient AB, CD deux cordes égales dans la circonférence O, OE et OF, les perpendiculaires abaissées du centre sur ces cordes ; elles les partagent en deux parties égales (**110**); par suite CF = AE. Je mène les rayons OA, OC; les triangles OAE, OCF sont rectangles, ils ont les hypoténuses OA, OC égales comme rayons, et AE = CF; donc ils sont égaux (**53**); donc OE = OF. C. Q. F. D.

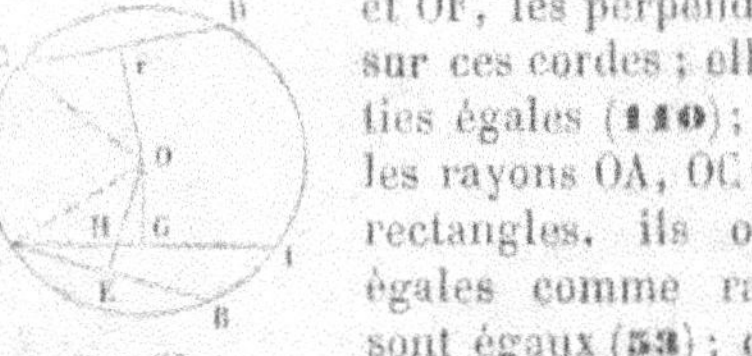

Fig. 72.

2° Soient AI et CD deux cordes inégales et supposons AI > CD; l'arc AI sera plus grand que l'arc CD (**109**); j'abaisse du centre sur les deux cordes les perpendiculaires OG, OF; je dis qu'on a OG < OF. En effet, prenons sur l'arc AI un arc AB égal à l'arc CD, et menons la corde AB, elle sera égale à la corde CD ; enfin la perpendiculaire OE abaissée du centre sur AB sera égale à OF (4°). Cela posé, le point B tombant sur l'arc AI, la corde AB et le centre O se trouveront de côtés différents de AI ; donc OE coupera AI en un point H situé entre O et E ; on a donc $OH < OE$; mais $OG < OH$, puisque OG est perpendiculaire et OH oblique à AI ; donc, *a fortiori*, $OG < OE$, ou bien $OG < OF$. C. Q. F. D.

117. COROLLAIRE. — Réciproquement, *dans un même cercle ou dans des cercles égaux, des cordes également distantes du centre sont égales, et de deux cordes inégalement éloignées du centre, celle qui s'en éloigne le plus est la plus petite.*

§ IX. — TANGENTE A LA CIRCONFÉRENCE. — INTERSECTION ET CONTACT DE DEUX CERCLES.

118. Définition. — Une *tangente* au cercle est une droite qui n'a qu'un point commun, avec la circonférence. Ce point s'appelle le point de *contact* ou de *tangence*.

On dit que deux circonférences sont *tangentes*, lorsqu'elles n'ont qu'un point commun, appelé point de *contact*. Quand deux circonférences ont deux points communs, elles sont *sécantes* ; elles ne peuvent d'ailleurs en avoir plus de deux sans se confondre (**114**).

119. Théorème. — *Toute perpendiculaire à l'extrémité d'un rayon est tangente au cercle* (fig. 73).

La ligne AT, perpendiculaire à l'extrémité du rayon OA, est tangente au cercle ; car toute droite OB, menée du centre à la droite AT, est oblique à cette ligne, et par suite est plus longue que OA ; donc tous les points de AT, à l'exception du point A, sont extérieurs au cercle ; donc AT est tangente à la circonférence. C. Q. F. D.

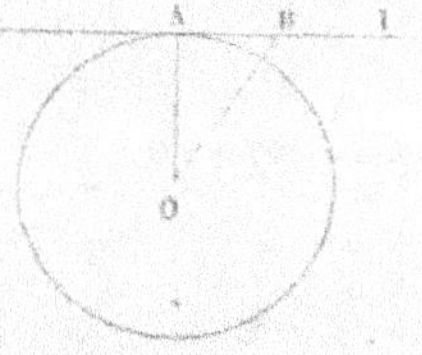

Fig. 73.

120. Théorème. — Réciproquement, *la tangente à la circonférence est perpendiculaire à l'extrémité du rayon qui aboutit au point de contact.*

Soit AT une tangente au cercle O, A le point de contact ; tous les points de AT, à l'exception du point A, sont extérieurs au cercle ; donc OA est la ligne la plus courte qu'on puisse mener du point O à la ligne AT ; par suite (**48**), OA est perpendiculaire à AT. C. Q. F. D.

121. Corollaire. — *Par un point pris sur une circonférence, on peut toujours lui mener une tangente et une seule.* Car par le point A on peut élever une perpendiculaire au rayon OA, et on n'en peut élever qu'une (**17**).

122. Théorème. — *Deux parallèles interceptent sur une circonférence des arcs égaux* (fig. 74, 75, 76).

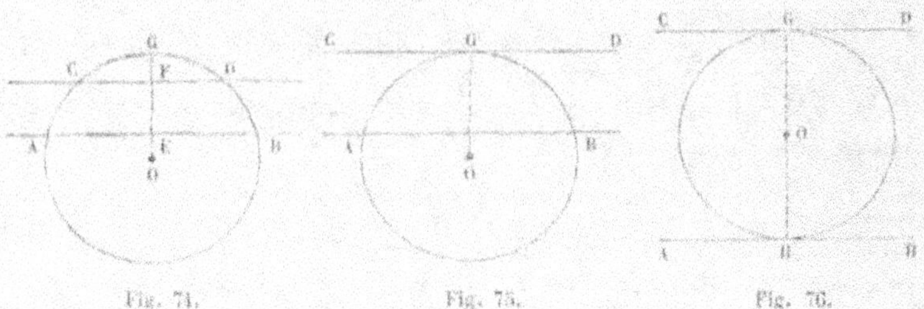

Fig. 74.   Fig. 75.   Fig. 76.

1° Les deux parallèles AB et CD sont sécantes (fig. 74). Abaissons du centre la perpendiculaire OG sur la corde AB; ce rayon est aussi perpendiculaire à la corde parallèle CD (**63**). Par suite (**110**), arc GA = arc GB, et de même arc GC = arc GD; d'où l'on tire, en soustrayant ces deux égalités membre à membre, arc GA — arc GC = arc GB — arc GD ou arc AC = arc BD. c. q. f. d.

2° Des deux parallèles, l'une est sécante et l'autre tangente (fig. 75). Menons le rayon OG du point de contact; il est perpendiculaire sur la tangente (**120**) et par suite aussi sur la corde parallèle AB; l'arc AG est égal à l'arc BG (**110**). c. q. f. d.

3° Les deux parallèles sont tangentes (fig. 76). Joignons le centre au point de contact G de la tangente CD et prolongeons la droite obtenue; elle sera aussi perpendiculaire sur la tangente parallèle AB et, par suite, elle passera par son point de contact H (**120**); ainsi les deux points de contact de deux tangentes parallèles sont *diamétralement opposés* et les arcs interceptés sont deux demi-circonférences; ils sont donc égaux. c. q. f. d.

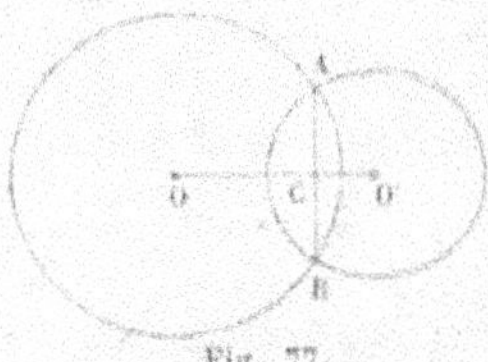

Fig. 77.

123. Théorème — *Si deux circonférences O et O′ ont un point commun A hors de la ligne des centres, ces deux circonférences sont sécantes, et la ligne des centres est perpendiculaire sur le milieu de la corde commune* (fig. 77).

En effet, du point A j'abaisse AC perpendiculaire sur OO′, et je prolonge cette droite d'une longueur CB égale à CA ; le point O est également distant des points A et B (**55**) ; donc le point B est sur la circonférence O ; pour la même raison, il est sur la circonférence O′ ; donc les deux circonférences se coupent aux points A et B. De plus, la ligne OO′, qui joint les centres des deux circonférences, est, par la construction même, perpendiculaire sur le milieu de la corde commune. C. Q. F. D.

124. COROLLAIRE. — *Lorsque deux circonférences sont tangentes, le point de contact est sur la ligne des centres.*

125. REMARQUE. — Deux circonférences peuvent occuper, l'une par rapport à l'autre, cinq positions différentes : elles peuvent n'avoir aucun point commun et être alors *extérieures* (fig. 78), ou *intérieures* (fig. 82) ; elles peuvent être tangentes *extérieurement* (fig. 79), ou *intérieurement* (fig. 81) ; enfin elles peuvent être sécantes (fig. 80).

126. Théorèmes.— 1° *Si deux circonférences sont extérieures, la distance des centres est supérieure à la somme des rayons.*

2° *Si deux circonférences sont tangentes extérieurement, la distance des centres est égale à la somme des rayons.*

3° *Si deux circonférences se coupent, la distance des centres est plus petite que la somme des rayons et plus grande que leur différence.*

4° *Si deux circonférences sont tangentes intérieurement, la distance des centres est égale à la différence des rayons.*

5° *Si deux circonférences sont intérieures, la distance des centres est plus petite que la différence des rayons.*

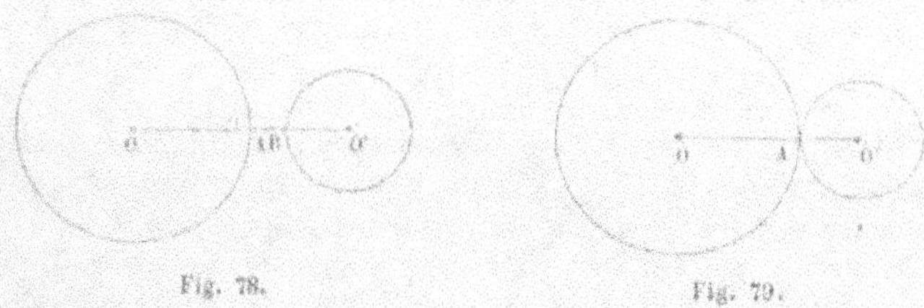

Fig. 78.   Fig. 79.

1° On a (fig. 78)

$$OO' = OA + O'B + AB ;$$

donc

$$OO' > OA + O'B.$$

2° Le point de contact A est sur la ligne des centres (**124**) et compris entre les deux centres ; on a alors (fig. 79)

$$OO' = OA + AO'.$$

3° Soit A l'un des points de rencontre des deux circonférences sécantes O et O' (fig. 80) ; dans le triangle O'OA, on a (**30**)

$$OO' < OA + O'A,$$
$$OO' > OA - O'A.$$

4° Soient O et O' deux circonférences tangentes intérieurement et

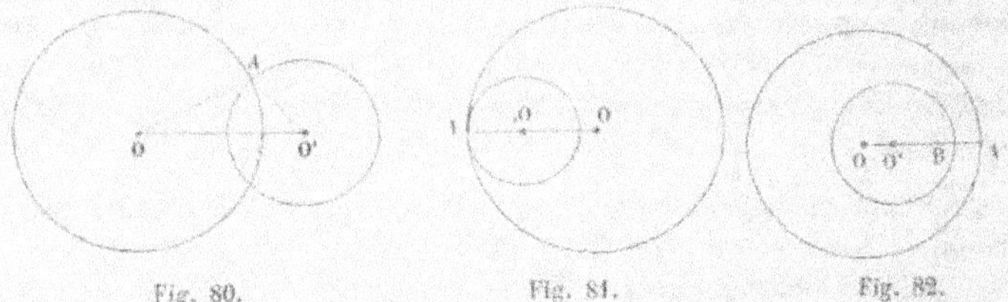

Fig. 80. Fig. 81. Fig. 82.

A le point de contact (fig. 81), qui est situé sur le prolongement de la ligne des centres (**124**) ; on a

$$OO' = OA - O'A.$$

5° Soient O et O' deux circonférences intérieures (fig. 82) ; on a

$$OO' = OA - O'A = OA - O'B - BA ;$$

donc

$$OO' < OA - O'B.$$

127. REMARQUE. — Les réciproques des cinq théorèmes qui précèdent sont vraies, et s'en déduisent immédiatement, parce que les conditions relatives à chaque cas s'excluent mutuellement.

Démontrons, par exemple, que si la distance des centres est plus petite que la somme des rayons et plus grande que leur différence, les circonférences se coupent. En effet, elles ne peuvent être ni extérieures, ni tangentes extérieurement, puisque la distance des centres est plus petite que la somme des rayons ; elles ne peuvent pas être non plus tangentes intérieurement, ni intérieures, puisque la distance des centres est plus grande que la différence des rayons ; elles sont donc sécantes. C. Q. F. D.

On démontrerait de même les quatre autres réciproques.

§ X. — MESURE DES ANGLES.

128. Pour mesurer un angle et l'évaluer en nombre, il ne serait pas commode de le comparer directement à l'angle pris pour unité ; on ramène alors la mesure des angles à la mesure des arcs.

On appelle *angle au centre* un angle dont le sommet est au centre d'une circonférence.

129. Théorème. — *Dans un même cercle ou dans des cercles égaux,*

1° *Des angles au centre égaux interceptent entre leurs côtés des arcs égaux,*

2° *Des angles au centre inégaux interceptent des arcs inégaux, et le plus grand angle intercepte le plus grand arc* (fig. 83 et 84).

1° Soient AOB, CO'D (fig. 83) deux angles au centre égaux dans les cercles égaux O et O' ; je dis que les arcs AB et CD sont aussi égaux. En effet, transportons la circonférence O' sur la circonférence O, de manière que l'angle CO'D s'applique

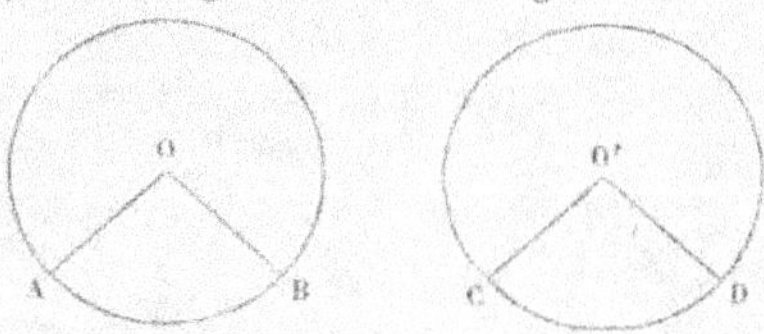

Fig. 83.

exactement sur l'angle AOB qui lui est égal ; les deux circonférences coïncideront, puisqu'elles sont égales ; le point C tombera au point A, et le point D au point B. Les deux arcs AB et CD, ayant alors les mêmes extrémités, et étant pris sur la même circonférence, coïncident ; donc ils sont égaux. C. Q. F. D.

2° Supposons maintenant que les angles au centre AOB, CO'D soient inégaux et

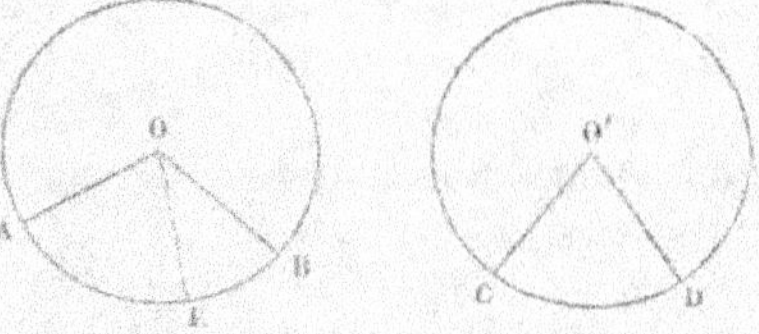

Fig. 84.

que AOB soit le plus grand (fig. 84) ; je dis que l'arc AB est plus grand que l'arc CD. En effet, dans le plus grand angle AOB, menons un rayon OE qui fasse avec OA un angle AOE égal à CO'D ; le rayon OE étant à l'intérieur de l'angle AOB, puisque l'angle CO'D ou son égal AOE est, par hypothèse, plus petit que AOB, le point E tombera sur l'arc AB et l'on aura : arc AE $<$ arc AB. Mais, les angles au centre AOE, CO'D, étant égaux, on a : arc AE $=$ arc CD (1°) ; donc enfin, arc CD $<$ arc AB.   C. Q. F. D.

130. COROLLAIRE I. — Les deux propositions précédentes, qui sont des propositions contraires, étant vraies, leurs réciproques le sont aussi. Donc,

Dans un même cercle ou dans des cercles égaux,

1° A des arcs égaux correspondent des angles au centre égaux ;

2° A des arcs inégaux correspondent des angles au centre inégaux, et au plus grand arc correspond le plus grand angle au centre.

131. COROLLAIRE II. — *Un angle au centre droit intercepte entre ses côtés un arc égal au quart de la circonférence* (fig. 85).

Soit AOB un angle droit placé au centre d'une circonférence.

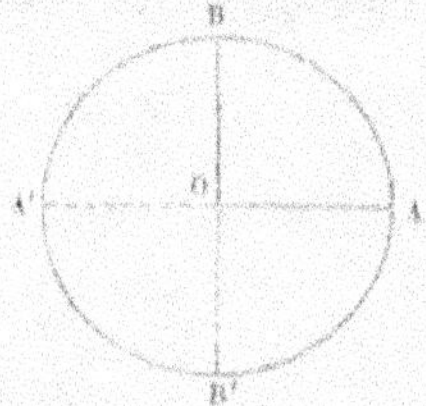

Fig. 85.

En prolongeant ses côtés en OA' et en OB', on forme quatre angles au centre égaux comme droits ; donc les arcs AB, BA', A'B', B'A, qu'ils interceptent entre leurs côtés, sont égaux entre eux (**129**, 1°), et comme leur somme donne la circonférence entière, chacun d'eux est le quart de la circonférence.

                 C. Q. F. D.

Le quart de la circonférence se nomme un *quadrant*.

Réciproquement, *l'angle au centre qui intercepte entre ses côtés un arc d'un quadrant est un angle droit* ; car un angle plus petit ou plus grand qu'un angle droit intercepterait un arc plus petit ou plus grand qu'un quadrant (**129**, 2°).

132. Des rapports et de la mesure des grandeurs. — Avant d'exposer les principes qui nous permettront de ramener la mesure des angles à celle des arcs, nous croyons devoir rappeler ici les notions données en arithmétique sur les rapports et sur la mesure des grandeurs [1].

Deux grandeurs de même espèce sont *commensurables* entre elles lorsqu'il existe une troisième grandeur de la même espèce qui est contenue exactement dans chacune des deux premières ; cette troisième grandeur s'appelle une *commune mesure* entre les deux au-

---

1. Voyez les *Éléments d'Arithmétique* de M. J. Pichot. Paris, Hachette et Cⁱᵉ.

tres. Lorsque deux grandeurs de même espèce n'admettent pas de commune mesure, on dit qu'elles sont *incommensurables* entre elles.

Pour *mesurer* une grandeur, on fait choix d'une autre grandeur de même espèce qu'on appelle *unité*; puis on cherche une commune mesure entre ces deux grandeurs. Supposons qu'il en existe une, et qu'elle soit contenue 7 fois, par exemple, dans la grandeur à mesurer et 4 fois dans l'unité; la grandeur donnée vaut alors les $\frac{7}{4}$ de l'unité et l'on dit que sa *mesure* est le nombre $\frac{7}{4}$. Si l'unité était exactement contenue dans la grandeur qu'on veut mesurer, cette unité serait elle-même une commune mesure et la mesure de la grandeur proposée serait exprimée par le nombre entier qui indiquerait combien de fois cette grandeur contient l'unité. Ainsi, *lorsqu'une grandeur est commensurable avec l'unité, la mesure de cette grandeur est le nombre entier ou fractionnaire qui indique combien de fois elle contient l'unité ou quelle fraction de l'unité elle représente.*

Remarquons encore que, pour obtenir la mesure d'une grandeur, il suffit de diviser l'un par l'autre les deux nombres entiers qui indiquent combien de fois la commune mesure est contenue dans la grandeur donnée et dans l'unité.

* **133.** Supposons maintenant que la grandeur à mesurer, A, soit incommensurable avec l'unité, que je désigne par B. Partageons l'unité B en un nombre quelconque n de parties égales, et soit α l'une de ces parties, en sorte qu'on aura $B = n\alpha$. Si l'on cherche combien de fois α est contenu dans A, on ne trouvera pas un nombre entier, puisque A et B n'ont pas de commune mesure; A contiendra m fois α plus un résidu moindre que α. On aura donc

$$m\alpha < A < (m+1)\alpha,$$

ou bien, en remplaçant α par $\frac{B}{n}$,

$$\frac{m}{n} B < A < \frac{m+1}{n} B.$$

Il résulte de là que A est compris entre les deux grandeurs $\frac{m}{n}$ B et $\frac{m+1}{n}$ B, toutes les deux commensurables avec l'unité B, et dont les mesures seraient respectivement $\frac{m}{n}$ et $\frac{m+1}{n}$; la différence de ces deux nombres est $\frac{1}{n}$ et peut, par conséquent, être rendue aussi petite que l'on voudra en prenant n suffisamment grand. Nous dirons alors, *par définition*, que la mesure de A est comprise entre $\frac{m}{n}$ et $\frac{m+1}{n}$ et que chacune de ces deux fractions est une valeur approchée de cette mesure à $\frac{1}{n}$ près, la première par défaut, la seconde par excès.

Si l'on suppose maintenant que n croisse indéfiniment, les deux grandeurs commensurables avec l'unité, $\frac{m}{n}$ B et $\frac{m+1}{n}$ B, qui comprennent entre elles la grandeur A, iront en se rapprochant de plus en plus l'une de l'autre et pourront différer aussi peu que l'on voudra. Par conséquent, elles se rapprocheront de plus en plus de A; ou, en d'autres termes, elles auront A pour *limite*. Dès lors les nombres $\frac{m}{n}$ et $\frac{m+1}{n}$, qui expriment les mesures de ces deux grandeurs, tendront aussi vers une limite, qu'on appellera la *mesure* de la grandeur A; cette limite, qui n'est ni un nombre entier ni un nombre fractionnaire, s'appelle un *nombre incommensurable*. Ainsi, *la mesure d'une grandeur incommensurable avec l'unité est la limite vers laquelle tendent les mesures de grandeurs commensurables avec l'unité, qui ont elles-mêmes pour limite la grandeur donnée.*

134. On appelle *rapport* de deux grandeurs de même espèce le nombre qui exprime la mesure de la première quand on prend la seconde pour unité.

Si les deux grandeurs sont commensurables entre elles, leur rapport est un nombre entier ou fractionnaire, qu'on obtient en divisant l'un par l'autre les nombres qui indiquent combien de fois la commune mesure est contenue dans chacune des deux grandeurs. Supposons, par exemple, que la première grandeur A contienne 17 fois la commune mesure et que la seconde grandeur B la contienne 9 fois : le rapport de A à B sera $\frac{17}{9}$, c'est-à-dire le quotient de 17 divisé par 9. C'est pour ce motif que nous représenterons ordinairement le rapport de la grandeur A à la grandeur B par l'expression $\dfrac{A}{B}$, expression qui n'a aucun sens par elle-même, lorsque A

et B ne sont pas des nombres, mais que nous emploierons néanmoins comme une abréviation utile.

* Si les deux grandeurs sont incommensurables entre elles, leur rapport est un nombre incommensurable, dont on peut obtenir des valeurs aussi approchées qu'on voudra, ainsi que nous l'avons expliqué ci-dessus (**133**).

135. Théorème. — *Dans un même cercle ou dans deux cercles égaux, le rapport de deux angles au centre est égal au rapport des arcs qu'ils interceptent.*

Supposons d'abord (fig. 86) que les arcs AB et DE aient une commune mesure, qui soit contenue 3 fois, par exemple, dans l'arc AB

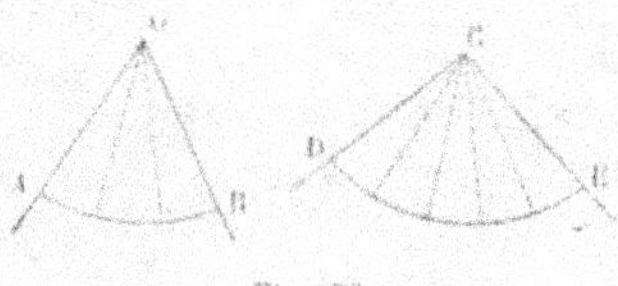

Fig. 86.

et 5 fois dans l'arc DE ; le rapport de l'arc AB à l'arc DE sera $\dfrac{3}{5}$, ce que nous écrivons ainsi

$$\frac{\text{arc AB}}{\text{arc DE}} = \frac{3}{5}.$$

Joignons les points de division des deux arcs à leurs centres respectifs O et C ; les deux angles au centre AOB, DCE seront ainsi partagés en petits angles tous égaux entre eux, puisqu'ils interceptent entre leurs côtés des arcs égaux (**129, 1°**). Or l'angle AOB en contient 3 et l'angle DCE en contient 5 ; le rapport de l'angle AOB à

l'angle DCE est donc $\dfrac{3}{5}$, ce qu'on peut écrire ainsi :

$$\frac{\text{angle AOB}}{\text{angle DCE}} = \frac{3}{5}.$$

De la comparaison des deux égalités, on tire

$$\frac{\text{angle AOB}}{\text{angle DCE}} = \frac{\text{arc AB}}{\text{arc DE}}. \qquad \text{c. q. f. d.}$$

* Supposons, en second lieu, que les deux arcs AB et DE n'aient pas de commune mesure. Divisons l'arc DE en un nombre quelconque n de parties égales et portons l'une de ces parties sur l'arc AB ; elle y

era contenue m fois et il y aura un résidu plus petit que l'une d'elles ; alors, par définition (**134**), le rapport de l'arc AB à l'arc DE sera compris entre les fractions $\dfrac{m}{n}$ et $\dfrac{m+1}{n}$. On aura donc

$$\frac{m}{n} < \frac{\text{arc AB}}{\text{arc DE}} < \frac{m+1}{n}.$$

Joignons les points de division des arcs DE et AB à leurs centres respectifs C et O ; l'angle au centre DCE sera partagé en n angles tous égaux entre eux comme interceptant des arcs égaux (**129**, 1°) ; l'angle au centre AOB contiendra m angles égaux aux précédents pour la même raison, plus un angle plus petit que l'un des précédents, puisqu'il intercepte entre ses côtés un arc plus petit (**129**, 2°). En d'autres termes, l'angle AOB contiendra plus de m fois et moins de $m+1$ fois la n^e partie de l'angle DCE ; on aura donc encore, par définition,

$$\frac{m}{n} < \frac{\text{angle AOB}}{\text{angle DCE}} < \frac{m+1}{n}.$$

Les deux rapports $\dfrac{\text{arc AB}}{\text{arc DE}}$ et $\dfrac{\text{angle AOB}}{\text{angle DCE}}$ sont alors compris tous les deux entre les fractions $\dfrac{m}{n}$ et $\dfrac{m+1}{n}$, dont la différence $\dfrac{1}{n}$ peut être rendue aussi petite qu'on voudra. La différence entre ces deux rapports, s'il y en avait une, devrait donc être inférieure à $\dfrac{1}{n}$ et, par conséquent, moindre que toute grandeur assignable ; donc elle est nulle et les deux rapports sont égaux. C. Q. F. D.

136. Théorème. — *Si l'on prend pour unité d'angle au centre l'angle qui intercepte entre ses côtés l'unité d'arc, la mesure d'un angle au centre est la même que celle de l'arc compris entre ses côtés* (fig. 87).

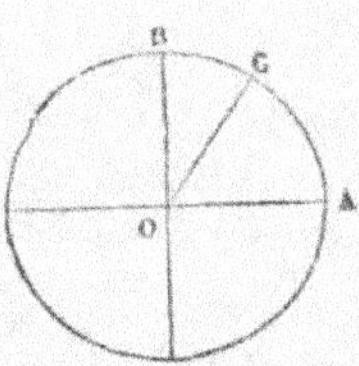

Fig. 87.

Soit AOC l'angle qu'il faut mesurer, AOB l'unité d'angle. Du point O comme centre, avec un rayon arbitraire, je décris une circonférence qui rencontre en A, C et B les côtés des deux angles ; l'unité d'arc sera, par hypothèse, l'arc AB intercepté entre les côtés de l'unité d'angle. Alors la mesure de l'angle AOB sera le rapport $\dfrac{\text{angle AOC}}{\text{angle AOB}}$, et la mesure de l'arc AC sera le rapport $\dfrac{\text{arc AC}}{\text{arc AB}}$ (**134**) ; or ces deux rapports sont égaux en vertu du théorème précédent ; donc la mesure de l'angle AOC est la même que celle de l'arc AC.   C. Q. F. D.

137. REMARQUES. — On énonce ordinairement ce théorème d'une manière plus brève, mais incorrecte, en disant : *Un angle au centre a pour mesure l'arc compris entre ses côtés*. Lorsqu'on emploie cet énoncé, il ne faut pas oublier que les mots *a pour mesure* signifient *a la même mesure que*, et que la proposition n'est vraie qu'à la condition que les unités d'arc et d'angle au centre se correspondent.

138. On prend souvent pour unité d'angle l'angle droit ; l'unité d'arc est alors le quart de la circonférence ou le quadrant (**131**).

Pour comparer plus facilement les arcs d'une même circonférence, on a partagé la circonférence entière en 360 parties égales appelées *degrés*, chaque degré en 60 parties égales appelées *minutes*, chaque minute en 60 parties égales appelées *secondes* ; les arcs plus petits que la seconde s'évaluent habituellement en fractions décimales de la seconde. On appelle alors *angle d'un degré*, *d'une minute*, etc., l'angle au centre qui intercepte entre ses côtés un arc d'un degré, d'une minute, etc.

Les degrés s'indiquent par le signe (°), les minutes par le signe ('), les secondes par le signe (″) ; ainsi 18 degrés 25 minutes 15 secondes et 37 centièmes de seconde s'écrivent ainsi : 18° 25' 15″,37.

Si un angle au centre intercepte entre ses côtés un arc de 25°, par exemple, cet angle sera 25 fois plus grand que l'angle de 1° (**135**), et l'on dit, pour cette raison, que c'est un angle de 25° ; de même, si un angle au centre intercepte entre ses côtés un arc de 25°13'45″, ce sera un angle de 25°13'45″.

139. Il est bien facile de voir d'ailleurs que la mesure d'un angle évalué en degrés, minutes et secondes ne dépend aucunement de la longueur du rayon que l'on donne à la circonférence décrite de son sommet comme centre. Soit un angle AOB (fig. 88) : de son sommet comme centre, je décris deux circonférences de rayons différents ; je dis que les deux arcs AB, A'B', interceptés sur les deux circonférences par les côtés de l'angle, contiennent le même nombre de degrés, de minutes et de secondes. En effet, élevons par le point O au côté OA une perpendiculaire qui coupe les circonférences en C et en C' ; les arcs ABC, A'B'C' sont des quadrants des deux circonférences OA, OA' (**131**).

Le rapport de l'arc AB au quadrant ABC de la première circonférence est égal au rapport de l'angle AOB à l'angle droit (**135**) ; de

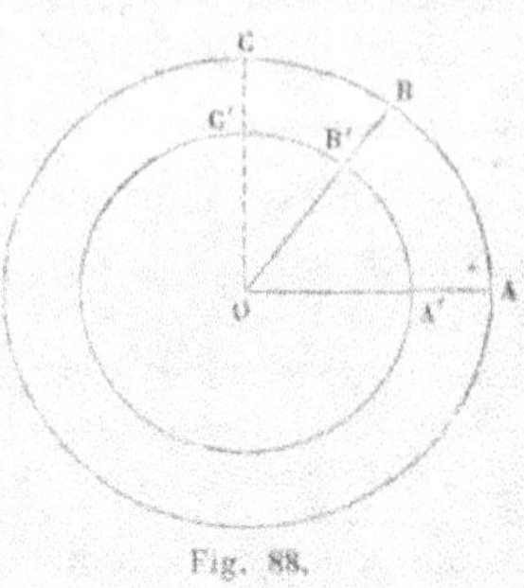

Fig. 88.

même, dans la deuxième circonférence, le rapport de l'arc A'B' au quadrant A'B'C' est aussi égal au rapport de l'angle AOB à l'angle droit ; donc le rapport de l'arc AB au quadrant ABC est égal au rapport de l'arc A'B' au quadrant A'B'C' ; et comme le quadrant ABC vaut 90 degrés de la première circonférence, et que le quadrant A'B'C' vaut 90 degrés de la deuxième circonférence, les deux arcs AB et A'B' contiennent le même nombre de degrés, de minutes et de secondes de leurs circonférences respectives ; et, par suite, la mesure de l'angle AOB en degrés, minutes et secondes est la même, quel que soit le rayon de la circonférence décrite de son sommet comme centre.

140. Lorsqu'un angle est exprimé en degrés, minutes et secondes, il est facile de trouver son rapport à l'angle droit ; il suffit de se rappeler que l'angle droit vaut 90 degrés, ou 5400', ou encore 524 000''. Exemple : Quel est le rapport à l'angle droit d'un angle de 79°41'15''? Je réduis cet angle en secondes, ce qui donne 286 875'' ; le rapport de l'angle donné à l'angle droit est donc

$$\frac{286\,875}{324\,000} = \frac{85}{96} ;$$

cet angle est donc les $\frac{85}{96}$ de l'angle droit.

Inversement, lorsqu'on connaît le rapport d'un angle à l'angle droit, on peut calculer sa valeur en degrés, minutes et secondes. Exemple : Trouver le nombre de degrés, de minutes et de secondes d'un angle qui vaut les $\frac{17}{13}$ d'un angle droit. La valeur de cet angle en degrés est

$$90° \times \frac{17}{13} = \frac{1530°}{13} = 117° \frac{7}{13} ;$$

$\frac{7}{13}$ de degré valent

$$60' \times \frac{7}{13} = \frac{420'}{13} = 32' \frac{4}{13} ;$$

de même, $\frac{4}{13}$ de minute valent

$$60'' \times \frac{4}{13} = \frac{240''}{13} = 18'' \frac{6}{13};$$

donc enfin l'angle donné vaut

$$117° 32' 18'' \frac{6}{13}.$$

141. Définition. — On appelle *angle inscrit* l'angle formé par deux cordes qui se coupent sur la circonférence.

142. Théorème. — *La mesure d'un angle inscrit est la même que celle de la moitié de l'arc compris entre ses côtés.* (On suppose, comme précédemment, qu'on prenne pour unité d'angle l'angle au centre qui intercepte entre ses côtés l'unité d'arc.)

Nous distinguerons trois cas :

1° *L'un des côtés de l'angle inscrit* ABC *passe par le centre* (fig. 89).

Je joins OA ; le triangle OAB est isocèle, puisque OA = OB ; donc l'angle A = l'angle B (**39**) ; mais l'angle AOC, extérieur au triangle AOB, est égal à la somme des deux angles A et B non adjacents (**75**) ; donc il est double de l'angle B ; en d'autres termes, l'angle B est la moitié de l'angle AOC. Or celui-ci a la même mesure

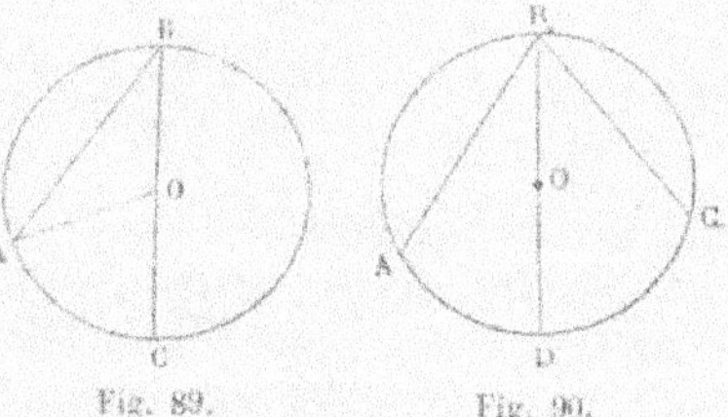

Fig. 89.   Fig. 90.

que l'arc AC compris entre ses 'côtés (**136**) ; donc l'angle ABC a la même mesure que la moitié de l'arc AC.   C. Q. F. D.

2° *Le centre* O *est dans l'intérieur de l'angle* ABC (fig. 90).

Je mène le diamètre BD ; l'angle ABC est la somme des angles ABD, DBC ; or l'angle ABD a la même mesure que $\dfrac{\text{arc AD}}{2}$, et l'angle DBC a la même mesure que $\dfrac{\text{arc DC}}{2}$; donc la mesure de ABC est la même que celle de $\dfrac{\text{arc AD}}{2} + \dfrac{\text{arc DC}}{2} = \dfrac{\text{arc AC}}{2}$.   C. Q. F. D.

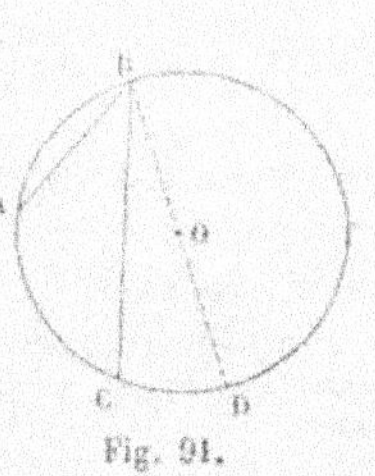

Fig. 91.

3° *Le centre* O *est extérieur à l'angle* ABC (fig. 91).

Je mène le diamètre BD ; on a

angle ABC = angle ABD — angle CBD ;

l'angle ABD a la même mesure que $\dfrac{\text{arc AD}}{2}$ (1°), et l'angle CBD a la même mesure que $\dfrac{\text{arc CD}}{2}$: donc la mesure de ABC est la même que celle de

$$\frac{\text{arc AD}}{2} - \frac{\text{arc CD}}{2} = \frac{\text{arc AC}}{2}. \qquad \text{c. q. f. d.}$$

EXEMPLE. — Supposons, par exemple, que l'arc AC, compris entre les côtés de l'angle inscrit ABC, vaille 69° 55′ 42″; l'angle ABC vaudra la moitié de ce nombre, ou 34° 47′ 51″.

143. COROLLAIRE I. — *Tout angle inscrit dans une demi-circonférence est droit* (fig. 92).

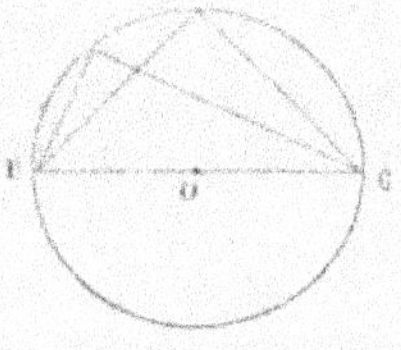

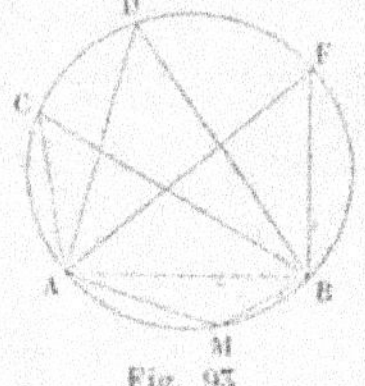

Fig. 92.

Car il a même mesure que la moitié d'une demi-circonférence ou un quadrant; donc il est droit.

144. COROLLAIRE II. — *Tout angle inscrit dans un segment plus grand qu'un demi-cercle est aigu, et tout angle inscrit dans un segment plus petit qu'un demi-cercle est obtus.*

L'angle ADB, par exemple (fig. 93), inscrit dans le segment ACDEB plus grand qu'un demi-cercle, a même mesure que la moitié de l'arc AMB plus petit qu'une demi-circonférence ; sa mesure est donc moindre que celle d'un angle droit ; donc il est aigu.

On voit de même que l'angle AMB, inscrit dans un segment plus petit qu'un demi-cercle, est obtus.

Fig. 93.

145. COROLLAIRE III. — *Tous les angles inscrits dans un même segment sont égaux* (fig. 93).

Les angles ACB, ADB, AEB sont tous égaux, comme ayant même mesure que la moitié de l'arc AMB. Le segment ACDEB est dit le *segment capable de l'angle ACB.*

146. COROLLAIRE IV. — Les angles ACB, AMB (fig. 93), inscrits dans les deux segments déterminés par la corde AB, sont supplémentaires; car la somme des arcs qui les mesurent est égale à la demi-circonférence ; donc, *dans un quadrilatère inscrit, les angles opposés sont supplémentaires.*

147. Théorème. — *L'angle formé par une tangente et une corde menée par le point de contact a même mesure que la moitié de l'arc compris entre ses côtés* (fig. 94).

Soient AC une corde et BA la tangente au point A; par ce point, je mène le diamètre AD; l'angle BAC est la différence des angles BAD et CAD. Or l'angle BAD, qui est droit (**120**), a pour mesure un quadrant, c'est-à-dire la moitié de la demi-circonférence DCA; l'angle CAD, qui est inscrit, a pour mesure la moitié de l'arc CD compris entre ses côtés. Donc l'angle BAC a pour mesure

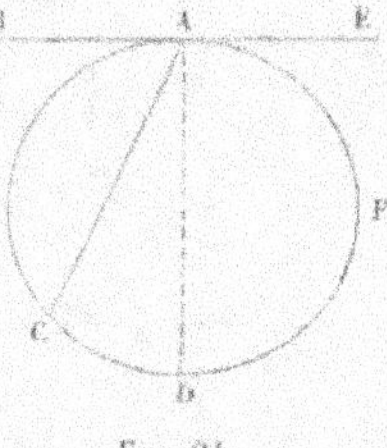

Fig. 94.

$$\frac{\text{arc DCA}}{2} - \frac{\text{arc CD}}{2} = \frac{\text{arc CA}}{2}. \qquad \text{C. Q. F. D.}$$

La démonstration serait un peu modifiée si l'angle dont on cherche la mesure était obtus, ce qui a lieu pour l'angle CAE de la figure. Cet angle serait alors la somme des angles DAE et CAD, qui ont pour mesures respectives $\dfrac{\text{arc DFA}}{2}$ et $\dfrac{\text{arc DC}}{2}$; sa mesure serait donc $\dfrac{\text{arc DFA}}{2} + \dfrac{\text{arc DC}}{2} = \dfrac{\text{arc CDFA}}{2}$, c'est-à-dire encore la moitié de l'arc compris entre ses côtés.

148. Théorème. — *L'angle formé par deux cordes qui se coupent dans un cercle a pour mesure la demi-somme des arcs compris entre ses côtés et leurs prolongements* (fig. 95).

Soit ABC l'angle donné, BD, BE, les prolongements de ses côtés; joignons AE; l'angle ABC, extérieur au triangle ABE, est égal à la somme des angles intérieurs A et E (**75**); or l'angle E a pour mesure $\dfrac{\text{arc AC}}{2}$, et l'angle A a pour mesure arc $\dfrac{\text{DE}}{2}$ (**142**); donc l'angle ABC a pour mesure

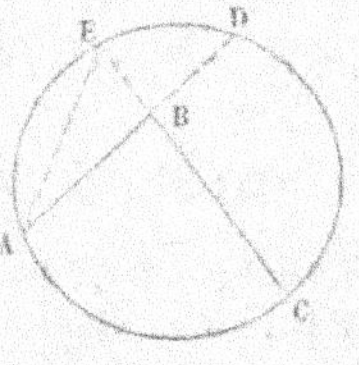

Fig. 95.

$$\frac{\text{arc AC} + \text{arc DE}}{2}. \qquad \text{C. Q. F. D.}$$

149. Théorème. — *L'angle formé par deux sécantes à un cercle*

qui se coupent hors de la circonférence, a pour mesure la demi-diffé-rence des arcs compris entre ses côtés (fig. 96).

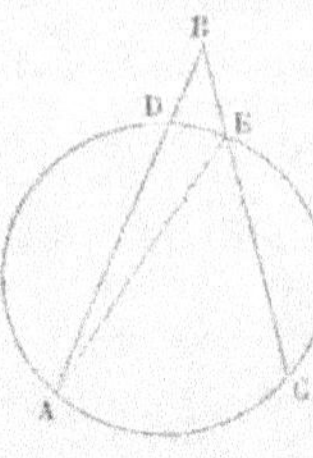

Fig. 96.

Soit ABC l'angle donné ; je mène la corde AE ; l'angle AEC, extérieur au triangle ABE, est égal à la somme des angles A et B (**75**) ; donc l'angle B est égal à l'excès de AEC sur l'angle A ; or la mesure de AEC est $\dfrac{\text{arc AC}}{2}$; la m^{e}sure de l'angle A est $\dfrac{\text{arc DE}}{2}$; donc la mesure de l'angle ABC est $\dfrac{\text{arc AC} - \text{arc DE}}{2}$. c. q. f. d.

REMARQUE. — Le théorème reste vrai lorsque l'angle est formé par une sécante et une tangente, ou par deux tangentes.

150. Théorème. — *Dans la portion du plan située d'un même côté d'une droite AB, le lieu des points d'où cette droite est vue sous un angle donné, est un arc de cercle ayant AB pour corde* (fig. 97).

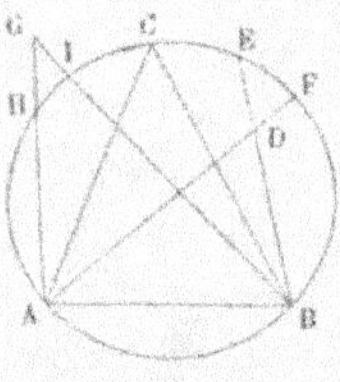

Fig. 97.

Soit C un point du lieu ; par les trois points A, B, C, je fais passer un cercle ; je dis que l'arc ACB est le lieu demandé. En effet,

1° De tous les points de cet arc, la droite AB est vue sous le même angle (**145**).

2° Soit D un point intérieur au segment ACB ; l'angle ADB a pour mesure $\dfrac{\text{arc AB} + \text{arc EF}}{2}$ (**148**) ; donc il est plus grand que l'angle ACB ; donc la mesure est $\dfrac{\text{arc AB}}{2}$. Soit maintenant G un point extérieur au segment ; l'angle AGB a pour mesure $\dfrac{\text{arc AB} - \text{arc HI}}{2}$ (**149**) ; donc il est plus petit que l'angle ACB ; les points de l'arc ACB sont donc les seuls d'où la droite AB est vue sous un angle égal à l'angle donné.

151. REMARQUE. — En particulier, si l'angle donné est droit, le lieu est la demi-circonférence décrite sur AB comme diamètre au-dessus de cette droite ; mais dans la portion du plan située au-dessous de la droite AB le lieu des points d'où cette droite est vue sous un angle droit, est l'autre moitié de la circonférence décrite sur AB comme diamètre ; donc

Le lieu géométrique des points du plan d'où une droite donnée est

vue sous un angle droit, est la circonférence décrite sur cette droite comme diamètre.

152. Corollaire. — *Si deux angles opposés d'un quadrilatère sont supplémentaires, le quadrilatère est inscriptible dans un cercle* (fig. 98).

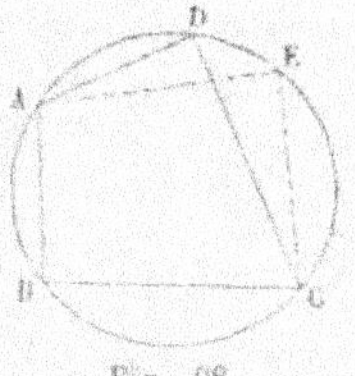

Fig. 98.

Supposons que les angles opposés B et D du quadrilatère ABCD soient supplémentaires ; je dis qu'on peut faire passer une circonférence de cercle par les quatre sommets A, B, C, D. En effet, par les trois sommets A, B, C, je fais passer une circonférence et je considère les segments ABC, AEC ; tout angle inscrit dans le segment AEC est supplémentaire de l'angle ABC (**146**), et par conséquent est égal à l'angle D. L'arc AEC est alors, en vertu du théorème précédent, le lieu des points d'où l'on verrait la droite AC sous un angle égal à l'angle D ; donc il contient le point D. c. q. f. d.

Il résulte de ce corollaire et de celui du n° **146** que *la condition nécessaire et suffisante pour qu'un quadrilatère soit inscriptible dans un cercle, c'est qu'il ait deux angles opposés supplémentaires.*

§ XI. — USAGE DE LA RÈGLE ET DU COMPAS DANS LES CONSTRUCTIONS SUR LE PAPIER. — PLUS GRANDE COMMUNE MESURE DE DEUX DROITES. — TRACÉ DES PERPENDICULAIRES ET DES PARALLÈLES ; USAGE DE L'ÉQUERRE.

153. Les problèmes de géométrie sont dits *élémentaires* lorsqu'ils peuvent être ramenés à des tracés de droites et de circonférences. On réalise ces constructions sur le papier à l'aide de deux instruments principaux, la *règle* et le *compas*, auxquels on peut adjoindre l'*équerre* et le *rapporteur*. Nous décrirons ces divers instruments ; puis nous résoudrons les problèmes graphiques les plus simples, dont la théorie repose sur les théorèmes déjà établis. Lorsqu'un problème nouveau sera proposé, on le ramènera à ces problèmes classiques et à ceux qui suivront les autres livres de géométrie.

154. La *règle* (fig. 99) est une planchette longue, ordinairement en bois, dont un des côtés au moins doit être bien rectiligne. Pour l'essayer, on trace

Fig. 99.

le long de ce côté une ligne AB, et l'on marque les deux points A et B ; puis on retourne la règle de manière que l'autre face soit appliquée sur le papier, et on amène le bord de la règle à toucher chacun des deux points A et B à peu près au même endroit que précédemment, et on trace de nouveau la ligne AB en suivant le bord de la règle. Si le bord est parfaitement rectiligne, les deux lignes ainsi tracées entre les points A et B coïncideront ; mais si la règle n'est pas droite, on obtiendra deux lignes différentes, telles que ACB, ADB (fig. 100).

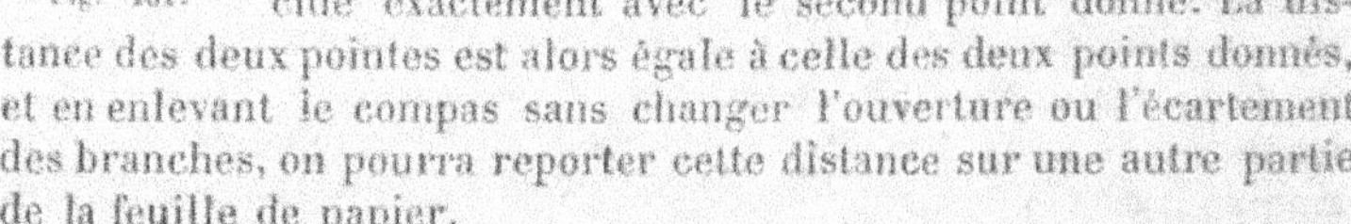

Fig. 100.

Quand on veut faire passer une ligne droite par deux points donnés, on place la règle sur le papier de manière que son bord touche les deux points donnés ; puis avec la pointe d'un crayon bien fin ou d'un tire-ligne on trace un trait le long du bord de la règle.

155. Le *compas* (fig. 101) est un instrument formé de deux branches réunies par un axe ou pivot autour duquel elles peuvent tourner

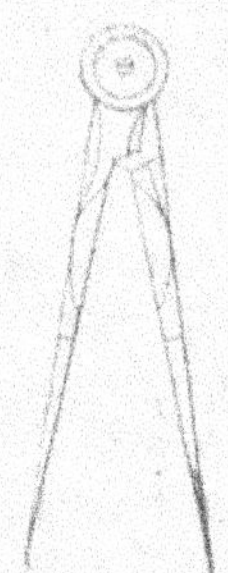

à frottement doux ; ces deux branches peuvent être terminées par deux pointes fines en acier, et alors le compas est dit *à pointes sèches*, ou bien l'une de ces pointes est remplacée par un crayon ou un tire-ligne. L'axe qui réunit les deux branches se nomme la *tête* du compas. Le compas sert à relever les distances et à tracer les circonférences.

Pour relever avec le compas la distance de deux points, on place l'une des pointes sèches à l'un des points, et on ouvre le compas avec précaution et d'une manière continue jusqu'à ce que l'autre pointe coïn-

Fig. 101.

cide exactement avec le second point donné. La distance des deux pointes est alors égale à celle des deux points donnés, et en enlevant le compas sans changer l'ouverture ou l'écartement des branches, on pourra reporter cette distance sur une autre partie de la feuille de papier.

Quand on veut décrire une circonférence dont le centre et le rayon sont donnés, on remplace une des pointes sèches par un crayon ou un tire-ligne ; on place ensuite la pointe sèche au centre, et on ouvre le compas de manière que la distance des deux pointes soit égale au rayon. En tenant alors l'instrument par la tête, et en le faisant tourner de manière que l'ouverture ne change pas et que le crayon ou le tire-ligne ne quitte pas le papier, on décrira la circonférence demandée.

156. Problème. — *Trouver la plus grande commune mesure de deux droites.*

La recherche de la plus grande commune mesure de deux droites a et b repose sur les deux principes suivants :

1° *Si la plus petite longueur* b *est contenue exactement dans la plus grande* a, b *est la plus grande commune mesure des deux droites.* En effet, la plus grande commune mesure entre a et b ne peut surpasser b, puisqu'elle doit être contenue dans cette ligne ; d'ailleurs b est une commune mesure entre a et b, puisqu'elle est contenue exactement dans chacune de ces droites ; donc b est la plus grande commune mesure entre a et b.

2° *Si la plus grande longueur* a *contient* m *fois la longueur* b *plus un reste* r *moindre que* b, *la plus grande commune mesure de* a *et de* b *(si ces deux lignes sont commensurables) est la même que la plus grande commune mesure de* b *et de* r. En effet, toute commune mesure entre a et b est exactement contenue dans a et dans b, par suite dans a et dans mb et aussi dans $a - mb = r$; en d'autres termes, toute commune mesure entre a et b est aussi une commune mesure entre b et r. Réciproquement toute commune mesure entre b et r est exactement contenue dans b et dans r, par suite dans mb et dans r, et dans la somme $mb + r = a$; donc toute commune mesure entre b et r est aussi une commune mesure entre a et b. Il résulte de là que les deux droites a et b ont les mêmes communes mesures que les droites b et r ; par conséquent enfin, la plus grande commune mesure de a et de b est la même que celle de b et de r.

De ces deux principes, on déduit immédiatement la solution du problème. *Sur la droite* a *on porte, à l'aide du compas, la longueur* b *autant de fois que possible. S'il n'y a pas de reste,* b *est la plus grande commune mesure cherchée. S'il y a un reste* r, *on le portera autant de fois que possible sur la droite* b ; *supposons qu'il y ait encore un reste* r'. *On le portera autant de fois que possible sur* r, *et on continuera de même jusqu'à ce qu'on arrive à un reste qui soit exactement contenu dans le précédent ; c'est ce dernier reste qui est la plus grande commune mesure cherchée.*

Ainsi, soient AB et CD les deux droites données (fig. 102), CD la plus petite ; en portant CD sur AB autant de fois que possible, on trouve que AB contient 2 fois CD et qu'il reste une longueur EB plus petite que CD ; donc la plus grande commune mesure de AB et de CD est la même que la plus grande commune mesure de CD et de EB (2° principe). Je porte alors EB sur CD autant de fois que possible ; CD contient 3 fois EB plus un reste FD ; par suite, la plus grande commune mesure de CD et de EB est la même que la plus grande commune mesure de EB et de FD. En portant ensuite FD sur EB, on trouve

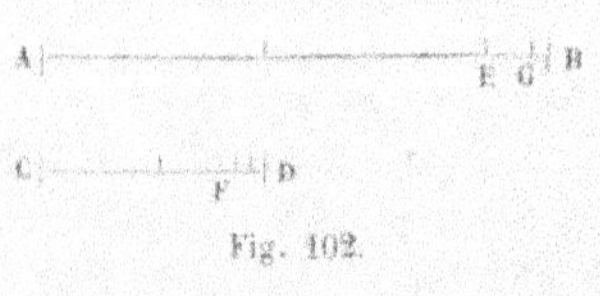

Fig. 102.

que EB est égale à FD, plus un reste GB; d'où il suit que la plus grande commune mesure de EB et de FD est la même que celle de FD et de GB. Enfin, si l'on porte GB sur FD, on reconnaît que FD contient exactement 3 fois GB; donc GB est la plus grande commune mesure entre FD et GB (1er principe), par suite aussi entre EB et FD, entre CD et EB, et enfin entre AB et CD.

Si l'on veut savoir combien de fois ces deux droites contiennent leur plus grande commune mesure, il suffit de remarquer qu'on a :

$$AB = 2\,CD + EB,$$
$$CD = 3\,EB + FD,$$
$$EB = FD + GB,$$
$$FD = 3\,GB\,;$$

on en déduit successivement :

$$EB = 3\,GB + GB = 4\,GB,$$
$$CD = 12\,GB + 3\,GB = 15\,GB,$$
$$AB = 30\,GB + 4\,GB = 34\,GB.$$

Ainsi AB contient 34 fois, et CD contient 15 fois la plus grande commune mesure GB; le rapport de AB à CD est donc $\dfrac{34}{15}$.

*157. REMARQUE I. — Si les deux lignes données a et b sont commensurables, l'opération que nous venons de décrire se terminera nécessairement. En effet, si l'on considère la série des longueurs successives

$$a, b, r, r', r'', \ldots \ldots \ldots,$$

chacune d'elles est plus petite que la précédente, et même plus petite que la moitié de celle qui la précède de deux rangs, c'est-à-dire qu'on a

$$r < \frac{a}{2}, \; r' < \frac{b}{2}, \; r'' < \frac{r}{2}, \; r''' < \frac{r'}{2}, \; \text{etc.};$$

car a, par exemple, est au moins égale à $b + r$; et comme b surpasse r, a est plus grande que $2r$, ou, ce qui est la même chose, $r < \dfrac{a}{2}$; de même pour les autres. On aura donc

$$r < \frac{a}{2}, \quad r' < \frac{r}{2} < \frac{a}{4}, \quad r'' < \frac{r'}{2} < \frac{a}{8}, \text{ etc.}$$

De là résulte que les résidus successifs r, r', r'', r''', …, vont en décroissant et peuvent devenir plus petits qu'une longueur donnée quelconque, si l'opération se prolonge indéfiniment. D'autre part, si les lignes a et b ont une commune mesure d, elle doit être contenue exactement dans les longueurs b, r', r'' (**156**, 2ᵉ principe) ; donc ces longueurs ne peuvent pas être inférieures à d, ce qui exige que l'opération se termine.

Mais, si les lignes données a et b sont incommensurables, l'opération ne se terminera jamais, au moins en théorie ; dans la pratique, à cause de l'imperfection de nos sens et de nos instruments, nous serons forcés de nous arrêter dès que les résidus atteindront un certain degré de petitesse. Nous rencontrerons plus tard de nombreux exemples de longueurs incommensurables.

***158**. REMARQUE II. — On opérerait de même pour trouver la plus grande commune mesure de deux arcs de cercle *de même rayon*.

***159**. REMARQUE III. — La recherche de la plus grande commune mesure de deux droites offre la plus grande analogie avec la recherche du plus grand commun diviseur de deux nombres entiers, et la marche suivie dans les deux cas est la même (voy. l'*Arithmétique*). Il y a toutefois une différence : c'est que cette dernière opération se termine toujours après un nombre de divisions plus ou moins considérable et aboutit toujours à un résultat, ce qui n'arrive pour le problème de géométrie correspondant que dans le cas où les droites données sont commensurables.

160. Problème. — *Par un point* C *donné sur une droite* AB, *élever une perpendiculaire à cette droite* (fig. 103).

De part et d'autre du point C, je prends sur la droite AB deux longueurs égales CD et CE. Du point D comme centre, avec une ouverture de compas plus grande que DC, je décris un arc de cercle, et du point E comme centre, *avec la même ouverture de compas*, je décris un second arc de cercle qui coupe le premier en un point F ; enfin je mène la ligne CF ; c'est la perpendiculaire demandée.

Je remarque en premier lieu que les deux arcs de cercle décrits se couperont si on les prolonge suffisamment ; en effet, d'une part,

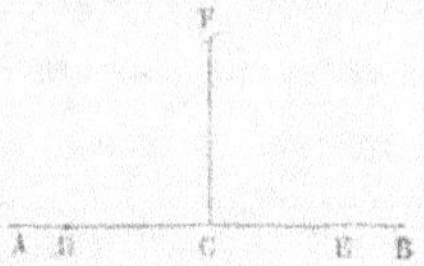

la distance des centres DE est plus petite que la somme des rayons, puisque chacun d'eux est plus grand que la moitié de DE ; d'autre part, la distance des centres DE est plus grande que la différence des rayons, puisque les rayons sont égaux ; donc (**127**) les circonférences se couperont en deux points ; nous ne considérons ici que l'un de ces points, F.

Fig. 103.

Je dis maintenant que la ligne CF est perpendiculaire à AB. En effet, d'après la construction, les points C et F sont l'un et l'autre équidistants des points D et E ; donc ils appartiennent tous les deux à la perpendiculaire élevée au milieu de DE (**55**) ; et par conséquent la ligne CF qui joint ces deux points est perpendiculaire à DE ou à AB. C. Q. F. D.

161. REMARQUE. — Pour élever une perpendiculaire à l'extrémité B d'une droite qu'on ne peut prolonger (fig. 104), on décrit d'un point quelconque O comme centre une circonférence avec OB pour rayon ; elle coupe AB en un deuxième point a ; on joint aO et la droite obtenue coupe de nouveau la circonférence en b ; on joint enfin bB et on a la perpendiculaire demandée, puisque tout angle inscrit dans une demi-circonférence est droit (**143**).

Fig. 104.

162. Problème. — *D'un point C pris hors d'une droite AB, abaisser une perpendiculaire sur cette droite* (fig. 105).

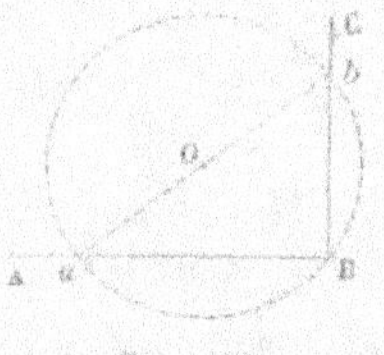

Du point C comme centre, avec une ouverture de compas suffisamment grande, je décris une circonférence qui coupe AB aux deux points D et E ; de ces deux points comme centres, avec un même rayon plus grand que la moitié de DE, je décris deux arcs de cercle qui se coupent en F, et je joins CF, qui est la perpendiculaire demandée.

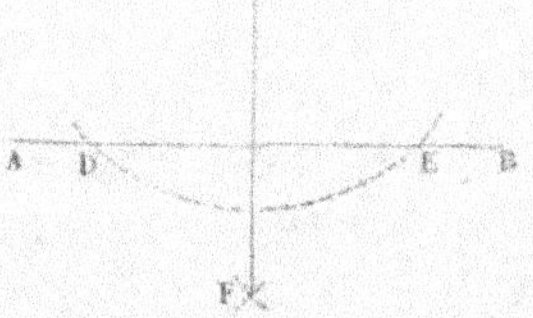

Fig. 105.

La démonstration est la même que dans le problème précédent.

163. Problème. — *Élever une perpendiculaire au milieu d'une droite donnée AB* (fig. 106).

Des points A et B comme centres, avec un même rayon plus grand
que la moitié de AB, on décrit deux arcs de cercle qui se coupent
en C au-dessus de AB; on fait la même construction
au-dessous, ce qui donne le point D; CD est la perpendiculaire demandée. Car les points C et D sont
chacun à égale distance des points A et B; donc ils
appartiennent à la perpendiculaire élevée au milieu de AB (55); donc CD est cette perpendiculaire,
et le point E est le milieu de AB.

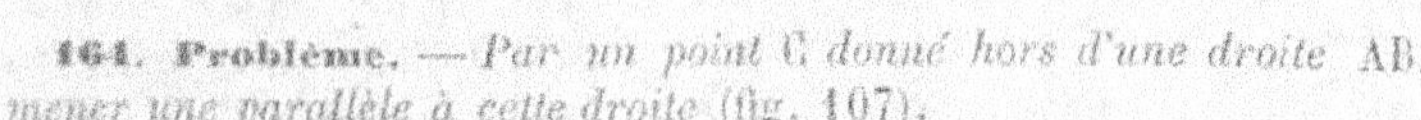

Fig. 106.

REMARQUE. — La construction précédente permet
de diviser une droite en deux parties égales, et par
suite en 4, 8, etc. parties égales, en répétant plusieurs fois la
construction.

164. Problème. — *Par un point C donné hors d'une droite* AB,
mener une parallèle à cette droite (fig. 107).

Du point C comme centre, je décris un arc de cercle DE qui coupe
AB au point D; du point D comme centre,
avec le même rayon, je décris un arc de
cercle CF, qui passe au point C et qui
coupe AB au point F; du point D comme
centre, avec un rayon égal à la corde de
l'arc CF, je décris un arc de cercle qui

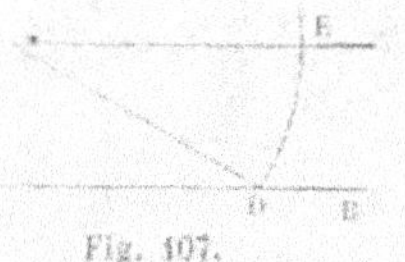

Fig. 107.

coupe l'arc DE au point E, et je joins CE; c'est la parallèle demandée.
En effet, d'après la construction, les arcs CF, DE, de même rayon,
ont des cordes égales; donc ils sont égaux; donc les angles au
centre CDF, DCE, sont aussi égaux, et comme ils sont alternes-
internes, les droites qui les forment sont parallèles.

165. De l'équerre. — L'*équerre* est une petite planchette en bois
qui a la forme d'un triangle rectangle (fig. 108) et
dont on peut se servir pour le tracé des perpendiculaires et des parallèles.

Pour qu'une équerre soit bonne, il faut d'abord que
ses côtés soient exactement rectilignes, ce qu'on vérifie comme pour la règle. Il faut en outre que son
angle soit droit; on s'assure que cette condition est
remplie par le moyen suivant. On trace sur le papier une ligne droite AB (fig. 109); on place un des
côtés de l'angle droit de l'équerre, *ab*, le long de cette ligne, et
on trace avec la pointe d'un crayon la ligne *ac* le long de l'autre
côté de l'angle droit; on retourne ensuite l'équerre comme l'indique

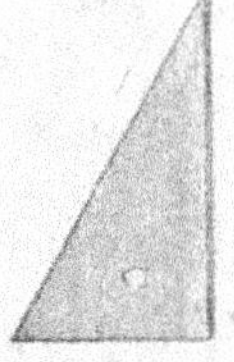

Fig. 108.

la figure, de manière que le côté *ba* vienne en *ab′* et soit encore appliqué le long de la ligne AB; on trace la ligne *ac* dans sa nouvelle position; si elle coïncide avec la première, l'équerre est juste; car alors les deux angles adjacents *bac*, *b′ac*, étant égaux entre eux, sont droits, par la définition de l'angle droit.

Fig. 109.

166. Problème. — *Par un point* C *pris hors d'une droite* AB, *mener une parallèle à cette droite, en se servant de la règle et de l'équerre* (fig. 110).

On applique l'un des côtés MN d'une équerre le long de AB, et on place une règle EF le long d'un autre côté MP de l'équerre. Fixant alors la règle EF, on fait glisser l'équerre jusqu'à ce que le côté MN passe par le point C; la ligne M′N′ est la parallèle demandée. En effet, les angles N′M′P′, NMP, sont évidemment égaux; et comme ils sont correspondants, les droites CD et AB qui les forment sont parallèles.

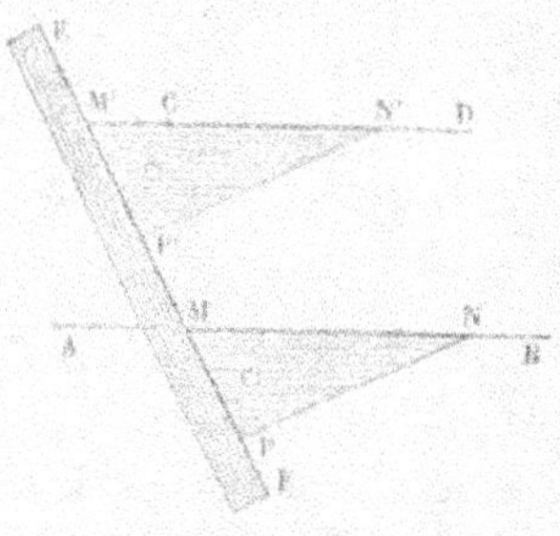

Fig. 110.

Ce moyen de tracer les parallèles est très simple et très exact; on voit de plus qu'il n'exige pas que l'angle de l'équerre soit droit; il suffit que les côtés soient bien rectilignes.

167. Problème. — *Par un point* M *pris sur une droite* AB *ou en dehors de cette droite, lui mener une perpendiculaire, en se servant de la règle et de l'équerre* (fig. 111 et 112).

Dans la première figure, le point M est sur la droite AB; il lui est extérieur dans la seconde; mais la construction est la même.

On place d'abord l'équerre de manière que l'un des côtés de l'angle droit *ab* coïncide avec la droite AB; puis on applique une règle le long de l'hypoténuse, en ayant soin de maintenir l'équerre dans la position qu'on lui avait donnée d'abord. Fixant alors la règle, on fait glisser l'équerre le long de cette règle jusqu'à ce que le second côté de l'angle droit *ac* vienne passer au point M; l'équerre occupe alors la position *a′b′c′*, et si l'on trace une ligne MN le long de *a′c′*, on a la perpendiculaire demandée. Car si l'équerre est juste, *ac* est

perpendiculaire à AB, et MN est une parallèle à *ac*, menée par le
point M (**166**) ; donc MN est perpendiculaire à AB (**63**).

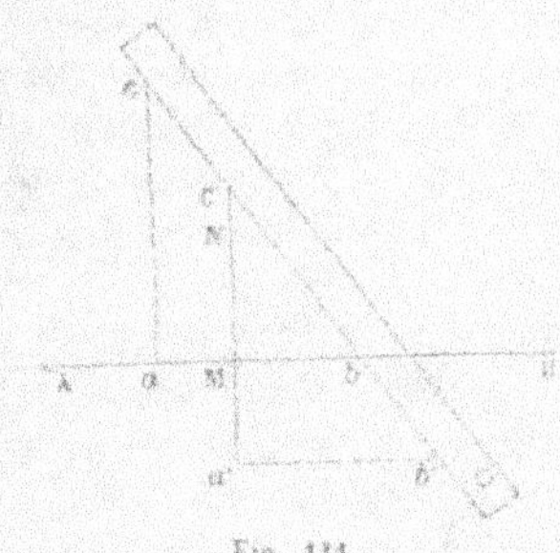

Fig. 111.

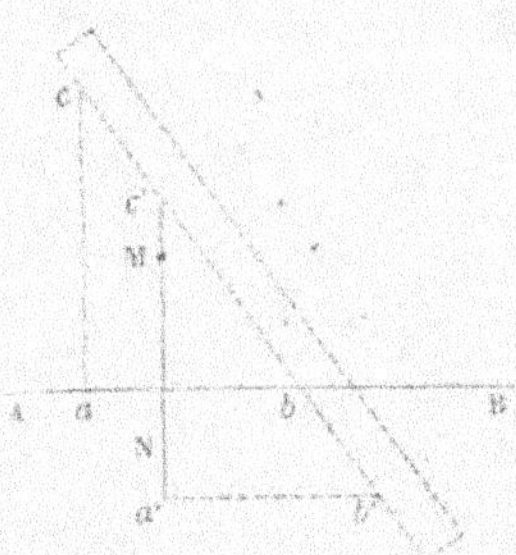

Fig. 112.

168. Remarque. — La construction des perpendiculaires à l'aide
de la règle et du compas est préférable à la précédente, qui n'est
pas susceptible d'une grande précision. Il y a toutefois un cas où
l'on peut se servir avantageusement de l'équerre pour abréger la
construction des perpendiculaires : c'est lorsqu'on veut mener
plusieurs perpendiculaires à une même droite. Dans ce cas, on en
construit une première avec le plus grand soin, en se servant de la
règle et du compas ; les autres s'obtiennent ensuite en menant des
parallèles à la première au moyen de la règle et de l'équerre (**166**).

§ XII. — DU RAPPORTEUR. — PROBLÈMES ÉLÉMENTAIRES SUR LA CONSTRUCTION
DES ANGLES ET DES TRIANGLES.

169. Du rapporteur. — Le *rapporteur* est un instrument qui sert
à évaluer les angles en degrés et fractions de degré. C'est un demi-

Fig. 113.

cercle en corne transparente ou en cuivre évidé (fig. 113), dont le
bord est divisé en 180 parties égales ou degrés ; si le diamètre est

suffisamment grand, chaque degré est divisé à son tour en demi-degrés, et même quelquefois en quarts de degré.

Pour mesurer un angle AOB avec le rapporteur, on place le centre de l'instrument au sommet de l'angle (fig. 114), et son diamètre sur le côté OA ; puis on lit sur le bord du rapporteur la division b par laquelle passe le second côté OB.

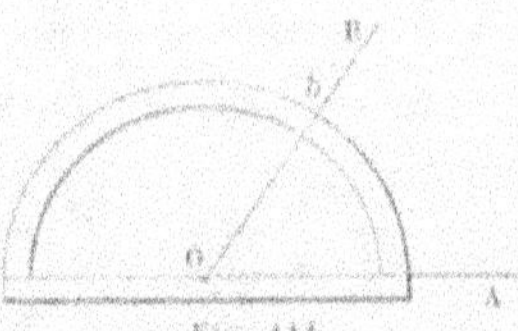

Fig. 114.

Le rapporteur est un instrument qui manque de précision ; même quand il est de grandes dimensions et bien construit, ce qui est rare, il ne fait connaître les angles qu'à un demi-degré près.

170. Problème. — *Par un point A donné sur une droite AB, faire avec cette droite un angle égal à un angle donné M (fig. 115).*

Fig. 115.

Du sommet M comme centre, avec un rayon quelconque, je décris un arc de cercle NP, et du point A comme centre, avec le même rayon, je décris un autre arc de cercle qui coupe AB au point C. Du point C comme centre, avec un rayon égal à la corde de l'arc PN, je décris un arc de cercle qui coupe l'arc CD au point D, et je joins AD ; l'angle BAD est l'angle demandé. En effet, les arcs CD et PN, de même rayon, sont égaux comme ayant des cordes égales (**109**), et alors les angles au centre A et M, qui interceptent des arcs égaux dans des cercles égaux, sont égaux (**130**). C. Q. F. D.

171. Remarque I. — Le rapporteur pourrait également servir à résoudre ce problème. A cet effet, on déterminerait d'abord le nombre de degrés de l'angle donné M ; puis on placerait le rapporteur de manière que, son centre étant en A, son diamètre prît la direction AB ; ensuite, avec la pointe d'un crayon, on marquerait sur le papier le point où tombe la division du rapporteur correspondante à la mesure de l'angle M, et on joindrait ce point au point A. Mais cette construction manque de précision.

172. Remarque II. — Si l'on demandait de mener, par un point extérieur à la droite AB, une autre droite faisant avec AB un angle égal à l'angle M, on construirait d'abord en un point quelconque A de AB un angle DAB égal à l'angle M ; puis on mènerait une parallèle à AD par le point extérieur donné.

173. Problème. — *Mener la bissectrice d'un angle donné* (fig. 116).

Du sommet O de l'angle avec un rayon quelconque, on décrit un arc de cercle BA, et des points B et A, avec un même rayon plus grand que la moitié de la corde BA, on décrit deux arcs de cercle qui se coupent en C ; OC est la bissectrice demandée. Car les points O et C étant chacun à égale distance des points B et A, la ligne OC est perpendiculaire sur le milieu de la corde AB ; elle partage donc l'arc AB en deux parties égales au point D (**161**) ; par suite, les angles BOD, DOA, sont égaux (**150**).

Fig. 116.

Remarque. — La construction précédente, qui permet de diviser un angle en deux parties égales, donne aussi le milieu d'un arc. On sait par suite diviser un angle et un arc en deux, quatre, huit, etc., parties égales.

174. Problème. — *Deux angles d'un triangle étant donnés, construire le troisième.*

Soient A et B les deux angles donnés (fig. 117) ; je trace une droite indéfinie MN, et en un point O pris à volonté sur cette ligne je fais avec OM un angle MOC égal à l'angle A ; au même point O, je fais avec OC un angle COD égal à l'angle B : l'angle DON est l'angle demandé ; car la somme de cet angle et des deux angles A et B est égale à deux droits (**74**).

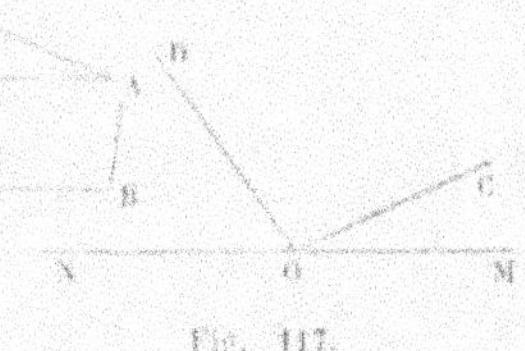

Fig. 117.

Remarque. — Le problème n'est possible que si la somme des angles A et B est inférieure à deux droits.

175. Problème. — *Construire un triangle, dont on connaît un côté et deux angles.*

Deux angles d'un triangle étant donnés, le troisième se trouve en retranchant de deux droits la somme des deux autres (**174**) ; on peut supposer alors qu'on connaisse un côté et les deux angles adjacents.

Soit alors c le côté donné (fig. 118), A et B les deux angles donnés,

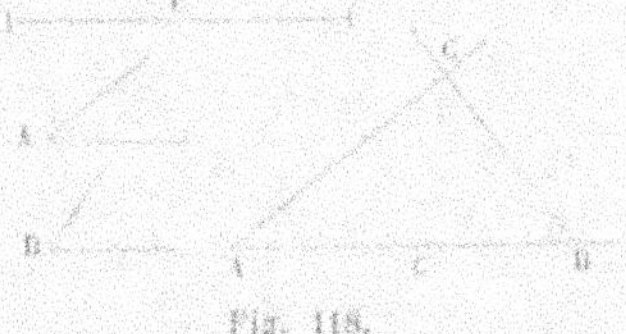

Fig. 118.

qui doivent être adjacents au côté donné. Sur une droite indéfinie, je prends la longueur AB égale à c ; au point A, je fais

un angle BAC égal à l'angle donné A, et au point B un angle ABC
égal à l'angle donné B. Les deux droites AC et BC, suffisamment
prolongées, se coupent en un point C, et le triangle ABC est le
triangle demandé.

REMARQUE. — Pour que le problème soit possible, il faut que la
somme des angles donnés soit inférieure à deux angles droits.

176. Problème. — *Construire un triangle dont on connaît deux
côtés et l'angle compris.*

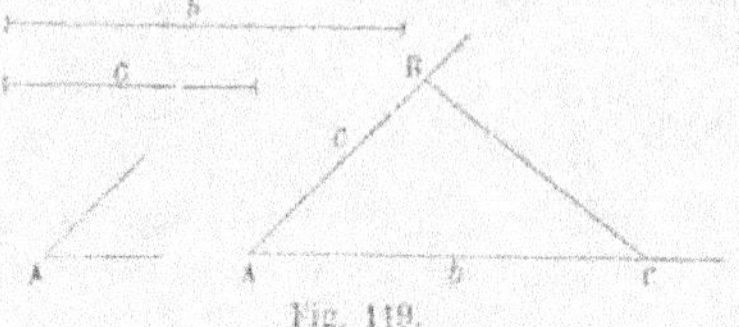

Soient b et c les côtés donnés
(fig. 119), A l'angle donné ; je
fais un angle égal à A, et, à
partir du sommet, je porte sur
l'un des côtés une longueur AC
égale à b, et sur l'autre côté,

Fig. 119.

une longueur AB égale à c ; puis je joins BC, et le triangle ABC est
le triangle demandé.

177. Problème. — *Construire un triangle dont on connaît les trois
côtés.*

Soient a, b, c les trois côtés donnés (fig. 120). Sur une droite

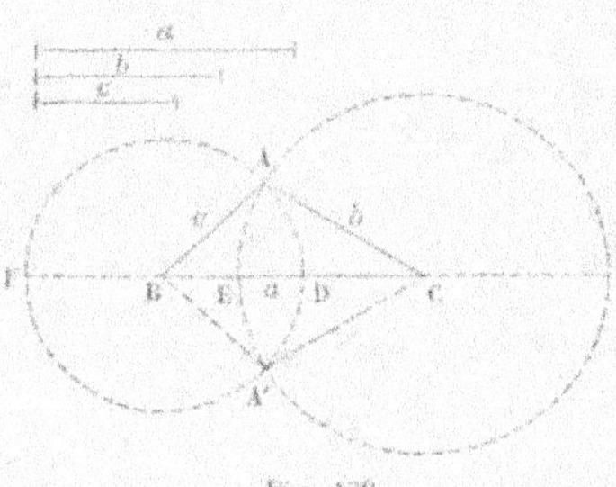

indéfinie, je prends une longueur BC égale à a ; du point B
comme centre, avec un rayon
égal à c, je décris une circonférence, et du point C comme
centre, avec un rayon égal à b,
je décris une autre circonférence qui rencontre la première en deux points A et A' ;
les deux triangles BAC et BA'C
répondent à la question ; mais

Fig. 120.

comme ils sont égaux, il suffit d'en prendre un seul, le triangle BAC
par exemple.

178. REMARQUE. — Pour que le problème soit possible, il faut que
les deux circonférences se coupent ; et pour cela, il est *nécessaire
et suffisant* que la distance des centres soit plus petite que la somme
des rayons et plus grande que leur différence (**126, 127**) ; c'est-
à-dire que le côté a soit plus petit que la somme des deux autres,
b et c, et plus grand que leur différence ; donc,

Pour qu'avec trois longueurs données comme côtés on puisse con-

struire un triangle, il faut et il suffit que l'une de ces longueurs soit plus petite que la somme des deux autres et plus grande que leur différence.

179. Problème. — *Construire un triangle, connaissant deux côtés et l'angle opposé à l'un d'eux* (fig. 121, 122).

On donne deux côtés que nous désignerons par a et b et l'angle A opposé au côté a. Pour construire le triangle, faisons d'a-
bord l'angle CAE égal à A (fig.
121); sur l'un des côtés de cet
angle prenons une longueur AC
égale à b; et du point C comme
centre, avec un rayon égal à a,
décrivons une circonférence,

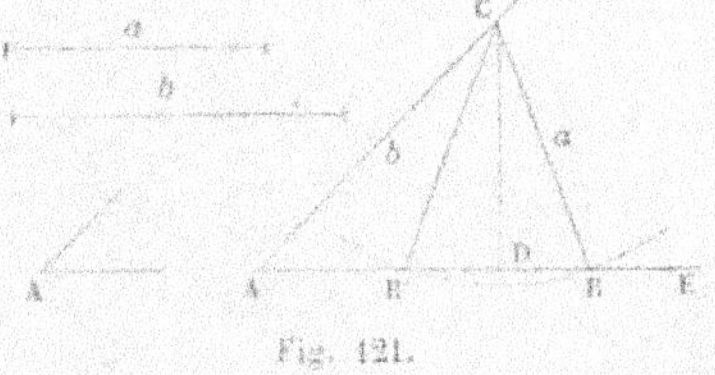

Fig. 121.

qui rencontre l'autre côté de l'angle au point B ; joignons enfin BC et le triangle ABC sera le triangle demandé ; car il est formé avec les trois éléments donnés, comme il est facile de s'en assurer.

Discussion. — Examinons maintenant si le problème est toujours possible, et, lorsqu'il est possible, combien il admet de solutions ; nous ferons ainsi ce qu'on appelle la *discussion* du problème.

Nous considérerons deux cas, suivant que l'angle A est aigu ou qu'il ne l'est pas.

1° L'angle A est aigu. Pour que le problème soit possible, il faut que la circonférence décrite du point C comme centre, avec a pour rayon, rencontre la ligne AE, ce qui exige que le rayon a soit au moins égal à la perpendiculaire CD abaissée du centre sur AE, perpendiculaire que nous désignerons par h.

Si le rayon a est égal à h, la circonférence est tangente à la ligne AE, et le problème n'a qu'une solution, qui est le triangle rectangle CAD.

Si a est plus grand que h, mais plus petit que b, la circonférence coupe la droite AE en deux points B et B', situés tous les deux du même côté du point A, et les deux triangles ABC, AB'C répondent l'un et l'autre à la question. Le problème a donc alors deux solutions.

Si a est égal à b, le point B' se confond avec le point A, le triangle AB'C disparaît, et le problème n'a plus qu'une solution, qui est un triangle isocèle.

Enfin, si a est plus grand que b, le point A est à l'intérieur de la circonférence décrite du point C comme centre, les points B et B' sont situés de côtés différents du point A, et le triangle AB'C, correspondant au point B′ qui tombe sur le prolongement de la ligne DA au delà du point A, ne convient pas à la question, puisqu'il n'est plus formé avec l'angle A donné, mais avec son supplément. Le problème n'a donc encore qu'une solution.

2° L'angle A est droit ou obtus (fig. 122). Pour que le problème soit possible, il faut que le côté a, opposé au plus grand angle du triangle, soit plus grand que le côté b (**44**). Si cette condition est remplie, la circonférence décrite du point C comme centre avec a pour rayon rencontre le second côté AE de l'angle A

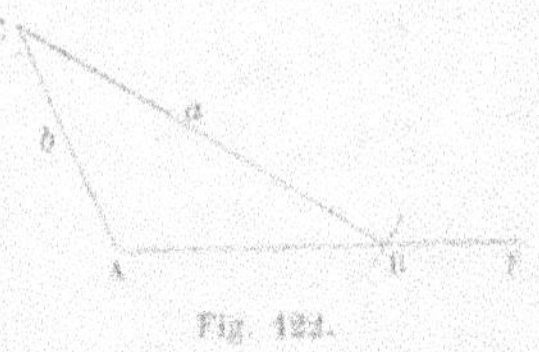
Fig. 122.

en un point B, et le triangle ABC convient à la question. Il n'y a pas d'autre solution ; car le second point d'intersection de la circonférence avec la droite AE couperait le prolongement de cette droite au delà du point A et donnerait, par conséquent, un triangle qui ne serait pas formé avec l'angle A, mais avec son supplément.

Cependant, si l'angle A était droit, les deux triangles obtenus satisferaient aux conditions du problème ; mais comme ils seraient alors égaux, ils ne fourniraient encore qu'une solution unique.

Le tableau suivant résume la discussion :

$$
\begin{array}{llll}
\text{A aigu.} \dots\dots\dots & \left\{\begin{array}{l} a < h \\ a = h \\ b > a > h \\ a > b \end{array}\right. & \begin{array}{l} \text{problème impossible.} \\ \text{une solution.} \\ \text{deux solutions.} \\ \text{une solution.} \end{array} \\
\text{A droit ou obtus.} & \left\{\begin{array}{l} a < b \\ a > b \end{array}\right. & \begin{array}{l} \text{problème impossible.} \\ \text{une solution.} \end{array}
\end{array}
$$

180. Remarque. — La discussion précédente montre que la connaissance de deux côtés d'un triangle et de l'angle opposé à l'un d'eux ne suffit pas toujours pour déterminer un triangle, puisqu'on peut, dans certains cas, construire avec ces trois éléments deux triangles différents. Toutefois, le problème n'ayant qu'une solution dans le cas où le côté opposé à l'angle donné est plus grand que l'autre, nous pouvons énoncer le théorème suivant :

Si deux triangles ont deux côtés égaux chacun à chacun et que les angles opposés au plus grand côté soient aussi égaux, les deux triangles sont égaux.

Ce théorème comprend comme cas particulier le second cas d'égalité des triangles rectangles (**53**).

§ XIII. — CONSTRUCTION DE LA TANGENTE AU CERCLE, DE LA TANGENTE COM-
MUNE A DEUX CERCLES. — CONSTRUCTION DU CERCLE PASSANT PAR TROIS
POINTS DONNÉS ET DU CERCLE TANGENT A TROIS DROITES DONNÉES. —
CONSTRUCTION DU SEGMENT CAPABLE D'UN ANGLE DONNÉ.

181. Problème. — *Par un point A donné sur une circonférence de
cercle, mener une tangente à ce cercle* (fig. 123, 124).

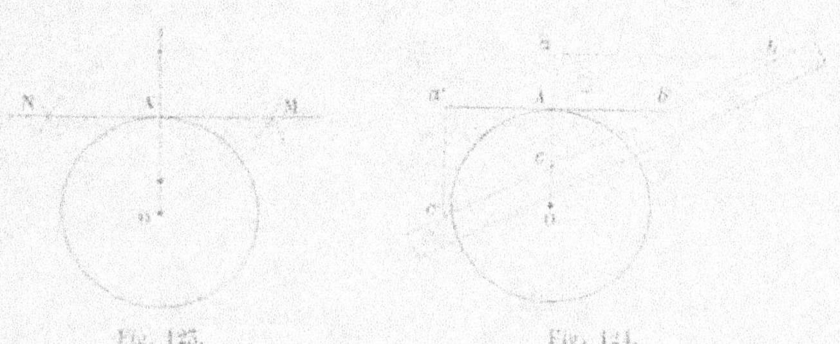

Fig. 123. Fig. 124.

Je mène le rayon OA, et à l'extrémité de ce rayon je lui élève une
perpendiculaire : c'est la tangente demandée (**119**). La figure 123
montre la construction effectuée avec la règle et le compas (**160**) ;
la figure 124 donne la construction au moyen de la règle et de
l'équerre (**167**).

182. Problème. — *D'un point donné extérieur à un cercle mener
une tangente à ce cercle* (fig. 125).

Je joins le centre O au point A, et je prends le milieu C de la
ligne OA ; puis du point C comme centre,
avec CO pour rayon, je décris une circonférence, dont AO est le diamètre, et qui
coupe la circonférence O en deux points D
et E ; je joins AD et AE ; ce sont les tangentes demandées. En effet, menons OD, OE ;
les angles ADO, AEO, inscrits dans des demi-
circonférences sont droits (**143**) ; donc les
droites AD, AE, sont respectivement perpen-

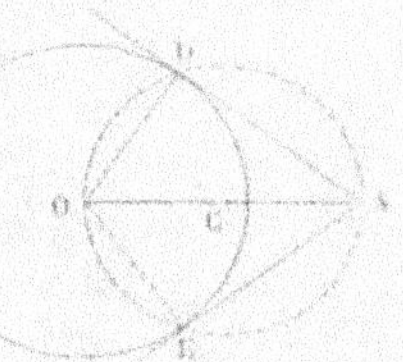

Fig. 125.

diculaires aux extrémités des rayons OD, OE ; donc elles sont tangentes au cercle O (**119**).

183. Corollaire. — Les deux triangles rectangles AOD, AOE ont l'hypoténuse AO commune, OD égal à OE comme rayons; donc (**52**) ils sont égaux; donc AD = AE; angle OAD = OAE; angle DOA = EOA. De là résultent les propriétés suivantes :

Si d'un point extérieur à un cercle on lui mène des tangentes, ces tangentes sont égales, et la ligne qui joint le point au centre divise en deux parties égales l'angle des tangentes et l'angle des rayons menés aux points de contact.

184. Problème. — *Mener une tangente à un cercle parallèlement à une droite donnée* (fig. 126).

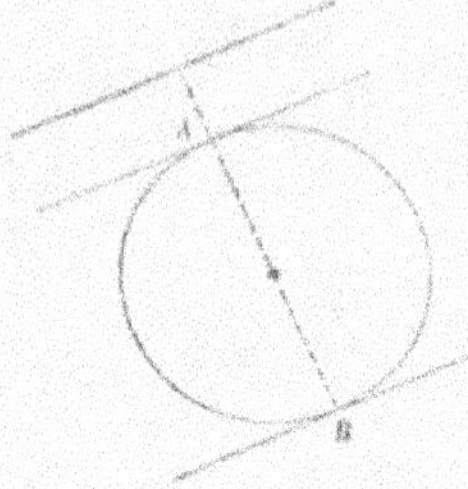

J'abaisse du centre une perpendiculaire sur la droite donnée. Cette perpendiculaire rencontre le cercle en deux points A et B ; par chacun de ces points je mène une parallèle à la droite donnée ; ces deux droites sont les tangentes demandées, parce qu'elles sont perpendiculaires aux extrémités du diamètre AB.

Fig. 126.

185. Problème. — *Mener une tangente commune à deux circonférences.*

Deux circonférences qui touchent une même droite peuvent être placées d'un même côté de cette droite, ou de côtés différents ; dans le premier cas, la tangente commune est dite *extérieure* ; et dans le second cas, elle est dite *intérieure*.

Je cherche d'abord les tangentes communes extérieures aux cercles O et O' (fig. 127). Soit AB l'une de ces tangentes ; je mène

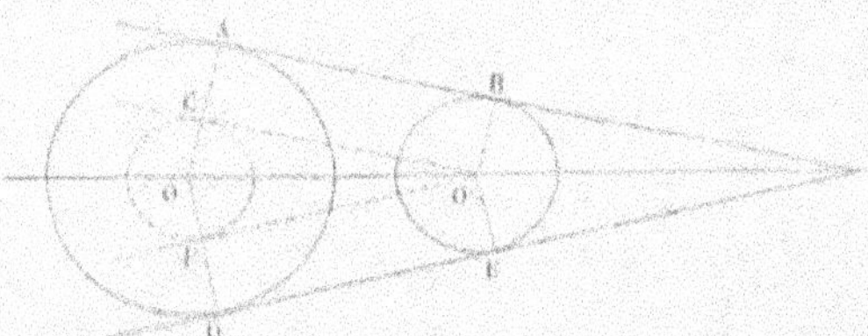

Fig. 127.

les rayons OA et O'B qui aboutissent aux deux points de contact, et par le centre O' de la plus petite circonférence, je mène O'C parallèle à AB. Les deux rayons OA et O'B, perpendiculaires à une même droite AB, sont parallèles ; les lignes O'B et CA sont alors des parallèles comprises entre parallèles, et par conséquent sont égales (**82**) ; or $OC = OA - CA$; et comme CA est égale à O'B, OC est égale à $OA - O'B$, c'est-à-dire à la différence des rayons des deux circonférences ; de plus, OA, perpendiculaire à AB, l'est aussi à la droite CO' parallèle à AB. Il résulte de là que, si du point O comme centre, avec OC comme rayon, on décrit un cercle, la droite O'C est tangente à ce cercle, puisqu'elle est perpendiculaire à l'extrémité du rayon OC.

On déduit de cette analyse la construction suivante de la tangente extérieure : Du centre de la plus grande circonférence, avec une ouverture de compas égale à la différence des rayons, on décrit une circonférence, et par le centre O' de la plus petite circonférence on mène une tangente O'C à la circonférence qu'on a décrite ; on joint le point de contact C au centre O, et on prolonge cette ligne jusqu'à sa rencontre en A avec la grande circonférence ; enfin par le point A on mène une parallèle à O'C ; cette ligne est la tangente commune. Comme du point O' on peut mener deux tangentes au cercle OC, on obtient deux tangentes communes extérieures AB, DE.

Cherchons maintenant les tangentes communes intérieures. Soit AB (fig. 128) une de ces tangentes ; je mène les rayons OA et O'B qui aboutissent aux points de contact, et par le centre O' de l'une des circonférences je mène une parallèle O'C à la tangente AB jusqu'à la rencontre en C du rayon OA prolongé : les deux lignes O'B et AC, perpendiculaires à la droite AB, sont parallèles, et comme de plus elles sont comprises entre lignes parallèles, elles sont égales ; donc la ligne OC est égale à

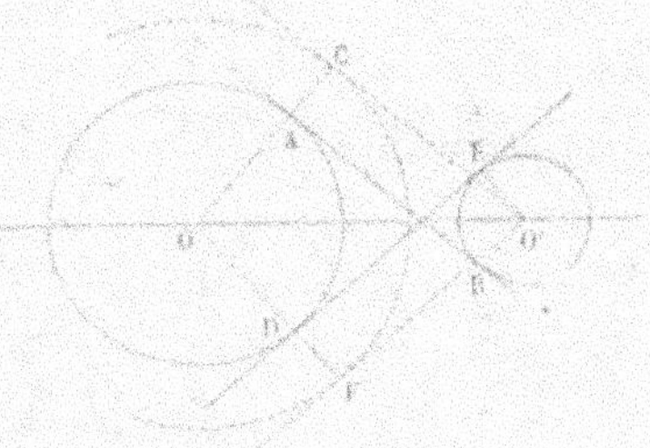

Fig. 128.

$OA + O'B$ ou à la somme des rayons des deux circonférences. De plus, la ligne OC, perpendiculaire à AB, l'est aussi à sa parallèle O'C ; donc si du point O comme centre, avec OC pour rayon, on décrit une circonférence, la ligne O'C sera tangente à cette circonférence.

De là résulte la construction suivante : Du centre O de l'une des circonférences, avec une ouverture de compas égale à la somme des rayons, on décrit un cercle ; du centre O' de l'autre circonférence, on mène une tangente O'C au cercle qu'on a tracé ; on mène le rayon OC du point de contact ; ce rayon coupe la première des circonférences données en un point A, et par ce point on mène une parallèle à O'C : c'est la tangente commune demandée. En menant par le point O' la seconde tangente O'F à la circonférence OC, on aura une seconde tangente commune intérieure DE.

186. Remarque I. — Quand les deux circonférences sont égales, on ne peut plus appliquer la construction précédente pour la tangente commune extérieure ; mais on reconnaît aisément que dans ce cas les tangentes extérieures sont parallèles à la ligne des centres. Par conséquent, il suffira de mener à l'un des cercles des tangentes parallèles à la ligne des centres : ce que l'on sait faire (**181**).

187. Remarque II. — Quand les circonférences sont extérieures l'une à l'autre, comme dans les figures précédentes, on peut mener quatre tangentes communes, deux intérieures et deux extérieures. En effet, la distance des centres OO' est alors plus grande que la somme des rayons (**126**) et, à plus forte raison, plus grande que leur différence ; il en résulte que, dans les deux figures, le point O' sera extérieur à la circonférence auxiliaire OC, par suite, et, qu'on pourra mener de ce point O' des tangentes O'C, O'F, à cette circonférence auxiliaire, ce qui suffit pour qu'on puisse construire ensuite les tangentes communes, soit extérieures, soit intérieures. Des considérations analogues conduiraient aux résultats suivants, relatifs aux diverses positions que les deux circonférences peuvent occuper l'une par rapport à l'autre.

Lorsque les deux circonférences sont tangentes extérieurement, on peut leur mener deux tangentes communes extérieures, et une seule tangente commune intérieure.

Si les circonférences se coupent, on peut encore leur mener deux tangentes communes extérieures ; mais elles n'ont plus de tangente commune intérieure.

Lorsque les circonférences sont tangentes intérieurement, elles n'ont plus qu'une seule tangente commune, qui est extérieure.

Enfin, si les circonférences deviennent intérieures l'une à l'autre, elles n'ont plus de tangente commune.

188. **Problème.** — *Décrire une circonférence qui passe par trois points donnés* A, B, C (fig. 129).

Nous supposons que les trois points donnés A, B, C, ne sont pas en ligne droite ; autrement le problème serait impossible. Cela posé, on sait que par ces trois points on peut toujours faire passer une circonférence, et une seule, et que le centre de cette circonférence est au point de rencontre des perpendiculaires élevées sur les milieux des droites AB et BC (**113**). Comme d'ailleurs nous savons élever une perpendiculaire sur le milieu d'une droite (**163**), nous pouvons considérer la question comme résolue.

On simplifie un peu la construction en opérant comme il suit. Du point B comme centre, avec un rayon plus grand que la moitié de la plus grande des droites BA et BC, on décrit deux arcs de cercle assez étendus FD, EG. Du point A comme centre, avec le même rayon, on décrit deux petits arcs de cercle qui coupent les premiers aux points D et E ; du point C comme centre, toujours avec le même

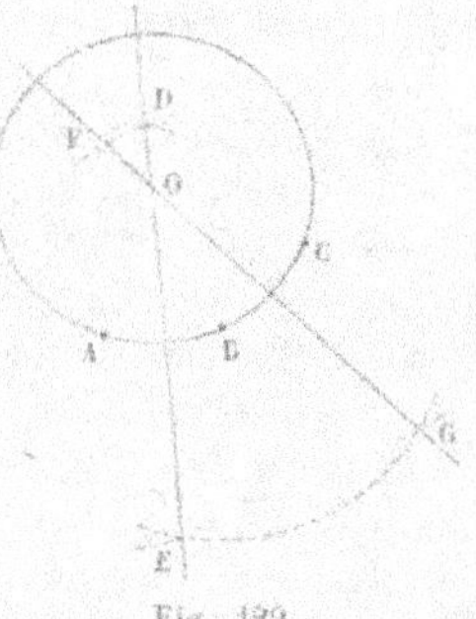

Fig. 129.

rayon, on décrit deux arcs de cercle qui coupent les premiers en F et G ; on joint DE et GF ; le point de rencontre O de ces deux droites est le centre de la circonférence cherchée ; son rayon est la distance OA.

Remarque. — En joignant deux à deux les trois points A, B, C, on formerait un triangle ; ce triangle est dit *inscrit* dans la circonférence, et la circonférence elle-même est dite *circonscrite* au triangle.

189. Problème. — *Décrire un cercle tangent à trois droites données* (fig. 150).

Je suppose que les trois droites données se coupent toutes deux à deux et forment ainsi un triangle ABC. Nous savons que les bissectrices des trois angles d'un triangle concourent en un même point, qui est également distant des trois côtés du triangle (**98**). Donc, si du point de rencontre O de ces bissectrices, nous abaissons sur les trois côtés du triangle les perpendiculaires OD, OE, OF, ces droites seront égales ; la circonférence décrite du point O comme centre avec OD pour rayon passera

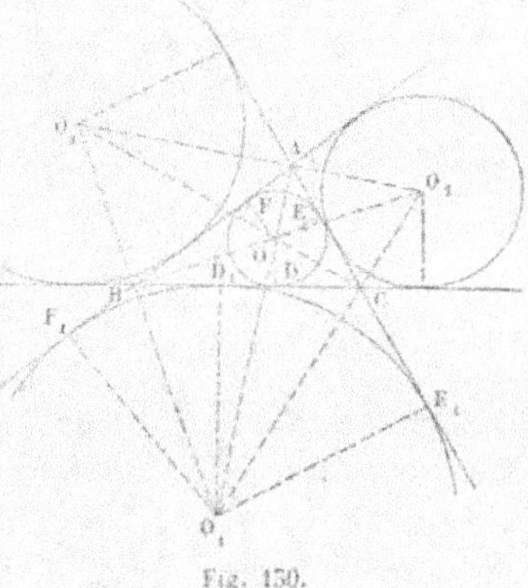

Fig. 150.

par les points E et F et, de plus, sera tangente aux trois côtés du triangle.

Mais on sait aussi (**99**) que la bissectrice de chacun des angles intérieurs passe par le point d'intersection des bissectrices des deux angles extérieurs non adjacents, et qu'on obtient ainsi trois nouveaux points O_1, O_2, O_3, dont chacun est équidistant des trois côtés. Les perpendiculaires O_1D_1, O_1E_1, O_1F_1, abaissées du point O_1, par exemple, sur les trois droites données, sont égales, et par suite la circonférence décrite du point O_1 comme centre, avec O_1D_1 comme rayon, est tangente à ces trois droites ; cette circonférence est donc une deuxième solution de la question. Les points O_2 et O_3 sont de même les centres de deux autres circonférences tangentes aux trois droites données. Le problème admet donc quatre solutions.

Le premier cercle O est *inscrit* dans le triangle ABC ; les trois autres, O_1, O_2, O_3, sont dits *ex-inscrits* à ce même triangle.

190. Remarque. — Si deux des droites données étaient parallèles, il n'y aurait plus que deux circonférences tangentes à la fois aux trois droites, et ces deux circonférences seraient égales. Les centres de ces circonférences s'obtiennent d'ailleurs comme dans le cas général, en menant les bissectrices des angles formés par les deux parallèles avec la troisième droite.

191. Problème. — *Décrire sur une droite donnée* AB *un segment capable d'un angle donné* K (fig. 151).

Supposons le problème résolu ; soit AMB le segment demandé et O

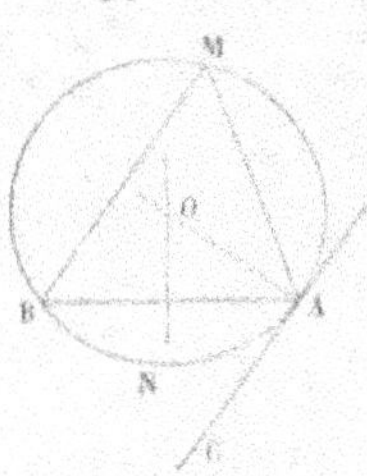

Fig. 151.

son centre. Ce centre se trouve d'abord sur la perpendiculaire élevée au milieu de la corde AB (**111**). Au point A, je mène la tangente AC au cercle ; l'angle BAC a pour mesure la moitié de l'arc AB (**147**) ; donc il est égal à l'angle inscrit dans le segment AMB, et par suite à l'angle donné K. Il résulte de là que, pour avoir la tangente au cercle en A, il faut mener par le point A une droite faisant avec AB un angle égal à K. Si l'on élève ensuite au point A une perpendiculaire à cette tangente AC, cette perpendiculaire passera par le centre O (**120**). Ce centre sera alors déterminé par l'intersection de la perpendiculaire élevée au milieu de AB avec la perpendiculaire menée à la droite AC par le point A. Pour achever la construction, on décrira une circonférence du point O comme centre avec OA comme rayon ; la portion AMB de cette circonférence située au-dessus de la droite AB est le segment demandé.

192. Remarque générale. — Il importe de remarquer la méthode

que nous avons suivie pour découvrir la solution des problèmes des
n⁰ˢ **185** et **191**. Nous avons supposé le problème résolu et nous avons
figuré à vue d'œil la ligne qu'il s'agissait de construire, la tangente
commune dans le premier problème et le segment capable dans le
second ; puis, en analysant exactement les rapports qui lient l'inconnue aux données de la question, nous avons pu trouver la suite
des constructions qu'il faut exécuter pour arriver à la solution. Cette
méthode, dont on fait un usage fréquent en géométrie, porte souvent
le nom de méthode *analytique* ; elle est employée pour résoudre la
plupart des problèmes dont la solution n'est pas une conséquence
immédiate de théorèmes connus. Par opposition, on appelle méthode
synthétique celle qui consiste à donner tout d'abord la solution du
problème et à la justifier ensuite par une démonstration ; mais ce
procédé, qui ne peut s'appliquer qu'aux questions les plus simples,
ne mérite pas le nom de méthode ; il ne satisfait pas l'esprit, parce
qu'il ne fait pas connaître la marche qui a été suivie pour découvrir
la solution.

EXERCICES SUR LE LIVRE II

1. Lieu des extrémités des parallèles de longueur constante menées dans le même sens par tous les points d'une circonférence.

2. On donne un point intérieur à une circonférence ; mener par ce point la corde de longueur minimum.

3. Lieu des milieux des cordes de longueur constante menées dans une circonférence donnée.

4. Lieu des sommets des triangles de base donnée et dans lesquels la médiane issue d'une des extrémités de la base a une longueur donnée.

5. Par un point d'une circonférence, on lui mène une infinité de cordes et on prolonge chacune d'elles d'une longueur égale à elle-même. Lieu des extrémités de ces droites.

6. Trouver la plus courte et la plus longue distance : 1° d'un point à une circonférence ; 2° d'une droite et d'une circonférence ; 3° de deux circonférences.

7. On donne une circonférence O et un point extérieur A ; on décrit une circonférence *concentrique* à la première et de rayon double ; puis, de A comme centre, avec AO pour rayon, une autre circonférence qui coupe la précédente en deux points B et C ; on joint OB et OC et ces droites coupent la circonférence donnée en D et en E ; démontrer que les droites AD et AE sont tangentes à la circonférence donnée. — Déduire de là une nouvelle solution du problème n° 182.

8. Pour qu'un quadrilatère soit circonscriptible à un cercle, il faut et il suffit que la somme de deux côtés opposés soit égale à la somme des deux autres.

9. On donne une circonférence et deux tangentes issues d'un point A ; on mène une troisième tangente *variable* formant avec les deux premières un triangle extérieur au cercle. Démontrer que le périmètre de ce triangle est constant et que l'angle sous lequel on voit du centre le côté opposé au point A est aussi constant. — Modifier

l'énoncé, lorsque la tangente est menée de façon que le cercle soit à l'intérieur du triangle des tangentes.

10. Mener par un point une droite détachant d'un angle donné un triangle de périmètre donné.

11. On considère un triangle ABC et les quatre cercles inscrit et ex-inscrits à ce triangle. Exprimer en fonction des côtés du triangle les longueurs des tangentes menées des sommets aux quatre cercles.

12. Le diamètre du cercle inscrit dans un triangle rectangle est l'excès de la somme des côtés de l'angle droit sur l'hypoténuse (*B. Paris*).

13. Quelle fraction de la circonférence est l'arc de 27° 17' 32"?

14. Évaluer en degrés, minutes, secondes, l'angle qui vaut 0,4267 d'angle droit.

15. Deux angles d'un triangle valent 53° 47' 12", 7 et 28° 51' 7", 35. Calculer le troisième angle.

16. Les bissectrices des angles intérieurs d'un quadrilatère quelconque forment un quadrilatère inscriptible.

17. Les bissectrices des angles formés par les côtés opposés d'un quadrilatère inscrit sont perpendiculaires.

18. Si par le point C, milieu d'un arc AB d'une circonférence, on mène deux cordes, qui coupent, l'une la corde AB en D et la circonférence en E, l'autre la corde AB en F et la circonférence en G, le quadrilatère DFGE est inscriptible dans un cercle.

19. D'un point extérieur A, on mène à un cercle O une sécante ABC dont la partie extérieure AB est égale au rayon; on mène les rayons OB et OC et le diamètre AOD. Démontrer que l'angle COD est triple de l'angle OAB.

20. Lieu des milieux des cordes interceptées par une circonférence sur les sécantes menées par un point fixe.

21. Sur une circonférence on donne un arc; on joint chaque point de cet arc à ses deux extrémités et on prolonge l'une des cordes d'une longueur égale à l'autre. Lieu des points ainsi obtenus.

22. Trouver sur un arc donné le point dont la somme des distances aux extrémités de l'arc est minimum.

23. Sur une circonférence, on donne un arc et sa corde; de chaque point de l'arc comme centre on décrit une circonférence tangente à la corde. Lieu des points d'intersection des deux tangentes menées à la circonférence variable par les extrémités de la corde.

24. Quand on joint un point quelconque de la circonférence circonscrite à un triangle équilatéral aux trois sommets, l'une des distances est égale à la somme des deux autres. — Réciproque.

25. Lieu des centres des cercles inscrits dans un triangle variable, dont un côté est fixe et l'angle opposé constant.

26. Les hauteurs d'un triangle sont les bissectrices des angles du triangle qui a pour sommets les pieds de ces hauteurs.

27. Construire un triangle, connaissant les pieds de ses trois hauteurs.

28. Si par le point de contact de deux circonférences tangentes on mène deux sécantes quelconques, les cordes des arcs qu'elles interceptent sont parallèles ($B.$ Paris).

29. Deux circonférences O et O' se coupent en A et B; si par A on mène une sécante coupant les circonférences en M et M', l'angle MBM' est constant ($B.$ Paris).

30. Dans un triangle, les milieux des trois côtés, les pieds des hauteurs et les milieux des distances des sommets au point de concours des hauteurs sont sur une même circonférence (cercle des neuf points).

31. Un triangle rectangle donné se meut de façon que les deux sommets de ses angles aigus parcourent deux droites rectangulaires données : 1° lieu décrit par le sommet de l'angle droit ; 2° lieu décrit par le milieu de l'hypoténuse.

32. On donne deux perpendiculaires et deux points sur l'une d'elles ; trouver sur l'autre le point d'où l'on voit sous l'angle maximum la distance des deux points donnés.

33. On donne deux points sur les côtés d'un angle ; lieu du point de contact de deux circonférences tangentes entre elles et tangentes aux deux côtés de l'angle aux deux points donnés.

34. D'un point D donné sur le prolongement de la base AB d'un triangle ABC, on mène une sécante qui coupe le côté AC en E et le côté BC en F ; par les trois points A, E, D, on fait passer une première circonférence ; on en fait passer une autre par les points B, F, D. Ces deux circonférences, qui ont le point D commun, se coupent en un autre point M dont on demande le lieu, quand la sécante tourne autour du point D.

35. Une circonférence roule sans glisser à l'intérieur d'une circonférence de rayon double. Lieu décrit par un des points de la circonférence mobile.

36. Placer la distance de deux parallèles données de façon qu'elle

soit vue d'un point extérieur donné sous l'angle maximum (Saint-Cyr, 1872).

37. Les pieds des perpendiculaires abaissées d'un point quelconque de la circonférence circonscrite à un triangle sur les trois côtés de ce triangle sont en ligne droite.

38. Par un point d'une circonférence, on mène trois cordes et on décrit trois circonférences sur ces cordes comme diamètres : les points d'intersection de ces circonférences prises deux à deux sont trois points en ligne droite.

39. Deux circonférences se coupent en deux points ; par l'un des points communs, on mène deux droites rectangulaires quelconques qui, prolongées au besoin, coupent la première circonférence aux points A et B, et la seconde aux points A' et B' ; on mène les deux lignes A'B' et AB, et on demande de trouver le lieu de leur point d'intersection (Concours académique, Dijon, 1869).

40. Trouver un point tel, qu'en le joignant aux trois sommets d'un triangle donné, les cercles circonscrits aux trois triangles obtenus soient égaux (Concours académique, Caen, 1872).

41. Quatre points quelconques étant pris sur une circonférence, les deux droites qui joignent les milieux des arcs opposés sont perpendiculaires.

42. Si l'on considère les quatre triangles formés par une diagonale et deux côtés d'un quadrilatère inscrit ABCD, c'est-à-dire les triangles ABC, ADC, ABD, CBD, les centres des cercles inscrits dans ces triangles sont les quatre sommets d'un rectangle.

43. Si par un des points d'intersection de deux circonférences sécantes, on mène les diamètres des deux circonférences, la droite qui joint les extrémités de ces diamètres passe par le second point d'intersection des deux circonférences et coupe la corde commune à angle droit.

44. Décrire avec un rayon donné une circonférence passant par un point donné et tangente à une droite donnée.

45. Décrire avec un rayon donné une circonférence tangente à deux droites données.

46. Décrire une circonférence passant par deux points et ayant son centre sur une circonférence ou sur une droite donnée.

47. On donne deux parallèles et deux points ; mener par l'un d'eux une sécante dont les points d'intersection avec les parallèles soient équidistants de l'autre point.

48. Étant données une droite AB et deux points extérieurs C et D d'un même côté de cette droite, trouver sur la droite un point M tel que l'angle CMA égale l'angle DMB (Problème du billard).

49. Étant donnés une droite et deux points d'un même côté de cette droite, trouver sur la droite le point dont la somme des distances aux deux premiers est minimum ?

50. On donne deux billes sur un billard rectangulaire ; dans quelle direction faut-il lancer la première pour choquer la seconde après avoir touché une bande seulement, deux bandes, trois bandes ou les quatre bandes ?

51. Construire la bissectrice de l'angle de deux droites qu'on ne peut pas prolonger jusqu'à leur point de rencontre.

52. Construire un triangle connaissant un côté, un angle et la somme ou la différence des deux autres côtés (Deux problèmes).

53. On donne trois points sur une circonférence ; trouver sur la circonférence un quatrième point tel, que le quadrilatère ayant pour sommets les quatre points soit circonscriptible.

54. Décrire une circonférence tangente à deux parallèles données, et passant par un point compris entre ces parallèles.

55. Construire un triangle connaissant le périmètre et les angles.

56. Mener par un point donné dans un angle une sécante telle, que le segment intercepté entre les côtés de l'angle ait pour milieu le point donné.

57. Par un point extérieur à une circonférence, lui mener une sécante telle, que la partie extérieure soit égale à la corde.

58. Mener par un point donné une sécante à une circonférence donnée, de façon qu'un des segments soit capable d'un angle donné.

59. Étant données deux circonférences O et O' qui se coupent, on mène par l'un des deux points communs une sécante qui rencontre la circonférence O en un point B et la circonférence O' en un point B'. On joint le point B au centre O et le point B' au centre O' ; les deux droites ainsi menées se coupent en un point M, dont on demande le lieu (Concours général de la classe de troisième, 1873).

60. Construire un triangle, un pentagone, plus généralement un polygone d'un nombre impair de côtés, connaissant les milieux de tous les côtés.

61. Décrire d'un point donné comme centre une circonférence interceptant sur une circonférence donnée une corde de longueur donnée.

62. Mener par un des points de rencontre de deux circonférences sécantes une droite telle, que les deux cordes interceptées soient égales.

63. Mener par deux points donnés sur une circonférence deux cordes parallèles dont la somme soit égale à une longueur donnée.

64. Mener à la base d'un triangle équilatéral donné une parallèle qui soit égale à la distance d'une de ses extrémités à un point donné sur le prolongement de la base.

65. Mener par un des points d'intersection de deux circonférences sécantes une droite telle, que la somme des deux cordes interceptées ait une longueur donnée.

66. Mener entre les deux côtés d'un angle une droite de longueur donnée et parallèle à une droite donnée.

67. On donne une circonférence et deux tangentes; en mener une troisième dont le segment intercepté entre les deux premières ait une longueur donnée (Concours général, troisième, 1868).

68. Construire un triangle connaissant la hauteur, la médiane et la bissectrice partant d'un même sommet.

69. On donne deux parallèles et une sécante : décrire deux circonférences tangentes entre elles et tangentes chacune à la sécante et à une des parallèles, connaissant la somme des rayons (Concours académique, Montpellier, 1873).

70. Inscrire entre deux circonférences extérieures une droite de longueur donnée et parallèle à une direction donnée.

71. Construire un quadrilatère, connaissant deux angles opposés, les deux diagonales et leur angle.

72. Construire un carré, connaissant sa diagonale.

73. Décrire une circonférence tangente à une droite, passant par un point et ayant son centre sur une droite donnée passant par le point.

74. Diviser un angle droit en trois parties égales.

75. Construire un parallélogramme, connaissant les diagonales et leur angle.

76. Construire un trapèze, connaissant les quatre côtés.

77. Deux trapèzes sont égaux lorsqu'ils ont les quatre côtés égaux chacun à chacun et disposés dans le même ordre.

78. Trouver sur une demi-circonférence un point tel, que la perpendiculaire abaissée de ce point sur le diamètre, ajoutée à un des segments du diamètre, donne une somme de longueur connue.

79. Construire un triangle, connaissant les trois médianes.

80. Construire un quadrilatère, connaissant les quatre côtés et la distance des milieux de deux côtés opposés.

81. Quatre points étant donnés arbitrairement dans un plan, mener par ces points quatre droites parallèles deux à deux et formant un carré.

82. Construire un quadrilatère dont on donne une diagonale, les deux angles opposés à cette diagonale, l'angle des diagonales et un côté.

83. Construire un triangle rectangle, connaissant un des trois côtés et la somme ou la différence des deux autres.

84. Décrire une circonférence tangente à une circonférence et à une droite données, connaissant le point de contact, soit avec la circonférence, soit avec la droite.

85. Par un point donné dans le plan d'un cercle, lui mener une sécante telle, que la corde interceptée par la circonférence sur cette sécante ait une longueur donnée. — Discussion (*B*. Paris).

86. Construire un triangle, connaissant le rayon du cercle inscrit, un angle et la hauteur partant du sommet de cet angle.

87. Étant donnés une droite AB et deux points C et D extérieurs et situés du même côté de cette droite, trouver sur la droite un point M tel, que l'angle CMA soit double de DMB.

88. Construire un triangle, connaissant un côté, un angle et une hauteur (Cinq problèmes).

89. Construire un triangle, connaissant un côté, un angle et une médiane (Cinq problèmes).

90. On donne deux droites limitées partant d'un même point; construire le point d'où l'on voit ces deux droites sous des angles donnés.

91. Construire le point d'où l'on voit sous des angles égaux les trois côtés d'un triangle.

92. Construire un triangle équilatéral ayant ses sommets sur trois parallèles données.

93. Décrire des sommets d'un triangle comme centres trois circonférences tangentes entre elles deux à deux.

94. Construire un triangle, connaissant un angle, la hauteur et la médiane partant de cet angle.

95. Construire un triangle, connaissant un angle, la hauteur correspondante et la somme d'un des côtés adjacents et de la hauteur tombant sur l'autre côté adjacent.

96. Construire un triangle, connaissant les centres des trois cercles ex-inscrits.

97. Construire un triangle, connaissant la base, la hauteur et la différence des angles à la base.

98. On donne trois points ; mener par l'un d'eux une droite telle, que la somme des distances des deux autres à la droite ait une valeur donnée.

99. On inscrit dans un cercle donné tous les triangles dont deux côtés sont respectivement parallèles à deux droites fixes données. Lieu des centres des cercles inscrits dans ces triangles (Concours général de la classe de philosophie, 1873).

LIVRE III

LES FIGURES SEMBLABLES

193. Lemme. — *Sur une droite* AB, *il existe deux points tels, que le rapport de leurs distances aux deux points* A *et* B *soit égal à un rapport donné, et il n'y en a que deux; l'un est situé sur la droite* AB, *l'autre est situé sur son prolongement* (fig. 132).

Soient m et n deux longueurs données, et, pour fixer les idées, supposons $m > n$. Je vais démontrer qu'il existe sur la droite AB et sur son prolongement deux points tels, que le rapport de leurs distances aux deux points A et B soit égal au rapport de m à n. En effet, imaginons

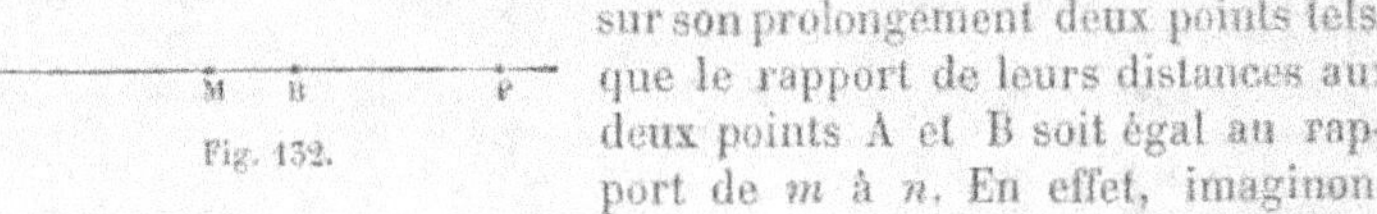

Fig. 132.

qu'un point mobile M se meuve sur la droite AB en marchant de A vers B, et étudions les variations du rapport des distances de ce point mobile aux deux points fixes A et B, c'est-à-dire du rapport $\dfrac{MA}{MB}$. A l'origine, quand le point M coïncide avec le point A, le rapport est nul, puisque son numérateur est nul et que son dénominateur est égal à AB. A mesure que le point M s'éloigne du point A, le numérateur MA augmente et le dénominateur MB diminue; donc le rapport $\dfrac{MA}{MB}$ augmente constamment. Enfin, lorsque le point M se rapproche de plus en plus du point B, le numérateur MA tend vers BA, le dénominateur MB tend vers zéro; donc la valeur du rapport $\dfrac{MA}{MB}$ croît indéfiniment et peut dépasser toute limite. D'ailleurs, les deux termes MA et MB variant d'une manière continue, il en est de même de leur rapport. Donc, lorsque le point M parcourt la droite AB de A en B, le rapport de MA à MB croît d'une manière continue à partir de zéro et peut dépasser toute grandeur donnée ; il y aura, par conséquent, une position du point mobile, et une seule, pour laquelle le rapport de MA à MB sera égal au rapport de m à n.

Cherchons maintenant s'il existe sur le prolongement de AB un second point satisfaisant à la même condition. Comme nous avons supposé $m > n$, ce point, s'il existe, doit être plus éloigné du point A que du point B et se trouve, par conséquent, sur le prolongement de la droite AB au delà du point B. Imaginons alors qu'un point mobile P se meuve sur ce prolongement à partir du point B et s'éloigne indéfiniment, et cherchons comment varie le rapport de PA à PB. Ce rapport peut s'écrire

$$\frac{PA}{PB} = \frac{PB+AB}{PB} = 1 + \frac{AB}{PB};$$

sous cette forme, on voit immédiatement que, lorsque le point P s'éloigne du point B, le rapport $\dfrac{PA}{PB}$ va constamment en décroissant. A l'origine, quand le point P coïncide avec le point B, la valeur du rapport est infinie ; puis elle diminue et se rapproche de plus en plus de 1, à mesure que le point P s'éloigne de B. D'ailleurs, la longueur PB croissant d'une manière continue, les variations du rapport $\dfrac{AB}{PB}$, et par suite aussi celles du rapport $\dfrac{PA}{PB}$, sont continues ; donc ce rapport peut recevoir toutes les valeurs supérieures à 1 ; et par conséquent il y aura une position du point P, et une seule, pour laquelle le rapport $\dfrac{PA}{PB}$ sera égal au rapport $\dfrac{m}{n}$, rapport que nous avons supposé plus grand que 1.

Si le rapport de m à n était inférieur à l'unité, le point P se trouverait sur le prolongement de AB à gauche du point A ; la démonstration serait analogue à la précédente. On pourrait encore ramener ce cas au premier en considérant, au lieu des rapports $\dfrac{MA}{MB}, \dfrac{PA}{PB}$, les rapports inverses $\dfrac{MB}{MA}, \dfrac{PB}{PA}$.

Lorsque le rapport donné $\frac{m}{n}$ est commensurable et qu'on en connaît la valeur numérique, on trouve facilement les deux points M et P. Supposons, par exemple, que ce rapport soit égal à $\frac{5}{2}$; on aura le point M en partageant la ligne AB en 5 + 2 ou 7 parties égales et en prenant 5 de ces parties à partir du point A; le rapport de MA à MB sera évidemment égal à $\frac{5}{2}$. Pour avoir le point P, on divisera la ligne AB en 5 — 2 ou 3 parties égales, et l'on portera, à partir du point A et de A vers B, 5 de ces parties; le rapport de PA à PB sera encore égal à $\frac{5}{2}$.

Si le rapport donné $\frac{m}{n}$ était égal à 1, le point M serait le milieu de la distance AB, et le point P n'existerait plus; il serait transporté à l'infini.

191. Remarque. — Les deux points M et P qui jouissent de la propriété que le rapport de leurs distances aux deux points A et B est le même, sont dits *conjugués* par rapport aux deux points A et B.

Réciproquement, si les points M et P sont conjugués par rapport aux points A et B, c'est-à-dire, si l'on a la proportion

$$\frac{MA}{MB} = \frac{PA}{PB},$$

les points A et B seront aussi conjugués par rapport aux points M et P; car on tire de la proportion précédente, en changeant les moyens de place,

$$\frac{AM}{AP} = \frac{BM}{BP};$$

ce qui veut dire que le rapport des distances du point A aux deux points M et P est le même que le rapport des distances du point B aux deux mêmes points M et P; ou, en d'autres termes, que les points A et B sont conjugués par rapport aux points M et P.

Remarquons encore que, si le point M est plus éloigné de A que de B, il en est de même du point P, et inversement; ce qu'on peut exprimer en disant que deux points M et P, conjugués par rapport

aux extrémités A et B d'une droite AB, sont toujours du même côté
du milieu de cette droite.

195. Théorème — *Une parallèle à un côté d'un triangle déter-mine sur les deux autres côtés des segments proportionnels.*

Soit DE parallèle au côté BC du triangle ABC (fig. 133), je dis
qu'on a

$$\frac{AD}{DB} = \frac{AE}{EC}$$

Je supposerai d'abord que les lignes AD et DB aient une commune
mesure, contenue 3 fois, par exemple, dans AD et 2 fois dans DB :
le rapport $\frac{AD}{DB}$ sera alors égal à $\frac{3}{2}$. Par les points de division de AB,
je mène des parallèles à BC : elles partagent AC en segments tous
égaux. En effet, prenons, par exemple, les seg-
ments AG, EI, et menons EK parallèle à AB ; les
lignes EK et DH sont égales comme côtés opposés
d'un parallélogramme ; mais DH = AF par construction ; donc EK = AF. Les triangles AFG, EKI
ont alors le côté AF = EK, l'angle AFG = EKI
comme ayant les côtés parallèles et dirigés dans
le même sens (**68**) et l'angle FAG = KEI comme
correspondants ; donc ils sont égaux, et AG = EI ; il en sera de même
des autres segments de la ligne AC. Or AE contient 3 de ces parties
et EC en contient 2 ; donc le rapport $\frac{AE}{EC} = \frac{3}{2}$; donc il est égal
à $\frac{AD}{DB}$. C. Q. F. D.

Si les lignes AD et DB n'avaient pas de commune mesure, on ferait
voir, par une méthode analogue à celle que nous avons employée
au n° **125**, que le théorème est encore vrai.

196. Corollaire I. — Si dans la proportion

$$\frac{AD}{DB} = \frac{AE}{EC}$$

on change les moyens de place, elle devient

$$\frac{AD}{AE} = \frac{DB}{EC}$$

de celle-ci on tire, par une propriété connue des rapports égaux.

$$\frac{AD}{AE} = \frac{DB}{EC} = \frac{AD + DB}{AE + EC},$$

et, en remplaçant AD + DB par AB, et AE + EC par AC,

$$\frac{AD}{AE} = \frac{DB}{EC} = \frac{AB}{AC},$$

égalité de rapports qu'on peut énoncer ainsi :

Lorsqu'on coupe deux côtés d'un triangle par une parallèle au troisième côté, le rapport des deux premiers côtés est égal au rapport des segments compris entre le sommet et la sécante, et aussi au rapport des segments compris entre la sécante et le troisième côté.

Remarque. — Le théorème et le corollaire précédents sont encore vrais quand la sécante, au lieu de couper les côtés mêmes du triangle, coupe leurs prolongements; et ils se démontrent de la même manière.

197. Corollaire II. — *Des parallèles interceptent sur deux droites AC, DF des segments proportionnels (fig. 134).*

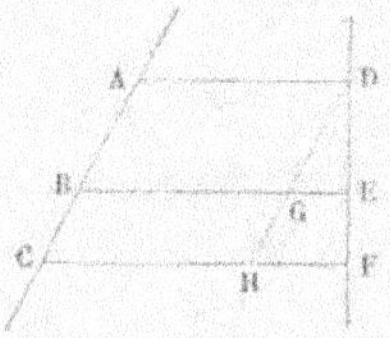

Soient AD, BE, CF, trois parallèles qui coupent les droites AC et DF; je dis qu'on a

$$\frac{AB}{DE} = \frac{BC}{EF}.$$

Fig. 134.

En effet, par le point D, je mène DH parallèle à AC; on a (**196**)

$$\frac{DG}{DE} = \frac{GH}{EF};$$

or DG = AB, GH = BC (**83**); donc

$$\frac{BA}{DE} = \frac{BC}{EF}. \qquad \text{C. Q. F. D.}$$

198. Théorème. — Réciproquement, *si une ligne DE partage deux côtés d'un triangle en segments proportionnels, elle est parallèle au troisième côté (fig. 135).*

Je suppose que la ligne DE partage les côtés AB et AC en segments proportionnels, en sorte qu'on ait

$$\frac{AD}{DB} = \frac{AE}{EC};$$

Fig. 155.

je dis que DE est parallèle à BC. En effet, si par
le point D je mène une parallèle à BC, elle par-
tage le côté AC en segments proportionnels à AD et DB (**195**) ; or
le point E est le seul qui partage AC dans le rapport de AD à DB
(**193**) ; donc la parallèle considérée passe par le point E. c. q. f. d.

199. Théorème. — *La bissectrice d'un angle d'un triangle partage le côté opposé en deux segments proportionnels aux côtés adjacents.*

Soit AD (fig. 136) la bissectrice de l'angle
A du triangle ABC ; je dis qu'on a la proportion

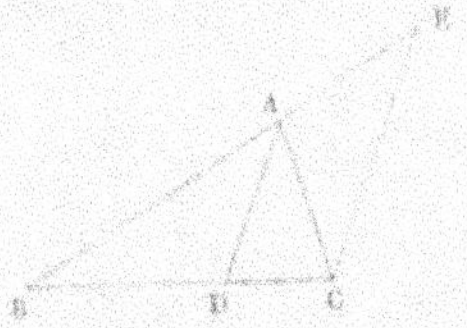

$$\frac{DB}{DC} = \frac{AB}{AC}.$$

Fig. 136.

En effet, par le sommet C, je mène à la bis-
sectrice AD une parallèle, qui rencontre en E le prolongement du
côté BA. Dans le triangle BCE, la ligne AD, parallèle au côté CE,
divise les deux autres côtés BC et BE en parties proportionnelles
(**195**) : on a donc

$$\frac{DB}{DC} = \frac{AB}{AE}.$$

Mais l'angle ACE et l'angle CAD sont égaux comme alternes-internes,
l'angle AEC et l'angle BAD sont égaux comme correspondants ; enfin
les angles BAD et CAD sont égaux par hypothèse, puisque la ligne
AD est la bissectrice de l'angle BAC ; donc les angles ACE et AEC
sont égaux ; par suite, le triangle ACE est isocèle (**42**) et AE = AC.
Remplaçons alors AE par AC dans la proportion précédente et nous
avons

$$\frac{DB}{DC} = \frac{AB}{AC}. \qquad \text{c. q. f. d.}$$

200. Théorème. — *La bissectrice d'un angle extérieur d'un triangle rencontre le prolongement du côté opposé en un point dont les distances aux extrémités de ce côté sont proportionnelles aux côtés adjacents.*

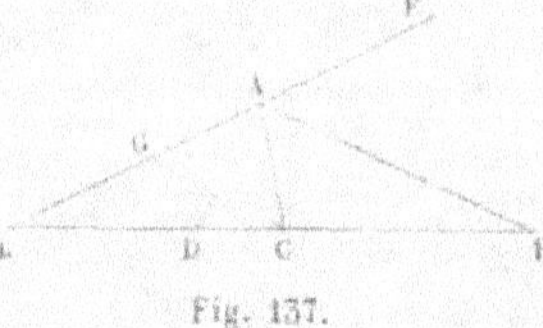

Fig. 137.

Soit AF la bissectrice de l'angle extérieur CAE du triangle ABC (fig. 157); je dis qu'on a la proportion

$$\frac{FB}{FC} = \frac{AB}{AC}.$$

En effet, menons par le sommet C du triangle une parallèle CG à la bissectrice AF, jusqu'à la rencontre du côté AB en G. Dans le triangle BAF, la ligne CG, parallèle à AF, divise les deux autres côtés en segments proportionnels; on a donc (**196**)

$$\frac{FB}{FC} = \frac{AB}{AG}.$$

Mais les angles ACG et CAF sont égaux comme alternes-internes; les angles AGC et EAF sont égaux comme correspondants; et les angles CAF et EAF sont égaux par hypothèse. Donc les angles ACG et AGC sont égaux, le triangle AGC est isocèle et AG = AC. En remplaçant AG par AC dans la proportion précédente, on a enfin

$$\frac{FB}{FC} = \frac{AB}{AC}. \qquad \text{c. q. f. d.}$$

201. Remarque 1. — Les réciproques des deux théorèmes précédents sont vraies; on les énonce ainsi :

Si un point pris sur l'un des côtés d'un triangle ou sur son prolongement est tel, que ses distances aux deux extrémités de ce côté soient proportionnelles aux côtés adjacents, ce point appartient à la bissectrice de l'angle du triangle opposé au premier côté ou à la bissectrice de l'angle extérieur, suivant qu'il est situé sur le côté lui-même ou sur son prolongement.

En effet, soient D et F (fig. 137) deux points situés, le premier sur le côté BC du triangle ABC, l'autre sur son prolongement, et tels que l'on ait

$$\frac{DB}{DC} = \frac{FB}{FC} = \frac{AB}{AC};$$

je dis que les deux droites AD et AF sont les bissectrices des angles
BAC et CAE. En effet, d'après les théorèmes précédents, les bissectrices de ces deux angles déterminent sur le côté BC et sur son
prolongement deux points dont les distances aux points B et C sont
proportionnelles à AB et AC ; par hypothèse, les points D et F jouissent de cette propriété, et l'on sait qu'ils sont les seuls (**193**) ; donc
ces points D et F sont les pieds des deux bissectrices. C. Q. F. D.

202. Remarque II. — Les deux points D et F sont conjugués par
rapport aux points B et C (**194**). Dans le cas particulier où le triangle ABC est isocèle, la bissectrice de l'angle du sommet passe par
le milieu de la base BC, à laquelle elle est perpendiculaire ; par
suite, la bissectrice de l'angle extérieur est parallèle à BC et le
point F s'éloigne à l'infini.

203. Corollaire. — Si l'on désigne par a, b, c les longueurs des
côtés du triangle ABC respectivement opposés aux angles A, B, C, il
est facile d'exprimer en fonction de a, b, c, les longueurs des segments BD, CD, BF et CF. On a, en effet,

$$\frac{BD}{CD} = \frac{BF}{CF} = \frac{AB}{AC} = \frac{c}{b} ;$$

on en tire successivement

$$\frac{BD}{c} = \frac{CD}{b} = \frac{BD + CD}{c + b} = \frac{a}{c + b} ;$$

$$\frac{BF}{c} = \frac{CF}{b} = \frac{BF - CF}{c - b} = \frac{a}{c - b} ;$$

d'où

$$BD = \frac{ac}{c + b}, \quad CD = \frac{ab}{c + b},$$

$$BF = \frac{ac}{c - b}, \quad CF = \frac{ab}{c - b}.$$

204. Théorème. — *Le lieu des points tels que le rapport de leurs
distances à deux points fixes soit égal à un rapport donné, est une
circonférence de cercle.*

Soient A et B (fig. 138) les deux points fixes, M un point quelconque du lieu, $\frac{m}{n}$ le rapport donné ; on aura

$$\frac{MA}{MB} = \frac{m}{n} ;$$

Menons les bissectrices de l'angle AMB et de l'angle extérieur BME:
ces lignes coupent la droite AB en deux points C et D, tels que leurs
distances aux points A et B sont
proportionnelles à MA et MB; on a
donc

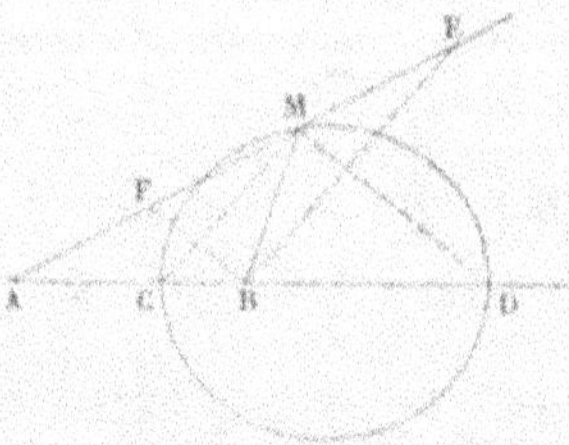

$$\frac{CA}{CB} = \frac{DA}{DB} = \frac{MA}{MB} = \frac{m}{n},$$

Il résulte de là que les points C et D
appartiennent au lieu; de plus, leur
position sur la droite AB ne dépend

Fig. 158.

que de la valeur du rapport $\frac{m}{n}$ (**193**); ce sont deux points fixes,
quel que soit le point M du lieu que l'on considère. Mais les deux
droites MC, MD, bissectrices de deux angles adjacents supplémentaires, sont perpendiculaires (**28**); donc l'angle CMD est droit et,
par suite, le point M se trouve sur la circonférence de cercle décrite
sur CD comme diamètre (**151**).

Il reste à démontrer que tout point de cette circonférence est un
point du lieu. Soit M un point quelconque de cette circonférence;
je joins MA, MB, MC, MD et, par le point B, je mène des parallèles
aux droites MC et MD jusqu'à la rencontre de la droite AM aux points
E et F. Dans le triangle ABE, la ligne CM étant parallèle à BE,
on a (**195**)

$$\frac{CA}{CB} = \frac{MA}{ME}; \tag{1}$$

de même, BF étant parallèle au côté DM du triangle ADM, on a (**196**)

$$\frac{DA}{DB} = \frac{MA}{MF}, \tag{2}$$

Mais, par hypothèse,

$$\frac{CA}{CB} = \frac{DA}{DB} = \frac{m}{n}; \tag{3}$$

donc

$$\frac{MA}{ME} = \frac{MA}{MF},$$

et, par suite, ME = MF. Remarquons, d'autre part, que l'angle CMD, inscrit dans une demi-circonférence est droit; il en est de même de l'angle EBF, qui a ses côtés respectivement parallèles à ceux de l'angle CMD (**68**); donc, si nous décrivions du point M comme centre, avec un rayon égal à ME, une circonférence, elle aurait EF pour diamètre, puisque MF est égal à ME, et elle pas-serait par le point B, sommet de l'angle droit EBF (**151**); il résulte de là que MB = ME. Remplaçons alors ME par MB dans la proportion [1], et nous aurons

$$\frac{CA}{CB} = \frac{MA}{MB},$$

ou bien

$$\frac{MA}{MB} = \frac{m}{n},$$

ce qui démontre que le point M est un point du lieu.

205. REMARQUE. — Si le rapport $\frac{m}{n}$ était égal à 1, le point C serait le milieu de AB, le point D s'éloignerait à l'infini, et la circonfé-rence décrite sur CD comme diamètre deviendrait une ligne droite perpendiculaire sur le milieu de AB. On retrouve ainsi le théorème du n° **55**.

§ XV. POLYGONES SEMBLABLES.

206. Définitions. — Deux polygones d'un même nombre de côtés sont dits *semblables*, lorsqu'ils ont les angles égaux et les côtés homo-logues proportionnels.

On appelle *côtés homologues* de deux polygones semblables ceux qui sont adjacents, de part et d'autre, à des angles égaux. Dans deux triangles semblables, les côtés homologues sont opposés à des angles égaux.

On appelle de même *sommets homologues* de deux polygones sem-blables les sommets des angles égaux; et *diagonales homologues*, celles qui joignent des sommets homologues.

Enfin, on appelle *rapport de similitude* de deux polygones sem-blables le rapport de deux côtés homologues quelconques.

207. Théorème. — *Toute parallèle* DE *à l'un des côtés* BC *d'un triangle* ABC *détermine un nouveau triangle* ADE *semblable au pre-mier* (fig. 159).

En effet, d'abord les deux triangles ABC, ADE sont équiangles, comme ayant l'angle A commun et les autres angles égaux chacun à chacun comme correspondants.

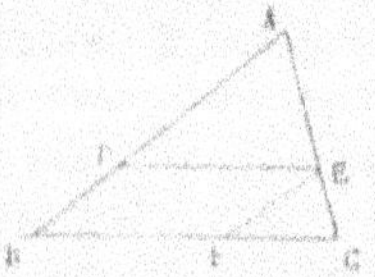

Fig. 139.

Les côtés homologues sont proportionnels ; en effet, on a la proportion (**196**)

$$\frac{AD}{AE} = \frac{AB}{AC} ;$$

d'où l'on tire

$$\frac{AD}{AB} = \frac{AE}{AC} ; \qquad\qquad [1]$$

je mène ensuite EF parallèle à AB ; on a alors (**196**)

$$\frac{AE}{BF} = \frac{AC}{BC} , \quad \text{ou} \quad \frac{AE}{AC} = \frac{BF}{BC} ;$$

et comme BF = DE (**83**), on a

$$\frac{AE}{AC} = \frac{DE}{BC} . \qquad\qquad [2]$$

Les proportions [1] et [2] ont un rapport commun, $\frac{AE}{AC}$; donc les trois rapports sont égaux, et l'on a

$$\frac{AD}{AB} = \frac{AE}{AC} = \frac{DE}{BC} ;$$

ce qui montre que les deux triangles ADE, ABC ont les côtés proportionnels ; comme ils sont équiangles, ils sont semblables. c. q. f. d.

Le théorème serait encore vrai et se démontrerait d'une manière analogue, si la parallèle DE, au lieu de couper les côtés mêmes du triangle comme dans la figure ci-jointe, rencontrait leurs prolongements, soit au-dessous de la base, soit au-dessus du sommet A.

208. Théorème. — *Deux triangles* ABC, A′B′C′, *qui ont les angles égaux chacun à chacun, sont semblables* (fig. 140).

On a par hypothèse A = A′, B = B′, C = C′ ; je prends sur AB une longueur AD égale à A′B′ et je mène DE parallèle à BC ; le triangle ADE est semblable à ABC (**207**).

Je dis de plus que ce même triangle ADE est égal au triangle A′B′C′ ; ils ont, en effet, le côté AD égal à A′B′ par construction, l'angle A égal à l'angle A' par hypothèse, et enfin l'angle ADE égal à l'angle B', parce que tous les deux sont égaux au même angle B. Les deux triangles ADE, A'B'C', sont donc égaux (**33**); et, par conséquent, le triangle A'B'C' est semblable au triangle ABC. C. Q. F. D.

Fig. 140.

REMARQUE. — Il suffit que les deux triangles ABC, A'B'C', aient deux angles égaux chacun à chacun pour être semblables; car s'ils ont deux angles égaux chacun à chacun, ils sont équiangles (**76**).

209. COROLLAIRE. — *Deux triangles rectangles qui ont un angle aigu égal sont semblables.*

210. Théorème. — *Deux triangles ABC, A'B'C', qui ont un angle égal compris entre côtés proportionnels, sont semblables* (fig. 141).

On a, par hypothèse,

$$A = A', \quad \frac{AB}{A'B'} = \frac{AC}{A'C'}. \qquad [1]$$

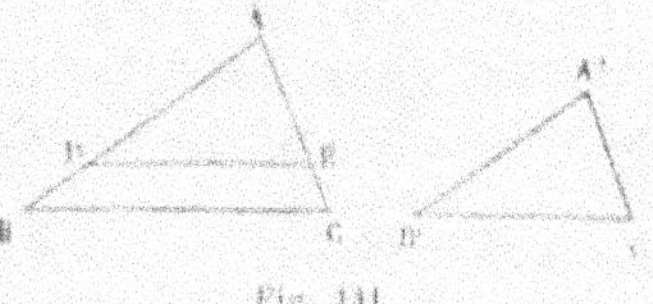
Fig. 141.

Je prends sur AB une longueur AD égale à A'B', et je mène DE parallèle à BC; le triangle ADE est semblable à ABC (**207**); par conséquent, on a

$$\frac{AB}{AD} = \frac{AC}{AE}; \qquad [2]$$

les proportions [1] et [2] ont les trois premiers termes égaux, puisque AD = A'B'; donc AE = A'C'; par suite les triangles ADE, A'B'C' ont l'angle A = A' par hypothèse, AD = A'B' par construction et AE = A'C' par démonstration; donc ils sont égaux (**34**), et par conséquent, A'B'C' est semblable à ABC. C. Q. F. D.

211. Théorème. — *Deux triangles ABC, A'B'C', qui ont les côtés proportionnels, sont semblables* (fig. 142).

Je suppose qu'on ait

$$\frac{AB}{A'B'} = \frac{AC}{A'C'} = \frac{BC}{B'C'}. \qquad [1]$$

je prends sur AB une longueur AD = A'B', et je mène DE parallèle
à BC ; le triangle ADE est semblable à ABC (**207**). On aura alors

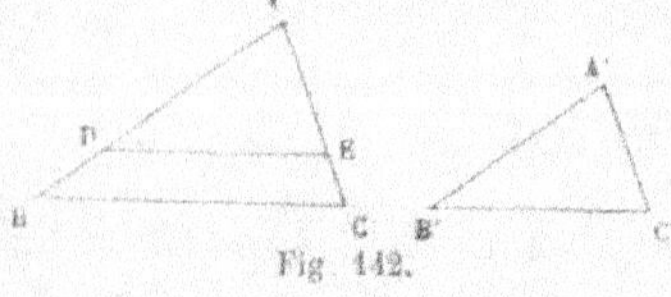

$$\frac{AB}{AD} = \frac{AC}{AE} = \frac{BC}{DE} ; \quad [2]$$

Fig. 142.

en comparant les égalités de rapports [1] et [2], et remarquant
que AD = A'B', on en déduit

$$AE = A'C' ; \quad DE = B'C' ;$$

les triangles ADE, A'B'C', ont alors les trois côtés égaux ; donc ils sont
égaux, et A'B'C' est semblable à ABC. c. q. f. d.

212. Théorème. — *Deux triangles qui ont les côtés parallèles ou
perpendiculaires sont semblables.*

Ces deux triangles ont alors les angles égaux ou supplémentaires
chacun à chacun (**68** et **69**) ; désignons par A, B, C, A' B', C', les
angles des deux triangles. On ne peut pas avoir en même temps

$$A + A' = 2 \text{ dr.,} \quad B + B' = 2 \text{ dr.,} \quad C + C' = 2 \text{ dr.,}$$

car la somme des six angles serait égale à 6 droits, ce qui est
impossible (**74**) ; on ne peut avoir non plus :

$$A = A', \quad B + B' = 2 \text{ dr.,} \quad C + C' = 2 \text{ dr.,}$$

car la somme des six angles surpasserait encore 4 droits, ce qui est
impossible. On devra donc avoir

$$A = A' \quad \text{et} \quad B = B' ;$$

mais alors les triangles sont équiangles et semblables (**208**).

213. Remarque générale. — Les théorèmes des n^{os} **208, 210, 211**,
font connaître trois cas de similitude des triangles et correspondent
aux trois cas d'égalité que nous avons établis aux n^{os} **33, 34** et **37**.
Seulement, tandis que l'égalité de deux triangles exige toujours
trois conditions, la similitude n'en exige que deux.

On peut d'ailleurs faire usage des théorèmes sur la similitude
des triangles pour démontrer soit l'égalité de deux angles, soit la
proportionnalité des lignes d'une même figure ou de deux figures

différentes, comme on s'est servi des cas d'égalité des triangles pour établir l'égalité de deux angles ou de deux droites. Le procédé est le même et nous l'emploierons souvent dans la suite.

214. Théorème. — *Deux polygones* ABCDE, A'B'C'D'E', *composés d'un même nombre de triangles semblables et semblablement placés, sont semblables* (fig. 143).

En effet, je dis en premier lieu que les deux polygones ont les angles égaux chacun à chacun.

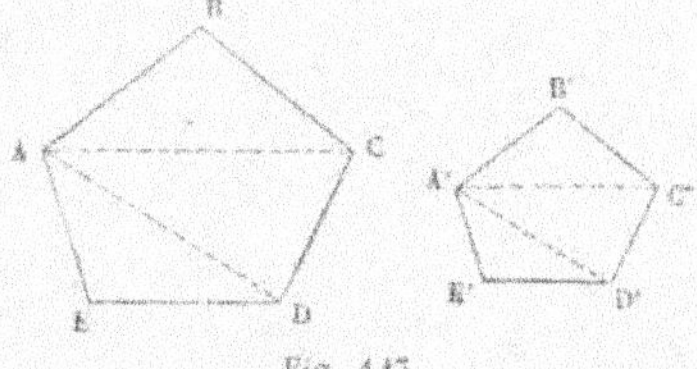

Fig. 143.

Les angles B et B' sont égaux comme angles homologues des deux triangles semblables ABC, A'B'C'; les angles E et E' sont égaux pour la même raison. Les angles BCD, B'C'D', sont égaux comme composés l'un et l'autre de deux angles égaux chacun à chacun, l'angle BCA égal à B'C'A', à cause de la similitude des triangles ABC, A'B'C', et l'angle ACD égal à l'angle A'C'D', à cause de la similitude des triangles ACD, A'C'D' ; les deux angles CDE, C'D'E', sont égaux pour une raison analogue. Enfin les angles BAE, B'A'E', composés d'un même nombre d'angles égaux chacun à chacun, sont aussi égaux : donc les deux polygones sont équiangles.

Je dis en second lieu que les deux polygones ont les côtés homologues proportionnels ; en effet, la similitude des triangles ABC et A'B'C', ACD et A'C'D', ADE et A'D'E' donne les égalités de rapports suivantes :

$$\frac{AB}{A'B'} = \frac{BC}{B'C'} = \frac{AC}{A'C'},$$

$$\frac{AC}{A'C'} = \frac{CD}{C'D'} = \frac{AD}{A'D'},$$

$$\frac{AD}{A'D'} = \frac{DE}{D'E'} = \frac{EA}{E'A'};$$

d'où l'on tire, à cause des rapports communs,

$$\frac{AB}{A'B'} = \frac{BC}{B'C'} = \frac{CD}{C'D'} = \frac{DE}{D'E'} = \frac{EA}{E'A'},$$

égalité qui démontre la proportionnalité des côtés homologues

Donc les polygones sont équiangles et ont les côtés proportionnels ; par conséquent, ils sont semblables. c. q. f. d.

215. Théorème. — Réciproquement, *deux polygones semblables,* ABCDE, A'B'C'D'E', *peuvent être décomposés en un même nombre de triangles semblables et semblablement disposés* (fig. 144).

Par les sommets homologues A et A', je mène toutes les diagonales possibles dans les deux polygones ; elles décomposent chacun d'eux en autant de triangles qu'il y a de côtés moins deux ; ces triangles sont donc en même nombre ; je dis de plus qu'ils sont semblables chacun à chacun.

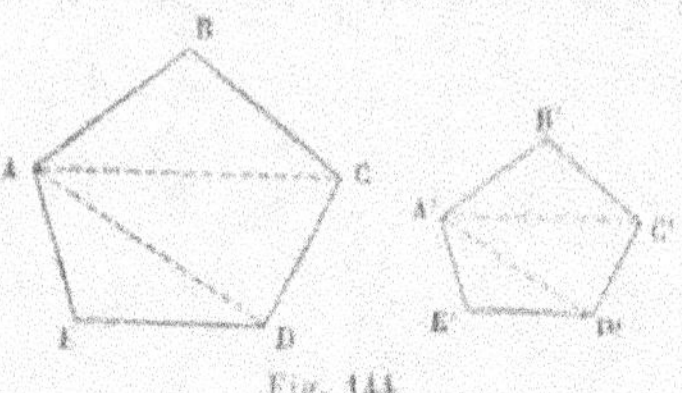

Fig. 144.

Prenons d'abord les deux triangles ABC, A'B'C' ; ils ont l'angle B égal à l'angle B', comme angles homologues des deux polygones semblables ; la similitude des deux polygones donne en outre la proportion

$$\frac{AB}{A'B'} = \frac{BC}{B'C'} ;$$

donc les deux triangles ABC, A'B'C', ont un angle égal compris entre côtés proportionnels, et par conséquent sont semblables (**210**).

Il résulte de là que l'angle BCA est égal à l'angle B'C'A', et comme l'angle BCD est égal à l'angle B'C'D' en vertu de l'hypothèse, l'angle ACD, différence des angles BCD et BCA, est égal à l'angle A'C'D', différence des angles B'C'D' et B'C'A'. La similitude des deux triangles ABC, A'B'C', donne la proportion

$$\frac{BC}{B'C'} = \frac{CA}{C'A'},$$

celle des deux polygones donne

$$\frac{BC}{B'C'} = \frac{CD}{C'D'} ;$$

de la comparaison de ces deux proportions, on déduit

$$\frac{CA}{C'A'} = \frac{CD}{C'D'} ;$$

donc les deux triangles ACD, A'C'D', ont un angle égal compris entre côtés proportionnels ; donc ils sont semblables.

On démontrerait de même la similitude des autres triangles.

216. REMARQUE I. — Les deux théorèmes qui précèdent font connaître la condition nécessaire et suffisante pour la similitude de deux polygones : il faut et il suffit qu'on puisse les décomposer en triangles semblables et semblablement disposés. Si les polygones ont n côtés, la décomposition de chacun d'eux en triangles par des diagonales donnera $n-2$ triangles ; et comme la similitude de deux triangles exige deux conditions, nous pouvons conclure qu'il faudra en général $(n-2) \times 2$ ou $2n-4$ conditions distinctes pour la similitude de deux polygones de n côtés.

217. REMARQUE II. — Nous avons supposé, dans les deux démonstrations précédentes, que les deux polygones étaient décomposés en triangles par des diagonales menées de deux sommets homologues à tous les autres. Mais on pourrait encore effectuer cette décomposition en joignant deux points *homologues*, pris à l'intérieur des deux polygones à tous les sommets ; nous dirons alors que deux points S et S' sont homologues, lorsque les triangles SAB, S'A'B', obtenus en joignant respectivement ces points aux extrémités de deux côtés homologues AB et A'B' des deux polygones, sont semblables et semblablement disposés. Il est aisé de s'assurer que les démonstrations précédentes ne subiraient que de très légères modifications, si l'on adoptait ce nouveau mode de décomposition. C'est particulièrement dans le cas des polygones non convexes qu'il conviendra d'en faire usage.

218. Théorème. — *Le rapport des périmètres de deux polygones semblables* ABCDE, A'B'C'D'E', *est égal au rapport de deux côtés homologues* (fig. 144).

On a, par hypothèse,

$$\frac{AB}{A'B'} = \frac{BC}{B'C'} = \frac{CD}{C'D'} = \frac{DE}{D'E'} = \frac{EA}{E'A'} ;$$

d'où l'on tire immédiatement, par une propriété connue des rapports égaux,

$$\frac{AB+BC+CD+DE+EA}{A'B'+B'C'+C'D'+D'E'+E'A'} = \frac{AB}{A'B'}. \qquad \text{C. Q. F. D.}$$

Il est d'ailleurs aisé de se rendre compte de l'exactitude de ce théorème par des considérations très simples : supposons, pour fixer les idées, que le rapport de similitude des deux polygones soit égal à $\frac{5}{3}$; cela veut dire que chaque côté du premier polygone vaut les $\frac{5}{3}$ du côté homologue du second polygone ; par suite le périmètre du premier polygone vaut aussi les $\frac{5}{3}$ du périmètre du second ; et c'est précisément ce qu'il fallait démontrer.

§ XVI. — RELATIONS MÉTRIQUES ENTRE LES ÉLÉMENTS LINÉAIRES D'UN TRIANGLE OU D'UN QUADRILATÈRE.

219. Définitions. — On appelle *projection* d'un point sur une droite le pied de la perpendiculaire abaissée de ce point sur la droite.

On appelle *projection* d'une droite AB sur une droite CD la portion A'B' de cette dernière droite comprise entre les projections A' et B' des deux extrémités de AB (fig. 145).

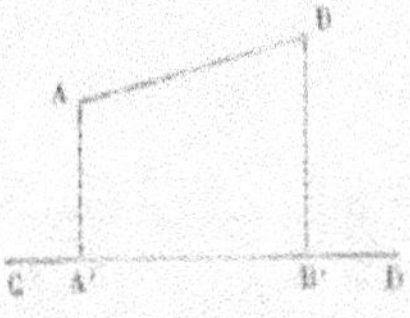

Nous rappelons que, lorsque les deux moyens d'une proportion sont égaux, chacun d'eux s'appelle une *moyenne proportionnelle* entre les deux extrêmes. D'après une propriété connue des proportions, cela revient à dire que la moyenne proportionnelle entre deux nombres est un troisième nombre dont le carré est égal au produit des deux premiers ; ainsi, la moyenne proportionnelle entre 2 et 18 est 6, parce que le carré de 6 est égal au produit 2×18 (V. l'*Arithmétique*).

Fig. 145.

220. Théorème. — *Si du sommet A de l'angle droit d'un triangle rectangle on abaisse une perpendiculaire sur l'hypoténuse,*

1° Chaque côté de l'angle droit est moyen proportionnel entre l'hypoténuse entière et sa projection sur l'hypoténuse ;

2° La perpendiculaire est moyenne proportionnelle entre les segments de l'hypoténuse (fig. 146).

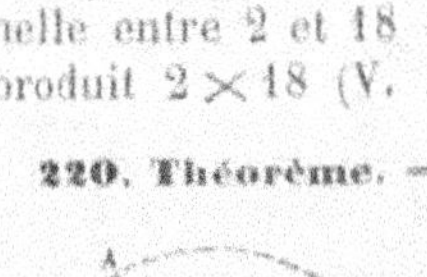

Fig. 146.

1° Les deux triangles ABC, ABD, sont rectangles et ont l'angle B commun ; donc ils sont semblables (**209**) ; si l'on écrit que les côtés homologues de ces deux triangles sont proportionnels, on a

$$\frac{BC}{AB} = \frac{AB}{BD}, \quad \text{ou} \quad \overline{AB}^2 = BC \times BD;$$

ce qui prouve que le côté AB de l'angle droit est moyen proportionnel entre l'hypoténuse entière BC et la projection BD de ce côté sur l'hypoténuse. En comparant de même les triangles semblables ABC, DAC, on trouverait pareillement

$$\overline{AC}^2 = BC \times CD.$$

2° Les deux triangles ABD, CAD, équiangles au triangle ACB, sont équiangles entre eux ; donc ils sont semblables, et on a la proportion

$$\frac{BD}{AD} = \frac{AD}{CD}, \quad \text{ou} \quad \overline{AD}^2 = BD \times CD;$$

ce qui montre que la perpendiculaire AD est moyenne proportionnelle entre les segments BD et CD de l'hypoténuse.

221. Corollaire I. — En joignant un point quelconque A d'une demi-circonférence aux deux extrémités du diamètre BC (fig. 146), on forme un triangle rectangle (**143**) ; donc, en vertu du théorème précédent :

1° *Toute corde d'un cercle est moyenne proportionnelle entre le diamètre qui passe par son extrémité et sa projection sur ce diamètre ;*

2° *La perpendiculaire abaissée d'un point quelconque d'une circonférence sur un diamètre est moyenne proportionnelle entre les deux segments du diamètre.*

222. Corollaire II. — *Les carrés des deux côtés de l'angle droit d'un triangle rectangle sont proportionnels aux projections de ces côtés sur l'hypoténuse.*

On a (fig. 146)

$$\overline{AB}^2 = BC \times BD,$$
$$\overline{AC}^2 = BC \times CD;$$

en divisant membre à membre, et en remarquant que BC, facteur commun aux deux termes du second membre, disparaît, on a

$$\frac{\overline{AB}^2}{\overline{AC}^2} = \frac{BD}{CD}. \qquad \text{C. Q. F. D.}$$

223. Théorème. — *Le carré de l'hypoténuse d'un triangle rectangle est égal à la somme des carrés des côtés de l'angle droit* (fig. 147).

On a (**220, 1°**)

Fig. 147.

$$\overline{AB}^2 = BC \times BD,$$
$$\overline{AC}^2 = BC \times CD;$$

en ajoutant, on obtient

$$\overline{AB}^2 + \overline{AC}^2 = BC \times (BD + CD) = BC \times BC = \overline{BC}^2. \qquad \text{C. Q. F. D.}$$

La découverte de ce théorème, un des plus importants de la géométrie, est attribuée à Pythagore.

224. Corollaire. — *Le carré de la diagonale d'un rectangle est égal à la somme des carrés de deux côtés adjacents du rectangle.* Car cette diagonale est l'hypoténuse d'un triangle rectangle ayant pour côtés de l'angle droit deux côtés adjacents du rectangle.

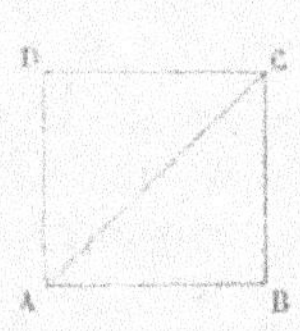

Fig. 148.

Considérons, en particulier, un carré ABCD (fig. 148) ; nous aurons

$$\overline{AC}^2 = \overline{AB}^2 + \overline{BC}^2 = \overline{AB}^2 + \overline{AB}^2 = 2\overline{AB}^2;$$

d'où l'on tire

$$\frac{\overline{AC}^2}{\overline{AB}^2} = 2; \qquad \frac{AC}{AB} = \sqrt{2}.$$

Comme il n'existe aucun nombre, entier ou fractionnaire, dont le carré soit égal à 2, et que, par conséquent, $\sqrt{2}$ est un pur symbole dont la valeur ne peut être exprimée numériquement, nous concluons de l'égalité précédente que *la diagonale et le côté d'un carré n'ont pas de commune mesure.* Nous avons donc là un premier exemple de lignes incommensurables (**133, 157**) ; nous en trouverons d'autres exemples plus tard.

225. Remarque. — Les théorèmes des n°ˢ **220** et **223** fournissent

des relations entre les trois côtés d'un triangle rectangle, la perpendiculaire abaissée du sommet de l'angle droit sur l'hypoténuse et
les deux segments de l'hypoténuse, en tout six quantités. Deux de
ces quantités étant données, on peut, à l'aide de ces relations, calculer les quatre autres ; de là neuf problèmes distincts sur le triangle
rectangle, dont la solution se déduit des théorèmes précédents.

Désignons par a l'hypoténuse du triangle rectangle, par b et c les
côtés de l'angle droit et par h la perpendiculaire abaissée du sommet de l'angle droit sur l'hypoténuse, enfin par β et γ les projections
des côtés b et c sur l'hypoténuse ; le théorème du numéro **220** nous
donne les trois équations suivantes :

$$b^2 = a\beta, \tag{1}$$
$$c^2 = a\gamma, \tag{2}$$
$$h^2 = \beta\gamma, \tag{3}$$

auxquelles il faut joindre l'équation

$$\beta + \gamma = a, \tag{4}$$

qui est évidente sur la figure. C'est à l'aide de ce système d'é-
quations qu'on pourra toujours, deux des quantités a, b, c, h, β, γ,
étant connues, trouver les quatre autres. Nous allons résoudre quelques-uns de ces problèmes.

I. Connaissant les deux côtés de l'angle droit, b et c, trouver
l'hypoténuse a, la hauteur h et les deux segments β et γ.

Pour avoir l'hypoténuse, j'emploierai l'équation

$$a^2 = b^2 + c^2, \tag{5}$$

fournie par le théorème du numéro **223**, et qui est d'ailleurs une
conséquence des équations [1], [2] et [4] ; on en tire

$$a = \sqrt{b^2 + c^2} ;$$

β et γ seront alors donnés par les équations [1] et [2],

$$\beta = \frac{b^2}{a}, \quad \gamma = \frac{c^2}{a} ;$$

enfin h s'obtiendra au moyen de l'équation [3],

$$h^2 = \beta\gamma = \frac{b^2 c^2}{a^2},$$

d'où l'on tire

$$h = \frac{bc}{a}.$$

EXEMPLE. — Faisons $b = 21$ mètres, $c = 28$ mètres. Nous aurons

$$a = \sqrt{21^2 + 28^2} = \sqrt{1225} = 35 \text{ mètres};$$

$$\beta = \frac{21^2}{35} = 12^m,6,$$

$$\gamma = \frac{28^2}{35} = 22^m,4,$$

$$h = \frac{21 \times 28}{35} = 16^m,8.$$

II. Connaissant l'hypoténuse a et l'un des côtés de l'angle droit b, trouver l'autre côté de l'angle droit, la hauteur et les deux segments de l'hypoténuse.

De l'équation

$$a^2 = b^2 + c^2,$$

qui est donnée par le théorème du n° **223**, on tire

$$c^2 = a^2 - b^2, \quad c = \sqrt{a^2 - b^2}.$$

On a ensuite

$$\beta = \frac{b^2}{a},$$

$$\gamma = a - \beta = a - \frac{b^2}{a},$$

$$h = \sqrt{\beta\gamma}.$$

EXEMPLE. — Faisons $a = 13$ mètres, $b = 5$ mètres. On a

$$c = \sqrt{13^2 - 5^2} = \sqrt{144} = 12 \text{ mètres},$$

$$\beta = \frac{5^2}{13} = \frac{25}{13} = 1^m,923 \quad \left.\right\} \text{ à } 0^m,001 \text{ près,}$$

$$\gamma = 13^m - 1^m,923 = 11^m,077$$

$$h = \sqrt{\frac{5^2}{13}\left(13 - \frac{5^2}{13}\right)} = \sqrt{\frac{5^2 \times 144}{13^2}} = \frac{60}{13} = 4^m,615,$$

à $0^m,001$ près.

III. Connaissant les segments β et γ de l'hypoténuse, trouver les côtés a, b, c, et la hauteur h du triangle.

On a immédiatement

$$a = \beta + \gamma,$$
$$b = \sqrt{a\beta},$$
$$c = \sqrt{a\gamma},$$
$$h = \sqrt{\beta\gamma}.$$

Exemple. Faisons $\beta = 16^m,15$; $\gamma = 25^m,60$, nous aurons

$$a = 16^m,15 + 25^m,60 = 41^m,75,$$
$$b = \sqrt{16,15 \times 41,75} = \sqrt{674,2625} = 25^m,773,$$
$$c = \sqrt{25,60 \times 41,75} = \sqrt{1068,80} = 32^m,693,$$
$$h = \sqrt{16,15 \times 25,60} = \sqrt{413,44} = 20^m,333;$$

b, c, h sont calculés à $0^m,001$ près.

IV. Connaissant l'hypoténuse a et la hauteur h, trouver b, c, β et γ.

On a

$$\beta + \gamma = a, \qquad \beta\gamma = h^2;$$

donc β et γ sont les racines de l'équation du second degré (V. l'*Algèbre*.)

$$x^2 - ax + h^2 = 0;$$

β et γ étant connus, b et c seront donnés par les formules

$$b = \sqrt{a\beta}, \qquad c = \sqrt{a\gamma}.$$

Pour que le problème soit possible, il faut et il suffit que les racines de l'équation du second degré soient réelles, c'est-à-dire qu'on ait

$$\frac{a^2}{4} > h^2,$$

ou

$$\frac{a}{2} > h,$$

condition à laquelle on serait immédiatement conduit par des considérations purement géométriques.

Exemple. Faisons $a = 5$ mètres; $h = 2^m,4$. Les deux segments β et γ sont les racines de l'équation

$$x^2 - 5x + 5,76 = 0,$$

d'où l'on tire

$$x = \frac{5 \pm \sqrt{25 - 23,04}}{2} = \frac{5 \pm \sqrt{1,96}}{2} = \frac{5 \pm 1,4}{2};$$

par suite,

$$\beta = \frac{6,4}{2} = 3^m,2,$$

$$\gamma = \frac{3,6}{2} = 1^m,8.$$

On aura ensuite

$$b = \sqrt{5 \times 3,2} = \sqrt{16} = 4 \text{ mètres},$$
$$c = \sqrt{5 \times 1,8} = \sqrt{9} = 3 \quad - \quad .$$

226. Théorème. — *Dans tout triangle, le carré d'un côté opposé à un angle aigu est égal à la somme des carrés des deux autres côtés,*

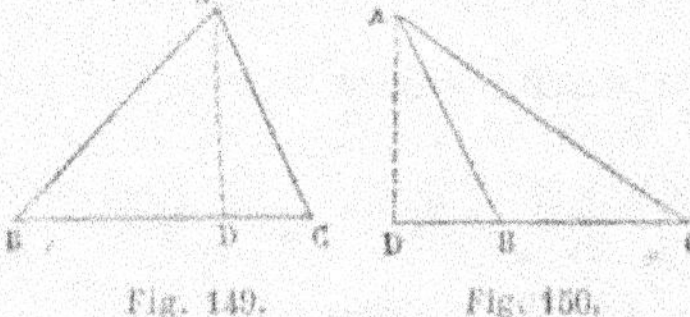

Fig. 149.   Fig. 150.

moins deux fois le produit de l'un de ces côtés par la projection du second sur le premier (fig. 149 et 150).

Supposons que l'angle C du triangle ABC soit aigu. Abaissons du point A la perpendiculaire AD sur le côté opposé; elle tombe à l'intérieur du triangle, si l'angle B est aigu comme dans la première figure, et à l'extérieur, si l'angle B est obtus comme dans la deuxième figure.

Le triangle rectangle ABD donne (**223**)

$$\overline{AB}^2 = \overline{AD}^2 + \overline{BD}^2; \qquad\qquad [1]$$

nous aurons de même dans le triangle rectangle ACD,

$$\overline{AD}^2 = \overline{AC}^2 - \overline{CD}^2. \qquad\qquad [2]$$

On a, de plus, dans la première figure,

$$BD = BC - CD,$$

et dans la deuxième figure,

$$BD = CD - BC ;$$

quelle que soit celle de ces deux égalités que l'on considère, en élevant les deux membres au carré [1], on a

$$\overline{BD}^2 = \overline{BC}^2 + \overline{CD}^2 - 2BC \times CD. \qquad [3]$$

En remplaçant, dans l'égalité [1], $\overline{AD}^2$ par sa valeur tirée de l'équation [2] et $\overline{BD}^2$ par sa valeur tirée de l'équation [3], on trouve, toutes réductions faites,

$$\overline{AB}^2 = \overline{AC}^2 + \overline{BC}^2 - 2\,BC \times CD. \qquad \text{c. q. f. d.}$$

On arriverait au même résultat en ajoutant membre à membre les égalités [1], [2], [3].

227. Théorème. — *Dans un triangle obtusangle, le carré du côté opposé à l'angle obtus est égal à la somme des carrés des deux autres côtés, plus deux fois le produit de l'un de ces côtés par la projection du second sur le premier* (fig. 151).

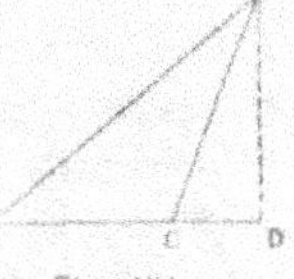
Fig. 151.

Supposons que l'angle C du triangle ABC soit obtus. Abaissons du point A la perpendiculaire AD sur le côté opposé ; elle sera tout entière extérieure au triangle. Cela posé, le triangle rectangle ABD donne (**223**)

$$\overline{AB}^2 = \overline{AD}^2 + \overline{BD}^2 ; \qquad [1]$$

nous aurons de même, dans le triangle rectangle ACD,

$$\overline{AD}^2 = \overline{AC}^2 - \overline{CD}^2. \qquad [2]$$

On a d'ailleurs évidemment

$$BD = BC + CD,$$

---

1. Le carré de la différence de deux nombres est égal à la somme des carrés de ces deux nombres, moins deux fois le produit du premier nombre par le second. (V. l'*Algèbre*.)

d'où l'on tire, en élevant les deux membres au carré [1],

$$\overline{BD}^2 = \overline{BC}^2 + \overline{CD}^2 + 2BC \times CD. \qquad [5]$$

Remplaçons maintenant, dans la première égalité, $\overline{AD}^2$ et $\overline{BD}^2$ par leurs valeurs tirées des équations [2] et [3], ou, ce qui revient au même, ajoutons membre à membre les trois égalités [1], [2] et [3]; il viendra, toutes réductions faites,

$$\overline{AB}^2 = \overline{AC}^2 + \overline{BC}^2 + 2\,BC \times CD. \qquad \text{c. q. f. d.}$$

228. Corollaire. — *Un angle d'un triangle est aigu, droit ou obtus, suivant que le carré du côté opposé à cet angle est inférieur, égal ou supérieur à la somme des carrés des deux autres côtés.*

Cela résulte immédiatement du rapprochement des théorèmes des n^os **223**, **226** et **227**.

229. Remarque. — Les théorèmes précédents permettent de résoudre la question suivante :

Étant donnés les trois côtés d'un triangle, trouver la hauteur qui tombe sur l'un quelconque des côtés.

Désignons par a, b, c, les longueurs des côtés d'un triangle ABC respectivement opposés aux angles A, B, C; et par h, la hauteur abaissée du sommet A sur le côté BC (fig. 149 et 151). Des deux angles B et C, l'un au moins est aigu; supposons que ce soit B; on aura alors (**226**)

$$\overline{AC}^2 = \overline{BC}^2 + \overline{AB}^2 - 2\,BC \times BD,$$

ou

$$b^2 = a^2 + c^2 - 2\,a \times BD;$$

d'où l'on tire

$$BD = \frac{a^2 + c^2 - b^2}{2\,a}. \qquad [1]$$

D'autre part, le triangle rectangle ABD nous donne

$$\overline{AD}^2 = \overline{AB}^2 - \overline{BD}^2$$

ou

$$h^2 = c^2 - \overline{BD}^2. \qquad [2]$$

---

1. Le carré de la somme de deux nombres est égal à la somme des carrés de ces deux nombres, plus deux fois le produit du premier nombre par le second. (V. l'*Arithmétique* et l'*Algèbre*.)

Remplaçons, dans cette égalité, BD par sa valeur tirée de [1], et nous aurons

$$h^2 = c^2 - \frac{(a^2 + c^2 - b^2)^2}{4\,a^2},$$

ou bien

$$h^2 = \frac{4\,a^2\,c^2 - (a^2 + c^2 - b^2)^2}{4\,a^2};$$

telle est la valeur de h^2. Mais on peut lui donner une forme plus symétrique en décomposant en facteurs la différence de carrés qui forme le numérateur[1]; on a ainsi

$$h^2 = \frac{(2\,ac + a^2 + c^2 - b^2)\,(2\,ac - a^2 - c^2 + b^2)}{4\,a^2},$$

ou encore

$$h^2 = \frac{[(a+c)^2 - b^2]\,[b^2 - (a-c)^2]}{4\,a^2};$$

chacun des facteurs du numérateur, étant lui-même une différence de carrés, peut encore être décomposé en deux facteurs, ce qui donne

$$h^2 = \frac{(a+b+c)\,(a+c-b)\,(b+a-c)\,(b-a+c)}{4\,a^2},$$

ou, en changeant l'ordre des facteurs,

$$h^2 = \frac{(a+b+c)\,(b+c-a)\,(c+a-b)\,(a+b-c)}{4\,a^2},$$

Posons, pour abréger,

$$a + b + c = 2\,p,$$

p désignant alors le demi-périmètre du triangle; on déduit de cette égalité

$$b + c - a = 2p - 2a = 2\,(p - a),$$
$$c + a - b = 2p - 2b = 2\,(p - b),$$
$$a + b - c = 2p - 2c = 2\,(p - c).$$

___

1. La différence des carrés de deux nombres est égale au produit de la somme de ces deux nombres par leur différence. (V. l'*Algèbre*.)

Par suite, la valeur de h^2 prendra la forme

$$h^2 = \frac{4p\,(p-a)\,(p-b)\,(p-c)}{a^2},$$

d'où enfin

$$h = \frac{2}{a}\sqrt{p\,(p-a)\,(p-b)\,(p-c)}.$$

On obtiendrait la valeur de la hauteur h' qui part du sommet B, en changeant dans la formule précédente a en b, et réciproquement ; cette permutation de lettres ne change pas le radical, et on a

$$h = \frac{2}{b}\sqrt{p\,(p-a)\,(p-b)\,(p-c)}.$$

La hauteur h'' issue du sommet C aurait de même pour valeur

$$h'' = \frac{2}{c}\sqrt{p\,(p-a)\,(p-b)\,(p-c)}.$$

Exemple. — Supposons qu'on donne

$$a = 41 \text{ mètres,}$$
$$b = 52 \qquad \text{»}$$
$$c = 25 \qquad \text{»}$$

On en tire

$$p = \frac{41 + 52 + 25}{2} = 49,$$
$$p - a = 49 - 41 = 8,$$
$$p - b = 49 - 52 = 17,$$
$$p - c = 49 - 25 = 24 ;$$

$$\sqrt{p\,(p-a)\,(p-b)\,(p-c)} = \sqrt{49 \times 8 \times 17 \times 24} = 56\sqrt{51}.$$

Donc

$$h = \frac{2 \times 56 \times \sqrt{51}}{41} = \frac{112\sqrt{51}}{41} = 19^m,508,$$
$$h' = \frac{2 \times 56 \times \sqrt{51}}{52} = \frac{112\sqrt{51}}{52} = 24^m,995,$$
$$h'' = \frac{2 \times 56 \times \sqrt{51}}{25} = \frac{112\sqrt{51}}{25} = 31^m,994,$$

à $0^m,001$ près.

* **230. Théorème.** — *La somme des carrés de deux côtés d'un triangle est égale à deux fois le carré de la médiane qui tombe sur le troisième côté, plus deux fois le carré de la moitié de ce troisième côté.*

Du sommet A du triangle ABC (fig. 152), je mène la médiane AD et la hauteur AP qui tombent sur le côté BC. Des deux angles supplémentaires BDA, CDA, l'un est aigu. l'autre obtus; je suppose, par exemple, que le premier soit obtus. Alors, en appliquant aux triangles ABD, ACD, les théorèmes des n^{os} **226** et **227**, on aura

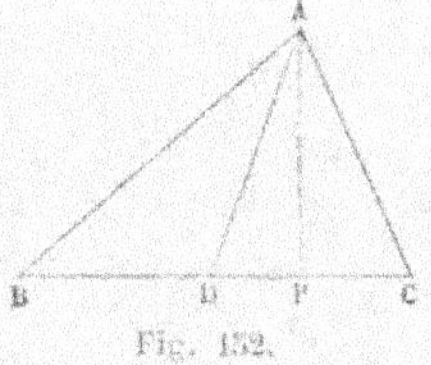
Fig. 152.

$$\overline{AB}^2 = \overline{AD}^2 + \overline{BD}^2 + 2\,BD \times DP ;$$
$$\overline{AC}^2 = \overline{AD}^2 + \overline{CD}^2 - 2\,CD \times DP .$$

Si nous ajoutons ces égalités membre à membre, les deux termes $+ 2BD \times DP$ et $- 2CD \times DP$ se détruiront, puisque BD est égale à CD; on aura donc

$$\overline{AB}^2 + \overline{AC}^2 = 2\overline{AD}^2 + 2\overline{BD}^2. \qquad \text{c. q. f. d.}$$

* **231. Remarque.** — Ce théorème permet de *calculer les médianes d'un triangle en fonction des côtés.*

Soient a, b, c, les côtés du triangle ABC respectivement opposés aux angles A, B, C, et m la médiane issue du sommet A. On a la relation

$$b^2 + c^2 = 2m^2 + 2\left(\frac{a}{2}\right)^2 = 2m^2 + \frac{a^2}{2};$$

d'où l'on tire

$$m^2 = \frac{2b^2 + 2c^2 - a^2}{4};$$
$$m = \frac{1}{2}\sqrt{2b^2 + 2c^2 - a^2}.$$

Si l'on désigne par m' et par m'' les médianes issues des sommets B et C, on aura de même

$$m' = \frac{1}{2}\sqrt{2c^2 + 2a^2 - b^2}, \quad m'' = \frac{1}{2}\sqrt{2a^2 + 2b^2 - c^2}.$$

EXEMPLE. — Faisons $a = 41$ mètres, $b = 32$ mètres, $c = 25$ mètres, on

$$m = \frac{1}{2}\sqrt{2048 + 1250 - 1681} = \frac{1}{2}\sqrt{1617} = 20^{\mathrm{m}},400,$$

$$m' = \frac{1}{2}\sqrt{1250 + 3562 - 1024} = \frac{1}{2}\sqrt{3588} = 29^{\mathrm{m}},954,$$

$$m'' = \frac{1}{2}\sqrt{3562 + 2048 - 625} = \frac{1}{2}\sqrt{4785} = 34^{\mathrm{m}},587,$$

à $0^{\mathrm{m}},001$ près.

*232. COROLLAIRE I. — *Le lieu géométrique des points tels, que la somme des carrés de leurs distances à deux points fixes soit égale au carré d'une longueur donnée* k, *est une circonférence de cercle qui a pour centre le milieu de la droite qui joint les deux points fixes.*

Soient B et C les deux points fixes (fig. 152), A un point quelconque du lieu, et D le milieu de la droite BC. On a, par hypothèse,

$$\overline{AB}^2 + \overline{AC}^2 = k^2;$$

mais le théorème précédent donne

$$\overline{AB}^2 + \overline{AC}^2 = 2\overline{AD}^2 + 2\overline{BD}^2;$$

donc

$$2\overline{AD}^2 + 2\overline{BD}^2 = k^2;$$

d'où l'on tire enfin

$$\overline{AD}^2 = \frac{k^2}{2} - \overline{BD}^2,$$

$$\overline{AD} = \sqrt{\frac{k^2}{2} - \overline{BD}^2}.$$

Cette égalité prouve que la longueur AD est constante; donc le lieu du point A est une circonférence de cercle dont le centre est D, et dont le rayon est $\sqrt{\dfrac{k^2}{2} - \overline{BD}^2}$.

Si $\dfrac{k^2}{2} = \overline{BD}^2$, le rayon est nul, et le cercle se réduit à un point; le point D est alors le seul point qui satisfasse à la question.

Si $\dfrac{k^2}{2} < \overline{BD}^2$, le rayon est imaginaire, et il n'y a aucun point répondant à la question.

233. COROLLAIRE II. — *La somme des carrés des côtés d'un quadrilatère ABCD est égale à la somme des carrés des deux diagonales, plus quatre fois le carré de la droite EF qui joint leurs milieux (fig. 155).*

Il faut prouver qu'on a

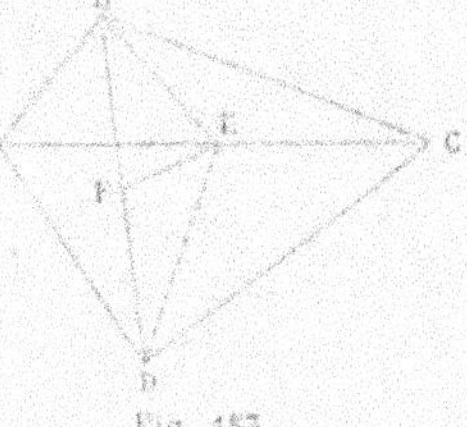

Fig. 155.

$$\overline{AB}^2 + \overline{BC}^2 + \overline{CD}^2 + \overline{AD}^2 = \overline{AC}^2 + \overline{BD}^2 + 4\overline{EF}^2.$$

En appliquant le théorème précédent aux deux triangles ABC et ADC, on a

$$\overline{AB}^2 + \overline{BC}^2 = 2\overline{BE}^2 + 2\overline{AE}^2,$$
$$\overline{AD}^2 + \overline{DC}^2 = 2\overline{DE}^2 + 2\overline{AE}^2.$$

Ajoutons

$$\overline{AB}^2 + \overline{BC}^2 + \overline{AD}^2 + \overline{DC}^2 = 2\overline{BE}^2 + 2\overline{DE}^2 + 4\overline{AE}^2.$$

D'autre part, EF étant la médiane du triangle BED, on a

$$\overline{BE}^2 + \overline{DE}^2 = 2\overline{BF}^2 + 2\overline{EF}^2,$$

d'où

$$2\overline{BE}^2 + 2\overline{DE}^2 = 4\overline{BF}^2 + 4\overline{EF}^2.$$

Substituons dans l'égalité précédente, et remarquons que $4\overline{AE}^2$ est le carré de 2AE ou de AC et, de même, que $4\overline{BF}^2$ est le carré de 2BF ou de BD ; il viendra

$$\overline{AB}^2 + \overline{BC}^2 + \overline{AD}^2 + \overline{DC}^2 = \overline{AC}^2 + \overline{BD}^2 + 4\overline{EF}^2. \qquad \text{C. Q. F. D.}$$

234. REMARQUE. — Si le quadrilatère ABCD est un parallélogramme, les diagonales se coupent en leurs milieux, et par suite la droite EF est nulle ; et réciproquement, si la droite EF est nulle, le quadrilatère est un parallélogramme (**93**). Donc

1° *La somme des carrés des quatre côtés d'un parallélogramme est égale à la somme des carrés des diagonales.*

2° *Si la somme des carrés des côtés d'un quadrilatère est égale à la somme des carrés des diagonales, ce quadrilatère est un parallélogramme.*

* **235. Théorème.** — *La différence des carrés de deux côtés d'un triangle est égale au double produit du troisième côté par la projection sur ce côté de la médiane correspondante.*

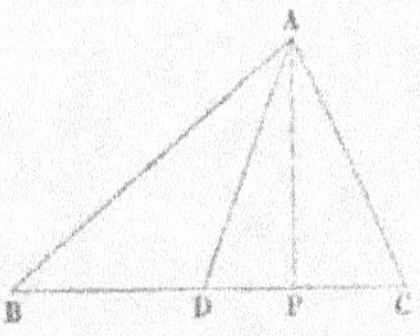

Du sommet A du triangle ABC (fig. 154), je mène la hauteur et la médiane qui tombent sur le côté BC. Si AB est le plus grand des deux côtés AB, AC, on aura (**226** et **227**) :

Fig. 154.

$$\overline{AB}^2 = \overline{AD}^2 + \overline{BD}^2 + 2BD \times DP,$$
$$\overline{AC}^2 = \overline{AD}^2 + \overline{CD}^2 - 2CD \times DP.$$

Retranchons ces égalités membre à membre, en observant que BD = CD ; il vient

$$\overline{AB}^2 - \overline{AC}^2 = 4BD \times DP = 2BC \times DP. \quad \text{c. q. f. d.}$$

* **236. Corollaire.** — *Le lieu géométrique des points tels que la différence des carrés de leurs distances à deux points fixes soit égale au carré d'une longueur donnée* k, *est une ligne droite perpendiculaire à celle qui joint les deux points fixes.*

Soient B et C les deux points fixes, et A un point quelconque du lieu ; on aura, par hypothèse,

$$\overline{AB}^2 - \overline{AC}^2 = k^2.$$

Mais si l'on mène la médiane AD et la hauteur AP du triangle ABC, on a, en vertu du théorème précédent,

$$\overline{AB}^2 - \overline{AC}^2 = 2BC \times DP.$$

Donc

$$2BC \times DP = k^2 ;$$

d'où

$$DP = \frac{k^2}{2BC}.$$

Cette égalité prouve que la distance DP a une valeur constante

pour tous les points du lieu, ou, en d'autres termes, que la projection d'un point quelconque du lieu sur la droite BC tombe en un
point fixe P de cette droite; donc tous les points du lieu se trouvent
sur la perpendiculaire élevée à la droite BC par le point P. Il est
clair d'ailleurs que tout point de cette perpendiculaire est un point
du lieu; car la différence des carrés des distances d'un point quelconque de la ligne PA aux deux points B et C est égale, en vertu du
théorème précédent, à $2BC \times DP$, c'est-à-dire à k^2. Donc, enfin, le
lieu cherché est la perpendiculaire PA.   c. q. f. d.

237. Théorème. — *Le produit de deux côtés* AB *et* AC *d'un
triangle* ABC *est égal au produit de la hauteur* AD *qui tombe sur le
troisième côté par le diamètre du cercle circonscrit
au triangle* (fig. 155).

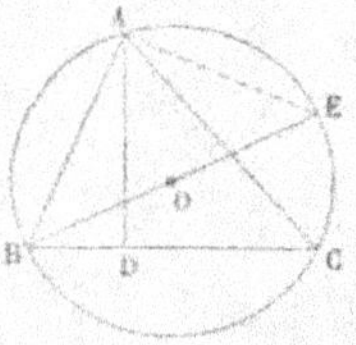

Soit O le centre du cercle circonscrit au triangle ABC; je mène le diamètre BE qui passe par
le point B, et je joins AE. Les deux triangles ADC,
BAE sont rectangles, l'un en D, l'autre en A;
de plus, les angles C et E sont égaux comme
inscrits dans le même segment; donc ces triangles sont semblables (209), et l'on a la proportion

$$\frac{AC}{BE} = \frac{AD}{AB},$$

d'où

$$AB \times AC = AD \times BE. \qquad \text{c. q. f. d.}$$

238. Remarque. — Ce théorème permet de *calculer le rayon du
cercle circonscrit à un triangle dont on connaît les trois côtés.*

Soient a, b, c les côtés du triangle respectivement opposés aux
angles A, B, C; h la hauteur issue du sommet A, et R le rayon du
cercle circonscrit. Le théorème précédent nous donne

$$bc = 2Rh,$$

d'où

$$R = \frac{bc}{2h}.$$

Remplaçons h par sa valeur en fonction des côtés (229) et nous aurons

$$R = \frac{abc}{4\sqrt{p(p-a)(p-b)(p-c)}}.$$

Exemple. — Faisons $a = 41$ mètres, $b = 32$ mètres, $c = 25$ mètres; nous aurons

$$R = \frac{41 \times 32 \times 25}{4 \times 56\sqrt{51}} = 20^m,504,$$

à $0^m,001$ près.

* **239. Théorème.** — *Dans tout quadrilatère inscriptible, le produit des diagonales est égal à la somme des produits des côtés opposés.*

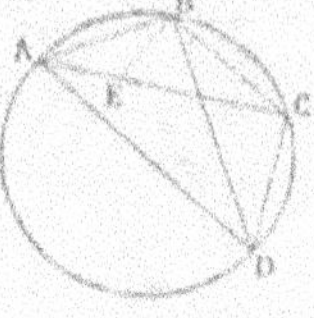

Fig. 156.

Soit ABCD (fig. 156) un quadrilatère inscrit dans un cercle; je mène les diagonales AC et BD, et par le point B je trace une ligne BE faisant avec AB un angle égal à l'angle CBD; cette ligne coupe en E la diagonale AC. Les deux triangles ABE, DBC ont les angles ABE et DBC égaux par construction et les angles BAE et BDC égaux comme inscrits dans le même segment BADC; ces triangles sont donc semblables (**208**), et l'on a la proportion

$$\frac{AB}{BD} = \frac{AE}{CD},$$

d'où l'on tire

$$AB \times CD = BD \times AE. \qquad [1]$$

D'autre part, les triangles BCE et BDA ont les angles CBE et DBA égaux, comme composés d'une partie commune DBE et de deux angles égaux CBD, ABE, et les angles BCE et BDA égaux comme inscrits dans le même segment; ces triangles sont donc aussi semblables, et l'on a la proportion

$$\frac{BC}{BD} = \frac{CE}{AD},$$

d'où

$$BC \times AD = BD \times CE. \qquad [2]$$

En ajoutant membre à membre les égalités [1] et [2], on obtient

$$AB \times CD + BC \times AD = BD\,(AE + CE) = BD \times AC. \quad \text{c. q. f. d.}$$

Remarque. — Ce théorème est dû au géomètre grec Ptolémée.

* **240. Corollaire.** — *Dans tout quadrilatère inscriptible, le rapport des diagonales est égal au rapport de la somme des produits des*

côtés qui aboutissent aux extrémités de la première à la somme des produits des côtés qui aboutissent aux extrémités de la seconde.

Soit ABCD (fig. 157) un quadrilatère inscrit; je prends à partir du point A l'arc AD′ égal à l'arc CD, et je joins AD′ et CD′; dans le quadrilatère inscrit ABCD′, j'aurai, en vertu du théorème précédent,

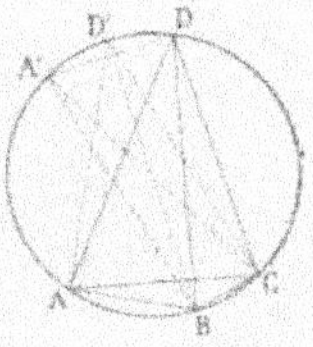

$$AC \times BD' = AB \times CD' + BC \times AD'.$$

Fig. 157.

Mais les arcs AD′ et CD sont égaux par construction; par suite aussi les arcs AD et CD′; donc les cordes AD′ et CD sont égales, ainsi que les cordes AD et CD′. L'égalité précédente peut donc s'écrire

$$AC \times BD' = AB \times AD + BC \times CD. \qquad [1]$$

Je prends ensuite, à partir du point D, l'arc DA′ égal à l'arc BA, et je joins BA′ et DA′; dans le quadrilatère inscrit A′BCD, on aura

$$BD \times CA' = BC \times DA' + CD \times BA';$$

mais, d'après la construction, DA′ = AB, et BA′ = AD; donc

$$BD \times CA' = BC \times AB + CD \times AD. \qquad [2]$$

Divisons maintenant membre à membre les égalités [1] et [2], et remarquons que la corde BD′, qui sous-tend l'arc BA + AD′, est égale à la corde CA′, qui sous-tend l'arc égal CD + DA′; il viendra alors

$$\frac{AC}{BD} = \frac{AB \times AD + BC \times CD}{BC \times AB + CD \times AD}. \qquad \text{C. Q. F. D.}$$

241. REMARQUE I. — Posons : AB $= a$, BC $= b$, CD $= c$, DA $= d$, AC $= m$, BD $= n$ (fig. 156); les deux théorèmes précédents nous donnent

$$mn = ac + bd,$$
$$\frac{m}{n} = \frac{ad + bc}{ab + cd}.$$

Multiplions et divisons successivement membre à membre ces

deux égalités; nous aurons

$$m^2 = \frac{(ac + bd)\,(ad + bc)}{ab + cd},$$

$$n^2 = \frac{(ac + bd)\,(ab + cd)}{ad + bc},$$

formules qui font connaître les valeurs des diagonales d'un quadrilatère inscriptible en fonction des côtés.

Exemple. — Faisons

$$a = 5 \text{ mètres}, \quad b = 5 \text{ mètres}, \quad c = 7 \text{ mètres}, \quad d = 4 \text{ mètres};$$

nous aurons

$$m^2 = \frac{47 \times 41}{43} = \frac{1927}{43},$$

$$n^2 = \frac{47 \times 43}{41} = \frac{2021}{41};$$

d'où

$$m = \sqrt{\frac{1927}{43}} = 6^m,694, \text{ à } 0^m,001 \text{ près.}$$

$$n = \sqrt{\frac{2021}{41}} = 7^m,021, \qquad \text{id.}$$

242. Remarque II. — Les réciproques des deux théorèmes précédents sont vraies; nous laissons au lecteur le soin de les démontrer.

243. Théorème. — *Toute transversale à un triangle détermine sur les côtés de ce triangle six segments tels, que le produit de trois segments non consécutifs soit égal au produit des trois autres.*

On nomme *transversale* à un triangle une droite quelconque qui coupe ses côtés ou leurs prolongements. Il est clair qu'une transversale ne peut occuper que deux positions différentes: ou bien elle rencontre deux côtés du triangle et le prolongement du troisième, ou bien elle coupe les prolongements des trois côtés.

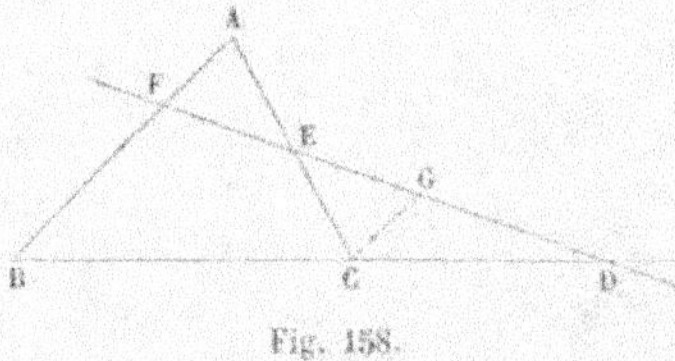

Fig. 158.

Quand le prolongement d'un côté BC d'un triangle ABC (fig. 158) est coupé en un point D par une transversale, les distances du point D aux deux extrémités B et C de ce côté s'appellent des segments *soustractifs* de BC, parce que leur différence DB — DC est égale à BC. Quand le point de rencontre de la transversale avec un côté tombe sur le côté lui-même, les segments sont *additifs*, parce qu'il faut les ajouter pour avoir la longueur du côté; tels sont les segments EA et EC, dont la somme est égale à AC.

On appelle segments non consécutifs ceux qui n'ont aucune extrémité commune; ce sont, dans notre figure, d'une part les segments AF, BD et CE, d'autre part AE, BF et CD. Je dis qu'on a

$$AF \times BD \times CE = AE \times BF \times CD.$$

En effet, par le sommet C, je mène CG parallèle au côté opposé AB; les deux triangles semblables AFE, CGE, donnent la proportion

$$\frac{AF}{CG} = \frac{AE}{CE},$$

les deux triangles semblables DBF, DCG, donnent de même

$$\frac{BD}{CD} = \frac{BF}{CG}.$$

En multipliant ces égalités membre à membre et supprimant le facteur CG commun aux deux dénominateurs, on a

$$\frac{AF \times BD}{CD} = \frac{AE \times BF}{CE},$$

ou enfin

$$AF \times BD \times CE = AE \times BF \times CD. \qquad \text{c. q. f. d.}$$

244. Théorème. — *Les droites qui joignent les sommets d'un triangle ABC à un point O pris dans son plan déterminent sur les côtés six segments tels, que le produit de trois segments non consécutifs* AF × BD × CE *est égal au produit des trois autres* AE × BF × CD *(fig. 159).*

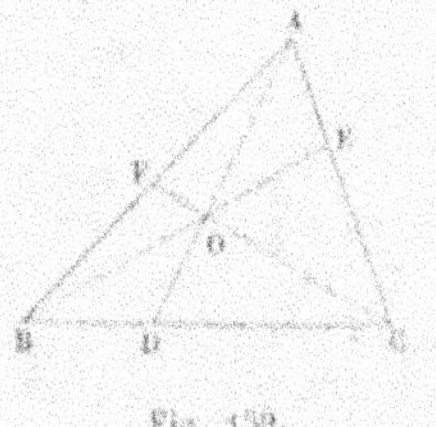

Fig. 159.

Appliquons successivement le théorème précédent au triangle ABD, coupé par la transversale CF, et au triangle ACD, coupé par la transversale BE; nous aurons

$$AF \times BC \times DO = AO \times BF \times DC,$$
$$AO \times CE \times DB = AE \times CB \times DO;$$

multiplions ces deux égalités membre à membre, et supprimons
les facteurs communs AO, DO et BC; nous aurons

$$AF \times BD \times CE = AE \times BF \times CD.$$ c. q. f. d.

* **245**. REMARQUE. — Les deux théorèmes précédents conduisent
à une relation identique entre les six segments déterminés sur les
côtés du triangle ABC par les trois points D, E, F; mais la disposition de ces points n'est pas la même dans les deux cas. Dans le
premier, un seul des trois points D, E, F, est situé sur le prolongement d'un côté, ou tous les trois se trouvent sur les prolongements
des côtés. Dans le second théorème, au contraire, ou bien les trois
points D, E, F, sont sur les côtés mêmes du triangle ; c'est ce qui
arrive quand le point O est intérieur au triangle; ou bien, deux des
trois points tombent sur les prolongements des côtés et le troisième
est situé sur le côté même du triangle ; c'est ce qui a lieu quand le
point O est extérieur au triangle.

Cette différence de position peut être mise en évidence dans les
égalités qui expriment les deux théorèmes, en donnant des signes
aux segments. Convenons, en effet, d'affecter du même signe les
deux segments déterminés sur un côté par un point de ce côté,
quand ils sont portés dans le même sens à partir de ce point, c'est-
à-dire quand le point est situé sur le prolongement du côté, et de
donner, au contraire, des signes différents aux deux segments déterminés par un point situé sur le côté lui-même. On voit alors facilement que, dans le premier théorème, les deux produits $AF \times BD \times CE$
et $AE \times BF \times CD$ ont le même signe, tandis qu'ils sont de signes
contraires dans le second théorème.

* **246. Théorème.** — *Lorsque trois points* D, E, F, *pris sur les
trois côtés d'un triangle* ABC, *y déterminent des segments tels, que
le produit de trois segments non consécutifs soit égal en valeur absolue
au produit des trois autres*,

1° *Si les deux produits ont le même signe, les trois points* D, E, F
sont en ligne droite ;

2° *Si les deux produits ont des signes contraires, les trois droites* AD,
BE, CF, *qui joignent ces points aux trois sommets, concourent en un
même point* (fig. 158 et 159).

Considérons d'abord le premier cas; les points D, E, F sont alors
placés tous les trois sur les côtés prolongés, ou bien deux sur les
côtés eux-mêmes et le troisième sur le prolongement du côté cor-

respondant. On a, par hypothèse,

$$AF \times BD \times CE = AE \times BF \times CD.$$

D'autre part, si nous menons la ligne EF, elle coupera le côté BC en un point D', placé de la même manière que le point D par rapport aux points B et C ; et on aura (**243**)

$$AF \times BD' \times CE = AE \times BF \times CD'.$$

De la comparaison de ces deux égalités, on tire

$$\frac{BD}{CD} = \frac{BD'}{CD'},$$

ce qui exige que le point D' coïncide avec le point D (**193**) : les trois points D, E, F, sont donc en ligne droite.   c. q. f. d.

Démonstration analogue pour le second cas.

*247. Corollaires. — Les réciproques que nous venons de démontrer peuvent servir à prouver que trois points d'une figure sont en ligne droite ou que trois droites d'une figure passent par un même point. Nous allons donner deux exemples de ce mode de démonstration.

Dans un triangle ABC, *les points de rencontre respectifs des bissectrices intérieures* BE, CF *et de la bissectrice extérieure* AD *avec les côtés opposés sont trois points en ligne droite* (fig. 160).

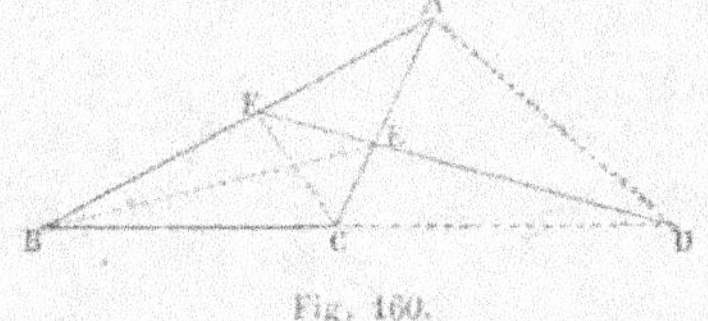

Fig. 160.

En effet, on a, par la propriété connue des bissectrices intérieure et extérieure d'un triangle (**199** et **200**),

$$\frac{AF}{BF} = \frac{AC}{BC},$$

$$\frac{BD}{CD} = \frac{AB}{AC},$$

$$\frac{CE}{AE} = \frac{BC}{AB};$$

en multipliant membre à membre ces trois égalités, il vient

$$\frac{AF \times BD \times CE}{AE \times BF \times CD} = \frac{AB \times BC \times AC}{AB \times BC \times AC} = 1,$$

ou

$$AF \times BD \times CE = AE \times BF \times CD.$$

De plus, le point D est sur le prolongement du côté BC et les points E et F sont sur les côtés AC et AB eux-mêmes; donc (**246**, 1°) les trois points D, E, F sont en ligne droite. c. q. f. d.

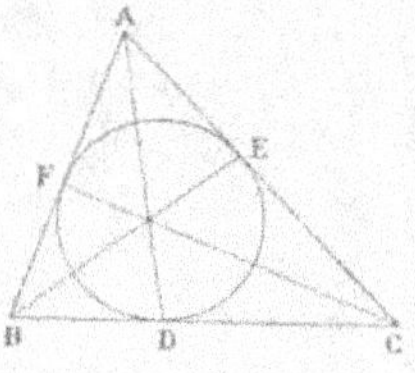

Si, dans un triangle ABC, *on joint chaque sommet au point de contact du côté opposé avec le cercle inscrit, les trois droites ainsi menées se coupent en un même point* (fig. 161).

Soient D, E, F les points de contact du cercle inscrit avec les côtés BC, AC et AB; on a (**183**)

$$AF = AE,$$
$$BD = BF,$$
$$CE = CD;$$

d'où

$$AF \times BD \times CE = AE \times BF \times CD;$$

Fig. 161.

et comme les trois points D, E, F sont tous placés sur les côtés mêmes du triangle, les droites AD, BE, CF se coupent en un même point (**246**, 2°). c. q. f. d.

Les points de contact de chacun des cercles ex-inscrits avec les trois côtés jouissent de la même propriété, et on le démontrerait de la même manière.

On pourrait appliquer le théorème du n° **246** à la démonstration de plusieurs théorèmes que nous avons déjà établis, par exemple, de ceux qui font l'objet des n°ˢ **97, 98, 101.**

§ XVII. — LIGNES PROPORTIONNELLES DANS LE CERCLE.

218. Théorème. — *Si d'un point pris dans le plan d'un cercle on lui mène des sécantes, le produit des distances du point aux deux points où chaque sécante coupe la circonférence est le même pour toutes les sécantes.*

Nous distinguerons deux cas :

1° Le point donné P est dans l'intérieur de la circonférence
(fig. 162). Je mène par ce point deux sécantes
quelconques : BPA, DPC, et je joins les points
C et B, A et D ; les deux triangles CPB, APD
ont l'angle D = B, comme inscrits dans le même
segment (**145**), et l'angle C = A pour la même
raison ; donc ils sont semblables (**208**), et on
a la proportion

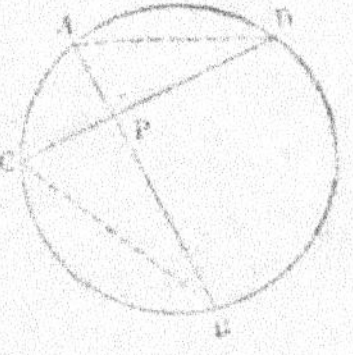

Fig. 162.

$$\frac{PB}{PD} = \frac{PC}{PA}$$

ou

$$PB \times PA = PC \times PD. \qquad \text{C. Q. F. D.}$$

2° Le point P est extérieur à la circonférence (fig. 163). Je mène
par ce point deux sécantes quelconques, PBA,
PDC, et je joins BC et AD ; les deux triangles
PAD, PCB ont l'angle P commun, et l'angle
A = C comme inscrits dans le même segment
(**145**) ; donc ils sont semblables (**208**), et on a
la proportion

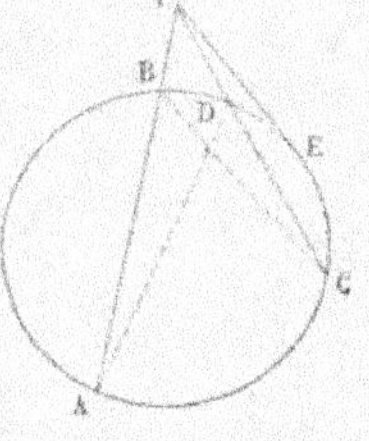

Fig. 163.

$$\frac{PA}{PC} = \frac{PD}{PB}$$

ou

$$PA \times PB = PC \times PD. \qquad \text{C. Q. F. D.}$$

219. Corollaire. — *Si d'un point* P, *extérieur à un cercle, on lui
mène une tangente et une sécante, la tangente est moyenne proportionnelle entre la sécante entière et sa partie extérieure* (fig. 163).

Soient PBA la sécante et PE la tangente ; je mène par le point P
une autre sécante PDC ; on a alors, d'après le théorème précédent,

$$PD \times PC = PA \times PB.$$

Si maintenant la sécante PDC tourne autour du point P en se rapprochant de la tangente PE, les points D et C tendent à se confondre
en un seul au point E, et la relation précédente devient alors

$$\overline{PE}^2 = PA \times PB. \qquad \text{C. Q. F. D.}$$

On peut d'ailleurs démontrer le théorème directement. A cet effet, joignons EA et EB (fig. 164) ; les deux triangles PAE, PBE, ont l'angle P commun, l'angle PAE égal à l'angle PEB, comme ayant tous les deux pour mesure la moitié de l'arc BE (**142, 147**) ; donc ces deux triangles sont semblables (**208**), et l'on a la proportion

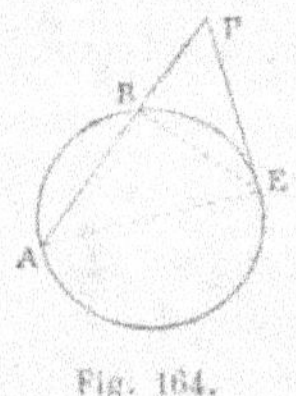

Fig. 164.

$$\frac{PA}{PE} = \frac{PE}{PB},$$

ou

$$\overline{PE}^2 = PA \times PB. \qquad \text{c. q. f. d.}$$

250. Théorème. — Réciproquement, *si quatre points* A, B, C, D, *pris sur deux droites* AB *et* CD *qui se coupent en* P, *sont tels que l'on ait*

$$PA \times PB = PC \times PD,$$

et que les points soient placés sur les deux droites de la même manière par rapport au point P, *ces quatre points sont situés sur une même circonférence* (fig. 162 et 163).

Il peut se présenter deux cas, suivant que, sur les droites AB et CD, le point P se trouve à la fois compris entre les points A et B et entre les points C et D (fig. 162), ou bien que le point P est sur le prolongement de chacune des droites AB et CD (fig. 163). La démonstration est d'ailleurs la même dans les deux cas.

Par les trois points A, B et C, je fais passer une circonférence, et je désigne par D' le second point d'intersection de cette circonférence avec la droite CD ; on aura alors, en vertu du théorème précédent,

$$PA \times PB = PC \times PD' ;$$

mais on a, par hypothèse,

$$PA \times PB = PC \times PD ;$$

donc PD' = PD ; ce qui prouve que le point D' coïncide avec le point D ; par conséquent, les quatre points A, B, C, D sont sur la même circonférence.   c. q. f. d.

251. Remarque. — On démontrerait d'une manière analogue la réciproque du corollaire du n° **249**, réciproque qui s'énoncerait ainsi :

Si trois points A, B, E *sont situés sur les deux côtés d'un angle* APE, *les deux premiers sur le côté* PA *du même côté du sommet* P, *le troisième sur l'autre côté de l'angle, et que l'on ait la relation*

$$\mathrm{PA} \times \mathrm{PB} = \overline{\mathrm{PE}}^2,$$

la circonférence passant par les trois points A, B, E *est tangente à la droite* PE (fig. 164).

252. Définition. — On appelle *puissance* d'un point par rapport à un cercle le produit constant des distances de ce point aux deux points d'intersection de la circonférence avec une sécante quelconque menée par le point.

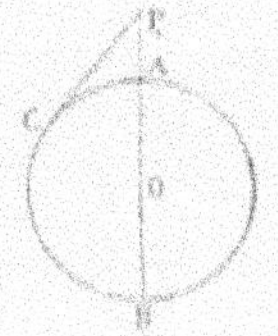

Soit P le point donné, que nous supposerons d'abord extérieur au cercle O (fig. 165) ; désignons par d la distance PO du point P au centre et par R le rayon du cercle, et menons par le point P la sécante PAB qui passe par le centre. La puissance du point P par rapport au cercle sera

Fig. 165.

$$\mathrm{PA} \times \mathrm{PB} = (d - \mathrm{R})(d + \mathrm{R}) = d^2 - \mathrm{R}^2.$$

Si le point P est intérieur (fig. 166), l'expression de la puissance de ce point par rapport au cercle sera

$$\mathrm{PA} \times \mathrm{PB} = (\mathrm{R} - d)(\mathrm{R} + d) = \mathrm{R}^2 - d^2.$$

Mais si nous convenons de donner des signes différents aux distances PA et PB quand elles sont portées dans des sens opposés à partir du point P, ces deux longueurs seront affectées du même signe dans la première figure, et par conséquent leur produit sera positif ; au contraire, dans la deuxième figure, les deux longueurs PA et PB seront affectées de signes contraires, et leur produit sera négatif. Il résulte de cette convention que, lorsque le point P est intérieur, sa puissance doit être représentée par le produit négatif

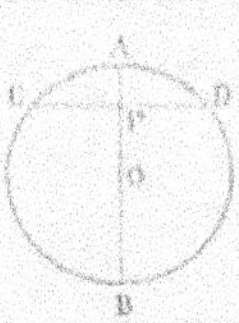

Fig. 166.

$$-(\mathrm{PA} \times \mathrm{PB}) = -(\mathrm{R}^2 - d^2) = d^2 - \mathrm{R}^2 ;$$

c'est-à-dire que l'expression de cette puissance est alors la même que dans le premier cas.

Remarquons encore que, si le point P est extérieur, sa puissance par rapport au cercle est égale au carré de la tangente issue du point P ; car on a (**249**)

$$PA \times PB = \overline{PC}^2.$$

Si le point P est intérieur, sa puissance est égale et de signe contraire au carré de la demi-corde menée par le point P perpendiculairement au diamètre APB ; car on a (**248**)

$$PA \times PB = PC \times PD = \overline{PC}^2 ;$$

or la puissance du point P est alors négative et égale à $- (PA \times PB)$; donc elle est égale aussi à $- \overline{PC}^2$.

253. Théorème. — *Le lieu des points qui ont la même puissance par rapport à deux cercles est une ligne droite perpendiculaire à la ligne des centres* (fig. 467).

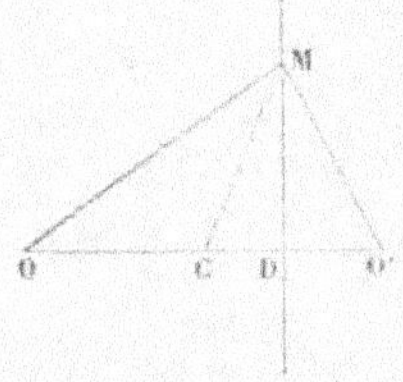
Fig. 467.

Soient O et O′ les centres des deux circonférences données, R et R′ leurs rayons, et soit R le plus grand. Supposons que M soit un point quelconque du lieu ; les puissances de ce point par rapport aux deux cercles seront représentées en grandeur et en signe par les différences $\overline{OM}^2 - R^2$ et $\overline{O'M}^2 - R'^2$ (**252**). On aura donc

$$\overline{OM}^2 - R^2 = \overline{O'M}^2 - R'^2 ;$$

d'où l'on tire

$$\overline{OM}^2 - \overline{O'M}^2 = R - R'^2.$$

Donc le point M est tel que la différence des carrés de ses distances aux deux points O et O′ est constante ; et, par conséquent, le lieu géométrique du point M est une droite MD perpendiculaire à OO′ (**236**).

Soit C le milieu de OO′ ; on aura (**236**)

$$CD = \frac{R^2 - R'^2}{2\,OO'},$$

formule qui fait connaître la position du point D, et, par suite, celle de la perpendiculaire DM, en fonction des rayons et de la distance des centres des deux cercles.

254. Remarques. — On donne le nom d'*axe radical* de deux cercles à la droite qui est le lieu des points d'égale puissance par rapport à ces deux cercles.

Il résulte des définitions données au n° **252** que chaque point de l'axe radical est extérieur à la fois aux deux circonférences ou intérieur à la fois aux deux ; et que les tangentes menées aux deux circonférences par un même point de l'axe radical sont égales.

Lorsque les deux circonférences sont sécantes, chacun des points d'intersection, ayant une puissance nulle par rapport aux deux cercles, appartient à leur axe radical ; donc l'axe radical de deux circonférences sécantes coïncide avec leur sécante commune. On verrait de même que l'axe radical de deux circonférences tangentes est la tangente commune menée par le point de contact des deux circonférences. Enfin, quand les circonférences sont extérieures ou intérieures, leur axe radical a tous ses points en dehors de chacune d'elles.

255. Théorème. — *Les axes radicaux de trois cercles pris deux à deux se coupent en un même point.*

En effet, désignons par O, O', O'' les trois circonférences, et considérons l'axe radical des circonférences O et O' et celui des circonférences O et O'' ; si les trois centres O, O', O'' ne sont pas en ligne droite, ces deux axes radicaux se couperont en un certain point C. Cela posé, le point C, appartenant à l'axe radical des cercles O et O', a même puissance par rapport à ces deux cercles ; comme il appartient aussi à l'axe radical des cercles O et O'', il a même puissance par rapport à ces deux cercles ; donc il a même puissance par rapport aux trois cercles, et, par conséquent, il appartient à l'axe radical des cercles O' et O''. Les trois axes radicaux se coupent donc au même point.   c. q. f. d.

Ce point s'appelle le *centre radical* des trois cercles. Quand il est extérieur aux trois cercles, les tangentes menées de ce point aux trois cercles sont égales.

256. Corollaire. — Le théorème précédent donne un moyen simple de *construire l'axe radical de deux circonférences* O *et* O' *qui n'ont aucun point commun* (fig. 168). On trace

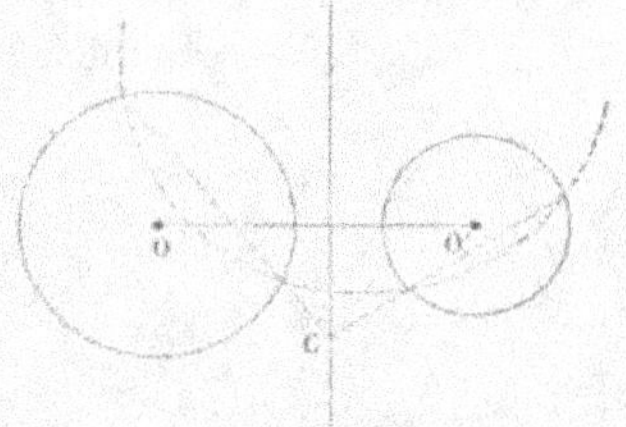

Fig. 168.

une circonférence quelconque qui coupe les deux premières, et on mène les deux cordes communes, qui se coupent en un point C. Ce point est le centre radical des trois cercles ; il appartient donc à l'axe radical des cercles O et O'; et, par suite, cet axe radical sera la perpendiculaire abaissée du point C sur la droite OO'.

257. Remarque. — On dit que deux circonférences se coupent *orthogonalement*, lorsque les tangentes menées aux deux circonférences par un de leurs points communs sont perpendiculaires. On déduit de là que, si deux circonférences se coupent orthogonalement, la tangente menée à l'une quelconque d'entre elles par un des points communs passe par le centre de l'autre, et réciproquement.

Ces préliminaires posés, on démontre aisément les théorèmes suivants, dont nous ne donnons que les énoncés.

Le lieu des centres des circonférences qui coupent orthogonalement deux cercles donnés est l'axe radical de ces deux cercles.

Le centre de la circonférence qui coupe orthogonalement trois cercles donnés est le centre radical de ces trois cercles.

258. Théorème. — *Le produit de deux côtés d'un triangle est égal au carré de la bissectrice de l'angle compris, plus le produit des deux segments qu'elle détermine sur le côté opposé.*

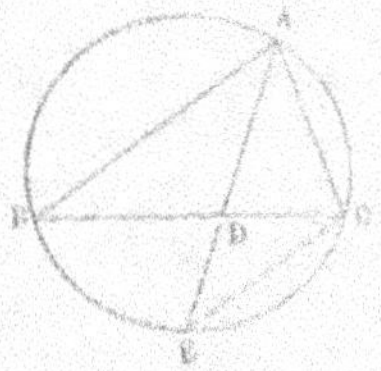

Soit ABC (fig. 169) le triangle donné, AD la bissectrice de l'angle A ; je dis qu'on a

$$AB \times AC = \overline{AD}^2 + BD \times DC.$$

En effet, circonscrivons un cercle au triangle ABC ; la bissectrice AD prolongée rencontre cette circonférence en un point E, que je joins au point C. Les deux triangles ABD, AEC ont les angles BAD, EAC égaux par hypothèse, et les angles ABD, AEC égaux comme inscrits dans le même segment ; ces triangles sont donc semblables (**208**), et l'on a la proportion

$$\frac{AB}{AE} = \frac{AD}{AC},$$

d'où

$$AB \times AC = AD \times AE.$$

Remplaçons dans cette égalité la ligne AE par la somme AD + DE, et nous aurons

$$AB \times AC = AD (AD + DE) = \overline{AD}^2 + AD \times DE;$$

Fig. 169.

mais le produit $AD \times DE$ est égal à $BD \times DC$ (**248**); donc enfin

$$AB \times AC = \overline{AD}^2 + BD \times DC. \qquad \text{c. q. f. d.}$$

On démontrerait d'une manière analogue la proposition suivante relative à la bissectrice de l'angle extérieur d'un triangle :

Le produit de deux côtés d'un triangle est égal au produit des segments soustractifs déterminés sur le troisième côté par la bissectrice extérieure, moins le carré de cette bissectrice.

*** 259.** REMARQUE. — Ce théorème permet de *calculer les longueurs des bissectrices d'un triangle dont on connaît les trois côtés.*

Soient a, b, c les longueurs des côtés respectivement opposés aux angles A, B, C, et α, β, γ les bissectrices de ces angles. On aura d'après le théorème précédent (fig. 169)

$$bc = \alpha^2 + BD \times DC ;$$

mais on a (**202**)

$$BD = \frac{ac}{b+c}, \quad DC = \frac{ab}{b+c},$$

donc

$$bc = \alpha^2 + \frac{a^2 bc}{(b+c)^2} ;$$

d'où l'on tire

$$\alpha^2 = bc - \frac{a^2 bc}{(b+c)^2} = \frac{bc\left[(b+c)^2 - a^2\right]}{(b+c)^2} ;$$

$$= \frac{bc\,(a+b+c)\,(b+c-a)}{(b+c)^2} ;$$

et si l'on pose

$$a + b + c = 2p,$$

on aura

$$\alpha^2 = \frac{4bcp\,(p-a)}{(b+c)^2},$$

d'où enfin

$$\alpha = \frac{2}{b+c} \sqrt{bcp\,(p-a)}.$$

On a de même

$$\beta = \frac{2}{c+a} \sqrt{cap\,(p-b)},$$

$$\gamma = \frac{2}{a+b} \sqrt{abp\,(p-c)}.$$

Exemple. — Supposons qu'on donne $a = 41$ mètres, $b = 52$ mètres, $c = 25$ mètres. On aura :

$$\alpha = \frac{2}{57}\sqrt{52 \times 25 \times 49 \times 8} = \frac{2 \times 16 \times 5 \times 7}{57} = 19^\mathrm{m},649,$$

$$\beta = \frac{2}{66}\sqrt{25 \times 41 \times 49 \times 17} = \frac{5 \times 7\sqrt{697}}{35} = 28^\mathrm{m},001,$$

$$\gamma = \frac{2}{75}\sqrt{41 \times 52 \times 49 \times 24} = \frac{2 \times 16 \times 7\sqrt{125}}{75} = 34^\mathrm{m},031,$$

à $0^\mathrm{m},001$ près.

§ XVIII. — Division harmonique d'une droite. — Pole et polaire dans le cercle.

260. Définitions et préliminaires. — Considérons sur une droite quatre points A, B, C et D (fig. 170), conjugués deux à deux (**194**), c'est-à-dire tels qu'on ait

Fig. 170.

$$\frac{CA}{CB} = \frac{DA}{DB};$$

on dit que ces quatre points *divisent harmoniquement* la droite, et la proportion précédente prend le nom de *proportion harmonique*. On sait que de deux points conjugués C et D, par exemple, l'un est compris entre les deux autres points A et B, l'autre est situé sur le prolongement de la droite AB, et, de plus, que tous les deux sont placés du même côté du milieu I de la droite AB.

On sait aussi que si le rapport $\dfrac{CA}{CB}$ est égal à 1, le point C est au milieu de la droite AB et le point D est rejeté à une distance infinie ; ce qu'on exprime en disant que *le point conjugué du milieu d'une droite par rapport aux extrémités de cette droite est à l'infini.*

261. On déduit de la proportion harmonique une relation remarquable entre les distances des quatre points A, B, C, D au milieu I de la droite AB. Cette proportion peut, en effet, s'écrire

$$\frac{IC + IA}{IB - IC} = \frac{ID + IA}{ID - IB}.$$

Remplaçons IB par la ligne égale IA, nous aurons :

$$\frac{IC + IA}{IA - IC} = \frac{ID + IA}{ID - IA};$$

d'où l'on tire, par une propriété connue des proportions,

$$\frac{2\,IC}{2\,IA} = \frac{2\,IA}{2\,ID},$$

ou

$$\overline{IA}^2 = IC \times ID;$$

ce qui montre que *la demi-longueur de la droite* AB *qui joint deux points conjugués est moyenne proportionnelle entre les distances des deux autres points conjugués au milieu de cette droite.* La réciproque de cette propriété s'établit facilement.

*262. Trois points d'une division harmonique étant donnés, il est aisé de construire le quatrième.

Soient A, B, C les trois points donnés, le quatrième point inconnu devant être, par exemple, le conjugué du point C (fig. 171). Supposons d'abord le point C compris entre A et B. Par ces deux points, on mène deux droites parallèles et dirigées du même côté de la droite AB, et l'on prend sur ces deux lignes deux longueurs AE et BG respectivement égales à AC et à

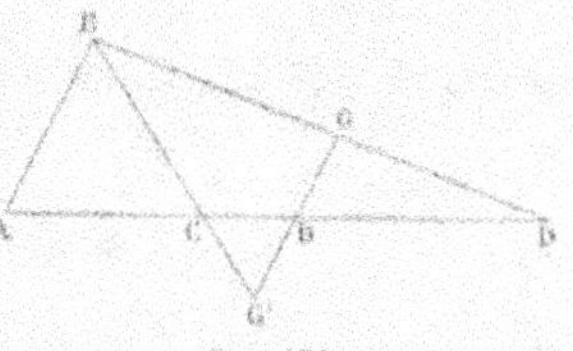

Fig. 171.

BC; puis on joint EG; cette droite rencontre le prolongement de AB au point D, conjugué du point C. Car les deux triangles semblables DAE, DBG, donnent la proportion

$$\frac{DA}{DB} = \frac{AE}{BG} = \frac{CA}{CB}.$$

Si le point donné était sur le prolongement de AB, si on donnait, par exemple, le point D, il faudrait mener les deux parallèles AE et BG' de côtés différents de la droite AB, et achever la construction comme précédemment.

'263. **Théorème.** — *Si l'on joint les quatre points* A, B, C, D, *qui divisent harmoniquement une droite à un point* O *extérieur à cette*

droite, une sécante quelconque aux quatre droites OA, OB, OC, OD,
est divisée harmoniquement par ces quatre droites (fig. 172).

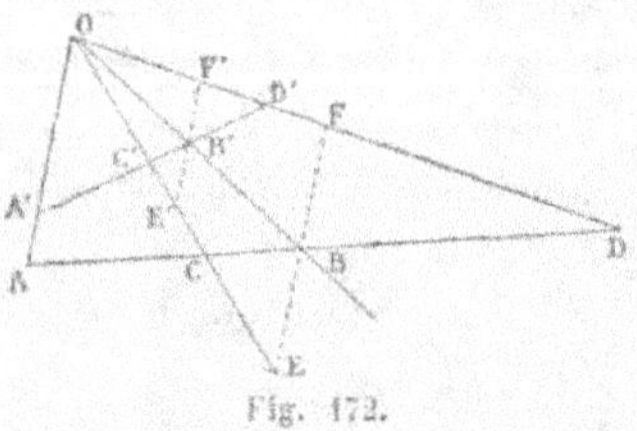

Fig. 172.

Considérons une sécante quelconque aux quatre droites, qui les coupe aux points A', C', B', D'. On a, par hypothèse,

$$\frac{CA}{CB} = \frac{DA}{DB};\qquad [1]$$

je dis qu'on aura aussi

$$\frac{C'A'}{C'B'} = \frac{D'A'}{D'B'}.$$

En effet, je mène par le point B une parallèle à OA, qui rencontre les droites OC et OD en E et en F. Les deux triangles semblables CAO, CBE, donnent la proportion

$$\frac{CA}{CB} = \frac{OA}{BE};\qquad [2]$$

on a de même, dans les triangles semblables DAO, DBF,

$$\frac{DA}{DB} = \frac{OA}{BF}.\qquad [3]$$

De la comparaison des proportions [1], [2], [3], on tire

$$\frac{OA}{BE} = \frac{OA}{BF};$$

d'où BE = BF.

Par le point B', je mène une parallèle à O'A', qui rencontre en E' et en F' les droites OC et OD. On aura, comme précédemment, les deux proportions

$$\frac{C'A'}{C'B'} = \frac{OA'}{B'E'};\qquad [4]$$

$$\frac{D'A'}{D'B'} = \frac{OA'}{B'F'}.\qquad [5]$$

D'autre part, à cause de la similitude des triangles OBE, OB'E' et de celle des triangles OBF, OB'F', on a les deux proportions

$$\frac{B'E'}{BE} = \frac{OB'}{OB}, \qquad \frac{B'F'}{BF} = \frac{OB'}{OB};$$

d'où l'on tire, à cause du rapport commun,

$$\frac{B'E'}{BE} = \frac{B'F'}{BF}.$$

Mais BE $=$ BF; donc B'E' $=$ B'F'; par suite, les deux proportions [4] et [5] ont un rapport commun, et l'on a

$$\frac{C'A'}{C'B'} = \frac{D'A'}{D'B'} \qquad\qquad \text{c. q. f. d.}$$

264. Remarque. — On donne le nom de *faisceau harmonique* au système des quatre droites OA, OB, OC, OD, qui divisent harmoniquement une transversale quelconque ; les droites OA et OB ou OC et OD qui joignent le point O à deux points conjugués de la droite ACBD, sont dites *conjuguées*.

Si l'on coupe un faisceau harmonique par une transversale parallèle à une des droites du faisceau, par exemple à OA, les trois autres droites déterminent sur cette parallèle des segments égaux ; cette propriété résulte de la démonstration précédente, au cours de laquelle nous avons fait voir que la ligne EF, parallèle à OA, était divisée en deux parties égales par la droite OB.

On démontre que, réciproquement, *lorsqu'un faisceau de quatre droites issues d'un point détermine des segments égaux sur une transversale parallèle à une des droites, le faisceau est harmonique.* On déduit de là un moyen simple de construire la quatrième droite d'un faisceau harmonique quand on connait les trois premières. Supposons données les droites OA, OB, OC (fig. 172) et cherchons la droite conjuguée de OC; menons une parallèle à OA, qui rencontre OB au point B et OC au point E ; prenons BF $=$ BE; la droite OF est conjuguée de OC par rapport à OA et OB.

265. Théorème. — *Si par un point fixe P, pris dans le plan d'un angle YOX, on mène des sécantes aux côtés de cet angle, et que sur chaque sécante on détermine le point M conjugué du point P par rapport aux deux points d'intersection A et B de la sécante avec les deux* *côtés de l'angle, le lieu du point* M *est une droite passant par le sommet de l'angle* (fig. 173).

Joignons OM et OP, les points P, B, M, A divisant harmoniquement

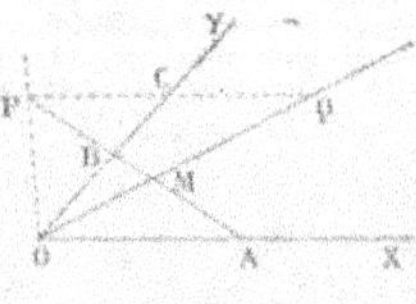

Fig. 173.

la droite PA, le faisceau des quatre droites OP, OY, OM, OX est un faisceau harmonique; donc ces quatre droites diviseront harmoniquement toutes les sécantes au faisceau, et en particulier toutes celles qui passent par le point P. En d'autres termes, le point conjugué du point P sur chacune de ces sécantes sera un point de la droite OM. c. q. f. d.

266. Remarque. — La droite OM s'appelle la *polaire* du point P par rapport à l'angle YOX; et le point P est dit le *pôle* de la droite OM.

Pour construire la polaire du point P, on mène par ce point une parallèle PC à l'un des côtés de l'angle, à OX par exemple, jusqu'à la rencontre de l'autre côté OY en C; puis on prend sur cette parallèle une longueur CQ égale à CP; la droite OQ est la polaire demandée. Car les droites OP, OY, OQ, OX forment un faisceau harmonique, dans lequel OP et OQ sont des droites conjuguées (**264**).

Si l'on donnait la polaire OQ et qu'on demandât le pôle, le problème ne serait pas déterminé; car la droite OQ est évidemment la polaire d'un point quelconque de la droite OP.

267. **Théorème.** — *Si par un point fixe* P, *pris dans le plan d'un angle* YOX, *on mène deux sécantes quelconques* PBA, PB'A' *aux côtés de cet angle et qu'on joigne en croix les points d'intersection de ces*

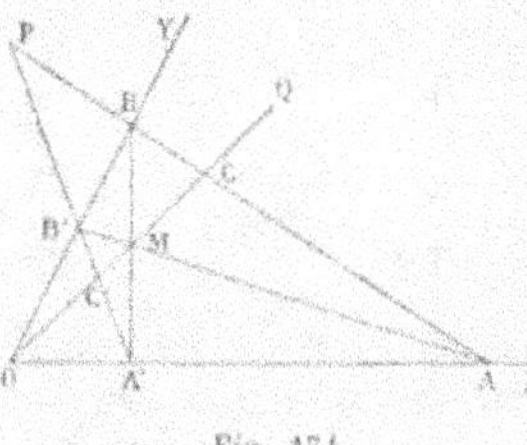

Fig. 174.

sécantes avec les côtés de l'angle, les droites ainsi obtenues se coupent sur la polaire du point P *par rapport à l'angle* (fig. 174).

Soit M le point d'intersection des droites AB' et A'B; je mène la polaire OQ du point P par rapport à l'angle YOX; elle détermine sur les droites PBA, PB'A' les points C et C' conjugués du point P. Mais ces deux points sont aussi des points de la polaire du point P par rapport à l'angle AMB; donc la droite CC' ou OQ est la polaire du point P par rapport à ce second angle; donc elle passe par son sommet M. c. q. f. d.

268. Corollaire. — Ce théorème fournit évidemment un nouveau moyen de construire la polaire d'un point par rapport à un angle ; et il est à remarquer que cette construction n'exige que l'emploi de la règle.

* **269. Théorème**. — *Si par un point fixe P on mène des sécantes à un cercle, et que sur chaque sécante on détermine le point M conjugué du point P par rapport aux deux points d'intersection C et D de la sécante avec la circonférence, le lieu du point M est une droite perpendiculaire au diamètre qui passe par le point P (fig. 175 et 176).*

Considérons d'abord le cas où le point P est à l'intérieur du cercle. Je construis le diamètre AB qui passe par le point P, et je détermine sur ce diamètre le point E conjugué du point P par rapport aux points A et B ; ce point E appartient au lieu.

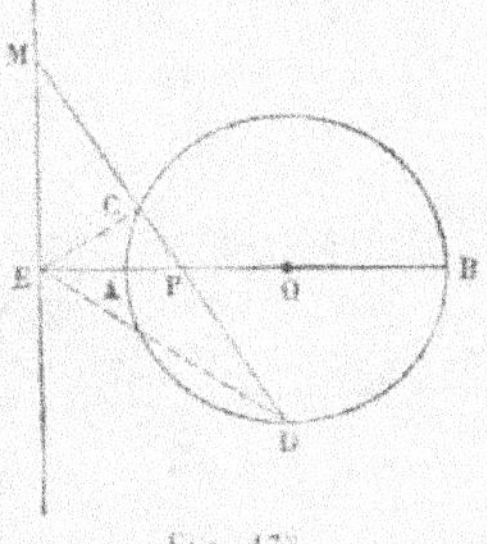

Fig. 175.

Cela posé, les deux points A et B sont conjugués par rapport aux points E et P ; donc la circonférence donnée est le lieu des points tels que le rapport de leurs distances aux deux points E et P soit constant (**204**). On aura donc

$$\frac{CE}{CP} = \frac{DE}{DP},$$

ou

$$\frac{CE}{DE} = \frac{CP}{DP};$$

d'où l'on conclut (**204**) que EP est la bissectrice de l'angle intérieur E du triangle CED. D'autre part, les points M et P étant conjugués par rapport aux points C et D, on a

$$\frac{CM}{DM} = \frac{CP}{DP};$$

cette proportion et la précédente ayant un rapport commun, on en déduit

$$\frac{CE}{DE} = \frac{CM}{DM};$$

donc (**204**) la ligne EM est la bissectrice de l'angle extérieur du triangle CED. Les deux lignes EP et EM, bissectrices de deux angles adjacents supplémentaires, sont perpendiculaires ; donc tous les points M du lieu appartiennent à la perpendiculaire menée au diamètre AB par le point fixe E.   c. q. f. d.

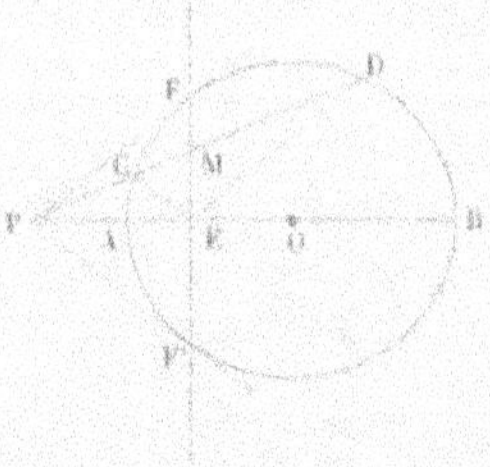

Une démonstration toute pareille s'appliquerait au cas où le point P serait extérieur au cercle (fig. 176) ; le point E serait alors intérieur, et la droite EM serait sécante au cercle.

Fig. 176.

* **270**. Remarques. — La droite EM s'appelle la *polaire* du point P par rapport au cercle, et le point P est dit le *pôle* de la droite EM.

Quand le pôle est intérieur au cercle, la polaire lui est extérieure (fig. 175) ; quand le pôle est extérieur au cercle, la polaire coupe le cercle (fig. 176) et la partie FF' de cette droite qui est intérieure au cercle répond seule à la question.

De plus, dans ce cas, la polaire n'est autre chose que la corde qui passe par les points de contact des tangentes issues du pôle. Car, si l'on fait tourner la sécante PCD jusqu'à ce qu'elle coïncide avec la tangente PF, les deux points C et D et le point M, qui est compris entre les deux, viennent se confondre en un seul au point F ; ce point appartient donc à la polaire, et il en est de même du point de contact F' de la seconde tangente issue du point P.

Si le point P est sur la circonférence, la polaire est la tangente au cercle menée par le point P lui-même.

Enfin, si le point P coïncide avec le centre de la circonférence, le point E s'éloigne à l'infini, et il en est de même de la polaire.

Quelle que soit, au surplus, la position du point P dans le plan du cercle, on a toujours (**261**)

$$OP \times OE = \overline{OA}^2,$$

égalité qui détermine la position de la polaire quand on connaît le pôle et réciproquement, et qui permet de suivre les variations de la distance OE de la polaire au centre quand le pôle P se déplace ; cette discussion, qui n'offre aucune difficulté, conduirait aux divers résultats que nous avons déjà constatés.

* **271. Problème.** — *Construire la polaire d'un point donné par rapport à un cercle ; et réciproquement, construire le pôle d'une droite donnée.*

Soit O le cercle donné (fig. 177). Supposons d'abord que le point
D donné soit extérieur au cercle ; sa polaire sera la corde FF' passant par les points de contact des
tangentes issues du point D (**270**).
Supposons, en second lieu, que le
pôle donné soit un point C intérieur
au cercle ; on mènera par le point C
une corde FF' perpendiculaire à OC,
et on construira la tangente FD à
l'une de ses extrémités ; cette tangente rencontrera en un point D le
diamètre passant par le point C ; la

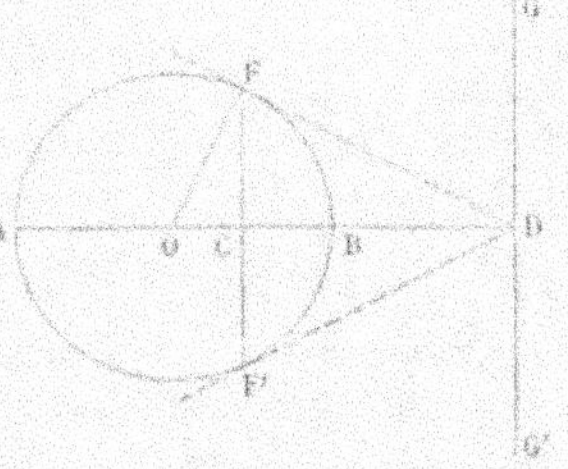

Fig. 177.

polaire de ce point sera la perpendiculaire GG' menée par le point D
au diamètre OCD. En effet, FF' est la polaire du point D ; donc les
points C et D sont conjugués par rapport aux points A et B ; et, par
suite, le point D appartient à la polaire du point C ; d'où il résulte
que cette polaire est bien la droite GG'.

On voit aisément les constructions qu'il faudrait effectuer pour
avoir le pôle de la droite FF' ou celui de la droite GG', si ces droites
étaient données.

272. Théorème. — *Les polaires de tous les points d'une droite
passent par un point fixe, qui est le pôle de cette
droite ; et réciproquement, les pôles de toutes les
droites qui passent par un point fixe sont sur
une même droite qui est la polaire du point fixe.*

Soit GG' (fig. 178) la droite donnée, C son
pôle par rapport au cercle O, et P l'un quelconque de ses points.

J'abaisse du point C une perpendiculaire CM
sur OP ; les deux triangles rectangles OCM, OPD
ont l'angle aigu en O commun ; ils sont donc semblables et donnent la proportion

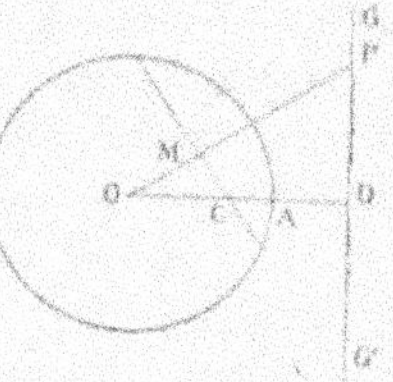

Fig. 178.

$$\frac{OM}{OD} = \frac{OC}{OP} ;$$

d'où l'on tire

$$OM \times OP = OC \times OD.$$

Mais, le point C étant le pôle de GG', on a (**270**)

$$OC \times OD = \overline{OA}^2 ;$$

donc on aura aussi

$$OM \times OP = \overline{OA}^2,$$

ce qui prouve que la droite CM est la polaire du point P.

Il résulte de là : 1° que la polaire d'un point quelconque de la droite GG' passe par le pôle C de cette droite; 2° que le pôle d'une droite quelconque menée par le point C se trouve sur la droite GG', polaire du point C.   C. Q. F. D.

'273. Théorème. — *Si d'un point P, pris dans le plan d'un cercle, on lui mène deux sécantes PAB, PA'B', et qu'on tire les droites AB' et BA' qui se coupent en M, et les droites AA' et BB' qui se coupent en N, les points M et N appartiennent tous les deux à la polaire du point P par rapport au cercle* (fig. 179).

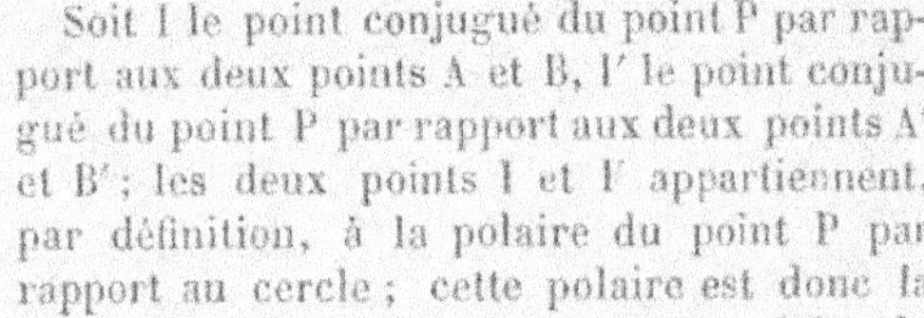

Soit I le point conjugué du point P par rapport aux deux points A et B, I' le point conjugué du point P par rapport aux deux points A' et B'; les deux points I et I' appartiennent, par définition, à la polaire du point P par rapport au cercle ; cette polaire est donc la droite I I'. Mais ces deux points appartiennent aussi à la polaire du point P par rapport à l'angle AMB et à la polaire du même point par rapport à l'angle ANB; la droite I I' est donc la polaire du point P par rapport à chacun de ces angles, et, par conséquent, elle passe par les sommets M et N de ces angles. Les deux points M et N se trouvent donc sur la polaire du point P par rapport au cercle.

C. Q. F. D.

Fig. 179.

'274. Corollaire. — Le théorème précédent donne le moyen de construire, à l'aide de la règle seule, la polaire d'un point P par rapport à un cercle. Si le point P est extérieur, on pourra encore déterminer par ce moyen les points de contact des tangentes issues du point P ; ce sont les points de rencontre de la circonférence avec la polaire MN.

§ XIX. — Figures homothétiques.

'275. Définitions. — Si sur les droites qui joignent un point fixe O à tous les points A, B, C,... d'une figure donnée (fig. 180 et 181),

on prend des longueurs OA′, OB′, OC′... proportionnelles à OA, OB,
OC..., la figure formée par les points A′, B′, C′... est dite *homothétique*
à la première.

Le point fixe O se nomme le *centre d'homothétie*, et la valeur commune des rapports $\dfrac{OA'}{OA}, \dfrac{OB'}{OB}, \dfrac{OC'}{OC}, \ldots$ s'appelle le *rapport d'homothétie*.

Lorsque les points A′, B′, C′... sont pris sur les droites OA, OB,
OC... elles-mêmes, comme dans la
fig. 180, l'homothétie est *directe*;
elle est *inverse* si les points A′, B′,
C′... sont pris sur les prolongements des lignes OA, OB, OC..., au
delà du point O, comme dans la
fig. 181. Il est clair que deux figures inversement homothétiques peu

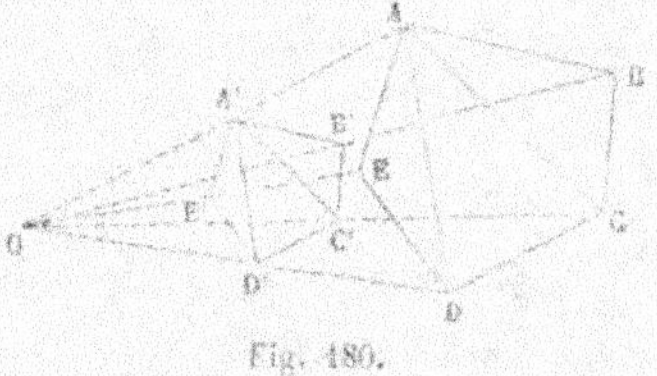
Fig. 180.

vent être ramenées à l'homothétie directe, en faisant tourner l'une
d'elles de 180° autour du centre d'homothétie.

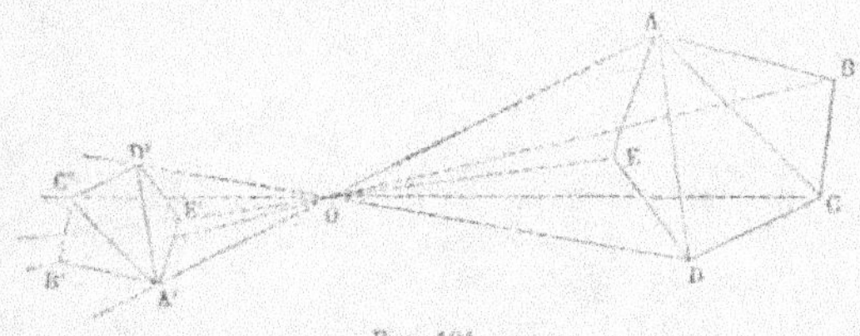
Fig. 181.

Les points tels que A et A′, qui sont en ligne droite avec le centre, sont dits *homologues*; on appelle de même *droites homologues*
celles qui joignent des points homologues.

276. Théorème. — *La figure homothétique d'une ligne droite est
une autre ligne droite parallèle à la première.*

Soit AB la droite donnée (fig. 182), O le
centre et k le rapport d'homothétie. Je
prends sur AB un point quelconque C, et
je détermine sur la droite OC un point C′
tel que l'on ait

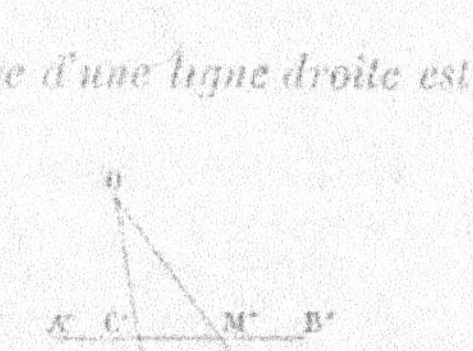

$$\frac{OC'}{OC} = k;$$

Fig. 182.

puis je mène par le point C′ une droite A′B′ parallèle à AB ; je dis que la droite A′B′ est la figure homothétique de AB. En effet, si je joins au centre d'homothétie un autre point quelconque de AB, le point M par exemple, la droite OM rencontre A′B′ en un point M′; et l'on aura, à cause du parallélisme des droites C′M′ et CM,

$$\frac{OM'}{OM} = \frac{OC'}{OC} = k.$$

Les points M et M′ sont donc deux points homologues de la droite AB et de la figure homothétique; par conséquent, la droite A′B′, lieu du point M′, est la figure homothétique de la droite AB. c. q. F. D.

*277. REMARQUE. — Si la droite donnée AB passait par le centre d'homothétie, la droite A′B′ y passerait aussi et coïnciderait avec la droite AB. Réciproquement, si deux droites homothétiques coïncident, elles passent toutes les deux par le centre d'homothétie; toutefois, si le rapport d'homothétie était égal à 1, les deux droites homothétiques coïncideraient pour une position quelconque du centre d'homothétie; mais alors les deux figures ne seraient pas seulement homothétiques, elles seraient égales.

*278. COROLLAIRES. — *Deux angles homothétiques sont égaux*. Car ils ont les côtés parallèles et dirigés dans le même sens, si l'homothétie est directe; et les côtés parallèles et dirigés en sens contraires, si l'homothétie est inverse.

Dans deux figures homothétiques, le rapport de deux longueurs homologues est égal au rapport d'homothétie. En effet, les deux triangles semblables OC′M′, OCM (fig. 182), donnent

$$\frac{C'M'}{CM} = \frac{OC'}{OC} = k.$$

*279. **Théorème**. — *Deux polygones homothétiques sont semblables*.

En effet, ces polygones ont les angles égaux chacun à chacun, et ils ont les côtés homologues proportionnels, puisque le rapport de deux côtés homologues quelconques est égal au rapport d'homothétie, et, par conséquent, est constant (**278**).

*280. REMARQUE. — Deux polygones semblables à un même polygone sont égaux entre eux, si le rapport de similitude de chacun d'eux avec le troisième est le même; car les deux polygones ont

alors les angles et les côtés égaux chacun et disposés dans le même
ordre, et, par conséquent, on peut les superposer.

Cela posé, soient P et Q deux polygones semblables dont le rapport de similitude est k ; construisons un polygone Q', homothétique au polygone P, et avec un rapport d'homothétie égal à k ; ce
polygone Q' sera égal au polygone Q. Il résulte de là qu'étant donnés deux polygones semblables, on peut toujours déplacer l'un d'eux
dans son plan, de manière qu'il devienne homothétique à l'autre ;
en d'autres termes, on peut obtenir tous les polygones semblables à
un polygone donné, en construisant les polygones qui lui sont homothétiques et en faisant varier le rapport d'homothétie ; le centre
d'homothétie peut d'ailleurs être choisi arbitrairement.

*281. **Théorème.** — *Deux figures sont homothétiques, s'il existe
dans leur plan deux points P et P' tels, que les droites qui joignent le
point P aux divers points de la première figure et celles qui joignent
le point P' aux points correspondants de la seconde, soient parallèles et
proportionnelles* (fig. 183 et 184).

Soient A et A' deux points homologues quelconques des deux figures; d'après l'hypothèse, les lignes PA, P'A' sont parallèles, et
leur rapport est constant.
c'est-à-dire qu'on a

$$\frac{P'A'}{PA} = k ;$$

je dis que les deux figures
sont homothétiques.

En effet, joignons PP'

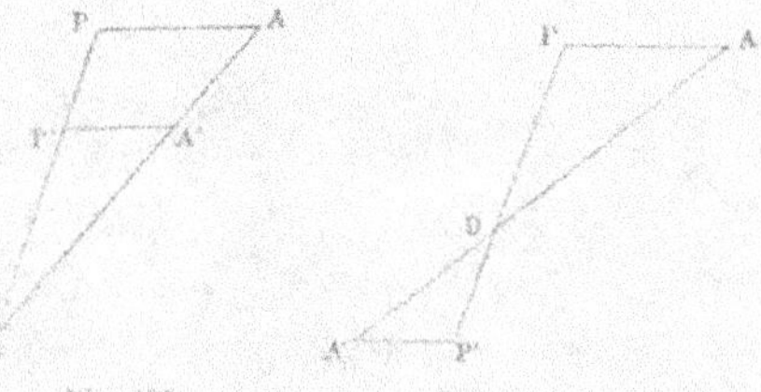

Fig. 183.   Fig. 184.

et AA' ; ces deux lignes se coupent en un point O, qui est situé sur
le prolongement de la ligne PP', si les parallèles PA et P'A' sont
dirigées dans le même sens (fig. 183), et qui est compris entre P et
P', si les parallèles PA, P'A' sont dirigées en sens contraires
(fig. 184). Dans les deux cas, on aura, à cause de la similitude des
triangles OP'A', OPA,

$$\frac{OP'}{OP} = \frac{P'A'}{PA} = k ;$$

donc le point O est un point fixe de la ligne PP', quel que soit le
couple de points homologues que l'on considère dans les deux fi-

gures (**193**). On a de plus, dans les mêmes triangles semblables,

$$\frac{OA'}{OA} = \frac{P'A'}{PA} = k\,;$$

donc, en vertu de la définition de l'homothétie, les deux figures dont les points A et A′ font partie sont homothétiques, le point O est leur centre d'homothétie, et le rapport d'homothétie est k. c. q. F. D.

L'homothétie est directe quand les parallèles PA, P′A′ sont de même sens (fig. 183) ; elle est inverse dans l'autre cas (fig. 184).

282. Corollaire. — *Deux circonférences* O *et* O′ *sont homothétiques, à la fois directement et inversement* (fig. 185).

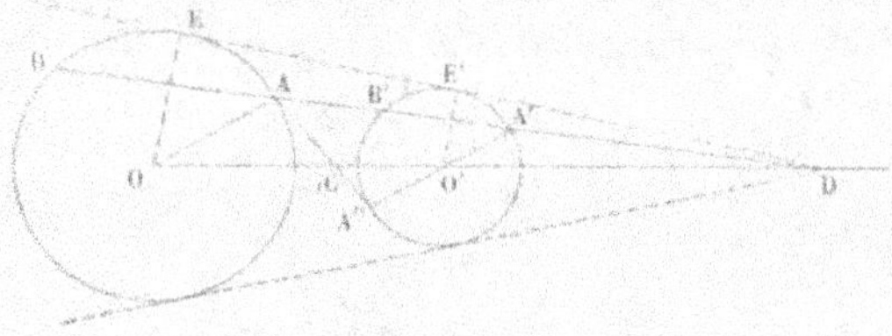

Fig. 185.

En effet, si l'on mène dans les deux circonférences des rayons parallèles et de même sens, tels que OA et O′A′, leur rapport est constant ; les deux circonférences sont donc homothétiques directement par rapport à un centre d'homothétie D, lequel est au point de rencontre de la ligne OO′ avec la ligne AA′ qui joint les extrémités de deux rayons parallèles et de même sens.

D'autre part, si l'on mène dans les deux circonférences des rayons parallèles et de sens contraires, tels que OA et O′A″, leur rapport est constant ; donc les circonférences sont inversement homothétiques par rapport à un centre d'homothétie C, situé au point de rencontre de la ligne OO′ avec la ligne AA″ qui joint les extrémités de deux rayons parallèles et de sens contraires.

Les deux centres d'homothétie directe et inverse, D et C, s'appellent ordinairement les *centres de similitude externe* et *interne* des deux cercles ; le premier est situé sur le prolongement de la ligne des centres OO′ et du côté du plus petit cercle ; l'autre est situé entre les deux centres. Ce sont deux points conjugués par rapport à O et à

O'; ils divisent la ligne OO' dans le rapport des rayons; car on a

$$\frac{DO}{DO'} = \frac{CO}{CO'} = \frac{OA}{O'A'}.$$

Remarquons encore que les tangentes communes extérieures aux deux circonférences, quand il en existe, passent par le centre de similitude externe D; car les rayons OE, O'E' des points de contact sont parallèles et de même sens. On démontre de même que les tangentes communes intérieures passent par le centre de similitude interne C.

Cette remarque donne un nouveau moyen de construire les tangentes communes à deux circonférences O et O'. On mène dans l'une d'elles un rayon quelconque OA, et dans l'autre un diamètre A'A" parallèle à OA; on joint AA' et AA"; ces droites coupent la ligne des centres OO' aux deux points D et C, qui sont les centres de similitude; enfin, de chacun de ces points, on mène des tangentes à l'une des deux circonférences O et O'; ce sont les tangentes communes.

283. Théorème. — *Deux figures F' et F" homothétiques à une troisième F sont homothétiques entre elles.*

Soit A (fig. 186) un premier point de la figure F, et soient A' et A" les points homologues des figures F' et F".
Joignons le point A à un point quelconque M de la première figure, et les points A' et A" aux points M' et M", homologues du point M dans les figures F' et F"; les lignes A'M' et A"M" seront toutes les deux parallèles à AM
(276); donc elles sont parallèles entre elles. De plus, si l'on désigne par k et k' les rapports d'homothétie des figures F' et F" avec la figure F, on aura

$$\frac{A'M'}{AM} = k, \qquad \frac{A"M"}{AM} = k',$$

d'où l'on tire

$$\frac{A'M'}{A"M"} = \frac{k}{k'}.$$

Donc les deux figures F' et F" sont telles que les droites qui joignent A' et A" aux points homologues de ces deux figures sont parallèles

et proportionnelles ; par suite, ces figures sont homothétiques (**281**);
leur rapport d'homothétie est $\dfrac{k}{k'}$.

284. Remarque. — Si la figure F est directement homothétique
à chacune des figures F′ et F″, les droites A′M′ et A″M″ sont dirigées
toutes les deux dans le même sens que AM ; donc elles sont parallèles et de même sens, et, par suite, l'homothétie des figures F′ et
F″ est directe.

On verrait de même que si la figure F est inversement homothétique à chacune des figures F′ et F″, l'homothétie de ces deux dernières est directe ; et que si la figure F est directement homothétique à l'une des figures F′ et F″ et inversement homothétique à
l'autre, l'homothétie des figures F′ et F″ est inverse.

285. Théorème. — *Si trois figures* F, F′, F″, *sont homothétiques
deux à deux, les trois centres d'homothétie sont en ligne droite.*

Soient O le centre d'homothétie de F′ et de F″, O′ celui de F et
de F″ et O″ celui de F et de F′. Considérons la ligne O′O″ comme
faisant partie de la figure F ; comme elle passe par le centre d'homothétie O″ de F et de F′, elle aura pour homologue dans la figure
F′ cette droite elle-même (**277**) ; pour la même raison, cette même
droite est son homologue à elle-même dans le système des figures
F et F″, puisqu'elle passe par leur centre d'homothétie O′ ; par
suite, cette droite est son homologue à elle-même dans le système
des figures F′ et F″ ; donc elle passe par leur centre d'homothétie O
(**277**). C. Q. F. D.

On pourrait encore démontrer ce théorème en s'appuyant sur la
réciproque du théorème des transversales (**246**, 1°).

286. Corollaire. — Considérons trois cercles O, O′ et O″, et désignons par S le centre de similitude externe des cercles O′ et O″,
par S′ celui des cercles O et O″, par S″ celui des cercles O et O′, et
de même par T, T′, T″ les centres de similitude interne des cercles
O′ et O″, O et O″, O et O′. Si l'on regarde le cercle O comme homothétique directement aux deux cercles O′ et O″, ces deux derniers
seront aussi directement homothétiques (**284**), et les trois centres
d'homothétie seront S, S′ et S″ ; donc, en vertu du théorème précédent, ces trois points sont en ligne droite. Mais si l'on considère le
cercle O comme inversement homothétique aux deux cercles O′ et
O″, ces derniers seront directement homothétiques (**284**), et les
trois centres d'homothétie en ligne droite seront T″, T′ et S. On ver-

rait de même que T″, T et S′ sont en ligne droite, ainsi que T, T′ et S″. D'où la proposition suivante :

Les centres de similitude externe de trois cercles considérés deux à deux sont en ligne droite, et il en est de même de deux centres de similitude interne et du centre de similitude externe correspondant au troisième centre interne.

Les quatre droites ainsi obtenues portent le nom d'*axes de similitude* ou d'*homothétie* des trois cercles ; la première est l'axe de similitude *directe*, et les trois autres sont des axes de similitude *inverse*.

287. Définition générale de la similitude. — La définition de l'homothétie est indépendante de la forme des figures que l'on considère ; elle s'applique aussi bien aux lignes courbes qu'aux lignes polygonales. Prenons, par exemple, la courbe ABCD (fig. 187) ; d'un point fixe O, menons les lignes OA, OB, OC... aux différents points de la courbe, et portons sur toutes ces droites des longueurs qui leur soient proportionnelles, de telle sorte qu'on ait

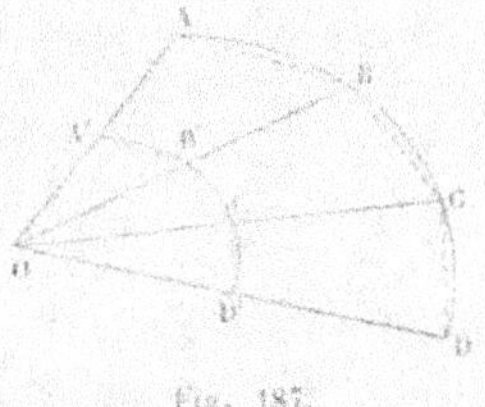

Fig. 187.

$$\frac{OA'}{OA} = \frac{OB'}{OB} = \frac{OC'}{OC} = \ldots = k.$$

La courbe, lieu des points A′, B′, C′..., est *homothétique* à la courbe ABC... Mais on peut dire aussi que ces deux courbes sont *semblables* ; car si l'on joint, par des lignes droites, les points voisins des deux courbes, on aura des lignes brisées semblables (**279**), et lorsqu'on rapprochera de plus en plus les points marqués sur les courbes, ces lignes brisées auront pour limites les courbes elles-mêmes.

Si maintenant, laissant l'une des courbes fixes, nous déplaçons l'autre d'une manière quelconque dans son plan, elles cesseront d'être homothétiques, mais seront toujours semblables. D'après ces considérations, nous pouvons poser la définition suivante :

Deux figures quelconques sont dites semblables, quand l'une d'elles est égale à une figure homothétique de l'autre, ou encore quand on peut déplacer l'une d'elles dans son plan de manière qu'elle devienne homothétique à l'autre.

Ainsi, deux arcs de cercle de rayons différents sont semblables

quand leurs angles au centre sont égaux ; car si l'on superpose ces
angles, les deux arcs deviennent homothétiques.

§ XX. Problèmes sur les lignes proportionnelles.

288. Problème. — *Diviser une droite donnée en un certain nombre de parties égales.*

Proposons-nous, par exemple, de diviser la droite AB (fig. 188)

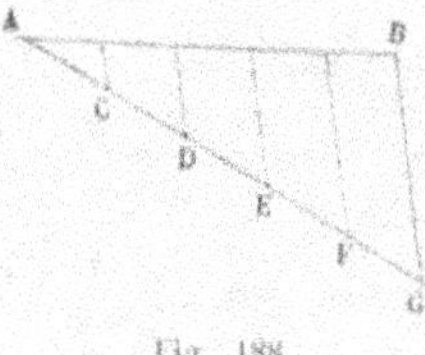

Fig. 188.

en cinq parties égales. Par l'une des extrémités A de la droite donnée, je mène une
droite quelconque indéfinie AG, sur laquelle
je porte, à partir du point A et à la suite
les unes des autres, cinq longueurs AC, CD,
DE, EF, FG, égales entre elles ; puis je joins
BG, et par les points C, D, E et F je mène
des parallèles à BG. Ces lignes divisent AB
en cinq parties égales ; il résulte en effet de la démonstration du
théorème du n° **195** que, lorsqu'un côté AG d'un triangle est divisé
en parties égales, des parallèles au côté BG, menées par les points
de division, divisent l'autre côté AB en un
même nombre de parties égales.

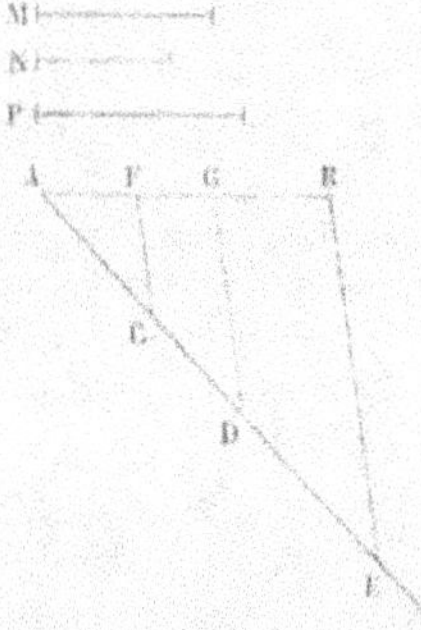

Fig. 189.

289. Problème. — *Diviser une droite
donnée AB en parties proportionnelles à
des longueurs données M, N, P (fig. 189).*

Par le point A, je mène une droite indéfinie quelconque, sur laquelle je porte à
la suite l'une de l'autre trois longueurs AC,
CD, DE, respectivement égales aux lignes
M, N, P ; je joins BE, et par les points C
et D je mène des parallèles à EB ; ces parallèles partagent la droite AB en segments
proportionnels aux longueurs M, N, P
(197).

Remarque. — Si l'on voulait diviser la ligne AB en parties proportionnelles à des nombres donnés, comme 4, 3 et 5, par exemple,
on prendrait une longueur arbitraire comme unité, et on construirait trois lignes M, N, P, respectivement égales à 4 fois, 3 fois et
5 fois l'unité de longueur ; on serait ainsi ramené au problème précédent.

290. Problème. — *Construire une quatrième proportionnelle à trois lignes données* M, N, P (fig. 190).

On appelle *quatrième proportionnelle* à trois longueurs données le quatrième terme d'une proportion dont les trois longueurs données sont les trois premiers termes.

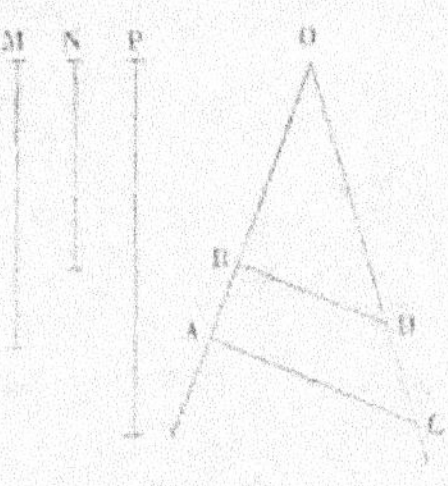

Fig. 190.

Pour construire la quatrième proportionnelle aux lignes M, N, P, je fais un angle quelconque O ; sur l'un des côtés, je prends à partir du point O deux longueurs OA, OB, respectivement égales à M et à N, et sur l'autre côté je prends une longueur OC égale à P ; puis je joins AC, et je mène BD parallèle à AC ; OD est la quatrième proportionnelle demandée ; car les triangles semblables OAC, OBD (**207**) donnent

$$\frac{OA}{OB} = \frac{OC}{OD}, \text{ ou } \frac{M}{N} = \frac{P}{OD}.$$

291. REMARQUE I. — On appelle *troisième proportionnelle* à deux longueurs données M, N, le quatrième terme d'une proportion dont les trois premiers sont M, N et N, c'est-à-dire une longueur X telle que l'on ait

$$\frac{M}{N} = \frac{N}{X}.$$

Il est clair que la construction de la troisième proportionnelle à deux droites n'est qu'un cas particulier de la construction de la quatrième proportionnelle à trois droites.

292. REMARQUE II. — Le problème précédent nous donne le moyen de construire une longueur X liée à trois longueurs données M, N, P, par la relation

$$\frac{M}{N} = \frac{P}{X}, \text{ ou } X = \frac{N \times P}{M}.$$

On peut généraliser la question et se proposer de construire une longueur X donnée par l'équation

$$X = \frac{A \times B \times C \times D....}{M \times N \times P....},$$

A, B, C, D,... M, N, P,... désignant des longueurs données, et le nombre des facteurs du numérateur surpassant d'une unité celui des facteurs du dénominateur. A cet effet, désignons par Y une quatrième proportionnelle aux lignes M, A et B ; on aura

$$Y = \frac{A \times B}{M},$$

et par suite

$$X = \frac{Y \times C \times D \dots}{N \times P \dots}$$

Construisons de même la quatrième proportionnelle aux longueurs N, Y et C ; en la désignant par Z, on aura

$$Z = \frac{Y \times C}{N};$$

d'où

$$X = \frac{Z \times D \dots}{P \dots}$$

En continuant toujours de même, on arrivera à trouver pour X une valeur qui ne contiendra plus que deux facteurs au numérateur et un au dénominateur, et qu'on pourra, par conséquent, construire par le problème précédent.

293. Problème. — *Construire la moyenne proportionnelle entre deux droites données a et b.*

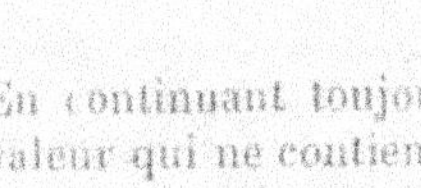

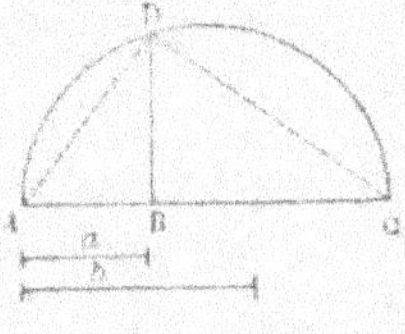

Fig. 191.

Première solution (fig. 191). Sur une droite indéfinie, je prends à la suite l'une de l'autre deux longueurs AB, BC, respectivement égales à *a* et à *b* ; sur AC comme diamètre, je décris une demi-circonférence, et je mène BD perpendiculaire à AC ; cette ligne BD est moyenne proportionnelle entre AB et BC (**221**, 2°).

Deuxième solution (fig. 192). Sur une ligne indéfinie, je porte à partir d'un même point A deux longueurs AB et AC respectivement égales à *a* et à *b* ; sur AC comme diamètre, je décris une demi-circonférence et j'élève BD perpendiculaire au diamètre ; enfin je joins AD : c'est la moyenne proportionnelle demandée (**221**, 1°).

Fig. 192.

Troisième solution (fig. 193). Sur une ligne indéfinie, je porte à

partir du même point A deux longueurs AC et AB respectivement
égales à a et à b ; puis par les points B et C je fais
passer une circonférence quelconque, et du point
A je mène une tangente AD à cette circonférence :
c'est la moyenne proportionnelle demandée (**249**).

Fig. 193.

* **294**. Remarque. — Si l'on désigne par x la
moyenne proportionnelle entre les deux lignes a et b, on a (**249**)

$$x^2 = ab, \qquad x = \sqrt{ab}.$$

C'est là une *formule* qui permettrait de *calculer* la valeur numérique de la longueur inconnue, si les longueurs données a et b étaient
elles-mêmes exprimées en nombres.

Inversement, si une longueur inconnue est exprimée par une formule en fonction de longueurs données, on peut se proposer de déduire de cette formule la suite des constructions géométriques qu'il
faudrait effectuer pour obtenir la longueur inconnue, si les longueurs données, au lieu d'être exprimées en nombres, étaient représentées par des droites connues ; c'est ce qu'on appelle *construire
une formule*. Nous avons déjà vu (**292**) comment on construit les
formules de la forme

$$x = \frac{abcd}{m'np},$$

le problème précédent nous donne la construction de la formule

$$x = \sqrt{ab}.$$

On peut construire d'une manière analogue toutes les formules,
pourvu que l'inconnue x soit exprimée par une fonction *homogène
et du premier degré* des longueurs données, et que la formule ne contienne que des radicaux du 2e, du 4e du 8e, etc. degré. Nous n'exa-
minerons ici que quelques cas simples.

1° Construire la formule

$$x = a + b - c.$$

On fait la somme des droites données a et b en les portant à la
suite l'une de l'autre sur une droite indéfinie, et de cette somme on
retranche la troisième longueur c.

2° Construire la formule

$$x = \frac{5}{7}\, a.$$

On divise la droite donnée a en 7 parties égales (**288**) et on prend 5 de ces parties.

3° Construire la formule

$$x = \frac{2}{3}\, a - \frac{4}{5}\, b + \frac{5}{7}\, c.$$

On construit d'abord les longueurs $\frac{2}{3}\, a$, $\frac{4}{5}\, b$ et $\frac{5}{7}\, c$, et il n'y a plus qu'à retrancher la seconde de la première et à ajouter la troisième à la différence obtenue.

4° Construire la formule

$$x = \frac{abc + def}{mn - pq}.$$

On vérifie aisément que le second membre de cette formule est une fonction homogène et du premier degré des lettres a, b, c, d, e, f, m, n, p et q. Mettons ab en facteur commun au numérateur et m au dénominateur ; la formule devient

$$x = \frac{ab\left(c + \dfrac{def}{ab}\right)}{m\left(n - \dfrac{pq}{m}\right)}.$$

On construit alors par une suite de quatrièmes proportionnelles (**292**) les longueurs

$$\alpha = \frac{def}{ab}, \qquad \beta = \frac{pq}{m},$$

et la valeur de x devient

$$x = \frac{ab\,(c + \alpha)}{m\,(n - \beta)} ;$$

en construisant enfin les deux longueurs

$$\gamma = c + \alpha, \qquad \delta = n - \beta,$$

on a

$$x = \frac{ab\gamma}{m\,\delta},$$

formule que l'on sait construire.

5° Construire la formule

$$x = a\sqrt{5}.$$

En faisant passer a sous le radical, on écrit la formule

$$x = \sqrt{5a^2} = \sqrt{a \times 5a},$$

ce qui montre que x est une moyenne proportionnelle entre a et $5a$;
on la construira par une des méthodes données au n° **293**.

6° Construire la formule

$$x = \sqrt{a^2 - bc + d^2}.$$

Mettons a en facteur commun sous le radical, et nous aurons

$$x = \sqrt{a\left(a - \frac{bc}{a} + \frac{d^2}{a}\right)};$$

on construit alors les longueurs

$$\alpha = \frac{bc}{a}, \qquad \beta = \frac{d^2}{a},$$

et la valeur de x devient

$$x = \sqrt{a(a - \alpha + \beta)},$$

formule qui montre que x est une moyenne proportionnelle entre
les longueurs a et $a - \alpha + \beta$.

7° Construire la formule

$$x = \sqrt{bc - \frac{a^2 bc}{(b+c)^2}}.$$

On met b en facteur commun sous le radical, et on construit, par une suite de quatrièmes proportionnelles, la longueur α donnée par la formule

$$\alpha = \frac{a^2 c}{(b+c)^2};$$

alors x prend la forme

$$x = \sqrt{b(c-\alpha)},$$

et on l'obtient en construisant une moyenne proportionnelle entre b et $c-\alpha$.

Les exemples que nous venons de traiter suffisent pour faire comprendre la méthode générale de construction des formules. On peut toujours, quelque compliquée que soit une formule, la construire par une suite de quatrièmes proportionnelles et de moyennes proportionnelles ; mais on peut souvent simplifier cette méthode générale en se servant d'autres problèmes, que nous résoudrons par la suite.

295. Problème. — *Construire sur une droite donnée un polygone semblable à un polygone donné* (fig. 194).

Soit ABCDE le polygone donné et A'B' le côté donné, qui doit être

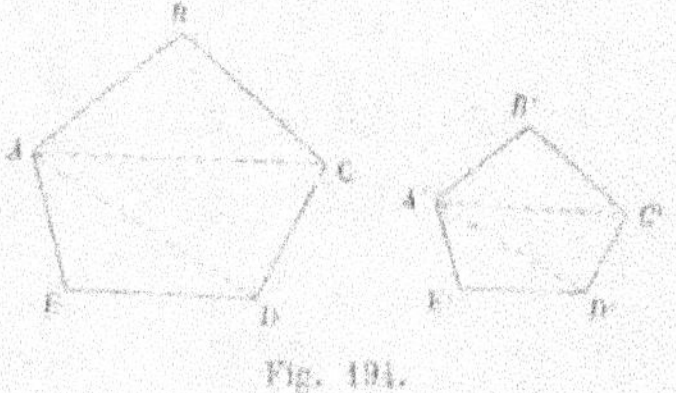

Fig. 194.

l'homologue de AB. Du point A, je mène dans le polygone ABCDE toutes les diagonales possibles ; puis au point A' je fais avec A'B' un angle égal à BAC ; et au point B', avec la même droite, un angle égal à l'angle ABC ; je forme ainsi un triangle A'B'C' semblable à ABC (**208**). Je fais de même sur A'C' un triangle semblable à ACD, et ainsi de suite ; le nouveau polygone A'B'C'D'E' sera semblable au premier (**214**).

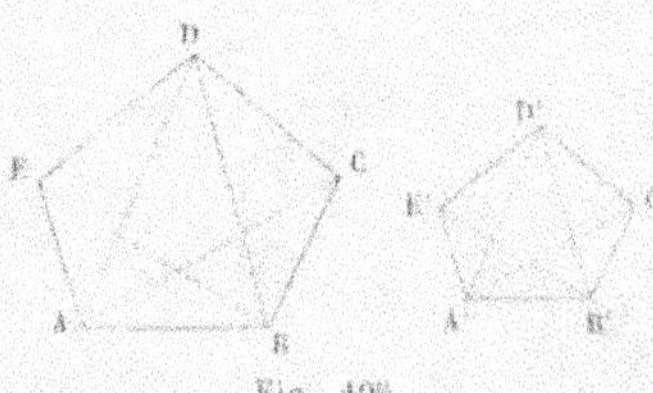

Fig. 195.

On peut encore déterminer chacun des sommets du polygone A'B'C'D'E' par l'intersection de droites partant toutes des points A' et B' (fig. 195). Pour cela, dans le polygone donné, on mènera toutes les diagonales possibles par le point A et par le point B ; puis on fera au point A' des angles B'A'C', C'A'D', D'A'E', respectivement égaux aux angles BAC, CAD.

DAE ; on fera de même au point B' des angles A'B'E', E'B'D', D'B'C', respectivement égaux aux angles ABE, EBD, DBC. Alors le point C' sera déterminé par l'intersection des droites A'C' et B'C' ; le point D', par l'intersection des droites A'D' et B'D' ; et ainsi des autres.

296. Remarque. — Au lieu de donner un côté du nouveau polygone, on pourrait donner le rapport de similitude k. Dans ce cas, le problème se résoudrait simplement de la manière suivante.

Prenez un point O quelconque dans le plan du polygone donné ABCDE (fig. 196), et joignez-le à tous les sommets ; déterminez sur OA un point A' tel que $\dfrac{OA'}{OA}$ soit égal à k ; par le point A' menez dans l'angle AOB une parallèle A'B' à AB, puis par le point B', dans l'angle BOC, une parallèle B'C' à BC, et ainsi de suite.

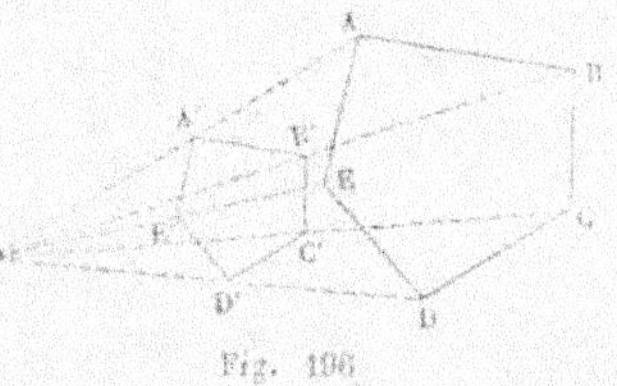

Fig. 196

La dernière parallèle, menée par le point E' au côté EA, passera par le point A' ; le polygone A'B'C'D'E' sera semblable au polygone ABCDE, et le rapport de similitude sera k.

En effet, à cause des parallèles AB et A'B', BC et B'C',.... DE et D'E', on a (**195**)

$$\frac{OA'}{OA} = \frac{OB'}{OB} = \frac{OC'}{OC} = \frac{OD'}{OD} = \frac{OE'}{OE} = k ;$$

il résulte de là que les droites OA et OE sont divisées par les points A' et E' en parties proportionnelles ; donc (**198**) la ligne E'A' est parallèle à EA. Les polygones ABCDE, A'B'C'D'E', ayant les côtés parallèles et dirigés dans le même sens, sont équiangles (**68**). De plus la similitude des triangles OAB et OA'B', OBC et OB'C', etc. (**207**) donne les proportions :

$$\frac{A'B'}{AB} = \frac{OA'}{OA} = k,$$

$$\frac{B'C'}{BC} = \frac{OB'}{OB} = k,$$

$$\frac{C'D'}{CD} = \frac{OC'}{OC} = k,$$

ainsi de suite ; d'où l'on déduit

$$\frac{A'B'}{AB} = \frac{B'C'}{BC} = \frac{C'D'}{CD} = \ldots = k ;$$

donc les deux polygones ont les côtés proportionnels, et comme ils sont équiangles, ils sont semblables; et, de plus, le rapport de similitude est k.

297. Problème. — *Construire deux droites, connaissant leur somme et leur moyenne proportionnelle.*

Supposons le problème résolu. Soit AC (fig. 197) la somme donnée,

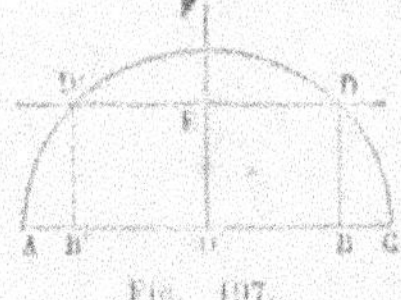

Fig. 197.

AB et BC les deux droites cherchées; sur AC comme diamètre, décrivons une demi-circonférence, et au point B élevons une perpendiculaire à AC jusqu'à la rencontre de la demi-circonférence en D; BD sera la moyenne proportionnelle entre AB et BC (**221**, 2°); la longueur de cette ligne BD est donc connue. De là résulte que, pour avoir le point D, il suffit de mener une parallèle au diamètre CA à une distance égale à la moyenne proportionnelle donnée, et de prendre le point d'intersection de cette parallèle avec la demi-circonférence.

En résumé, voici la construction : Sur la droite AC comme diamètre on décrit une demi-circonférence ; sur le rayon OF, perpendiculaire à AC, on prend une longueur OE égale à la moyenne proportionnelle donnée, et par le point E on mène une parallèle à AC; elle rencontre la demi-circonférence en un point b, qu'on projette en B sur le diamètre AC; AB et BC sont les deux droites demandées.

La parallèle à AC rencontre la demi-circonférence en un second point D', et en abaissant de ce point une perpendiculaire sur le diamètre, on obtiendrait encore des droites AB' et B'C répondant à la question ; mais cette deuxième solution ne diffère pas de la première; car AB' est évidemment égale à BC, et de même B'C = AB.

298. Remarque I. — Pour que le problème soit possible, il faut que la parallèle à AC menée par le point E rencontre la demi-circonférence; en d'autres termes, il faut que OE soit moindre que le rayon, c'est-à-dire moindre que la moitié de AC. On conclut de là que *la moyenne proportionnelle ou géométrique entre deux droites est moindre que leur moyenne arithmétique.*

299. Remarque II. — Désignons par x et par y les deux droites cherchées, par a leur somme et par b leur moyenne géométrique; les équations du problème sont :

$$x + y = a,$$
$$xy = b^2.$$

On sait (voy. l'*Algèbre*) que les deux inconnues sont alors les racines de l'équation du second degré

$$z^2 - az + b^2 = 0,$$

d'où l'on tire, en supposant que x désigne la plus grande des inconnues et y la plus petite,

$$x = \frac{a}{2} + \sqrt{\frac{a^2}{4} - b^2},$$

$$y = \frac{a}{2} - \sqrt{\frac{a^2}{4} - b^2}.$$

Pour que ces valeurs soient réelles, il faut qu'on ait

$$\frac{a^2}{4} > b^2$$

ou

$$\frac{a}{2} > b,$$

condition identique à celle que nous avons trouvée par la géométrie.

300. Problème. — *Construire deux droites, connaissant leur différence et leur moyenne proportionnelle.*

Soit AB (fig. 198) la différence donnée. Sur AB comme diamètre, je décris une circonférence; au point A, je mène une tangente à cette circonférence, et je prends sur cette droite une longueur AC égale à la moyenne proportionnelle donnée ; enfin, je joins le point C au centre O. Cette droite coupe la circonférence en deux points D et E ; CD et CE sont les deux droites demandées. En effet, leur différence est le diamètre DE, qui est égal à AB ; et leur moyenne proportionnelle est la tangente CA

Fig. 198.

(**249**), laquelle est égale, par construction, à la deuxième longueur donnée.

Le problème est toujours possible et n'admet qu'une solution.

301. Remarque. — Désignons par x la plus grande des longueurs inconnues, par y la plus petite, par a leur différence et par b leur moyenne proportionnelle. Les équations du problème sont alors :

$$x - y = a,$$
$$xy = b^2;$$

or on démontre en algèbre que x et $(-y)$ sont les racines de l'équation du second degré

$$z^2 - az - b^2 = 0.$$

On aura donc :

$$x = \frac{a}{2} + \sqrt{\frac{a^2}{4} + b^2},$$
$$y = -\frac{a}{2} + \sqrt{\frac{a^2}{4} + b^2};$$

et ces valeurs sont toujours réelles et positives.

302. Problème. — *Construire les racines d'une équation du second degré.*

Je suppose l'équation du second degré ramenée à la forme

$$x^2 + px + q = 0,$$

p et q pouvant être des quantités positives ou négatives ; je suppose de plus que les racines soient réelles. Si l'on désigne par x' et x'' ces deux racines, on a (voy. l'*Algèbre*) :

$$x' + x'' = -p$$
$$x'x'' = q.$$

Pour que ces formules soient homogènes, il faut que p représente une longueur affectée du signe $+$ ou du signe $-$, et que la valeur absolue de q représente le produit de deux longueurs, ou, ce qui revient au même, le carré d'une longueur. Nous poserons donc :

$$p = \pm a, \qquad q = \pm b^2,$$

et l'équation du second degré prendra la forme

$$x^2 \pm ax \pm b^2 = 0.$$

En faisant toutes les combinaisons de signes possibles, on aura les quatre équations :

$$x^2 - ax + b^2 = 0,$$
$$x^2 - ax - b^2 = 0,$$
$$x^2 + ax + b^2 = 0,$$
$$x^2 + ax - b^2 = 0;$$

mais les deux dernières se déduisent des deux premières par le changement de x en $-x$, ce qui signifie que les racines de la troisième sont égales et de signes contraires à celles de la première, et de même que les racines de la quatrième ne diffèrent des racines de la seconde que par le signe. On peut donc se borner à considérer les deux premières équations.

Je prends d'abord la première :

$$x^2 - ax + b^2 = 0.$$

Les deux racines x' et x'', si elles sont réelles, sont positives ; leur somme est égale à a, et leur moyenne proportionnelle à b ; on les construira donc à l'aide du problème du n° **297**.

Prenons maintenant la seconde équation :

$$x^2 - ax - b^2 = 0.$$

Les racines sont réelles et de signes contraires, et la plus grande en valeur absolue est positive ; en désignant par x' la racine positive et par $(-x'')$ la racine négative, on aura :

$$x' - x'' = a$$
$$x' \times (-x'') = -b^2, \quad \text{ou} \quad x'x'' = b^2,$$

égalités qui montrent que la différence des deux longueurs x' et x'' est égale à a, et que leur moyenne proportionnelle est égale à b. On construira donc ces deux longueurs au moyen du problème du n° **300**.

 303. Remarque. — Si le terme tout connu de l'équation du second degré était le produit de deux longueurs, au lieu d'être le carré d'une longueur comme nous l'avons supposé, on ramènerait facilement ce cas au précédent. Supposons, en effet, que q soit égal à $\pm mn$, m et n étant des longueurs connues ; construisons une moyenne proportionnelle b entre m et n ; on aura $b^2 = mn$, et par suite $q = \pm b^2$.

Mais on peut aussi se dispenser de chercher cette moyenne proportionnelle et construire directement les racines de l'équation. Considérons d'abord l'équation

$$x^2 - ax + mn = 0.$$

Aux deux extrémités d'une droite AB égale à a (fig. 199), je lui élève

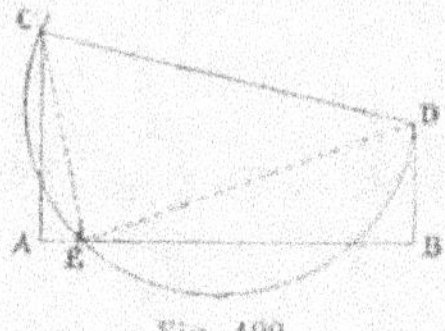

Fig. 199.

deux perpendiculaires AC et BD, l'une égale à m, l'autre à n, et dirigées du même côté de AB ; sur la droite CD comme diamètre, je décris une demi-circonférence qui rencontre en E la droite AB ; AE et EB sont les deux racines de l'équation. En effet, d'une part, leur somme est égale à a ; d'autre part, si l'on joint CE et DE, les deux triangles semblables CAE, EBD, donnent la proportion

$$\frac{AE}{BD} = \frac{AC}{BE};$$

d'où

$$AE \times BE = AC \times BD = mn.$$

Les lignes AE et BE ont alors pour somme a et pour produit mn ; elles représentent donc les racines de l'équation donnée.

Considérons, en second lieu, l'équation

$$x^2 - ax - mn = 0.$$

Soit x' la racine positive et $(-x'')$ la racine négative, on a :

$$x' - x'' = a, \qquad x'.x'' = mn.$$

Aux deux extrémités d'une droite AB égale à a (fig. 200), je lui élève

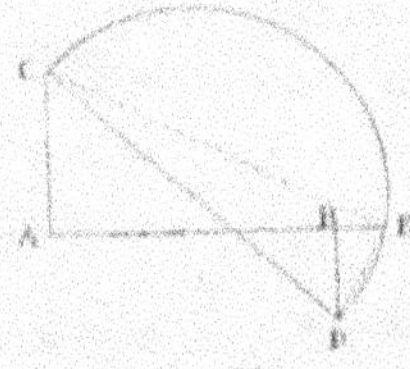

Fig. 200.

deux perpendiculaires AC et BD, l'une égale à m, l'autre à n, mais de côtés différents de AB ; sur CD comme diamètre, je décris une demi-circonférence qui rencontre en E le prolongement de AB ; AE et BE sont les deux longueurs x' et x''. En effet, d'abord leur différence est égale à a ; de plus les triangles semblables ACE, BED, nous donnent

$$\frac{AE}{BD} = \frac{AC}{BE};$$

d'où

$$AE \times BE = AC \times BD = mn.$$

304. Problème. — *Diviser une droite* AB *en moyenne et extrême raison* (fig. 201).

On dit qu'un point M divise une droite AB en moyenne et extrême raison, lorsque la distance AM est moyenne proportionnelle entre la distance BM et la ligne entière AB, c'est-à-dire quand on a

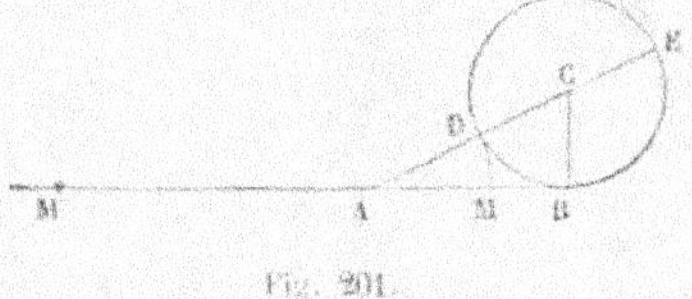

Fig. 201.

$$\frac{AB}{AM} = \frac{AM}{BM}, \quad \text{ou} \quad \overline{AM}^2 = BM \times AB.$$

Il est facile de voir qu'il existe sur la ligne AB deux points satisfaisant à la question, l'un M, situé entre A et B, l'autre M′, situé sur le prolongement de la ligne AB du côté du point A, et qu'il n'en existe pas d'autres. En effet, si l'on conçoit qu'un point mobile M parcourt la droite AB en allant de A vers B, le rapport $\frac{AB}{AM}$ décroit d'une manière continue depuis l'infini jusqu'à l'unité, tandis que le rapport $\frac{AM}{BM}$ croit d'une manière continue de zéro à l'infini ; il y aura donc une position du point mobile, et une seule, pour laquelle les deux rapports seront égaux. Si l'on suppose ensuite que le point M, continuant son mouvement, dépasse le point B, le premier rapport $\frac{AB}{AM}$ devient plus petit que 1, tandis que le rapport $\frac{AM}{BM}$ est constamment plus grand que 1 ; ces deux rapports ne pourront donc pas être égaux, et il n'y a pas de point répondant à la question sur le prolongement de AB au delà du point B. Considérons enfin un point M′ sur le prolongement de AB au delà du point A ; si ce point parcourt la droite en s'éloignant du point A, le rapport $\frac{AB}{AM'}$ décroit d'une manière continue de l'infini à zéro, tandis que le rapport $\frac{AM'}{BM'}$ croit d'une manière continue de zéro à l'unité ; il y aura donc une position du point M′, et une seule, pour laquelle les deux rapports seront égaux. On voit de plus que, le second rapport étant toujours plus petit que l'unité, le premier devra l'être aussi, c'est-à-dire que AM′ doit être plus grand que AB.

Cherchons maintenant les points M et M'. On a les deux égalités :

$$\overline{AM'}^2 = AB \times BM', \quad \left.\right) \quad [1]$$
$$\overline{AM}^2 = AB \times BM. \quad \left.\right)$$

En les retranchant membre à membre, on a

$$\overline{AM'}^2 - \overline{AM}^2 = AB\,(BM' - BM).$$

Fig. 201 bis.

Mais $\overline{AM'}^2 - \overline{AM}^2 = (AM' - AM)\,(AM' + AM) = (AM' - AM) \times MM'$, et $BM' - BM = MM'$; donc l'égalité précédente peut s'écrire :

$$(AM' - AM) \times MM' = AB \times MM' ;$$

d'où l'on tire

$$AM' - AM = AB. \qquad [2]$$

D'autre part, si l'on remplace BM par AB — AM dans la seconde des égalités [1], on obtient

$$AM^2 = AB \times (AB - AM) = \overline{AB}^2 - AB \times AM,$$

ou bien

$$\overline{AM}^2 + AB \times AM = \overline{AB}^2,$$

$$AM \times (AM + AB) = \overline{AB}^2.$$

Mais, en vertu de l'égalité [2], $AM + AB = AM'$; donc enfin

$$AM \times AM' = \overline{AB}^2. \qquad [3]$$

Les égalités [2] et [3] montrent que la différence des droites AM' et AM est égale à AB et que leur moyenne proportionnelle est aussi égale à AB ; la détermination de ces droites est donc un cas particulier du problème du n° **300**. Voici la construction :

Au point B, on élève à la droite AB une perpendiculaire BC égale à la moitié de cette droite ; du point C comme centre avec CB comme rayon, on décrit une circonférence, et on trace la ligne droite AC, qui rencontre la circonférence aux points D et E ; AD et AE sont les deux longueurs demandées. Car leur différence est DE = 2 CB = AB, et leur moyenne proportionnelle est la droite AB, qui est tangente à la circonférence (**249**). Il ne reste plus qu'à prendre sur AB une longueur AM égale à AD, et sur le prolongement de AB au delà du point A une longueur AM' égale à AE.

305. Remarque. — Si l'on désigne par a la longueur de la droite AB, on a sur la figure

$$AC = \sqrt{\overline{AB}^2 + \overline{BC}^2} = \sqrt{a^2 + \frac{a^2}{4}} = \sqrt{\frac{5a^2}{4}} = \frac{a}{2}\sqrt{5},$$

et

$$AM = AD = AC - CD = \frac{a}{2}\sqrt{5} - \frac{a}{2} = \frac{a}{2}(\sqrt{5} - 1),$$

$$AM' = AE = AC + CE = \frac{a}{2}\sqrt{5} + \frac{a}{2} = \frac{a}{2}(\sqrt{5} + 1).$$

On en déduit aisément :

$$BM = a - AM = \frac{a}{2}(3 - \sqrt{5}),$$

$$BM' = a + AM' = \frac{a}{2}(3 + \sqrt{5}).$$

La droite AM est le plus grand segment *additif* de la droite AB divisée en moyenne et extrême raison ; AM' en est le plus petit segment *soustractif*.

306. Problème. — *Décrire une circonférence passant par deux points donnés A et B et tangente à une droite donnée CD* (fig. 202).

Supposons le problème résolu, et soit M le point de contact de la droite CD avec une circonférence qui passe par les points A et B. Je joins AB, et je prolonge cette droite jusqu'à sa rencontre en P avec CD ; ce point P est connu. On aura alors (**249**)

$$\overline{PM}^2 = PA \times PB.$$

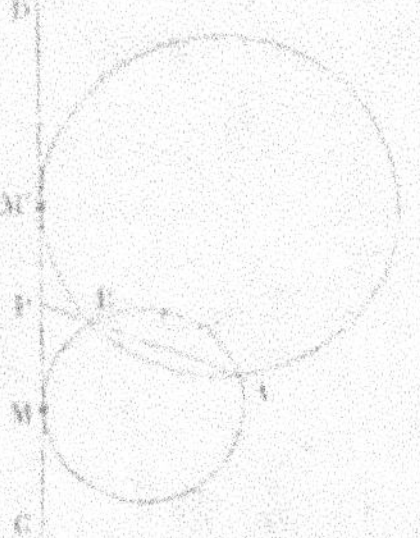
Fig. 202.

Donc pour avoir la longueur PM, et par suite le point M, il suffira de construire la moyenne proportionnelle entre PA et PB, ce qu'on sait faire (**293**). Il sera avantageux ici d'employer la troisième méthode que nous avons indiquée, c'est-à-dire de faire passer une circonférence quelconque par les points A et B et de lui mener une tangente du point P. Lorsque le point M est déterminé, le centre du cercle cherché est au point de rencontre de la perpendiculaire élevée au milieu de AB et de la perpendiculaire élevée à la droite CD par le point M.

Discussion. — Le problème est évidemment impossible lorsque les deux points A et B sont de côtés différents de CD.

Lorsque les points A et B sont du même côté de CD, et que la droite AB n'est pas parallèle à CD, la construction que nous venons d'indiquer s'applique toujours, le problème est toujours possible. De plus, il a deux solutions ; car on peut porter la moyenne proportionnelle entre PA et PB dans deux sens opposés sur la droite CD à partir du point P ; on obtient ainsi deux points de contact M et M′ et, par conséquent, deux cercles répondant à la question.

Enfin, si la droite AB est parallèle à CD, la construction précédente n'est plus applicable ; le point de contact de CD avec le cercle est sur la perpendiculaire élevée au milieu de AB, et il n'y a plus qu'une solution.

307. Problème. *Décrire une circonférence passant par deux points donnés A et B et tangente à un cercle donné O* (fig. 205).

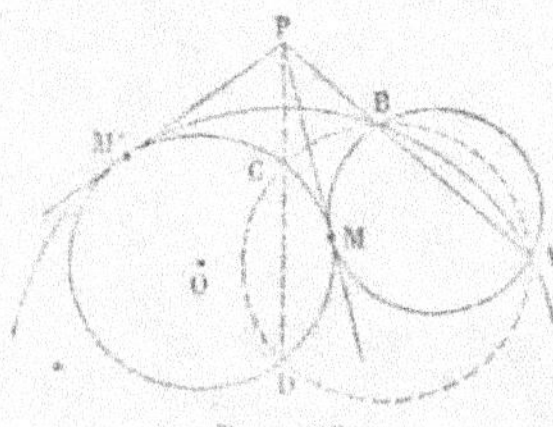

Fig. 205.

Supposons le problème résolu, et soit M le point de contact du cercle O avec une circonférence ABM remplissant les conditions de l'énoncé ; la tangente commune MP rencontre la droite AB en un point P, que nous allons déterminer. Remarquons d'abord qu'on a

$$PA \times PB = \overline{PM}^2.$$

Si par le point P nous menons une sécante quelconque PCD au cercle O, nous aurons aussi

$$PC \times PD = \overline{PM}^2 ;$$

donc

$$PA \times PB = PC \times PD.$$

Il résulte de cette égalité que les quatre points A, B, C, D sont sur une même circonférence (**250**) ; donc si par les deux points A et B et un point quelconque C de la circonférence O on fait passer une circonférence, elle coupera la circonférence O en second point D tel, que la corde commune CD passera par le point P. De cette analyse résulte la construction suivante :

Par les deux points donnés A et B on fait passer une circonférence qui coupe le cercle donné O ; on mène la corde commune CD, et on la prolonge jusqu'à sa rencontre avec AB en P. Du point P on

mène une tangente PM au cercle O ; le centre du cercle cherché est
au point de rencontre de la droite OM avec la perpendiculaire élevée au milieu de la ligne AB.

DISCUSSION. — Si les deux points A et B étaient situés, l'un à l'intérieur, l'autre à l'extérieur du cercle O, le problème serait évidemment impossible.

Si les points A et B sont tous les deux à l'intérieur ou tous les
deux à l'extérieur du cercle O, les droites AB et CD se couperont en
un point P ou seront parallèles. Si elles se coupent, il est visible que
leur point d'intersection P ne peut pas être compris entre C et D ; il
est donc extérieur au cercle O, auquel on pourra alors mener une
tangente par ce point. Si les droites AB et CD sont parallèles, ce qui
arrive quand le centre O du cercle est à égale distance de A et de
B, le point P s'éloigne à l'infini, la tangente PM devient parallèle à
AB, et le point M est sur la perpendiculaire abaissée du point O sur
AB. Dans les deux cas, le problème est possible. De plus il a deux
solutions , car du point P on peut mener deux tangentes PM et PM'
au cercle O ; et dans le cas particulier où le point P est rejeté à
l'infini, on peut mener au cercle O deux tangentes parallèles à AB.

§ XXI. — POLYGONES RÉGULIERS.

305. Définitions. — Un polygone est dit *régulier* lorsqu'il a
tous ses côtés égaux et tous ses angles égaux. Le triangle équilatéral, le carré, sont des polygones réguliers.

De même, une ligne brisée convexe est dite *régulière* lorsqu'elle
a tous ses côtés égaux et tous ses angles égaux.

On dit qu'un polygone est *inscrit* dans un cercle lorsque tous
ses sommets sont situés sur la circonférence ; et le cercle est dit
alors *circonscrit* au polygone.

On dit qu'un polygone est *circonscrit* à un cercle lorsque tous ses
côtés sont tangents au cercle ; et le cercle est dit alors *inscrit* dans le
polygone.

306. Théorème. — *Si une circonférence est divisée en un certain nombre de parties égales aux points A, B, C, D, etc.,*

*1° Les cordes qui joignent les points de division consécutifs forment
un polygone régulier inscrit ;*

2° *Les tangentes menées à la circonférence par les points de division successifs forment un polygone régulier circonscrit* (fig. 204).

1° Les côtés AB, BC, CD,... du polygone inscrit ABCD... sont

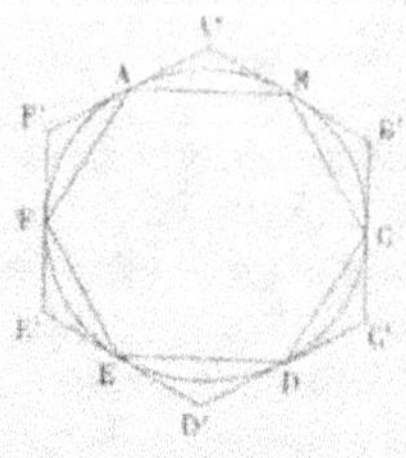

égaux, comme cordes sous-tendant des arcs égaux. Les angles ABC, BCD,... de ce même polygone sont égaux comme inscrits dans des segments égaux. Donc le polygone ABCD... est régulier.   C. Q. F. D.

2° Les angles BAA′, ABA′, CBB′, BCB′,..., formés chacun par une tangente et une corde, sont égaux comme ayant tous pour mesure la moitié d'une des divisions de la circonférence. Les triangles isocèles A′AB, B′BC, C′CD,... sont tous égaux, comme ayant des bases égales, AB = BC = CD = ..., et les angles à la base égaux. Il en résulte d'abord que les angles A′, B′, C′,... sont tous égaux, et ensuite que les côtés A′B′, B′C′, C′D′,.... sont aussi égaux, comme étant chacun la somme de deux des droites égales BA′, BB′, CB′, CC′..... Le polygone circonscrit A′B′C′D′,... est donc régulier.   C. Q. F. D.

310. Corollaire. — On peut toujours concevoir qu'on divise une circonférence en un nombre donné quelconque de parties égales ; donc il existe des polygones réguliers d'un nombre de côtés tout à fait quelconque. Le théorème précédent prouve de plus que la construction d'un polygone régulier de n côtés revient, en définitive, à la division de la circonférence en n parties égales.

311. Remarque I. — Si l'on prend les milieux de tous les arcs AB, BC, CD, ..., ces points diviseront la circonférence en autant de parties égales que les points de division primitifs A, B, C... Donc, si par les milieux des arcs égaux AB, BC, CD, ... on mène des tangentes à la circonférence, elles formeront encore un polygone régulier circonscrit ; et les côtés de ce nouveau polygone seront respectivement parallèles à ceux du polygone inscrit ABCD....

312. Remarque II. — On démontrerait, par un raisonnement identique à celui que nous avons fait pour la première partie du théorème précédent, que, *si un arc de cercle est divisé en parties égales, les cordes qui joignent les points de division consécutifs forment une ligne brisée régulière.*

313. Théorème. — Réciproquement, *on peut toujours circonscrire et inscrire une circonférence à un polygone régulier.*

Soit ABCDE... (fig. 205) le polygone régulier donné; je dis
d'abord qu'on peut lui circonscrire une circonférence. Par les trois
sommets A, B, C, je fais passer une circonfé-
rence; soit O son centre; je dis qu'elle passe
par le sommet suivant D. En effet, joignons
OA, OD, et abaissons OI perpendiculaire sur
la corde BC; CI sera égale à BI (**110**). Faisons alors tourner le quadrilatère OICD autour
de OI pour le rabattre sur OIBA; les angles
CIO et OIB étant égaux comme droits, la ligne
IC prendra la direction IB, et comme ces

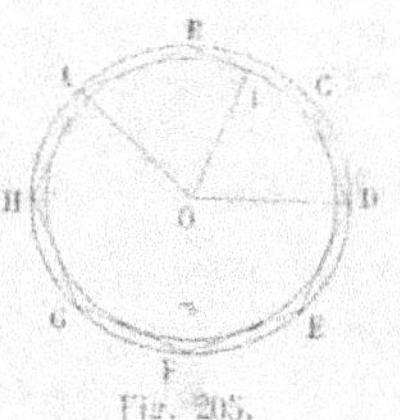
Fig. 205.

lignes sont égales, le point C tombera au point B; l'angle ICD est
égal à IBA, puisque le polygone est régulier; donc CD prendra la direction BA, et comme CD = BA, le point D tombera au point A; donc
OD = OA, et par suite la circonférence décrite du point O comme
centre, avec OA pour rayon, passe par le point D. On ferait voir de
même qu'elle passe par les autres sommets du polygone; donc le
polygone peut être inscrit dans un cercle.

Je dis maintenant que ce même polygone peut être circonscrit
à un autre cercle; en effet, les côtés AB, BC, CD, etc., sont des
cordes égales de la circonférence circonscrite au polygone; donc
elles sont également distantes du centre (**116**); par conséquent, si
du centre O nous abaissons des perpendiculaires telles que OI sur
tous les côtés du polygone, ces perpendiculaires sont égales; donc
enfin la circonférence décrite du point O comme centre avec OI pour
rayon touche tous les côtés du polygone en leurs milieux; elle est
inscrite dans ce polygone.

314. Corollaires. — On appelle *centre* d'un polygone régulier le
centre commun des circonférences circonscrite et inscrite à ce polygone.

Le rayon de la circonférence circonscrite au polygone se nomme
le *rayon* du polygone et le rayon de la circonférence inscrite s'appelle l'*apothème* du polygone.

On appelle *angle au centre* d'un polygone régulier l'angle de
deux rayons consécutifs; si n est le nombre des côtés du polygone,
l'angle au centre a pour valeur $\dfrac{4\,\mathrm{dr.}}{n}$.

La somme des angles intérieurs du polygone étant égale à
$(2n - 4)$ angles droits (**80**), chacun d'eux vaut $\dfrac{2n - 4}{n}$ dr. ou

$2\,dr. - \dfrac{4\,dr.}{n}$; l'angle intérieur du polygone régulier est donc le supplément de son angle au centre.

315. Remarque. — *On peut toujours circonscrire et inscrire un arc de cercle à une ligne brisée régulière.* La démonstration est la même que pour un polygone régulier.

316. Théorème. — *Deux polygones réguliers d'un même nombre de côtés sont semblables, et le rapport de leurs périmètres est le même que celui de leurs rayons ou de leurs apothèmes.*

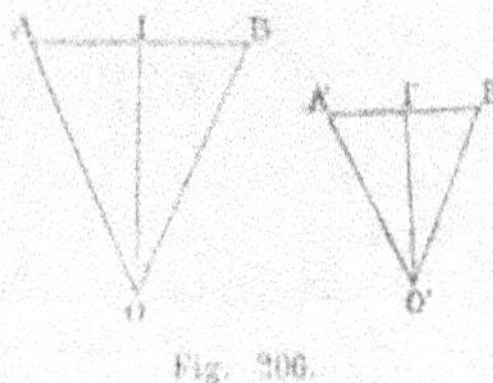
Fig. 306.

Les deux polygones, ayant le même nombre de côtés, sont équiangles, puisque la valeur de l'angle d'un polygone régulier ne dépend que du nombre de ses côtés. De plus, les côtés des deux polygones sont proportionnels, puisque dans chacun d'eux ils sont tous égaux. Donc les polygones sont semblables.

Cela posé, soient AB et A'B' deux côtés des deux polygones réguliers semblables, O et O' leurs centres ; je mène les rayons OA, OB, O'A', O'B' et les apothèmes OI, O'I'. Les triangles OAI, O'A'I' sont rectangles, et leurs angles AOI, A'O'I' sont égaux, comme moitiés d'angles au centre égaux ; ces deux triangles sont donc semblables (**209**), et l'on a

$$\frac{AI}{A'I'} = \frac{OA}{O'A'} = \frac{OI}{O'I'}.$$

D'ailleurs AI et A'I' sont les moitiés des côtés AB et A'B' ; donc le rapport $\dfrac{AI}{A'I'}$ est égal au rapport $\dfrac{AB}{A'B'}$, et, par suite, au rapport des périmètres P et P' des deux polygones (**218**) ; donc enfin,

$$\frac{P}{P'} = \frac{OA}{O'A'} = \frac{OI}{O'I'}. \qquad \text{C. Q. F. D.}$$

317. Définition des polygones réguliers étoilés. — Considérons une circonférence divisée en n parties égales, et soit p un nombre plus petit que n et premier avec ce nombre ; si l'on joint les points de division de p en p à partir de l'un d'eux, on sera obligé de passer par tous les points de division avant de revenir au premier. En effet, supposons qu'après avoir inscrit à la suite les unes des autres h cordes sous-tendant chacune p divisions de la circonférence, on retombe au point de départ : la somme des arcs sous-tendus, qui est égale à hp divisions, sera en même temps un multiple de la circonférence entière, laquelle contient n divisions ; hp sera donc un multiple de n. Mais, p étant premier avec n, hp ne peut être un multiple de n que si h est lui-même un multiple de n (voy. l'*Arithmétique*) ; la plus petite valeur que puisse recevoir h est donc n. Les n cordes ainsi menées formeront un polygone non convexe, qui aura d'ailleurs tous ses côtés égaux et tous ses angles égaux ; on lui donne le nom de *polygone régulier étoilé* ; il a n côtés, n sommets et n angles. Si l'on joint deux sommets consécutifs au centre du cercle, l'angle de ces deux rayons, que nous appellerons *l'angle au centre* du polygone, aura pour mesure un arc égal à p fois le n^e de la circonférence ; son rapport à l'angle droit sera donc

$$\frac{4p}{n}.$$

On retrouverait le même polygone, si, prenant le même point de départ, mais parcourant la circonférence en sens inverse, on joignait les points de division de $n - p$ en $n - p$.

On verrait facilement, d'autre part, que, si n et p avaient un plus grand commun diviseur d, on retomberait au point de départ après avoir inscrit $\frac{n}{d}$ cordes ; le polygone obtenu n'aurait que $\frac{n}{d}$ côtés.

Il résulte de ces considérations qu'il y a autant de polygones réguliers étoilés différents de n côtés qu'il y a de nombres premiers avec n et inférieurs à sa moitié. Ainsi, il n'y a pas de polygone régulier étoilé ayant 3, 4 ou 6 côtés ; mais il y a un pentagone

Fig. 207.

régulier étoilé, qu'on obtient en divisant la circonférence en 5 parties égales et joignant les points de division de 2 en 2 ; la figure 207 représente le pentagone convexe ACEGI, et le pentagone étoilé AEICG inscrits dans le même cercle. Il y a un décagone régulier étoilé, et un seul ; on l'obtient en divisant la circonférence en 10 parties égales, et joignant les points de

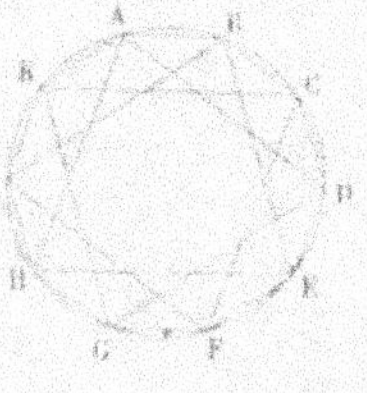

Fig. 208.

division de 3 en 3 ; sur la figure 208, on voit le décagone convexe ABCDEFGHIK et le décagone étoilé ADGKCFIBEH inscrits dans le même cercle. On verrait de même qu'il y a deux heptagones réguliers étoilés, un seul octogone régulier étoilé, et ainsi de suite.

§ XXII. — PROBLÈMES SUR LES POLYGONES RÉGULIERS.

318. Problème. — *Inscrire un carré dans un cercle donné* (fig. 209).

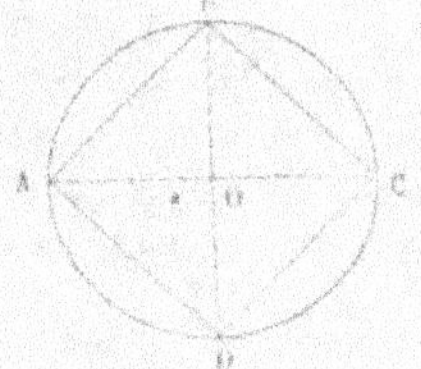
Fig. 209.

Je mène dans le cercle deux diamètres perpendiculaires AC, BD et je joins leurs extrémités; ABCD est un carré; car les diamètres perpendiculaires divisent la circonférence en quatre parties égales; et, par suite, le polygone ABCD est régulier (**309**).

319. Corollaire. — Dans le triangle rectangle AOB, on a (**223**)

$$\overline{AB}^2 = \overline{OA}^2 + \overline{OB}^2 = 2\,\overline{OA}^2;$$

d'où

$$AB = OA\sqrt{2}, \qquad \text{ou} \qquad \frac{AB}{OA} = \sqrt{2};$$

donc *le côté du carré inscrit dans un cercle est incommensurable avec le rayon de ce cercle*; le rapport de ces deux lignes est égal à $\sqrt{2}$ (**133**).

320. Remarque. — En divisant en deux parties égales chacun des arcs AB, BC, CD, DA, on partagerait la circonférence en 8 parties égales, et on obtiendrait l'octogone régulier inscrit. On déduirait de même de l'octogone régulier le polygone régulier de 16 côtés, et ainsi de suite; donc on sait inscrire dans le cercle les polygones réguliers de 4, 8, 16, 52, etc., et, en général, de 2^n côtés.

321. Problème. — *Inscrire dans un cercle un hexagone régulier et un triangle équilatéral* (fig. 210).

Soit AB le côté de l'hexagone régulier inscrit dans le cercle O; l'angle au centre AOB est égal à $\frac{4}{6}$ ou $\frac{2}{3}$ de droit (**314**); la somme des deux angles OAB, OBA vaut alors 2 dr. $-\frac{2}{3}$ dr. $=\frac{4}{3}$ dr.; or ces angles sont égaux, puisque OA = OB; donc chacun d'eux vaut $\frac{2}{3}$ dr., et par suite le triangle OAB a ses trois angles égaux; donc il est équilatéral (**43**); donc AB est égal au rayon.

Alors, pour inscrire un hexagone régulier dans un cercle, il suffit d'y inscrire à la suite l'une de l'autre six cordes égales au rayon.

En joignant ensuite de deux en deux les sommets de l'hexagone régulier ABCDEF, on aura le triangle équilatéral inscrit ACE.

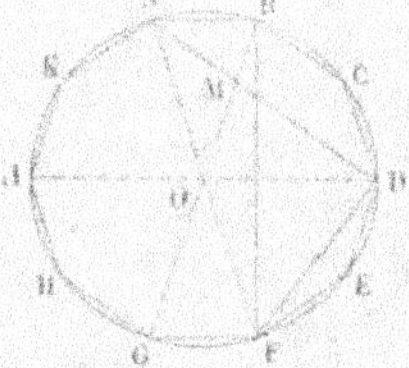

Fig. 210.

Remarque. — En divisant successivement en 2, 4, 8, 16... parties égales chacun des arcs sous-tendus par les côtés de l'hexagone, on inscrira les polygones réguliers de 12, 24, 48, 96..., et, en général, de 3×2^n côtés.

322. Corollaire. — Menons le diamètre AD; le triangle rectangle ACD donne

$$\overline{AC}^2 = \overline{AD}^2 - \overline{CD}^2 ;$$

or CD, côté de l'hexagone régulier inscrit, est égal au rayon, que nous désignerons par R, et AD est égal à 2R; donc

$$\overline{AC}^2 = 4R^2 - R^2 = 3R^2,$$

d'où

$$AC = R\sqrt{3}.$$

Le côté du triangle équilatéral inscrit dans un cercle est égal au rayon multiplié par $\sqrt{3}$; d'où il résulte que ce côté est incommensurable avec le rayon.

323. Problème. — *Inscrire dans un cercle un décagone et un pentagone réguliers* (fig. 211).

Supposons le problème résolu, et soit ABCDEFGHIK le décagone régulier inscrit. Joignons OA, OB et menons la bissectrice AM de l'angle OAB. L'angle au centre AOB du décagone régulier vaut $\frac{4}{10}$ ou $\frac{2}{5}$ d'angle droit; par suite, la somme des angles OAB et OBA vaut 2 dr. $- \frac{2\,dr.}{5}$ ou $\frac{8}{5}$ de droit, et comme ils sont

égaux, puisque le triangle OAB est isocèle, chacun d'eux vaut

$\frac{4}{5}$ de droit. Il en résulte que l'angle OAM, moitié de l'angle OAB,

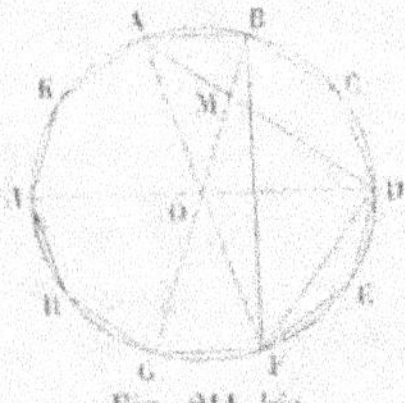

Fig. 211 *bis*.

vaut $\frac{2}{5}$ de droit, et, par conséquent, est égal à l'angle AOM ; donc le triangle AOM est isocèle, et OM = AM. D'autre part, dans le triangle ABM, l'angle MAB, moitié de l'angle AOB, vaut $\frac{2}{5}$ de droit, et l'angle MBA vaut $\frac{4}{5}$ de droit ; le troi-

sième angle AMB vaut $2\,dr. - \frac{2\,dr.}{5} - \frac{4\,dr.}{5} = \frac{4\,dr.}{5}$; il est donc égal à l'angle MBA, le triangle ABM est isocèle, et AB = AM. En rapprochant cette égalité de la précédente, on voit qu'on a

$$AB = AM = OM.$$

Cela posé, la propriété connue de la bissectrice de l'angle d'un triangle (**199**) nous donne la proportion

$$\frac{OM}{BM} = \frac{OA}{AB},$$

ou, en remplaçant OA par OB et AB par la longueur égale OM,

$$\frac{OM}{BM} = \frac{OB}{OM},$$

d'où

$$\overline{OM}^2 = OB \times BM,$$

ce qui prouve que OM est le plus grand segment additif du rayon OB divisé en moyenne et extrême raison (**304**), et comme OM = AB, nous arrivons à cet énoncé :

Le côté du décagone régulier inscrit dans un cercle est égal au plus grand segment additif du rayon divisé en moyenne et extrême raison.

Pour inscrire le décagone régulier, on divisera donc le rayon en moyenne et extrême raison, et on inscrira à la suite l'une de l'autre dans la circonférence dix cordes égales au plus grand segment additif.

Quand on aura construit le décagone régulier inscrit dans le cercle, on aura le pentagone régulier en joignant de deux en deux les sommet du décagone.

Remarque. — En divisant en 2, 4, 8, 16, ... parties égales chaeun des arcs sous-tendus par les côtés du décagone, on inscrira les polygones réguliers de 20, 40, 80, ... et, en général, de 5×2^n côtés.

324. COROLLAIRES. — Si l'on désigne par R le rayon du cercle, la valeur du côté du décagone régulier inscrit sera (**305**)

$$\frac{R}{2}\left(\sqrt{5}-1\right);$$

cette valeur est incommensurable, comme celles du côté du carré et du côté du triangle équilatéral inscrits.

* Cherchons la valeur du côté du décagone régulier étoilé. On sait qu'on obtient ce polygone en joignant de trois en trois les sommets du décagone régulier convexe (**317**); AD est donc le côté du décagone étoilé. Pour le calculer, je remarque que le rayon AO prolongé passe par le sommet F du décagone et que le point D est le milieu de l'arc BDF; il en résulte que la droite AD est la bissectrice de BAF, et par suite qu'elle contient le point M. On a donc

$$AD = AM + MD.$$

Mais l'angle AMB est égal, comme nous l'avons vu, à $\frac{4}{5}$ de droit, il en est de même de l'angle OMD qui lui est opposé par le sommet l'angle au centre MOD a pour mesure l'arc BD ou $\frac{1}{5}$ de la circonfé-rence, il vaut donc aussi $\frac{4}{5}$ de droit; par conséquent, les angles OMD et MOD sont égaux, le triangle OMD est isocèle, et MD $=$ OD $=$ R. D'ailleurs

$$AM = AB = \frac{R}{2}\left(\sqrt{5}-1\right);$$

donc

$$AD = \frac{R}{2}\left(\sqrt{5}-1\right)+R = \frac{R}{2}\left(\sqrt{5}+1\right);$$

ce qui montre que *le côté du décagone régulier étoilé est égal au plus petit segment soustractif du rayon divisé en moyenne et extrême rai-son* (**305**).

Si nous joignons DF, nous aurons le côté du pentagone régulier convexe. Le triangle rectangle ADF donne

$$\overline{DF}^2 = \overline{AF}^2 - \overline{AD}^2 = 4R^2 - \frac{R^2}{4}\left(\sqrt{5}+1\right)^2 = \frac{R^2}{4}\left(10-2\sqrt{5}\right);$$

d'où

$$DF = \frac{R}{2} \sqrt{10 - 2\sqrt{5}}.$$

Enfin, on aura le côté du pentagone régulier étoilé en joignant BF ; le triangle rectangle ABF donne alors

$$\overline{BF}^2 = \overline{AF}^2 - \overline{AB}^2 = 4R^2 - \frac{R^2}{4}(\sqrt{5}-1)^2 = \frac{R^2}{4}(10 + 2\sqrt{5}) ;$$

d'où

$$BF = \frac{R}{2} \sqrt{10 + 2\sqrt{5}}.$$

A l'aide de ces formules, on vérifie aisément les deux propositions suivantes, qu'on peut d'ailleurs démontrer directement :

Le côté du pentagone régulier convexe inscrit dans un cercle est égal à l'hypoténuse d'un triangle rectangle dont les côtés de l'angle droit seraient le rayon et le côté du décagone régulier convexe inscrit dans le même cercle.

Le côté du pentagone régulier étoilé inscrit dans un cercle est égal à l'hypoténuse d'un triangle rectangle dont les côtés de l'angle droit seraient le rayon et le côté du décagone régulier étoilé inscrit dans le même cercle.

325. Problème. — *Inscrire un pentédécagone régulier dans un cercle* (fig. 212).

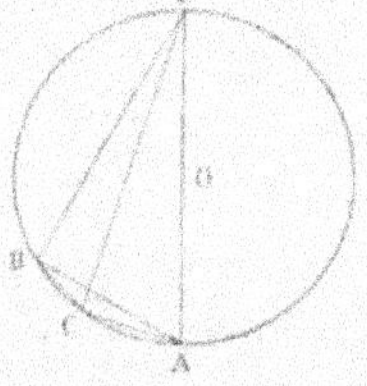
Fig. 212.

Inscrivons dans la circonférence, à partir d'un même point A, et dans le même sens, deux cordes, l'une AB, égale au côté de l'hexagone régulier, l'autre AC, égale au côté du décagone régulier ; l'arc BC vaudra $\frac{1}{6} - \frac{1}{10}$ ou $\frac{1}{15}$ de la circonférence ; donc la corde BC sera le côté du pentédécagone régulier inscrit.

Du pentédécagone on déduira les polygones de 30, 60, 120, ... et, en général, de $5 \times 5 \times 2^n$ côtés.

326. Corollaire. — Pour avoir l'expression du côté du pentédécagone régulier en fonction du rayon, je mène le diamètre AD, et je joins DB et DC. Dans le quadrilatère ACBD inscrit, AC est le côté du décagone régulier, BD est le côté du triangle équilatéral, AB est le côté de l'hexagone régulier, et CD est le côté du pentagone régulier étoilé ; mais le théorème de Ptolémée (**239**) donne la relation

$$BC \times AD + AC \times BD = AB \times CD,$$

ou, en remplaçant toutes les lignes connues par leurs valeurs en fonction du rayon,

$$2R \times BC + R^2 \sqrt{5} \cdot \frac{\sqrt{5} - 1}{2} = \frac{R^2}{2} \sqrt{10 + 2\sqrt{5}},$$

d'où

$$BC = \frac{R}{4} \left(\sqrt{10 + 2\sqrt{5}} + \sqrt{5} - \sqrt{15} \right).$$

Il existe trois pentédécagones étoilés, qu'on obtient en joignant de 2 en 2, de 4 en 4 et de 7 en 7 les sommets du pentédécagone convexe ; les valeurs des côtés de ces polygones sont compliquées et n'offrent aucun intérêt.

227. Remarque générale. — Nous avons appris, dans les problèmes qui précèdent, à inscrire dans le cercle, en nous servant seulement *de la règle et du compas*, tous les polygones réguliers dont le nombre des côtés rentre dans l'une des formules

$$2^n, \quad 3 \times 2^n, \quad 5 \times 2^n, \quad 3 \times 5 \times 2^n.$$

Ce ne sont pas les seuls que l'on puisse construire avec la règle et le compas ; Gauss a démontré qu'on pouvait inscrire géométriquement le polygone régulier de 17 côtés et, plus généralement, tout polygone régulier pour lequel le nombre des côtés est un nombre premier de la forme $2^n + 1$, ou le produit de plusieurs nombres premiers de la même forme. Mais les constructions sont extrêmement compliquées et ne sauraient être exposées dans un ouvrage élémentaire.

On peut avoir besoin de construire un polygone régulier d'un nombre de côtés donné, connaissant le côté. Pour résoudre cette question en général, on inscrit d'abord dans un cercle de rayon arbitraire un polygone régulier ayant le même nombre de côtés que le polygone cherché, et on est alors ramené à construire sur le côté donné un polygone semblable à celui qu'on a inscrit dans le cercle. Dans le cas du carré, du triangle équilatéral et de l'hexagone régulier, on peut résoudre le problème directement d'une manière plus simple.

328. Problème. — *Connaissant le côté d'un polygone régulier inscrit, calculer le côté d'un polygone régulier inscrit d'un nombre de côtés double.*

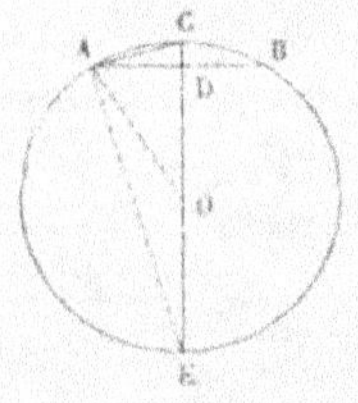

Fig. 215.

Soit AB (fig. 215) le côté donné, que je désigne par a, et R le rayon du cercle. Je mène le diamètre CE perpendiculaire à AB ; le point C est le milieu de l'arc AB, et par conséquent AC est le côté cherché ; je le désignerai par b.

Dans le demi-cercle CAE, la corde AC est moyenne proportionnelle entre le diamètre CE et sa projection CD sur ce diamètre (**221**, 1°) ; on a donc

$$b^2 = 2\text{R} \times \text{CD} = 2\text{R}\,(\text{R} - \text{OD}).$$

Mais, dans le triangle rectangle OAD,

$$\text{OD} = \sqrt{\overline{\text{OA}}^2 - \overline{\text{AD}}^2} = \sqrt{\text{R}^2 - \frac{a^2}{4}} ;$$

donc enfin

$$b^2 = 2\text{R}\left(\text{R} - \sqrt{\text{R}^2 - \frac{a^2}{4}}\right) = \text{R}\left(2\text{R} - \sqrt{4\,\text{R}^2 - a^2}\right)$$

ou

$$b = \sqrt{\text{R}\left(2\,\text{R} - \sqrt{4\,\text{R}^2 - a^2}\right)}.$$

APPLICATIONS. — I. Calculer le côté de l'octogone régulier inscrit dans le cercle de rayon R.

Il suffit de remplacer dans la formule précédente a par la valeur du côté du carré inscrit dans le cercle, c'est-à-dire par R $\sqrt{2}$; on a ainsi

$$b = \sqrt{\text{R}\left(2\text{R} - \sqrt{2\,\text{R}^2}\right)} = \text{R}\sqrt{2 - \sqrt{2}}.$$

II. Calculer le côté du dodécagone régulier inscrit dans le cercle de rayon R.

Le côté de l'hexagone régulier étant égal au rayon, il suffit de remplacer a par R dans la formule précédente, ce qui donne

$$b = \sqrt{\text{R}\left(2\text{R} - \sqrt{3\text{R}^2}\right)} = \text{R}\sqrt{2 - \sqrt{3}}.$$

329. COROLLAIRE. — On peut déduire de la formule précédente la solution du problème inverse.

Connaissant le côté b *d'un polygone régulier inscrit d'un nombre pair de côtés, calculer le côté* a *du polygone régulier inscrit qui a deux fois moins de côtés.*

Il suffit de résoudre la formule par rapport à a ; on trouve

$$a = \frac{b}{R}\sqrt{4R^2 - b^2}.$$

APPLICATION. — Calculer le côté du pentagone régulier inscrit dans le cercle de rayon R.

Il faut remplacer, dans la formule précédente, b par la valeur du côté du décagone régulier inscrit, c'est-à-dire par $\frac{R}{2}\left(\sqrt{5}-1\right)$;   on a ainsi

$$a = \frac{\sqrt{5}-1}{2}\sqrt{4R^2 - \frac{R^2}{4}\left(\sqrt{5}-1\right)^2} = \frac{R}{4}\left(\sqrt{5}-1\right)\sqrt{10+2\sqrt{5}} ;$$

si l'on fait passer le facteur $\left(\sqrt{5}-1\right)$ sous le radical, il vient, toutes réductions faites,

$$a = \frac{R}{2}\sqrt{10-2\sqrt{5}},$$

valeur que nous avons déjà trouvée par une autre méthode (**321**).

330. REMARQUE. — Les deux formules que nous venons d'établir s'appliqueraient encore à des cordes a et b qui ne seraient pas les côtés de deux polygones réguliers, pourvu que l'arc sous-tendu par la première fût double de l'arc sous-tendu par la seconde ; car nous n'avons pas fait d'autre hypothèse dans la démonstration.

331. Problème. — *Connaissant le côté d'un polygone régulier inscrit, calculer le côté du polygone régulier circonscrit semblable.*

Soit $AB = a$ le côté du polygone régulier inscrit (fig. 214) et R le rayon ; si, par le milieu C de l'arc AB, on mène une tangente, la portion A'B' de cette tangente comprise entre les rayons OA et OB prolongés sera le côté du polygone régulier circonscrit semblable ; je le désigne par A.

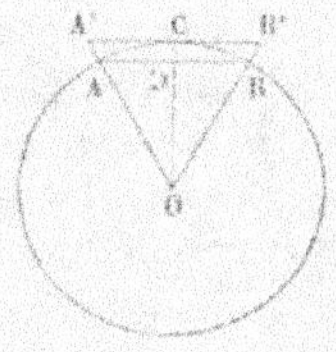
Fig. 214.

Le rapport de similitude des deux polygones est égal au rapport de leurs apothèmes (**316**) ; on a donc

$$\frac{A'B'}{AB} = \frac{OG}{OD},$$

ou

$$\frac{A}{a} = \frac{R}{OD};$$

mais le triangle rectangle AOD donne

$$OD = \sqrt{\overline{OA}^2 - \overline{AD}^2} = \sqrt{R^2 - \frac{a^2}{4}};$$

donc enfin

$$A = \frac{a\,R}{\sqrt{R^2 - \dfrac{a^2}{4}}} = \frac{2\,a\,R}{\sqrt{4R^2 - a^2}}.$$

APPLICATION. — Calculer le côté du triangle équilatéral circonscrit au cercle de rayon R.

Il faut, dans la formule précédente, remplacer a par la valeur du côté du triangle équilatéral inscrit, c'est-à-dire par $R\sqrt{3}$; on a ainsi

$$A = \frac{2\,R^2\,\sqrt{3}}{R} = 2R\sqrt{3} = 2a;$$

ce qui montre que le côté du triangle équilatéral circonscrit à un cercle est double du côté du triangle équilatéral inscrit.

332. Problème. — *Étant donnés le rayon et l'apothème d'un polygone régulier, calculer le rayon et l'apothème d'un polygone régulier isopérimètre d'un nombre de côtés double.*

On dit que deux polygones sont *isopérimètres*, lorsque leurs périmètres ont la même longueur.

Soit AB (fig. 215) le côté d'un polygone régulier, OA son rayon, que je désigne par r, et OD son apothème, que je désigne par a. Pour construire le rayon et l'apothème du polygone régulier isopérimètre d'un nombre double de côtés, je remarque que le côté de ce nouveau polygone est évidemment la moitié du côté du premier, et que l'angle au centre du nouveau polygone est aussi la moitié de l'angle au centre du premier. Si donc on construit un triangle isocèle dont la base soit égale à la moitié de AB et dont

l'angle au sommet soit la moitié de AOB, le rayon du nouveau polygone sera le côté de ce triangle, et son apothème sera la hauteur
du triangle. Pour avoir ce triangle, je dé-
cris le cercle circonscrit au polygone donné,
et je joins le milieu C de l'arc AB aux
deux extrémités de cet arc ; puis j'abaisse
du centre O des perpendiculaires OA' et
OB' sur CA et sur CB, et je joins A'B'. Le
triangle OA'B' satisfait à la question ; en
effet, les cordes égales CA et CB sont également distantes du centre ; donc OA' = OB'
et le triangle est isocèle ; de plus, la ligne

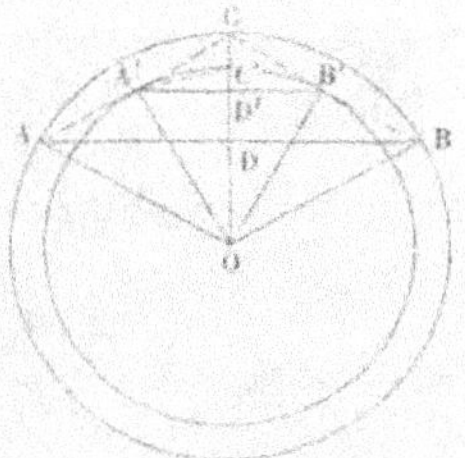

Fig. 215.

A'B', qui joint les milieux des côtés CA et CB du triangle CAB, est
égale à la moitié de AB ; enfin, l'angle A'OC est la moitié de l'angle
AOC et l'angle B'OC est la moitié de l'angle BOC ; donc l'angle A'OB'
est la moitié de l'angle AOB. Il résulte de là que OA' est le rayon
et que OD' est l'apothème du nouveau polygone ; je désignerai leurs
longueurs par r' et a'.

Les points A' et B' étant les milieux des droites CA et CB, le point
D' est le milieu de CD ; on a d'ailleurs sur la figure

$$OC = OD' + CD',$$
$$OD = OD' - DD';$$

ajoutons membre à membre, et remarquons que CD' = DD' ; il
vient

$$OC + OD = 2 OD',$$

d'où

$$OD' = \frac{OC + OD}{2}, \qquad a' = \frac{r + a}{2}. \qquad [1]$$

Dans le triangle rectangle OA'C, le côté OA' est moyen proportionnel entre l'hypoténuse OC et le segment OD' ; on a donc

$$\overline{OA'}^2 = OC \times OD', \qquad r'^2 = ra',$$

ou, en extrayant la racine carrée des deux membres,

$$r' = \sqrt{ra'}. \qquad [2]$$

Ces formules s'énoncent ainsi :

*Le nouvel apothème est la moyenne arithmétique entre l'ancien
rayon et l'ancien apothème.*

Le nouveau rayon est la moyenne géométrique entre l'ancien rayon et le nouvel apothème.

333. Remarque. — On voit, sur la figure, que l'apothème OD' du nouveau polygone est plus grand que l'apothème OD du premier, et qu'au contraire le nouveau rayon OA' est plus petit que l'ancien OA. Il en résulte évidemment que la différence $r' - a'$ est plus petite que la différence $r - a$; on peut même faire voir que la différence $r' - a'$ est moindre que le quart de $r - a$. En effet, du point O comme centre, avec OA' comme rayon, décrivons une circonférence, qui rencontre OG au point C'; alors C'D' est égal à $r' - a'$ et CD à $r - a$. Joignons A'C'; les deux angles CA'C' et C'A'D' ont pour mesure : le premier, la moitié de l'arc A'C'; le second, la moitié de l'arc C'B'; ils sont donc égaux, et la ligne A'C' est la bissectrice de l'angle CAD'; par suite (**199**), le rapport de C'D' à CC' est égal au rapport de A'D' à A'C; et comme la perpendiculaire A'D' est plus courte que l'oblique A'C, C'D' est moindre que CC', ou, ce qui revient au même, C'D' est moindre que la moitié de CD',

$$C'D' < \frac{CD'}{2};$$

mais CD' est la moitié de CD; donc enfin

$$C'D' < \frac{CD}{4}, \quad \text{ou} \quad r' - a' < \frac{r - a}{4}.$$

§ XXIII. — Mesure de la circonférence.

334. **Définition.** — Nous savons trouver le rapport des longueurs de deux droites limitées, en portant sur chacune d'elles autant de fois que possible une autre droite convenablement choisie, qui est leur commune mesure ; cette opération n'offre aucune difficulté, parce que deux lignes droites sont exactement applicables l'une sur l'autre. On peut comparer de la même manière deux arcs de cercle de même rayon, et trouver leur rapport. Mais cette méthode ne peut plus être employée quand on veut comparer un arc de cercle à une ligne droite; car un arc de cercle, quelque petit qu'on le suppose, ne peut pas être appliqué sur une ligne droite de manière à coïncider avec elle. Il est donc nécessaire de définir d'une façon précise ce qu'il faut entendre par le mot de *longueur*, quand on l'applique à un arc de cercle ou à la circonférence entière ; voici les définitions adoptées :

La longueur d'un arc de cercle est la limite vers laquelle tend le périmètre d'une ligne brisée régulière inscrite, lorsque le nombre des côtés de cette ligne brisée augmente indéfiniment.

La longueur d'une circonférence est la limite vers laquelle tend le périmètre d'un polygone régulier inscrit, lorsque le nombre des côtés de ce polygone augmente indéfiniment.

335. Toutefois cette définition n'est légitime que si la limite en question existe, et si elle a une valeur unique et déterminée, quelle que soit la loi d'accroissement du nombre des côtés du polygone régulier ou de la ligne brisée régulière. Nous allons établir cette proposition pour la circonférence entière, mais en supposant que le nombre des côtés des polygones inscrits aille toujours en doublant, c'est-à-dire pour une loi d'accroissement tout à fait particulière. La démonstration serait d'ailleurs la même pour un arc de cercle ; il suffirait de substituer partout des lignes brisées régulières aux polygones réguliers. Nous diviserons cette démonstration en plusieurs parties.

1° Lorsqu'on double le nombre des côtés d'un polygone régulier inscrit dans un cercle, le périmètre du nouveau polygone est plus grand que le périmètre du premier. En effet, si, après avoir inscrit dans le cercle un premier polygone régulier, on prend le milieu de chacun des arcs sous-tendus par les côtés, et qu'on le joigne aux deux sommets voisins, on obtiendra un nouveau polygone inscrit ayant un nombre de côtés double, et le périmètre aura augmenté, puisque chaque côté AB du premier polygone sera remplacé par une ligne brisée ACB terminée aux mêmes extrémités (fig. 216). Si l'on doublait de même le nombre des côtés du nouveau polygone, on augmenterait encore le périmètre, et ainsi de suite.

2° Le périmètre d'un polygone régulier inscrit est moindre que le périmètre d'un polygone régulier circonscrit quelconque ; car le périmètre d'un polygone convexe est moindre que toute ligne brisée qui l'enveloppe (**73**).

3° Lorsque, en partant d'un polygone régulier inscrit quelconque, on inscrit successivement les polygones réguliers qui ont un nombre de côtés double, quadruple, etc., en doublant toujours, les périmètres de ces polygones réguliers tendent vers une limite. Car ils vont toujours en croissant, mais en restant constamment inférieurs au périmètre d'un polygone circonscrit arbitrairement choisi ; ils se rapprochent donc de plus en plus d'une valeur fixe, dont ils peuvent d'ailleurs différer aussi peu qu'on voudra, mais sans jamais l'atteindre ; en d'autres termes, ils tendent vers une limite déterminée. Il reste à faire voir que cette limite est toujours la même, quel que soit le polygone régulier que l'on choisisse pour point de départ ; nous y arriverons en considérant les polygones réguliers circonscrits.

4° Lorsqu'on double le nombre des côtés d'un polygone régulier circonscrit à un cercle, le périmètre du nouveau polygone est moindre que le périmètre du premier. En effet, pour passer du premier périmètre au second, il faut remplacer à chaque sommet une ligne brisée, telle que EA'F, par une ligne droite EF terminée aux mêmes extrémités (fig. 216).

5° Si l'on circonscrit à un cercle une suite indéfinie de polygones réguliers ayant n, $2n$, $4n$.... côtés, les périmètres de ces polygones réguliers tendent vers une limite déterminée. En effet, ces périmètres vont constamment en décroissant, mais en restant toujours supérieurs au périmètre d'un polygone inscrit quelconque ; donc ils se rapprochent de plus en plus d'une valeur fixe bien déterminée, qu'ils ne peuvent atteindre, mais dont ils peuvent différer aussi peu qu'on voudra, c'est-à-dire qu'ils tendent vers une limite.

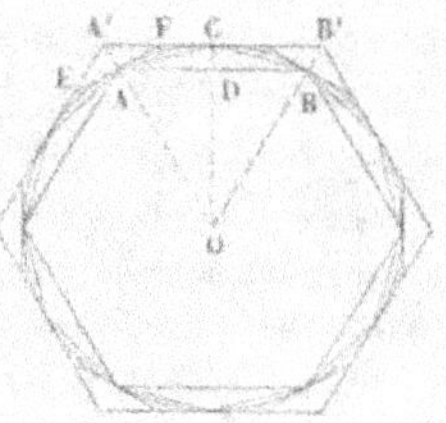

Fig. 216.

6° La limite vers laquelle tendent les périmètres des polygones inscrits successifs de n, $2n$, $4n$,.... côtés est égale à la limite vers laquelle tendent les périmètres des polygones réguliers circonscrits semblables. En effet, soient AB le côté d'un polygone régulier inscrit, et A'B' le côté du polygone circonscrit semblable (fig. 216) et soient p et P les périmètres de ces deux polygones ; on a (**316**)

$$\frac{P}{p} = \frac{OC}{OD},$$

d'où

$$\frac{P-p}{P} = \frac{OC-OD}{OC} = \frac{CD}{OC}.$$

Supposons maintenant qu'on double indéfiniment le nombre des côtés des deux polygones, P tendra vers une limite que je désigne par L ; CD tendra vers zéro, car cette ligne est plus petite que CA, qui

tend évidemment vers zéro; le rayon OC reste fixe; donc $P - p$ aura
pour limite zéro; c'est-à-dire que

$$\lim. \; P = \lim. \; p = L. \qquad\qquad \text{c. q. f. d.}$$

7° Considérons enfin deux séries différentes de polygones réguliers
inscrits et circonscrits; soient P et p les périmètres de deux polygones semblables de la première série, l'un circonscrit, l'autre inscrit, et soit L la limite commune vers laquelle tendent P et p quand on
double indéfiniment le nombre des côtés; enfin soient P', p' et L' les
quantités analogues dans la seconde série de polygones; je dis que
L = L'. En effet, p est inférieur à P' (3°); donc la limite de p est inférieure ou au plus égale à la limite de P', c'est-à-dire que L ne peut
pas surpasser L'; de même, p' est moindre que P; donc la limite de
p' est au plus égale à la limite de P; en d'autres termes, L' ne peut
pas surpasser L. Les quantités L et L', dont aucune ne peut surpasser l'autre, sont nécessairement égales.   c. q. f. d.

336. Théorème. — *Le rapport de deux circonférences est égal au
rapport de leurs rayons.*

Si dans les deux circonférences O et O' (fig. 217) nous inscrivons
deux polygones réguliers d'un
même nombre de côtés, le rapport de leurs périmètres sera égal
au rapport des rayons OA et O'A'
(**316**), et cela est vrai quelque
grand que soit le nombre des
côtés. Or, quand on augmente indéfiniment le nombre des côtés
des deux polygones, leurs péri-

Fig. 217.

mètres ont pour limites respectives les longueurs des deux circonférences; donc le rapport des deux circonférences est égal au rapport
des rayons.

337. Corollaire I. — *Le rapport de la circonférence au diamètre
est un nombre constant.*

Désignons par C et C' les longueurs de deux circonférences dont
les rayons sont R et R'; on aura, d'après le théorème précédent,

$$\frac{C}{C'} = \frac{R}{R'},$$

en doublant les deux termes du second rapport, ce qui n'en change pas la valeur, on obtient

$$\frac{C}{C'} = \frac{2R}{2R'},$$

ou, en changeant les moyens de place,

$$\frac{C}{2R} = \frac{C'}{2R'};$$

ainsi le rapport d'une première circonférence à son diamètre est égal au rapport d'une autre circonférence à son diamètre; en d'autres termes, le rapport d'une circonférence à son diamètre est un nombre constant, quelle que soit la circonférence. c. q. f. d.

Désignons par la lettre grecque π ce rapport constant; on aura alors

$$\frac{C}{2R} = \pi;$$

d'où l'on tire les deux formules

$$C = 2\pi R, \qquad R = \frac{C}{2\pi} = \frac{C}{2} \times \frac{1}{\pi},$$

qui servent à calculer la longueur d'une circonférence dont on connaît le rayon, ou, inversement, le rayon d'une circonférence de longueur donnée. Il faut pour cela connaître le nombre π; on démontre que π est incommensurable : sa valeur approchée en décimales est

$$\pi = 3,1415926535897932384\ldots$$

Archimède avait trouvé pour ce nombre la valeur approchée très simple $\frac{22}{7}$, qui surpasse π de moins d'un demi-centième; un mathématicien hollandais, Adrien Métius, donna plus tard la valeur beaucoup plus approchée, $\frac{355}{113}$, fautive de moins d'un demi-millionième par excès. Mais, dans les applications, on préfère employer une valeur approchée en décimales, en prenant un nombre plus ou moins grand de chiffres décimaux, suivant le degré d'approximation dont on a besoin dans la question : dans un grand nombre de cas, on peut prendre $\pi = 3,1416$; cette valeur surpasse π de moins d'un cent-millième.

Il est utile aussi de connaître la valeur de $\dfrac{1}{\pi}$; la voici :

$$\frac{1}{\pi} = 0.318309\,886\,183\,790\ldots$$

APPLICATIONS. — I. Calculer la longueur d'une circonférence dont le rayon est égal à $56^m,45$.

On a

$$C = 56^m,45 \times 2 \times \pi = 112^m,90 \times \pi = 354^m,686,$$

à $0^m,001$ près.

II. La circonférence d'un bassin circulaire, mesurée avec une corde, a été trouvée de $34^m,62$; quel est le rayon de ce bassin ?

On a

$$R = \frac{C}{2} \times \frac{1}{\pi} = 17^m,31 \times \frac{1}{\pi}$$
$$= 17^m,31 \times 0,31830988\ldots = 5^m,510,$$

à $0^m,001$ près.

III. Calculer le rayon d'un méridien terrestre, sachant que la circonférence de ce méridien est égale à $40\,000\,000$ mètres.

La demi-circonférence vaut alors $20\,000\,000$ mètres, et, par suite, le rayon est donné par la formule

$$R = 20000000^m \times \frac{1}{\pi} = 6366198^m,$$

à moins d'un mètre par excès.

338. COROLLAIRE II. — La longueur d'un arc de cercle se déduit facilement de celle de la circonférence. Soit R le rayon de l'arc, n le nombre de degrés de cet arc, l sa longueur et C la longueur de la circonférence entière ; il est évident que le rapport de l'arc à la circonférence est égal au rapport de n à 360 ; on a donc

$$\frac{l}{C} = \frac{n}{360},$$

Remplaçons C par 2πR, et nous aurons la formule

$$l = \frac{2\pi\mathrm{R}n}{360} = \frac{\pi\mathrm{R}n}{180}.$$

APPLICATIONS. — I. Quelle est la longueur de l'arc de 48° dans une circonférence dont le rayon est de 7ᵐ?

On a

$$l = \frac{\pi \times 7 \times 48}{180} = \frac{\pi \times 7 \times 4}{15} = \frac{28\pi}{15} = 5^m,864,$$

à 0ᵐ,001 près.

II. La longueur de l'arc de 34° 17' dans une circonférence est de 145ᵐ,6; quel est le rayon de cette circonférence?

De la formule précédente on tire

$$\mathrm{R} = \frac{180\,l}{\pi n};$$

comme, dans notre exemple, l'arc donné contient des minutes, je le convertis en minutes, ainsi que le nombre 180 qui représente le nombre de degrés de la demi-circonférence, et j'ai alors

$$\mathrm{R} = \frac{10800 \times 145,6}{1877 \times \pi} = \frac{1572480}{1877} \times \frac{1}{\pi} = 266^m,668,$$

à 0ᵐ,001 près.

III. Dans un cercle, un arc a une longueur égale au rayon; quel est le nombre de degrés, de minutes et de secondes de cet arc?

De la formule $l = \dfrac{\pi\mathrm{R}n}{180}$ on tire

$$n = \frac{180\,l}{\pi\mathrm{R}};$$

et comme ici l est égal à R, la formule se simplifie et devient

$$n = \frac{180}{\pi} = 180 \times \frac{1}{\pi} = 57°,29577951\ldots$$

Pour évaluer en minutes la fraction décimale de degré, il faut la multiplier par 60, ce qui donne 17',7467706; et la fraction décimale de minute sera convertie à son tour en secondes, en la multipliant par 60, ce qui donne $44'',8062\ldots$ L'arc demandé vaut donc

$$57^{\circ}\ 17'\ 44'',806,$$

à un millième de seconde près.

339. Théorème. — *Dans deux cercles différents, les arcs qui correspondent à des angles au centre égaux sont proportionnels à leurs rayons. On désigne habituellement ces arcs sous le nom d'arcs semblables.*

Soient l et l' les longueurs des deux arcs, C et C' les circonférences entières, R et R' les rayons et O l'angle au centre. Dans la première circonférence, le rapport de l'arc l à la circonférence entière est égal au rapport de l'angle O à 4 droits (**195**) : on a donc

$$\frac{l}{C} = \frac{O}{4\,\mathrm{dr.}};$$

de même dans la deuxième circonférence,

$$\frac{l'}{C'} = \frac{O}{4\,\mathrm{dr.}};$$

donc

$$\frac{l}{C} = \frac{l'}{C'} \quad \text{ou} \quad \frac{l}{l'} = \frac{C}{C'};$$

mais

$$\frac{C}{C'} = \frac{R}{R'};$$

donc enfin

$$\frac{l}{l'} = \frac{R}{R'} \qquad \text{C. Q. F. D.}$$

340. Corollaire. — *Si l'on prend pour unité d'angle l'angle au centre qui intercepte entre ses côtés un arc égal au rayon, la mesure d'un angle au centre quelconque est égale au rapport de l'arc qu'il intercepte au rayon.*

Je remarque d'abord que, si l'on fait varier le rayon de la circonférence décrite du sommet de l'angle comme centre, le rapport de l'arc intercepté au rayon reste constant, en vertu du théorème précédent. Cela posé, soient R le rayon de la circonférence, l la longueur de l'arc intercepté par l'angle donné O, et O' l'angle au

centre qui intercepte entre ses côtés un arc égal au rayon; on a
(**135**)

$$\frac{O}{O'} = \frac{l}{R}.$$

Or, si l'on prend l'angle O' pour unité d'angle, le rapport $\frac{O}{O'}$ est

la mesure de l'angle O; cette mesure est alors égale à $\frac{l}{R}$.

c. q. f. d.

REMARQUE. — L'angle O', évalué en degrés, vaut $57°17'44'',806\ldots$
(**338**). Avec cette nouvelle unité, la mesure de l'angle droit est
exprimée par le rapport du quadrant au rayon; or le quadrant vaut
$\frac{2\pi R}{4} = \frac{\pi R}{2}$, et son rapport au rayon est $\frac{\pi}{2}$. De même, un angle de n
degrés a pour mesure le rapport de son arc au rayon, ou

$$\frac{\pi R n}{180} : R = \frac{\pi n}{180}.$$

341. Problème. — *Calculer le rapport de la circonférence au
diamètre.*

De la formule $C = 2\pi R$ on tire

$$\pi = \frac{C}{2R};$$

si l'on se donne la valeur de R, et qu'on trouve le moyen de déterminer une valeur suffisamment approchée de C, en divisant cette
valeur par 2R, on aura une valeur approchée de π. Inversement, si,
connaissant la valeur de C, on peut calculer une valeur approchée de
R, on en déduira encore une valeur approchée de π. De là deux méthodes distinctes pour calculer le nombre π, suivant qu'on se donne
le rayon ou la circonférence; la première porte le nom de *méthode
des périmètres*, et la seconde celui de *méthode des isopérimètres*;
nous allons les exposer successivement.

342. *Méthode des périmètres.* — Dans une circonférence de rayon
donné, inscrivons d'abord un polygone régulier dont le côté soit
connu, comme le carré ou l'hexagone. Nous pourrons ensuite, au
moyen de la formule du n° **328**, calculer les côtés et, par consé-

quent, les périmètres des polygones réguliers inscrits qu'on obtient
en doublant successivement le nombre des côtés ; ainsi, en partant
du carré, nous pourrons calculer les côtés et les périmètres des polygones réguliers inscrits de 8, 16, 32, 64, ... côtés. Ces périmètres
seront, d'après la définition même, des valeurs approchées de la circonférence, et elles en approcheront d'autant plus que le nombre
des côtés du polygone sera plus grand.

On aura une autre série de valeurs approchées, mais en sens contraire, en calculant les périmètres des polygones circonscrits semblables aux polygones inscrits considérés : ce que l'on fera à l'aide
de la formule du n° **331**.

En calculant ainsi les périmètres des polygones réguliers inscrits
et circonscrits d'un nombre de plus en plus grand de côtés, on
obtiendra la longueur de la circonférence avec autant d'approximation qu'on voudra ; et, en divisant cette longueur par celle du diamètre, on connaîtra la valeur de π avec une approximation bien
déterminée.

Faisons R $=$ 1, et partons du carré inscrit ; son côté est $\sqrt{2}$, et
son périmètre est $4\sqrt{2}$; le côté du carré circonscrit est 2, et son
périmètre est 8. A l'aide des formules précédemment indiquées, on
calculera les périmètres des polygones réguliers inscrits et circonscrits de 8, 16, 32, 64, ... côtés ; en divisant ces périmètres par le
double du rayon, c'est-à-dire par 2, on aura deux séries de valeurs
approchées de π, les unes par défaut, les autres par excès. Voici le
tableau de ces valeurs, calculées chacune avec 5 décimales exactes.

Nombre des côtés	Demi-périmètres des polygones inscrits	Demi-périmètres des polygones circonscrits
4	2,82842	4,00000
8	3,06146	3,31371
16	3,12144	3,18260
32	3,13654	3,15173
64	3,14033	3,14412
128	3,14127	3,14225
256	3,14151	3,14175
512	3,14157	3,14165

En s'arrêtant au polygone de 512 côtés, on voit que la valeur de π
est comprise entre les nombres 3,14157 et 3,14165, qui diffèrent de
6 cent-millièmes ; leur moyenne arithmétique 3,1416 diffère de π de
moins de 5 cent-millièmes.

C'est au moyen de cette méthode qu'Archimède est arrivé à la valeur $\frac{22}{7}$; il est parti de l'hexagone régulier et s'est arrêté au polygone de 96 côtés.

343. *Méthode des isopérimètres.* — Considérons une circonférence de longueur donnée C, et proposons-nous d'en calculer le rayon, que je désignerai par R. Soient r et a le rayon et l'apothème d'un polygone régulier isopérimètre à la circonférence donnée ; la longueur de la circonférence circonscrite à ce polygone sera plus grande que son périmètre, c'est-à-dire plus grande que la circonférence C ; et comme les circonférences sont proportionnelles à leurs rayons, on aura

$$r > R.$$

De même la longueur de la circonférence inscrite dans le polygone régulier est moindre que le périmètre de ce polygone, c'est-à-dire moindre que C ; donc le rayon a de la circonférence inscrite est plus petit que le rayon R de la circonférence C,

$$a < R.$$

Il résulte de là que R est compris entre a et r ; et, en général, *lorsqu'une circonférence et un polygone régulier sont isopérimètres, le rayon de la circonférence est compris entre le rayon et l'apothème du polygone régulier.*

Cela posé, considérons un polygone régulier dont le périmètre soit égal à C, et dont on sache calculer l'apothème a_1 et le rayon r_1 ; le rayon R de la circonférence C sera compris entre a_1 et r_1, et, par conséquent, différera de chacun de ces deux nombres d'une quantité moindre que $r_1 - a_1$. A l'aide des formules [1] et [2] du n° **332**, on pourra calculer l'apothème a_2 et le rayon r_2 du polygone régulier isopérimètre d'un nombre de côtés double ; on sait de plus (**333**) que a_2 est plus grand que a_1 et que r_2 est plus petit que r_1, et comme R est compris entre a_2 et r_2 aussi bien qu'entre a_1 et r_1, il en résulte que R différera moins de a_2 que de a_1 et de r_2 que de r_1 ; en d'autres termes, on pourra regarder a_2 et r_2 comme des valeurs approchées de R, l'une par défaut, l'autre par excès, et plus voisines que a_1 et r_1 de la valeur exacte. Si l'on double encore une fois le nombre des côtés du polygone régulier sans changer son périmètre, on aura un apothème a_3 et un rayon r_3, qui fourniront des valeurs de R encore plus approchées que les précédentes. En continuant toujours de même, on formera deux séries de nombres :

$$a_1, a_2, a_3, \ldots a_n, \ldots$$
$$r_1, r_2, r_3, \ldots r_n, \ldots$$

les uns plus petits que R et croissants, les autres plus grands que R et décroissants; les premiers tendront donc vers une certaine limite au plus égale à R, tandis que les autres auront une limite au moins égale à R. Je dis maintenant que les deux séries de nombres tendent vers la même limite, laquelle alors sera nécessairement R; en effet, nous avons vu (**333**) que la différence de deux termes de même rang pris dans les deux séries, $r_n - a_n$, est moindre que le quart de la différence précédente; on a donc :

$$r_2 - a_2 < \frac{r_1 - a_1}{4},$$

$$r_3 - a_3 < \frac{r_2 - a_2}{4},$$

$$r_4 - a_4 < \frac{r_3 - a_3}{4},$$

$$\cdot \quad \cdot \quad \cdot \quad \cdot \quad \cdot$$

$$r_n - a_n < \frac{r_{n-1} - a_{n-1}}{4};$$

d'où, en multipliant membre à membre,

$$r_n - a_n < \frac{r_1 - a_1}{4^{n-1}}.$$

On pourra donc toujours donner à n une valeur assez grande pour que la différence $r_n - a_n$ soit aussi petite qu'on voudra; d'où il résulte évidemment que les termes des deux séries tendent vers la même limite, R, et, par suite, qu'en calculant ces termes successifs on pourra obtenir la valeur de R avec autant d'approximation qu'on voudra. En divisant ensuite C par le double de la valeur trouvée pour R, on aura une valeur de π d'autant plus approchée que le nombre des côtés du dernier polygone employé sera plus grand.

Tel est le principe de la méthode des isopérimètres. Pour l'appliquer, faisons $C = 2$; on aura alors $\frac{2}{2R} = \pi$; d'où $R = \frac{1}{\pi}$. Considérons le carré, dont le périmètre est 2; son côté sera égal à $\frac{1}{2}$; son apothème a_1 sera égal à $\frac{1}{4}$, et son rayon r_1 à $\frac{\sqrt{2}}{4}$. En prenant la moyenne arithmétique entre a_1 et r_1, on aura l'apothème a_2 de l'octogone régulier isopérimètre, et en calculant la moyenne géométrique entre r_1 et a_2, on aura le rayon r_2 de ce même polygone. En continuant de même, on obtient une suite de nombres

$$a_1,\ r_1,\ a_2,\ r_2,\ a_3,\ r_3,\ \ldots\ldots$$

dont chaque terme à partir du troisième est alternativement moyen arithmétique et moyen géométrique entre les deux précédents, et qui tendent vers R ou $\frac{1}{\pi}$. Si l'on remarque en outre que $a_1 = \frac{1}{4}$ est moyenne arithmétique entre 0 et $\frac{1}{2}$ et que $r_1 = \frac{\sqrt{2}}{4}$ est moyenne géométrique entre $\frac{1}{2}$ et $\frac{1}{4}$, on pourra faire commencer la série par les termes 0 et $\frac{1}{2}$, et l'on arrivera à la règle suivante, due à Schwab :

Le nombre $\frac{1}{\pi}$ est la limite vers laquelle tendent les nombres successifs obtenus en partant de 0 et $\frac{1}{2}$, et prenant alternativement la moyenne arithmétique et la moyenne géométrique entre les deux précédents.

Voici le tableau des calculs jusqu'au polygone de 512 côtés, avec cinq décimales exactes.

Nombre des côtés	Apothèmes	Rayons
4	$a_1 = 0{,}25000$	$r_1 = 0{,}35355$
8	$a_2 = 0{,}30178$	$r_2 = 0{,}32664$
16	$a_3 = 0{,}31421$	$r_3 = 0{,}32036$
32	$a_4 = 0{,}31629$	$r_4 = 0{,}31882$
64	$a_5 = 0{,}31805$	$r_5 = 0{,}31843$
128	$a_6 = 0{,}31825$	$r_6 = 0{,}31834$
256	$a_7 = 0{,}31820$	$r_7 = 0{,}31832$
512	$a_8 = 0{,}31831$	$r_8 = 0{,}31831$

Les deux derniers nombres a_8 et r_8 ont les cinq premières décimales communes ; on en conclut que la valeur de $\frac{1}{\pi}$ à $0{,}00001$ près est $0{,}31831$, et, par suite, que $\pi = 3{,}1416$, à $0{,}0001$ près.

344. Remarque. — La méthode des isopérimètres donne lieu à des calculs bien plus simples que la méthode des périmètres, surtout si l'on emploie les logarithmes pour le calcul des moyennes géométriques. Mais on peut encore les simplifier à l'aide du principe suivant, qu'on démontre aisément, soit par la géométrie, soit par l'algèbre :

La différence entre la moyenne arithmétique et la moyenne géométrique de deux nombres est moindre que le carré de la différence des deux nombres divisé par huit fois le plus petit [1].

Un rayon quelconque r_n des polygones est la moyenne géométrique entre a_n et r_{n-1}; supposons qu'on se propose de calculer sa valeur avec m décimales exactes; on pourra remplacer la moyenne géométrique par la moyenne arithmétique, si la fraction

$$\frac{(r_{n-1} - a_n)^2}{8\,a_n}$$

est plus petite qu'une unité du m^e ordre décimal; et cela sera vrai, à plus forte raison, pour les moyennes géométriques suivantes. Dans les calculs précédents, on peut faire cette simplification à partir du polygone de 64 côtés.

[1] Voici la démonstration algébrique. On a

$$\frac{a+b}{2} - \sqrt{ab} = \frac{(\sqrt{a}-\sqrt{b})^2}{2} = \frac{(\sqrt{a}-\sqrt{b})^2(\sqrt{a}+\sqrt{b})^2}{2(\sqrt{a}+\sqrt{b})^2} = \frac{(a-b)^2}{2(\sqrt{a}+\sqrt{b})^2};$$

je suppose $a > b$; alors, en remplaçant au dénominateur $\sqrt{a}$ par $\sqrt{b}$, j'augmente la fraction et j'ai

$$\frac{a+b}{2} - \sqrt{ab} < \frac{(a-b)^2}{8b}. \qquad\qquad \text{c. q. f. d.}$$

EXERCICES SUR LE LIVRE III

1. On donne sur deux parallèles deux systèmes de points A, B, C et A', B', C', tels que $AB = 2^m$, $BC = 5^m$, $A'B' = 4^m,24$ et $B'C' = 5^m,10$. Les droites AA', BB' et CC' concourent-elles en un même point ? (*B. Paris.*)

2. La distance du centre de gravité d'un triangle à une droite quelconque extérieure au triangle est le tiers de la somme des distances des trois sommets à cette droite. — Examiner ce qui arrive dans le cas où la droite coupe le triangle.

3. Si un point C divise une droite AB en deux segments AC et BC proportionnels à des nombres b et a, on a, en abaissant des trois points des perpendiculaires AA', BB', CC' sur une droite quelconque,

$$(a + b).CC' = a.AA' + b.BB'.$$

4. Construire un triangle, connaissant un côté a, l'angle opposé A et le produit ou le rapport ou la somme des carrés ou la différence des carrés des autres côtés b et c, c'est-à-dire bc ou $\dfrac{b}{c}$ ou $b^2 + c^2$ ou $b^2 - c^2$.

5. Lieu du sommet d'un triangle dont on donne la base et le pied de la bissectrice.

6. La distance d'un point quelconque d'une circonférence à une corde est moyenne proportionnelle entre les distances du point aux tangentes menées par les extrémités de la corde. — Lieu du point dont la distance à la base d'un triangle isocèle est moyenne proportionnelle entre ses distances aux deux côtés. (*Concours général, 1865.*)

7. Lieu des points d'où l'on voit deux circonférences sous des angles égaux.

8. Le triangle ayant pour côtés des longueurs inversement proportionnelles aux hauteurs d'un premier triangle est semblable à ce triangle. (*B. Clermont.*)

9. Construire un triangle, connaissant ses trois hauteurs.

10. Mener par le milieu du côté a d'un triangle équilatéral une droite telle, que le segment compris entre les deux autres côtés soit divisé par le point dans le rapport de 1 à 2. Calculer la longueur totale en fonction de a. (*B.* Dijon.)

11. Prendre sur la hauteur d'un triangle isocèle un point distant du sommet d'une longueur égale à la somme de ses distances aux extrémités de la base.

12. Si l'on considère un triangle rectangle ABC, et qu'on abaisse du sommet A une perpendiculaire AD sur l'hypoténuse, les rayons des cercles inscrits dans les triangles rectangles ABC, ABD, ACD, sont les côtés d'un triangle rectangle semblable au triangle ABC.

13. Étant donnés une circonférence et deux points A et B sur un même diamètre, on joint respectivement aux points A et B les extrémités d'un diamètre mobile PQ ; les droites PA et QB ainsi obtenues se coupent en un point M. On demande de trouver le lieu géométrique décrit par ce point M, quand on fait mouvoir le diamètre PQ. (Concours général, troisième, 1866.)

14. Étant données deux circonférences qui se touchent extérieurement, on mène par le point de contact A, dans les deux circonférences, les cordes AB et AC perpendiculaires entre elles ; on joint par une droite BC les extrémités de ces cordes, et l'on divise cette droite en deux parties qui soient dans un rapport donné. Trouver le lieu des points de division. (Concours général, troisième, 1870.)

15. Sur le côté BC d'un triangle ABC ou sur son prolongement, on prend un point arbitraire D. On fait passer une circonférence par les points A, B, D et une autre par les points A, C, D ; soient O et O' les centres de ces deux circonférences. On propose :

1° De démontrer que le rapport des rayons des deux circonférences est indépendant de la position du point D sur le côté BC ;

2° De déterminer la position que doit occuper le point D pour que les deux rayons aient la plus petite longueur possible ;

3° De démontrer que le triangle AOO' est semblable au triangle ABC ;

4° De trouver le lieu décrit par le point M qui divise la droite OO' dans le rapport de deux longueurs données m et n. (Concours général, seconde, 1880.)

16. On donne deux parallèles et deux points intérieurs : mener par l'un des points une droite telle, que le segment compris entre les parallèles soit vu de l'autre point sous un angle donné.

17. Étant donnés trois points, mener par l'un d'eux une droite

telle, que le produit de ses distances aux deux autres points ait une valeur donnée.

18. On donne deux parallèles et un point A sur l'une d'elles. Du point A on mène une droite faisant un angle quelconque α avec les parallèles et rencontrant l'autre parallèle en P ; par le point P, on élève à AP une perpendiculaire PQ, qui rencontre la première parallèle en Q ; enfin, par le point Q, on mène une droite faisant avec les parallèles un angle double de α, et on projette le point A sur cette dernière droite en M. Trouver le lieu décrit par le point M, quand on fait varier l'angle α de toutes les manières possibles. (Concours général, philosophie, 1860.)

19. Calculer les côtés d'un triangle rectangle, sachant que l'un des côtés de l'angle droit est égal à 21 mètres, et que la somme de l'hypoténuse et de l'autre côté est double de cette longueur.

20. Deux mobiles partent en même temps du sommet d'un angle droit, et en parcourent les deux côtés, le premier avec une vitesse de 12 mètres par seconde, le second avec une vitesse de 16 mètres par seconde. Au bout de combien de temps ces deux mobiles seront-ils éloignés de 90 kilomètres ?

21. Deux cercles dont les rayons ont respectivement $0^m,5$ et $1^m,2$ de longueur, se coupent de telle façon que les tangentes menées par l'un des points d'intersection soient perpendiculaires entre elles ; on demande la distance des centres de ces cercles.

22. On donne un cercle dont le rayon est égal à $4^m,85$ et un point distant du centre de $7^m,28$; calculer la longueur de la tangente menée de ce point au cercle.

23. Deux circonférences se coupent, et par l'un des points d'intersection on leur mène une sécante parallèle à la ligne des centres. Les longueurs des cordes interceptées sur cette sécante par les deux circonférences sont de 14 mètres et de 9 mètres et celle de la corde commune est de 8 mètres ; trouver les diamètres des deux circonférences.

24. Dans un triangle ABC, on donne la base BC égale à 72 mètres, la hauteur qui tombe sur le côté BC égale à 45 mètres et la médiane qui tombe sur le même côté égale à 60 mètres ; trouver les longueurs des côtés AB et AC.

25. Deux cordes parallèles d'un cercle sont distantes de 1 mètre, et leurs longueurs respectives sont de 6 et de 8 mètres. Trouver le rayon du cercle.

26. Deux circonférences sont tangentes extérieurement ; l'une a un rayon de $12^m,45$ et l'autre un rayon double. On leur mène une tan-

gente commune extérieure, et on demande de calculer la distance des points de contact de cette tangente.

27. Deux circonférences dont les rayons sont respectivement égaux à $6^m,80$ et $9^m,75$ se coupent, et la distance de leurs centres est égale à $5^m,60$; calculer la longueur de la corde commune.

28. On donne deux côtés d'un triangle ABC. $AB = 16$ mètres, $AC = 24$ mètres, et l'angle $A = 60°$. On demande de calculer la hauteur qui tombe sur AC, le côté BC et la hauteur qui tombe sur ce côté.

29. Les deux côtés de l'angle droit d'un triangle rectangle ont 17 mètres et 24 mètres de longueur ; trouver la longueur de la bissectrice de l'angle droit.

30. Calculer les diagonales d'un trapèze isocèle dont les bases sont a et b et le côté c. — Application : $a = 25$, $b = 7$, $c = 5$. (*B.* Paris.)

31. Calculer la corde commune de deux circonférences sécantes, les rayons étant a et b et la distance de leurs centres c. — Application : $a = 5$, $b = 4$, $c = 5$. (*B.* Rennes.)

32. On donne trois longueurs : $a = 28,731$, $b = 24,654$, $c = 5,248$. Peut-on construire un triangle avec ces trois longueurs ? De quelle espèce est le plus grand angle ? Calculer la hauteur partant de cet angle.

33. Dans un triangle rectangle, l'inverse du carré de la hauteur est égale à la somme des inverses des carrés des côtés de l'angle droit.

34. La somme des carrés des médianes d'un triangle est les $\frac{2}{3}$ de la somme des carrés des côtés.

35. On donne les trois médianes d'un triangle ; calculer les trois côtés.

36. Lorsque deux cordes sont perpendiculaires dans un cercle, 1° la somme des carrés des quatre segments égale le carré du diamètre ; 2° la somme des carrés des deux cordes est constante pour un même point d'intersection de ces cordes (*B.* Paris.)

37. Lorsque deux circonférences sont tangentes extérieurement, le segment de la tangente commune extérieure, compris entre les points de contact, est une moyenne proportionnelle entre les deux diamètres.

38. Sur un diamètre d'un cercle on prend deux points équidistants du centre ; démontrer que la somme des carrés des distances d'un point quelconque de la circonférence aux deux premiers points est constante. (*B.* Paris.)

39. On donne le rayon d'une circonférence et les cordes de deux arcs ; calculer la corde de la somme des deux arcs.

40. Si l'on joint un point quelconque M aux trois sommets d'un triangle ABC et au centre de gravité G, on a

$$\overline{MA}^2 + \overline{MB}^2 + \overline{MC}^2 = \overline{AG}^2 + \overline{BG}^2 + \overline{CG}^2 + 3\overline{MG}^2.$$

41. Lieu du point dont la somme des carrés des distances aux trois sommets d'un triangle a une valeur donnée.

42. Trouver le point tel, que la somme des carrés de ses distances aux trois sommets d'un triangle soit minimum. (Concours général, philosophie, 1862.)

43. On donne les rayons de trois circonférences dont chacune touche les deux autres ; calculer les rayons de la circonférence passant par les centres et de la circonférence passant par les points de contact.

44. Calculer les diagonales d'un trapèze en fonction des côtés.

45. Un angle droit tourne autour de son sommet situé à l'intérieur d'une circonférence. Trouver le lieu géométrique des milieux des cordes interceptées sur la circonférence par les côtés de cet angle, et le lieu des projections des sommets de l'angle droit sur ces cordes.

46. Mener par deux points donnés sur une circonférence deux cordes parallèles dont le produit ait une valeur donnée.

47. A et B étant deux points donnés et p et q deux nombres donnés, trouver le lieu du point M tel que $p \cdot \overline{MA}^2 + q \cdot \overline{MB}^2$ ait une valeur donnée.

48. Les points de rencontre des côtés opposés d'un hexagone inscrit dans un cercle sont en ligne droite.

49. On donne un point sur un côté d'un triangle. Mener à ce côté une parallèle qui soit vue du point sous un angle droit. (Concours académique, Clermont.)

50. La distance des centres des cercles circonscrit et inscrit à un triangle est moyenne proportionnelle entre le rayon du premier e son excès sur le double du rayon du second. (Euler.)

51. Trouver la relation qui doit exister entre les côtés d'un trapèze isocèle pour qu'en joignant les milieux de ses côtés on ait un carré. (B. Rennes.)

52. Un triangle PQR étant circonscrit à un cercle, on en forme un second ABC ayant pour sommets les milieux des côtés du premier. Si des sommets du second triangle on mène des tangentes au cercle,

elles rencontrent les côtés opposés en trois points en ligne droite. (Concours général, philosophie, 1867.)

53. On donne deux circonférences concentriques et deux points dans leur plan ; mener une corde de la grande circonférence qui soit tangente à la petite, et telle que les droites joignant ses extrémités aux deux points soient parallèles.

54. On considère les cercles ex-inscrits à un triangle ABC et on joint les points de contact de chacun de ces cercles avec les deux côtés qui ont été prolongés ; on forme ainsi un nouveau triangle A'B'C'. 1° Évaluer les angles du triangle A'B'C' ; 2° démontrer que les droites AA', BB', CC' sont les hauteurs du triangle ABC ; 3° déterminer le centre et le rayon du cercle circonscrit au triangle A'B'C'. (Question élémentaire du concours d'agrégation de mathématiques, 1873.)

55. On donne un cercle S, un triangle inscrit ABC et deux points P et P' sur la circonférence du cercle. On sait que les pieds des perpendiculaires abaissées des points P et P' sur les trois côtés du triangle sont respectivement placés sur deux droites. 1° Démontrer que le point de rencontre M de ces droites décrit une circonférence S' quand le sommet C du triangle se meut sur la circonférence du cercle S, les points A, B, P, P' restant fixes ; 2° trouver le lieu décrit par le centre du cercle S', lorsque, en laissant fixes les points A et B, on fait mouvoir les points P et P' sur la circonférence S de telle sorte que l'arc PP' conserve une longueur constante. (Question élémentaire du concours d'agrégation de mathématiques, 1878.)

56. Le produit des distances d'un point d'une circonférence à deux côtés opposés d'un quadrilatère quelconque inscrit est égal au produit de ses distances aux deux autres côtés.

57. Lieu du point de contact mutuel de deux circonférences qui sont tangentes entre elles et à deux circonférences données en deux points donnés.

58. Deux cordes AB et CD d'un cercle se coupent en M, $MA = 1^m,20$, $MB = 2^m,10$ et $MC - MD = 1^m,84$. Calculer les deux cordes. (*B.* Paris.)

59. Un point P étant donné dans le plan d'un cercle O, on joint ce point à un point quelconque A de la circonférence ; puis on prend sur la droite PA un point M tel, que $PA \times PM$ ait une valeur constante donnée. Trouver le lieu du point M.

60. Étant données une circonférence et une droite, si de chaque point de la droite comme centre on décrit une circonférence ayant

pour rayon la tangente menée de ce même point au cercle donné, toutes ces circonférences passent par un point fixe.

61. Mener par un point donné extérieur à un cercle une sécante telle, que la corde interceptée soit moyenne proportionnelle entre la sécante entière et sa partie extérieure.

62. Construire un triangle, connaissant le produit de deux côtés, la différence des angles adjacents au troisième côté et la médiane qui aboutit à ce dernier côté.

63. Deux circonférences étant tangentes intérieurement en A, si d'un point quelconque P de la grande circonférence on mène une tangente PM à la petite, le rapport $\dfrac{PA}{MA}$ est constant.

64. On donne une circonférence et un point A ; on mène par ce point une sécante quelconque qui coupe la circonférence donnée en P et en Q, et on construit deux circonférences passant par A et tangentes chacune à la première circonférence, l'une en P et l'autre en Q. Trouver le lieu du second point d'intersection de ces deux circonférences quand la sécante APQ tourne autour du point A. (Concours académique, Caen.)

65. Étant donnés une circonférence O et un point A dans son plan, trouver le lieu des points M tels, que la longueur de la tangente menée de chacun d'eux au cercle soit égale à la distance MA. (Axe radical d'un cercle et d'un point.)

66. Décrire deux circonférences tangentes entre elles, tangentes chacune à une même droite en deux points donnés et dont les rayons aient un rapport donné.

67. On mène les quatre tangentes aux points d'intersection de deux circonférences, et on projette les centres sur ces tangentes. Démontrer que ces quatre projections sont sur une même circonférence. (Concours académique, Caen.)

68. D'un point donné comme centre, décrire une circonférence qui intercepte sur deux circonférences données deux cordes égales ou dans un rapport donné. (Concours académique, Montpellier.)

69. Une colonne de longueur b est surmontée d'un mât de longueur c. A quelle distance du pied la colonne et le mât sont-ils vus sous le même angle ? (B. Paris.)

70. Un balancier oscillant autour d'un point fixe A se compose de deux tiges égales AB et AD et d'un losange CBED dont les côtés sont articulés entre eux ; ces deux tiges AB et AD sont aussi articulées aux extrémités B et D de l'une des deux diagonales du losange. Si on assujettit le sommet E, au moyen d'une bride EF oscillant autour

d'un point fixe F, à décrire une circonférence passant par le point fixe
A, le sommet C opposé à E décrit une perpendiculaire à AF, lorsque
tout l'appareil oscille autour du point A. (Théorème de M. Peaucellier.)

71. Quatre points A, B, C, D, étant donnés en ligne droite, on
décrit sur AB et sur CD deux segments capables du même angle
variable. Lieu du milieu M de la corde commune à ces deux circonférences. (Concours académique, Montpellier.)

72. Décrire une circonférence passant par deux points et interceptant sur une circonférence donnée une corde de longueur donnée.

73. Mener par un des points de rencontre de deux circonférences
sécantes une droite telle, que les deux cordes interceptées aient un
produit ou un rapport donné.

74. On donne une circonférence, un diamètre AB et la tangente TT′
en B ; un angle droit ayant son sommet en A pivote autour de ce
point ; ses côtés rencontrent TT′ en P et en P′ ; de chacun de ces
derniers points, on mène une tangente à la circonférence et on demande le lieu de leur point M d'intersection.

75. On donne une circonférence, une droite LL′ qui la rencontre
et deux points fixes A et A′ sur la circonférence ; on joint un point
quelconque M de la courbe aux deux points A et A′ ; les droites MA,
MA′, rencontrent la ligne fixe LL′ en deux points variables, P et P′.
Démontrer qu'il existe sur la droite LL′ deux points fixes I et I′ tels,
que le produit IP × I′P′ demeure constant lorsque le point M se meut
sur la circonférence. Déterminer les positions des deux points I et
I′. (Concours général, 1876.)

76. On donne deux droites parallèles R′R, S′S, et une droite perpendiculaire à ces parallèles rencontrant R′R en A et S′S en B.
Sur R′R, à partir du point A, on porte une longueur arbitraire AA′,
et, sur S′S, à partir du point B, et du même côté par rapport à AB,
on porte une longueur BB′ telle, que le produit des longueurs AA′ et
BB′ soit égal au carré de AB ; on mène les droites AB′ et BA′ et
on désigne par M leur point de rencontre ; on mène par le
point M une perpendiculaire à AB et on désigne par P et par Q les
points où elle rencontre les droites AB, A′B′ ; enfin, on désigne par
C le point où la droite A′B′ rencontre la droite AB.

1° Trouver le lieu décrit par le point M, quand on fait varier la
longueur AA′ ;

2° Démontrer que le point M est le milieu de PQ ;

3° Démontrer que la tangente en M à la courbe que décrit ce point,
passe par le point C. (Concours général, seconde, 1879.)

77. On donne un parallélogramme ABCD et on mène une perpendiculaire X'X au côté AB; cette perpendiculaire rencontre les côtés parallèles et les diagonales (ou leurs prolongements) en M et M', N et N', P et P'. Démontrer que les circonférences décrites sur MM', NN' et PP' comme diamètres ont les mêmes points d'intersection. — Cas où XX' est oblique à AB. (Concours général, 1849.)

78. Décrire deux circonférences, connaissant leur axe radical, une de leurs tangentes communes intérieures et une de leurs tangentes communes extérieures. (Concours académique, Dijon.)

79. Des sommets d'un triangle ABC comme centres, on décrit trois circonférences qui se touchent deux à deux extérieurement. Décrire deux circonférences touchant les trois premières, extérieurement ou intérieurement toutes les trois, et calculer leurs rayons en fonction des côtés a, b et c du triangle. (Concours général, 1875.)

80. Décrire une circonférence passant par deux points donnés et coupant à angle droit deux circonférences données. (Concours académique, Lyon.)

81. On donne deux circonférences et une perpendiculaire à la droite des centres; de chacun des points de cette perpendiculaire on mène des tangentes aux deux circonférences; trouver le lieu du point de rencontre des cordes de contact. (Concours général, philosophie, 1866.)

82. On donne une circonférence et un point de son plan; trouver un second point tel, que le rapport des distances d'un point quelconque de la circonférence aux deux points soit constant. (Concours académique, Toulouse.)

83. Inscrire dans un triangle un rectangle semblable à un rectangle donné.

84. Inscrire un carré dans un triangle. — Sur quel côté repose le plus petit carré?

85. Lieu des centres de gravité des triangles inscrits dans un même segment de cercle.

86. Trouver un point tel, que les droites qui le joignent à deux sommets homologues quelconques de deux polygones semblables donnés fassent un angle constant. (Concours général, logique scientifique, 1853.)

87. Étant données une circonférence et une droite extérieure, mener une corde parallèle à la droite et telle, qu'en abaissant de ses extrémités des perpendiculaires sur la droite, on ait un carré. (B. Dijon.)

88. Un sommet d'un triangle est fixe; un autre de ses sommets

parcourt une circonférence et le triangle reste semblable à un triangle donné. Lieu décrit par le troisième sommet.

89. Construire un triangle dont les sommets soient sur trois circonférences concentriques données et qui soit semblable à un triangle donné.

90. Lorsqu'une circonférence variable est tangente à deux circonférences fixes, la droite des contacts passe par un point fixe.

91. Par un point pris dans un angle, mener une droite telle, que les segments compris entre le point et les côtés de l'angle soient proportionnels à des longueurs données.

92. On donne deux circonférences O et O', tangentes extérieurement ou intérieurement. Par le point de contact A, on mène dans la première une corde quelconque AB, et dans la seconde une corde AC perpendiculaire à AB; on joint BC.

Cela posé, on demande :

1° Le lieu décrit par la projection du point A sur BC, lorsque le triangle rectangle variable ABC tourne autour du point A ;

2° Le lieu du milieu de l'hypoténuse BC ;

3° Le lieu décrit par le centre de gravité du triangle ABC.

Examiner si tous les points de chacune des lignes trouvées conviennent dans tous les cas à la question. (Concours académique, Paris.)

93. Construire une droite qui soit à une droite donnée dans le rapport des carrés de deux autres longueurs données.

94. Partager une droite en deux parties proportionnelles aux carrés de deux longueurs données. (B. Paris.)

95. Décrire une circonférence passant par un point donné et tangente à deux droites données.

96. On donne le plus grand segment d'une droite divisée en moyenne et extrême raison ; construire la droite entière.

97. Construire les racines de l'équation bicarrée

$$x^4 - a^2 x^2 + b^4 = 0,$$

en enchaînant les constructions.

98. Construire un rectangle semblable à un rectangle donné, dont deux sommets soient sur une circonférence donnée et les deux autres sur une autre circonférence donnée concentrique à la première.

99. Construire un triangle, connaissant deux côtés et la longueur de la bissectrice comprise. (Concours général, seconde, 1876.)

100. Étant donnés une circonférence, un diamètre et une corde perpendiculaire au diamètre, mener par le milieu d'un des arcs sous-tendus une corde telle, que le segment compris entre la corde donnée et l'arc opposé au milieu considéré ait une longueur donnée.

101. Construire un triangle, connaissant la base, l'angle au sommet et la longueur de la bissectrice de cet angle.

102. Construire un losange dont on donne le côté, sachant que ce côté est moyen proportionnel entre les deux diagonales.

103. On donne deux circonférences tangentes intérieurement; les couper par une droite telle, que ses trois segments soient égaux.

104. Construire un quadrilatère inscriptible, connaissant ses quatre côtés.

105. Construire un triangle, connaissant un angle et les sommes de chacun des deux côtés adjacents et du côté opposé. (Concours général, 1869.)

106. Construire les expressions $\dfrac{a^2 b}{cd}$, $\dfrac{a^2}{b} + \dfrac{b^2}{a}$, $\sqrt{\dfrac{abc}{d}}$, $\sqrt{ab + cd}$,

$$\sqrt{\dfrac{a^3}{b} + \dfrac{b^3}{a}}, \quad \sqrt[4]{a^3 + b^3}, \quad \sqrt{\dfrac{a^4 + b^4}{a^2 + b^2}}.$$

107. On construit un carré extérieur sur chaque côté d'un hexagone régulier, puis on joint les sommets consécutifs des carrés voisins. Prouver que le dodécagone obtenu est régulier.

108. Calculer l'angle du polygone régulier de dix-sept côtés. Y a-t-il deux côtés parallèles? Quel est le plus petit angle de deux côtés prolongés? (*B.* Paris.)

109. L'apothème de l'hexagone régulier inscrit est égal à la moitié du côté du triangle équilatéral inscrit dans le même cercle.

110. Si l'on prolonge de deux en deux les côtés d'un hexagone régulier, on obtient un triangle équilatéral.

111. Détacher d'un carré donné quatre triangles isocèles égaux tels, que l'octogone obtenu soit régulier.

112. Inscrire un triangle équilatéral dans un carré donné, en plaçant l'un des sommets du triangle soit à l'un des sommets du carré, soit au milieu d'un de ses côtés.

113. Quel est le lieu des points tels, que la somme des carrés de leurs distances aux sommets d'un polygone régulier ait une valeur constante donnée.

114. Les diagonales d'un pentagone régulier se coupent en moyenne et extrême raison.

115. Dans un quart de cercle de rayon R, on inscrit une circon-

férence, et dans cette circonférence un carré ; calculer le côté du carré.

116. Calculer à 0,001 près le périmètre de l'octogone régulier inscrit dans le cercle dont le rayon est 0,558972. (*B. Paris.*)

117. Calculer à $0^m,001$ près le côté du décagone régulier inscrit dans le cercle de $3^m,8$ de rayon.

118. Calculer à $0^m,001$ la longueur de la corde qui sous-tend un arc de 120° dans un cercle de $157^m,25$ de rayon. (*B. Paris.*)

119. Une corde d'un cercle vaut $5^m,275$ et la corde de l'arc double $4^m,420$. Calculer, à $0^m,001$ près, le rayon du cercle. (*B. Paris.*)

120. Construire un octogone régulier dont on donne le côté.

121. AB et CD étant deux diamètres rectangulaires, si du milieu E du rayon OA on décrit avec EC pour rayon un arc coupant OB en F, OF et CF sont les côtés du décagone et du pentagone réguliers inscrits dans la circonférence considérée.

122. La différence entre les côtés du carré et du triangle équilatéral inscrits dans le même cercle est $5^m,75$. Calculer le rayon à 1^{mm} près.

123. La différence entre les périmètres de deux hexagones réguliers, l'un inscrit et l'autre circonscrit à une circonférence, est de 1^m. Calculer à 1^{mm} près le rayon de la circonférence.

124. Décrire une circonférence telle, que le périmètre du carré inscrit dans cette courbe soit égal à celui du triangle équilatéral circonscrit à une circonférence donnée.

125. On donne le côté d'un polygone régulier inscrit dans un cercle et celui du polygone régulier inscrit d'un nombre double de côtés. Calculer le rayon du cercle.

126. Mener par un point donné une sécante à une circonférence, qui la partage en deux arcs dans le rapport de 3 à 5 ou de 5 à 7.

127. Calculer, à l'aide du théorème de Ptolémée, les côtés du second et du troisième pentédécagones réguliers inscrits.

128. Inscrire un carré dans un pentagone régulier donné.

129. Calculer le périmètre du polygone de 10 côtés formé par les intersections des côtés du décagone régulier étoilé.

130. Deux arcs, l'un de 30° 12′ et de 6^m de rayon et l'autre de 18° 36′ ont la même longueur ; calculer le rayon du second.

131. La différence des latitudes de Dunkerque et de Barcelone est de 9° 40′ 12″. Calculer la distance de ces deux villes.

132. Calculer le rayon d'un arc de 25° 17′ dont la longueur est de 428^m.

133. Calculer la longueur d'un arc de 45° 20' dans le cercle de $5^m,4$ de rayon.

134. Calculer à 1^{mm} près la longueur de la circonférence qui a pour rayon la diagonale d'un carré de $0^m,5$ de côté.

135. Si deux arcs de même longueur ont des rayons différents, le rapport des angles au centre correspondants est inverse de celui des rayons.

136. Établir l'inégalité $r' - a' < \dfrac{r - a}{4}$ (**333**) par le calcul, à l'aide des formules

$$a' = \frac{a + r}{2},$$
$$r' = \sqrt{r\, a'}.$$

137. Dans le problème des isopérimètres (**332**), on a

$$r'^2 - a'^2 = \frac{r^2 - a^2}{4}.$$

138. Connaissant les périmètres p et P de deux polygones réguliers inscrit et circonscrit d'un même nombre de côtés, calculer les périmètres p' et P' des polygones d'un nombre de côtés double.

139. Démontrer que

$$\pi = \lim. 2^k \sqrt{2 - \sqrt{2 + \sqrt{2 + \sqrt{2 +}}}},$$

k étant le nombre de radicaux superposés.

140. On obtient une valeur approchée de la demi-circonférence en ajoutant les côtés du triangle équilatéral et du carré inscrit. — Erreur commise.

141. Si au triple du diamètre d'une circonférence on ajoute le cinquième du côté du carré inscrit, on obtient une valeur approchée de la circonférence. — Erreur commise.

LIVRE IV

LES AIRES

—

345. Définitions. — On appelle *aire* l'étendue d'une portion limitée de surface. Les deux mots *aire* et *surface* ont des sens différents, le second se rapportant à la forme de la surface et le premier à son étendue ; toutefois, dans le langage ordinaire, on dit souvent *surface* pour *aire*, quand il n'y a pas de confusion possible ; on emploie aussi le mot *superficie* comme synonyme d'*aire*.

Deux figures *équivalentes* sont deux figures qui ont des aires égales, qu'elles soient ou non superposables. Ainsi un triangle peut être équivalent à un rectangle, à un parallélogramme, à un cercle.

346. On prend pour *unité d'aire* l'aire du carré qui a pour côté l'unité de longueur : par conséquent, lorsqu'on prend le mètre pour unité de longueur, il faut prendre pour unité d'aire le carré qui a un mètre de côté ; ce carré porte le nom de *mètre carré*. De même, quand on mesure les longueurs au moyen du décimètre, on doit mesurer les aires en prenant comme unité le carré qui a un décimètre de côté, et qu'on appelle *décimètre carré*; et ainsi de suite. D'après cela, les unités superficielles employées en France sont le *myriamètre carré*, le *kilomètre carré*, l'*hectomètre carré*, le *décamètre carré*, le *mètre carré*, le *décimètre carré*, le *centimètre carre* et le *millimètre carré*. Dans la mesure des surfaces des champs

en emploie exclusivement l'hectomètre carré, le décamètre carré
et le mètre carré, auxquels on donne alors les noms d'*hectare*,
d'*are* et de *centiare*; pour cette raison, ces trois unités superficielles
s'appellent des mesures *agraires*.

347. Le *décamètre carré* vaut cent *mètres carrés*. En effet, plaçons
dix mètres carrés les uns à côté des autres le long d'une droite AB;
nous obtiendrons ainsi un rectangle ayant dix mètres de longueur
sur un mètre de largeur. Plaçons maintenant les uns à côté des
autres dix rectangles égaux au précédent, de manière qu'ils se touchent par leur plus grande dimension; nous formerons évidemment
un carré ABCD ayant dix mètres de côté, c'est-à-dire un décamètre
carré. Or ce carré est composé de dix rectan-
gles égaux contenant chacun dix mètres carrés; il vaut donc dix fois dix ou cent mètres
carrés (fig. 218).

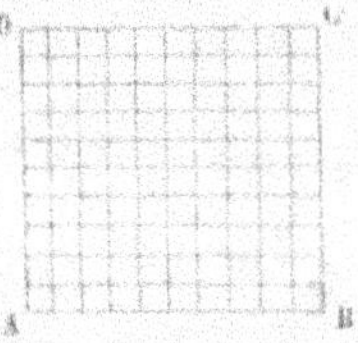

On démontrerait de même que le myriamètre
carré vaut 100 kilomètres carrés; le kilomètre
carré, 100 hectomètres carrés, etc., et en général que *chacune des unités d'aire vaut* 100 *fois*

Fig. 218.

celle qui la suit immédiatement par ordre de grandeur. Il résulte de
cette simplicité de rapports qu'il suffit, pour passer d'une de ces
unités à une autre, de multiplier ou de diviser les nombres qui
expriment les aires par 100, ou par 10000 ou par 1 000 000, etc.,
ce qui est toujours aisé à faire sans calcul. Une aire est-elle exprimée en hectomètres carrés, par exemple, il suffira de multiplier le
nombre qui la représente par 100 si l'on veut qu'elle soit exprimée
en décamètres carrés, par 10 000 si on veut la rapporter au mètre
carré, et ainsi de suite.

348. On appelle *bases* d'un parallélogramme deux côtés opposés
quelconques, et *hauteur* du parallélogramme la longueur de la perpendiculaire commune aux deux bases. Dans un rectangle, la base
et la hauteur sont deux côtés consécutifs du rectangle; on les appelle
alors souvent les deux *dimensions* du rectangle.

On appelle *base* d'un triangle la longueur d'un côté quelconque
de ce triangle, et *hauteur* la longueur de la perpendiculaire abaissée du sommet opposé sur cette base.

Enfin l'on nomme *bases* d'un trapèze les longueurs des côtés parallèles, et *hauteur* du trapèze la longueur de la perpendiculaire
commune aux deux bases.

349. Théorème. — *Deux rectangles de même hauteur sont proportionnels à leurs bases.*

Soient ABCD, AEFD (fig. 219) deux rectangles
de même hauteur AD ; je dis qu'ils sont proportionnels à leurs bases AB et AE.

Supposons d'abord que ces bases aient une
commune mesure, qui soit contenue, par exem-

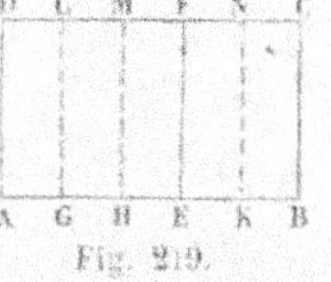
Fig. 219.

ple, 5 fois dans AB et 3 fois dans AE ; le rapport de ces deux lignes
sera alors égal à $\dfrac{5}{3}$,

$$\frac{AB}{AE} = \frac{5}{3}.$$

Par les points de division G, H, K menons des parallèles à la hauteur
AD, elles décomposent les deux rectangles donnés en petits rectangles
AGLD, GHML, ... tous égaux entre eux, comme ayant des bases
égales et des hauteurs égales. Or le premier rectangle ABCD contient 5 de ces rectangles égaux, et le rectangle AEFD en contient 3 ;
donc le rapport des deux rectangles est égal à $\dfrac{5}{3}$.

$$\frac{ABCD}{AEFD} = \frac{5}{3};$$

donc enfin

$$\frac{ABCD}{AEFD} = \frac{AB}{AE}.\qquad \text{C. Q. F. D.}$$

Si les bases étaient incommensurables, on ferait voir, par un raisonnement analogue à celui que nous avons fait au n° **135**, que la
proposition est encore vraie.

350. REMARQUE. — Comme on peut prendre pour base d'un rectangle l'un quelconque de ses côtés, le théorème précédent peut
encore s'énoncer ainsi :

*Deux rectangles de même base sont proportionnels à leurs hau-
teurs.*

Les deux énoncés peuvent d'ailleurs être réunis en un seul, comme
il suit :

*Le rapport de deux rectangles qui ont une dimension commune est
égal au rapport de leurs autres dimensions.*

351. Théorème. — *Deux rectangles quelconques sont proportionnels aux produits de leurs deux dimensions.*

Soient ABCD, A′B′C′D′ (fig. 220) les deux rectangles ; désignons par

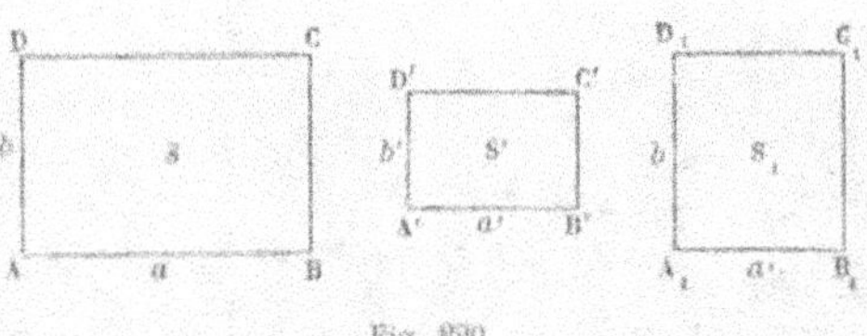

Fig. 220.

a, b et S les deux dimensions et la surface du premier, par a', b' et S′ les deux dimensions et la surface du second ; je dis qu'on aura

$$\frac{S}{S'} = \frac{ab}{a'b'}.$$

En effet, considérons un troisième rectangle $A_1B_1C_1D_1$, dont les dimensions soient a' et b, c'est-à-dire qui ait une dimension commune avec chacun des deux autres, et soit S_1 la surface de ce troisième rectangle. On aura, en vertu du théorème précédent, les deux proportions

$$\frac{S}{S_1} = \frac{a}{a'},$$
$$\frac{S_1}{S'} = \frac{b}{b'};$$

en les multipliant membre à membre, on aura

$$\frac{S}{S'} = \frac{ab}{a'b'}. \qquad \text{C. Q. F. D.}$$

352. Théorème. — *L'aire d'un rectangle a pour mesure le produit du nombre qui mesure sa base par le nombre qui mesure sa hauteur.*

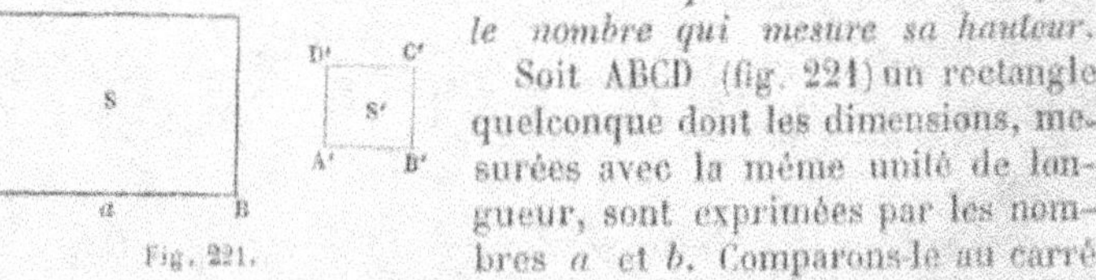

Fig. 221.

Soit ABCD (fig. 221) un rectangle quelconque dont les dimensions, mesurées avec la même unité de longueur, sont exprimées par les nombres a et b. Comparons-le au carré A′B′C′D′ construit sur cette même unité de longueur ; si nous désignons par S et S′ les aires de ces deux figures, nous aurons, en vertu du théorème précédent,

$$\frac{S}{S'} = \frac{AB \times AD}{A'B' \times A'D'} = \frac{AB}{A'B'} \times \frac{AD}{A'D'}.$$

Mais, ainsi que nous l'avons dit plus haut (**346**), le carré A′B′C′D′ est l'unité d'aire; donc le rapport $\frac{S}{S'}$ est la mesure de l'aire du rectangle ABCD; d'autre part, A′B′ et A′D′ sont égales l'une et l'autre à l'unité de longueur, et, par conséquent, les rapports $\frac{AB}{A'B'}$ et $\frac{AD}{A'D'}$ sont égaux aux nombres a et b, qui expriment les mesures des lignes AB et AD. Donc enfin l'aire du rectangle ABCD a pour mesure le produit $a \times b$. C. Q. F. D.

Pour abréger le langage, on énonce ordinairement ce théorème de la manière suivante : *L'aire d'un rectangle est égale au produit de sa base par sa hauteur.*

353. REMARQUE. — Il est indispensable, pour que ce théorème soit exact, que les deux dimensions du rectangle soient exprimées au moyen de la même unité de longueur; cela ressort clairement de la démonstration. Ainsi, si l'on demande l'aire d'un rectangle dont la base est égale à 67 mètres et la hauteur à 4 décimètres, il faudra d'abord rapporter ces deux lignes à une même unité, au mètre par exemple, ce qui donnera 67 mètres et $0^m,4$, et alors l'aire sera égale à $67 \times 0,4 = 26^{mq},8$.

354. COROLLAIRE. — *L'aire d'un carré a pour mesure le carré de son côté.*

En effet, un carré n'est autre chose qu'un rectangle dont les deux dimensions sont égales entre elles; il faut donc, pour avoir l'aire, multiplier le côté par lui-même, c'est-à-dire faire le carré de ce côté.

Il résulte de là que, pour avoir le côté d'un carré dont on connaît l'aire, il faut extraire la racine carrée du nombre qui mesure cette aire. Ainsi, si l'aire d'un carré est égale à 64 mètres carrés, le côté de ce carré sera $\sqrt{64}$ ou 8 mètres.

APPLICATIONS. — I. Une pièce de terre rectangulaire a $258^m,6$ de longueur et $123^m,45$ de largeur; trouver l'aire de cette pièce de terre, et l'exprimer en hectares, ares et centiares.

L'aire est égale à $258,6 \times 123,45 = 31924^{mq},17$; et comme l'are est un décamètre carré, et vaut par conséquent 100 mètres carrés, et que l'hectare vaut 100 plus ou 10 000 mètres carrés, cette aire équivaut à 3 hectares 19 ares 24 centiares 17 décimètres carrés.

II. L'un des côtés d'un appartement est un mur de forme rectangulaire qui a $4^m,72$ de longueur sur $3^m,40$ de hauteur ; on veut recouvrir le mur avec du papier de tenture dont la largeur est de $0^m,465$; combien en faudra-t-il de mètres ?

Toutes les bandes de papier, mises bout à bout, forment une surface rectangulaire ayant $0^m,465$ de largeur et équivalente à celle du mur à recouvrir, c'est-à-dire à $4,72 \times 3,40$ mètres carrés ; pour avoir la longueur du papier, il suffira de diviser $4,72 \times 3,40$ par $0,465$; cette longueur est donc

$$\frac{4,72 \times 3,40}{0,465} = 34^m,58,$$

à $0^m,01$ près.

III. Une dalle carrée a $27^d,5$ de côté ; quelle est son aire ?

Il suffit de faire le carré de $27,5$, ce qui donne $756^{cq},25$, ou encore 7 décimètres carrés 56 centimètres carrés 25 millimètres carrés.

IV. L'aire d'un carré est égale à $17^{mq},368$; quelle est la longueur de son côté ? Il suffit d'extraire la racine carrée de $17,368$, ce qui donne $4^m,167$, à un millimètre près, par défaut.

V. Trouver le côté d'un carré équivalent à un rectangle dont les dimensions sont $3^m,2$ et $4^m,75$.

L'aire du carré est égale à $3,2 \times 4,75 = 15^{mq},2$, et son côté sera égal à la racine carrée de ce nombre, c'est-à-dire à $3^m,898$, à un millimètre près.

355. Théorème. — *L'aire d'un parallélogramme a pour mesure le produit de sa base par sa hauteur* (fig. 222).

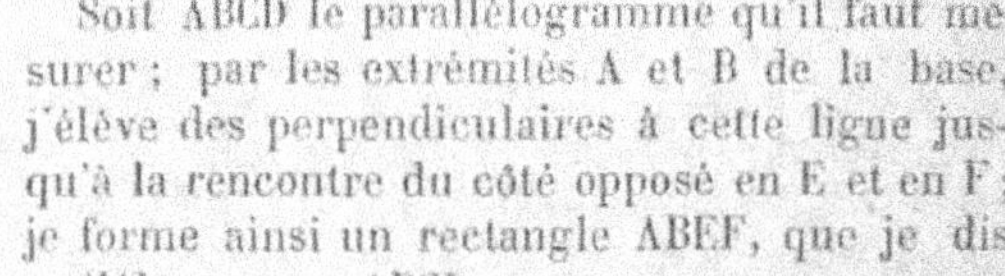

Fig. 222.

Soit ABCD le parallélogramme qu'il faut mesurer ; par les extrémités A et B de la base, j'élève des perpendiculaires à cette ligne jusqu'à la rencontre du côté opposé en E et en F ; je forme ainsi un rectangle ABEF, que je dis être équivalent au parallélogramme ABCD.

En effet, les deux triangles rectangles AFD, BEC ont les hypoténuses AD et BC égales comme parallèles comprises entre parallèles, et les côtés AF et BE égaux pour la même raison ; donc ces triangles sont égaux (**53**). Cela posé, si du trapèze ABCF on retranche le triangle ADF, il reste le parallélogramme ABCD, et si du même trapèze on retranche le triangle BEC égal au premier, il reste le rectangle ABEF ; donc ce rectangle est équivalent au parallélogramme. D'ailleurs, l'aire du rectangle a pour mesure le produit $AB \times BE$; donc l'aire du parallélogramme a la même mesure, c'est-à-dire le produit de sa base AB par sa hauteur BE.

C. Q. F. D.

356. Corollaire. — Soient B et H les nombres qui mesurent la base et la hauteur d'un parallélogramme, et S le nombre qui mesure son aire, on a, d'après le théorème précédent,

$$S = B \times H.$$

On déduit de cette formule : 1° que *deux parallélogrammes de même base et de même hauteur sont équivalents ;* 2° *que deux parallélogrammes de même base sont entre eux comme leurs hauteurs, et que deux parallélogrammes de même hauteur sont entre eux comme leurs bases ;* 3° *que deux parallélogrammes quelconques sont entre eux comme les produits qu'on obtient en multipliant la base de chacun d'eux par sa hauteur.*

357. Théorème. — *L'aire d'un triangle a pour mesure la moitié du produit de sa base par sa hauteur* (fig. 223).

Soit ABC un triangle, qui a pour base BC et pour hauteur AD ; je mène par les sommets A et C des parallèles aux côtés opposés ; je forme ainsi un parallélogramme ABCE qui a même base BC et même hauteur AD que le triangle ABC. Les deux triangles ABC, AEC sont égaux, comme ayant les trois côtés égaux ; donc le triangle ABC est la

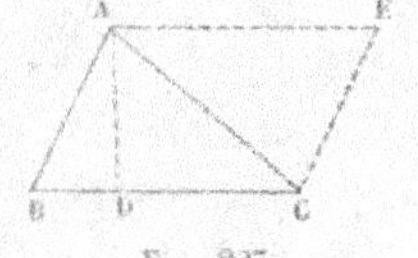
Fig. 223.

moitié du parallélogramme ABCE ; or l'aire de ce dernier a pour mesure le produit $BC \times AD$; donc l'aire du triangle est égale à la moitié de ce produit, c'est-à-dire à la moitié du produit de sa base par sa hauteur. C. Q. F. D.

Applications. — I. La base d'un triangle est égale à 72ᵐ,25, et sa hauteur à 45ᵐ,40 ; quelle est son aire ?

Cette aire est égale à

$$\tfrac{1}{2} 72,25 \times 45,40 = 72,25 \times 22,70 = 1640^{mq},075.$$

ou bien 16 décamètres carrés 40 mètres carrés 7 décimètres carrés 50 centimètres carrés.

II. Trouver le côté du carré équivalent au triangle précédent.

C'est la racine carrée du nombre 1640,075 qui mesure l'aire, c'est-à-dire 40^m,498, à un millimètre près par excès.

III. L'aire d'un triangle est égale à 74$^{\text{décam. q.}}$,469, et sa base est égale à 401^m,8 ; quelle est sa hauteur ?

Je commence par rapporter l'aire et la base données à des unités correspondantes ; je rapporterai ici l'aire au mètre carré, puisque la base est rapportée au mètre ; alors l'aire sera 7446^{mq}, 9. Ce nombre est égal au produit de la hauteur par la moitié de la base ; j'aurai donc la hauteur en divisant l'aire 7446,9 par la moitié de la base, c'est-à-dire par 200,9, ce qui donne 37^m,068, à un millimètre près par excès.

358. Corollaire I. — *Tout triangle est la moitié du rectangle qui aurait la même base et la même hauteur.* C'est ce qui résulte du simple rapprochement des théorèmes des n^{os} **352** et **357**.

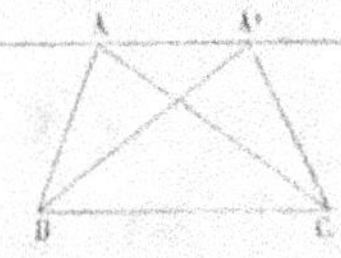
Fig. 224.

359. Corollaire II. — *Deux triangles qui ont même base et même hauteur sont équivalents.* Car ils ont la même mesure.

En particulier, si deux triangles ABC, A'BC (fig. 224) ont même base BC et leurs sommets A et A' sur une même parallèle à la base, ils sont équivalents ; car leurs hauteurs sont égales (**84**).

360. Corollaire III. — *Deux triangles de même base sont entre eux comme leurs hauteurs ; deux triangles de même hauteur sont entre eux comme leurs bases ; deux triangles quelconques sont proportionnels aux produits qu'on obtient en multipliant la base de chacun d'eux par sa hauteur.*

Toutes ces propriétés résultent clairement de la formule

$$S = \frac{1}{2} B \times H,$$

qui exprime l'aire du triangle en fonction de sa base et de sa hauteur.

* **361.** Remarques. — On peut exprimer la surface d'un triangle en fonction des trois côtés a, b, c. Nous avons vu (**229**) que la

hauteur h qui tombe sur le côté a est donnée par la formule

$$h = \frac{2}{a}\sqrt{p\,(p-a)\,(p-b)\,(p-c)};$$

la surface S est égale au produit de la base a par la moitié de la hauteur h; donc

$$S = \frac{1}{2}ah = \sqrt{p\,(p-a)\,(p-b)\,(p-c)}.$$

Exemple. — Faisons $a = 41$ mètres, $b = 32$ mètres, $c = 25$ mètres ; nous aurons

$$p = 49, \quad p-a = 8, \quad p-b = 17, \quad p-c = 24;$$

d'où

$$S = \sqrt{49 \times 8 \times 17 \times 24} = 56 \times \sqrt{51} = 399^{\mathrm{mq}},92,$$

à un décimètre carré près par excès.

* **362.** On peut donner, pour la surface d'un triangle, d'autres expressions très simples où figurent le rayon du cercle inscrit et les rayons des cercles ex-inscrits.

Soit ABC (fig. 225) un triangle, O le centre du cercle inscrit ; si nous joignons ce point à tous les sommets, nous décomposons le triangle donné en trois triangles OBC, OCA, OAB, qui ont pour bases respectives les côtés a, b, c du triangle et pour hauteur commune le rayon r du cercle inscrit. En appelant S la surface, on aura donc

$$S = \frac{ar}{2} + \frac{br}{2} + \frac{cr}{2} = \frac{a+b+c}{2}\,r\,;$$

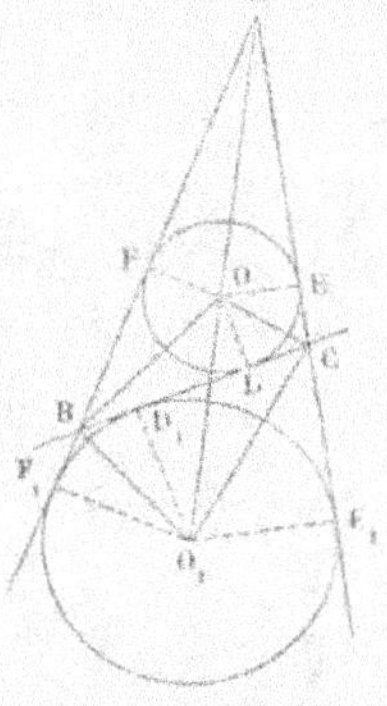

Fig. 225.

mais $\dfrac{a+b+c}{2}$ est le demi-périmètre du triangle, qu'on désigne ordinairement par p; donc enfin

$$S = pr.$$

Considérons maintenant le cercle ex-inscrit dans l'angle A ; soit O_1 son centre. En le joignant aux trois sommets A, B, C, on forme trois triangles O_1BC, O_1CA, O_1AB, ayant pour bases respectives les côtés a, b, c du triangle donné et pour hauteur commune le rayon r_a du cercle ex-inscrit. Mais on voit sur la figure que le triangle ABC est égal à la somme des triangles O_1CA et O_1AB diminuée du triangle O_1BC; on aura donc

$$S = \frac{br_a}{2} + \frac{cr_a}{2} - \frac{ar_a}{2} = \frac{b+c-a}{2}\, r_a = (p-a)\, r_a.$$

On trouverait de même

$$S = (p-b)\, r_b = (p-c)\, r_c,$$

r_b et r_c désignant les rayons des cercles ex-inscrits dans les angles B et C.

Inversement, des formules précédentes on tire facilement les valeurs de r, r_a, r_b, r_c, en fonction des côtés; il suffit d'y remplacer S par $\sqrt{p(p-a)(p-b)(p-c)}$. On a ainsi :

$$r = \frac{S}{p} = \frac{\sqrt{p(p-a)(p-b)(p-c)}}{p} = \sqrt{\frac{(p-a)(p-b)(p-c)}{p}},$$

$$r_a = \frac{S}{p-a} = \frac{\sqrt{p(p-a)(p-b)(p-c)}}{p-a} = \sqrt{\frac{p(p-b)(p-c)}{p-a}},$$

et de même pour r_b et r_c.

Enfin, si l'on multiplie membre à membre les quatre expressions de S que nous venons de trouver, on a

$$S^4 = p(p-a)(p-b)(p-c)\, r\, r_a\, r_b\, r_c;$$

et comme $p(p-a)(p-b)(p-c) = S^2$ (**361**), l'équation précédente se réduit à

$$S^2 = r\, r_a\, r_b\, r_c \quad \text{ou} \quad S = \sqrt{r\, r_a\, r_b\, r_c}.$$

* **363**. Nous avons démontré (**238**) la formule

$$bc = 2\,R\,h,$$

dans laquelle R désigne le rayon du cercle circonscrit à un triangle, b et c deux des côtés et h la hauteur qui tombe sur le troisième côté; multiplions les deux membres de cette égalité par ce troisième côté, a; nous aurons

$$abc = 2\,R\,ah:$$

mais ah est le double de la surface S du triangle; donc enfin

$$abc = 4\,\mathrm{R}\,\mathrm{S}, \qquad \text{ou} \qquad \mathrm{S} = \frac{abc}{4\,\mathrm{R}},$$

formule remarquable par sa simplicité.

361. Théorème. — *L'aire d'un trapèze a pour mesure le produit de la demi-somme de ses bases parallèles par sa hauteur.*

Première démonstration. — Décomposons le trapèze ABCD (fig. 226) en deux triangles ABC, CAD, par la diagonale AC, et évaluons les aires des deux triangles. Le premier a

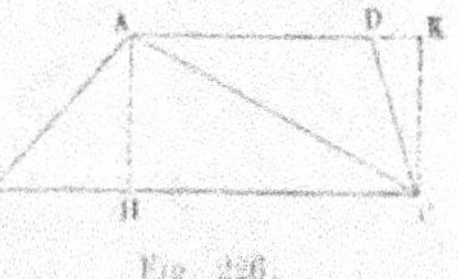

Fig. 226.

pour mesure le produit de sa base BC par la moitié de sa hauteur AH ; le second a pour mesure le produit de sa base AD par la moitié de sa hauteur CK, laquelle est égale à AH. Par suite, l'aire du trapèze a pour mesure

$$\mathrm{BC} \times \frac{\mathrm{AH}}{2} + \mathrm{AD} \times \frac{\mathrm{AH}}{2} = \frac{\mathrm{BC} + \mathrm{AD}}{2} \times \mathrm{AH}. \qquad \text{c. q. f. d.}$$

Deuxième démonstration. — On peut transformer le trapèze ABCD (fig. 227) en un triangle équivalent. A cet effet, je prolonge AB d'une longueur BE égale à l'autre base DC, et je joins DE, qui rencontre en F le côté BC du trapèze. Les deux triangles BEF, CDF ont les côtés BE et CD égaux par construction, les angles BEF, CDF égaux comme alternes-

Fig. 227.

internes formés par les parallèles BE, CD, coupées par la sécante DE, et les angles EBF, DCF, égaux pour la même raison ; ces deux triangles sont donc égaux. Si je les retranche successivement du polygone total AEFCD, le trapèze ABCD et le triangle ADE, que j'obtiens pour restes, sont équivalents. Or le triangle ADE a pour mesure $\frac{1}{2}$ AE $\times$ DH, ou bien $\frac{\mathrm{AB} + \mathrm{CD}}{2} \times$ DH, puisque AE est égale à

AB + CD; donc enfin l'aire du trapèze a pour mesure $\dfrac{\mathrm{AB} + \mathrm{CD}}{2} \times$ DH,

c'est-à-dire le produit de la demi-somme des bases par la hauteur.

c. q. f. d.

365. Remarque. — Il résulte de l'égalité des triangles BEF et CDF que le point F est à la fois le milieu de BC et le milieu de DE. Si par ce point F nous menons une parallèle à AE, elle passera par le milieu G du côté AD et sera égale à la moitié de AE (**100**), c'est-à-dire à $\dfrac{AB + CD}{2}$; donc

La ligne qui joint les milieux des côtés non parallèles d'un trapèze est parallèle aux bases et égale à leur demi-somme.

Il résulte de cette propriété que *l'aire d'un trapèze a pour mesure le produit de sa hauteur par la droite qui joint les milieux de ses côtés non parallèles.*

366. **Problème**. — *Trouver l'aire d'un polygone quelconque.*

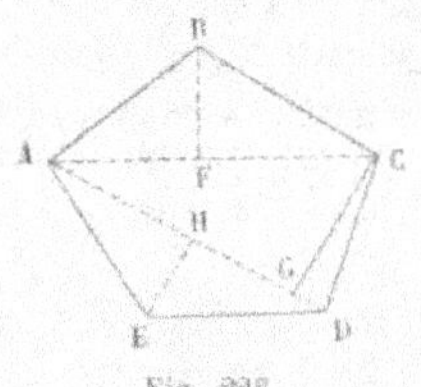

Fig. 228.

Première méthode. — On décompose le polygone ABCDE (fig. 228) donné en triangles par des diagonales issues d'un même sommet A ; on mesure les aires de tous ces triangles et on les ajoute. Ainsi, dans la figure ci-jointe, où l'on a tracé les hauteurs des divers triangles, l'aire du polygone a pour mesure la somme suivante :

$$\frac{1}{2}AG \times BF + \frac{1}{2}AD \times CG + \frac{1}{2}AD \times EH.$$

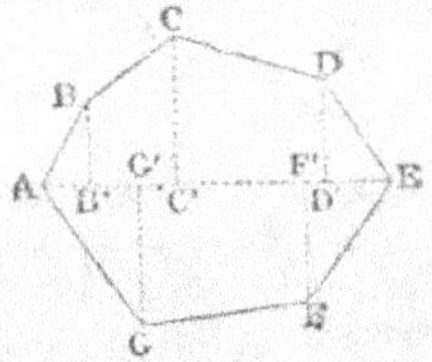

Fig. 229.

Deuxième méthode. — Dans le polygone ABCDEFG (fig. 229) menons une diagonale AE, et de tous les sommets abaissons des perpendiculaires sur cette diagonale ; nous décomposons ainsi le polygone en trapèzes et en triangles rectangles ; et, en additionnant les aires de ces trapèzes et de ces triangles, nous aurons l'aire du polygone. Les hauteurs des triangles et des trapèzes étant toutes dirigées suivant la diagonale AE, il suffit, pour avoir toutes les aires partielles, de mesurer les différentes parties de la diagonale et les perpendiculaires BB', CC', etc. L'aire du polygone aura alors pour mesure la somme

$$\frac{1}{2}BB' \times AB' + \frac{BB' + CC'}{2} \times B'C' + \frac{CC' + DD'}{2} \times C'D' + \frac{1}{2}DD' \times D'E$$

$$+ \frac{1}{2}FF' \times EF' + \frac{FF' + GG'}{2} \times F'G' + \frac{1}{2}GG' \times AG'.$$

Nous reviendrons sur ce problème dans les *Applications de la géométrie à l'arpentage*.

§ XXV. — Comparaison des aires.

367. Théorème. — *Le rapport des aires de deux polygones semblables est égal au carré du rapport des côtés homologues.*

1° Je démontrerai d'abord le théorème pour deux triangles semblables ABC, A'B'C' (fig. 230). Des sommets homologues A et A', je mène les hauteurs AD, A'D'; les deux triangles rectangles ABD, A'B'D' ont les angles aigus B et B' égaux comme

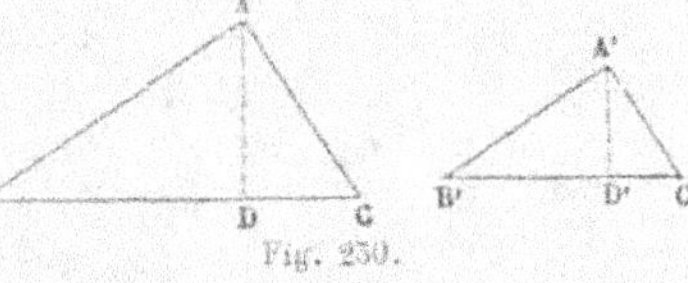
Fig. 230.

angles homologues des deux triangles semblables; ces triangles sont donc semblables (**209**) et l'on a la proportion

$$\frac{AD}{A'D'} = \frac{AB}{A'B'};$$

ce qui veut dire que, dans deux triangles semblables, le rapport de deux hauteurs homologues est égal au rapport des côtés homologues. Cela posé, le rapport des aires des deux triangles ABC, A'B'C' est égal (**360**) à $\dfrac{BC \times AD}{B'C' \times A'D'}$, ou à $\dfrac{BC}{B'C'} \times \dfrac{AD}{A'D'}$. Mais nous venons de faire voir que le rapport $\dfrac{AD}{A'D'}$ est égal à $\dfrac{AB}{A'B'}$; $\dfrac{BC}{B'C'}$ est aussi égal à $\dfrac{AB}{A'B'}$, à cause de la similitude des deux triangles; donc le rapport des deux triangles est égal à

$$\frac{AB}{A'B'} \times \frac{AB}{A'B'} = \frac{\overline{AB}^2}{\overline{A'B'}^2}. \qquad \text{C. Q. F. D.}$$

On peut encore démontrer ce théorème par des considérations extrêmement simples : Lorsqu'on double les côtés d'un triangle, les hauteurs sont doublées en même temps; or, si on doublait seulement la base sans changer la hauteur, l'aire du triangle doublerait; si l'on double ensuite la hauteur, l'aire sera encore doublée; elle deviendra

donc quatre fois plus grande. On verrait de même qu'en triplant
tous les côtés d'un triangle, on rendrait l'aire neuf fois plus grande,

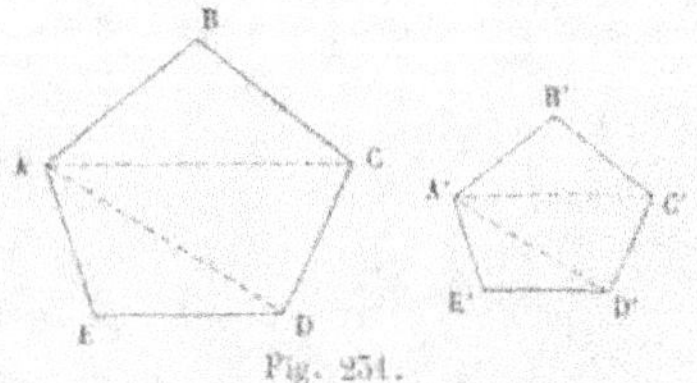

Fig. 251.

et ainsi de suite ; donc les aires
de deux triangles semblables sont
proportionnelles aux carrés des
côtés homologues.

2° Je considère maintenant deux
polygones semblables quelconques ABCDE, A'B'C'D'E' (fig. 251) ;
je les décompose en triangles sem-
blables chacun à chacun. On aura alors, d'après ce qui précède,

$$\frac{ABC}{A'B'C'} = \frac{\overline{AB}^2}{\overline{A'B'}^2} ; \qquad \frac{ACD}{A'C'D'} = \frac{\overline{CD}^2}{\overline{C'D'}^2} ; \text{ etc.}$$

D'autre part, les polygones étant semblables, on a

$$\frac{AB}{A'B'} = \frac{CD}{C'D'} = \frac{DE}{D'E'},$$

et, par suite,

$$\frac{\overline{AB}^2}{\overline{A'B'}^2} = \frac{\overline{CD}^2}{\overline{C'D'}^2} = \frac{\overline{DE}^2}{\overline{D'E'}^2}$$

De toutes ces égalités de rapports on tire

$$\frac{ABC}{A'B'C'} = \frac{ACD}{A'C'D'} = \frac{ADE}{A'D'E'} = \frac{\overline{AB}^2}{\overline{A'B'}^2}$$

et enfin

$$\frac{ABC + ACD + ADE}{A'B'C' + A'C'D' + A'D'E'} = \frac{\overline{AB}^2}{\overline{A'B'}^2}. \qquad \text{c. q. f. d.}$$

On peut encore donner à cette démonstration une autre forme.
Supposons, pour fixer les idées, que le rapport des côtés homologues
des deux polygones soit égal à $\frac{3}{2}$; le rapport des aires de deux
triangles de même rang pris dans les deux polygones sera le carré
de $\frac{3}{2}$ ou $\frac{9}{4}$; ce qui veut dire que chacun des triangles qui composent
le premier polygone est les $\frac{9}{4}$ du triangle correspondant dans le se-

cond polygone ; par suite, le premier polygone vaut les $\frac{9}{4}$ du second ou, en d'autres termes, le rapport des aires de ces deux polygones est égal au rapport des carrés des côtés homologues.   c. q. f. d.

368. Théorème. — *Deux triangles qui ont un angle égal ou supplémentaire sont entre eux comme les produits des côtés qui comprennent cet angle.*

1° Je considère les deux triangles ABC, ADE (fig. 252), qui ont l'angle A commun, et je joins BE. Les deux triangles ABC, ABE peuvent être regardés comme ayant pour sommet commun le point B, leurs bases AC

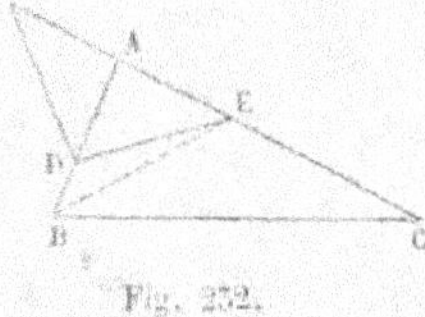

Fig. 252.

et AE étant sur une même droite ; ils ont alors la même hauteur, et par conséquent sont proportionnels à leurs bases (**360**) ; on a donc

$$\frac{ABC}{ABE} = \frac{AC}{AE}.$$

En comparant de même les triangles ABE, ADE, on trouve

$$\frac{ABE}{ADE} = \frac{AB}{AD}.$$

En multipliant ces deux égalités membre à membre, on a

$$\frac{ABC}{ADE} = \frac{AB \times AC}{AD \times AE}.$$ c. q. f. d.

2° Soient ABC et ADF deux triangles qui ont les angles en A supplémentaires, et les côtés AB et AD dirigés suivant la même droite ; AF sera le prolongement de AC. Prenons sur AC une longueur AE égale à AF, et joignons DE ; les deux triangles ADF et ADE ont des bases AF et AE égales et même hauteur ; donc ils sont équivalents. Mais nous venons de voir qu'on a

$$\frac{ABC}{ADE} = \frac{AB \times AC}{AD \times AE} ;$$

remplaçons, dans cette proportion, ADE par le triangle équivalent ADF et AE par la ligne égale AF ; il viendra

$$\frac{ABC}{ADF} = \frac{AB \times AC}{AD \times AF}.$$ c. q. f. d.

369. Théorème. — *Le carré construit sur l'hypoténuse d'un triangle rectangle est équivalent à la somme des carrés construits sur les deux côtés de l'angle droit.*

Soit ABC (fig. 253) un triangle rectangle ; sur l'hypoténuse BC et sur les côtés de l'angle droit, AB et AC, je construis des carrés ; je dis que le premier de ces carrés, BCDE, est équivalent à la somme des deux autres, ABFG et ACHK.

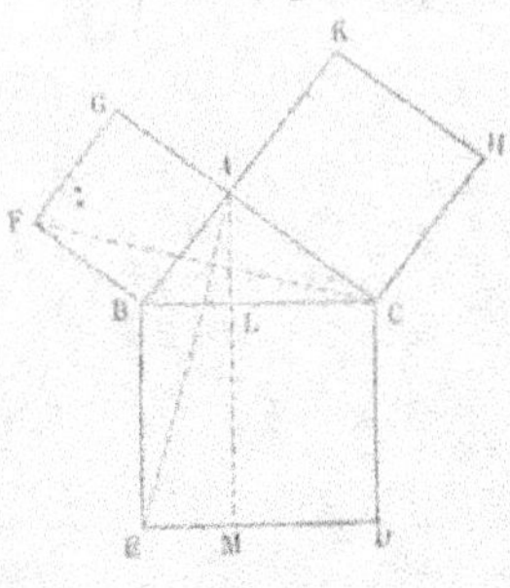

Fig. 253.

J'abaisse du point A sur BC une perpendiculaire AL que je prolonge jusqu'à sa rencontre avec DE en M ; je dis que le rectangle LBEM est équivalent au carré ABFG. En effet, joignons AE et CF : les deux triangles ABE, FBC ont les côtés AB et FB égaux comme côtés d'un même carré, BE égal à BC pour la même raison, et l'angle ABE égal à l'angle FBC comme formés tous les deux en ajoutant un angle droit à l'angle ABC ; ces deux triangles sont donc égaux. Or le triangle ABE a même base que le rectangle BEML, et même hauteur, puisque le sommet A du triangle est sur le prolongement de l'autre base ML du rectangle ; donc l'aire du rectangle BEML est double de celle du triangle ABE (**358**). De même, le triangle FBC a même base BF que le carré ABFG, et même hauteur, puisque son sommet C est sur le prolongement de AG ; donc l'aire du carré ABFG est double de celle du triangle FBC. Par conséquent, le rectangle BEML est équivalent au carré ABFG.

On démontrerait de même que le rectangle CLMD est équivalent au carré ACHK ; donc enfin le carré CBDE, qui est la somme des deux rectangles, est équivalent à la somme des deux carrés ABFG, ACHK.　　C. Q. F. D.

270. Remarque. — L'aire du carré construit sur BC a pour mesure le carré du nombre qui mesure BC ; de même les aires des carrés construits sur AB et sur AC ont respectivement pour mesures les carrés des nombres qui mesurent AB et AC ; donc le théorème précédent peut être énoncé de la manière suivante :

Le carré du nombre qui mesure l'hypoténuse d'un triangle rectangle est égal à la somme des carrés des nombres qui mesurent les deux côtés de l'angle droit.

Nous retrouvons ainsi le théorème déjà démontré au n° **223**.

Réciproquement, de ce dernier théorème on pouvait déduire le précédent. Plus généralement, toutes les relations que nous avons établies dans le Livre III entre les nombres qui mesurent les lignes d'une figure, nous fourniront des théorèmes sur les aires ; il suffira de remplacer, dans les énoncés, le produit de deux droites par l'aire du rectangle construit sur ces deux droites, et le carré d'une droite par l'aire du carré construit sur cette droite. Par exemple, le théorème du n° **326** peut s'énoncer ainsi :

Le carré construit sur un côté d'un triangle opposé à un angle aigu est équivalent à la somme des carrés construits sur les deux autres côtés, diminuée du rectangle ayant pour base l'un de ces côtés et pour hauteur la projection du second sur le premier.

On transformerait de même l'énoncé du théorème du n° **327**. On peut d'ailleurs donner de ces deux propositions une démonstration directe, fondée sur la comparaison des aires des carrés et du rectangle indiqués dans l'énoncé ; c'est un exercice utile, que nous recommandons au lecteur.

371. COROLLAIRE. — *Si sur les trois côtés d'un triangle rectangle comme côtés homologues on construit des polygones semblables, le polygone construit sur l'hypoténuse est équivalent à la somme des polygones construits sur les deux côtés de l'angle droit.*

Désignons par a l'hypoténuse et par b et c les deux côtés de l'angle droit du triangle rectangle, par S, S', S'' les aires des polygones semblables construits sur ces trois côtés ; on aura (**367**)

$$\frac{S}{a^2} = \frac{S'}{b^2} = \frac{S''}{c^2};$$

d'où l'on tire

$$\frac{S}{a^2} = \frac{S' + S''}{b^2 + c^2};$$

les dénominateurs de ces deux rapports sont égaux, d'après le théorème précédent ; donc les numérateurs le sont aussi, et l'on a

$$S = S' + S''. \qquad\qquad \text{C. Q. F. D.}$$

§ XXVI. — AIRES DE POLYGONE RÉGULIER ET DU CERCLE.

372. Théorème. — *L'aire d'un polygone régulier a pour mesure le produit de son périmètre par la moitié de son apothème.*

Soit ABCDEF un polygone régulier (fig. 234) ; je le décompose en triangles par des rayons OA, OB, OC...; ces triangles ont pour bases

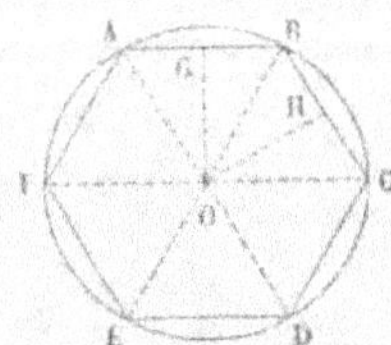

Fig. 234.

respectives les côtés du polygone et pour hauteur commune l'apothème OG. Chacun de ces triangles a pour mesure le produit de sa base par la moitié de l'apothème ; donc la somme de tous les triangles ou le polygone entier a pour mesure la somme des bases multipliée par la moitié de l'apothème, c'est-à-dire le produit du périmètre par la moitié de l'apothème.   C. Q. F. D.

373. Remarques. — Soient a le côté du polygone régulier, n le nombre de ses côtés et R son rayon ; son périmètre est na ; son apothème OG s'obtient facilement dans le triangle rectangle AOG :

$$OG = \sqrt{\overline{OA}^2 - \overline{AG}^2} = \sqrt{R^2 - \frac{a^2}{4}}.$$

Par conséquent, la surface S du polygone régulier est exprimée par la formule

$$S = \frac{1}{2} na \sqrt{R^2 - \frac{a^2}{4}} = \frac{1}{4} na \sqrt{4R^2 - a^2}.$$

Si l'on connaît l'expression du côté a en fonction du rayon R, cette formule donnera la valeur de S en fonction de R.

Exemples. — *Carré* : $a = R\sqrt{2}$; donc,

$$S = R\sqrt{2} \times \sqrt{2R^2} = R\sqrt{2} \times R\sqrt{2} = 2R^2.$$

Triangle équilatéral : $a = R\sqrt{3}$, donc

$$S = \frac{3}{4} R\sqrt{3} \times R = \frac{3}{4} R^2 \sqrt{3}.$$

Hexagone régulier : $a = R$; donc

$$S = \frac{3}{2} R \sqrt{3R^2} = \frac{3}{2} R^2 \sqrt{3}.$$

Inversement, si on remplace R par sa valeur en fonction de a, on aura la valeur de S en fonction du côté. On trouve ainsi :

$$\text{Pour le } \textit{carré} \ldots\ldots\ldots\ldots \quad S = a^2,$$

$$\text{Pour le } \textit{triangle équilatéral} \ldots \quad S = \frac{a^2\sqrt{3}}{4},$$

$$\text{Pour l'}\textit{hexagone régulier} \ldots \quad S = \frac{3}{2}\,a^2\sqrt{3}.$$

Lorsque le polygone régulier a un nombre pair de côtés, on peut donner une expression très simple de sa surface. Soient n le nombre des côtés, b le côté du polygone régulier de $\frac{n}{2}$ côtés ; pour évaluer l'aire du triangle AOB (fig. 254), on peut prendre pour base le rayon OB ; la hauteur est alors évidemment $\frac{b}{2}$; donc l'aire du triangle AOB a pour mesure $\frac{Rb}{4}$, et par conséquent la surface S du polygone est égale à $\frac{nRb}{4}$.

Exemples. — *Dodécagone régulier* : $b = R$; donc

$$S = \frac{12R^2}{4} = 3R^2.$$

Octogone régulier : $b = R\sqrt{2}$; donc

$$S = \frac{8R^2\sqrt{2}}{4} = 2R^2\sqrt{2}.$$

374. Théorème. — *L'aire d'un cercle a pour mesure le produit de sa circonférence par la moitié du rayon.*

Considérons deux polygones réguliers, l'un inscrit, l'autre circonscrit au cercle donné O (fig. 255) ; l'aire du cercle est évidemment comprise entre les aires de ces deux polygones. Si l'on augmente indéfiniment le nombre de leurs côtés, l'aire du polygone inscrit ira constamment en croissant, et, comme elle est toujours

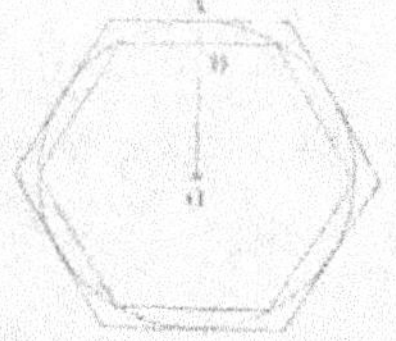

Fig. 255.

inférieure à l'aire du cercle, elle tendra vers une certaine limite l ; de même, l'aire du polygone circonscrit ira constamment en diminuant, en restant néanmoins supérieure à celle du cercle ; donc cette aire tendra aussi vers une limite L. Si je démontre que ces deux limites sont égales, leur valeur commune sera précisément l'aire du cercle. Or, en appelant p et P les périmètres des deux polygones inscrit et circonscrit, s et S leurs surfaces, on a

$$s = \frac{1}{2} p \times OD; \qquad S = \frac{1}{2} P \times OA.$$

Si l'on augmente indéfiniment le nombre des côtés des deux polygones, p et P ont pour limite commune la circonférence C du cercle (**334**), OD a pour limite le rayon R; donc s et S ont l'une et l'autre pour limite le produit $\frac{1}{2} C \times R$ ou $C \times \frac{R}{2}$; par conséquent, ce produit exprime la mesure de l'aire du cercle. c. q. f. d.

375. Remarque. — En désignant par S l'aire du cercle, par C sa circonférence et par R son rayon, on a

$$S = \frac{CR}{2};$$

mais nous savons d'autre part (**337**) qu'on a

$$C = 2\pi R.$$

En remplaçant C par cette valeur dans la première formule, on a

$$S = \frac{2\pi R^2}{2} = \pi R^2, \qquad [1]$$

formule très importante, qu'on énonce ainsi :

L'aire du cercle est égale au carré de son rayon multiplié par le nombre π.

Au lieu de remplacer, dans l'expression de S, la circonférence par sa valeur en fonction du rayon, on pourrait au contraire remplacer R par la valeur $R = \frac{C}{2\pi}$ (**337**), et on aurait ainsi

$$S = \frac{C}{2} \times \frac{C}{2\pi} = \frac{C^2}{4\pi} = \left(\frac{C}{2}\right)^2 \times \frac{1}{\pi}. \qquad [2]$$

Cette formule, d'un usage moins fréquent que la précédente, s'énonce ainsi :

L'aire du cercle est égale au carré de la demi-circonférence multi-plié par $\frac{1}{\pi}$.

Applications. — I. Le diamètre d'une pièce de cinq francs en argent est de 57 millimètres. Trouver la surface de cette pièce.

Le rayon est égal à $\frac{57^{mm}}{2} = 18^{mm},5$; et alors la formule [1] donne

$$S = 18,5^2 \times \pi = 1075^{mm}.21,$$

à moins d'un centième de millimètre carré près.

II. La circonférence d'un grand cercle du globe terrestre est égale à 40 000 kilomètres ; trouver la surface de ce grand cercle.

La formule [2] donne

$$S = 20\,000^2 \times \frac{1}{\pi} = 127\,323\,954^{q},$$

à moins d'un kilomètre carré près.

III. Calculer le rayon d'un cercle qui aurait une superficie d'un hectare.

De la formule [1] on tire immédiatement

$$R^2 = \frac{S}{\pi};$$

ce qui donne, dans notre exemple, en prenant le mètre pour unité de longueur,

$$R^2 = 10\,000 \times \frac{1}{\pi} = 3183,0988;$$

et, en extrayant la racine carrée des deux membres,

$$R = \sqrt{3183,0988} = 57^{m},42,$$

à un centimètre près.

376. Corollaire. — *Les aires de deux cercles sont proportion-nelles aux carrés de leurs rayons.*

Soient R, R', les rayons de deux cercles, S et S' leurs surfaces ; on a

$$S = \pi R^2, \qquad S' = \pi R'^2;$$

en divisant ces égalités membre à membre, il vient

$$\frac{S}{S'} = \frac{\pi R^2}{\pi R'^2} = \frac{R^2}{R'^2}.$$

C. Q. F. D.

377. Définitions. — On appelle *secteur polygonal régulier* la figure comprise entre une ligne brisée régulière ACDB et les rayons OA et OB qui aboutissent à ses deux extrémités (fig. 256).

On appelle *secteur de cercle*, ou simplement *secteur*, la portion du cercle comprise entre deux rayons.

378. Lemme. — *L'aire d'un secteur polygonal régulier OACDB a pour mesure le produit de la longueur de la ligne brisée régulière ACDB qui le limite par la moitié de son apothème OG* (fig. 256).

Même démonstration que pour le polygone régulier (**372**).

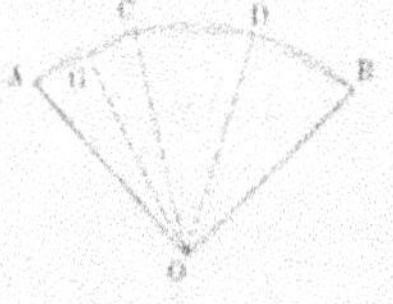

Fig. 256.

379. Théorème. — *L'aire d'un secteur circulaire a pour mesure le produit de l'arc qui lui sert de base par la moitié du rayon.*

Soit AOB le secteur donné (fig. 256); dans l'arc AB, j'inscris une ligne brisée régulière ACDB, et je forme ainsi le secteur polygonal régulier OACDB. On démontrerait comme au n° **374** que l'aire du secteur circulaire est la limite vers laquelle tend l'aire du secteur polygonal, lorsqu'on augmente indéfiniment le nombre des côtés de la ligne brisée régulière. Or l'aire du secteur polygonal régulier a pour mesure le produit

$$(AC + CD + DB) \times \frac{OG}{2};$$

si l'on augmente indéfiniment le nombre des côtés de la ligne brisée inscrite, sa longueur a pour limite la longueur de l'arc AB (**334**), et l'apothème OG a pour limite le rayon; donc, enfin, l'aire du secteur est égale au produit arc $AB \times \dfrac{OA}{2}$.   C. Q. F. D.

380. Corollaire. — *Le rapport de l'aire du secteur à l'aire du cercle est égal au rapport de l'arc du secteur à la circonférence.*

Ces deux aires s'obtiennent en multipliant par une même quantité, qui est la moitié du rayon, d'une part l'arc du secteur, d'autre part la circonférence; donc leur rapport est égal à celui de l'arc à la circonférence.

381. Remarque. — Désignons par R le rayon du cercle, par l la longueur de l'arc AB et par S l'aire du secteur; nous aurons, d'après le théorème précédent,

$$S = \frac{lR}{2};$$

si nous remplaçons l par sa valeur donnée au n° **338**, nous aurons

$$S = \frac{\pi R n}{180} \times \frac{R}{2} = \frac{\pi R^2 n}{360}.$$

Applications. — I. Trouver l'aire d'un secteur dont l'angle est de 58° 40′ 24″ et le rayon de 17ᵐ,28.

Pour appliquer la formule, il faut convertir en secondes l'angle donné et le dénominateur 360; on a ainsi

$$S = \frac{\pi \times 17,28^2 \times 211224}{1296000} = 152^{mq},8888,$$

à un centimètre carré près par excès.

II. Trouver l'angle d'un secteur dont la surface est égale à 19 mètres carrés et le rayon à 5 mètres.

On a

$$n = \frac{360 S}{\pi R^2} = \frac{360 \times 19}{25\pi} = 273,6 \times \frac{1}{\pi} = 87°,089585\ldots = 87°5′22″,50,$$

à 0″,01 près par excès.

* **382.** Théorème. — *L'aire d'un segment de cercle a pour mesure le produit de la moitié du rayon par l'excès de son arc sur la moitié de la corde de l'arc double.*

Soit AMB (fig. 257) un segment, que je suppose plus petit que le demi-cercle; son aire est égale à l'excès de l'aire du secteur OAMB sur celle du triangle OAB. Évaluons ces deux aires; le secteur a pour mesure le produit de son arc par la moitié du rayon :

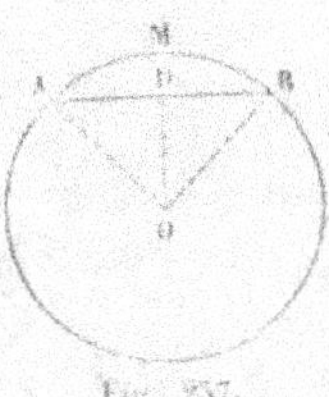

Fig. 257.

$$\frac{OA}{2} \times \text{arc AMB}.$$

L'aire du triangle OAB, considéré comme ayant OA pour base, s'obtient en multipliant $\dfrac{OA}{2}$ par la distance du point B à la droite OA, distance qui est évidemment égale à la moitié de la corde d'un arc double de AB ; si l'on désigne cette corde par b, l'aire du triangle est exprimée par le produit

$$\frac{OA}{2} \times \frac{b}{2}.$$

Donc, enfin, l'aire du segment a pour mesure

$$\frac{OA}{2} \times \left(\text{arc AB} - \frac{b}{2} \right). \qquad\qquad \text{c. q. f. d.}$$

Si le segment considéré était plus grand qu'un demi-cercle, on obtiendrait son aire en retranchant du cercle entier le segment plus petit qu'un demi-cercle qui est sous-tendu par la même corde.

Applications. — I. Trouver l'aire du segment compris entre un arc de 90° et sa corde, dans le cercle de rayon R.

L'arc de 90° est le quart de la circonférence ; sa longueur est $\dfrac{\pi R}{2}$; la corde de l'arc double est le diamètre ou 2R ; donc l'aire du segment est

$$\frac{R}{2} \left(\frac{\pi R}{2} - R \right) = \frac{1}{2} R^2 \left(\frac{\pi}{2} - 1 \right).$$

II. Trouver l'aire du segment compris entre l'arc de 60° et sa corde, le rayon du cercle étant R.

On trouve facilement

$$\frac{R}{2} \left(\frac{\pi R}{3} - \frac{R\sqrt{3}}{2} \right) = \frac{R^2}{12} \left(2\pi - 3\sqrt{3} \right),$$

§ XXVII. — Problèmes sur les aires.

383. Problème. — *Construire un triangle équivalent à un polygone donné* ABCDE (fig. 238).

Je détache du polygone un triangle ABC par la diagonale AC ;

par le sommet B, je mène une parallèle à AC jusqu'à la rencontre du côté DC prolongé en F, et je joins AF ; les deux triangles ABC, AFC ont même base AC et leurs sommets B et F sur une parallèle à la base ; donc ils sont équivalents (**359**) ; on peut donc remplacer le triangle ABC par le triangle AFC sans altérer l'aire du polygone, et l'on a ainsi un polygone AFDE équivalent au polygone donné, et qui a un côté de moins. En répétant cette opéra-

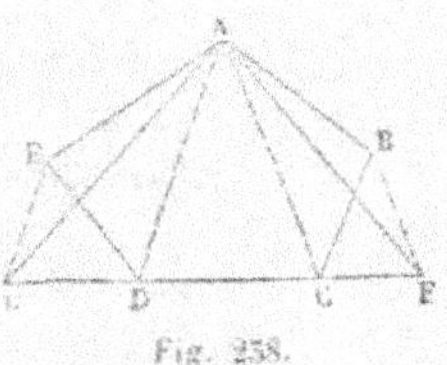

Fig. 258.

tion, on transformera le nouveau polygone en un autre équivalent, qui aura encore un côté de moins ; et on continuera ainsi jusqu'à ce qu'on arrive à un triangle. Dans notre figure, il suffit de deux opérations pour obtenir le triangle GAF équivalent au polygone donné.

Il est bon de remarquer que la construction s'applique sans modification aux polygones non convexes.

384. Remarque I. — La deuxième méthode que nous avons donnée pour mesurer l'aire du trapèze (**364**) n'est, au fond, qu'une application du problème précédent. Car, pour déterminer le triangle ADE équivalent au trapèze ABCD (fig. 227), nous avons pris sur le prolongement de la base AB une longueur BE égale à CD ; mais il reviendrait évidemment au même de mener la diagonale DB et une parallèle CE à cette diagonale, suivant la méthode générale exposée ci-dessus.

385. Remarque II. — Le problème précédent est d'une grande utilité dans la pratique. On s'en sert notamment pour mesurer l'aire d'un polygone tracé sur le papier ; on transforme d'abord le polygone en un triangle équivalent, ce qui se fait très rapidement et très exactement avec une règle et une équerre ; puis on mesure l'aire du triangle ainsi obtenu.

386. Problème. — *Construire un carré équivalent à un polygone donné.*

Considérons d'abord le cas où le polygone donné est un triangle. Soient B et H la base et la hauteur de ce triangle, X le côté du carré équivalent ; l'aire du triangle est égale à $B \times \dfrac{H}{2}$, et celle du carré à X^2 ; donc

$$X^2 = B \times \frac{H}{2};$$

par conséquent, le côté du carré cherché s'obtiendra en construisant une moyenne proportionnelle entre la base du triangle et la moitié de sa hauteur (**293**).

Prenons maintenant un polygone quelconque ; on le transformera d'abord en un triangle équivalent (**383**) ; puis on construira un carré équivalent à ce triangle.

Toutefois si l'aire du polygone donné est exprimée par le produit de deux longueurs connues, on obtiendra immédiatement le côté du carré équivalent en construisant une moyenne proportionnelle entre ces deux longueurs ; c'est le cas du rectangle, du parallélogramme, du trapèze et des polygones réguliers.

387. Remarque. — Construire un carré équivalent à une figure donnée, c'est faire la *quadrature* de cette figure. La quadrature d'un polygone peut toujours s'effectuer avec la règle et le compas, comme nous venons de le voir ; mais il n'en est pas de même, en général, de la quadrature des figures limitées par des lignes courbes. La quadrature du cercle, en particulier, ne peut être obtenue qu'approximativement ; la question n'a du reste aucune importance au point de vue pratique.

388. Problème. — *Construire un polygone semblable à un polygone donné* P *et équivalent à un autre polygone donné* Q.

Soit a un côté quelconque du polygone P et x le côté homologue du polygone inconnu ; le rapport des aires de ces deux polygones sera égal à $\dfrac{a^2}{x^2}$ (**367**). D'autre part, si l'on désigne par p et q les côtés des carrés respectivement équivalents aux polygones P et Q, les aires de ces polygones seront égales à p^2 et q^2. On aura donc

$$\frac{p^2}{q^2} = \frac{a^2}{x^2},$$

d'où

$$\frac{p}{q} = \frac{a}{x};$$

par conséquent, le côté x est une quatrième proportionnelle aux longueurs connues p, q et a ; on saura donc le construire (**290**). Il ne restera plus alors qu'à faire sur cette droite, considérée comme côté homologue de a, un polygone semblable au polygone P (**295**).

389. Problème. — *Construire un carré équivalent à la somme ou à la différence de deux carrés donnés.*

Premier cas. — Proposons-nous d'abord de construire un carré équivalent à la somme de deux carrés dont les côtés sont donnés. Sur les côtés d'un angle droit, je prends, à partir du sommet A (fig. 239), deux longueurs AB et AC, respectivement égales aux côtés des carrés donnés, et je joins BC; cette ligne est le côté du carré cherché (**369**).

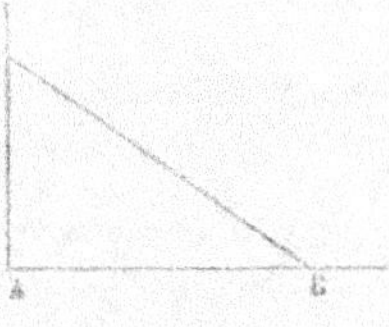

Fig. 239.

Deuxième cas. — Proposons-nous, en second lieu, de construire un carré égal à la différence de deux carrés donnés. Sur l'un des côtés d'un angle droit, je prends, à partir du sommet A (fig. 239), une longueur AB égale au côté du plus petit des deux carrés donnés, et du point B comme centre, avec un rayon égal au côté du plus grand carré, je décris un arc de cercle qui coupe en C le second côté de l'angle droit; AC est le côté du carré cherché. Car, si l'on joint BC, on forme un triangle rectangle ABC, et il résulte du théorème du n° **369** que le carré construit sur AC est équivalent à la différence des carrés construits sur BC et sur AB, c'est-à-dire à la différence des carrés donnés.

390. Corollaire. — On peut généraliser la question et se proposer de *construire un carré équivalent à la somme de plusieurs carrés donnés, diminuée de la somme de plusieurs autres.* Soient a, b, c, d, m, n, p, les côtés des carrés donnés, dont les premiers doivent être ajoutés et les autres doivent être retranchés; et soit x le côté du carré cherché. On aura, d'après l'énoncé,

$$x^2 = a^2 + b^2 + c^2 + d^2 - (m^2 + n^2 + p^2).$$

Je vais construire d'abord le côté y d'un carré équivalent à la somme $a^2 + b^2 + c^2 + d^2$. A cet effet, sur les deux côtés d'un angle droit, je prends $AC = a$ et $AB = b$ (fig. 240); je joins BC, et par le point B j'élève à cette droite une perpendiculaire, sur laquelle je prends une longueur BD égale à c; de même au point D j'élève une perpendiculaire à CD et je prends $DE = d$; la droite CE est le côté y du carré équivalent à la somme $a^2 + b^2 + c^2 + d^2$. On construirait de même le côté z d'un carré équivalent à la somme $m^2 + n^2 + p^2$; et

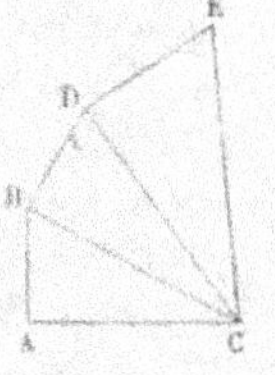

Fig. 240.

alors il ne reste plus, pour avoir x, qu'à construire un carré équivalent à la différence $y^2 - z^2$.

* **391.** Remarque. — Ce problème fournit le moyen le plus simple de construire les expressions de la forme

$$x = \sqrt{a^2 + b^2 + c^2 + \ldots - (m^2 + n^2 + p^2 + \ldots)},$$

expressions que nous avons appris à construire par une suite de troisièmes proportionnelles et une moyenne proportionnelle (**294**).

392. Problème. — *Plusieurs polygones semblables étant donnés, construire un polygone qui leur soit semblable, et qui soit équivalent à la somme de quelques-uns des polygones donnés, diminuée de la somme des autres.*

Soient A, B, C, D, M, N, P, les aires des polygones donnés, X l'aire du polygone inconnu ; on doit avoir

$$X = A + B + C + D - (M + N + P).$$

Désignons par a, b, c, d, m, n, p, x, les côtés homologues de ces polygones, qui sont tous semblables ; on aura alors (**367**)

$$\frac{X}{x^2} = \frac{A}{a^2} = \frac{B}{b^2} = \frac{C}{c^2} = \frac{D}{d^2} = \frac{M}{m^2} = \frac{N}{n^2} = \frac{P}{p^2} ;$$

d'où l'on tire

$$\frac{X}{x^2} = \frac{A + B + C + D - (M + N + P)}{a^2 + b^2 + c^2 + d^2 - (m^2 + n^2 + p^2)} ;$$

mais les numérateurs de ces deux rapports sont égaux ; donc il en est de même des dénominateurs, et l'on a

$$x^2 = a^2 + b^2 + c^2 + d^2 - (m^2 + n^2 + p^2).$$

Le côté cherché se construira donc par le problème précédent.

393. Problème. — *Construire un polygone semblable à un polygone donné et qui soit au premier dans le rapport de deux lignes données m et n.*

Soit a un côté quelconque du polygone donné et x le côté homologue du polygone cherché ; le rapport des aires de ces deux polygones sera égal à $\dfrac{x^2}{a^2}$ (**367**). On aura donc, en vertu de l'énoncé,

$$\frac{x^2}{a^2} = \frac{m}{n}$$

Sur une droite indéfinie (fig. 241), je porte à la suite l'une de l'autre deux longueurs AB et BC respectivement égales à m et à n ; sur AC comme diamètre, je décris une demi-circonférence et j'élève à la droite AC, par le point B, une perpendiculaire BD, qui coupe la demi-circonférence au point D ; je joins DA et DC. Dans le triangle rectangle ADC, le

Fig 241.

rapport des carrés des côtés DA et DC est égal au rapport de leurs projections sur l'hypoténuse (**222**) ; on a donc

$$\frac{\overline{DA}^2}{\overline{DC}^2} = \frac{AB}{BC} = \frac{m}{n}$$

De la comparaison de cette proportion avec la **précédente**, on déduit

$$\frac{x^2}{a^2} = \frac{\overline{DA}^2}{\overline{DC}^2}$$

d'où

$$\frac{x}{a} = \frac{DA}{DC},$$

égalité qui montre que x est une quatrième proportionnelle à DC, DA et a. On la construit aisément sur la figure en prenant sur DC une longueur DE égale à a et en menant par le point E une parallèle à AC jusqu'à la rencontre de DA en F ; DF sera le côté cherché x.

EXERCICES SUR LE LIVRE IV

1. L'aire d'un carré est 688 ares 14 centiares ; calculer son côté à un mètre près.

2. Le carré qui a pour côté la diagonale d'un autre carré a une aire double de celle de celui-ci.

3. Construire un carré équivalent au double d'un carré donné.

4. Calculer l'aire d'un triangle équilatéral en fonction de son côté a. — Application : $a = 5$ mètres.

5. La diagonale d'un rectangle a une longueur constante donnée ; ses côtés ont des longueurs variables. Sur chacun des côtés pris pour hypoténuse, on construit un triangle rectangle isocèle ; démontrer que la somme des aires de ces triangles est constante.

6. Les trois côtés d'un triangle sont 13, 14 et 15 ; calculer sa surface et les rayons des cercles inscrit, ex-inscrit et circonscrit à ce triangle.

7. Un terrain qui a la forme d'un trapèze isocèle a pour bases 100 mètres et 40 mètres ; chacun des autres côtés vaut 50 mètres. 1° Calculer son aire en ares ; 2° calculer l'aire du triangle total obtenu en prolongeant les côtés.

8. Un polygone est circonscrit à un cercle de 54 mètres de rayon et son périmètre vaut 432 mètres. Calculer l'aire de ce polygone.

9. Calculer l'aire d'un trapèze rectangle dont un angle vaut les $\frac{2}{3}$ de l'angle droit : 1° quand on donne les deux bases ; 2° quand on donne une base et une hauteur ; 3° quand on donne une base et la longueur du côté oblique aux bases.

10. Dans un trapèze ABCD, la grande base AB vaut 18 mètres ; chacun des angles en A et en B vaut 45°, et les côtés non parallèles sont tous deux égaux à 7 mètres. Calculer l'aire du trapèze et celle du triangle obtenu en prolongeant les côtés non parallèles.

11. Même problème en supposant les angles A et B égaux chacun à 60°.

12. Inscrire dans un cercle donné le rectangle d'aire maximum.

13. L'aire d'un triangle rectangle est égale au produit des segments que le cercle inscrit détermine sur l'hypoténuse.

14. Parmi tous les triangles qu'on peut construire avec deux côtés donnés, quel est celui qui a la plus grande surface?

15. Si l'on joint un point pris à l'intérieur d'un parallélogramme aux quatre sommets, la somme de deux triangles opposés est équivalente à la somme des deux autres.

16. De la formule $S = \sqrt{p\,(p-a)\,(p-b)\,(p-c)}$, déduire les formules $S = \dfrac{a^2\sqrt{3}}{4}$, lorsque $b = c$, et $S = \dfrac{1}{2}\,bc$, lorsque $a^2 = b^2 + c^2$.

17. Trouver l'aire d'un trapèze en fonction des quatre côtés.

18. Dans tout triangle, on a entre le rayon du cercle inscrit et ceux des cercles ex-inscrits la relation

$$\frac{1}{r} = \frac{1}{r_a} + \frac{1}{r_b} + \frac{1}{r_c}$$

19. Deux triangles équilatéraux sont placés à côté l'un de l'autre, de manière à avoir un sommet commun, et leurs bases en ligne droite; on joint les deux sommets et on obtient un quadrilatère dont on demande l'aire, sachant que les côtés des deux triangles équilatéraux ont des longueurs respectivement égales à a et à b. — Application au cas où $a = 1$ mètre et $b = 2$ mètres.

20. Si un quadrilatère a trois côtés égaux, la somme des distances d'un point quelconque du quatrième côté aux trois premiers est constante. Comment doit-on modifier cet énoncé, lorsque le point est pris sur le prolongement du quatrième côté?

21. L'aire d'un quadrilatère dont les diagonales sont perpendiculaires a pour mesure la moitié du produit des diagonales.

22. Calculer l'aire d'un triangle en fonction des trois médianes. (École forestière, 1875.)

23. Deux quadrilatères qui ont des diagonales égales et également inclinées, sont équivalents.

24. Si l'on joint un point P pris à l'intérieur d'un parallélogramme ABCD à tous les sommets, et qu'on considère les trois triangles ayant pour sommet commun le point P, et pour bases respec-

tives la diagonale et les deux côtés qui partent du même point A, le premier de ces triangles est égal à la différence des deux autres. Comment faut-il modifier l'énoncé du théorème, quand le point P est extérieur au parallélogramme? (Théorème de Varignon.)

25. Les trois côtés d'un triangle étant 13, 14 et 15, calculer, à 1 millimètre près, la distance à laquelle il faut mener intérieurement des parallèles aux côtés pour que l'aire du nouveau triangle soit les $\frac{3}{4}$ de celle du premier. (École forestière, 1877.)

26. Par le milieu de chaque diagonale d'un quadrilatère on mène une parallèle à l'autre diagonale ; ces parallèles se coupent en un point qu'on joint aux milieux des quatre côtés. Démontrer que ces dernières droites décomposent le quadrilatère en quatre quadrilatères équivalents.

27. Dans un quadrilatère convexe ABCD, on trace la droite qui joint les milieux des diagonales. On prend un point M quelconque sur cette ligne, et on joint ce point aux quatre sommets A, B, C et D. 1° Démontrer que la somme des deux triangles MAB, MCD qui ont pour sommet commun le point M et pour bases les deux côtés opposés AB et CD du quadrilatère, est équivalente à la moitié du quadrilatère. 2° Comment faudrait-il modifier l'énoncé du théorème, si le point M était extérieur au quadrilatère, tout en restant sur la ligne qui joint les milieux des diagonales? 3° Faire voir que les points de cette ligne sont les seuls qui jouissent des propriétés précédentes. 4° Déduire de ces théorèmes que, dans tout quadrilatère circonscrit à un cercle, le centre du cercle et les milieux des diagonales sont trois points en ligne droite. (Concours académique, Paris, 1878.)

28. Calculer l'aire de l'hexagone obtenu en joignant deux à deux les sommets voisins des carrés construits sur les trois côtés d'un triangle équilatéral.

29. Soit a la longueur du côté d'un triangle équilatéral ABC ; calculer la distance du point A à un point M situé sur AB, entre A et B, de façon que, si l'on désigne par P et par Q les pieds des perpendiculaires abaissées du point M sur les côtés AC et BC du triangle, le rapport de l'aire du quadrilatère APQB à l'aire du triangle ABC soit égal à un nombre donné m. Indiquer les conditions de possibilité; appliquer en faisant $m = \frac{13}{32}$, et, dans ce cas, déterminer par une construction géométrique la position du point M. (Concours général, seconde, 1879).

30. Exprimer l'aire d'un quadrilatère inscrit dans un cercle en fonction des quatre côtés.

31. Avec des diagonales de longueur donnée, on peut construire une infinité de quadrilatères; sous quel angle ces diagonales doivent-elles se couper pour que les aires de ces quadrilatères soient aussi grandes que possible?

32. On donne, en grandeur et en position, les bases de deux triangles ayant le même sommet, et tels que la somme de leurs aires ait une valeur constante donnée. Lieu du sommet commun.

33. Le carré construit sur la somme de deux droites est équivalent à la somme des carrés construits sur chacune des droites, augmentée du double du rectangle qui a pour dimensions les deux droites.

34. La différence des carrés construits sur deux droites est équivalente au rectangle ayant pour dimensions la somme et la différence des droites données.

35. Les aires de deux triangles semblables sont entre elles comme 5 est à 14. Calculer à $\frac{1}{1000}$ près le rapport des côtés homologues. (Saint-Cyr, 1872.)

36. On donne une circonférence et un diamètre AB; trouver le lieu du point M tel, que le triangle MAB soit équivalent au carré construit sur la tangente MT menée de ce point à la circonférence. (Concours général, seconde, 1847.)

37. On donne quatre points A, B, C, D en ligne droite; trouver le lieu des points d'où l'on voit sous le même angle les segments AB et CD de la droite.

38. L'aire de l'hexagone régulier inscrit est moyenne proportionnelle entre les aires des triangles équilatéraux inscrit et circonscrit.

39. Étant donné le rayon R d'un cercle, trouver les aires du triangle équilatéral, du carré, de l'hexagone régulier, de l'octogone régulier et du dodécagone régulier inscrits dans ce cercle. — Application au cas où R est égal à 1000 mètres.

40. Calculer le côté du carré équivalent à l'octogone régulier de 0^m,6 de côté.

41. Trois octogones réguliers ont pour côtés 3 mètres, 4 mètres et 12 mètres; calculer le côté de l'octogone régulier équivalent à leur somme.

42. On donne l'apothème d'un octogone régulier égal à 7^m,162, et on demande de calculer sa surface.

43. On donne le côté c d'un octogone régulier; calculer l'aire du

rectangle formé par deux côtés parallèles de l'octogone et les diagonales qui joignent leurs extrémités. (*B. Dijon.*)

44. Calculer l'aire du pentagone et du décagone réguliers : 1° en fonction du rayon ; 2° en fonction du côté.

45. A et B étant les aires de deux polygones réguliers d'un même nombre de côtés, l'un inscrit et l'autre circonscrit au même cercle, et A' l'aire du polygone régulier inscrit d'un nombre double de côtés, démontrer que A' est moyenne proportionnelle entre A et B.

46. La somme des distances d'un point pris à l'intérieur d'un polygone régulier aux n côtés de ce polygone est égale à n fois l'apothème.

47. Calculer à $0^m,01$ près le côté du carré équivalent au cercle d'un mètre de rayon.

48. Un triangle équilatéral, un carré et un cercle ont chacun un périmètre de 4^m. Calculer le rapport de leurs surfaces. (*B. Marseille.*)

49. On donne trois cercles dont les rayons sont R, R', R'' ; construire un cercle équivalent à la somme de ces trois cercles. Si les rayons sont exprimés en nombres et qu'en ait, par exemple,

$$R = 4^m, \quad R' = 7^m, \quad R'' = 12^m,$$

calculer le rayon du cercle équivalent à la somme des trois cercles donnés.

50. Calculer les aires des segments de cercle dont les arcs sont de 90°, de 60°, de 120° ; le rayon du cercle est égal à $4^m,84$.

51. L'aire comprise entre les deux côtés d'un angle droit et une circonférence inscrite dans l'angle est $0^m,75842$. Calculer le rayon de la circonférence.

52. L'aire d'une couronne circulaire, comprise entre deux circonférences concentriques, a pour mesure la circonférence équidistante des deux premières, multipliée par la différence des rayons.

53. La surface d'une couronne circulaire est égale à 4 mètres carrés, et l'épaisseur de la couronne, c'est-à-dire la différence des rayons des deux circonférences, est égale à $5^m,1416$. Calculer les rayons des deux circonférences.

54. Si l'on marque un point C sur un diamètre AB d'une demi-circonférence et qu'on décrive deux demi-circonférences sur les segments AC et BC, l'aire comprise entre ces trois demi-circonférences est équivalente au cercle ayant pour diamètre la moyenne proportionnelle entre AC et BC.

55. Calculer le côté d'un losange, sachant que ce côté est égal à la

plus petite diagonale et que l'aire est égale à celle d'un cercle de 10^m de rayon.

56. Calculer à $0^m,001$ près le rayon du cercle tel que, si le rayon augmentait de $0^m,101$, l'aire augmenterait de 1 mètre carré.

57. Si sur les trois côtés d'un triangle rectangle pris pour diamètres on décrit des demi-circonférences, la somme des deux *lunules* comprises entre la grande circonférence et les deux autres est équivalente au triangle.

58. Soient A et B deux points dont la distance est 1 mètre; de chacun de ces points comme centre, avec un rayon égal à 1 mètre, on décrit un cercle. Calculer à un centimètre carré près l'aire de la partie commune aux deux cercles. (Concours général, philosophie, 1864.)

59. Quadrature approximative du cercle : soit AB un diamètre et sur le rayon OB une longueur $OC = \dfrac{OB}{6}$; on mène la tangente en A, et du point C comme centre, avec un rayon égal au double du diamètre, on décrit un arc qui coupe la tangente en un point D; enfin on joint CD, qui coupe la circonférence en E ; AE est le côté d'un carré sensiblement équivalent au cercle. (Sonnet.)—Erreur commise.

60. On décrit intérieurement sur chacun des côtés d'un carré pris pour diamètre une demi-circonférence; calculer l'aire de la *rosace* obtenue.

61. Partager un triangle en parties équivalentes par des droites partant d'un même sommet.

62. On donne un diamètre d'un cercle et les tangentes à ses deux extrémités; mener une troisième tangente, qui forme avec les deux premières et le diamètre un trapèze de surface donnée.

63. Trouver un point intérieur à un triangle et tel qu'en le joignant aux trois sommets on ait trois triangles équivalents.

64. Construire un carré équivalent à un pentagone donné. (*B. Nancy.*)

65. Construire le côté du triangle équilatéral équivalent à un carré de côté donné.

66. Mener à la base d'un triangle une parallèle telle que les aires des deux parties soient dans un rapport donné $\dfrac{m}{n}$.

67. Diviser un trapèze en parties équivalentes ou proportionnelles à des longueurs données par des droites parallèles aux bases.

68. Inscrire dans un cercle donné un trapèze dont on donne la surface et la hauteur.

69. Diviser un triangle en deux parties équivalentes par une droite parallèle à une direction donnée.

70. Construire le rayon du cercle tel, que la différence des aires du décagone et de l'octogone réguliers inscrits dans ce cercle soit équivalente à un carré donné.

71. Couper un triangle par une droite telle, que les deux parties aient même aire et même périmètre.

72. Partager un trapèze en deux parties équivalentes par des droites rencontrant les deux bases. Démontrer que toutes ces droites passent par un point fixe.

73. Étant donnés trois points, mener par l'un d'eux une droite telle, qu'en abaissant des deux autres points des perpendiculaires sur la droite, on ait un trapèze d'aire donnée.

74. On donne un angle et un point de son plan; mener par le point une droite telle, que le triangle formé ait une aire donnée.

DEUXIÈME PARTIE

GÉOMÉTRIE DANS L'ESPACE

LIVRE V

LE PLAN

§ XXVIII. — DÉTERMINATION DU PLAN.

394. Définition. — Nous avons déjà vu (7) qu'on appelle *plan* une surface telle, que la ligne droite qui joint deux points quelconques de cette surface y est contenue tout entière. Nous admettrons comme un axiome l'existence d'une pareille surface.

Il résulte de cette définition qu'une ligne droite qui n'est pas contenue dans un plan, ne peut le couper qu'en un point ; ce point s'appelle alors le *pied* de la droite dans le plan.

Un plan est évidemment une surface indéfinie ; mais, pour plus de clarté dans les figures, nous le représenterons ordinairement limité, et nous lui donnerons la forme d'un parallélogramme ; c'est sensiblement sous cette forme qu'on voit un rectangle, quand on le regarde obliquement d'un point de vue très éloigné.

395. Théorème. — *Par deux droites qui se coupent, on peut toujours faire passer un plan, et on n'en peut faire passer qu'un.*

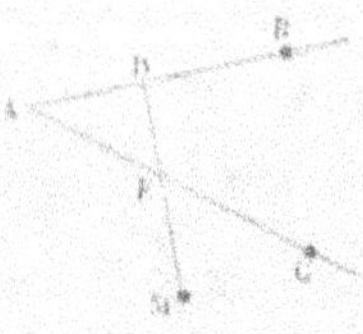

Fig. 242.

Soient AB et AC (fig. 242) les deux droites données. Par la droite AB, faisons passer un plan quelconque, et faisons-le tourner autour de cette droite jusqu'à ce qu'il contienne le point C de la seconde droite. Dans cette position, le plan mobile, passant par deux points A et C de la droite AC, la contiendra tout entière ; et comme il n'a pas cessé de passer par la droite AB, il contiendra à la fois les deux droites données.

Je dis de plus que par ces deux droites on ne peut faire passer qu'un plan. Imaginons, en effet, deux plans P et Q menés par les droites AB et AC, et soit M un point quelconque du plan P ; par ce point, je mène dans le plan P une droite rencontrant les deux droites données aux points D et E. Ces points seront aussi situés dans le plan Q ; donc la droite DE tout entière et par suite le point M seront contenus dans le plan Q. Il résulte de ce raisonnement que tous les points du plan P appartiennent en même temps au plan Q ; en d'autres termes, les plans P et Q se confondent. c. q. f. d.

Remarque. — On énonce plus brièvement ce théorème comme il suit :

Deux droites qui se coupent déterminent un plan.

396. Corollaire I. — *Trois points A, B, C, non en ligne droite, déterminent un plan* (fig. 242).

Joignons AB et AC ; le plan mené par ces deux droites passe par les trois points A, B, C. D'autre part, tout plan qui contient les trois points A, B, C, contient aussi les deux droites AB et AC ; or on ne peut mener qu'un plan par ces deux droites ; donc aussi on ne peut faire passer qu'un plan par les trois points. c. q. f. d.

397. Corollaire II. — *Une droite et un point extérieur déterminent un plan.*

En joignant le point donné à un point quelconque de la droite, nous avons deux droites qui se coupent. Le plan déterminé par ces deux droites contient la droite et le point donnés ; et inversement, tout plan passant par la droite et le point donnés contient les deux droites qui se coupent. Or ces dernières ne déterminent qu'un plan ; donc il en est de même de la droite et du point donnés.

398. Corollaire III. — *Deux droites parallèles déterminent un plan.*

Par la définition même (**59**), deux droites parallèles sont situées dans un même plan; et d'ailleurs elles ne déterminent qu'un plan, puisqu'on ne peut faire passer qu'un plan par l'une de ces droites et un point de l'autre (**397**).

399. Remarque I. — On peut déduire des propositions précédentes divers modes de génération du plan.

1° Supposons qu'une droite mobile indéfinie CD tourne autour d'un de ses points C (fig. 243) et s'appuie constamment sur une droite fixe AB, qui ne passe pas par le point C; cette droite mobile décrira ou, pour employer le mot consacré, engendrera le plan déterminé par la droite AB et le point C.

2° Si une droite CD (fig. 244) se meut parallèlement à elle-même,

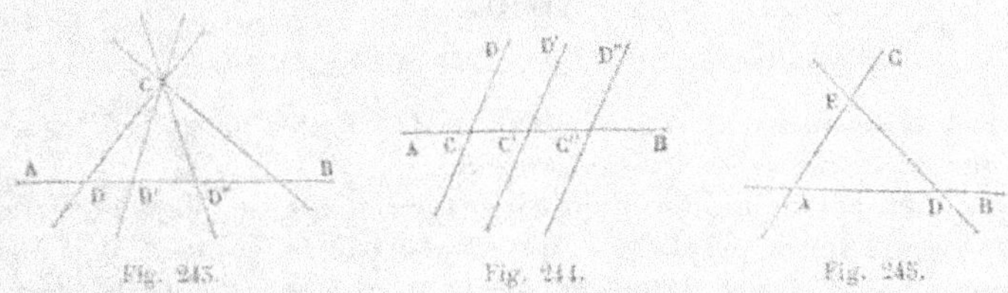

Fig. 243.   Fig. 244.   Fig. 245.

en s'appuyant constamment sur une droite fixe AB, elle engendrera le plan déterminé par la droite AB et la position primitive CD de la droite mobile. Car les positions successives C'D', C"D",... de la droite mobile sont toutes contenues dans le plan des deux droites AB et CD.

3° Enfin, on peut encore engendrer un plan en faisant glisser une droite mobile DE sur deux droites fixes AB et CD qui se rencontrent (fig. 245) ou sur deux droites fixes parallèles.

400. Remarque II. — Nous venons de voir que deux droites qui se coupent ou deux droites parallèles déterminent un plan; dans ce cas, si on fait passer un plan par la première droite et par un point de la seconde, ce plan contient la seconde droite tout entière. Mais il peut arriver que deux droites A et B soient telles, qu'un plan mené par la droite A et un point de la droite B ne contienne pas cette dernière droite; on dit alors que les deux droites A et B *ne sont pas dans un même plan*; elles ne se rencontrent pas, et elles ne sont pas non plus parallèles.

401. Théorème. — *L'intersection de deux plans est une ligne droite* (fig. 246).

Prenons deux points quelconques A et B sur la ligne d'intersec

Fig. 246.

tion ; ces points étant communs aux deux plans, la ligne droite AB est contenue dans chacun d'eux ; elle est donc la ligne d'intersection des deux plans. Les deux plans ne peuvent d'ailleurs avoir aucun point commun en dehors de cette ligne ; car s'ils en avaient un seul, ils coïncide

raient (**397**), ce qui est contre l'hypothèse.

§ XXIX. — Droites parallèles dans l'espace. — Angle de deux droites.

402. Théorème. — *Par un point A de l'espace on ne peut mener qu'une parallèle à une droite donnée BC.*

En effet, par définition, deux droites parallèles sont dans un même plan ; donc toute parallèle à BC menée par le point A doit être contenue dans le plan déterminé par le point A et la droite BC (**397**). Or, dans ce plan, on ne peut mener par le point A qu'une parallèle à BC (**64**) ; donc il en est de même dans l'espace. C. Q. F. D.

403. Remarque. — *Il résulte évidemment de ce théorème que, si une droite est située dans un plan P, toute parallèle à cette droite menée par un point du plan P est aussi contenue dans ce plan.*

404. Corollaire. — *Si deux droites sont parallèles, tout plan qui coupe l'une coupe aussi l'autre* (fig. 247).

Soient AB et CD deux droites parallèles, P un plan qui coupe la

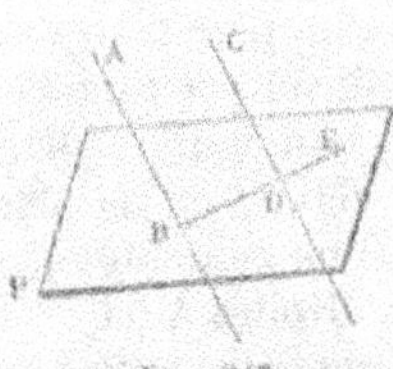

Fig. 247.

première au point B ; je dis qu'il coupe aussi la seconde. En effet, menons le plan Q des deux parallèles AB et CD ; ce plan coupe le plan P suivant une droite BE qui passe par le point B. Dans le plan Q, qui contient les parallèles AB, CD et la droite BE, cette dernière droite, coupant AB au point B, rencontrera aussi la droite parallèle CD en un certain point

D. D'autre part, cette droite CD ne peut pas être située tout entière dans le plan P ; car alors, en vertu de la remarque précédente, la droite AB y serait également contenue, ce qui est contraire à l'hypothèse. La droite CD a donc un de ses points, D, et un seul, dans le plan P; en d'autres termes, elle le coupe. c. q. f. d.

405. Théorème. — *Deux droites A et B parallèles à une troisième droite C, sont parallèles entre elles* (fig. 248).

Je dis d'abord que les droites A et B sont dans un même plan. En effet, par la droite A et par un point de la droite B je fais passer un plan; si ce plan coupait la droite B, il couperait aussi sa parallèle C (**404**); coupant la droite C, il couperait également la droite A, qui est parallèle à C; mais, par hypothèse, il contient la droite A tout entière, et, par conséquent, il ne peut pas la couper; donc le plan considéré ne peut pas couper non plus la droite B; et comme il passe par un point de cette droite, il la contient tout entière; donc enfin les droites A et B sont dans un même plan.

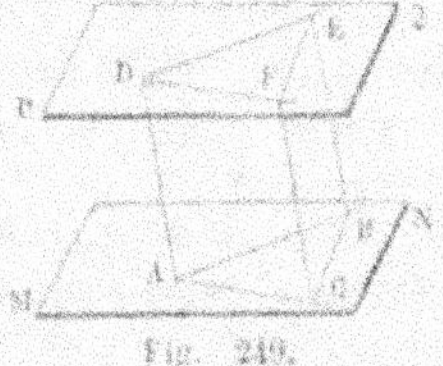

Fig. 248.

Je dis, en second lieu, que ces droites A et B ne peuvent pas se rencontrer; car, si elles avaient un point commun, on pourrait de ce point mener deux parallèles A et B à une même droite C, ce qui est impossible (**102**).

Les droites A et B sont situées dans un même plan, et elles ne se rencontrent pas; elles sont donc parallèles. c. q. f. d.

406. Théorème. — *Deux angles qui ont les côtés parallèles et dirigés dans le même sens sont égaux.*

Soient BAC, EDF (fig. 249) les deux angles donnés; par hypothèse, les côtés AB et DE sont parallèles et dirigés dans le même sens, et il en est de même des côtés AC et DF; de plus, les deux angles BAC, EDF sont dans des plans différents M et P; je dis que ces angles sont égaux.

En effet, je prends, à partir des sommets A et D, sur les côtés parallèles des deux angles, des longueurs égales, AB = DE et

Fig. 249.

AC = DF, et je joins BC, EF, AD, BE, CF; les lignes AB, DE étant égales et parallèles, la figure ABED est un parallélogramme (**89**), et la ligne BE est égale et parallèle à AD; de même CF est égale et parallèle à AD; donc BE et CF sont égales et parallèles entre elles (**405**), et la figure BCFE est un parallélogramme. Donc BC = EF, et alors les deux triangles ABC, DEF ont les trois côtés égaux; par conséquent les angles BAC, EDF sont égaux. c. q. f. d.

407. Remarque. — Si les côtés parallèles des deux angles étaient dirigés deux à deux en sens contraire, les angles seraient encore égaux.

Si deux côtés parallèles étaient dirigés dans le même sens et les deux autres en sens contraire, les angles seraient supplémentaires.

On déduirait ces deux cas du premier, comme on l'a fait dans la géométrie plane (**68**).

408. Définitions. — On appelle *angle de deux droites* de l'espace qui ne se rencontrent pas, l'angle formé en menant par un point quelconque de l'espace des parallèles aux deux droites.

Pour que cet angle soit bien déterminé, il est indispensable de connaître le *sens* dans lequel les deux droites sont dirigées. Une droite MN de l'espace (fig. 250) peut, en effet, être parcourue par un

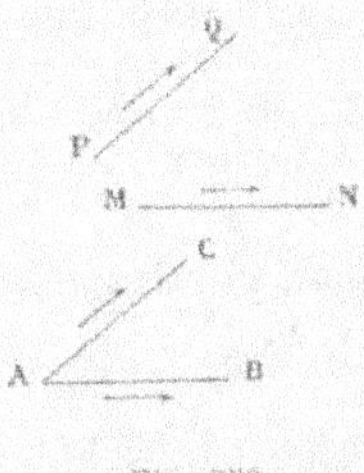

Fig. 250.

mobile dans deux sens opposés, de M vers N ou de N vers M. Si l'on a deux droites MN et PQ, dont le sens soit marqué par des flèches, il faut, pour avoir leur angle, mener à chacune d'elles, par un point A de l'espace, des parallèles AB et AC dirigées dans le même sens, comme l'indique la figure, et c'est l'angle BAC des deux parallèles ainsi construites qui est l'angle des droites MN et PQ. Si le sens de l'une des droites données changeait, l'angle BAC serait remplacé par l'angle adjacent supplémentaire obtenu en prolongeant l'un des côtés au delà du sommet. Si les deux droites MN et PQ changeaient de sens toutes les deux, leur angle serait l'angle opposé par le sommet à l'angle BAC.

Enfin, pour que la définition précédente soit acceptable, il faut encore montrer que la valeur de l'angle de deux droites est indépendante de la position du point de l'espace par lequel on mène les parallèles; mais c'est là une conséquence immédiate du théorème précédent.

Deux droites de l'espace, non situées dans un même plan, sont dites *perpendiculaires* lorsque leur angle est droit.

409. Il résulte évidemment de cette définition et des théorèmes précédents que deux droites parallèles et de même sens font le même angle avec une autre droite quelconque. En particulier, si deux droites sont perpendiculaires, toute droite parallèle à l'une est perpendiculaire à l'autre.

§ XXX. — DROITE ET PLAN PERPENDICULAIRES.

410. Théorème. — *Lorsqu'une droite est perpendiculaire à deux droites qui passent par son pied dans un plan, elle est perpendiculaire à toutes les droites qui passent par son pied dans le même plan.*

Je suppose que la droite AP (fig. 251), qui coupe le plan MN au point P, soit perpendiculaire aux deux droites PB et PC qui passent par son pied dans ce plan ; je dis qu'elle est perpendiculaire à toute droite, telle que PD, menée par son pied dans le plan. En effet, je coupe les droites PB, PC, PD par une même droite BDC et je prolonge la ligne AP au-dessous du plan d'une longueur PA' égale à PA ; puis je joins AB, AC, AD, A'B, A'C, A'D. Dans le plan ABA', PB est perpendiculaire sur le milieu de AA' ; donc (**55**)

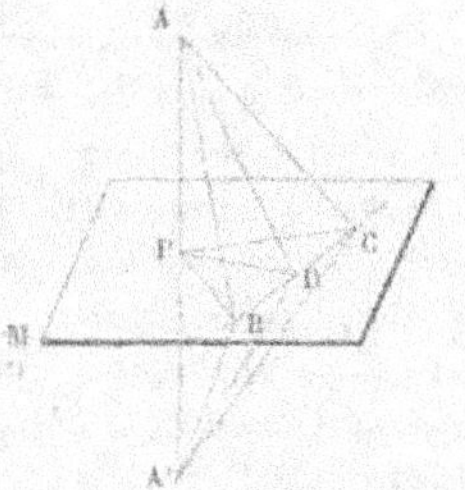

Fig. 251.

BA = BA' ; de même CA = CA' ; donc les triangles ABC, A'BC ont les trois côtés égaux et, par conséquent, sont égaux. Si on fait tourner alors le triangle A'BC autour de BC comme charnière pour l'appliquer sur son égal ABC, le point A' tombera au point A, et comme le point D reste fixe, DA' coïncidera avec DA : ces deux lignes sont donc égales, et le triangle ADA' est isocèle ; par suite la ligne DP, qui joint le sommet de ce triangle au milieu de la base, est perpendiculaire à AP (**11**). C. Q. F. D.

411. Corollaire. — *Si une droite est perpendiculaire à deux droites non parallèles situées dans un plan, elle est perpendiculaire à toutes les droites du plan.*

Supposons que la droite AP (fig. 252), qui coupe le plan M en P, soit perpendiculaire aux deux droites non parallèles B et C, situées dans le plan M ; je dis qu'elle est aussi perpendiculaire à une droite quelconque D menée dans le plan. En effet, par le pied P de la droite AP, menons des parallèles PB', PC', PD', aux droites B, C, D ; elles seront toutes les trois contenues dans

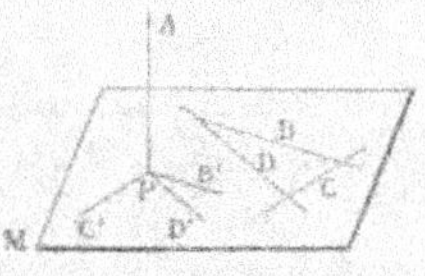

Fig. 252.

le plan M (**403**). Par hypothèse, la droite AP est perpendiculaire à la droite B ; elle est donc perpendiculaire à la droite PB′ parallèle à B (**109**) ; pour la même raison, AP est perpendiculaire à PC′ ; donc, en vertu du théorème précédent, AP est aussi perpendiculaire à PD′ et, par suite, à la droite D, qui est parallèle à PD′. c. q. f. d.

112. Remarque. — Si les droites B et C étaient parallèles, les droites PB′ et PC′ coïncideraient ; la démonstration que nous venons de donner serait en défaut, et la proposition précédente ne serait plus vraie.

113. Définitions. — Une droite et un plan sont dits *perpendiculaires l'un à l'autre*, lorsque cette droite est perpendiculaire à toutes les droites du plan.

Il résulte du corollaire précédent (**111**) qu'*une droite perpendiculaire à deux droites non parallèles situées dans un plan est perpendiculaire à ce plan.*

Lorsqu'une droite rencontre un plan sans lui être perpendiculaire, elle est dite *oblique* à ce plan, et le plan est dit *oblique* à la droite.

Il n'est pas évident *à priori* qu'il existe des droites perpendiculaires à un plan donné ou des plans perpendiculaires à une droite ; cela résultera des théorèmes que nous allons établir.

114. Théorème. — *Par un point pris sur une droite, on peut toujours lui mener un plan perpendiculaire et on ne peut en mener qu'un.*

1° Soit P (fig. 253) le point donné sur la droite AB : par cette droite, je fais passer deux plans différents, et dans chacun d'eux je mène par le point P une perpendiculaire à AB ; par les deux droites PC et PD ainsi obtenues, je fais passer un plan M ; je dis qu'il est perpendiculaire à la droite AB. En effet, d'après la construction, la droite AB est perpendiculaire à la fois aux deux droites PC et PD qui se coupent dans le plan M : donc (**111**) elle est perpendiculaire à toutes les droites du plan M ; en d'autres termes, le plan M est perpendiculaire à la droite AB (**113**). c. q. f. d.

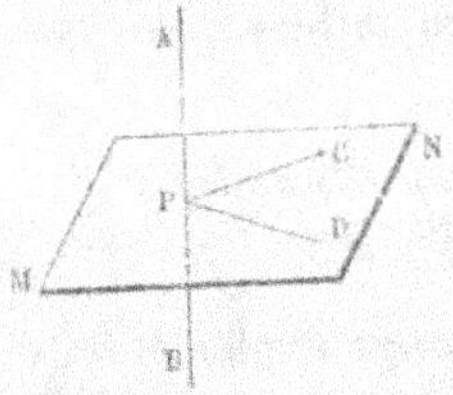

Fig. 253.

2° Je dis en second lieu que, par le point P, on ne peut mener qu'un plan perpendiculaire à la droite AB. Considérons, en effet, un plan quelconque R passant par le point P et coupons-le par le plan ACB des deux droites AB et PC ; l'intersection de ces deux plans

sera une droite passant par le point P et située dans le plan ACB.
Si cette droite ne se confond pas avec PC, elle sera oblique à AB (**17**),
et par suite le plan R, contenant une droite oblique à AB, sera
lui-même oblique à AB. Nous concluons de là qu'un plan passant
par le point P ne peut être perpendiculaire à AB que s'il contient la
droite PC; on démontrerait de même qu'un plan perpendiculaire
à AB mené par le point P doit aussi contenir la droite PD; mais alors
ce plan coïncide avec le plan M (**395**); donc enfin on ne peut pas
avoir d'autre plan perpendiculaire à AB au point P que le plan M.
C. Q. F. D.

415. Corollaire. — *Si par un point P d'une droite AB on lui élève
autant de perpendiculaires qu'on voudra, le lieu de toutes ces perpendiculaires est un plan perpendiculaire à la droite* (fig. 253).

En effet, on ne peut mener par le point P qu'un plan perpendiculaire à la droite AB, et ce plan est déterminé par deux quelconques
des perpendiculaires menées à AB par le point P; donc il les contient toutes. C. Q. F. D.

416. **Théorème.** — *Par un point pris hors d'une droite, on peut
toujours mener un plan perpendiculaire à cette droite, et on n'en peut
mener qu'un.*

1° Soit C (fig. 253) un point donné hors de la droite AB; dans le
plan déterminé par la droite AB et le point C, j'abaisse du point C
la perpendiculaire CP sur la droite AB, et je construis le plan M
perpendiculaire à la droite AB au point P (**414**). Ce plan contient la droite PC (**415**); donc il passe par le point C et, par conséquent, on peut mener par le point C un plan perpendiculaire à la
droite AB. C. Q. F. D.

2° Soit M un plan perpendiculaire à AB mené par le point C;
je le coupe par le plan ABC; la droite d'intersection devra être
perpendiculaire à AB (**413**); donc elle coïncidera avec CP; donc
tout plan perpendiculaire à AB mené par le point C doit passer
par le point P. Or par le point P on ne peut mener qu'un plan
perpendiculaire à AB (**414**); donc aussi on ne peut mener par
le point C qu'un plan perpendiculaire à la ligne AB. C. Q. F. D.

417. **Théorème.** — *Par un point pris dans un plan, on peut toujours mener une droite perpendiculaire à ce plan, et on ne peut en
mener qu'une.*

1° Soit P (fig. 254) le point donné dans le plan M; je mène par ce
point dans le plan M une droite quelconque PD, et je construis le

plan perpendiculaire à la droite PD au point P (**444**) ; les deux

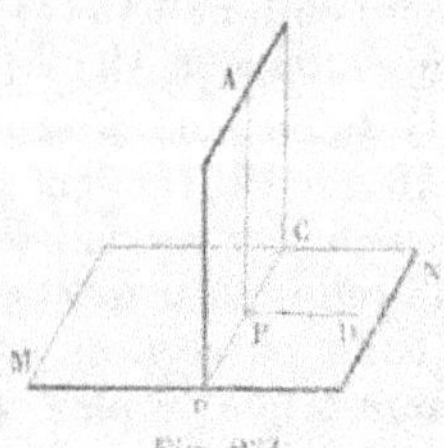

Fig. 254.

plans se coupent suivant une droite BC ; enfin dans le plan perpendiculaire à PD, je mène PA perpendiculaire à BC ; je dis que PA est perpendiculaire au plan M. En effet, PD, perpendiculaire au plan ABC, est perpendiculaire à la droite PA située dans ce plan; d'autre part, PA est perpendiculaire à BC par construction ; la droite PA est donc perpendiculaire à la fois aux deux droites PD et BC contenues dans le plan M ; par suite, elle est perpendiculaire au plan M (**413**). C. Q. F. D.

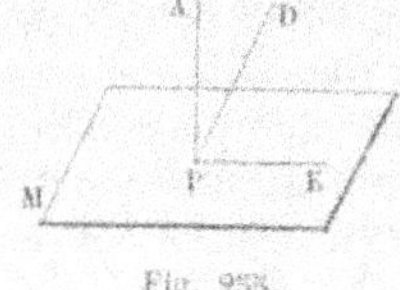

Fig. 255.

2° Soit PA perpendiculaire au plan M (fig. 255), PD une autre droite quelconque menée par le point P ; je dis qu'elle est oblique au plan. En effet, par les deux droites AP, PD, je fais passer un plan qui coupe le plan M suivant PE. Dans ce plan, on ne peut mener par le point P qu'une perpendiculaire à PE (**17**), et cette perpendiculaire est PA ; donc PD est oblique à PE et par suite au plan M. C. Q. F. D.

418. Théorème. — *Par un point pris hors d'un plan, on peut toujours mener une perpendiculaire à ce plan, et on n'en peut mener qu'une.*

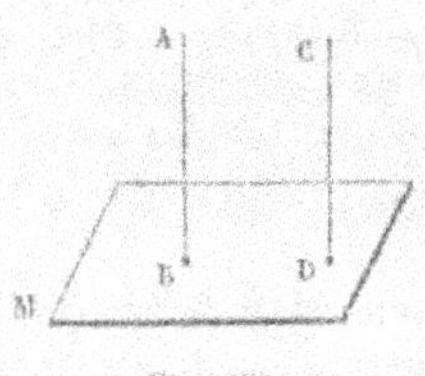

Fig. 256.

1° Soit A (fig. 256) le point donné hors du plan M ; par un point D quelconque du plan M, je construis la perpendiculaire DC à ce plan (**417**), et par le point A je mène AB parallèle à CD ; je dis que AB est perpendiculaire au plan M. En effet, la droite CD est, par hypothèse, perpendiculaire à toutes les droites du plan M ; donc (**409**) il en est de même de la droite AB, parallèle à CD ; par conséquent, AB est perpendiculaire au plan M. C. Q. F. D.

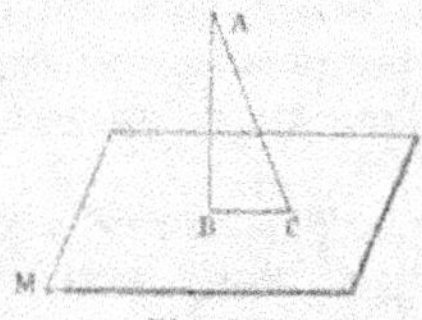

Fig. 257.

2° Je dis que, par le point A, on ne peut mener d'autre perpendiculaire au plan M que AB. Soit AC (fig. 257) une autre droite quelconque rencontrant le plan M en C, je dis qu'elle est oblique à ce plan. En effet, joignons BC ; la droite AB, perpendiculaire au plan M, est perpendiculaire à BC ; le triangle ABC est rectangle en B; donc la ligne AC est oblique à BC et, par suite, au plan M. c. q. f. d.

419. Théorème. — *Si deux droites sont parallèles, tout plan perpendiculaire à l'une est aussi perpendiculaire à l'autre.*

Soient AB et CD (fig. 258) deux droites parallèles, M un plan perpendiculaire à AB; je dis qu'il est aussi perpendiculaire à CD. En effet, AB est, par hypothèse, perpendiculaire à toutes les droites du plan M; donc (**409**) il en est de même de la droite CD, parallèle à AB; en d'autres termes, cette droite CD est perpendiculaire au plan M. c. q. f. d.

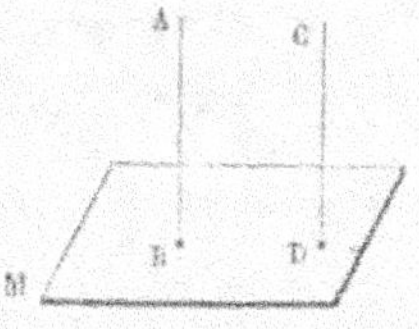

Fig. 258.

420. Théorème. — Réciproquement, *deux perpendiculaires à un même plan sont parallèles.*

Soient AB et CD (fig. 258) deux perpendiculaires au plan M; je dis qu'elles sont parallèles. En effet, si par un point quelconque, C par exemple, de la droite CD, nous menons une parallèle à AB, elle sera perpendiculaire au plan M (**419**); or du point C on ne peut mener qu'une perpendiculaire au plan M (**418**), et cette perpendiculaire est, par hypothèse, la droite CD; donc CD est parallèle à AB. c. q. f. d.

421. Théorème. — *Si du pied P d'une perpendiculaire AP au plan M on mène une perpendiculaire PD à une droite quelconque BC tracée dans le plan, la droite DA, qui joint le point D à un point quelconque A de AP, est perpendiculaire à BC (fig. 259).*

En effet, la droite BC est par hypothèse perpendiculaire à PD; d'autre part, la droite AP, perpendiculaire au plan M, est perpendiculaire à la droite BC située dans ce plan; par conséquent, la droite BC, qui est perpendiculaire à la fois aux droites PD et AP, est perpendiculaire à leur plan APD; donc elle est perpendiculaire à la droite AD qui y est contenue. c. q. f. d.

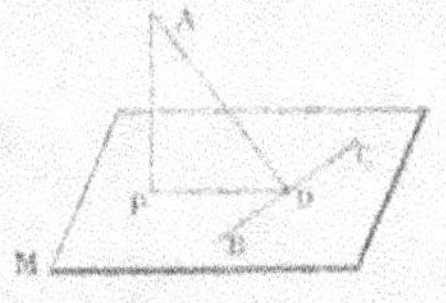

Fig. 259.

Remarque. — Ce théorème porte le nom de *théorème des trois perpendiculaires.*

422. Théorème. — *Si d'un point extérieur à un plan on mène la perpendiculaire à ce plan et diverses obliques :*

1° La perpendiculaire est plus courte que toute oblique ;

2° *Deux obliques également écartées du pied de la perpendiculaire sont égales ;*

3° *De deux obliques inégalement éloignées du pied de la perpendiculaire, celle qui s'en écarte le plus est la plus grande* (fig. 260).

1° Soit AP la perpendiculaire et AB une oblique au plan M. Dans

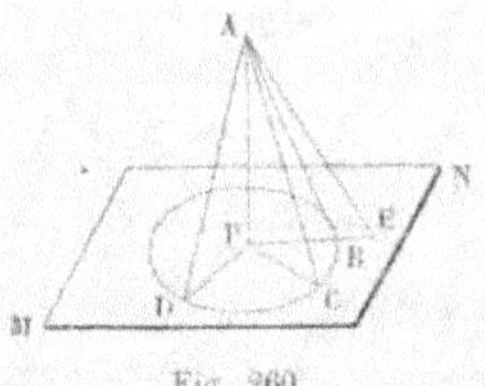
Fig. 260.

le plan APB, AP est perpendiculaire et AB est oblique à la droite PB ; donc AP $<$ AB (**18**).

2° Soient AC, AD deux obliques également écartées du pied P de la perpendiculaire. Les deux triangles rectangles APC, APD ont le côté AP commun, PC égal à PD par hypothèse ; donc ils sont égaux et AC est égale à AD. C. Q. F. D.

3° Soient AC, AE deux obliques telles, qu'on ait PE $>$ PC. Sur PE je prends une longueur PB égale à PC, et je joins AB ; dans le plan APE, AB et AE sont obliques à PE, et de plus PE $>$ PB ; donc (**18**) AE $>$ AB ; mais AB $=$ AC (2°) ; donc AE $>$ AC. C. Q. F. D.

423. COROLLAIRE. — *Si d'un point A extérieur à un plan M on mène des obliques égales AB, AC, AD, etc., le lieu des pieds de toutes ces obliques est une circonférence de cercle ayant pour centre le pied de la perpendiculaire abaissée du point A sur le plan.*

Car les pieds de toutes ces obliques sont également distants du pied P de la perpendiculaire, puisqu'elles sont égales.

424. REMARQUE. — La perpendiculaire abaissée d'un point sur un plan, étant la ligne la plus courte qu'on puisse mener du point au plan, a été prise pour mesure de la *distance* du point au plan.

425. Théorème. — *Le lieu géométrique des points de l'espace équidistants des extrémités d'une droite est le plan perpendiculaire au milieu de cette droite.*

Soit AB (fig. 261) la droite donnée, P son milieu. Si nous considé-

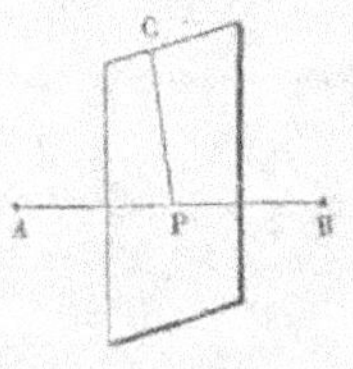
Fig. 261.

rons un plan quelconque mené par la droite AB, le lieu des points de ce plan équidistants des points A et B est la perpendiculaire PC élevée au milieu de AP dans le plan considéré (**55**). Le lieu des points de l'espace équidistants des points A et B est donc le lieu des perpendiculaires, telles que PC, menées à la droite AB par le point P, c'est-à-dire le plan perpendiculaire à la droite AB au point P (**115**). C. Q. F. D.

126. Corollaire. — Trois points A, B, C, non en ligne droite, étant donnés, si l'on construit les plans perpendiculaires aux droites AB et BC en leurs milieux, ces deux plans se coupent suivant une droite, qui est le lieu géométrique des points de l'espace équidistants des trois points A, B et C. Par suite, cette droite est contenue dans le plan perpendiculaire au milieu de AC. Donc

Les trois plans perpendiculaires sur les milieux des côtés d'un triangle se coupent suivant la même droite ; cette droite est le lieu géométrique des points de l'espace équidistants des trois sommets du triangle.

§ XXXI. DROITE ET PLAN PARALLÈLES.

427. Définition. — Une droite et un plan sont dits *parallèles*, lorsqu'ils ne se rencontrent pas, à quelque distance qu'on les prolonge.

428. Théorème. — *Lorsqu'une droite* AB *est parallèle à une droite* CD *située dans un plan* M, *elle est parallèle à ce plan, ou y est contenue tout entière* (fig. 262).

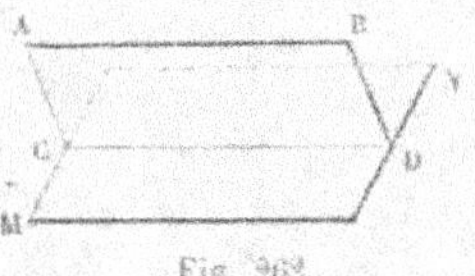

Fig. 262.

Je conduis le plan des deux parallèles AB et CD. Si ce plan coïncide avec le plan M, la droite AB est située dans le plan M. Si les deux plans sont distincts, leur intersection est la droite CD ; mais alors une droite quelconque du plan ABCD ne peut évidemment couper le plan M qu'en un point de CD ; or, par hypothèse, AB ne peut rencontrer CD ; donc AB ne rencontrera pas non plus le plan M. c. q. f. d.

429. Corollaire. — *Si une droite* AP *et un plan* M *sont perpendiculaires, toute droite* BC *perpendiculaire à* AP *est parallèle au plan* M, *ou y est contenue tout entière* (fig. 263).

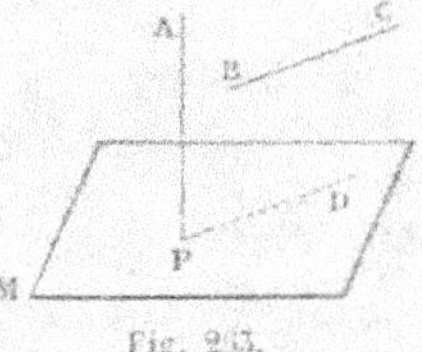

Fig. 263.

Par le pied P de la perpendiculaire AP, je mène PD parallèle à BC ; AP, perpendiculaire à BC, l'est aussi à la parallèle PD (**109**) ; donc PD est située dans le plan M (**115**). Alors la droite BC est parallèle à une droite du plan M, et par conséquent elle est parallèle à ce plan en vertu du théorème précédent. c. q. f. d.

Si la droite BC avait un point dans le plan M, elle y serait contenue tout entière.

430. Théorème. — *Lorsqu'une droite AB est parallèle à un plan M, tout plan mené par cette droite et par un point du plan M coupe ce ce dernier plan suivant une droite parallèle à AB* (fig. 264).

Par la droite AB et un point C du plan M, je fais passer un plan

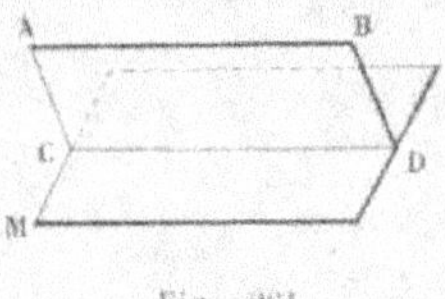

Fig. 264.

qui coupe le plan M suivant une droite CD ; je dis que cette droite est parallèle à AB. En effet, les deux droites AB et CD sont dans un même plan ; de plus elles ne peuvent pas se rencontrer, puisque la première est parallèle au plan M et que la seconde est située dans ce plan ; donc elles sont parallèles. C. Q. F. D.

431. Théorème. — *Si deux droites A et B sont parallèles, tout plan parallèle à l'une d'elles est parallèle à l'autre ou la contient tout entière.*

Un plan parallèle à la première droite A ne peut couper la seconde ; car on sait (**404**) que lorsque deux droites sont parallèles, tout plan qui coupe l'une d'elles coupe aussi l'autre. Donc tout plan parallèle à la droite A est aussi parallèle à la droite B, à moins qu'il ne passe par un point de la droite B, auquel cas il la contient tout entière. Dans ce dernier cas, le théorème peut être énoncé ainsi :

Lorsqu'une droite et un plan sont parallèles, si l'on mène par un point du plan une parallèle à la droite, elle est tout entière contenue dans le plan.

432. Corollaire I. —*Lorsque deux plans MN et PQ qui se coupent sont parallèles à une même droite AB, leur intersection est parallèle à cette droite* (fig. 265).

Fig. 265.

En effet, si par un point C de l'intersection des deux plans on mène une parallèle à AB, elle est contenue à la fois dans les deux plans (**431**) ; donc elle se confond avec leur intersection CD. C. Q. F. D.

433. Corollaire II. — *Si deux droites AB et CD ne sont pas parallèles, on peut mener par l'une d'elles un plan parallèle à l'autre et on n'en peut mener qu'un* (fig. 266).

Par un point A de AB, je mène AE parallèle à CD ; le plan MN des deux droites AB et AE est parallèle à CD (**428**). Tout plan mené par AB parallèlement à CD doit contenir la parallèle à CD menée par le point A (**131**); donc il n'y en a pas d'autre que le plan MN déjà construit.

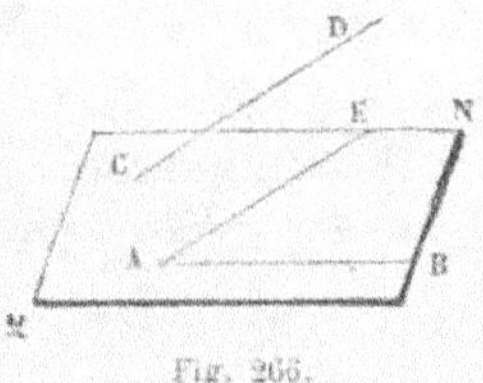

Fig. 266.

Si les deux droites AB et CD se coupaient, le plan MN serait le plan de ces deux droites. Si les deux droites AB et CD étaient parallèles, tout plan mené par AB serait parallèle à CD, et la seconde partie de la proposition ne serait plus vraie.

134. Corollaire III. — *Si deux droites* BC *et* DE *ne sont pas parallèles, on peut toujours par un point A quelconque de l'espace mener un plan parallèle à ces deux droites, et on ne peut en mener qu'un* (fig. 267).

Par le point A, menons des parallèles AF et AG aux deux droites données; le plan de ces deux parallèles répond à la question (**428**). Il n'y en a pas d'autre; car tout plan mené par le point A parallèlement

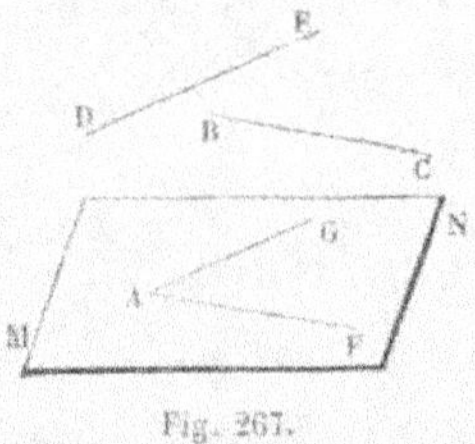

Fig. 267.

aux deux droites données doit contenir les deux parallèles AF et AG (**134**); donc il coïncide avec le plan déjà obtenu.

135. **Théorème**. — *Les portions de parallèles comprises entre une droite et un plan parallèles sont égales.*

Soient AB (fig. 268) une parallèle au plan M, AC et BD deux droites parallèles comprises entre le plan M et la droite AB; je dis qu'elles sont égales. En effet, le plan de ces deux parallèles coupe le plan M suivant une droite parallèle à AB (**130**); la figure ABDC est donc un parallélogramme, et par conséquent AC = BD. C. Q. F. D.

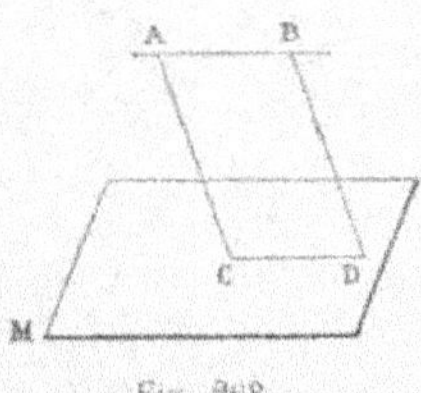

Fig. 268.

136. Corollaire. — Si les droites AC et BD étaient perpendiculaires au plan M, elles seraient encore parallèles (**120**); mais alors elles mesureraient les distances des points A et B au plan M (**124**); et comme elles sont égales, on voit qu'*une droite et un plan parallèles sont partout également distants.*

§ XXXII. — PLANS PARALLÈLES.

437. Définition. — Deux plans sont dits *parallèles* lorsqu'ils ne se rencontrent pas, quelque loin qu'on les prolonge.

438. Théorème. — *Deux plans perpendiculaires à une même droite sont parallèles.*

D'un même point on ne peut mener qu'un plan perpendiculaire à une droite (**416**) ; donc deux plans perpendiculaires à une même droite n'ont aucun point commun ; en d'autres termes, ils sont parallèles. C. Q. F. D.

439. Théorème. — *Les intersections de deux plans parallèles par un troisième sont parallèles.*

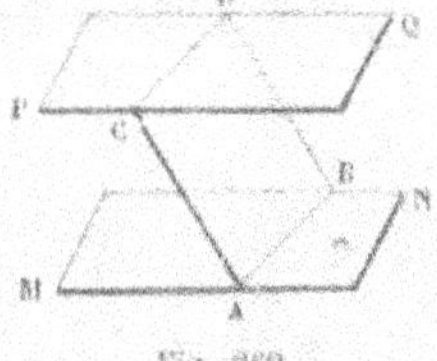

Soient M et P (fig. 269) deux plans parallèles, qui sont coupés par un troisième plan suivant les droites AB et CD ; je dis que ces droites sont parallèles. En effet, les droites AB et CD sont contenues dans un même plan ; de plus, comme elles sont respectivement situées dans les plans parallèles M et P, elles

Fig. 269.

ne peuvent pas se rencontrer ; donc elles sont parallèles. C. Q. F. D.

440. Théorème. — *Lorsque deux plans sont parallèles, te droite perpendiculaire à l'un est perpendiculaire à l'autre.*

Soient M et P (fig. 270) deux plans parallèles, AB une droite perpendiculaire au plan M ; je dis qu'elle est aussi perpendiculaire au plan P. En effet, menons dans le plan P une droite quelconque, CD ; et par cette droite faisons passer un plan qui coupe le plan M ; soit EF l'intersection de ces deux plans ; les deux droites CD et EF sont parallèles (**439**). Mais AB, perpendiculaire au plan M, est perpendiculaire à EF ; donc elle est aussi perpendiculaire à CD, qui est parallèle à EF (**409**). Il résulte de ce raisonnement

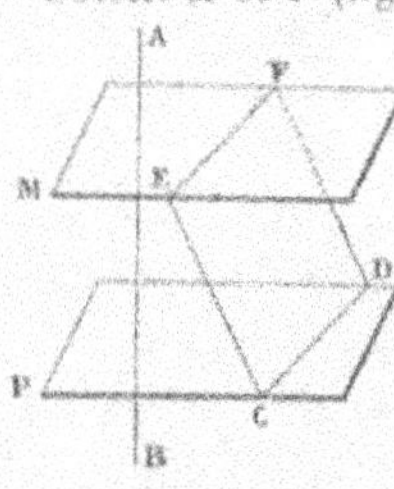

Fig. 270.

que la droite AB est perpendiculaire à toute droite du plan P ; elle est donc perpendiculaire au plan P. C. Q. F. D.

441. Corollaire I. — *Par un point A, pris hors d'un plan M, on* peut toujours mener un plan parallèle à ce plan, et on ne peut en mener qu'un (fig. 271).

Du point A j'abaisse la perpendiculaire AB sur le plan M; et par ce même point je mène un plan P perpendiculaire à AB; ce plan est parallèle au plan M (**138**).

Tout plan parallèle au plan M, mené par le point A, doit être perpendiculaire à AB, en vertu du théorème précédent; or on ne peut mener par le point A qu'un plan per-

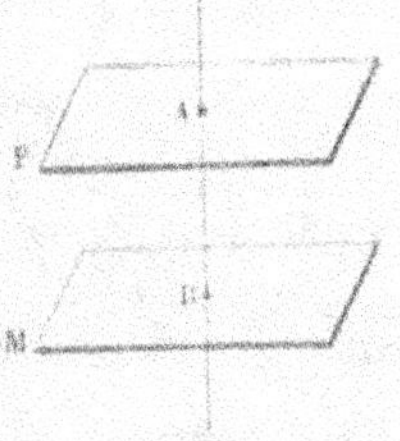

Fig. 271.

pendiculaire à AB (**114**); donc aussi on ne peut mener par le point A qu'un plan parallèle au plan M. C. Q. F. D.

442. Corollaire II. — *Deux plans parallèles à un troisième sont parallèles entre eux.*

En effet, deux plans parallèles à un même plan ne peuvent avoir aucun point commun, puisque d'un même point on ne peut mener qu'un plan parallèle à un plan donné.

443. Théorème. — *Le lieu des droites parallèles à un plan menées par un point extérieur est un plan parallèle au plan donné.*

Première démonstration. — Soient M (fig. 272) le plan donné et A un point extérieur à ce plan; je mène par ce point le plan P parallèle au plan M. J'observe d'abord que toute droite tracée dans le plan P par le point A est évidemment parallèle au plan M. Je dis, de plus, que toute parallèle AC au plan M, menée par le point A, est si-tuée dans le plan P; en effet, si par la droite AC et par un point B du plan M nous faisons passer un plan, ce plan coupera le plan M

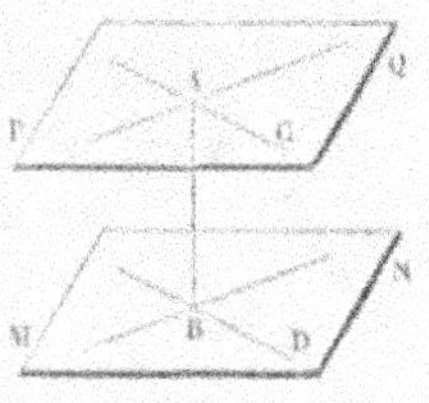

Fig. 272.

suivant une droite BD parallèle à AC (**130**); ce même plan CAB coupera le plan P suivant une droite parallèle à BD (**439**) menée par le point A; mais cette parallèle est précisément la ligne AC; donc AC est contenue dans le plan P. C. Q. F. D.

Deuxième démonstration. — Du point A j'abaisse sur le plan M la perpendiculaire AB, et je considère une parallèle AC au plan M. Le plan des droites AB et AC coupe le plan M suivant une droite BD parallèle à AC (**130**); mais AB, perpendiculaire au plan M, est perpendiculaire à BD; donc AB est aussi perpendiculaire à AC. Il résulte de là que toutes les parallèles au plan M menées par le point A sont perpendiculaires à AB; par suite (**115**), le lieu de ces droites est le plan perpendiculaire à AB au point A, plan qui est parallèle au plan M (**138**). c. q. f. d.

144. Remarque. — Il résulte de ce théorème que, *si deux angles, situés dans des plans différents, ont leurs côtés respectivement parallèles, les plans de ces angles sont parallèles*. Ainsi, dans la figure du n° **406**, les plans M et P sont parallèles.

145. Théorème. — *Les portions de parallèles comprises entre deux plans parallèles sont égales.*

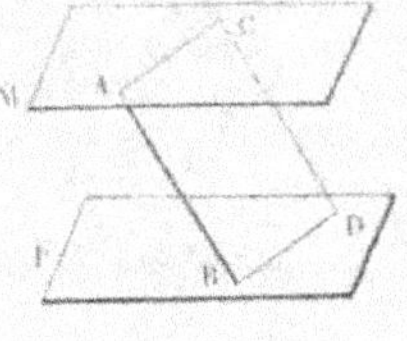

Fig. 273.

Soient M et P deux plans parallèles, AB et CD deux droites parallèles comprises entre les deux plans; je dis que AB est égale à CD. En effet, le plan des droites AB et CD coupe les plans M et P suivant deux droites parallèles AC et BD (**139**); donc la figure ACDB est un parallélogramme; et par conséquent AB = CD. c. q. f. d.

146. Corollaire. — Si les droites AB et CD sont perpendiculaires au plan M, elles sont parallèles (**120**); mais alors elles mesurent les distances de deux points quelconques du plan P au plan M; et ces distances sont égales. C'est ce qu'on exprime en disant que *deux plans parallèles sont partout également distants*.

147. Théorème. — *Trois plans parallèles interceptent sur deux droites des segments proportionnels.*

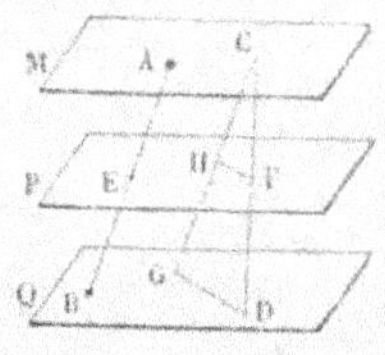

Fig. 274.

Soient A, E, B et C, F, D (fig. 274) les points où les droites AB et CD coupent les plans parallèles M, P et Q. Par le point C je mène une parallèle à AB, qui coupe les plans P et Q aux points H et G; je joins HF et GD. Ces droites sont parallèles comme intersections du plan CGD par les plans parallèles P et Q; donc on a (**195**)

$$\frac{CH}{HG} = \frac{CF}{FD};$$

mais CH = AE et HG = EB, comme parallèles comprises entre plans parallèles; donc enfin

$$\frac{AE}{EB} = \frac{CF}{FD}. \qquad \text{c. q. f. d.}$$

448. Théorème. — *Si deux droites* AB, CD *sont divisées en segments proportionnels par des points* E *et* F, *les droites* AC, BD *et* EF, *qui joignent les extrémités des droites données et les points de division, sont parallèles à un même plan* (fig. 275).

On a, par hypothèse,

$$\frac{AE}{EB} = \frac{CF}{FD}.$$

et il faut démontrer que les trois droites AC, BD et EF sont parallèles à un même plan.

Par la droite AC, je fais passer un plan M parallèle à BD, et par la droite BD un plan P parallèle à AC (**133**) ; ces deux plans sont parallèles, car ce sont les plans de deux angles ayant leurs côtés parallèles. Par le point E, je mène un plan Q parallèle aux plans M et P ; ce plan divisera CD en segments proportionnels à AE et EB ; il passera donc par le point F et dès lors contiendra la droite EF. Les trois droites AC, BD et EF sont donc situées dans trois plans M, P, Q,

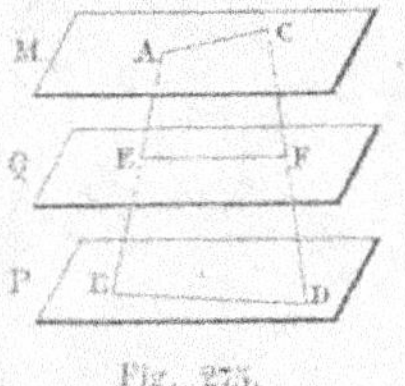

Fig. 275.

parallèles entre eux ; par conséquent, elles sont parallèles à un même plan, qui sera un plan quelconque parallèle aux trois plans M, P, Q.

REMARQUE. — Ce théorème peut être regardé comme réciproque du précédent.

449. Théorème. — *Si une première droite* EF *divise en segments proportionnels les deux côtés opposés* AB *et* CD *d'un quadrilatère gauche* ABCD, *et si une seconde droite* HG *divise aussi en segments proportionnels les deux autres côtés opposés* AD *et* BC *du quadrilatère, ces deux droites* EF *et* GH *sont dans un même plan, et chacune d'elles est divisée par l'autre en segments proportionnels à ceux des côtés qu'elle ne coupe pas* (fig. 276).

On nomme quadrilatère *gauche* une figure ABCD formée par quatre droites qui se coupent deux à deux, mais ne sont pas situées dans le même plan. On obtiendrait un quadrilatère gauche en prenant deux plans qui se coupent et en marquant deux des sommets sur l'intersection commune et un dans chacun des plans.

Soit ABCD le quadrilatère gauche ; par hypothèse, les droites EF et HG coupent les deux couples de côtés opposés en segments proportionnels, de façon qu'on a les deux proportions :

$$\frac{AE}{EB} = \frac{DF}{FC} \quad \text{et} \quad \frac{AH}{HD} = \frac{BG}{GC};$$

je dis que les droites EF et HG se coupent et que l'une d'elles, EF

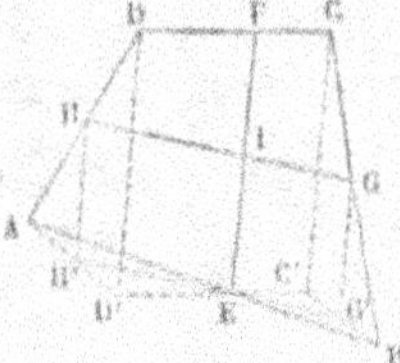

par exemple, partage l'autre en segments proportionnels à ceux des côtés AB et DC.

1° Par la droite AB, je fais passer un plan P parallèle à CD (**133**) et des points C, D, H et G, je mène des parallèles à EF jusqu'à la rencontre de ce plan, aux points C', D', H' et G'. Les droites AD, HH', DD' sont dans un même plan ; donc les points A, H' et D' sont en ligne droite (**101**) ; il en est de même des points B, G' et C' et des points C', E et D'. De plus, C' D' est parallèle à CD (**130**) ; donc les figures DD'EF et CC'EF sont des parallélogrammes ; par suite, D'E = DF et C'E = CF. Mais on a, par hypothèse,

$$\frac{AE}{BE} = \frac{DF}{CF};$$

donc

$$\frac{AE}{BE} = \frac{D'E}{C'E}$$

Les deux triangles AED' et BEC' sont alors semblables, comme ayant un angle égal compris entre côtés proportionnels ; donc l'angle EAD' est égal à l'angle EBC' et la droite AD' est parallèle à BC' ; de plus,

$$\frac{AD'}{BC'} = \frac{AE}{BE}. \qquad\qquad [1]$$

Dans le triangle ADD', les parallèles HH' et DD' nous donnent la proportion

$$\frac{AH}{HD} = \frac{AH'}{H'D'};$$

nous avons de même

$$\frac{BG}{CG} = \frac{BG'}{C'G'};$$

mais, par hypothèse,

$$\frac{AH}{HD} = \frac{BG}{CG};$$

donc

$$\frac{AH'}{H'D'} = \frac{BG'}{G'C'};$$

proportion d'où l'on tire aisément

$$\frac{AD'}{AH'} = \frac{BC'}{BG'},$$

ou

$$\frac{AD'}{BC'} = \frac{AH'}{BG'}. \qquad [2]$$

La comparaison des proportions [1] et [2] nous donne

$$\frac{AH'}{BG'} = \frac{AE}{BE}$$

Il résulte de cette proportion et de l'égalité des angles EAD' et EBC' que, si l'on joint EH' et EG', les triangles EAH' et EBG' sont semblables (**210**) ; donc les angles AEH' et BEG' sont égaux, d'où il suit que les trois points H', E et G' sont en ligne droite. On en conclut que les trois parallèles HH', GG' et EF sont dans un même plan, et comme ce plan contient HG, les deux droites EF et HG sont dans un même plan. c. q. f. d.

2° Soit I le point de rencontre des droites EF et HG ; les parallèles HH', IE, GG', divisent les droites HG et H'G' en segments proportionnels ; on a donc

$$\frac{HI}{GI} = \frac{H'E}{EG'}.$$

Mais, à cause de la similitude des triangles AEH', BEG', on a aussi

$$\frac{H'E}{EG'} = \frac{AE}{BE};$$

donc enfin

$$\frac{HI}{GI} = \frac{AE}{BE}. \qquad \text{c. q. f. d.}$$

§ XXXIII. — Angles dièdres.

450. Définitions.—On appelle *angle dièdre* ou simplement *dièdre* la figure formée par deux plans qui se rencontrent et qui sont terminés à leur intersection commune (fig. 277). Les deux plans s'appellent les *faces* de l'angle dièdre, et leur intersection s'appelle l'*arête* de l'angle dièdre.

On désigne un angle dièdre par les deux lettres de l'arête, quand il n'y a pas de confusion possible; mais si plusieurs angles dièdres ont la même arête, on nomme chacun d'eux par quatre lettres, deux sur l'arête et une dans chaque face, en énonçant les deux lettres de l'arête entre les deux autres. Ainsi l'angle dièdre de la figure 277 se nomme le dièdre AB; mais dans la figure 278, où plusieurs dièdres ont la même arête AB, on peut distinguer le dièdre MABP, le dièdre PABQ, le dièdre MABQ, etc.

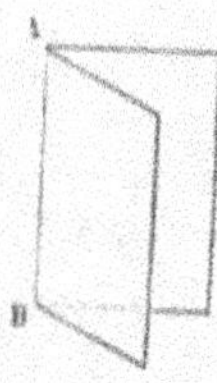

Fig. 277.

On se fera une idée nette de la grandeur d'un angle dièdre en supposant que l'une des faces P (fig. 278), d'abord appliquée sur la face M, tourne autour de l'arête AB toujours dans le même sens; dans cette rotation, le plan mobile P forme avec le plan fixe M un angle dièdre de plus en plus grand.

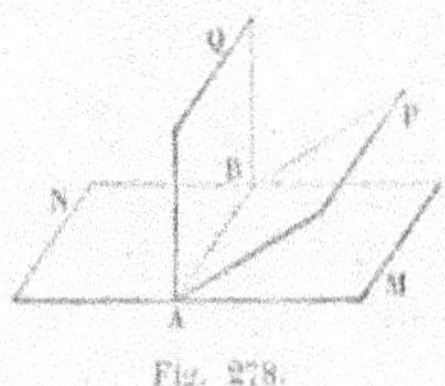

Fig. 278.

Deux angles dièdres sont dits *adjacents* lorsqu'ils ont même arête, une face commune, et qu'ils sont placés de part et d'autre de cette face; tels sont les dièdres MABP et PABQ (fig. 278).

On fait la somme de deux angles dièdres en les juxtaposant de manière qu'ils soient adjacents; le dièdre formé par les faces extérieures est dit alors la somme des deux autres; ainsi le dièdre MABQ est la somme des dièdres MABP, PABQ.

Un angle dièdre est double, triple, quadruple, etc., d'un autre, lorsqu'il est la somme de deux, trois, quatre, etc., angles dièdres égaux à cet autre. On conçoit de même qu'un angle dièdre soit la moitié, le tiers, le quart, etc., ou encore les $\frac{2}{3}$, les $\frac{3}{4}$, les $\frac{5}{6}$, etc., d'un autre; et plus généralement, qu'on puisse exprimer en nombre le rapport de deux angles dièdres quelconques.

On appelle *plan bissecteur* d'un angle dièdre un plan qui le divise en deux parties égales.

Deux angles dièdres sont *opposés par l'arête*, lorsque les faces de l'un sont les prolongements des faces de l'autre au delà de l'arête.

451. Un plan ABCD (fig. 279) est dit *perpendiculaire* à un plan

MN, lorsqu'il forme avec ce plan deux angles dièdres adjacents égaux MABC, NABC.

On appelle *angle dièdre droit* un angle dièdre dont les deux faces sont perpendiculaires.

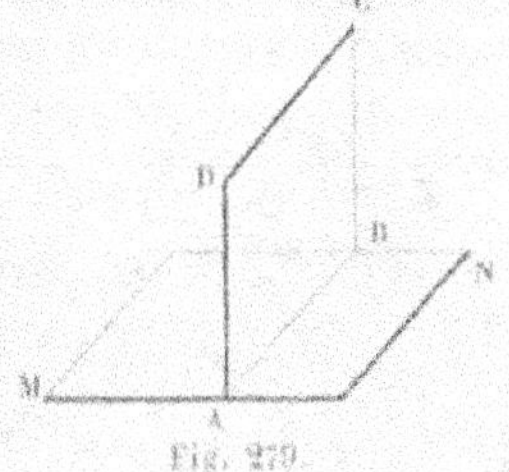

Fig. 279.

152. — **Théorème**. *Par une droite AB, située dans un plan MN, on peut toujours mener un plan perpendiculaire au plan MN, et on n'en peut mener qu'un* (fig. 279).

153. Corollaire. — *Tous les angles dièdres droits sont égaux.*

La démonstration de ce théorème et celle de son corollaire sont tout à fait pareilles à celles des propositions analogues de la géométrie plane (**17** et **18**).

154. Définitions. — Un angle dièdre est *aigu* ou *obtus*, suivant qu'il est inférieur ou supérieur à un angle dièdre droit.

Deux angles dièdres sont *supplémentaires* quand leur somme est égale à deux angles dièdres droits ; *complémentaires*, quand leur somme est égale à un angle dièdre droit.

155. Les propositions suivantes se démontrent de la même manière que les propositions analogues de la géométrie plane. Il est inutile de reproduire ces démonstrations, qui n'offrent aucune difficulté ; nous nous bornerons à donner les énoncés.

Théorème. — *Tout plan qui en rencontre un autre forme avec lui deux dièdres adjacents supplémentaires. Réciproquement, si deux angles dièdres adjacents sont supplémentaires, leurs faces non communes sont dans le prolongement l'une de l'autre* (V. les n°s **21** et **24**).

Corollaires. — *La somme de tous les angles dièdres consécutifs qu'on peut former autour d'une droite, du même côté d'un plan passant par cette droite, est égale à deux angles dièdres droits.* — *La somme de tous les angles dièdres consécutifs qu'on peut former autour d'une droite de manière à occuper tout l'espace est égale à quatre angles dièdres droits* (V. les n°s **22** et **23**).

Théorème. — *Deux angles dièdres opposés par l'arête sont égaux* (V. le n° **26**).

Corollaire. — *Si l'un des quatre angles dièdres formés par deux plans qui se coupent est droit, les trois autres sont aussi droits* (V. le n° **27**).

156. Définition. — Si par un point A de l'arête d'un dièdre (fig. 280) on mène des perpendiculaires AB et AC à cette arête dans les deux faces du dièdre, leur angle BAC s'appelle *l'angle plan* ou *l'angle rectiligne* du dièdre. Si le point A se déplace sur l'arête, les lignes AB et AC restent parallèles à elles-mêmes, et leur angle ne change pas (**496**).

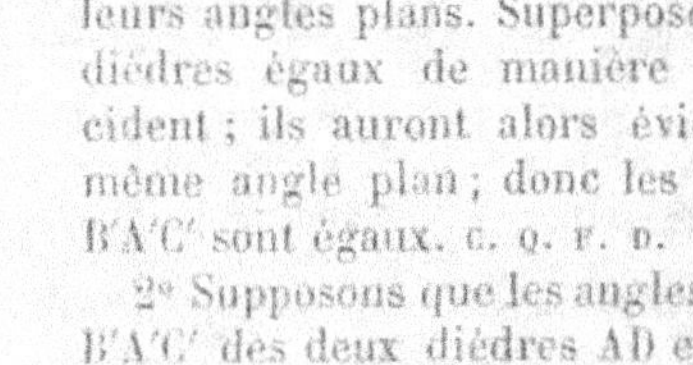

Fig. 280.

Le plan de l'angle rectiligne BAC est perpendiculaire à l'arête (**443**) ; donc, pour construire l'angle rectiligne d'un dièdre, on peut couper ce dièdre par un plan perpendiculaire à son arête.

157. Théorème. — *Deux angles dièdres égaux ont des angles plans égaux*, et réciproquement *deux angles dièdres qui ont des angles plans égaux sont égaux*.

1° Soient AD et A'D' (fig. 281) deux dièdres égaux, BAC et B'A'C' leurs angles plans. Superposons les deux dièdres égaux de manière qu'ils coïncident ; ils auront alors évidemment le même angle plan ; donc les angles BAC, B'A'C' sont égaux. C. Q. F. D.

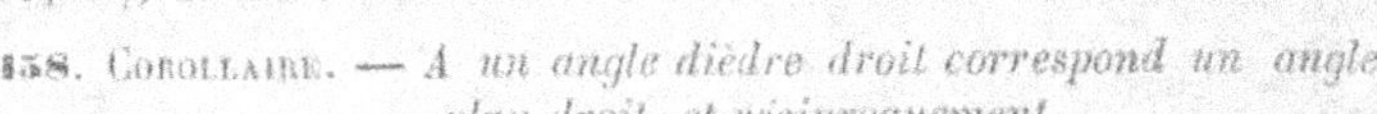

Fig. 281.

2° Supposons que les angles plans BAC, B'A'C' des deux dièdres AD et A'D' soient égaux, je dis que les dièdres le sont aussi. En effet, transportons le second dièdre sur le premier de manière que l'angle plan B'A'C' coïncide avec son égal BAC ; l'arête A'D', perpendiculaire au plan B'A'C', prendra la direction de l'arête AD, perpendiculaire au plan BAC (**417,** 2°), et les deux dièdres coïncideront. C. Q. F. D.

158. Corollaire. — *A un angle dièdre droit correspond un angle plan droit, et réciproquement.*

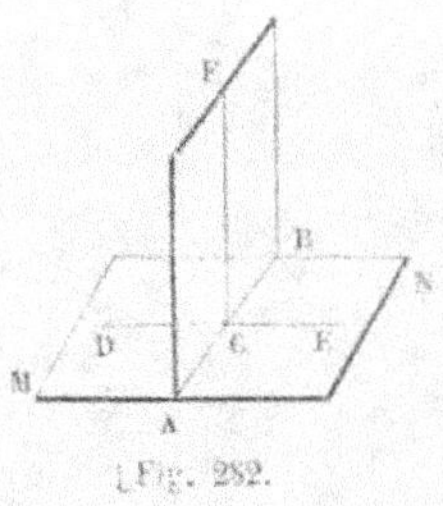

Fig. 282.

Je suppose le plan ABF (fig. 282) perpendiculaire au plan MN ; par le point C pris à volonté sur AB, je mène, dans le plan MN, DE perpendiculaire à AB, et dans le plan ABF, CF perpendiculaire à AB. Les dièdres MABF, NABF étant égaux (**457**) ont des angles rectilignes égaux ; donc l'angle DCF est égal à l'angle ECF ; donc CF est perpendiculaire à DE, et, par conséquent, l'angle DCF est droit. C. Q. F. D.

Réciproquement, si l'angle DCF est droit, la droite CF est perpendiculaire sur DE ; par suite, les angles plans DCF, ECF sont égaux, et les angles dièdres correspondants MABF et NABF sont aussi égaux (**157**) ; donc le plan ABF est perpendiculaire sur le plan MN (**151**) ; par conséquent, le dièdre MABF est droit. c. q. f. d.

159. Théorème. — *Le rapport de deux angles dièdres est égal au rapport de leurs angles plans.*

Soient AP et DQ (fig. 285) deux angles dièdres dont les angles plans sont BAC, EDF. Je suppose que les angles plans aient une commune mesure qui soit contenue 5 fois dans BAC et 3 fois dans EDF ; le rapport des angles plans sera alors égal à $\frac{5}{3}$. Par l'arête AP et par les lignes de division AG, AH, AK, AI de l'angle BAC, menons des plans, et faisons

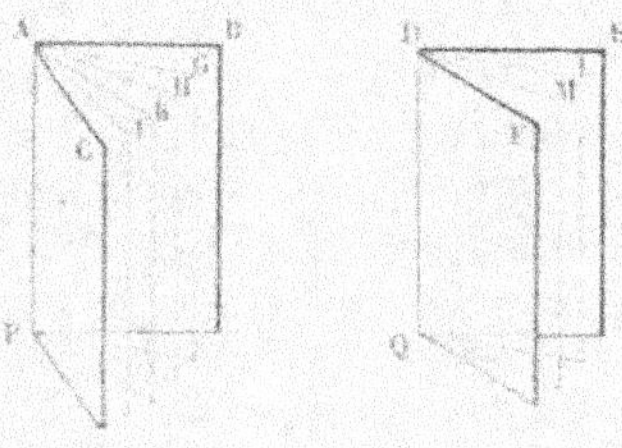

Fig. 285.

la même construction dans l'autre dièdre. Les deux dièdres seront ainsi décomposés en petits dièdres tous égaux entre eux, puisque leurs angles plans sont égaux (**157**, 2°) ; or le dièdre AP en contient 5, et le dièdre DQ en contient 3 ; donc le rapport de ces deux dièdres est $\frac{5}{3}$, c'est-à-dire qu'il est égal au rapport des angles plans correspondants. c. q. f. d.

Si les angles plans étaient incommensurables, on ferait voir, par une méthode analogue à celle que nous avons employée au n° **135**, que le théorème est encore vrai.

160. Théorème. — *La mesure d'un angle dièdre est la même que celle de son angle plan, pourvu qu'on prenne pour unité l'angle dièdre qui correspond à l'unité d'angle plan.*

Soient D l'angle dièdre à mesurer, A son angle plan, d l'unité d'angle dièdre, a l'angle plan correspondant, qui est en même temps l'unité d'angle plan ; on aura

$$\frac{D}{d} = \frac{A}{a} ;$$

mais $\frac{D}{d}$ est la mesure de l'angle dièdre, et $\frac{A}{a}$ est la mesure de l'angle plan ; donc, etc.

461. REMARQUE I. — Si on prend l'angle droit pour unité d'angle rectiligne, l'unité d'angle dièdre sera le dièdre droit (**158**). On pourra aussi exprimer les angles dièdres en degrés, minutes et secondes, si l'on appelle angle dièdre de 1°, 2°, 3°, etc., celui dont l'angle plan vaut 1°, 2°, 3°, etc.

462. REMARQUE II. — Le théorème précédent permet de déduire plusieurs propriétés des angles dièdres des propriétés analogues des angles plans. Nous citerons seulement les deux exemples suivants, en laissant au lecteur le soin de trouver les démonstrations, qui sont très simples.

Théorème. — *Lorsque deux plans parallèles sont coupés par un troisième plan, les quatre angles dièdres aigus formés sont égaux entre eux, ainsi que les quatre angles dièdres obtus.* On remarquera d'abord que les deux arêtes de ces angles dièdres sont parallèles; en coupant le système des trois plans par un plan perpendiculaire à ces arêtes, on construira les angles plans des huit dièdres; les côtés de ces angles plans formeront un système de deux droites parallèles coupées par une sécante; et alors on n'aura plus qu'à appliquer le théorème du n° **64**.

Théorème. — *Le lieu des points équidistants de deux plans qui se coupent est le plan bissecteur de l'angle dièdre de ces deux plans.* La démonstration repose sur le théorème du n° **57** et sur cette remarque, que le plan bissecteur d'un angle dièdre est le lieu des bissectrices des angles plans qu'on peut construire par les divers points de l'arête.

§ XXXIV. — PLANS PERPENDICULAIRES.

463. Théorème. — *Lorsqu'une droite est perpendiculaire à un plan, tout plan mené par cette droite est perpendiculaire au premier plan.*

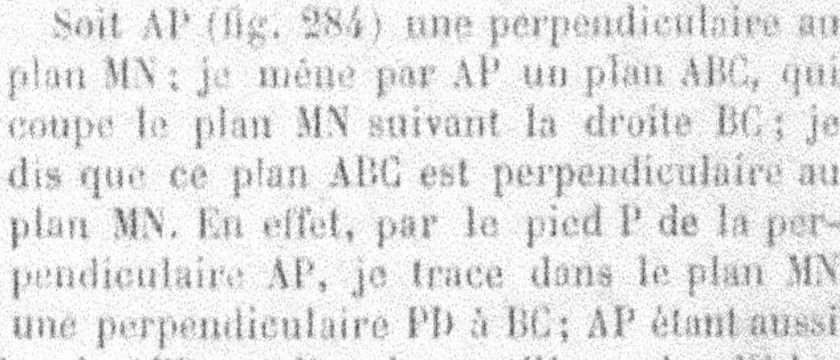

Fig. 284.

Soit AP (fig. 284) une perpendiculaire au plan MN; je mène par AP un plan ABC, qui coupe le plan MN suivant la droite BC; je dis que ce plan ABC est perpendiculaire au plan MN. En effet, par le pied P de la perpendiculaire AP, je trace dans le plan MN une perpendiculaire PD à BC; AP étant aussi perpendiculaire à BC, l'angle APD est l'angle rectiligne du dièdre

ABCN. Mais cet angle rectiligne est droit, puisque AP est perpendiculaire à toutes les droites du plan MN et par suite à PD. Donc l'angle dièdre ABCN est droit (**458**), et le plan ABC est perpendiculaire au plan MN. c. q. f. d.

464. Remarque. — Tout plan parallèle à AP est aussi perpendiculaire au plan MN. Car tout plan parallèle à AP contient une droite parallèle à AP (**430**), c'est-à-dire une perpendiculaire au plan MN (**419**); donc il est perpendiculaire au plan MN en vertu du théorème précédent.

465. Théorème. — *Si deux plans sont perpendiculaires, toute droite menée dans l'un d'eux perpendiculairement à l'intersection commune est perpendiculaire à l'autre.*

Soient MN et ABC (fig. 284) les deux plans perpendiculaires, BC leur intersection et AP une perpendiculaire à BC menée dans le plan ABC ; je dis que AP est perpendiculaire au plan MN. En effet, par le point P et dans le plan MN, je construis la perpendiculaire PD à la droite BC ; l'angle APD sera l'angle plan correspondant au dièdre ABCN. Mais le dièdre ABCN est droit, par hypothèse; donc l'angle APD est droit aussi (**458**). La droite AP est alors perpendiculaire aux deux droites BC et PD du plan MN ; par conséquent, elle est perpendiculaire à ce plan. c. q. f. d.

466. Théorème. — *Si deux plans sont perpendiculaires, toute droite perpendiculaire à l'un d'eux est parallèle à l'autre, ou y est contenue tout entière.*

Soient M et P (fig. 285) deux plans perpendiculaires, AB une perpendiculaire au plan M ; je dis qu'elle est parallèle au plan P ou qu'elle y est située tout entière. En effet, menons dans le plan P une perpendiculaire CD à l'intersection EF des deux plans ; cette droite sera perpendiculaire au plan M (**465**); par conséquent, elle sera parallèle à AB (**420**). La droite AB, parallèle à une droite CD du plan P, sera

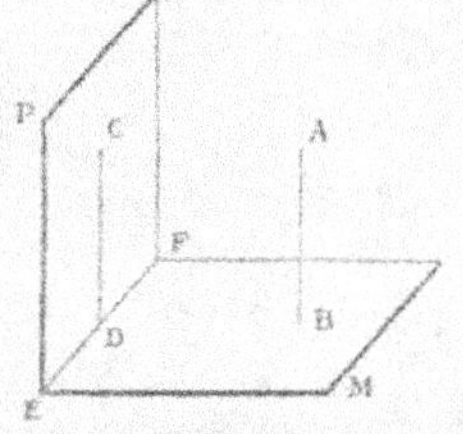

Fig. 285.

parallèle à ce plan ou y sera située tout entière (**428**) ; ce dernier cas se présentera quand la droite AB aura un point dans le plan P. c. q. f. d.

467. Corollaire. — *Par une droite AB, non perpendiculaire à un plan donné M, on peut toujours mener un plan perpendiculaire au plan M, et on n'en peut mener qu'un (fig. 286).*

D'un point quelconque A de la droite AB j'abaisse la perpendiculaire AC sur le plan M; le plan des deux droites AB et AC est perpendiculaire sur le plan M (**463**). D'autre part, en vertu du théorème précédent, tout plan perpendiculaire au plan M, mené par la droite AB, doit contenir la perpendiculaire AC, et par conséquent se confond avec le plan BAC; ce plan BAC est donc le seul plan passant par AB qui soit perpendiculaire au plan M. c. q. f. d.

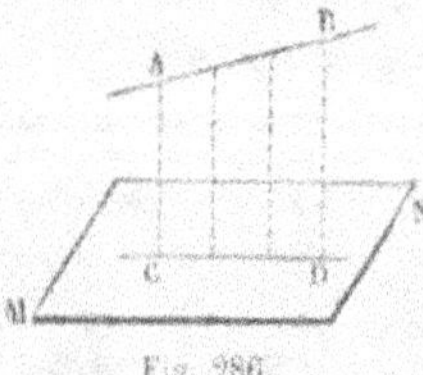
Fig. 286.

468. Remarque. — Si par tous les points de la droite AB on mène des perpendiculaires au plan M, elles sont toutes contenues dans le plan BAC; par suite leurs pieds sont tous situés sur la droite d'intersection des plans M et BAC.

Si la droite donnée AB était perpendiculaire au plan M, tout plan mené par cette droite serait perpendiculaire au plan M.

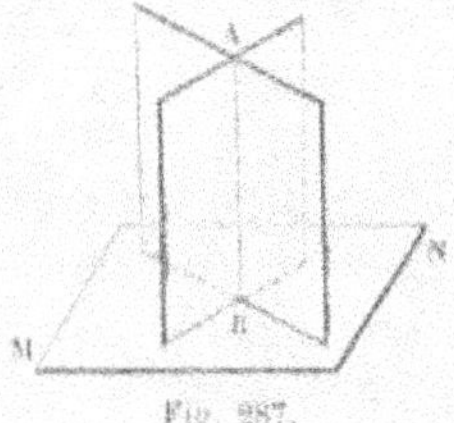
Fig. 287.

469. Théorème. — *Lorsque deux plans qui se coupent sont perpendiculaires à un même plan MN, leur intersection AB est perpendiculaire à ce troisième plan* (fig. 287).

Car, si d'un point A commun aux deux plans on abaisse une perpendiculaire sur le plan MN, elle doit être contenue dans chacun des deux plans (**466**); donc elle coïncide avec leur intersection AB. c. q. f. d.

§ XXXV. — Projections. — Angle d'une droite et d'un plan. — Plus courte distance de deux droites.

470. Définitions. — On appelle *projection* d'un point sur un plan le pied de la perpendiculaire abaissée du point sur le plan. Le plan sur lequel on projette le point se nomme le *plan de projection*, et la perpendiculaire abaissée de ce point sur le plan s'appelle la *projetante du point*.

La projection d'une ligne quelconque sur un plan est le lieu des projections de tous ses points.

471. Projection de la ligne droite. — Nous avons vu (**468**) que si l'on abaisse de tous les points d'une droite des perpendiculaires sur un plan donné, elles sont toutes contenues dans un plan perpendiculaire au plan donné et, par suite, que leurs pieds sont en ligne droite. Il résulte de là que *la projection d'une ligne droite sur un plan est une ligne droite*. Le plan qui contient les projetantes de tous les points de la droite s'appelle le *plan projetant* de cette droite; il est perpendiculaire au plan de projection.

Si la droite considérée est perpendiculaire au plan de projection, tous ses points se projettent au pied de la droite; donc, dans ce cas, la projection de la droite se réduit à un point.

Enfin, si la droite donnée est parallèle au plan de projection, elle est parallèle à sa projection sur ce plan (**130**).

472. Théorème. — *La projection d'une portion de droite limitée sur un plan parallèle à cette droite est égale à la droite elle-même.*

En effet, la droite donnée, étant parallèle au plan de projection, est parallèle à sa projection; par suite, le quadrilatère qui a pour côtés la droite donnée, sa projection et les projetantes de ses deux extrémités est un parallélogramme; donc la droite donnée et sa projection, qui sont deux côtés opposés de ce parallélogramme, sont égales. C. Q. F. D.

473. Corollaire I. — *La projection d'un polygone plan sur un plan parallèle à celui de la figure est un autre polygone égal au premier.*

En effet, les côtés correspondants des deux polygones sont égaux deux à deux, en vertu du théorème précédent. Les angles des deux polygones sont aussi égaux chacun à chacun, comme ayant les côtés parallèles et dirigés dans le même sens. Donc enfin les deux polygones sont égaux.

474. Corollaire II. — *Les projections d'une même figure sur deux plans parallèles sont égales.*

Soient P et Q les deux plans de projection parallèles. Les projetantes des différents points d'une figure donnée F sur les plans P et Q sont des perpendiculaires communes à ces deux plans. Désignons par A un point quelconque de la figure donnée, par A' et A" les projections de ce point sur les plans P et Q; A" sera évidemment la projection de A' sur le plan Q. Donc, pour avoir la projection de la figure F sur le plan Q, on peut la projeter d'abord sur le plan P et projeter ensuite cette première projection sur le plan Q; mais alors, en vertu du corollaire précédent, cette nouvelle projection est égale à la première. C. Q. F. D.

475. Théorème. — *Les projections de deux droites parallèles sur un même plan sont parallèles.*

En effet, les plans projetants des deux droites contiennent chacun une des deux droites données et une perpendiculaire au plan de projection ; les deux droites données étant parallèles entre elles, ainsi que les perpendiculaires au plan de projection, les plans projetants sont les plans de deux angles ayant leurs côtés parallèles deux à deux ; donc ils sont parallèles (**144**) ; et, par conséquent, les intersections de ces deux plans par le plan de projection, c'est-à-dire les projections des deux droites, sont parallèles (**439**). C. Q. F. D.

476. Théorème. — *La projection d'un angle droit sur un plan passant par l'un de ses côtés est un angle droit ; et inversement, un angle est droit quand il a pour projection un angle droit sur un plan passant par l'un de ses côtés.*

1° Soit ADB (fig. 288) un angle droit que je projette sur un plan M passant par le côté DB ; pour cela, je projette en P un point quel-

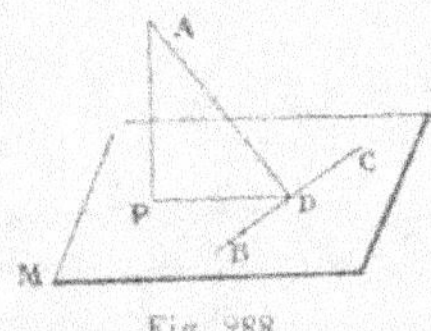

Fig. 288.

conque A de l'autre côté AD ; PD est la projection de AD, et l'angle PDB est la projection de l'angle droit ADB. Mais, par hypothèse, la droite BD est perpendiculaire à AD ; comme elle est située dans le plan M, elle est aussi perpendiculaire à AP ; donc BD est perpendiculaire au plan PAD (**413**), et par suite à la droite PD située dans ce plan ; l'angle PDB est donc droit. C. Q. F. D.

2° Supposons maintenant que la projection de l'angle ADB sur le plan M passant par le côté DB soit un angle droit PDB ; je dis que l'angle ADB est droit. Nous avons déjà démontré ce théorème, énoncé un peu différemment, au n° **424**.

477. REMARQUE I. — Le théorème précédent serait encore vrai si le plan de projection, au lieu de passer par un des côtés de l'angle, était parallèle à ce côté (**473**).

478. REMARQUE II. — On déduit facilement du théorème précédent que *la condition suffisante et nécessaire pour que la projection d'un angle droit sur un plan soit elle-même un angle droit, est que le plan de projection soit parallèle à un des côtés de l'angle droit donné.*

479. Théorème. — *L'angle aigu qu'une droite oblique à un plan*

forme avec sa projection sur ce plan est moindre que l'angle qu'elle
forme avec toute autre droite passant par son pied dans le plan.

Soient AB (fig. 289) une droite oblique au plan M et A le point où
elle perce le plan. Je projette en P un autre
point quelconque B de la droite AB; AP est
la projection de la droite AB sur le plan M.
Par le point A, je mène une autre droite
quelconque AC dans le plan M; je dis que
l'angle aigu BAP est moindre que l'angle
BAC. En effet, je prends sur AC une longueur AC égale à AP et je joins BC; les

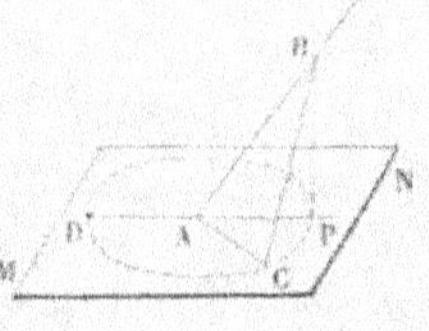

Fig. 289.

deux triangles BAP, BAC ont le côté BA commun et les côtés AP et
AC égaux par construction; mais le troisième côté BP du premier
est plus petit que le troisième côté BC du second, puisque BP est
perpendiculaire et BC oblique au plan M; donc l'angle BAP est plus
petit que l'angle BAC (**35**). C. Q. F. D.

480. Remarque. — Si la droite AC tourne autour du point A dans
le plan M, depuis la position AP jusqu'à la position directement opposée AD, l'angle BAC va constamment en croissant. En effet, du
point A comme centre avec AP comme rayon, décrivons un cercle
dans le plan M; à mesure que le rayon AC s'écarte de AP, l'arc PC
croît, et il en est de même de sa corde; par suite, l'oblique BC s'é-
loigne de plus en plus du pied de la perpendiculaire; donc cette
oblique augmente aussi. Dans le triangle BAC, deux côtés BA et AC
gardent des longueurs invariables et le troisième côté BC va toujours en croissant; donc (**36**) il en est de même de l'angle BAC.

Si la droite AC continue son mouvement au delà de AD, l'angle
BAC repasse en sens inverse par les mêmes valeurs. Pour deux positions de AC situées de part et d'autre de AP et également inclinées
sur cette ligne, la valeur de l'angle BAC est la même.

En résumé, quand la droite AC décrit tout le plan en tournant
autour du point A à partir de AP, l'angle BAC part de sa valeur minimum BAP, croît jusqu'à ce que AC occupe la position AD pour
laquelle il atteint sa valeur maximum BAD, puis décroît en repas-
sant par les mêmes valeurs en sens inverse.

481. Définition. — On appelle *angle d'une droite et d'un plan*
l'angle aigu que cette droite forme avec sa projection sur ce plan.
C'est parce que cet angle est le plus petit des angles que la droite
donnée forme avec les droites du plan qu'on l'a pris comme mesure
de l'inclinaison de la droite sur le plan.

Si la droite est perpendiculaire sur le plan, la définition générale ne s'applique pas; on dit alors que l'angle de la droite et du plan est droit.

Enfin, on voit facilement par les théorèmes précédents que l'angle d'une droite et d'un plan ne change pas si l'on déplace la droite et le plan parallèlement à eux-mêmes.

482. Théorème. — *Étant donnés deux plans M et N qui se coupent, parmi toutes les droites que l'on peut mener par le point A dans le plan N, celle qui fait le plus grand angle avec le plan M est la droite AB perpendiculaire à l'intersection CD des deux plans* (fig. 290).

Par le point A, je mène dans le plan N une droite quelconque AE

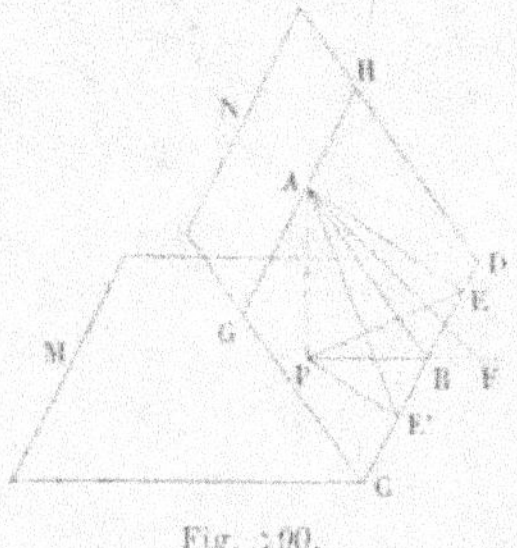

oblique à CD; puis je projette le point A en P sur le plan M, et je joins PB et PE; les angles ABP, AEP mesurent les angles des deux droites AB et AE avec le plan M (**481**); il faut démontrer que le premier de ces angles est plus grand que le second. Pour cela, je remarque d'abord que PB est perpendiculaire sur CD; car l'angle droit ABD, qui a un de ses côtés BD dans le plan M, a pour projection sur ce plan un angle droit (**476**).

Fig. 290.

La droite PE, oblique à CD, est plus longue que PB; je prends alors sur PB une longueur PF égale à PE et je joins AF; le triangle PAF est égal au triangle PAE, et l'angle AFP est égal à l'angle AEP. Mais l'angle ABP, extérieur au triangle ABF, est égal à la somme des angles intérieurs AFB et BAF; donc l'angle ABP est plus grand que l'angle AFP et, par conséquent, plus grand que l'angle AEP. c. q. f. d.

483. REMARQUE I. — Lorsque le plan M est horizontal, la ligne AB s'appelle la *ligne de plus grande pente* du plan N; elle est perpendiculaire aux horizontales du plan N (Voir les *Applications de la géométrie*).

484. REMARQUE II. — Faisons tourner la droite AE autour du point A dans le plan N à partir de AB; à mesure que le point E s'éloigne du point B, la longueur de l'oblique AE augmente, et l'angle AEP diminue. Quand la droite mobile se rapproche de plus en plus de la droite GH parallèle à CD, l'angle AEP diminue de plus en plus et tend vers zéro. Si la droite AE continue de tourner dans le même sens, le point E passe de l'autre côté du point B sur CD, et l'angle AEP augmente depuis zéro jusqu'à sa valeur maximum ABP.

Remarquons encore que deux droites AE, AE', également inclinées sur AB et de côtés différents de cette droite, font des angles égaux avec le plan M.

185. REMARQUE III. — Si les plans M et N étaient perpendiculaires, la démonstration que nous avons donnée pour le théorème précédent ne s'appliquerait plus; mais le théorème serait encore vrai. Car la droite AB serait alors perpendiculaire au plan M; l'angle qu'elle ferait avec ce plan serait droit, tandis que l'angle formé par l'oblique AE avec ce même plan serait aigu (**181**); le premier de ces angles est donc encore supérieur au second.

186. Théorème. — *Si deux droites données ne sont pas situées dans un même plan,*

1° Il existe une droite qui les coupe toutes les deux à angle droit, et il n'en existe qu'une;

2° Cette perpendiculaire commune est la plus courte distance des deux droites.

1° Soient AD et BE (fig. 291) deux droites données non situées dans un même plan. Par la droite BE je fais passer un plan M parallèle à AD; pour cela, je mène, par un point quelconque E de BE, une parallèle EF à AD, et je construis le plan des deux droites BE et EF (**433**). D'un point quelconque D de AD, j'abaisse une perpendiculaire DC sur le plan M, et par le pied C de cette perpendiculaire je mène une parallèle

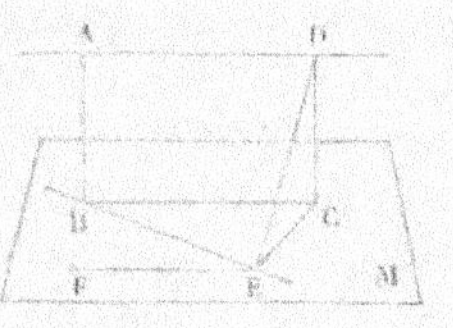

Fig. 291.

à AD; cette parallèle sera contenue dans le plan M (**131**), et par suite elle rencontrera la droite BE en un point B. Enfin, par ce point B, je mène une parallèle à CD; cette parallèle est contenue dans le plan des deux parallèles AD et BC, donc elle coupe la droite AD en un certain point A; je dis que cette droite BA, qui rencontre les deux droites données BE et AD, est perpendiculaire à chacune d'elles. En effet, la droite BA, parallèle à CD, est perpendiculaire au plan M (**119**); donc elle est perpendiculaire à la droite BE située dans ce plan; elle est aussi perpendiculaire, pour la même raison, à la droite BC, et par suite à la droite AD qui est parallèle à BC (**109**). C. Q. F. D.

Je dis maintenant qu'il n'existe pas d'autre perpendiculaire commune aux deux droites AD et BE. En effet, toute droite perpendiculaire à la fois à ces deux droites est perpendiculaire au plan M, qui contient l'une d'elles et une parallèle à l'autre (**413**). Or toutes les perpendiculaires au plan M qui rencontrent la droite AD sont situées dans le plan ADCB qui projette cette droite sur le plan M (**468**). D'autre part, le plan ABCD coupe la droite BE au point B. Donc la seule perpendiculaire au plan M qui rencontre les droites AD et BE est celle qui passe par le point B, c'est-à-dire BA. C. Q. F. D.

2° Je dis enfin que la droite AB est la plus courte des lignes qui joignent un point de AD à un point de BE, ce qu'on exprime en disant que AB est la *plus courte distance* de ces deux droites. En effet, soit DE une autre droite quelconque rencontrant AD et BE; du point D, j'abaisse sur le plan M la perpendiculaire DC; cette droite DC est plus courte que l'oblique DE; mais DC est égale à AB (**436**); donc enfin AB est plus courte que DE.   C. Q. F. D.

487. REMARQUES. — La perpendiculaire commune AB, étant perpendiculaire au plan M, est contenue à la fois dans les deux plans perpendiculaires au plan M menés par les droites AD et BE; elle est donc l'intersection de ces deux plans. On peut d'ailleurs substituer au plan M un plan quelconque parallèle aux deux droites; car ce nouveau plan est parallèle au plan M. Donc *la perpendiculaire commune à deux droites est l'intersection des plans qui les projettent sur un plan quelconque parallèle aux deux droites.*

Si l'on demandait seulement la longueur de la plus courte distance, on remarquerait que cette droite est égale à DC, c'est-à-dire à la distance d'un point quelconque de la droite donnée AD au plan mené par l'autre droite BE parallèlement à la première.

Supposons enfin qu'on se propose seulement de trouver la direction de la perpendiculaire commune aux deux droites, c'est-à-dire de construire une parallèle quelconque à cette perpendiculaire commune. On remarquera que cette perpendiculaire commune AB est contenue à la fois dans le plan perpendiculaire à la droite AD au point A et dans le plan perpendiculaire à la droite BE au point B (**415**); donc si l'on mène deux plans respectivement perpendiculaires aux deux droites données, c'est-à-dire parallèles aux précédents, leur intersection sera parallèle à AB, comme il est aisé de le voir.

Toutes ces remarques trouvent leur application dans le cours de *Géométrie descriptive*.

§ XXXVI. — Angles polyèdres.

488. Définitions. — On appelle *angle polyèdre* ou encore *angle solide* la figure formée par plusieurs plans qui passent par un même point et qui sont limités à leurs intersections successives. Le point commun à tous les plans est le *sommet* de l'angle polyèdre ; les intersections successives des plans en sont les *arêtes* ; et enfin les angles plans compris entre deux arêtes consécutives portent le nom de *faces*.

Un angle polyèdre est dit *convexe*, lorsqu'il est situé tout entier du même côté du plan de chacune de ses faces prolongé indéfiniment. Il résulte évidemment de cette définition que, si l'on coupe un angle polyèdre convexe par un plan qui rencontre toutes les arêtes d'un même côté du sommet, la section sera un polygone convexe.

Lorsque les plans qui forment l'angle polyèdre sont au nombre de trois seulement, la figure s'appelle un *angle trièdre* ou simplement un *trièdre*. Telle est la figure OABC (fig. 292) ; O est le sommet ; OA, OB, OC sont les arêtes ; les angles AOB, BOC, COA sont les faces. Ces trois faces et les angles dièdres formés par les plans de deux faces consécutives se nomment quelquefois les six *éléments* du trièdre.

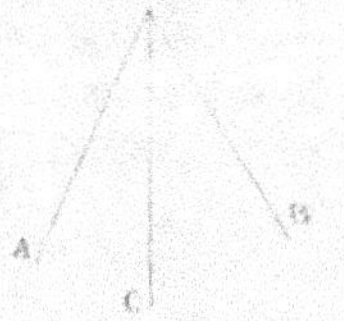

Un angle trièdre est toujours convexe.

On désigne un angle polyèdre par la lettre du sommet suivie d'une lettre pour chaque arête, ou par la lettre du sommet toute seule, s'il n'y a pas de confusion possible. Ainsi le trièdre de la figure précédente s'appellera le trièdre OABC ou simplement le trièdre O.

489. Si l'on prolonge au delà du sommet toutes les arêtes d'un angle polyèdre, on forme un second angle polyèdre qui est dit le *symétrique* du premier.

Deux angles polyèdres symétriques sont composés des mêmes éléments ; car les faces correspondantes sont égales comme angles opposés par le sommet, et les dièdres correspondants sont égaux comme opposés par l'arête. Mais les éléments égaux sont disposés en ordre inverse dans les deux angles polyèdres symétriques, de telle sorte qu'ils ne sont pas superposables en général. En effet, considérons, pour plus de simplicité, deux trièdres symétriques OABC, OA'B'C' (fig. 293), et supposons qu'un observateur placé sur

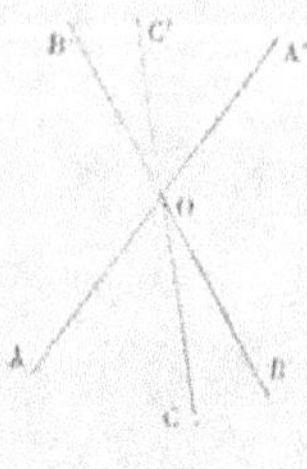

l'arête OC, la tête en O, regarde l'intérieur du trièdre ; il aura l'arête OA et la face AOC à sa gauche. Plaçons de la même manière un second observateur dans le trièdre OA'B'C' : il sera couché le long de OC', la tête en O, et regardera l'intérieur du trièdre ; il verra l'arête OA' et la face A'OC', non plus à gauche, comme tout à l'heure, mais à droite. La disposition des éléments égaux est donc inverse dans les deux trièdres, et, par conséquent, on ne pourra pas les superposer, au moins en général.

Fig. 293.

On peut d'ailleurs démontrer directement que cette superposition est impossible. En effet, faisons coïncider la face A'OB' avec son égale AOB ; on peut y arriver de deux manières : 1° en faisant tourner le trièdre OA'B'C' de 180° autour de la perpendiculaire au plan AOB menée par le point O ; mais alors l'arête OC' restera derrière le plan AOB et ne pourra coïncider avec l'arête OC qui est en avant ; 2° en faisant tourner le trièdre OA'B'C' autour de la bissectrice de l'angle BOA' ; mais alors l'arête OA' viendra s'appliquer sur OB, et à moins que l'angle dièdre OA' ne soit égal au dièdre OB, les deux plans OA'C' et OBC prendront des directions différentes, et les deux trièdres ne coïncideront pas. Il est donc impossible, en général, de superposer deux trièdres symétriques OABC, OA'B'C'.

On dit souvent que deux angles trièdres, et, plus généralement, deux angles polyèdres, placés d'une manière quelconque dans l'espace, sont *symétriques*, lorsque l'un d'eux est égal au symétrique de l'autre. C'est une locution peu correcte, mais commode pour la brièveté du langage.

490. Théorème. — *Dans un trièdre, une face quelconque est plus petite que la somme des deux autres.*

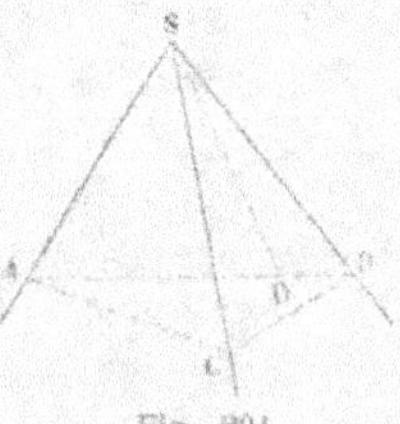

Si le trièdre avait ses trois faces égales, ou bien deux faces égales entre elles et plus grandes que la troisième, le théorème serait évident ; il n'y a donc lieu à démonstration que dans le cas où l'une des faces du trièdre est plus grande que chacune des deux autres, et alors il faut prouver que la plus grande face est plus petite que la somme des deux autres.

Fig. 294.

Soit ASB (fig. 294) la plus grande face du trièdre SABC ; dans le

plan de cette face, je mène la ligne SD faisant avec SA un angle ASD
égal à l'angle ASC ; cette ligne SD sera à l'intérieur de l'angle ASB,
puisque cet angle est plus grand que ASC. Je trace ensuite une
droite quelconque AB qui coupe les trois droites SA, SD, SB aux
points A, D et B ; puis je prends sur l'arête SC une longueur SC
égale à SD et je joins AC et BC. Les deux triangles SAC, SAD ont le
côté SA commun, les côtés SC et SD égaux par construction et l'angle
ASC égal à l'angle ASD, aussi par construction. Ces deux triangles
sont donc égaux (**34**), et par suite AC=AD. Dans le triangle ABC, le
côté BC est plus grand que la différence des deux autres,

$$BC > AB - AC ;$$

mais AB — AC, c'est DB, puisque AC = AD ; donc

$$BC > DB.$$

Les deux triangles SBC, SBD ont alors le côté SB commun, les
côtés SC et SD égaux, et les côtés BC et BD inégaux ; donc les angles
BSC et BSD, opposés aux côtés inégaux, sont inégaux, et le plus
grand est opposé au plus grand côté (**36**). On a, par conséquent,

$$\text{angle } BSD < \text{angle } BSC ;$$

ajoutons enfin aux deux membres de cette inégalité les angles
égaux ASD et ASC, et il vient

$$\text{angle } ASB < \text{angle } ASC + \text{angle } BSC. \qquad \text{c. q. f. d.}$$

191. Corollaire. — *Une face quelconque d'un trièdre est plus
grande que la différence des deux autres.* Car de l'inégalité

$$ASB < ASC + BSC$$

on déduit

$$BSC > ASB - ASC.$$

192. Théorème. — *Si, dans un trièdre, deux dièdres sont égaux,
les faces opposées à ces deux dièdres sont égales.*

Soit OABC (fig. 295) le trièdre donné, dans lequel je suppose que
les deux dièdres OA et OB soient égaux. Je construis le trièdre symétrique OA'B'C' (**189**) ; les deux dièdres OB et OA' sont égaux tous

les deux au dièdre OA, le premier par hypothèse, le second parce
qu'il lui est opposé par l'arête; donc ces dièdres OB et OA' sont
égaux entre eux, et il en est de même des dièdres
OA et OB'. Faisons maintenant tourner le trièdre
OA'B'C' autour de la bissectrice de l'angle BOA' jusqu'à ce que l'arête OA' tombe sur OB et l'arête OB'
sur OA; les deux angles dièdres OA' et OB étant
égaux, le plan A'OC' s'appliquera sur le plan BOC, et
l'arête OC' sera contenue dans le plan BOC; de même,
le plan B'OC' s'appliquera sur le plan AOC, et l'arête
OC' sera aussi contenue dans le plan AOC; par conséquent, l'arête OC' tombera sur OC, et les deux triè-

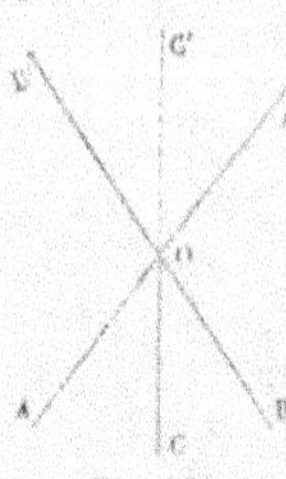

Fig. 295.

dres coïncideront. Il résulte de là que les faces A'OC' et BOC sont
égales; et comme la face A'OC' est égale à AOC, les deux faces
AOC et BOC sont égales. c. q. f. d.

REMARQUE. — La démonstration précédente prouve encore que
lorsqu'un trièdre a deux dièdres égaux, il est superposable à son sy-
métrique.

495. Théorème. — *Si, dans un trièdre, deux dièdres sont inégaux,
les faces opposées à ces dièdres sont inégales, et la plus grande est
opposée au plus grand dièdre.*

Soit OABC (fig. 296) un trièdre, dans lequel je suppose le dièdre
OA plus grand que le dièdre OB; je dis que la face
BOC opposée au dièdre OA est plus grande que la
face AOC opposée au dièdre OB. En effet, par l'arête
OA, je mène un plan OAD faisant avec le plan OAB
un angle dièdre égal au dièdre OB; le dièdre COAB
étant, par hypothèse, plus grand que le dièdre
OB, le plan OAD est compris entre les plans des
faces COA et AOB, et, par conséquent, il coupe la
face opposée BOC suivant une droite OD comprise

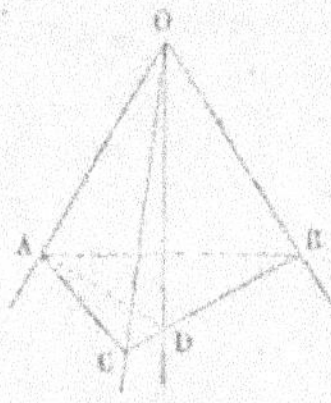

Fig. 296.

à l'intérieur de cette face [1]. Cela posé, le trièdre OABD a les deux
dièdres DOAB et DOBA égaux par construction; donc les faces DOB
et DOA, opposées à ces dièdres égaux, sont égales (**492**). D'autre

[1] Pour rendre plus claire la disposition de tous ces plans, nous avons supposé
dans la figure le trièdre OABC coupé par un plan ABC, et nous avons indiqué l'intersection de ce plan par le plan OAD. Nous emploierons encore plus loin ce moyen
de rendre nos figures plus intelligibles.

part, dans le trièdre OACD, la face AOC est plus petite que la somme des deux autres (**490**) :

$$AOC < COD + DOA ;$$

remplaçons dans cette inégalité l'angle DOA par son égal DOB et nous aurons

$$AOC < COD + DOB,$$

ou

$$AOC < BOC. \qquad \text{c. q. f. d.}$$

494. CROLLAIRES. — Le théorème du n° **492** et le précédent sont des propositions contraires ; on en déduit immédiatement les réciproques.

Si deux faces d'un trièdre sont égales, les dièdres opposés à ces faces sont égaux.

Si deux faces d'un trièdre sont inégales, les dièdres opposés à ces faces sont inégaux, et le plus grand dièdre est opposé à la plus grande face.

On appelle souvent trièdre *isocèle* un trièdre qui a deux faces égales.

Remarquons l'analogie des théorèmes que nous venons d'établir avec ceux que nous avons démontrés dans la géométrie plane aux n°° **39, 42, 44** et **45**, et qui sont relatifs aux triangles isocèles.

495. Théorème. — *La somme des faces d'un angle polyèdre convexe est moindre que quatre angles droits.*

Soit O (fig. 297) un angle polyèdre convexe ; je le coupe par un plan MN, qui rencontre toutes les arètes d'un même côté du sommet ; la section est un polygone convexe ABCDE (**488**). En joignant un point P pris à l'intérieur de ce polygone à tous les sommets, on obtient deux séries de triangles, les uns ayant pour sommet commun le point O, les autres le point P, et en même nombre ; par conséquent, la somme de tous les angles des triangles de la première série est égale à la somme des angles des triangles de la

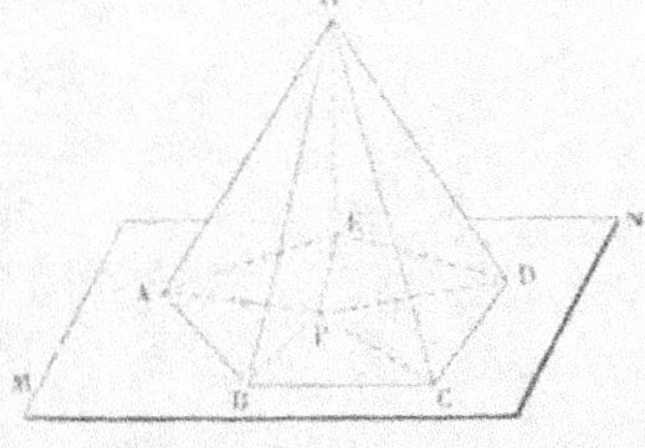

Fig. 297.

première série est égale à la somme des angles des triangles de la deuxième. Cela posé, dans le trièdre AOBE, la face BAE est plus petite que la somme des deux autres :

$$BAE < BAO + EAO ;$$

on a de même

$$CBA < ABO + CBO,$$
$$DCB < BCO + DCO, \text{ etc.}$$

Si l'on ajoute membre à membre toutes ces inégalités, on voit que la somme des angles du polygone ABCDE, c'est-à-dire la somme des angles à la base des triangles formés autour du point P, est moindre que la somme des angles à la base des triangles disposés autour du point O ; donc, par compensation, la somme des angles formés autour du point O est moindre que la somme des angles formés autour du point P, c'est-à-dire moindre que quatre angles droits. C. Q. F. D.

REMARQUE. — Ce théorème est vrai pour tout angle trièdre ; car un angle trièdre est toujours convexe.

496. Définition. — Si par le sommet O d'un angle trièdre OABC (fig. 299) on élève au plan de la face BOC une perpendiculaire OA′ située du même côté de ce plan que l'arête OA, puis une perpendiculaire OB′ au plan COA du même côté de ce plan que l'arête OB, et enfin une perpendiculaire OC′ au plan AOB du même côté de ce plan que l'arête OC les trois droites OA′, OB′, OC′ sont les arêtes d'un second trièdre qui est dit *supplémentaire* du premier.

497. Lemme. — *Si par un point d'un plan on lui mène une perpendiculaire et une oblique du même côté du plan, l'angle de ces deux droites est aigu ; et réciproquement, si une perpendiculaire et une oblique à un plan, menées par un même point de ce plan, forment un angle aigu, elles sont situées du même côté du plan.*

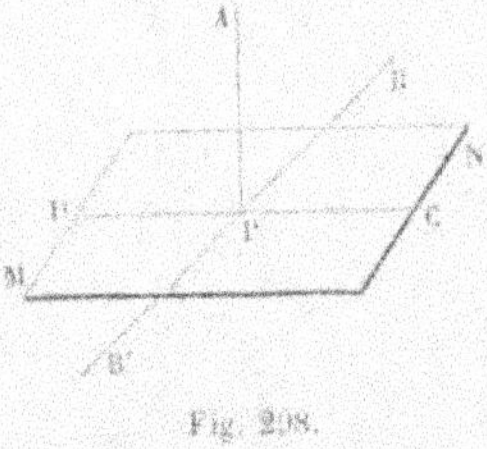

Soient PA et PB (fig. 298) une perpendiculaire et une oblique au plan MN menées par un même point P de ce plan ; par les droites PA et PB, je fais passer un plan qui coupe le plan MN suivant la droite CD ; cette droite est perpendiculaire à PA.

Si les droites PA et PB sont du même côté du plan MN, elles seront du même côté de la droite CD ; la droite PB sera donc comprise dans

Fig. 298.

l'un des angles droits APC et APD, et, par conséquent, elle fera un angle aigu avec la perpendiculaire PA.   C. Q. F. D.

Réciproquement, si l'angle APB est aigu, la droite PB est comprise dans l'un des angles droits APC, APD ; par suite, les deux droites PA et PB sont situées du même côté de CD, ou, ce qui revient au même, du même côté du plan MN.   C. Q. F. D.

498. Théorème. — *Si un angle trièdre OA'B'C' est supplémentaire d'un autre trièdre OABC, réciproquement le trièdre OABC est supplémentaire du trièdre OA'B'C'* (fig. 299).

Par hypothèse, la droite OA' est perpendiculaire au plan de la face BOC et située du même côté de ce plan que l'arête OA ; de même les droites OB' et OC' sont respectivement perpendiculaires aux plans COA et AOB et situées du même côté de ces plans que les arêtes OB et OC (**496**). Je dis que le trièdre OABC peut se déduire du trièdre OA'B'C' comme celui-ci se déduit du premier.

Fig. 299.

En effet, la droite OA, contenue dans le plan COA perpendiculaire à OB', est elle-même perpendiculaire à OB' ; cette même droite OA, contenue dans le plan AOB perpendiculaire à OC', est aussi perpendiculaire à OC' ; la droite OA, perpendiculaire aux deux droites OB' et OC', est perpendiculaire à leur plan B'OC'. D'autre part, les deux droites OA et OA' sont, par hypothèse, d'un même côté du plan BOC ; et comme OA' est perpendiculaire à ce plan, l'angle AOA' est aigu (**491**) ; donc la perpendiculaire OA et l'oblique OA' au plan B'OC', qui forment entre elles un angle aigu, sont situées du même côté du plan B'OC'. On démontrerait de la même manière que OB est perpendiculaire au plan C'OA' du même côté de ce plan que OB' et que OC est perpendiculaire au plan A'OB' et située du même côté de ce plan que OC' ; donc enfin le trièdre OABC est supplémentaire du trièdre OA'B'C'.   C. Q. F. D.

499. Lemme. — *Si par un point O de l'arête OC d'un angle dièdre AOCB on mène une perpendiculaire OA' à la face COA, du même côté que l'autre face du dièdre, et une perpendiculaire OB' à la face COB, du même côté que l'autre face, l'angle A'OB' de ces deux perpendiculaires est supplémentaire de l'angle plan du dièdre* (fig. 300).

Le plan des deux droites OA' et OB' est perpendiculaire à la fois aux deux faces du dièdre (**463**), donc il est perpendiculaire à son arête OC (**169**), et, par suite, il coupe les deux faces du dièdre

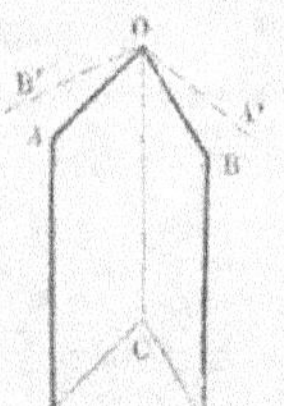

suivant des droites OA et OB qui forment l'angle plan du dièdre (**156**); il faut alors démontrer que les angles A'OB' et AOB sont supplémentaires. Or ces angles sont dans le même plan; de plus, OA', perpendiculaire au plan AOC, est perpendiculaire à la droite OA contenue dans ce plan, et elle est située du même côté de OA que le côté OB; pour la même raison, OB' est une perpendiculaire à OB menée du même côté que OA; les deux angles

Fig. 500.

AOB et A'OB' ont donc les côtés perpendiculaires et disposés comme l'indiquent les figures 501 et 502. Dans la première, l'angle AOB

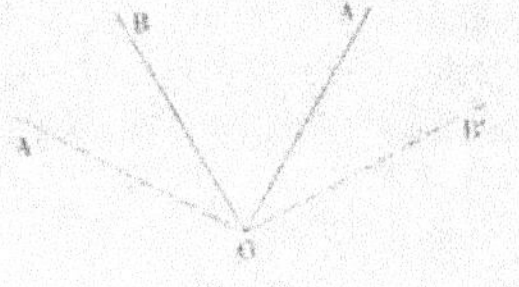

Fig. 501.

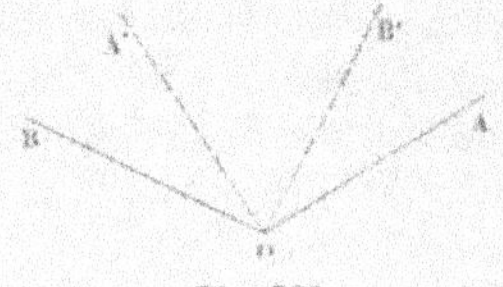

Fig. 502.

est aigu, les angles droits, AOA' et BOB', sont plus grands que AOB; les droites OA' et OB' sont donc extérieures à l'angle AOB, et l'on a

$$AOB = AOA' - BOA',$$
$$A'OB' = BOB' + BOA';$$

d'où l'on tire

$$AOB + A'OB' = AOA' + BOB' = 2dr.$$

Dans la seconde, les droites OA' et OB' sont intérieures à l'angle AOB, et l'on a

$$AOB = AOA' + BOA',$$
$$A'OB' = BOB' - BOA';$$

d'où l'on tire encore

$$AOB + A'OB' = 2dr. \qquad \text{c. q. f. d.}$$

500. Théorème. — *Lorsque deux trièdres* OABC, OA'B'C' *sont supplémentaires, les faces de l'un sont supplémentaires des dièdres de l'autre* (fig. 503).

Considérons l'angle dièdre OA compris entre les plans COA et BOA ; la droite OB′ est perpendiculaire à la face COA du côté de l'arête OB, c'est-à-dire du côté de la face BOA ; de même la droite OC′ est perpendiculaire à la face BOA du côté de la face COA ; donc, en vertu du lemme précédent, l'angle B′OC′ est supplémentaire de l'angle plan du dièdre OA, ce qu'on exprime plus simplement en disant que la face B′OC′ est supplémentaire du dièdre OA. On verrait de même que la face C′OA′ est supplémentaire du dièdre OB et que la face A′OB′ est supplémentaire du dièdre OC.

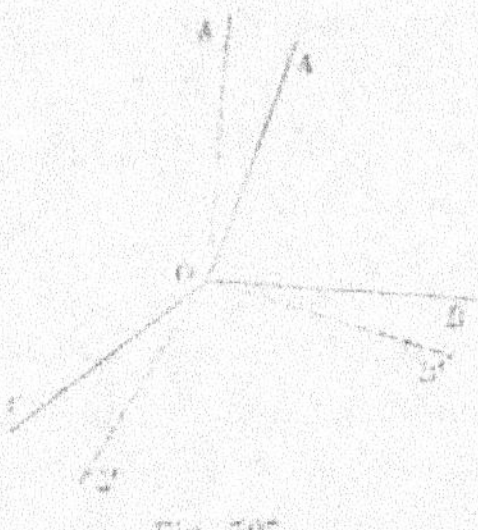

Fig. 305.

Comme les deux trièdres OABC, OA′B′C′ sont réciproques, c'est-à-dire qu'ils se déduisent l'un de l'autre par la même construction, il est clair que, de même que les faces du second sont supplémentaires des dièdres du premier, de même aussi les faces du premier sont supplémentaires des dièdres du second.

C'est à cause de cette propriété que les deux trièdres ont été nommés *supplémentaires*.

501. Remarque. — Soient a, b, c les faces du trièdre OABC et A, B, C les dièdres respectivement opposés aux faces a, b, c; soient de même a', b', c', A′, B′, C′ les faces et les dièdres du trièdre supplémentaire OA′B′C′ ; on aura les égalités

$$a' = 2\text{dr.} - A, \qquad A' = 2\text{dr.} - a,$$
$$b' = 2\text{dr.} - B, \qquad B' = 2\text{dr.} - b,$$
$$c' = 2\text{dr.} - C, \qquad C' = 2\text{dr.} - c.$$

Il résulte de là que, si l'on connaît une relation quelconque entre les dièdres et les faces du premier trièdre, on en déduira une relation *corrélative* entre les faces et les dièdres du second trièdre. La considération des trièdres supplémentaires nous permettra ainsi d'établir immédiatement plusieurs propriétés des trièdres.

Nous allons donner deux exemples de ce mode de démonstration ; nous en rencontrerons d'autres plus tard.

502. Théorème. — *Dans tout angle trièdre, chaque dièdre augmenté de deux angles droits est plus grand que la somme des deux autres.*

Soient A, B, C les angles dièdres du trièdre proposé ; les faces

du trièdre supplémentaire seront 2dr. — A, 2dr. — B, 2dr. — C
(**500**). Or, dans ce second trièdre, une face quelconque est plus petite que la somme des deux autres (**490**) ; on a donc

$$2\,dr. - A < 2\,dr. - B + 2\,dr. - C\,;$$

d'où l'on tire aisément

$$B + C < A + 2\,dr. \qquad \text{c. q. f. d.}$$

503. Théorème. — *Dans tout angle trièdre, la somme des angles dièdres est plus grande que deux droits.*

Si nous désignons par A, B, C les trois angles dièdres du trièdre proposé, les faces du trièdre supplémentaire seront 2dr. — A, 2dr. — B, 2dr. — C; or la somme des faces de ce second trièdre est moindre que quatre droits (**495**); on a donc

$$2dr. - A + 2dr. - B + 2dr. - C < 4\,dr.,$$

d'où l'on tire

$$2dr. < A + B + C,$$

ou

$$A + B + C > 2\,dr. \qquad \text{c. q. f. d.}$$

504. Remarque. — Chacun des angles dièdres étant inférieur à deux droits, leur somme est moindre que six droits ; donc la somme des angles dièdres d'un trièdre est comprise entre deux droits et six droits.

Cette somme peut d'ailleurs se rapprocher autant qu'on veut de l'une ou de l'autre de ces limites.

Considérons, en effet, le trièdre OABC (fig. 504) et coupons-le par un plan ABC. Supposons d'abord que, le triangle ABC restant fixe, le sommet O se déplace sur une perpendiculaire au plan de ce triangle et s'éloigne indéfiniment de ce plan ; les arêtes

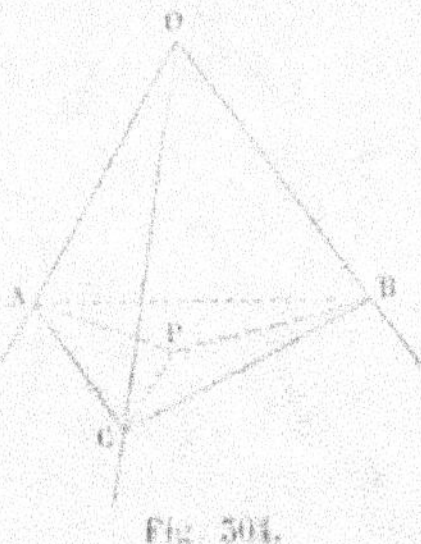

Fig. 504.

AO, BO, CO tendent à devenir perpendiculaires au plan ABC ; mais quand cela arrive, les trois dièdres ont pour angles plans les angles mêmes du triangle ABC, et leur somme est alors égale à deux droits. Supposons, au contraire, que le sommet O du trièdre se rapproche de plus en plus d'un point P pris arbitrairement à l'intérieur du triangle ABC ; les angles dièdres OA, OB, OC tendent chacun

vers deux droits, et leur somme devient, par conséquent, égale à
six droits quand le point O arrive à se confondre avec le point P.

505. Théorème. — *Deux angles trièdres qui ont un angle dièdre
égal compris entre deux faces égales chacune à chacune et semblablement disposées, sont égaux.*

Soient OABC, O'A'B'C' (fig. 505) deux trièdres, dans lesquels je
suppose le dièdre OA égal au dièdre O'A', la face BOA égale à la face
B'O'A' et la face COA égale à la face C'O'A'; je suppose, en outre, que
les éléments égaux aient la
même disposition dans les
deux trièdres. Voici le sens
précis qu'il faut attacher à
cette condition : imaginons
deux observateurs placés,
l'un le long de l'arête OA du
premier trièdre, la tête en O
et regardant la face opposée

Fig. 505.

BOC, l'autre le long de l'arête O'A' du second trièdre, la tête en O'
et regardant la face B'O'C'; si les deux observateurs ont à leur
droite les faces égales COA et C'O'A', et à leur gauche les deux
autres faces égales BOA, B'O'A', la disposition des éléments égaux
sera la même dans les deux trièdres : si, au contraire, l'un des observateurs avait la face COA à sa droite, tandis que l'autre aurait à
sa gauche la face égale C'O'A', la disposition des éléments égaux
serait inverse dans les deux trièdres.

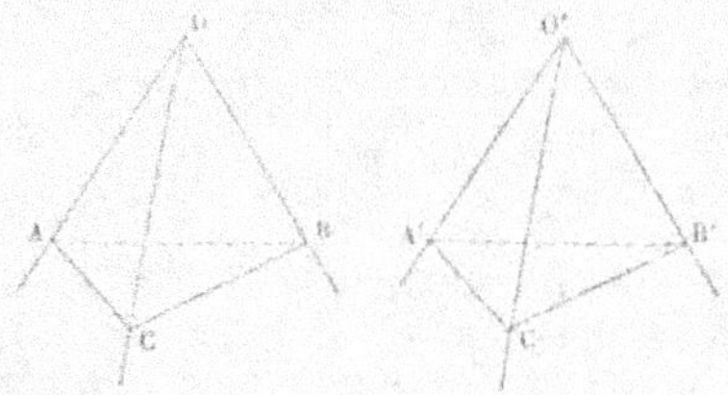

Dans le cas où les éléments égaux sont semblablement disposés,
les deux trièdres sont égaux. En effet, transportons le second trièdre
O'A'B'C' sur le premier, de manière que la face A'O'B' coïncide avec
son égale AOB, l'arête O'A' étant appliquée sur OA et l'arête O'B' sur
OB; les deux dièdres O'A' et OA étant égaux et placés de même par
rapport aux faces A'O'B', AOB, le plan A'O'C' coïncidera avec le plan
AOC; et comme les deux faces A'O'C', AOC sont égales, l'arête O'C'
prendra la direction OC; donc les deux trièdres coïncideront.
C. Q. F. D.

506. Remarque I. — Si la disposition des éléments égaux était
inverse dans les deux trièdres, on ne pourrait plus les superposer ;
mais alors l'un d'eux serait égal au symétrique de l'autre. Nous savons, en effet, que deux trièdres symétriques ont les éléments égaux,
mais disposés en ordre inverse; par suite, si les deux trièdres proposés OABC, O'A'B'C' ont un dièdre égal compris entre faces égales

chacune à chacune, et inversement disposées, le trièdre OABC et le symétrique de O'A'B'C' auront un dièdre égal compris entre faces égales chacune à chacune et semblablement disposées, et, par conséquent, seront égaux.

Dans les deux cas, de l'égalité des trois éléments indiqués dans l'énoncé on déduit l'égalité des autres éléments. Nous avons fait les hypothèses suivantes :

$$\text{dièdre } OA = \text{dièdre } O'A', \quad BOA = B'O'A', \quad COA = C'O'A';$$

on en déduit comme conséquence :

$$BOC = B'O'C', \quad \text{dièdre } OB = \text{dièdre } O'B', \quad \text{dièdre } OC = \text{dièdre } O'C'.$$

507. REMARQUE II. — Étant donnés un dièdre d'un trièdre et les deux faces qui le comprennent, on peut toujours construire le trièdre ; il suffit de mener par un point de l'arête du dièdre donné et dans ses deux faces deux droites faisant avec l'arête des angles égaux aux faces données. Le problème est toujours possible, et il a deux solutions, qui sont deux trièdres symétriques.

* **508. Théorème.** — *Deux angles trièdres qui ont une face égale adjacente à deux angles dièdres égaux chacun à chacun et semblablement disposés, sont égaux.*

On peut démontrer directement que les deux trièdres proposés sont superposables. Mais on peut aussi déduire ce théorème du précédent par la considération des trièdres supplémentaires.

Les trièdres supplémentaires des trièdres donnés auront, en effet, un angle dièdre égal compris entre faces égales chacune à chacune (**506**) ; donc ils seront égaux ou symétriques en vertu du théorème précédent, c'est-à-dire qu'ils auront leurs faces égales chacune à chacune et leurs dièdres égaux chacun à chacun. Mais alors les trièdres proposés auront leurs dièdres égaux chacun à chacun et leurs faces égales chacune à chacune ; ils seront donc eux-mêmes égaux ou symétriques : égaux, si les éléments égaux sont disposés dans le même ordre et symétriques dans le cas contraire. C. Q. F. D.

* **509.** REMARQUE. — Étant donnés une face d'un trièdre et les deux angles dièdres adjacents, on peut construire le trièdre. En effet, en prenant les suppléments de la face et des deux dièdres donnés, on aura un dièdre et les deux faces qui le comprennent dans le trièdre supplémentaire ; on peut donc construire ce dernier trièdre (**507**).

On obtient alors le trièdre demandé en construisant le supplémentaire du trièdre déjà construit (**498**).

Le problème est toujours possible et admet deux solutions, qui sont deux trièdres symétriques.

510. Théorème. — Si deux angles trièdres ont un angle dièdre inégal compris entre faces égales chacune à chacune, les troisièmes faces sont inégales, et la plus grande est opposée au plus grand angle dièdre.

Soient OABC, O'A'B'C' (fig. 506) deux angles trièdres, dans lesquels on a

$$AOB = A'O'B',\ AOC = A'O'C',\ \text{dièdre } OA > \text{dièdre } O'A';$$

je dis que la face BOC est plus grande que la face B'O'C'.

En effet, par l'arête OA, je mène un plan AOD qui fasse avec le plan AOB un angle dièdre égal au dièdre O'A', du même côté du plan AOB que la face AOC : ce plan tombera dans l'intérieur du dièdre BOAC, puisque le dièdre O'A' est plus petit que le dièdre BOAC. Dans le plan AOD ainsi construit, je trace une ligne OD faisant

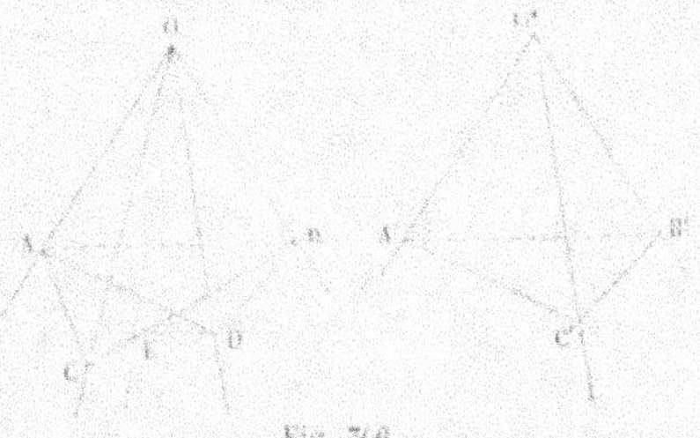

Fig. 506.

avec OA un angle égal à la face A'O'C'. Les deux trièdres OABD, O'A'B'C' auront alors un angle dièdre égal compris entre faces égales chacune à chacune, savoir : le dièdre BOAD égal au dièdre O'A', par construction ; les faces AOB et A'O'B' égales par hypothèse, et les faces AOD et A'O'C' égales par construction ; donc (**506**) la face BOD est égale à la face B'O'C'.

Je mène le plan bissecteur du dièdre CAOD ; ce plan coupe le plan de la face BOC suivant une ligne OE. Les deux angles trièdres OAEC, OAED ont les dièdres CAOE, DAOE égaux par construction, la face AOE commune et les faces AOC et AOD égales comme étant égales toutes les deux à A'O'C' ; donc (**506**) la face COE est égale à la face DOE. Cela posé, dans le trièdre OBDE, la face BOD est plus petite que la somme des deux autres :

$$BOD < BOE + DOE.$$

Remplaçons dans cette inégalité la face BOD par son égale B'O'C' et la face DOE par son égale COE, et nous aurons

$$B'O'C' < BOE + COE,$$

ou

$$B'O'C' < BOC. \qquad \text{c. q. f. d.}$$

511. COROLLAIRE. — Les théorèmes des n^{os} **505** et **510** sont des propositions contraires ; comme elles sont vraies toutes les deux, les réciproques sont également vraies. Donc

1° *Si deux trièdres ont deux faces égales chacune à chacune et que les troisièmes faces soient égales, les dièdres opposés à ces dernières faces sont égaux.* Car s'ils étaient inégaux, les faces opposées seraient inégales (**510**), ce qui est contraire à l'hypothèse.

2° *Si deux trièdres ont deux faces égales chacune à chacune et que les troisièmes faces soient inégales, les dièdres opposés aux faces inégales sont inégaux et le plus grand dièdre est opposé à la plus grande face.* Les dièdres ne peuvent pas être égaux ; car alors les faces opposées seraient égales (**505**), ce qui est contraire à l'hypothèse. Les dièdres étant inégaux, le plus grand est opposé à la plus grande face (**510**).

512. **Théorème.** — *Deux angles trièdres qui ont les trois faces égales chacune à chacune et disposées dans le même ordre, sont égaux.*

D'après le corollaire précédent, les angles dièdres opposés à des faces égales dans les deux trièdres sont égaux (**511**, 1°) ; donc les deux angles trièdres considérés ont un angle dièdre égal compris entre faces égales chacune à chacune et semblablement disposées ; donc ils sont égaux. c. q. f. d.

Si les faces égales étaient disposées en ordre inverse dans les deux angles trièdres, ils ne seraient plus égaux ; l'un d'eux serait égal au symétrique de l'autre.

513. **Théorème.** — *Deux angles trièdres qui ont leurs trois angles dièdres égaux chacun à chacun et semblablement disposés, sont égaux.*

Les trièdres supplémentaires des trièdres proposés auront leurs faces égales chacune à chacune comme suppléments d'angles dièdres égaux chacun à chacun ; ils seront donc égaux ou symétriques (**512**). Par suite, les angles trièdres donnés sont eux-mêmes égaux ou symétriques, suivant que les angles dièdres égaux sont semblablement ou inversement disposés dans ces deux trièdres.

514. **Théorème.** — *Étant donnés trois angles plans dont la somme*

est plus petite que quatre angles droits, et tels que le plus grand soit
plus petit que la somme des deux autres, on peut toujours former deux
angles trièdres symétriques ayant pour faces ces trois angles plans.

Nous avons démontré (**490** et **493**) que, dans tout angle trièdre,
la plus grande face est plus petite que la somme des deux autres,
et que la somme des faces est moindre que quatre angles droits ;
donc, pour que trois angles plans donnés puissent être les faces d'un
angle trièdre, il est *nécessaire* qu'ils satisfassent à ces deux conditions ; nous allons démontrer que cela est *suffisant.*

Disposons les trois angles donnés dans un même plan, de façon
qu'ils aient le même sommet O, et que le plus grand, AOB, placé
entre les deux autres AOC' et BOC", soit
adjacent à chacun d'eux. Du point O comme
centre, avec un rayon arbitraire, je décris
une circonférence qui coupe les côtés des
angles donnés aux points C', A, B et C" ;
je porte ensuite sur l'arc AB, à partir du
point A, un arc AD égal à AC', et à partir
du point B un arc BE égal à BC", et
je joins C'D et C"E ; je vais d'abord démontrer que ces deux cordes se coupent
à l'intérieur de la circonférence. En effet,

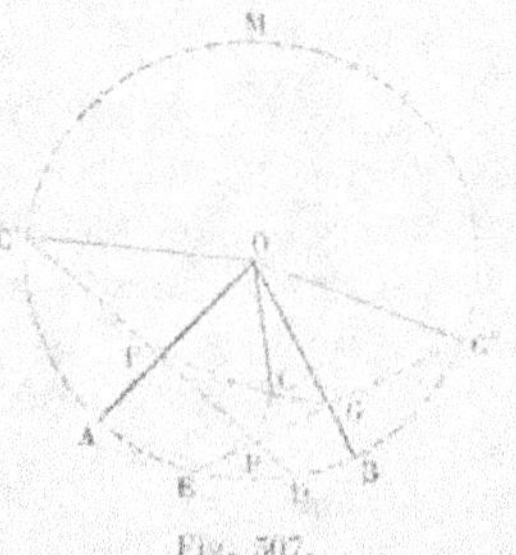

Fig. 507.

l'angle AOB étant plus grand que l'angle AOC', l'arc AB est plus
grand que l'arc AC' (**129**, 2°) ou que son égal AD ; donc le point
D est situé sur l'arc AB entre A et B ; il en est de même du point E,
pour la même raison. Mais l'angle AOB est, par hypothèse, plus petit
que la somme des angles AOC' et BOC" ; donc l'arc AB, qui mesure
le premier angle, est plus petit que la somme des arcs AC' et BC"
qui mesurent les deux autres :

$$\text{arc } AB < \text{arc } AC' + \text{arc } BC'' ;$$

ou, en remplaçant les arcs AC' et BC" par les arcs égaux AD et BE,

$$\text{arc } AB < \text{arc } AD + \text{arc } BE.$$

Il résulte évidemment de là que le point E est compris entre le
point A et le point D ; par conséquent, ce point E est situé sur l'arc
DAC' sous-tendu par la corde DC'. D'autre part, la somme des trois
angles donnés est moindre que quatre angles droits ; par suite la
somme des arcs C'A, AB et BC" qui mesurent ces angles est plus petite que la circonférence : il résulte de là que le point C" est situé sur
l'arc BMC', qui ne contient pas le point A ; et comme le point D est

compris entre A et B, on peut dire *à fortiori* que le point C″ est sur
l'arc DMC′, sous-tendu par la corde DC′. Les deux points E et C″ sont
donc, le premier sur l'arc DAC′, le second sur l'arc DMC′, qui sont

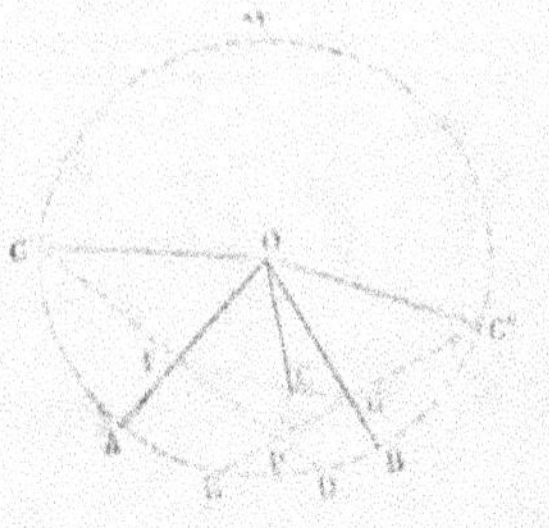

Fig. 308.

les deux arcs sous-tendus par la corde
DC′; ces deux points sont alors de côtés
différents de cette corde, et par conséquent la ligne EC″ qui les joint rencontre
la corde DC′ en un point P situé à l'intérieur de la circonférence, entre le point
D et le point C′.

Cela posé, faisons tourner l'angle AOC′
autour de OA; la droite FC′, perpendiculaire à l'axe de rotation OA, lui restera constamment perpendiculaire et décrira un
plan perpendiculaire à OA en F (**415**); le point C′ décrira dans ce plan
une circonférence ayant le point F pour centre et la longueur FC′
pour rayon. Si par le point P, dans le plan de cette circonférence,
nous menons une perpendiculaire au diamètre C′D, elle rencontrera
la circonférence en deux points situés de part et d'autre du plan
de la figure et à égale distance. Soit C l'un de ces deux points; je
le joins au point O, et je dis que le trièdre OABC est le trièdre cherché, c'est-à-dire qu'il a pour faces les trois angles plans donnés. En
effet, le point C, d'après la construction même, est l'une des positions
que prend le point C′ dans le mouvement de rotation de l'angle AOC′
autour de OA; donc la face AOC du trièdre OABC est égale à l'angle
donné AOC′. D'autre part, le plan C′PC, perpendiculaire à OA, est
perpendiculaire au plan AOB (**463**) et la droite PC, menée dans le
premier de ces plans perpendiculairement à leur intersection commune, est perpendiculaire au second plan AOB (**465**), et par suite
à la droite PC″ située dans ce plan; de plus, le plan CPC″, qui
contient les deux droites CP et PC″ perpendiculaires à OB, est lui-
même perpendiculaire à OB (**415**). Joignons le point C au point de
rencontre G des deux droites PC″ et OB; les deux triangles CGO,
C″GO sont rectangles en G: ils ont le côté OG commun et les hypoténuses OC et OC″ égales comme étant égales toutes les deux à la
même droite OC′; donc ces triangles sont égaux et, par suite la face
BOC du trièdre OABC est égale à l'angle donné BOC″. Le trièdre OABC
a donc ses trois faces égales aux trois angles plans donnés. C. Q. F. D.

Si, au lieu du point C, on avait pris le point situé de l'autre côté
du plan AOB, on aurait formé avec les mêmes faces un angle trièdre
symétrique de OABC.

*** 515. Théorème.** — *Étant donnés trois angles dièdres dont la somme est plus grande que deux droits, et tels que le plus petit, augmenté de deux droits, soit plus grand que la somme des deux autres, on peut former deux angles trièdres symétriques ayant l'un et l'autre leurs dièdres égaux aux angles dièdres donnés.*

Soient A, B, C les dièdres donnés, A le plus petit ; on a, par hypothèse,

$$A + B + C > 2 \, dr.,$$
$$A + 2 \, dr. > B + C ;$$

je dis qu'on pourra former un trièdre avec les trois dièdres A, B, C. En effet, si nous désignons par a', b', c' les angles plans supplémentaires de A, B, C, on aura

$$2 \, dr. - a' + 2 \, dr. - b' + 2 \, dr. - c' > 2 \, dr.,$$
$$2 \, dr. - a' + 2 \, dr. > 2 \, dr. - b' + 2 \, dr. - c',$$

ou, toutes réductions faites,

$$a' + b' + c' < 4 \, dr.,$$
$$a' < b' + c' ;$$

ces inégalités expriment les conditions qui sont nécessaires et suffisantes pour qu'on puisse former un trièdre ayant pour faces a', b' et c' (**514**). Ce trièdre étant construit, le trièdre supplémentaire aura ses angles dièdres égaux à A, B, C. Le trièdre symétrique de celui-ci admettra les mêmes angles dièdres. Le théorème est donc démontré.

516. Remarque générale. — L'étude que nous venons de faire des angles trièdres fait ressortir un grand nombre d'analogies entre les propriétés des trièdres et celles des triangles. Nous plaçons ici en regard les énoncés des théorèmes similaires, énoncés qui ne diffèrent que par la substitution des mots trièdre, face et dièdre aux mots triangle, côté, angle.

TRIÈDRES	TRIANGLES
Dans un trièdre, une face quelconque est plus petite que la somme des deux autres (**190**).	Dans un triangle, un côté quelconque est plus petit que la somme des deux autres (**30**).
Si dans un trièdre deux dièdres sont égaux, les faces opposées à ces deux dièdres sont égales (**192**).	Si dans un triangle deux angles sont égaux, les côtés opposés à ces angles sont égaux (**42**).
Si dans un trièdre deux faces sont égales, les dièdres opposés à ces faces sont égaux (**194**).	Si dans un triangle deux côtés sont égaux, les angles opposés à ces côtés sont égaux (**39**).

TRIÈDRES	TRIANGLES
Deux trièdres qui ont un dièdre égal compris entre faces égales chacune à chacune sont égaux ou symétriques (**505**).	Deux triangles qui ont un angle égal compris entre côtés égaux chacun à chacun sont égaux (**34**).
Deux trièdres qui ont une face égale adjacente à deux dièdres égaux chacun à chacun sont égaux ou symétriques (**508**).	Deux triangles qui ont un côté égal adjacent à deux angles égaux chacun à chacun sont égaux (**33**).
Si deux trièdres ont un dièdre inégal compris entre faces égales chacune à chacune, les troisièmes faces sont inégales, et la plus grande est opposée au plus grand dièdre (**510**).	Si deux triangles ont un angle inégal compris entre côtés égaux chacun à chacun, les troisièmes côtés sont inégaux, et le plus grand est opposé au plus grand angle (**35**).
Deux trièdres qui ont les trois faces égales chacune à chacune sont égaux ou symétriques (**512**).	Deux triangles qui ont les trois côtés égaux chacun à chacun sont égaux (**37**).

Mais, s'il y a de nombreuses analogies entre les propriétés des trièdres et celles des triangles, il y a aussi des différences qu'il est essentiel de remarquer. Ainsi, la somme des faces d'un trièdre est plus petite que quatre droits, tandis qu'il n'y a pas de limite pour la somme des côtés d'un triangle. La somme des angles dièdres d'un trièdre est comprise entre deux droits et six droits, tandis que la somme des angles d'un triangle est constante et égale à deux droits. Deux trièdres qui ont les trois angles dièdres égaux chacun à chacun sont égaux ou symétriques, tandis que deux triangles qui ont les trois angles égaux chacun à chacun sont seulement semblables. Enfin, les triangles n'ont aucune propriété analogue à celle des trièdres supplémentaires.

EXERCICES SUR LE LIVRE V

1. Mener par un point une droite qui rencontre deux droites non situées dans un même plan.

2. Mener une droite parallèle à une droite donnée et rencontrant deux autres droites données.

3. La droite AB perpendiculaire en A à un plan vaut 850 mètres, la droite AC menée dans le plan vaut 800 mètres. Calculer la distance BC. (*B. Paris.*)

4. Une circonférence de centre O, décrite sur un plan, a 15 mètres de rayon. En O on élève au plan une perpendiculaire $OP = 17^m$ et on mène dans le plan une droite AN de 24 mètres de longueur, tangente en A à la circonférence. Calculer la distance PN, à 1 centimètre près. (*B. Paris.*)

5. Lorsqu'une droite qui rencontre un plan fait des angles égaux avec trois droites passant par son pied dans le plan, elle est perpendiculaire au plan.

6. Toute oblique à un plan est perpendiculaire à l'une des droites menées par son pied dans le plan.

7. Trouver sur une droite un point équidistant de deux points extérieurs donnés.

8. Toutes les perpendiculaires abaissées d'un point donné dans l'espace sur des plans passant par une même droite sont dans un même plan. — Cas où les plans sont parallèles à une même droite.

9. Trouver le lieu des points de l'espace équidistants de trois points donnés, non situés en ligne droite.

10. Trouver le lieu des points de l'espace équidistants des points d'une circonférence donnée. (C'est une droite et on l'appelle l'*axe* du cercle.)

11. Étant donnés quatre points quelconques dans l'espace, trouver un cinquième point équidistant des quatre premiers.

12. Trouver le lieu des pieds des perpendiculaires abaissées d'un

point donné dans l'espace sur toutes-les droites menées dans un plan par un point donné de ce plan.

13. Étant donnés un plan et deux points extérieurs, trouver dans le plan un point tel, que la somme ou la différence de ses distances aux deux points donnés soit minimum ou maximum. — Distinguer le cas où les deux points sont d'un même côté du plan de celui où ils sont de côtés différents.

14. Trouver la condition que doivent remplir deux droites de l'espace pour qu'on puisse mener par l'une d'elles un plan perpendiculaire à l'autre.

15. On donne deux perpendiculaires AB et CD à un plan, la première double de l'autre, et une droite AE dans le plan; trouver sur cette droite un point M d'où l'on voie AB et CD sous des angles égaux. (Saint-Cyr, 1876.)

16. Trouver le lieu des points tels, que la somme des carrés de leurs distances aux quatre sommets d'un rectangle donné dans l'espace soit égale à la somme des carrés de leurs distances aux sommets d'un autre rectangle donné.

17. Étant donnés un plan et deux points extérieurs, trouver dans le plan un point tel, qu'en le joignant aux deux points donnés, on forme un triangle équilatéral.

18. On donne un triangle ; trouver hors de son plan un point d'où l'on voie sous des angles droits les trois côtés du triangle.

19. On donne deux droites et un plan; mener une troisième droite rencontrant les deux droites données, l'une à une distance donnée du plan donné et l'autre sous un angle donné.

20. Étant donnés un point O, des droites parallèles A, B, C, D... et un plan P, tous les plans menés par O et par les parallèles rencontrent le plan suivant des droites qui concourent en un même point. (Perspective des droites parallèles.)

21. Une droite se meut en restant constamment parallèle à un plan donné P et en rencontrant deux droites données D et D', situées d'une manière quelconque dans l'espace. Vers quelle direction tend-elle, à mesure qu'elle s'éloigne indéfiniment du plan P ? (Concours général de philosophie, 1869.)

22. Placer entre deux droites données quelconques un segment de longueur donnée et parallèle à un plan donné.

23. Si AB est la perpendiculaire commune à deux droites égales AC et BD, l'angle ACB est égal à l'angle BDC.

24. Trouver le lieu du milieu d'une droite de longueur donnée rencontrant deux droites rectangulaires non situées dans un même plan.

25. Mener une droite rencontrant trois droites données dans l'espace de façon que les deux segments soient entre eux dans un rapport donné.

26. Trouver le lieu des points de l'espace équidistants de deux droites qui se coupent ; de trois droites qui partent d'un même point et qui ne sont pas situées dans un même plan.

27. Par un point O situé à 1 mètre au-dessus d'un plan, on mène des plans inclinés de 45° sur le premier. Démontrer que les intersections de ces plans avec le premier sont tangentes à une même circonférence dont on demande le rayon. (*B. Paris.*)

28. Pourrait-on prendre pour mesurer un dièdre l'angle de deux droites obliques à l'arête et menées dans les deux faces ?

29. Si on abaisse d'un point quelconque des perpendiculaires sur les deux faces d'un dièdre, l'angle de ces perpendiculaires est égal à l'angle plan du dièdre, ou il en est le supplément.

30. On donne un dièdre ; trouver sur la droite AB joignant deux points pris dans les faces un point tel, que la somme de ses distances aux plans des faces ait une valeur donnée. (Concours académique, Caen.)

31. Mener par une droite un plan incliné d'un angle donné sur un plan donné.

32. La condition nécessaire et suffisante pour qu'une droite soit perpendiculaire à un plan est que les projections de la droite sur deux plans qui se coupent soient respectivement perpendiculaires aux *traces* du plan sur les deux plans de projection.

33. Si l'on coupe un angle trièdre trirectangle OABC par un plan qui rencontre les arêtes aux points A, B, C, le carré de l'aire du triangle ABC est égal à la somme des carrés des aires des triangles OAB, OBC et OCA.

34. Couper un trièdre trirectangle suivant un triangle égal à un triangle donné.

35. Couper un trièdre isocèle donné par un plan, de telle sorte que la section soit égale à un triangle équilatéral donné. (Concours général. Seconde, 1865.)

36. Trois droites partant d'un même point font entre elles des angles de 110°, 115° et 137°. Ces droites sont-elles dans un même plan ? (*B. Paris.*)

37. Trouver le lieu des points équidistants des deux faces d'un angle dièdre.

38. Trouver le lieu des points équidistants des trois faces d'un angle trièdre.

39. Les plans bissecteurs des trois dièdres d'un angle trièdre se coupent suivant une même droite.

40. Construire un point équidistant de quatre plans donnés dans l'espace.

41. Si par les bissectrices des faces d'un trièdre on mène des plans perpendiculaires à ces faces, ces plans se coupent suivant une même droite.

42. Si par le sommet d'un angle trièdre et dans chaque face on mène une perpendiculaire à l'arête opposée, ces trois droites sont dans un même plan.

43. Dans tout angle trièdre, les plans menés par les arêtes perpendiculairement aux faces opposées se coupent suivant la même droite.

44. On donne un plan et une droite qui le rencontre ; mener dans le plan par le pied de la droite une seconde droite faisant un angle donné avec la première.

45. La somme des dièdres d'un angle polyèdre convexe de n faces est comprise entre $2n$ et $2(n-2)$ droits.

46. Couper un angle polyèdre à quatre faces suivant un parallélogramme.

47. Étant donnés deux angles trièdres égaux et de même sommet, il existe une droite passant par le sommet commun et telle qu'en faisant tourner un des trièdres autour de cette droite on puisse le faire coïncider avec le premier.

48. Deux systèmes de quatre points, A, B, C, D pour le premier et A', B', C', D' pour le second, sont tels, que les quatre perpendiculaires abaissées du point A sur le plan B'C'D', du point B sur le plan C'D'A', du point C sur le plan A'B'C' et du point D sur le plan A'B'C', concourent en un même point. Démontrer que les quatre perpendiculaires abaissées du point A' sur le plan BCD, du point B' sur le plan CDA, du point C' sur le plan DAB et du point D' sur le plan ABC, concourent aussi en un même point.

LIVRE VI

§ XXXVII. — Des prismes.

517. Définitions. — On nomme *polyèdre* un corps limité dans tous les sens par des plans. Ces plans forment, par leurs intersections mutuelles, des polygones qui s'appellent les *faces* du polyèdre ; les côtés de ces polygones sont les *arêtes* du polyèdre et leurs sommets sont les *sommets* du polyèdre. De même, les angles dièdres et les angles polyèdres formés par les plans des faces consécutives se nomment les angles dièdres ou polyèdres du polyèdre. Enfin, on appelle *diagonale* du polyèdre toute droite qui joint deux sommets quelconques non situés dans la même face.

Le plus simple des polyèdres est celui qui a quatre faces ; on l'obtient en coupant un angle trièdre par un plan qui ne passe pas par le sommet. Ce solide porte le nom de *tétraèdre*, il a quatre faces triangulaires, six arêtes et six angles dièdres, quatre sommets et quatre angles trièdres. On désigne encore par les noms de *pentaèdre, hexaèdre, octaèdre, dodécaèdre* et *icosaèdre* les polyèdres qui ont respectivement 5, 6, 8, 12 et 20 faces.

Un polyèdre est dit *convexe*, lorsqu'il est situé tout entier du même côté du plan de chacune de ses faces prolongé indéfiniment ; un tétraèdre est toujours convexe. Une droite indéfinie ne peut couper la surface d'un polyèdre convexe en plus de deux points ; car, si par la droite donnée on mène un plan quelconque, il coupe le polyèdre suivant un polygone convexe; et la droite ne peut rencontrer le contour de ce polygone en plus de deux points (**71**).

518. Prismes. — Le *prisme* est un polyèdre compris entre deux polygones plans égaux et parallèles, qu'on appelle les *bases* du prisme, et des *faces latérales* qui sont des parallélogrammes.

Pour construire un prisme, on prend comme base un polygone

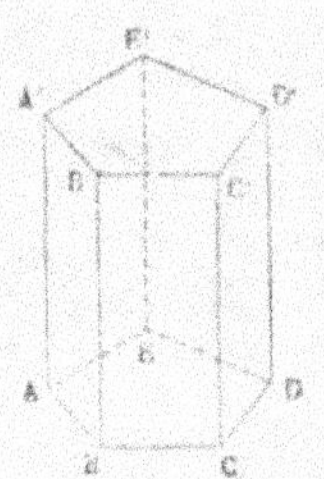

plan ABCDE (fig. 308), et par les sommets A, B, C,..., on mène des lignes AA′, BB′, etc., parallèles, égales et de même sens, situées hors du plan ABCDE ; puis on joint leurs extrémités ; le polyèdre ainsi formé est un prisme ; car les faces latérales sont des parallélogrammes (**89**), et les polygones ABCDE, A′B′C′D′E′ ont les côtés égaux et parallèles ; ces deux polygones sont donc égaux et leurs plans sont parallèles.

Fig. 308.

Prolongeons indéfiniment dans les deux sens les parallèles AA′, BB′, etc., et considérons les plans successifs déterminés par deux parallèles consécutives, le plan AA′BB′, le plan BB′CC′, et ainsi de suite ; enfin limitons chacun de ces plans aux deux droites parallèles qui le déterminent ; nous obtiendrons ce qu'on appelle une *surface prismatique* indéfinie. Les parallèles AA′, BB′, CC′, etc., sont dites les *arêtes latérales* de cette surface ; dans le prisme proprement dit, les arêtes latérales sont terminées aux plans des deux bases.

Un prisme est dit *triangulaire*, *quadrangulaire*, *pentagonal*, etc., quand sa base est un triangle, un quadrilatère, un pentagone, etc.

Le prisme est droit, quand ses arêtes latérales AA′, BB′, etc., sont perpendiculaires aux plans des bases ; il est *oblique* dans le cas contraire. Les faces latérales d'un prisme droit sont des rectangles.

La *hauteur* d'un prisme est la distance des plans des deux bases ; dans un prisme droit, la hauteur est égale à l'arête latérale.

Un prisme *régulier* est un prisme droit dont la base est un polygone régulier.

519. Parallélipipède. — On nomme *parallélipipède* un prisme qui a pour base un parallélogramme. Ce polyèdre est un hexaèdre, et les six faces qui le terminent sont des parallélogrammes (fig. 509).

Lorsqu'un parallélipipède est droit et qu'il a pour base un rectangle, il prend le nom de *parallélipipède rectangle* (fig. 510). Les six faces d'un parallélipipède rectangle sont des rectangles. Les longueurs des trois arêtes qui partent d'un même sommet s'appellent les *dimensions* du parallélipipède rectangle.

Le *cube* est un parallélipipède rectangle qui a pour base un carré,

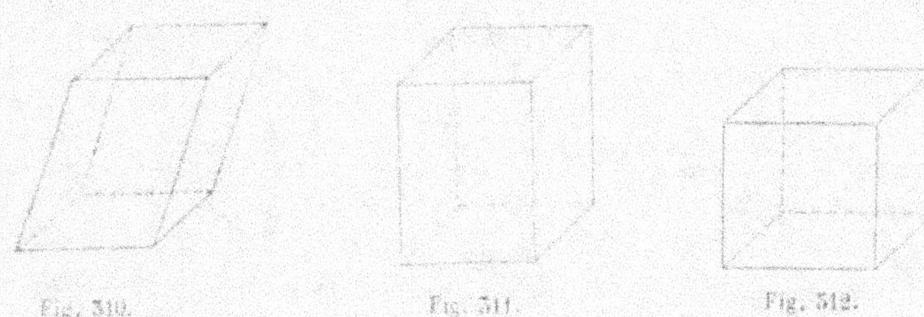

Fig. 310.   Fig. 311.   Fig. 312.

et dont la hauteur est égale au côté du carré; les six faces d'un cube sont des carrés égaux (fig. 312).

520. Théorème. — *Les sections faites dans un prisme par des plans parallèles sont des polygones égaux.*

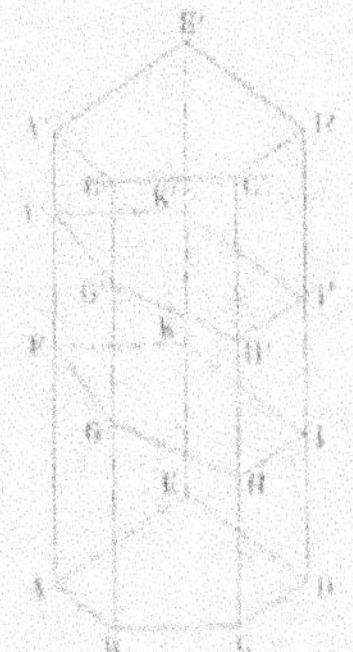

Fig. 313.

Soient FGHIK, F'G'H'I'K' (fig. 513) les sections faites par deux plans parallèles dans le prisme ABCDEA'B'C'D'E'; les côtés FG, F'G' de ces deux polygones sont parallèles comme intersections des deux plans sécants parallèles par le plan de la face ABB'A' (**439**); de même, GH est parallèle à G'H', HI à H'I', etc.; les deux polygones ont les côtés parallèles deux à deux et dirigés dans le même sens; donc ils ont les angles égaux (**406**). D'autre part, les côtés FG et F'G' sont égaux comme parallèles comprises entre parallèles et il en est de même des côtés GH et G'H', HI et H'I'. Les deux polygones FGHIK, F'G'H'I'K' ont donc les côtés égaux et les angles égaux chacun à chacun et disposés dans le même ordre; par conséquent, ils sont égaux. C. Q. F. D.

521. Remarque. — La démonstration précédente s'appliquerait encore au cas où les sections faites par les deux plans parallèles seraient en totalité ou en partie extérieures au prisme; il suffirait de supposer les arêtes latérales du prisme prolongées indéfiniment: ce qui revient à remplacer le prisme par une surface prismatique indéfinie. On peut donc énoncer le théorème précédent d'une manière plus générale, en disant que *les sections faites dans une surface prismatique indéfinie par des plans parallèles sont des polygones égaux.*

522. Définition. — On appelle *section droite* d'un prisme oblique la section obtenue en le coupant par un plan perpendiculaire aux arêtes latérales. Il résulte du théorème précédent que la section droite d'un prisme est toujours la même, quel que soit le plan qui la détermine; car tous les plans perpendiculaires aux arêtes latérales sont parallèles (**438**).

523. Théorème. — *Les faces opposées d'un parallélipipède sont égales et parallèles.*

Soit ABCDA′B′C′D′ (fig. 314) un parallélipipède, dont les bases sont

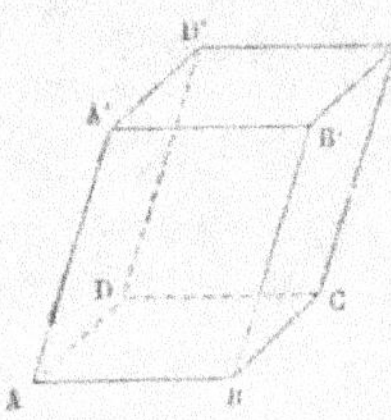

Fig. 314.

les parallélogrammes ABCD et A′B′C′D′; ces deux parallélogrammes sont, en vertu de la définition même (**518**), des polygones égaux et parallèles; je dis qu'il en est de même de deux faces opposées quelconques du polyèdre, par exemple, des deux faces ADD′A′ et BCC′B′. En effet, les deux droites AD et BC sont égales et parallèles comme côtés opposés d'un parallélogramme; les droites AA′ et BB′ sont égales et parallèles pour la même raison; donc les angles A′AD et B′BC sont égaux (**406**). On démontrerait de même l'égalité des autres angles et des autres côtés des deux parallélogrammes considérés ADD′A′ et BCC′B′; donc ces deux parallélogrammes sont égaux et ont les côtés parallèles deux à deux. c. q. f. d.

524. Corollaire I. — *Un parallélipipède peut être considéré comme un prisme ayant pour bases deux faces opposées quelconques.*

Ainsi le parallélipipède ABCDA′B′C′D′ (fig. 312) peut être regardé comme un prisme ayant pour bases les faces opposées ADD′A′ et BCC′B′; car ces deux faces sont des polygones plans égaux et parallèles et les autres faces sont des parallélogrammes; et c'est là la définition du prisme (**518**).

***525. Corollaire II**. — *Les angles dièdres opposés d'un parallélipipède sont égaux, et les angles trièdres opposés sont symétriques.*

En effet, deux angles dièdres opposés, tels que les dièdres AA′ et CC′, ont les faces parallèles et dirigées en sens contraire; donc ils sont égaux. Deux trièdres opposés, tels que ABDA′ et C′D′B′C, ont les faces égales chacune à chacune et disposées en ordre inverse: donc ils sont symétriques. (**512**). c. q. f. d.

526. Corollaire III. — *Tout plan qui rencontre deux faces opposées d'un parallélipipède le coupe suivant un parallélogramme.*

En effet, les intersections de deux faces opposées d'un parallélipipède par un plan quelconque sont parallèles (**439**) ; donc, si un plan rencontre les quatre faces latérales d'un parallélipipède, qui sont opposées deux à deux, la section sera un quadrilatère ayant ses côtés opposés parallèles, c'est-à-dire un parallélogramme. c. q. f. d.

Si le plan sécant rencontrait à la fois les six faces du parallélipipède, la section serait un hexagone ayant ses côtés opposés parallèles deux à deux.

527. Théorème. — *Les quatre diagonales d'un parallélipipède se coupent mutuellement en parties égales.*

Considérons deux diagonales quelconques du parallélipipède ABCDEFGH (fig. 315), par exemple AG et BH. Les lignes AB et GH sont égales et parallèles comme arêtes opposées du parallélipipède ; donc la figure ABGH est un parallélogramme (**89**), et les diagonales AG et BH de ce parallélogramme se coupent en un point O, qui est le milieu de chacune d'elles (**90**). On verrait de même que chacune des autres diagonales coupe la diago-

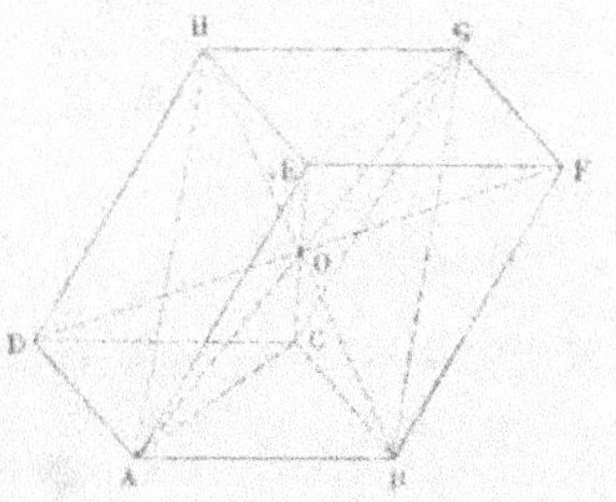

Fig. 315.

nale AG en son milieu O ; donc les quatre diagonales du parallélipipède passent par un même point O, qui est le milieu de chacune d'elles. c. q. f. d.

Ce point O se nomme le *centre* du parallélipipède.

528. Théorème. — *Les diagonales d'un parallélipipède rectangle sont égales, et le carré de l'une d'elles est égal à la somme des carrés des trois dimensions du parallélipipède.*

Dans le parallélipipède rectangle ABCDEFGH (fig. 316), je considère deux diagonales quelconques AG et CE ; les arêtes AE et GG sont, par hypothèse, perpendiculaires aux plans des deux bases, et par suite perpendiculaires aux droites AC et EG ; la figure ACGE est donc un rectangle, et les droites AG et CE, qui sont les diagonales de ce rectangle, sont égales (**92**). c. q. f. d.

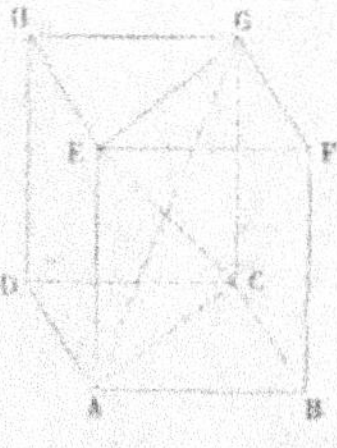

Fig. 316.

Dans le triangle rectangle ACG, on a

$$\overline{AG}^2 = \overline{AC}^2 + \overline{CG}^2 \, ;$$

dans le triangle rectangle ABC, on a

$$\overline{AC}^2 = \overline{AB}^2 + \overline{BC}^2 ,$$

d'où l'on déduit

$$\overline{AG}^2 = \overline{AB}^2 + \overline{BC}^2 + \overline{CG}^2 ,$$

ou, en remplaçant BC par la ligne égale AD et CG par la ligne égale AE,

$$\overline{AG}^2 = \overline{AB}^2 + \overline{AD}^2 + \overline{AE}^2 . \qquad \text{c. q. f. d.}$$

§ XXXIII. — VOLUME DU PRISME.

529. Définitions. — On prend pour *unité de volume le volume du cube qui a pour côté l'unité de longueur*. En France, où les unités de longueur usitées sont le mètre, ses multiples et ses sous-multiples, les unités de volume sont des cubes ayant pour côtés le mètre, le décimètre, le centimètre, le millimètre, ou bien le décamètre, l'hectomètre, le kilomètre et le myriamètre. On donne le nom de *mètre cube* au cube qui a un mètre de côté ; et on appelle de même *décimètre cube, centimètre cube*, etc., les cubes qui ont pour côtés le décimètre ou le centimètre, etc.

530. Le mètre cube vaut 1000 décimètres cubes. Considérons, en effet, une caisse cubique de 1 mètre de côté ABCDA'B'C'D' (fig. 317),

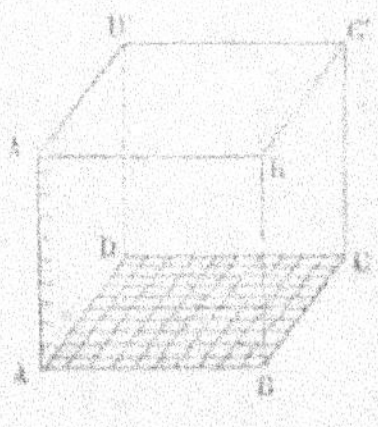

Fig. 317.

et divisons le fond, qui est un mètre carré, en 100 décimètres carrés (**347**) ; sur chacun d'eux nous pouvons placer un décimètre cube, ce qui donnera une première tranche de 1 décimètre de hauteur, contenant 100 décimètres cubes. Pour remplir toute la caisse, il faudra évidemment superposer dix tranches pareilles ; donc le mètre cube contient 10 fois 100 ou 1000 décimètres cubes. On ferait voir de même que le décimètre cube vaut 1000 centimètres cubes, etc. ; et, en général, que *chacune des unités vaut 1000 fois celle qui la suit immédiatement par ordre de grandeur*. Il résulte de là que, pour passer d'une de ces unités à une autre, il suffira de multiplier ou de diviser les nombres qui expriment les volumes par 1000, ou par 1 000 000, ou par 1 000 000 000, etc. Si, par exemple, un volume est exprimé en centimètres cubes, et qu'on veuille le rapporter au mètre cube ou au décimètre cube, il suffira de diviser le nombre qui représente ce volume par 1 000 000 ou par 1000.

On emploie encore sous le nom de *mesures de capacité* des unités de volume qui dérivent des précédentes ; ce sont le *litre*, qui équivaut à un décimètre cube ; le *décalitre*, qui vaut 10 litres ; l'*hectolitre*, qui vaut 100 litres ; le *décilitre*, qui est la 10ᵉ partie du litre, et le *centilitre*, qui en est la 100ᵉ partie.

531. Deux corps sont dits *équivalents*, lorsqu'ils ont des volumes égaux, sans qu'on puisse les superposer. Ainsi un prisme peut être équivalent à un tétraèdre, à un polyèdre quelconque.

532. Théorème. — *Deux prismes droits de même base et de même hauteur sont égaux.*

Transportons l'un des prismes sur l'autre de manière que les bases inférieures coïncident ; les arêtes latérales du second prisme, qui sont perpendiculaires au plan de sa base, prendront alors la même direction que les arêtes correspondantes du premier (**417**) ; et comme les prismes ont la même hauteur et sont droits, leurs arêtes latérales sont égales ; par conséquent, les bases supérieures des deux prismes coïncideront ; les deux prismes sont donc égaux. C. Q. F. D.

533. Théorème. — *Tout prisme oblique est équivalent au prisme droit qui a pour base sa section droite et pour hauteur son arête latérale.*

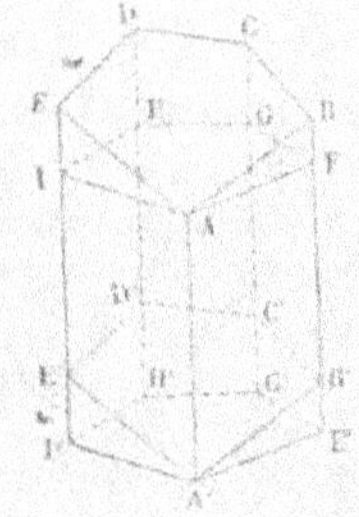

Soit ABCDEA'B'C'D'E' (fig. 318) un prisme oblique ; par les extrémités A et A' d'une des arêtes latérales, je mène les sections droites AFGHI, A'F'G'H'I', qui forment avec les arêtes du prisme prolongées un prisme droit ayant pour hauteur l'arête latérale AA' du prisme donné. Je remarque d'abord que les arêtes BB' et FF' des deux prismes sont égales, comme étant égales toutes les deux à AA' ; il en résulte immédiatement que FB est égale à F'B' ; de même GC = G'C', HD = H'D', etc. Cela posé, transportons le polyèdre A'F'G'H'I'B'C'D'E' sur AFGHIBCDE, de manière

Fig. 318.

que le polygone A'F'G'H'I' coïncide avec son égal AFGHI (**520**) ; les arêtes F'B', G'C'... perpendiculaires au plan A'F'G' se confondront avec FB, GC... perpendiculaires au plan AFG ; et de plus, ces arêtes ayant deux à deux des longueurs égales, les deux polyèdres coïncideront. Or, en retranchant du solide total le polyèdre A'F'G'... E', on obtient le prisme oblique, et en retranchant du solide total le polyèdre égal AFG... E, on a le prisme droit ; le prisme droit et le prisme oblique sont donc équivalents ; c. q. f. d.

534. Théorème. — *Le plan mené par deux arêtes opposées d'un parallélipipède le décompose en deux prismes triangulaires équivalents.*

Soit ABCDA'B'C'D' (fig. 319) un parallélipipède quelconque ; par les

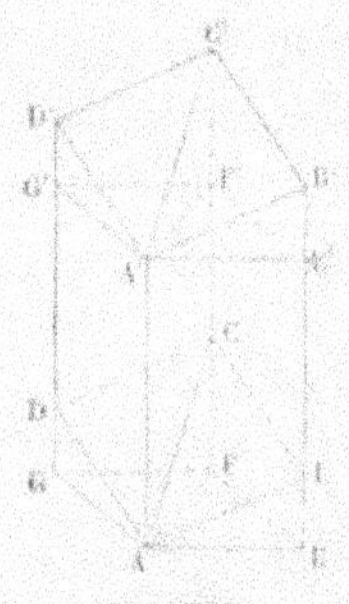

Fig. 319.

arêtes opposées AA' et CC', je fais passer un plan qui décompose le parallélipipède en deux prismes triangulaires ABCA'B'C', ADCA'D'C', que je dis être équivalents. En effet, construisons la section droite AEFG du parallélipipède : cette section est un parallélogramme (**526**). Alors les deux triangles AEF et AGF sont égaux, et ces triangles sont précisément les sections droites des prismes triangulaires ABCA'B'C' et ADCA'D'C'. Or le prisme oblique ABCA'B'C' est équivalent au prisme droit qui a pour base AEF et pour hauteur AA' ; et de même, le prisme oblique ADCA'D'C' est équivalent au prisme droit qui a pour base AGF et pour hauteur AA'. Ces deux prismes droits sont égaux, comme ayant des bases égales et même hauteur (**532**) ; donc les deux prismes obliques, qui leur sont respectivement équivalents, sont équivalents entre eux. c. q. f. d.

535. Théorème. — *Deux parallélipipèdes rectangles de même base sont proportionnels à leurs hauteurs.*

Soient ABCDE, ABCDE' (fig. 520) deux parallélipipèdes rectangles qui ont même base ABCD ; je dis que leurs volumes sont entre eux dans le même rapport que les hauteurs AE et AE'. En effet, supposons d'abord que ces deux hauteurs aient une commune mesure, qui soit contenue 5 fois, par exemple, dans AE et 3 fois dans AE' ; le rapport des hauteurs sera égal à $\dfrac{5}{3}$,

$$\frac{AE}{AE'} = \frac{5}{3}.$$

Par les points de division des hauteurs, menons des plans parallèles à la base ABCD ; ces plans déterminent des sections égales à la base (**520**) et divisent les deux parallélipipèdes donnés en petits parallélipipèdes rectangles ABCDFIKL, FIKLG, etc., tous égaux entre eux comme ayant des bases égales et des hauteurs égales (**532**). Or le premier parallélipipède ABCDE contient 5 de ces petits parallélipipèdes, et le second ABCDE′ en contient 3 ; donc leur rapport est $\frac{5}{3}$,

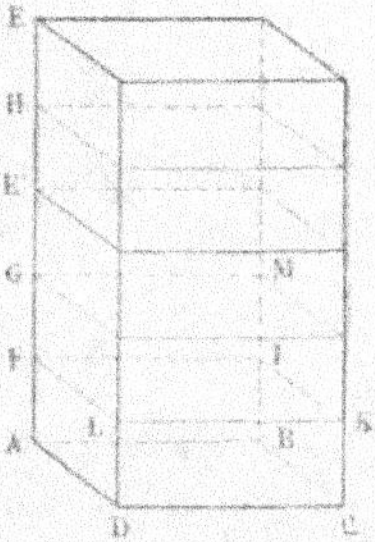

Fig. 520.

$$\frac{\text{ABCDE}}{\text{ABCDE}'} = \frac{5}{3} ;$$

donc enfin

$$\frac{\text{ABCDE}}{\text{ABCDE}'} = \frac{\text{AE}}{\text{AE}'}$$

C. Q. F. D.

Si les hauteurs étaient incommensurables, on prouverait par un raisonnement analogue à celui que nous avons fait au n° **135** que la proposition est encore vraie.

536. Remarque. — Deux parallélipipèdes rectangles qui ont même base ont deux dimensions communes : on peut donc énoncer comme il suit le théorème que nous venons de démontrer :

Deux parallélipipèdes rectangles qui ont deux dimensions communes sont proportionnels à leurs troisièmes dimensions.

537. Théorème. — *Deux parallélipipèdes rectangles qui ont une dimension commune sont proportionnels aux produits de leurs deux autres dimensions*

Soient a, b, c et a, b', c' les dimensions respectives des deux parallélipipèdes donnés, P et P′ leurs volumes ; je dis qu'on a

$$\frac{\text{P}}{\text{P}'} = \frac{b \times c}{b' \times c'}.$$

En effet, considérons un troisième parallélipipède ayant pour dimensions a, b et c' et soit P″ son volume ; les deux parallélipipèdes P et P″ ont deux dimensions communes, a et b ; donc ils sont proportionnels à leurs troisièmes dimensions c et c' :

$$\frac{\text{P}}{\text{P}''} = \frac{c}{c'} ;$$

de même, les parallélipipèdes P'' et P', qui ont deux dimensions communes a et c', sont proportionnels aux dimensions non communes b et b' :

$$\frac{P''}{P'} = \frac{b}{b'}.$$

Multiplions ces deux proportions membre à membre ; P'' disparaît, et il vient

$$\frac{P}{P'} = \frac{b \times c}{b' \times c'}. \qquad \text{C. Q. F. D.}$$

538. Théorème. — *Deux parallélipipèdes rectangles sont proportionnels aux produits de leurs trois dimensions.*

Soient a, b, c les dimensions du premier parallélipipède, a', b', c' les dimensions du second, P et P' leurs volumes. Considérons un troisième parallélipipède P'', ayant pour dimensions a, b et c' ; les deux parallélipipèdes P et P'' ont deux dimensions communes a et b ; donc ils sont proportionnels à leurs troisièmes dimensions :

$$\frac{P}{P''} = \frac{c}{c'} ;$$

d'autre part, les parallélipipèdes P' et P'' ont une dimension commune c' ; donc ils sont proportionnels aux produits des dimensions non communes :

$$\frac{P''}{P'} = \frac{a \times b}{a' \times b'}.$$

Multiplions membre à membre ces deux proportions ; P'' disparaît, et il vient

$$\frac{P}{P'} = \frac{a \times b \times c}{a' \times b' \times c'}. \qquad \text{C. Q. F. D.}$$

539. Théorème. — *Le volume d'un parallélipipède rectangle a pour mesure le produit des nombres qui mesurent ses trois dimensions.*

Nous venons de voir que le rapport de deux parallélipipèdes rectangles P et P' est égal au rapport des produits de leurs trois dimensions :

$$\frac{P}{P'} = \frac{a \times b \times c}{a' \times b' \times c'} = \frac{a}{a'} \times \frac{b}{b'} \times \frac{c}{c'}.$$

Supposons que le second parallélipipède P' soit le cube ayant pour côté l'unité de longueur; ce cube sera l'unité de volume (**529**) et ses dimensions a', b', c' seront toutes égales à l'unité de longueur. Mais alors le rapport $\dfrac{P}{P'}$ est le nombre qui mesure le volume du parallélipipède P, et $\dfrac{a}{a'}$, $\dfrac{b}{b'}$, $\dfrac{c}{c'}$ sont les nombres qui mesurent ses trois dimensions; donc le nombre qui mesure le volume d'un parallélipipède rectangle est égal au produit des nombres qui mesurent ses trois dimensions. C. Q. F. D.

540. COROLLAIRE I. — Le produit des deux dimensions de la base du parallélipipède est la mesure de l'aire de cette base (**352**); donc le théorème précédent peut encore être énoncé ainsi :

Le volume d'un parallélipipède rectangle a pour mesure le produit du nombre qui mesure sa base par le nombre qui mesure sa hauteur ; ou plus brièvement, *le volume d'un parallélipipède rectangle est égal au produit de sa base par sa hauteur.*

541. COROLLAIRE II. — *Le volume d'un cube a pour mesure le cube de son côté.* C'est à cause de cette propriété que l'on a donné à la troisième puissance d'un nombre le nom de cube de ce nombre.

APPLICATIONS. — I. Les dimensions d'une plaque de marbre qui a la forme d'un parallélipipède rectangle sont les suivantes :

$$\text{Longueur.} \dots \dots \dots 1^{m},28$$
$$\text{Largeur.} \dots \dots \dots 0^{m},52$$
$$\text{Épaisseur.} \dots \dots \dots 18 \text{ millimètres}$$

Quel est son volume ?

Il faut d'abord ramener les trois dimensions à la même unité, au mètre par exemple; alors le volume exprimé en mètres cubes sera

$$1,28 \times 0,52 \times 0,018 = 0^{mc},0073728 ;$$

on peut dire encore qu'il est égal à 7 décimètres cubes 372 centimètres cubes 800 millimètres cubes.

II. Une auge rectangulaire en pierre a les dimensions intérieures suivantes :

$$\text{Longueur.} \dots \dots \dots 0^{m},94$$
$$\text{Largeur.} \dots \dots \dots 0^{m},45$$
$$\text{Profondeur.} \dots \dots \dots 0^{m},52$$

Calculer sa capacité en litres.

Le volume intérieur de cette auge, exprimé en mètres cubes, sera

$$0,94 \times 0,45 \times 0,32 = 0^{mc},21996 ;$$

sa valeur en litres sera $219^l,96$ ou 2 hectolitres 19 litres 96 centilitres.

III. Une pierre de taille de forme cubique a 87 centimètres de côté ; quel est son volume ?

Le volume demandé, exprimé en centimètres cubes, est

$$87^3 = 658503^{cc} ;$$

pour exprimer ce même volume en mètres cubes, il suffit de diviser le nombre qui précède par 1 000 000, ce qui donne $0^{mc},658503$.

IV. On veut fabriquer un coffre rectangulaire pouvant contenir 25 hectolitres de blé ; la superficie du fond de ce coffre est de 60 décimètres carrés ; quelle profondeur faut-il lui donner ?

25 hectolitres valent $2^{mc},5$ et 60 décimètres carrés valent $0^{mq},6$; si l'on connaissait la profondeur, en la multipliant par 0,6, on aurait le volume 2,5 ; donc cette profondeur est égale à

$$\frac{2,5}{0,6} = 4^m,167,$$

à un millimètre près.

V. La capacité d'un vase cubique est de 216 centimètres cubes ; quelle est la longueur du côté ?

C'est évidemment la racine cubique de 216 ou 6 centimètres.

542. Théorème. — *Le volume d'un parallélipipède droit a pour mesure le produit de sa base par sa hauteur.*

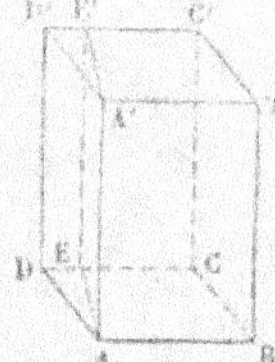

Fig. 321.

Soit ABCDA'B'C'D' (fig. 321) le parallélipipède droit dont la base est ABCD et la hauteur AA' ; prenons ADD'A' pour base (**524**), et par le point A menons un plan perpendiculaire à AB ; ce plan contiendra AA', qui est perpendiculaire au plan ABCD et par suite à AB. La section AA'E'E déterminée par ce plan est un rectangle ; car AA' est perpendiculaire au plan ABCD, et par suite à AE.

Cela posé, le prisme oblique AA'D'DB est équivalent au prisme droit qui a pour base sa section droite AA'E'E et pour hauteur son arête latérale AB (**533**) ; et comme ce prisme droit a pour base un rectangle, sa mesure est (**539**) AE × AA′ × AB. Enfin, si l'on remarque que AB × AE est la mesure de l'aire du parallélogramme ABCD, on en conclut que le volume du parallélipipède donné a pour mesure

$$ABCD \times AA'. \qquad \text{c. q. f. d.}$$

543. Théorème. — *Le volume d'un parallélipipède oblique a pour mesure le produit de sa base par sa hauteur.*

Soit ABCDA′ (fig. 522) le parallélipipède oblique ayant pour base ABCD ; je prends pour base la face ADD′A′, et je construis la section droite EFGH perpendiculaire à l'arête AB ; on peut remplacer le parallélipipède oblique par le parallélipipède droit qui a pour base EFGH et pour hauteur AB (**533**) ; sa mesure sera donc (**542**) EFGH × AB. Mais l'aire

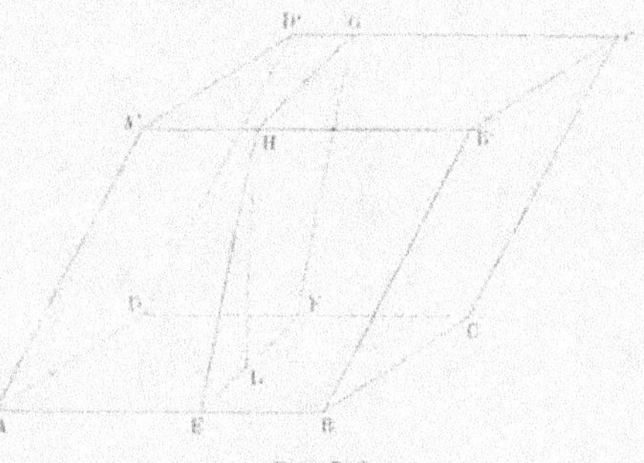

Fig. 522.

du parallélogramme EFGH est égale à sa base EF multipliée par sa hauteur HL ; donc le volume du parallélipipède a pour mesure

$$AB \times EF \times HL.$$

Cela posé, je remarque que EF, qui est une droite du plan EFGH perpendiculaire à AB, est elle-même perpendiculaire à AB, et par suite que le produit AB × EF représente l'aire du parallélogramme ABCD. D'autre part, les plans ABCD et EFGH sont perpendiculaires, puisque le premier contient la ligne AB perpendiculaire au second (**463**) ; et la ligne HL, menée dans le plan EFGH perpendiculairement à l'intersection EF des deux plans, est perpendiculaire au plan ABCD (**465**) ; cette ligne est donc la hauteur du parallélipipède oblique ABCDA′. Il résulte de là que le volume de ce parallélipipède a pour expression ABCD × HL, c'est-à-dire le produit de sa base par sa hauteur. c. q. f. d.

544. Théorème. — *Le volume d'un prisme quelconque a pour mesure le produit de sa base par sa hauteur.*

1° Considérons d'abord un prisme triangulaire ABCA′B′C′ (fig. 523). Par les sommets A et C de la base, menons des parallèles aux côtés opposés; nous obtenons ainsi un parallélogramme ABCD. Sur ce parallélogramme comme base, construisons un parallélipipède ABCDA'B'C'D', ayant pour arête latérale l'arête même du prisme triangulaire; ce parallélipipède et le prisme auront même hauteur. On sait, d'autre part, que les deux prismes triangulaires ABCA'B'C' et ADCA'D'C' qui composent ce parallélipipède sont équivalents (**534**); donc le prisme donné ABCA'B'C' est la moitié du parallélipipède ABCDA'B'C'D', qui a une base double et même hauteur.

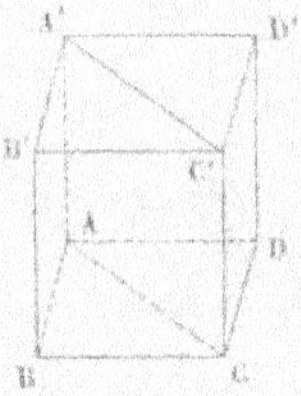

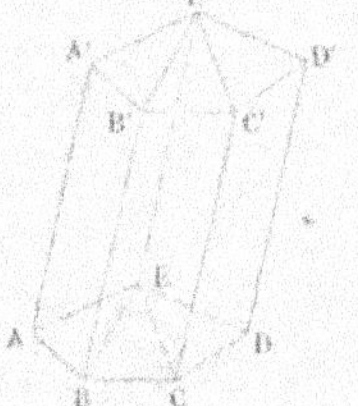

Fig. 323.

Or le volume du parallélipipède a pour mesure le produit de sa base par sa hauteur (**543**); donc le volume du prisme vaut la moitié de ce produit; ou, ce qui revient au même, il est égal au produit de sa base par sa hauteur, puisque sa base est la moitié de celle du parallélipipède.

2° Soit en second lieu un prisme polygonal ABCDEA'B'C'D'E' (fig. 324). Par l'arête EE' et par chacune des autres arêtes je fais passer des plans qui décomposent le prisme donné en prismes triangulaires; chacun d'eux a pour mesure le produit du triangle qui lui sert de base par la hauteur commune; le prisme polygonal aura donc pour mesure la somme des triangles multipliée par la hauteur commune, ou sa base multipliée par sa hauteur. C. Q. F. D.

Fig. 324.

545. COROLLAIRES. — 1° *Deux prismes qui ont des bases équivalentes et des hauteurs égales sont équivalents.*

2° *Deux prismes de même hauteur sont entre eux comme leurs bases.*

3° *Deux prismes qui ont des bases équivalentes sont proportionnels à leurs hauteurs.*

Ce sont des conséquences évidentes de l'énoncé qui précède.

546. REMARQUE. — Les théorèmes des n°ˢ **539, 542, 543, 544** peuvent être compris sous un même énoncé :

Tout prisme a pour mesure le produit de sa base par sa hauteur.

En désignant par V le volume, par B la base et par H la hauteur d'un prisme quelconque, on a la formule

$$V = B \times H.$$

Comme un prisme oblique est équivalent au prisme droit qui a pour base sa section droite et pour hauteur son arête latérale (**523**), on peut donner encore une autre expression de la mesure du prisme oblique : *le volume d'un prisme oblique a pour mesure le produit de sa section droite par son arête latérale.*

APPLICATIONS. — I. Une colonne prismatique a pour base un hexagone régulier dont l'aire est égale à 18 décimètres carrés; sa hauteur est de 7^m,20; quel est son volume?

Je rapporte au mètre carré l'aire de la base, ce qui donne 0^{mq},18 ; le volume demandé est alors

$$0,18 \times 7,20 = 1^{mc},296.$$

II. La section droite d'un fossé est un trapèze dont les bases sont 0^m,33 et 1^m,98 et la hauteur est 1^m,31; on demande quelle est la longueur de ce fossé, sachant que la terre qu'on a extraite pour le creuser a un volume de 542 mètres cubes.

L'aire de la section est égale à

$$\frac{0,33 + 1,98}{2} \times 1,31 = 1^{mq},51305 ;$$

en multipliant cette aire par la longueur du fossé, on aurait le volume 542^{mc}; donc la longueur s'obtiendra en divisant 542 par 1,51305, ce qui donne 358^m,2, à un décimètre près.

§ XXXIX. — VOLUME DE LA PYRAMIDE ET D'UN POLYÈDRE QUELCONQUE.

547. Définitions. — La *pyramide* est un solide dont l'une des faces est un polygone plan, et dont les autres sont des triangles ayant pour bases les côtés du premier polygone, et pour sommet commun un point pris en dehors du plan du premier polygone; tel est le polyèdre SABCDE (fig. 525). Le polygone ABCDE s'appelle la *base* de la pyramide; le point S en est le *sommet*, les faces triangulaires SAB, SBC, etc., les *faces latérales*, et les arêtes SA, SB, SC, etc., qui joignent le sommet S aux sommets de la base, sont les *arêtes latérales*.

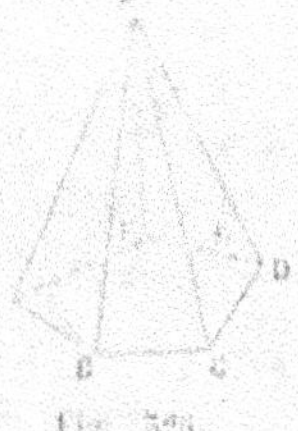

Fig. 525.

La *hauteur* d'une pyramide est la distance de son sommet au plan de sa base.

Une pyramide est *régulière* lorsque sa base est un polygone régulier et que la perpendiculaire abaissée du sommet sur le plan de la base tombe au centre de cette base. Les arêtes latérales d'une pyramide régulière sont égales comme obliques s'écartant également du pied de cette perpendiculaire ; par suite, les faces latérales sont des triangles isocèles égaux.

On nomme *apothème* de la pyramide régulière la hauteur d'une des faces latérales, ou, en d'autres termes, la distance du sommet de la pyramide à l'un quelconque des côtés de sa base.

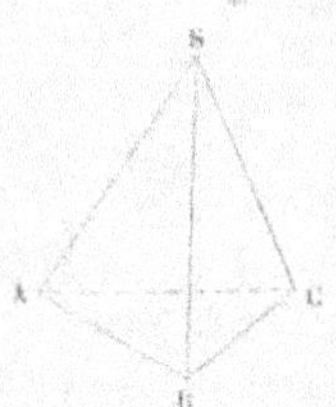

Fig. 326.

Une pyramide est *triangulaire*, *quadrangulaire*, *pentagonale*, etc., quand sa base est un triangle, un quadrilatère, un pentagone, etc. La pyramide triangulaire a quatre faces triangulaires ; c'est un tétraèdre. Il est à remarquer qu'on peut prendre une face quelconque de la pyramide triangulaire pour base ; ainsi le tétraèdre SABC (fig. 326) peut être considéré comme une pyramide triangulaire ayant pour base le triangle SBC et pour sommet le point A.

548. Théorème. — *Si l'on coupe une pyramide par un plan parallèle à sa base,*

1° Les arêtes latérales et la hauteur de la pyramide sont divisées en parties proportionnelles ;

2° La section est un polygone semblable à la base ;

3° Le rapport des aires de la section obtenue et de la base est égal au rapport des carrés de leurs distances au sommet.

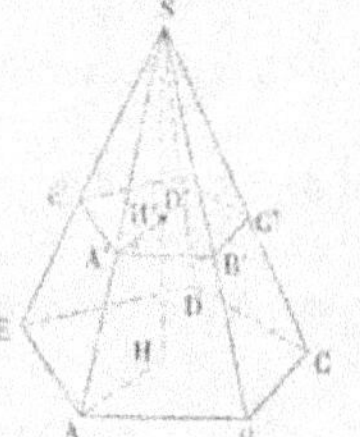

Fig. 327.

1° Soit SABCDE (fig. 327) la pyramide, A'B'C'D'E' une section faite par un plan parallèle à la base, SH la hauteur de la pyramide et H' le point où elle coupe le plan de la section ; si par le point S on imagine un plan parallèle à la base, on aura, en vertu du théorème du n° **447**,

$$\frac{SA'}{SA} = \frac{SB'}{SB} = \frac{SC'}{SC} = \;\ldots\ldots\; = \frac{SH'}{SH}. \qquad [1]$$

2° Les lignes AB, A'B' sont parallèles comme intersections des plans parallèles ABCDE, A'B'C'D'E' par le plan SAB (**439**) ; il en est de même de BC et B'C', CD et C'D', etc. ; donc les polygones sont quiangles (**495**) ; de plus les triangles semblables SAB et SA'B', SBC et SB'C', etc., donnent

$$\frac{A'B'}{AB} = \frac{SA'}{SA} ; \quad \frac{B'C'}{BC} = \frac{SB'}{SB} ; \text{ etc.},$$

ou, en tenant compte des égalités [1],

$$\frac{A'B'}{AB} = \frac{B'C'}{BC} = \frac{C'D'}{CD} = \dots = \frac{SH'}{SH} ; \qquad [2]$$

donc les polygones ABCDE, A'B'C'D'E' ont les angles égaux et les côtés proportionnels ; donc ils sont semblables.

5° Les aires des polygones semblables ABCDE, A'B'C'D'E' sont proportionnelles aux carrés de leurs côtés homologues (**367**) ; on a donc

$$\frac{A'B'C'D'E'}{ABCDE} = \frac{\overline{A'B'}^2}{\overline{AB}^2} ;$$

et, à cause des égalités [2],

$$\frac{A'B'C'D'E'}{ABCDE} = \frac{\overline{SH'}^2}{\overline{SH}^2}. \qquad \text{C. Q. F. D.}$$

549. REMARQUE. — Les théorèmes précédents seraient encore vrais et se démontreraient de la même manière, si le plan sécant parallèle à la base rencontrait les prolongements des arêtes latérales, au lieu de couper les arêtes elles-mêmes.

550. COROLLAIRE. — *Si deux pyramides ont même hauteur* H, *et qu'on les coupe toutes les deux par des plans parallèles aux bases, à la même distance* h *des sommets, les sections obtenues sont entre elles dans le même rapport que les bases.*

Soient B, B' les deux bases, b et b' les sections obtenues ; on a, en vertu du théorème précédent,

$$\frac{b}{B} = \frac{h^2}{H^2}, \qquad \frac{b'}{B'} = \frac{h^2}{H^2} ;$$

d'où l'on tire, à cause du rapport commun,

$$\frac{b}{B} = \frac{b'}{B'}. \qquad \text{C. Q. F. D.}$$

Supposons, en particulier, que les deux pyramides aient des bases équivalentes, c'est-à-dire que B soit égal à B′; alors b sera aussi égal à $b′$. Donc, *si deux pyramides ont des hauteurs égales et des bases équivalentes, les sections faites dans ces deux pyramides par des plans parallèles aux bases, menés à la même distance des sommets, sont équivalentes.*

551. Définitions. — On appelle *tronc de pyramide à bases parallèles*, ou simplement tronc de pyramide, le polyèdre obtenu en coupant une pyramide par un plan parallèle à la base, et enlevant la pyramide ainsi détachée : tel est le polyèdre ABCDEA′B′C′D′E′ (fig. 325). Les deux polygones ABCDE, A′B′C′D′E′ s'appellent les *bases* du tronc de pyramide; et sa *hauteur* est la distance HH′ des plans des deux bases.

Si la pyramide considérée est régulière, le tronc de pyramide est dit lui-même *régulier*.

552. Théorème. — *Deux pyramides triangulaires de bases équivalentes et de même hauteur sont équivalentes.*

Soient SABC, S′A′B′C′ (fig. 328) les deux pyramides; supposons que les bases équivalentes ABC, A′B′C′ reposent sur un même plan; partageons la hauteur en parties égales et par les points de division menons des plans parallèles aux bases : ces plans font dans les deux pyramides des sections DEF, D′E′F′, IKL, I′K′L′,... deux à deux équi-

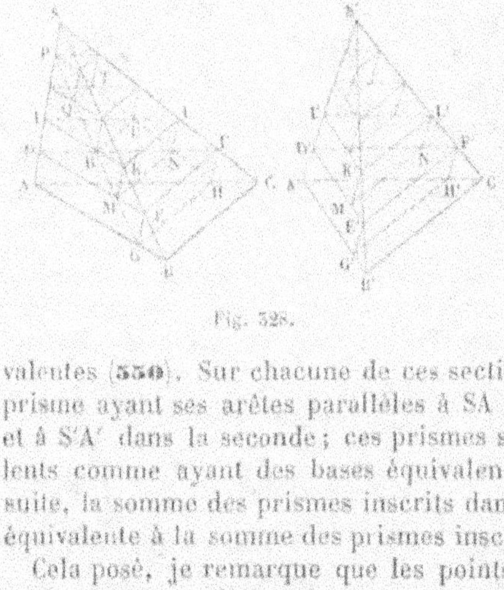

Fig. 328.

valentes (**550**). Sur chacune de ces sections comme base, je fais un prisme ayant ses arêtes parallèles à SA dans la première pyramide et à S′A′ dans la seconde; ces prismes seront deux à deux équivalents comme ayant des bases équivalentes et même hauteur; par suite, la somme des prismes inscrits dans la première pyramide est équivalente à la somme des prismes inscrits dans la seconde.

Cela posé, je remarque que les points G, M, R, Q, P sont sur une même droite parallèle à SC, parce que les droites EG, KM, etc., sont égales et parallèles; pour la même raison, les points H, N, U, T, P sont sur une même droite parallèle à SC; donc le plan des deux droites PG et PH est parallèle au plan SBC (**144**), et le polyèdre

SBCPGH est un tronc de pyramide à bases parallèles (**551**). La différence entre le volume de la pyramide SABC et la somme des prismes inscrits dans cette pyramide est évidemment moindre que le volume du tronc de pyramide SBCPGH ; et celui-ci est moindre que le volume d'un prisme qui aurait pour base le triangle SBC et pour arête latérale SP. Or, si l'on augmente indéfiniment le nombre des divisions de la hauteur de la pyramide, la hauteur de ce prisme, qui est au plus égale à SP, diminue indéfiniment et tend vers zéro, et il en est de même de son volume (**544**) ; le volume du tronc de pyramide SBCPGH, qui est moindre que le prisme, tend aussi vers zéro. Donc, à plus forte raison, la différence entre le volume de la pyramide SABC et la somme des prismes inscrits peut être rendue aussi petite que l'on voudra ; en d'autres termes, le volume de la pyramide SABC est la limite vers laquelle tend la somme des prismes inscrits quand leur nombre augmente de plus en plus : et il en est de même pour l'autre pyramide S'A'B'C'. Or la somme des prismes inscrits dans la première pyramide est équivalente à la somme des prismes inscrits dans la seconde, quelque grand que soit le nombre de ces prismes. Donc les deux pyramides sont équivalentes. C. Q. F. D.

553. Théorème. — *Le volume d'une pyramide quelconque est égal au tiers du produit de sa base par sa hauteur.*

1° Je considère d'abord une pyramide triangulaire SABC (fig. 329). Sur ABC comme base et BS comme arête, je construis le prisme ABCESD qui a même base et même hauteur que la pyramide. Ce prisme se compose de la pyramide SABC et de la pyramide quadrangulaire SACDE ; cette dernière se décompose en deux pyramides triangulaires SACE, SDCE, qui ont des bases égales ACE, DCE et même hauteur ; donc elles sont équivalentes en vertu du théorème précédent ; de plus, la pyramide SDCE peut être considérée comme ayant pour base SDE et pour sommet le point C ; elle a alors même base

Fig. 329.

et même hauteur que la pyramide SABC, et par conséquent lui est équivalente. Donc les trois pyramides qui composent le prisme sont équivalentes, et la pyramide SABC est le tiers du prisme de même base et de même hauteur ; donc enfin (**544**) elle a pour mesure le tiers du produit de sa base par sa hauteur.

2° Soit, en second lieu, la pyramide polygonale SABCDE (fig. 330).

Par l'arête SE de cette pyramide et par les arêtes SB et SC, je con-

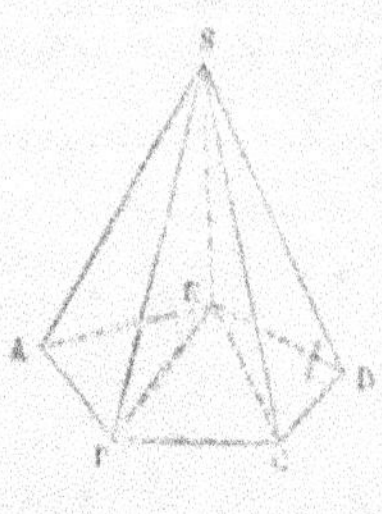

Fig. 330.

duis des plans qui décomposent cette pyramide en pyramides triangulaires, ayant toutes pour hauteur la hauteur de la pyramide donnée. Chacune de ces pyramides triangulaires a pour mesure le produit de sa base par le tiers de la hauteur commune ; donc la pyramide totale a pour mesure la somme des bases triangulaires multipliée par le tiers de la hauteur, c'est-à-dire le tiers du produit de la base polygonale ABCDE par la hauteur. c. q. f. d.

331. Corollaires. — Soient B et H la base et la hauteur d'une pyramide, V son volume ; on a

$$V = \frac{1}{3} B \times H.$$

Donc, 1° *Toute pyramide est le tiers du prisme de même base et de même hauteur.* 2° *Deux pyramides quelconques qui ont des bases équivalentes et des hauteurs égales, sont équivalentes.* 3° *Deux pyramides qui ont des bases équivalentes sont proportionnelles à leurs hauteurs.* 4° *Deux pyramides qui ont même hauteur sont proportionnelles à leurs bases.*

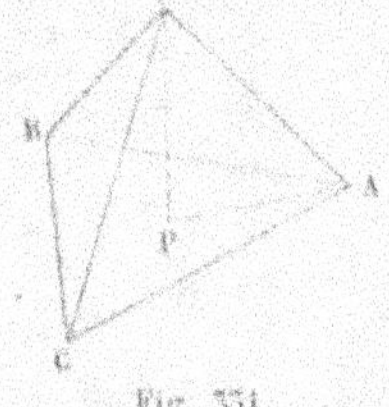

Fig. 331.

Applications. — I. Trouver le volume d'un tétraèdre régulier dont l'arête est a.

On appelle tétraèdre régulier un tétraèdre dont les quatre faces sont des triangles équilatéraux ; tel est le tétraèdre ABCD (fig. 331). Ce polyèdre est une pyramide triangulaire ; sa base est le triangle équilatéral ABC dont le côté est égal à a ; soit DP la hauteur. On a alors

$$\text{Vol. ABCD} = \frac{1}{3} \text{ABC} \times \text{DP} ;$$

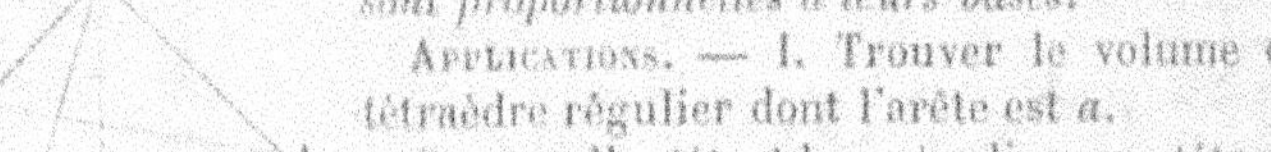

or $\text{ABC} = \dfrac{a^2 \sqrt{3}}{4}$ (**373**) ; dans le triangle rectangle DPA, on a

$$\text{DP} = \sqrt{\overline{\text{DA}}^2 - \overline{\text{PA}}^2} = \sqrt{a^2 - \overline{\text{PA}}^2} ;$$

mais PA est le rayon du cercle circonscrit au triangle équilatéral ABC, et sa longueur est $\dfrac{a}{\sqrt{3}}$; donc

$$DP = \sqrt{a^2 - \frac{a^2}{3}} = \sqrt{\frac{2a^2}{3}} = a\frac{\sqrt{2}}{\sqrt{3}}.$$

Par conséquent,

$$\text{Vol. ABCD} = \frac{1}{3}\frac{a^2\sqrt{3}}{4} \cdot \frac{a\sqrt{2}}{\sqrt{3}} = \frac{a^3\sqrt{2}}{12}.$$

Exemple. — Faisons $a = 10$ mètres ; nous aurons

$$V = \frac{1000^{\text{mc}}.\sqrt{2}}{12} = \frac{1414^{\text{mc}},214}{12} = 117^{\text{mc}},851,$$

à $0^{\text{mc}},001$ près par défaut.

II. Un solide se compose de deux pyramides régulières égales, ayant la même base ; cette base est un carré dont le côté est a, et les arêtes latérales des deux pyramides sont aussi égales à a. Trouver le volume de ce polyèdre et le côté du cube équivalent (ce polyèdre s'appelle un octaèdre régulier).

La base commune des deux pyramides est égale à a^2, et la hauteur, comme il est aisé de la voir sur une figure, est égale à la demi-diagonale du carré de côté a, c'est-à-dire à $\dfrac{a\sqrt{2}}{2}$. Le volume du polyèdre est donc

$$V = \frac{2}{3}a^2 \cdot \frac{a\sqrt{2}}{2} = \frac{a^3\sqrt{2}}{3}.$$

Le côté x du cube équivalent est

$$x = \sqrt[3]{\frac{a^3\sqrt{2}}{3}} = a\sqrt[3]{\frac{\sqrt{2}}{3}}.$$

Exemple. — Faisons $a = 10$ mètres ; nous aurons

$$V = \frac{1000^{\text{mc}}\sqrt{2}}{3} = \frac{1414^{\text{mc}},214}{3} = 471^{\text{mc}},405,$$

à 0^{mc},001 près par excès ;

$$x = 10 \sqrt[3]{\frac{\sqrt{2}}{5}} = 10 \sqrt[3]{0,471405} = 7^m,8,$$

à 0^m,1 près par excès.

III. La plus grande pyramide d'Égypte a pour base un carré de 232^m,75 de côté ; sa hauteur est de 146 mètres ; quel est son volume ?

L'aire de la base est égale à $232,75^2$, et le volume de la pyramide est

$$\frac{1}{3} \cdot 232,75^2 \times 146 = 2636398^{mc},032,$$

à 0^{mc},001 près par excès. On voit que cette pyramide a un volume très considérable ; on peut s'en faire une idée nette, en supposant qu'avec les matériaux qui la composent on fasse un mur de 2 mètres de hauteur et de 40 centimètres d'épaisseur ; la longueur de ce mur serait

$$\frac{2636398,032}{2 \times 0,40} = 3270497 \text{ mètres,}$$

c'est-à-dire 3270 kilomètres environ ; un pareil mur pourrait faire à peu près le tour de la France.

555. Probléme. — *Évaluer le volume d'un polyèdre quelconque.*

On décompose ce polyèdre en pyramides, on mesure les volumes de toutes ces pyramides et on les ajoute. L'un des moyens les plus simples de faire cette décomposition consiste à joindre un point pris dans l'intérieur du polyèdre à tous les sommets ; les pyramides ont alors le même sommet, et leurs bases respectives sont les diverses faces du polyèdre.

Quand le polyèdre est convexe, on peut prendre pour sommet commun des pyramides un sommet quelconque du polyèdre lui-même.

Enfin, dans certains cas spéciaux, on pourra encore décomposer le polyèdre en polyèdres autres que des pyramides, pourvu qu'on sache mesurer le volume de chacun de ces polyèdres partiels.

556. Remarque. — Lorsqu'on a décomposé un polyèdre en pyramides, on peut encore décomposer en pyramides triangulaires ou en tétraèdres toutes celles des pyramides primitives qui ne sont pas triangulaires. Nous voyons ainsi que tout polyèdre peut être décomposé en tétraèdres.

557. Théorème. — *Un tronc de pyramide à bases parallèles est équivalent à la somme de trois pyramides ayant pour hauteur commune la hauteur du tronc et pour bases, la première la base inférieure du tronc, la seconde la base supérieure, et la troisième une moyenne proportionnelle entre ces deux bases.*

1° Le tronc de pyramide est triangulaire (fig. 552). Je décompose ce solide en pyramides : je mène d'abord le plan EAC qui détache du polyèdre la pyramide EABC, laquelle a pour base la base inférieure du tronc ABC et pour hauteur la hauteur du tronc ; c'est la première des pyramides de l'énoncé.

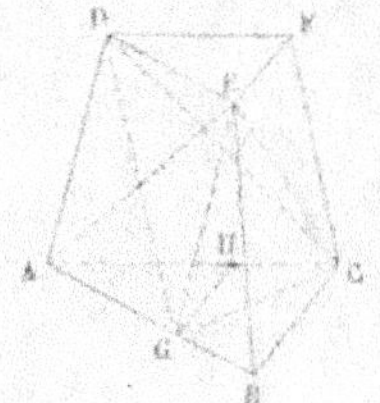

Fig. 552.

Il reste la pyramide quadrangulaire EACFD, que je décompose en deux pyramides triangulaires ECFD, EADC. La pyramide ECFD peut être considérée comme ayant pour sommet le point C et pour base DEF, c'est-à-dire la base supérieure du tronc ; la hauteur est alors celle du tronc ; c'est la seconde pyramide de l'énoncé.

Prenons enfin la pyramide EADC. Par le point E, je mène EG parallèle à AD, et par suite au plan ADC ; les deux pyramides EADC, GADC sont alors équivalentes comme ayant même base et même hauteur ; or la pyramide GADC peut être considérée comme ayant pour sommet le point D et pour base GAC ; sa hauteur est alors celle du tronc, et il suffit de démontrer que sa base GAC est moyenne proportionnelle entre les deux bases du tronc. Par le point G, je mène GH parallèle à BC ; les deux triangles DEF, AGH sont égaux comme ayant le côté DE égal à AG et les angles égaux. De plus, les triangles ABC, AGC ont même sommet C et leurs bases AB, AG en ligne droite ; donc ils ont même hauteur, et sont proportionnels à leurs bases ; on a donc

$$\frac{ABC}{AGC} = \frac{AB}{AG},$$

on a de même

$$\frac{AGC}{AGH} = \frac{AC}{AH},$$

et, à cause des parallèles,

$$\frac{AB}{AG} = \frac{AC}{AH}.$$

donc enfin

$$\frac{ABC}{AGC} = \frac{AGC}{AGH},$$

ou bien

$$\frac{ABC}{AGC} = \frac{AGC}{DEF}. \qquad \text{c. q. f. d.}$$

2° Considérons maintenant un tronc de pyramide polygonale ABCDEA'B'C'D'E' (fig. 333); formons une pyramide triangulaire TFGH

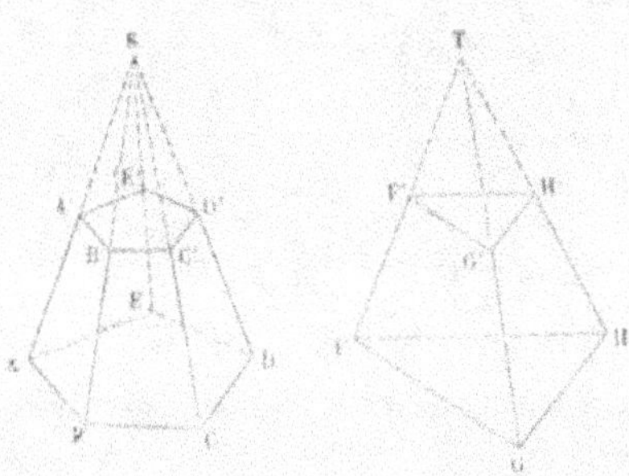

ayant même hauteur que la pyramide SABCDE et une base FGH équivalente à la base ABCDE; ces deux pyramides seront équivalentes (554). Je coupe la pyramide TFGH par un plan parallèle à la base, et mené à la même distance du sommet T que le plan A'B'C'D'E' du sommet S; les deux sections A'B'C'D'E', F'G'H' seront équivalentes (550);

Fig. 333.

Par suite les deux pyramides SA'B'C'D'E', TF'G'H' sont équivalentes. Si on les retranche des pyramides SABCDE, TFGH, qui sont équivalentes, les deux troncs de pyramide qui restent sont eux-mêmes équivalents; de plus, ces deux troncs de pyramide ont des bases équivalentes et la même hauteur. Or le tronc de pyramide triangulaire est équivalent à la somme de trois pyramides ayant pour hauteur commune la hauteur du tronc et pour bases respectives les triangles FGH, F'G'H', et une moyenne proportionnelle entre ces deux triangles; la mesure du tronc de pyramide polygonale sera la même, et l'on pourra remplacer dans l'expression de cette mesure les triangles FGH, F'G'H' par les polygones équivalents ABCDE, A'B'C'D'E', ce qui donnera une expression conforme à l'énoncé. c. q. f. d.

558. Remarque I. — Si nous désignons par B et b les deux bases du tronc de pyramide, par H sa hauteur et par V son volume, nous aurons

$$V = \frac{1}{3} B \times H + \frac{1}{3} b \times H + \frac{1}{3} \sqrt{Bb} \times H,$$

ou, en mettant $\frac{1}{3}$ H en facteur commun,

$$V = \frac{1}{3} H (B + b + \sqrt{Bb}).$$

Soient A et a deux côtés homologues des deux bases; on aura **(367)**

$$\frac{B}{b} = \frac{A^2}{a^2},$$

d'où

$$b = \frac{Ba^2}{A^2};$$

en remplaçant b par cette valeur dans la formule précédente, on a

$$V = \frac{1}{3} H \left(B + \frac{Ba^2}{A^2} + \frac{Ba}{A} \right),$$

ou

$$V = \frac{1}{3} BH \left(1 + \frac{a}{A} + \frac{a^2}{A^2} \right).$$

559. REMARQUE II. — On peut trouver l'expression du volume du tronc de pyramide en considérant ce polyèdre comme la différence de deux pyramides. Soit ABCDE A'B'C'D'E' (fig. 331) le tronc de pyramide obtenu en coupant la pyramide SABCDE par le plan A'B'C'D'E' parallèle à sa base; désignons par B et b les deux bases du tronc, par D et d leurs distances au sommet S, par H la hauteur du tronc et par V son volume; nous aurons

$$V = \frac{1}{3} B \times D - \frac{1}{3} b \times d.$$

Mais D $- d =$ H, et d'autre part **(548)**

$$\frac{B}{b} = \frac{D^2}{d^2};$$

de cette proportion on tire

$$\frac{D}{\sqrt{B}} = \frac{d}{\sqrt{b}} = \frac{D - d}{\sqrt{B} - \sqrt{b}} = \frac{H}{\sqrt{B} - \sqrt{b}};$$

d'où

$$D = \frac{H\sqrt{B}}{\sqrt{B}-\sqrt{b}}, \qquad d = \frac{H\sqrt{b}}{\sqrt{B}-\sqrt{b}}.$$

Portons ces valeurs dans l'expression du volume ; elle deviendra

$$V = \frac{1}{3} \cdot \frac{BH\sqrt{B}}{\sqrt{B}-\sqrt{b}} - \frac{1}{3} \cdot \frac{b\,H\sqrt{b}}{\sqrt{B}-\sqrt{b}} = \frac{1}{3} H \cdot \frac{B\sqrt{B}-b\sqrt{b}}{\sqrt{B}-\sqrt{b}} ;$$

mais $B\sqrt{B}$ est le cube de $\sqrt{B}$, et de même $b\sqrt{b}$ est le cube de $\sqrt{b}$; et l'on sait (V. l'*Algèbre*) que la différence des cubes de deux quantités est divisible par la différence de ces deux quantités ; $B\sqrt{B}-b\sqrt{b}$ est donc divisible par $\sqrt{B}-\sqrt{b}$; en effectuant cette division, on trouve enfin

$$V = \frac{1}{3} H (B + \sqrt{Bb} + b),$$

expression identique à celle que nous avons obtenue par des considérations purement géométriques.

500. REMARQUE III. — Si l'on coupe une pyramide par un plan parallèle à sa base rencontrant les prolongements des arêtes au delà du sommet, on peut trouver, par un calcul analogue au précédent, le volume de la double pyramide comprise entre les deux plans parallèles. En conservant les mêmes notations, on obtient la formule suivante :

$$V = \frac{1}{3} H (B - \sqrt{Bb} + b).$$

Cette expression ne diffère de celle du volume du tronc de pyramide que par le signe de la moyenne proportionnelle $\sqrt{Bb}$; si l'on y introduit les côtés homologues A et a des deux bases, elle devient

$$V = \frac{1}{3} BH \left(1 - \frac{a}{A} + \frac{a^2}{A^2} \right),$$

formule qui ne diffère que par le signe de a de la formule établie au n° **558** pour le tronc de pyramide.

En raison de cette analogie, on donne souvent à cette double pyramide le nom de tronc de pyramide *de seconde espèce*.

Applications. — I. L'obélisque de Louqsor est un tronc de pyramide
très allongé à bases carrées, surmonté sur sa petite base d'une pyramide régulière. Le côté de la base inférieure a $2^m,42$ de longueur,
celui de la base supérieure, $1^m,54$; la distance des deux bases est
égale à $21^m,60$, et la hauteur de la pyramide à $1^m,20$. Trouver le
poids de l'obélisque, sachant que le mètre cube du granit dont il est
formé pèse 2750 kilogrammes.

Cherchons d'abord son volume : l'aire de la grande base du tronc
est $2,42^2 = 5^{mq},8564$; celle de la petite base est $1,54^2 = 2^{mq},3716$;
la moyenne proportionnelle entre les deux bases est $\sqrt{2,42^2 \times 1,54^2}$
ou bien $2,42 \times 1,54 = 5^{mq},7268$; j'ajoute ces trois nombres, ce qui
me donne 11,9548. Le volume du tronc de pyramide est alors

$$11,9548 \times \frac{21,60}{3} = 86^{mc},074560.$$

Le volume de la pyramide sera de même

$$2,3716 \times \frac{1,20}{3} = 0^{mc},948640$$

et le volume total de l'obélisque sera enfin

$$86^{mc},07456 + 0^{mc},94864 = 87^{mc},0252.$$

Alors son poids est

$$2750^{k} \times 87,0252 = 239315^{k},8,$$

ou 2393 quintaux métriques environ.

II. Le volume d'un tronc de pyramide à bases carrées est égal à
105 mètres cubes ; le côté d'une des bases est égal à 5 mètres, et la
hauteur est égale à 5 mètres ; trouver le côté de l'autre base.

En désignant ce côté par x, on a (**558**)

$$105 = \frac{5}{3}(5^2 + x^2 + 5x)$$

ou, en ordonnant et en réduisant,

$$x^2 + 5x - 54 = 0.$$

Cette équation a deux racines,

$$x' = 6, \qquad x'' = -9.$$

La racine positive convient seule à la question, elle donne un tronc de pyramide proprement dit. La racine négative correspond à un tronc de pyramide de seconde espèce.

561. Théorème. — *Un tronc de prisme triangulaire est équivalent à la somme de trois pyramides ayant pour base commune l'une des bases du tronc et pour sommets respectifs les sommets de l'autre base du tronc.*

On appelle *tronc de prisme* le polyèdre compris entre la base d'un prisme, ses faces latérales et le plan d'une section non parallèle à la base.

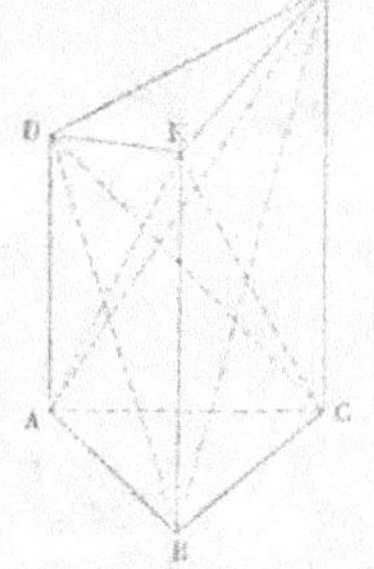

Soit ABCDEF (fig. 554) un tronc de prisme triangulaire : pour en évaluer le volume, je vais le décomposer en pyramides. A cet effet, je mène le plan FAB, qui détache du tronc de prisme la pyramide triangulaire FABC, ayant pour base la base inférieure ABC du tronc et pour sommet le sommet F de la base supérieure.

Il reste la pyramide quadrangulaire FABED ; si je transporte le sommet F de cette pyramide en C, sa hauteur ne changera pas, puisque FC est parallèle au plan de la base ABED ; on peut donc

Fig. 554.

remplacer la pyramide FABED par la pyramide CABED, qui lui est équivalente comme ayant même base ABED et même hauteur. La pyramide CABED est décomposée par le plan CBD en deux pyramides triangulaires CBAD et CBED. La première peut être considérée comme ayant pour base ABC et pour sommet le point D. Enfin, la pyramide CBED peut être regardée comme ayant pour base CBE et pour sommet le point D ; elle est alors équivalente à la pyramide ACBE qui a même base CBE et même hauteur ; or cette dernière pyramide peut être considérée comme ayant le point E pour sommet et le triangle ABC pour base.

En résumé, le tronc de prisme est équivalent à la somme des pyramides FABC, DABC et EABC, qui ont pour base commune le triangle ABC et pour sommets respectifs les sommets F, D et E de l'autre base du tronc. c. q. f. d.

562. Corollaire I. — Si l'on désigne par B la base inférieure du tronc et par H, H', H" les distances des trois sommets de la base supérieure au plan de la base inférieure, le volume V du tronc sera donné par la formule

$$V = B \cdot \frac{H + H' + H''}{3}.$$

Si le tronc de prisme est droit, c'est-à-dire si les arêtes latérales AD, BE, CF sont perpendiculaires au plan de la base ABC, les hauteurs H, H', H" se confondent avec ces arêtes latérales ; donc

Le volume d'un tronc de prisme triangulaire droit a pour mesure le produit de sa base par la moyenne arithmétique entre ses trois arêtes latérales.

563. Corollaire II. — Considérons un tronc de prisme triangulaire oblique ABCDEF (fig. 335), et menons un plan GHK perpendiculaire aux arêtes. Ce plan décompose le tronc de prisme donné en deux troncs de prisme triangulaires droits GHKABC, GHKDEF, ayant pour base commune la section droite GHK ; les volumes de ces polyèdres ont respectivement pour mesures (**562**) :

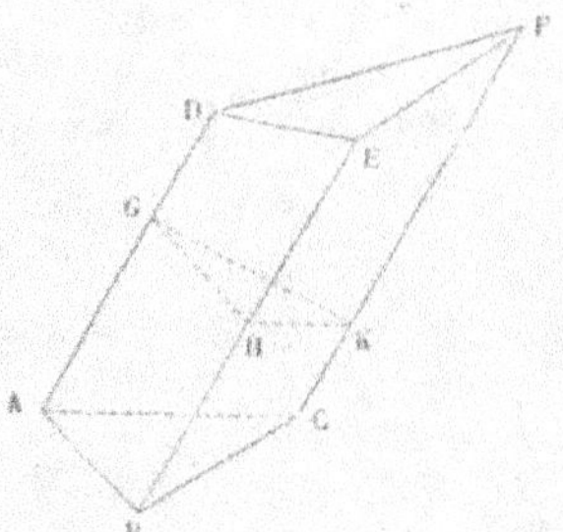

Fig. 335.

$$GHK \cdot \frac{GA + HB + KC}{3},$$

$$GHK \cdot \frac{GD + HE + KF}{3}.$$

Le volume du tronc de prisme total s'obtiendra en ajoutant les deux expressions précédentes, ce qui donne

$$GHK \cdot \frac{AD + BE + CF}{3}.$$

Donc le volume d'un tronc de prisme triangulaire quelconque a pour mesure le produit de sa section droite par la moyenne arithmétique entre ses trois arêtes latérales.

564. Application. — Considérons un polyèdre limité par deux rectangles parallèles ABCD, EFGH (fig. 336) et quatre trapèzes ; c'est un tronc de prisme quadrangulaire dont les arêtes latérales sont AB, DC, EF et HG ; on lui donne souvent le nom de *ponton*. Pour en évaluer le volume, je le décompose en deux troncs de prisme

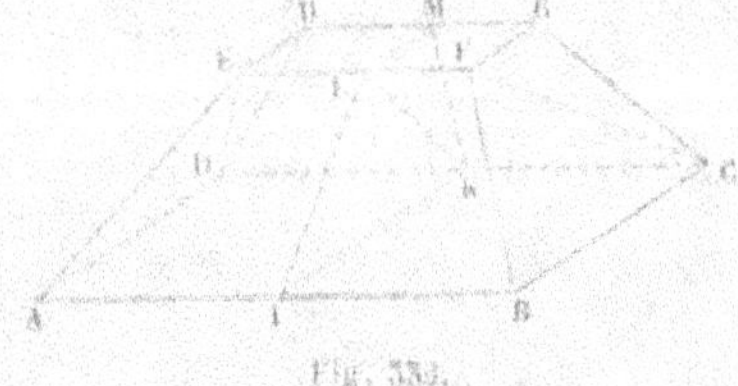

triangulaires par le plan EFCD, puis je mène le plan IKML perpendiculaire aux arêtes latérales et j'obtiens ainsi les sections droites IKL, LKM des deux troncs de prisme triangulaires. En appliquant à chacun d'eux la règle précédente, on trouve pour leurs volumes :

$$\text{IKL} \cdot \frac{\text{AB} + \text{DC} + \text{EF}}{3} = \text{IKL} \cdot \frac{2\text{AB} + \text{EF}}{3},$$

$$\text{LKM} \cdot \frac{\text{EF} + \text{HG} + \text{DC}}{3} = \text{LKM} \cdot \frac{2\text{EF} + \text{AB}}{3}.$$

Soient a et b les côtés AB et AD de l'un des rectangles, a' et b' les côtés parallèles EF et EH de l'autre, h la distance de leurs plans ; les triangles IKL et LKM auront respectivement pour mesure $\frac{bh}{2}$ et $\frac{b'h}{2}$; donc le volume du polyèdre sera

$$\frac{bh}{6}(2a + a') + \frac{b'h}{6}(2a' + a).$$

C'est cette formule qu'on applique pour cuber les tas de pierres établis le long des routes, pour mesurer le volume d'un tombereau, d'une auge de maçon, etc.

Si le rectangle supérieur se réduit à une ligne droite, b' est nul, et la formule précédente devient

$$V = \frac{bh}{6}(2a + a').$$

565. Théorème. — *Le volume d'un polyèdre compris entre deux polygones situés dans des plans parallèles et des faces latérales qui sont toutes des trapèzes ou des triangles, est donné par la formule*

$$\frac{1}{6} H(B + B' + 4B''),$$

dans laquelle H *représente la distance des deux plans parallèles qui limitent le polyèdre,* B *et* B' *les aires des deux faces situées dans ces plans et* B" *l'aire de la section faite à égale distance de ces deux faces.*

Pour la facilité du langage, nous donnerons le nom de *bases* aux deux polygones B et B' et nous appellerons *hauteur* la distance H des deux bases.

Soit ABC... A'B'C'... (fig. 337) le polyèdre donné ; je construis la section *abc...* équidistante des deux bases, section que j'appellerai la *section moyenne*, et je joins un point O pris à l'intérieur de ce polygone à tous les sommets du polyèdre pour le décomposer en pyramides. Deux de ces pyramides ont pour bases les bases mêmes du polyèdre ABC... et A'B'C'...; les autres ont pour bases les faces laté-rales du polyèdre ; nous allons évaluer successivement les volumes de toutes ces pyramides.

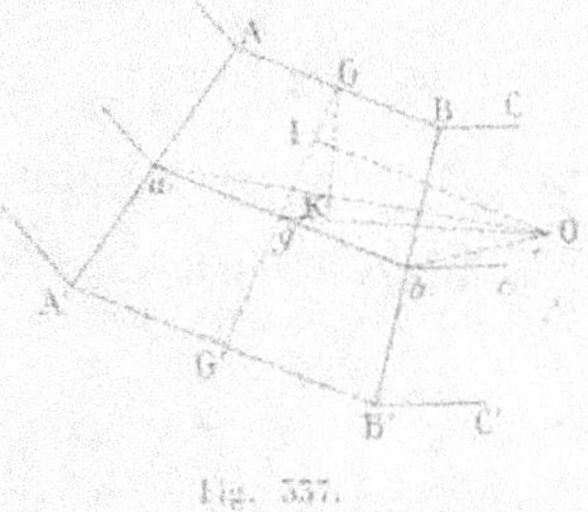

Fig. 337.

Le point O étant équidistant des deux bases, la hauteur de la pyramide OABC... est $\frac{H}{2}$ et son volume a pour mesure $\frac{1}{3} B \times \frac{H}{2} = \frac{H}{6} . B$; de même le volume de la pyramide OA'B'C'... a pour mesure $\frac{H}{6} . B'$.

Considérons maintenant une pyramide ayant pour sommet le point O et pour base une face latérale ABB'A' que nous suppose-rons être un trapèze. Du point O j'abaisse la perpendiculaire OI sur le plan de cette face ; le volume de la pyramide aura pour mesure

$$\frac{1}{3} ABB'A' \times OI.$$

Soit *ab* l'intersection de la face latérale ABB'A' par le plan équidis-tant des deux bases ; cette droite sera égale à la demi-somme des côtés AB, A'B' du trapèze (**365**). Du point I je mène la perpendicu-laire GG' commune aux deux bases AB, A'B' du trapèze ; elle sera coupée en son milieu *g* par la droite *ab*. L'aire du trapèze est alors $ab \times GG' = 2ab \times Gg$ et, par suite, le volume de la pyramide OABB'A' a pour mesure

$$\frac{2}{3} ab \times Gg \times OI.$$

Je joins Og, et j'abaisse du point G la perpendiculaire GK sur le plan de la section abc ...; le plan GOg contenant les deux droites OI et Gg perpendiculaire à ab est lui-même perpendiculaire à ab, et, par conséquent, au plan abc ...; donc GK est située dans le plan GOg et le point K tombe sur Og. Cela posé, le produit $Gg \times OI$ est égal au produit $Og \times GK$, puisqu'ils expriment l'un et l'autre le double de l'aire du triangle GOg; donc le volume de la pyramide OABB'A' est égal à

$$\frac{2}{3} ab \times Og \times GK.$$

Mais $ab \times Og$ est le double de l'aire du triangle Oab, et GK est égale à $\frac{H}{2}$; donc enfin l'expression précédente peut s'écrire

$$\frac{2}{3} Oab \times H = \frac{H}{6} \times 4 Oab.$$

Il résulte de là que la somme de toutes les pyramides qui ont pour sommet commun le point O et pour bases les faces latérales du polyèdre, est égale au produit de $\frac{H}{6}$ par le quadruple de la somme des triangles qui ont pour sommet commun le point O et pour bases les côtés de la section équidistante des deux bases ; en d'autres termes, cette somme est égale à $\frac{H}{6} \times 4B''$.

Donc enfin le volume du polyèdre a pour mesure la somme

$$\frac{H}{6} \cdot B + \frac{H}{6} \cdot B' + \frac{H}{6} \times 4B''$$

ou

$$\frac{H}{6} (B + B' + 4B'').$$ C. Q. F. D.

*566. REMARQUE. — Le théorème précédent peut être appliqué au prisme, à la pyramide et au tronc de pyramide; il constitue donc une règle très générale pour l'évaluation des volumes des polyèdres.

Appliquons-le, en particulier, au ponton que nous avons considéré au n° 564; l'aire de la base inférieure est égale à ab, celle de la base supérieure à $a'b'$; les côtés de la section moyenne sont égaux à $\frac{a + a'}{2}$ et à $\frac{b + b'}{2}$, et son aire a pour mesure

$\dfrac{(a + a') (b + b')}{4}$. Le volume est donc égal à

$$\frac{h}{6} \left[ab + a'b' + (a + a') (b + b') \right]$$

$$= \frac{bh}{6} (2a + a') + \frac{b' h}{6} (2a' + a).$$

ce qui est l'expression trouvée précédemment.

§ XI. — FIGURES SYMÉTRIQUES.

567. Définitions. — Deux points A et A′ sont dits *symétriques par rapport à un centre* O, lorsque ce centre O est le milieu de la droite AA′ qui joint les deux points.

Deux points A et A′ sont dits *symétriques par rapport à un axe*, lorsque cet axe est perpendiculaire au milieu de la droite qui joint les deux points.

Deux points A et A′ sont dits *symétriques par rapport à un plan*, lorsque ce plan est perpendiculaire au milieu de la droite qui joint les deux points.

Deux figures sont dites *symétriques par rapport à un centre, par rapport à un axe ou par rapport à un plan*, lorsque les points de ces deux figures sont symétriques deux à deux par rapport à ce centre, à cet axe ou à ce plan. Le centre, l'axe et le plan s'appellent alors *centre de symétrie, axe de symétrie, plan de symétrie*.

568. Théorème. — *Deux figures symétriques par rapport à un axe sont égales.*

Soit ZZ′ (fig. 558) l'axe de symétrie. Considérons deux figures symétriques par rapport à cet axe, et soient A, B, … les points de la première figure, A′, B′, … les points correspondants de la seconde. Par hypothèse, la droite AA′ rencontre l'axe en un point I et lui est perpendiculaire ; de plus IA′ = IA. Il résulte de là que si l'on fait tourner la seconde figure de 180° autour de l'axe, la ligne IA′ viendra s'appliquer sur IA, et le point A′ coïncidera avec le point A ; le point B′ viendra de même se placer en B, etc.

Fig. 558.

Chaque point de la seconde figure coïncidera avec le point corres-

pondant de la première ; par conséquent les deux figures sont
égales. C. Q. F. D.

569. Théorème. — *Deux figures F' et F'', symétriques d'une même
figure F par rapport à deux centres différents, sont égales.*

Soient O et O' (fig. 539) les deux centres de symétrie, A un point
quelconque d'une figure donnée F, A' et A'' les points symétriques

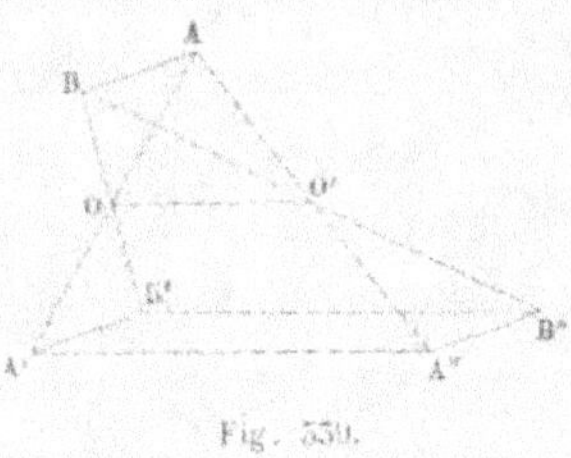

Fig. 539.

du point A par rapport aux centres
O et O'. Le point O est le milieu de
AA' et le point O' est le milieu de
AA'' ; donc la droite A'A'' est parallèle à OO' et égale au double de
OO' (**160**). On verrait de même,
en considérant un autre point B de
la figure F et les deux points homologues B' et B'' des figures F' et F'',
que la droite B'B'' est parallèle à OO' et double de cette ligne. Ainsi
les droites A'A'', B'B'', etc., qui joignent les points homologues des
figures F' et F'' sont égales et parallèles. Il résulte de là que, si
l'on imprime à la figure F' un mouvement de translation tel, que
tous ses points décrivent des droites égales et parallèles à A'A'', elle
coïncidera avec la figure F'' ; ces deux figures sont donc égales.
C. Q. F. D.

570. Corollaire. — Les droites homologues des trois figures
F, F' et F'' sont égales et parallèles ; ainsi AB, A'B', A''B'', sont des
droites égales et parallèles ; de plus, A'B' et A''B'' sont dirigées toutes
les deux en sens contraire de AB, et par suite elles sont de même
sens. Donc, quelle que soit la position du centre de symétrie, la
figure symétrique d'une figure donnée conserve non-seulement sa
forme et ses dimensions, mais encore son *orientation*.

571. Théorème. — *Deux figures F' et F'', symétriques d'une même
figure F, l'une par rapport à un plan, l'autre par rapport à un centre
de symétrie situé dans ce plan, sont égales.*

Soient P (fig. 540) le plan de symétrie, O le centre de symétrie pris
dans ce plan, A un point quelconque de la figure F, A' le point
homologue de la figure F' et A'' le point homologue de la figure
F'' ; A et A' sont symétriques par rapport au plan P ; A et A'' sont
symétriques par rapport au centre O. Par le point O, élevons la
perpendiculaire ZZ' au plan P ; d'après la définition, la droite AA'
est perpendiculaire au plan P, et elle est coupée par ce plan en

deux parties égales au point G ; les deux droites AA' et ZZ' sont donc parallèles ; la droite ZZ' est contenue dans le plan AA'A" et, par conséquent, rencontre la ligne A'A" en un certain point I. D'autre part, le point O est le milieu de AA" et le point G est le milieu de AA' ; donc A'A" est parallèle à OG et, par suite, perpendiculaire à ZZ' ; de plus, le point I est le milieu de A'A" ; il résulte de là que les points A' et A" sont symétriques par rapport à ZZ'. Les points homologues des deux figures F' et F" sont donc deux à deux symétriques par rapport à l'axe ZZ' ; par conséquent ces deux figures sont égales (**568**). C. Q. F. D.

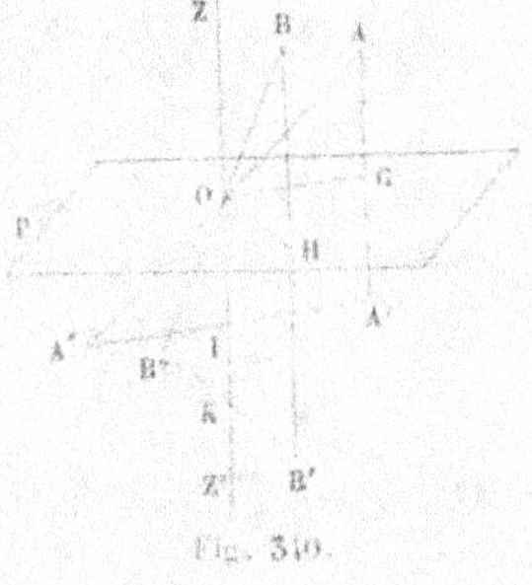

Fig. 340.

572. Corollaire I. — *Deux figures* F' *et* F", *symétriques d'une même figure* F, *l'une par rapport à un plan* P, *l'autre par rapport à un centre* O *pris à volonté dans l'espace, sont égales.*

En effet, considérons une figure F'" symétrique de F par rapport à un point O' du plan P ; les figures F' et F'" sont égales en vertu du théorème précédent ; les figures F" et F'", symétriques d'une même figure F par rapport à deux centres différents O et O', sont aussi égales (**569**) ; donc les figures F' et F" sont égales. C. Q. F. D.

573. Corollaire II. — *Deux figures* F' *et* F", *symétriques d'une même figure* F *par rapport à deux plans différents, sont égales.*

En effet, soit F'" la figure symétrique de F par rapport à un centre de symétrie quelconque O ; les figures F' et F" sont toutes les deux égales à la figure F'" (**572**) ; donc elles sont égales entre elles. C. Q. F. D.

574. Remarque. — Les théorèmes précédents nous conduisent à cette conséquence importante, que toutes les figures symétriques d'une même figure F, soit par rapport à un point, soit par rapport à un plan, sont superposables ; en d'autres termes, *une figure donnée n'admet qu'une symétrique.*

Il résulte de là que, pour étudier les propriétés des figures symétriques, on pourra les supposer à volonté symétriques par rapport à un point ou par rapport à un plan, et choisir le centre ou le plan de symétrie qui paraîtra le plus commode dans chaque cas.

575. Théorème. — *Deux figures planes symétriques sont égales.*

Puisqu'on peut prendre à volonté un centre ou un plan de symétrie quelconque, prenons pour plan de symétrie le plan de l'une des deux figures; la figure symétrique se confondra alors avec cette première figure. Donc (**574**) deux figures planes symétriques sont égales.

576. CorollAIRES. — *La figure symétrique d'une ligne droite est une ligne droite, et deux droites symétriques ont la même longueur.*

Deux angles plans symétriques sont égaux.

577. Remarque. — Il est aisé de se rendre compte des positions relatives qu'occupent deux droites symétriques, soit par rapport à un centre quelconque, soit par rapport à un plan; on trouve ainsi les propriétés suivantes, que nous laissons au lecteur le soin de démontrer.

Deux droites symétriques l'une de l'autre par rapport à un centre de symétrie quelconque sont parallèles et équidistantes du centre.

Deux droites symétriques par rapport à un plan sont contenues dans un même plan perpendiculaire au plan de symétrie; de plus, elles sont également inclinées sur le plan de symétrie et le coupent au même point, ou bien elles lui sont toutes les deux parallèles.

578. Théorème. — *La figure symétrique d'un plan est un plan.*

En effet, prenons pour plan de symétrie le plan donné ou pour centre de symétrie un point quelconque de ce plan; on obtiendra évidemment pour figure symétrique le plan lui-même. On obtiendrait de même un plan si l'on choisissait un autre centre ou un autre plan de symétrie (**574**).

579. CorollAIRE. — *Deux angles dièdres symétriques sont égaux.*

Si l'on prend pour centre de symétrie un point quelconque de l'arête de l'un des dièdres, les deux dièdres symétriques sont opposés par l'arête et, par conséquent, égaux.

580. Remarque. — *Deux plans symétriques par rapport à un centre sont parallèles et équidistants du centre.*

Deux plans symétriques par rapport à un plan sont également inclinés sur le plan de symétrie et le coupent suivant la même droite; ou bien ils sont parallèles au plan de symétrie et situés de part et d'autre à égale distance.

581. Théorème. — *Deux angles polyèdres symétriques ont les faces égales chacune à chacune et les angles dièdres égaux chacun à chacun; mais la disposition des éléments égaux est inverse dans les deux angles polyèdres, et ils ne sont pas superposables, en général.*

Si l'on prend pour centre de symétrie le sommet de l'un des angles polyèdres, on retombe sur le théorème déjà démontré au n° **489**.

582. Corollaire. — *Deux polyèdres symétriques ont les faces égales chacune à chacune, les angles dièdres égaux chacun à chacun et les angles polyèdres homologues symétriques.*

C'est une conséquence des propositions démontrées aux n° **575, 579, 581.**

Il résulte de là que deux polyèdres symétriques ne sont pas superposables, en général. Mais, si un polyèdre admet un centre ou un plan de symétrie, c'est-à-dire si ses sommets sont deux à deux symétriques par rapport à un point ou par rapport à un plan, ce polyèdre est superposable à son symétrique. Ainsi le parallélipipède a un centre de symétrie qui est le point de concours de ses diagonales (**527**) ; si l'on construit le polyèdre symétrique de ce parallélipipède par rapport à ce centre, on retrouve le parallélipipède lui-même ; donc deux parallélipipèdes symétriques par rapport à un centre ou à un plan quelconque sont superposables. De même, un prisme droit est superposable à son symétrique ; on le voit en prenant pour plan de symétrie le plan parallèle aux bases et équidistant de ces bases.

583. Théorème. — *Deux polyèdres symétriques sont équivalents.*

Les deux polyèdres peuvent se décomposer en pyramides , qui seront deux à deux symétriques ; tout revient donc à démontrer que deux pyramides symétriques sont équivalentes.

Soit ABCDEF (fig. 541) une pyramide quelconque ; pour avoir la pyramide symétrique, je prends pour plan de symétrie le plan de la base ; puis j'abaisse du sommet A une perpendiculaire AH sur le plan de la base, et je la prolonge d'une longueur égale à elle-même jusqu'en A' ; le point A' est symétrique du point A, et la pyramide A'BCDEF est symétrique de la pyramide ABCDEF. Ces deux pyramides ont même base et des hauteurs égales, AH = A'H ; donc elles ont la même mesure (**553**) et, par conséquent, sont équivalentes. c. q. f. d.

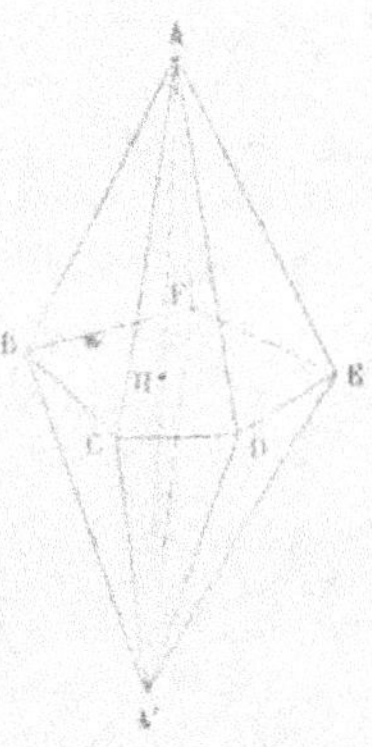

Fig. 541.

584. Remarque. — Les deux prismes triangulaires que l'on obtient en coupant un parallélipipède par un plan passant par deux arêtes opposées, sont symétriques l'un de l'autre par rapport au centre du parallélipipède (**527**) ; et nous avons prouvé (**534**) qu'ils sont équivalents. Ce théorème particulier est donc compris dans la proposition plus générale que nous venons d'établir ; mais il n'en est pas une conséquence.

§ XLI. — POLYÈDRES SEMBLABLES.

585. Définitions. — On appelle *polyèdres semblables* des polyèdres qui sont compris sous un même nombre de faces semblables chacune à chacune et qui ont leurs angles polyèdres homologues égaux.

Les angles polyèdres *homologues* sont ceux qui sont formés par des faces semblables ; les sommets de ces angles sont des *sommets homologues* ; on appelle aussi *droites homologues* celles qui joignent deux sommets homologues, *dièdres homologues* ceux dont les arêtes sont homologues, *faces homologues* celles qui sont semblables.

Les angles dièdres homologues de deux polyèdres semblables sont égaux, puisqu'ils appartiennent à des angles solides égaux.

Les angles solides homologues étant égaux par définition, leurs éléments sont disposés dans le même ordre ; d'où il résulte que les faces homologues de deux polyèdres semblables sont disposées de la même manière.

Les faces homologues de deux polyèdres semblables, étant des polygones semblables, ont leurs côtés proportionnels ; et comme deux faces adjacentes d'un polyèdre ont une arête commune, il est clair que le rapport de deux arêtes homologues quelconques des deux polyèdres est constant ; on l'appelle le *rapport de similitude* des deux polyèdres.

586. Théorème. — *Si l'on coupe une pyramide par un plan parallèle à sa base, on forme une seconde pyramide semblable à la première, pourvu que le plan sécant et le plan de la base soient du même côté du sommet.*

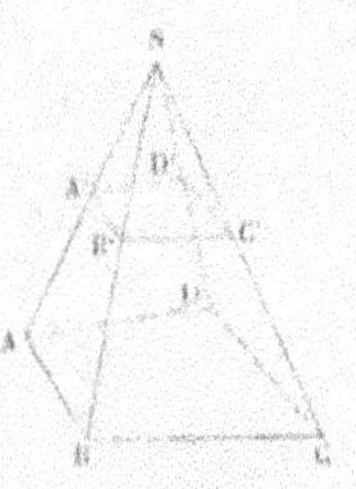

Fig. 342.

Soient SABCD (fig. 342) une pyramide, A'B'C'D' une section faite par un plan parallèle à la base mené du même côté du sommet ; je dis que les pyramides SABCD, SA'B'C'D' sont semblables. En effet, elles ont d'abord les faces semblables chacune à chacune ; cela a déjà été démontré (**548**). Il suffit donc de faire voir que les angles solides

sont égaux ; or l'angle polyèdre en S est commun ; les angles trièdres ASBD, A'S'B'D' ont les faces égales chacune à chacune et les
angles dièdres égaux chacun à chacun (**162**) et semblablement
disposés : ils sont donc évidemment superposables ; il en est de
même des trièdres B et B', C et C', etc. Donc enfin les deux pyramides sont semblables. C. Q. F. D.

Si le plan sécant et la base étaient de côtés différents du sommet, les deux pyramides auraient encore les faces semblables ;
mais les angles solides ne seraient plus égaux, ils seraient symétriques ; par conséquent, les pyramides ne seraient plus semblables.

587. Théorème. — *Deux tétraèdres qui ont un angle dièdre égal
compris entre faces semblables et semblablement disposées, sont semblables.*

Soient ABCD, A'B'C'D' deux tétraèdres (fig. 345), qui ont le dièdre
AB égal au dièdre A'B', la face ABC semblable à la face A'B'C', la
face ABD semblable à la face A'B'D'
et ces faces semblablement disposées. Je transporte le tétraèdre
A'B'C'D' sur le tétraèdre ABCD de
manière que le dièdre A'B' coïncide avec son égal AB, le point A'
tombant en A ; le point B' viendra
en B'' ; le plan A'B'C' sera appliqué sur le plan ABC et le plan
A'B'D' sur le plan ABD. À cause de

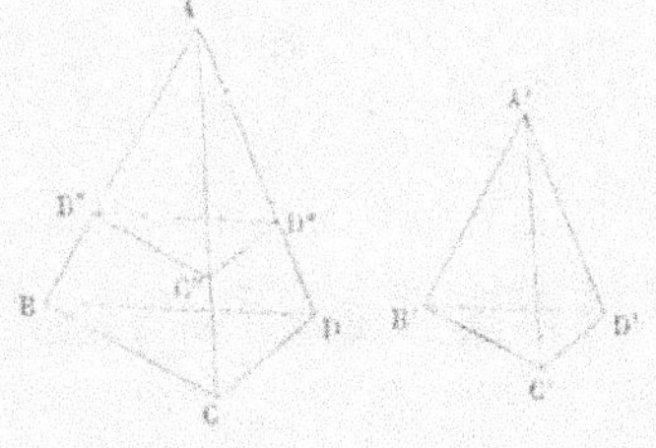

Fig. 345.

la similitude des triangles ABC, A'B'C', l'angle BAC est égal à l'angle
B'A'C' ; A'C' prendra donc la direction AC et C' viendra en C'' ; de
même le point D' tombera en D'' sur AD. Cela posé, les angles ABC,
A'B'C' étant égaux comme angles homologues de deux triangles
semblables, l'angle AB''C'' est égal à ABC et la ligne B''C'' est parallèle à BC ; pour la même raison, B''D'' est parallèle à BD ; alors le
plan B''C''D'' est parallèle à BCD (**444**) ; donc, en vertu du théorème
précédent, la pyramide AB''C''D'' ou son égale A'B'C'D' est semblable
à la pyramide ABCD. C. Q. F. D.

588. Théorème. — *Deux polyèdres composés d'un même nombre
de tétraèdres semblables chacun à chacun et semblablement disposés
sont semblables.*

Je remarque d'abord que, si dans l'un des polyèdres deux triangles adjacents sont dans un même plan, les triangles homologues de
l'autre polyèdre seront aussi dans un même plan. En effet, les diè-

dres homologues des tétraèdres semblables qui composent les deux polyèdres sont égaux chacun à chacun ; or, pour que deux triangles adjacents du premier polyèdre soient dans un même plan, il faut que la somme des dièdres ayant pour arête le côté commun aux deux triangles soit égale à deux droits (**155**) ; mais alors la somme des dièdres homologues dans l'autre polyèdre sera aussi égale à deux droits, et, par conséquent, les triangles situés dans les faces extérieures seront dans un même plan. Il résulte de là que, si plusieurs triangles de la surface du premier polyèdre forment un polygone plan, les triangles homologues du second polyèdre formeront aussi un polygone plan ; les deux polyèdres auront donc le même nombre de faces. De plus, les triangles homologues sont semblables et semblablement disposés, comme faces homologues de tétraèdres semblables et semblablement disposés ; donc les faces homologues des deux polyèdres sont semblables comme étant composées d'un même nombre de triangles semblables et semblablement placés (**214**).

Je dis maintenant que les angles solides homologues des deux polyèdres sont égaux. En effet, si deux angles solides homologues sont des trièdres appartenant à deux tétraèdres homologues, ils sont égaux par hypothèse ; dans les autres cas, ils sont égaux comme composés d'un même nombre de trièdres égaux chacun à chacun et assemblés de la même manière.

Les deux polyèdres ont donc leurs faces semblables chacune à chacune et semblablement disposées et leurs angles solides égaux ; donc ils sont semblables. C. Q. F. D.

589. Théorème. — Réciproquement, *deux polyèdres semblables peuvent être décomposés en un même nombre de tétraèdres semblables et semblablement placés.*

Soit AB (fig. 344) une arête de l'un des polyèdres ; dans les deux faces qui se coupent suivant cette arête, prenons les arêtes AC et AD partant du sommet A ; considérons le tétraèdre ABCD, dont le dièdre AB sera l'un des dièdres du polyèdre ; le tétraèdre homologue A′B′C′D′

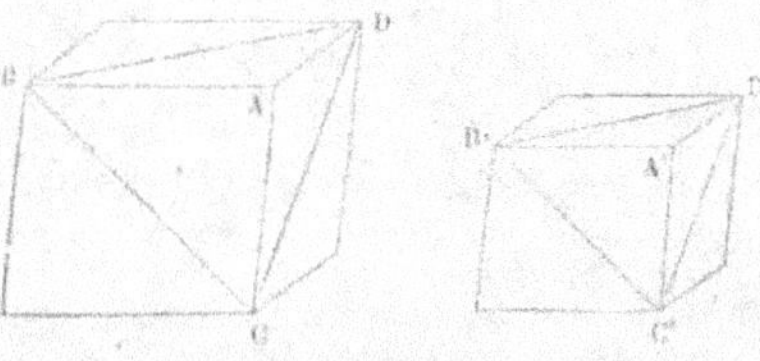

Fig. 344.

lui sera semblable. Car ils ont le dièdre AB égal au dièdre A′B′, comme dièdres homologues des deux polyèdres ; et les faces ABC, ABD sont respectivement semblables aux faces A′B′C′, A′B′D′, comme triangles homologues faisant partie de deux faces homologues des deux polyèdres; donc ils sont semblables (**587**).

Cela posé, enlevons aux deux polyèdres ces tétraèdres semblables; les polyèdres restants seront semblables. En effet, leurs faces seront semblables chacune à chacune, les unes parce qu'elles seront des faces homologues des polyèdres primitifs, les autres comme faces homologues des deux tétraèdres semblables, les autres enfin parce qu'elles auront été formées en détachant de deux polygones semblables des triangles semblables et semblablement placés; de plus, les angles solides homologues seront égaux comme angles solides homologues des polyèdres primitifs, ou comme formés en enlevant à deux angles solides égaux des trièdres égaux et placés de la même manière.

On pourra alors recommencer le même raisonnement sur les deux nouveaux polyèdres; et en continuant toujours ainsi, on décomposera les deux polyèdres donnés en un même nombre de tétraèdres semblables et semblablement placés. C. Q. F. D.

590. Théorème. — *Le rapport des surfaces de deux polyèdres semblables est égal au rapport des carrés des arêtes homologues.*

Soient A et a deux arêtes homologues des deux polyèdres semblables, S, S', S''... les aires des diverses faces du premier polyèdre, s, s', s''... les aires des faces homologues du second polyèdre; on aura (**367**)

$$\frac{S}{s} = \frac{A^2}{a^2} \quad \frac{S'}{s'} = \frac{A^2}{a^2}, \text{ etc },$$

d'où

$$\frac{S}{s} = \frac{S'}{s'} = \frac{S''}{s''} = \ldots = \frac{A^2}{a^2},$$

et par suite, en vertu d'un théorème connu,

$$\frac{S + S' + S'' + \ldots}{s + s' + s'' + \ldots} = \frac{A^2}{a^2}. \qquad \text{C. Q. F. D.}$$

591. Théorème. — *Le rapport des volumes de deux polyèdres semblables est égal au rapport des cubes des arêtes homologues.*

Je considère d'abord deux tétraèdres semblables, et je les dispose de manière qu'ils aient un trièdre commun (fig. 545); soient SABC, SA'B'C' ces deux tétraèdres. Les plans ABC, A'B'C' sont alors parallèles (**444**) et les hauteurs des deux pyramides sont SH et

SH' ; on a (**553**)

$$SABC = \frac{1}{3} ABC \times SH,$$

$$SA'B'C' = \frac{1}{3} A'B'C' \times SH';$$

divisant membre à membre, on obtient

$$\frac{SABC}{SA'B'C'} = \frac{ABC}{A'B'C'} \times \frac{SH}{SH'};$$

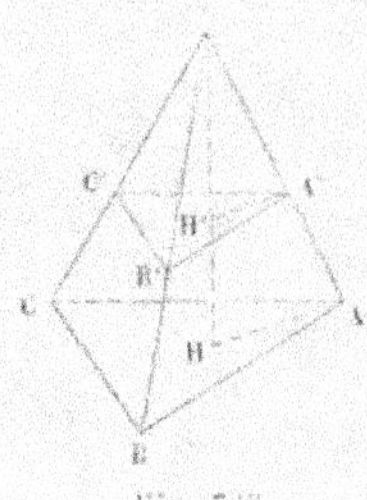

Fig. 545.

mais on a

$$\frac{ABC}{A'B'C'} = \frac{\overline{AB}^2}{\overline{A'B'}^2},$$

et aussi (**548**)

$$\frac{SH}{SH'} = \frac{AB}{A'B'};$$

donc enfin

$$\frac{SABC}{SA'B'C'} = \frac{\overline{AB}^2}{\overline{A'B'}^2} \times \frac{AB}{A'B'} = \frac{\overline{AB}^3}{\overline{A'B'}^3}. \qquad \text{C. Q. F. D.}$$

Considérons maintenant deux polyèdres semblables P et p, que je décompose en tétraèdres semblables, T, T', T"... pour le premier, t, t', t'' ... pour le second ; soient encore A et a deux arêtes homologues des deux polyèdres ; on aura, d'après ce qui précède,

$$\frac{T}{t} = \frac{A^3}{a^3}, \qquad \frac{T'}{t'} = \frac{A^3}{a^3}, \quad \text{etc.,}$$

d'où

$$\frac{T}{t} = \frac{T'}{t'} = \frac{T''}{t''} \cdots = \frac{A^3}{a^3},$$

et par suite, en vertu d'un théorème connu,

$$\frac{T + T' + T'' + \dots}{t + t' + t'' + \dots} = \frac{A^3}{a^3},$$

ou

$$\frac{P}{p} = \frac{A^3}{a^3}. \qquad\qquad \text{C. Q. F. D.}$$

592. Théorème. — *Si l'on joint un point quelconque à tous les sommets d'un polyèdre et qu'on divise toutes ces droites dans un même rapport, les points ainsi obtenus sont les sommets d'un polyèdre semblable au polyèdre donné.*

Considérons d'abord un tétraèdre ABCD (fig. 546) : joignons ses sommets à un point quelconque O et divisons les

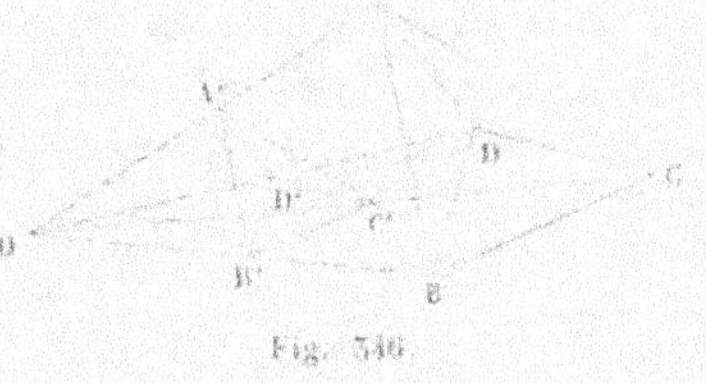

Fig. 546

droites OA, OB, OC, OD en parties proportionnelles, aux points A', B', C', D' ; je dis que le tétraèdre A'B'C'D' est semblable au tétraèdre ABCD. En effet, on a, par hypothèse,

$$\frac{OA}{OA'} = \frac{OB}{OB'} = \frac{OC}{OC'} = \frac{OD}{OD'} ;$$

donc (**198**) les droites AB et A'B' sont parallèles, ainsi que AC et A'C', AD et A'D', etc. Les faces homologues des deux tétraèdres sont alors équiangles, et par suite semblables (**208**). D'autre part, les plans de deux faces homologues, telles que ABC, A'B'C', sont parallèles, puisqu'ils contiennent des droites AB et A'B', AC et A'C' respectivement parallèles ; donc les angles dièdres homologues sont égaux comme ayant leurs faces parallèles et dirigées dans le même sens. Enfin, d'après la construction même, les faces et les dièdres homologues des deux tétraèdres sont semblablement disposés. Ces deux tétraèdres ont donc un dièdre égal compris entre faces semblables chacune à chacune et semblablement disposées ; donc ils sont semblables. c. q. f. d.

Considérons maintenant un polyèdre quelconque ABCD... et le polyèdre ayant pour sommets les points A', B', C', D',... qui divisent les droites OA, OB,... en parties proportionnelles. Nous pouvons décomposer ces deux polyèdres en tétraèdres, qui seront deux à deux semblables, ainsi que nous l'avons démontré ; ils sont d'ailleurs semblablement placés ; donc (**588**) les deux polyèdres sont semblables. c. q. f. d.

593. Remarque. — Les deux polyèdres sont semblables et semblablement placés, ce qu'on exprime par un seul mot en disant qu'ils sont *homothétiques*.

On peut étendre aux figures homothétiques de l'espace les propriétés que nous avons établies pour les figures homothétiques planes (**275** à **287**). Il y a toutefois une différence : c'est que, dans l'espace, deux figures homothétiques ne sont semblables que si l'homothétie est directe. Si l'homothétie est inverse, les deux polyèdres homothétiques ont encore leurs faces semblables et leurs angles dièdres égaux chacun à chacun ; mais les éléments homologues sont inversement disposés et les angles solides ne sont pas égaux, ils sont symétriques ; on peut dire alors que l'un des polyèdres est semblable au symétrique de l'autre.

EXERCICES SUR LE LIVRE VI

1. On donne trois droites telles, que deux quelconques ne soient pas situées dans un même plan, et on demande de construire un parallélipipède ayant trois arêtes situées sur ces trois droites.

2. Couper un parallélipipède suivant un losange.

3. Couper un cube par un plan de manière que la section soit un hexagone régulier.

4. On donne deux parallélipipèdes placés d'une manière quelconque dans l'espace ; trouver le lieu du point tel, que la somme des carrés de ses distances aux sommets de l'un des parallélipipèdes soit égale à la somme des carrés de ses distances aux sommets de l'autre. (Concours général, 1868.)

5. Dans un parallélipipède quelconque, la somme des carrés des arêtes est égale à la somme des carrés des diagonales.

6. Un bassin qui a la forme d'un prisme hexagonal régulier a une capacité de 2000 hectolitres ; sa profondeur est de $1^m,50$. On demande la longueur des côtés de la base.

7. Un bloc de basalte a la forme d'un prisme ayant pour base un hexagone régulier, dont le côté est de $0^m,03$ et une hauteur de $3^m,45$; le mètre cube de basalte pèse 2850 kilogrammes. Quel est le poids de ce bloc ?

8. Un bassin a la forme d'un prisme dont la base est un octogone régulier de 10 mètres de côté. Le fond de ce bassin est horizontal et la hauteur de l'eau qui y est contenue est de $0^m,75$. Calculer en hectolitres le volume de cette eau.

9. Le volume d'un parallélipipède rectangle est égal à $4762^{mc},7$ et ses arêtes sont entre elles comme les nombres 3, 5 et 7. Trouver les longueurs de ces arêtes. (B. Paris.)

10. Calculer la hauteur d'un parallélipipède, connaissant sa base 535^{mc} et son volume 188^{cc}.

11. La capacité d'une citerne carrée est de 58 867 litres et sa profondeur est de $4^m,3$. Trouver le côté du carré de base.

12. Volume du prisme droit hexagonal régulier de 1^{dm} de hauteur et de 12^{dmq} de surface totale.

13. Les arêtes d'un parallélipipède rectangle étant de 3^m, 5^m et 7^m, calculer le côté du cube tel, que les volumes des deux polyèdres soient entre eux comme leurs surfaces.

14. Le volume d'un prisme triangulaire a pour mesure la moitié du produit de l'aire d'une face latérale par la distance de cette face à l'arête opposée.

15. Si, sur trois droites parallèles et non situées dans le même plan, on prend des longueurs AA′, BB′, CC′, égales à une droite donnée, le volume du prisme triangulaire ABCA′B′C′ est constant, quelles que soient les positions des points A, B, C sur les trois droites.

16. Les plans menés perpendiculairement aux arêtes d'un tétraèdre en leurs milieux se coupent en un même point.

17. Les plans bissecteurs des dièdres d'un tétraèdre se rencontrent en un même point.

18. Les droites joignant chaque sommet d'un tétraèdre au centre de gravité du triangle opposé se coupent en un même point. Comment ce point, appelé le *centre de gravité du tétraèdre*, divise-t-il chacune des droites considérées ?

19. Les droites qui joignent les milieux des arêtes opposées d'un tétraèdre se coupent mutuellement en deux parties égales.

20. Les perpendiculaires élevées aux quatre faces d'un tétraèdre par les centres des cercles circonscrits à chacune d'elles se coupent en un même point.

21. Étant données les quatre hauteurs d'un tétraèdre et les distances d'un point à trois des faces, déterminer la distance de ce point à la quatrième face.

22. Si, dans un tétraèdre, deux arêtes sont respectivement perpendiculaires aux arêtes opposées, les deux autres arêtes sont aussi perpendiculaires.

23. Dans un tétraèdre où chaque arête est perpendiculaire à son opposée, les quatre hauteurs se coupent en un même point, où se coupent aussi les perpendiculaires communes aux arêtes opposées.

24. Étant donné un tétraèdre dont toutes les arêtes sont égales, on abaisse de l'un des sommets une perpendiculaire sur la face opposée, et on joint le milieu de cette perpendiculaire aux trois autres sommets. Démontrer que les trois lignes de jonction, ainsi menées, sont perpendiculaires deux à deux. (Concours général, Seconde, 1870.)

25. Un tétraèdre SABC est coupé par un plan variable parallèle à

ABC; la section est un triangle $A'B'C'$; on demande le lieu du point de rencontre P des plans $AB'C'$, $A'BC'$ et $A'B'C$. (Concours général, Philosophie, 1878.)

26. On a deux pyramides égales, à bases carrées, et dont les faces latérales sont des triangles équilatéraux. On les assemble en faisant coïncider leurs bases, et l'on coupe le polyèdre qui résulte de cet assemblage, par un plan mené par le milieu d'une arête parallèlement à l'une des faces qui aboutissent à l'une ou à l'autre des extrémités de cette arête. On demande la forme de la section plane ainsi obtenue. (Concours général, Seconde, 1866).

27. Le plan bissecteur d'un dièdre d'un tétraèdre divise l'arête opposée en deux segments proportionnels aux aires des faces adjacentes.

28. La section d'un tétraèdre par un plan parallèle à deux arêtes opposées est un parallélogramme. Dans quel cas l'aire de cette section est-elle maximum?

29. Lorsqu'on élève une perpendiculaire au plan de la base d'une pyramide régulière par un point quelconque intérieur à cette base, la somme des distances de ce point aux points de rencontre de la perpendiculaire avec les plans des faces latérales est constante.

30. ABCD étant la section par un plan quelconque de l'angle solide S d'un octaèdre régulier, on a

$$\frac{1}{SA} + \frac{1}{SC} = \frac{1}{SB} + \frac{1}{SD}$$

31. On donne un cercle dont le rayon est de 10 mètres, et l'on y inscrit un triangle équilatéral. Trouver le volume de la pyramide qui aurait ce triangle pour base et une hauteur égale à 12 mètres. (*B.* Paris.)

32. Trouver la hauteur d'une pyramide régulière, à base carrée, sachant que la surface de la base est égale à $6^{mq},7483$, et que la longueur des arêtes latérales est égale à $6^{m},89$. (*B.* Paris.)

33. Le volume d'un tétraèdre régulier est $19^{mc},685$; calculer son arête et sa surface totale.

34. Calculer la surface latérale et le volume d'une pyramide hexagonale régulière dont la hauteur est de 65 mètres, le côté de la base étant égal à 17 mètres.

35. On donne un losange ABCD; par les extrémités A et C de l'une de ses diagonales on élève au plan du losange deux perpendiculaires AE et CF de longueurs données. Évaluer le volume du tétraèdre BDEF. (Concours général, Rhétorique, 1865.)

36. Le volume d'une pyramide hexagonale dont la hauteur est $0^m,90$ est 1^{mc}. Calculer le côté de la base. (Concours général, Logique scientifique, 1860.)

37. Volume et surface latérale d'une pyramide régulière dont la hauteur est 12^{cm} et dont la base est un dodécagone ayant 5^{cm} de côté.

38. Un tronc de pyramide régulière à bases parallèles a 12^{mc} de volume et pour bases deux hexagones de 1^m et de 2^m de côté; calculer la hauteur et l'arête de ce tronc. (B. Paris.)

39. Un tronc de pyramide triangulaire a 6^m de hauteur et pour bases des triangles isocèles dont l'angle au sommet est de 45° et dont les côtés égaux ont respectivement 1^m et $\dfrac{1^m}{3}$ de longueur. Calculer le volume du tétraèdre obtenu en prolongeant les faces latérales.

40. Quelle est la hauteur d'un tronc de pyramide régulière dont le volume est de 22^{mc} et dont les bases sont des décagones de 1^m et de 2^m de côté?

41. Calculer la capacité en hectolitres d'un bassin de forme carrée, dont les murs sont en talus, le fond étant lui-même un carré; ces deux carrés ont respectivement 12 mètres et 10 mètres de côté, et la profondeur du bassin est de $2^m,10$.

42. Calculer le volume d'un tronc de prisme triangulaire dont une des bases a pour côtés 5^m, 6^m et 7^m, les sommets de l'autre base étant à des distances respectives de 3^m, 4^m et 6^m du plan de la première.

43. Calculer le volume d'un ponton dont les dimensions sont

$$a = 6^m, \quad b = 1^m,5, \quad a' = 4^m,4, \quad b' = 1^m,5, \quad h = 0^m,8.$$

44. Trouver le volume d'une pyramide triangulaire en le considérant comme la limite de la somme des prismes inscrits dans cette pyramide, ces prismes étant formés comme il a été indiqué au nº **552**.

45. Si l'on forme un parallélogramme ayant ses côtés égaux et parallèles à deux arêtes opposées AB et CD d'un tétraèdre ABCD, le volume de ce tétraèdre est égal au sixième du produit de l'aire du parallélogramme par la plus courte distance des droites AB et CD.

46. Étant données trois droites parallèles, mais non situées dans un même plan, on porte sur l'une d'elles une distance AB, égale à une longueur donnée; on prend arbitrairement un point C sur la

seconde et un point D sur la troisième ; les quatre points A, B, C, D
sont les quatre sommets d'une pyramide. Démontrer :

1° Que le volume de cette pyramide est indépendant de la position
des points C et D sur les droites où ils se trouvent ;

2° Que ce volume est proportionnel à la longueur AB ;

3° Qu'il reste le même, quelle que soit celle des trois parallèles
sur laquelle on porte la longueur AB.

47. Trouver dans l'intérieur d'un tétraèdre un point tel, qu'en le
joignant aux quatre sommets, on forme quatre tétraèdres équivalents.

48. Deux tétraèdres qui ont un angle trièdre égal sont entre eux
comme les produits des arêtes qui comprennent l'angle trièdre égal.

49. Étant donné un tétraèdre quelconque ABCD, on joint deux à
deux les milieux des quatre arêtes AB, BC, CD, DA. Démontrer que
tous ces milieux sont dans un même plan, et que ce plan divise le
tétraèdre en deux parties équivalentes. (Concours général, Seconde, 1869.)

50. Calculer le volume d'un tétraèdre, connaissant les trois côtés
de la base et la valeur commune des arêtes latérales, supposées égales
entre elles.

51. On donne un angle trièdre et une droite dans l'une des faces ;
on demande de mener par cette droite un plan qui ferme l'angle
trièdre, en déterminant un tétraèdre de volume donné.

52. Étant donné un prisme triangulaire, on y fait une section *abc*
parallèle aux bases ; on joint les sommets *a*, *b*, *c* de cette section à
un point quelconque O, pris dans le plan de la base supérieure, et
l'on prolonge les lignes de jonction jusqu'à leur rencontre en A, B, C
avec le plan de la base inférieure. On demande à quelle distance
de la base supérieure doit être faite la section *abc* pour que le
tétraèdre ayant pour sommets O, A, B, C soit équivalent au prisme.
(Concours général, Philosophie, 1873.)

53. On donne les trois dimensions d'un parallélipipède rectangle ;
calculer l'aire et le volume de l'octaèdre ayant pour sommets les
centres des faces du parallélipipède. (*B*. Paris.)

54. Étant donnée une pyramide triangulaire, mener par l'une
des arêtes de la base un plan qui divise la pyramide en deux parties
équivalentes.

55. Tout plan passant par les milieux de deux arêtes opposées
d'un tétraèdre le divise en deux parties équivalentes.

56. Mener par un point donné ou parallèlement à une droite
donnée un plan qui divise un tétraèdre donné en deux parties équivalentes.

57. On considère dans un tétraèdre ABCD quatre arêtes consécutives, AB, BC, CD, DA, et on imagine qu'on déforme le tétraèdre de toutes les manières possibles, ces quatre arêtes gardant leurs longueurs respectives. Démontrer que, parmi tous les tétraèdres ainsi obtenus, le plus grand est celui dans lequel les angles dièdres qui ont pour arêtes AC et BD, sont droits.

58. On donne une pyramide à base parallélogramme; mener par un des côtés de la base un plan divisant le volume de la pyramide en deux parties équivalentes.

59. Déduire le volume du tronc de pyramide polygonal du tronc de pyramide triangulaire en décomposant le tronc polygonal en troncs triangulaires.

60. Étant donnée une pyramide triangulaire tronquée, on propose de mener par l'une des arêtes de la base supérieure un plan qui divise le volume du tronc en deux parties équivalentes. (Concours général, Seconde, 1873.)

61. On donne un tronc de pyramide à bases carrées; mener par un des côtés de la petite base un plan divisant le tronc en deux volumes équivalents.

62. Un tronc de pyramide régulière a pour l'une de ses bases un triangle équilatéral de côté a; calculer le côté de l'autre base, sachant que le tronc est équivalent au prisme ayant pour base la base donnée du tronc et une hauteur moitié moindre. (B. Paris.)

63. Calculer la différence entre un tronc de pyramide à bases parallèles et un prisme de même hauteur et dont la base est la section du tronc équidistante de ses deux bases. — Cette différence étant représentée par un prisme de même hauteur que le tronc et dont la base est semblable aux siennes, calculer les côtés de la base du prisme en fonction des côtés homologues des bases du tronc. (Concours général, Seconde scientifique, 1860.)

64. Étant données les aires des deux bases d'un tronc de pyramide, trouver l'aire de la section parallèle aux bases et menée à égale distance des deux bases.

65. Le volume du tronc de prisme triangulaire est égal à l'aire de sa section droite multipliée par la distance des centres de gravité de ses deux bases. — Généralisation pour le tronc de prisme polygonal.

66. Lorsque des prismes tronqués équivalents ont une base commune et leurs arêtes latérales de même direction, les plans des autres bases passent tous par un même point.

67. Un tronc de parallélipipède est équivalent à la somme de

quatre pyramides ayant pour base commune l'une des bases du tronc et pour sommets ceux de l'autre base.

68. Mener par une des arêtes latérales d'un tronc de prisme triangulaire oblique un plan divisant son volume en deux parties équivalentes. (Concours général, Seconde, 1868.)

69. Volume du ponton lorsque les deux rectangles de bases sont semblables.

70. Soient A et A' deux points symétriques par rapport à un plan P, M et M' deux plans symétriques par rapport au même plan P ; démontrer que la distance du point A au plan M est égale à la distance du point A' au plan M'. — Même théorème quand le plan de symétrie P est remplacé par un centre de symétrie O.

71. Le nombre des conditions nécessaires pour que deux polyèdres soient semblables est égal au nombre des arêtes moins une.

72. Couper une pyramide par un plan parallèle à la base de façon que le volume de la petite pyramide partielle soit le septième de celui du tronc. (B. Paris.)

73. Une arête d'un polyèdre étant égale à $0^m,25$, calculer l'arête homologue d'un polyèdre semblable de volume double.

74. Par chacun des sommets d'un tétraèdre on mène un plan parallèle à la face opposée ; ces quatre plans forment un nouveau tétraèdre dont les faces sont semblables à celles du premier. Trouver le rapport des surfaces et des volumes de ces deux tétraèdres.

75. Si quatre polyèdres semblables ont leurs arêtes homologues proportionnelles à 3, 4, 5 et 6, le plus grand est équivalent à la somme des trois autres.

76. Si deux tétraèdres semblables ont leurs faces parallèles chacune à chacune, les droites joignant leurs sommets homologues concourent en un même point.

77. Dans tout polyèdre convexe, on a $S + F = A + 2$, les lettres F, S et A désignant le nombre des faces, celui des sommets et celui des arêtes. (Euler.)

LIVRE VII

LES CORPS RONDS

§ XLII. — CYLINDRES.

594. Définitions. — On appelle *cylindre droit à base circulaire*, ou plus simplement *cylindre circulaire droit*, *cylindre de révolution*, le solide engendré par la révolution d'un rectangle OO'A'A (fig. 347) autour d'un de ses côtés OO'; ce côté s'appelle l'*axe* du cylindre.

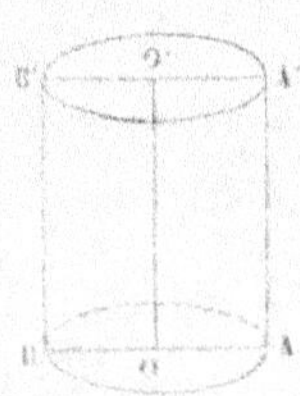

Fig. 347

Dans ce mouvement, les côtés OA et O'A', perpendiculaires à l'axe, décrivent des cercles situés dans des plans perpendiculaires à l'axe (**115**) et, par conséquent, parallèles (**438**); ces cercles, qui ont pour centres les extrémités O et O' de l'axe et pour rayons les côtés égaux OA et O'A' du rectangle, se nomment les *bases* du cylindre; sa *hauteur* est la longueur OO' de l'axe.

Le côté AA' parallèle à l'axe engendre une surface courbe, qui s'appelle la *surface latérale* du cylindre; les positions successives qu'occupe ce côté AA' sont les *génératrices* ou les *arêtes* de la surface cylindrique.

595. Tout point de la droite AA' décrit, en tournant autour de l'axe OO', une circonférence de cercle ayant pour centre le pied de la perpendiculaire abaissée de ce point sur l'axe; le plan de ce cercle est perpendiculaire à l'axe, et son rayon est égal à celui du cercle de base. Car l'explication donnée pour le point A et pour le point A' s'applique évidemment à un point quelconque de AA'.

Il résulte de là que *toute section faite dans un cylindre de révolution par un plan perpendiculaire à son axe est un cercle égal au cercle de base.*

596. On appelle *surface cylindrique*, en général, la surface engendrée par une droite indéfinie qui se meut parallèlement à elle-même en rencontrant constamment une courbe fixe nommée *directrice* : la droite mobile est la *génératrice* de la surface.

Si la directrice était une ligne droite, la surface cylindrique se réduirait à un plan (**399**, 2°).

Si la courbe directrice est une circonférence de cercle dont le plan soit perpendiculaire à la direction fixe de la génératrice, la surface cylindrique est dite *de révolution* ; on pourrait encore la décrire en faisant tourner la génératrice autour d'un axe parallèle à sa direction, de manière qu'elle soit toujours à la même distance de cet axe ; cette distance constante est le *rayon* de la surface cylindrique de révolution. La surface latérale du cylindre circulaire droit (**591**) est de révolution.

Considérons une surface cylindrique quelconque et coupons-la par un plan non parallèle aux génératrices ; la section sera une courbe plane, qu'on pourra prendre comme directrice. Portons des longueurs égales sur toutes les génératrices à partir de cette courbe (fig. 348) ; les points ainsi obtenus seront dans un même plan parallèle à celui de la courbe directrice et détermineront une autre courbe égale à la première. En effet, donnons à la première courbe un mouvement de translation tel, que chacun de ses points décrive la génératrice correspondante et s'arrête après avoir parcouru un chemin égal à la longueur constante portée sur toutes les génératrices ; les deux courbes seront alors superposées.

Fig. 348

On donne le nom de *cylindre* au solide compris entre les plans de ces deux courbes et la surface cylindrique ; les deux courbes sont les *bases* du cylindre ; la *hauteur* est la distance des deux bases, et la portion de la surface cylindrique comprise entre les plans des deux bases s'appelle la *surface latérale* du cylindre.

Un cylindre est *droit* quand ses génératrices sont perpendiculaires aux plans des bases ; il est *oblique* dans le cas contraire.

597. Inscrivons un polygone dans la base d'un cylindre quelconque, et construisons le prisme ayant ce polygone pour base et ses arêtes égales et parallèles aux génératrices du cylindre. Les arêtes latérales de ce prisme seront évidemment situées sur la surface du cylindre, et par conséquent la base supérieure du prisme sera inscrite dans la base du cylindre. Le prisme ainsi construit est dit *inscrit* dans le cylindre.

De même, on dit qu'un prisme est *circonscrit* à un cylindre, si sa base est un polygone circonscrit à la base du cylindre et si ses arêtes latérales sont égales et parallèles aux génératrices du cylindre.

Dans le cas du cylindre circulaire droit, on peut prendre pour bases des prismes inscrits et circonscrits des polygones réguliers inscrits et circonscrits au cercle de base; ces prismes sont alors réguliers.

598. Théorème. — *La surface latérale d'un cylindre circulaire droit a pour mesure la circonférence de sa base multipliée par sa hauteur.*

Je considère d'abord un prisme régulier ABCDEFA'... (fig. 549), inscrit dans le cylindre, et je cherche la mesure de sa surface laté-

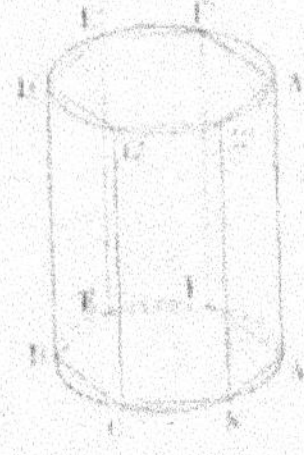

rale. Les faces latérales de ce prisme sont des rectangles de même hauteur; donc la somme de leurs aires est égale à la somme des bases multipliée par la hauteur commune, c'est-à-dire au *périmètre de la base du prisme multiplié par sa hauteur*.

Supposons qu'on augmente indéfiniment le nombre des côtés de la base du prisme inscrit; le périmètre de cette base aura pour limite la circonférence de base du cylindre (**324**) et la hauteur ne changera pas; donc l'aire latérale du prisme, qui a

Fig. 549.

pour mesure le produit du périmètre de sa base par sa hauteur, tendra aussi vers une limite fixe. C'est cette limite que l'on appelle la *surface latérale* du cylindre.

Il résulte immédiatement de cette définition que la surface latérale du cylindre a pour mesure le produit de la circonférence de sa base par sa hauteur. c. q. f. d.

599. Corollaire. — Si la base du cylindre est un cercle de rayon R. et si l'on désigne par H la hauteur, la surface latérale sera

$$2\pi RH;$$

et la surface *totale* du cylindre, qui se compose de la surface latérale augmentée des surfaces des deux bases, aura pour expression

$$2\pi RH + 2\pi R^2,$$

ou, en mettant $2\pi R$ en facteur commun,

$$2\pi R \times (H + R).$$

600. Remarque. — Considérons le prisme inscrit dans le cylindre, et supposons qu'on fende sa surface suivant une arête AA' (fig. 349);
on pourra alors faire tourner la face AA'B'B autour de l'arête BB' et l'amener dans le plan de la face adjacente BB'C'C; on fera ensuite tourner l'ensemble de ces deux faces autour de CC' pour les amener dans le plan de la face suivante CC'D'D; en con-

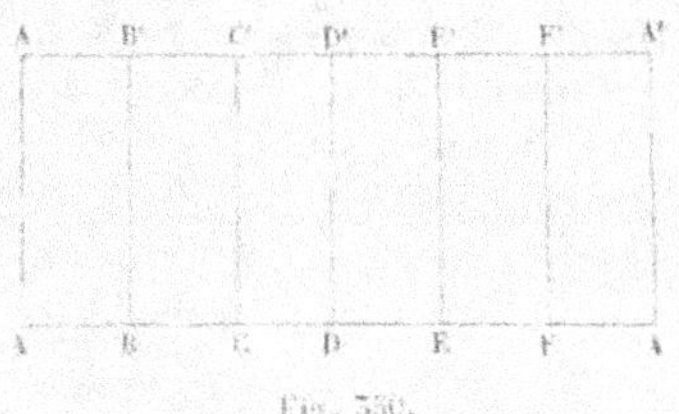

Fig. 350.

tinuant de même, on amènera toutes les faces dans un même plan, et la figure plane ainsi obtenue sera le *développement* de la surface latérale du prisme. Les faces latérales du prisme étant des rectangles, les bases AB, BC, CD,... de tous ces rectangles viendront se placer dans le prolongement l'une de l'autre et formeront une seule et même droite égale au périmètre de la base du prisme; et comme tous ces rectangles ont la même hauteur, les sommets A', B', C',... de la base supérieure du prisme seront sur une autre droite parallèle à la première. Le développement de la surface latérale du prisme droit est donc un rectangle, ayant pour hauteur la hauteur du prisme et pour base le périmètre de la base du prisme (fig. 350).

Si l'on augmente indéfiniment le nombre des côtés de la base du prisme inscrit, le développement de sa surface latérale tend vers une limite qui est dite le développement de la surface latérale du cylindre; c'est un rectangle dont la hauteur est la même que celle du cylindre et dont la base est égale à la circonférence de la base du cylindre.

601. Théorème. — *Le volume d'un cylindre circulaire droit a pour mesure le produit de sa base par sa hauteur.*

Considérons deux polygones réguliers, l'un inscrit dans le cercle de base du cylindre, l'autre circonscrit à ce cercle, et sur ces deux polygones comme bases, construisons deux prismes droits de même hauteur que le cylindre; l'un sera inscrit dans le cylindre et aura, par conséquent, un volume moindre; l'autre sera circonscrit au cylindre et aura un volume plus grand que celui du cylindre. Si l'on augmente indéfiniment le nombre des faces de ces prismes, leurs bases ont pour limite commune l'aire du cercle de base du cylindre (**374**), leur hauteur est constante et la même pour tous les deux; donc leurs volumes tendent vers une limite commune, qui a pour valeur le produit de la surface de base du cylindre par sa hauteur. Mais le volume du cylindre est toujours compris entre les volumes des deux prismes; donc il est égal à la limite commune vers laquelle ils tendent, c'est-à-dire au produit de l'aire de sa base par sa hauteur. c. q. f. d.

602. Corollaire. — Le volume du cylindre circulaire droit est donné par la formule

$$V = \pi R^2 H.$$

'**603**. Remarque. — Le volume d'un cylindre *quelconque* a aussi pour mesure le produit de sa base par sa hauteur. Car on peut le considérer comme la limite vers laquelle tend le volume d'un prisme inscrit dans le cylindre, lorsqu'on augmente indéfiniment le nombre de ses faces.

Applications. — I. Le diamètre d'un tuyau creux cylindrique est égal à 18 centimètres, et sa hauteur est égale à 65 centimètres; quelle est la surface de la tôle qui a servi à le former?

La circonférence de base de ce cylindre est égale à $18^c \times \pi$, et la surface latérale, exprimée en centimètres carrés, sera

$$18 \times \pi \times 65 = \pi \times 1170 = 3676^{cq},$$

à 1 centimètre carré près.

II. On veut fabriquer un tuyau cylindrique avec une plaque de tôle rectangulaire dont la surface est égale à 50 décimètres carrés; la base et la hauteur de ce rectangle sont dans le rapport de 3 à 2; on demande de calculer le diamètre et la hauteur du tuyau fabriqué.

Je cherche d'abord les dimensions du rectangle de tôle : la base est les $\frac{3}{2}$ de la hauteur; donc l'aire vaut les $\frac{3}{2}$ du carré de la hauteur, et par suite le carré de la hauteur vaut les $\frac{2}{5}$ de l'aire ou

$\frac{50 \times 2}{5} = \frac{100}{5}$; la hauteur est la racine carrée de ce nombre, c'est-à-

dire $\frac{10^d}{\sqrt{5}} = 5^d,773$; c'est la hauteur du tuyau.

La base de ce rectangle vaut les $\frac{5}{2}$ de ce nombre ou $8^d,660$; lorsqu'on façonne le tuyau, cette base devient la circonférence du cylindre, et le diamètre s'obtiendra en divisant la circonférence par π, ce
qui donne

$$8^d,660 \times \frac{1}{\pi} = 2^d,76 ;$$

ainsi le diamètre du tuyau sera égal à $2^d,76$ ou 276 millimètres, et
sa hauteur à 577 millimètres.

III. Une colonne cylindrique de fonte a 12 centimètres de diamètre et $3^m,75$ de hauteur ; quel est son volume ?

Le rayon de la base est égal à $0^m,06$; donc le volume est égal à

$$\pi \times 0,06^2 \times 3,75 = \pi \times 0,0135 = 0^{mc},042412,$$

ou 42 décimètres cubes 412 centimètres cubes.

IV. Un fil cylindrique de cuivre a 400 mètres de longueur et pèse
2765 grammes ; sachant qu'un centimètre cube de cuivre pèse
$8^{gr},8$, calculer le diamètre de ce fil.

Le volume du fil sera évidemment $\frac{2765^{cc}}{8,8} = \frac{27650^{cc}}{88}$; sa longueur

est de 40 000 centimètres ; en désignant son rayon par R, on aura.
d'après la formule qui donne le volume du cylindre,

$$\pi R^2 \times 40\,000 = \frac{27650}{88} ;$$

d'où l'on tire

$$R^2 = \frac{27650}{88 \times 40000 \times \pi} = \frac{2765}{352000} \times \frac{1}{\pi} = 0,0025275.$$

et par suite

$$R = \sqrt{0,0025275} = 0^c,05027 ;$$

le diamètre du fil sera le double de ce nombre ou $0^c,10054$, c'est-à-dire 1 millimètre environ.

V. Les mesures de capacité pour les liquides ont la forme d'un cylindre dont la hauteur est le double du diamètre ; trouver le diamètre du litre.

Je prends pour unité de longueur le décimètre et par conséquent pour unité de volume le décimètre cube ou le litre ; alors, si j'appelle R le rayon du cylindre, son diamètre sera 2R, sa hauteur 4R, et on aura, d'après la formule précédente,

$$1 = \pi R^2 \times 4R = 4\pi R^3 ;$$

d'où l'on tire

$$R^3 = \frac{1}{4\pi} = 0,079577471\ldots$$

et par suite

$$R = \sqrt[3]{0,079577471} = 0^d,430,$$

à moins d'un millième de décimètre ; le diamètre du litre sera donc $0^d,86$ ou 86 millimètres, et sa hauteur sera égale à 172 millimètres.

VI. Trouver le volume de la maçonnerie qui est entrée dans la construction d'un puits cylindrique de $4^m,75$ de profondeur et de $1^m,24$ de diamètre intérieur, sachant de plus que l'épaisseur uniforme de cette maçonnerie est de $0^m,35$.

Le volume de cette maçonnerie est la différence des volumes de deux cylindres de même hauteur et dont les rayons sont respectivement $0^m,62$ et $0^m,62 + 0^m,35 = 0^m,97$; ce volume est égal à

$$\pi \times 0,97^2 \times 4,75 - \pi \times 0,62^2 \times 4,75$$

ou bien

$$(0,97^2 - 0,62^2) \times 4,75 \times \pi = 8^{mc},504,$$

à 1 décimètre cube près.

§ XLIII. — CÔNE.

601. Définitions. — On appelle *cône droit à base circulaire*, ou plus simplement *cône circulaire droit*, *cône de révolution*, le solide engendré par la révolution d'un triangle rectangle SOA (fig. 351) autour d'un des côtés SO de l'angle droit.

Dans ce mouvement, le côté OA, perpendiculaire à SO, décrit un
cercle ayant pour centre le point O, et dont
le plan est perpendiculaire à SO; on l'appelle
la *base* du cône. La ligne SO s'appelle l'*axe* du
cône, et sa longueur est la *hauteur* du cône.

Enfin l'hypoténuse SA, en tournant autour
de SO, engendre une surface, qui s'appelle la
surface latérale du cône; cette hypoténuse SA
s'appelle le *côté* ou l'*apothème* du cône, et les
positions successives qu'elle occupe pendant le
mouvement sont les *génératrices* ou les *arêtes* de la surface conique.

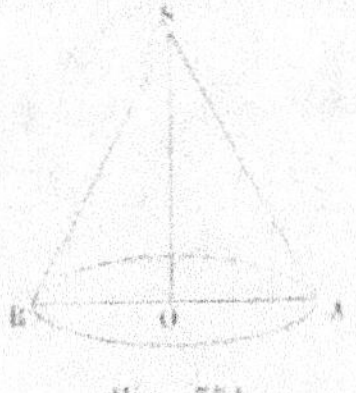

Fig. 551.

605. Considérons un point M (fig. 552) de l'hypoténuse SA et
abaissons de ce point la perpendiculaire MP
sur l'axe. Quand le triangle SOA tourne autour
de SO, la ligne PM, perpendiculaire à l'axe,
décrit un cercle, ayant pour centre le point P,
et dont le plan P est perpendiculaire à l'axe.
Donc *les sections faites dans le cône par des
plans perpendiculaires à l'axe sont des cercles
ayant leurs centres sur l'axe.*

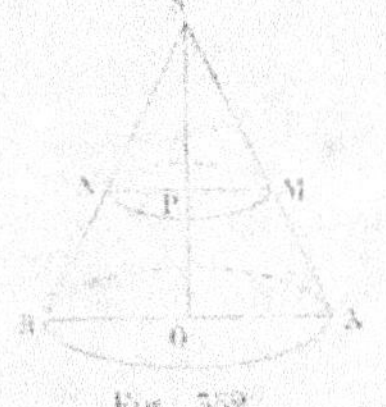

Fig. 552.

606. On appelle *tronc de cône à bases parallèles* le solide qu'on
obtient en coupant un cône par un plan parallèle à la base et enlevant le cône supérieur; tel est le corps ABNM. Le cercle de base
du cône AOB et le cercle parallèle MPN sont les *bases* du tronc;
PO en est la *hauteur*, AM le *côté*; la *surface latérale* du tronc de
cône est la portion de la surface latérale du cône comprise entre les
plans des deux bases.

607. On appelle *surface conique*, en général, la surface engendrée par une droite indéfinie, qui passe constamment par un point
fixe et qui se meut en s'appuyant sur une courbe fixe. La droite mobile est la *génératrice*, le point fixe est le *sommet*, et la courbe fixe
est la *directrice*.

La génératrice, étant supposée prolongée indéfiniment de chaque
côté du sommet, décrit une surface composée de deux parties distinctes qui se rejoignent au sommet et qu'on nomme les deux *nappes*
de la surface.

Quand la directrice est une ligne droite, la surface conique se réduit à un plan (**399**, 1°).

Si la directrice est une circonférence de cercle, et si le sommet est situé sur l'axe de cette circonférence, c'est-à-dire sur la perpendiculaire élevée à son plan par son centre, la surface conique est dite *de révolution;* on pourrait la décrire en faisant tourner la génératrice autour de cet axe, de manière qu'elle passe toujours

par le sommet et qu'elle fasse un angle constant avec l'axe. La surface latérale d'un cône circulaire droit (**604**) est de révolution.

Si l'on coupe une surface conique quelconque par un plan rencontrant toutes les génératrices d'un même côté du sommet, le solide compris entre cette section plane et la surface conique s'appelle un *cône* (fig. 353). L'aire de la section plane est la *base* de ce cône, et sa *hauteur* est la distance du sommet au plan de la base. Enfin, on donne le nom de *tronc de cône* au solide qu'on obtient en coupant un cône par un plan parallèle à sa base et enlevant le cône supérieur.

608. Inscrivons un polygone dans la base d'un cône quelconque et joignons tous les sommets de ce polygone au sommet du cône; nous formerons une pyramide dont les arêtes latérales seront situées sur la surface conique; cette pyramide est dite *inscrite* dans le cône.

Une pyramide est *circonscrite* à un cône, quand elle a pour base un polygone circonscrit à la base du cône et pour sommet le sommet du cône.

Dans le cas du cône circulaire droit, on peut prendre pour bases des pyramides inscrites ou circonscrites des polygones réguliers inscrits ou circonscrits au cercle de base du cône; ces pyramides sont alors régulières (**547**).

609. Lemme. — *La surface latérale d'une pyramide régulière a pour mesure le produit du périmètre de sa base par la moitié de son apothème.*

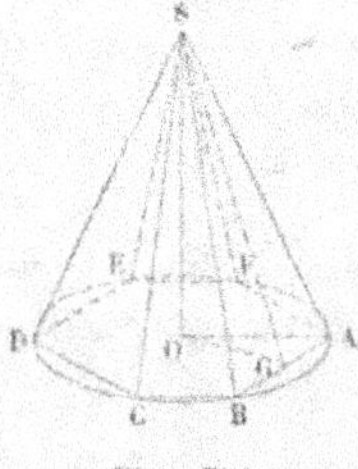

Soit SABCDEF (fig. 354) une pyramide régulière; la surface latérale de cette pyramide se compose de triangles isocèles SAB, SBC,... tous égaux entre eux. Si je mène la hauteur SG de l'un d'eux, la somme de tous ces triangles aura pour mesure la somme de leurs bases multipliée par la moitié de la hauteur commune SG; en d'autres termes, la surface latérale de la pyramide a pour mesure le produit du périmètre de sa base par la moitié de son apothème. c. q. f. d.

610. Théorème. — *La surface latérale d'un cône circulaire droit a pour mesure le produit de la circonférence de sa base par la moitié de son côté.*

J'inscris dans le cône donné une pyramide régulière SABCDEF (fig. 554) ; soient a son apothème SG et p le périmètre de sa base : sa surface latérale est égale (**609**) à $p \times \dfrac{a}{2}$. Si l'on augmente indéfiniment le nombre des côtés du polygone régulier inscrit, son périmètre p tendra vers la circonférence de base du cône (**331**) ; l'apothème OG du polygone se rapprochera de plus en plus du rayon OA du cercle, et par suite l'apothème SG de la pyramide tendra vers le côté SA du cône ; donc le produit $p \times \dfrac{a}{2}$, qui exprime la mesure de la surface latérale de la pyramide, tendra vers une limite. C'est cette limite que l'on appelle la surface latérale du cône.

D'après cette définition, la surface latérale du cône a pour mesure la limite du produit $p \times \dfrac{a}{2}$, c'est-à-dire le produit de la circonférence de base par la moitié du côté. c. q. f. d.

611. Corollaire. — Si R est le rayon de base du cône et A son côté, la surface latérale du cône sera

$$2\pi R \times \frac{A}{2} = \pi R A,$$

et la surface *totale* sera

$$\pi R A + \pi R^2 = \pi R (R + A).$$

612. Théorème. — *La surface latérale d'un tronc de cône a pour mesure le produit de la demi-somme des circonférences de ses bases par son côté.*

Soit OAoa (fig. 555) le tronc de cône obtenu en coupant le cône BOA par un plan parallèle à sa base ; la surface latérale de ce tronc de cône est la différence des surfaces latérales des cônes BOA, Boa.

Dans un plan quelconque passant par l'arête BA, j'élève à cette ligne, par le point A, une perpendiculaire, sur laquelle je prends une longueur AA′ égale à la circonférence de base du cône BOA, et je joins BA′ ; par le point a, je mène une parallèle $aa′$ à AA′ ; elle sera perpendiculaire à Ba. Les triangles semblables BAA′, Baa' donnent

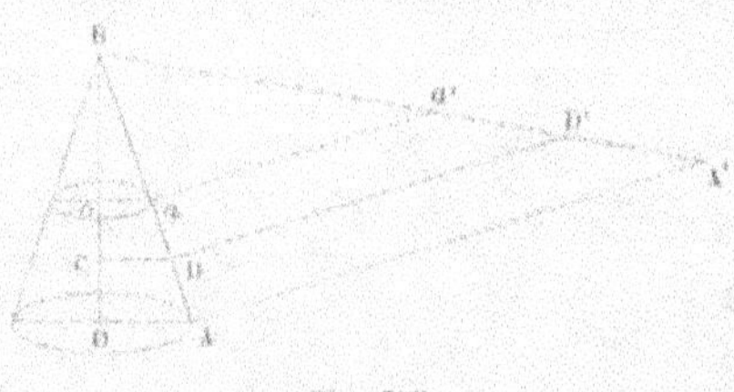

Fig. 355.

$$\frac{aa'}{AA'} = \frac{Ba}{BA};$$

les triangles semblables BOA, Boa donnent d'autre part

$$\frac{Ba}{BA} = \frac{oa}{OA};$$

d'où l'on déduit

$$\frac{aa'}{AA'} = \frac{oa}{OA}.$$

Mais deux circonférences sont proportionnelles à leurs rayons (**336**); on peut donc remplacer dans la proportion précédente le rapport des rayons oa et OA par le rapport des circonférences correspondantes; on a ainsi

$$\frac{aa'}{AA'} = \frac{\text{circ. } oa}{\text{circ. OA}}.$$

Or AA′ = circ. OA, par construction; donc aa' = circ. oa.

Cela posé, l'aire du triangle BAA′ a pour mesure AA′ $\times \frac{1}{2}$ BA ou

circ. OA $\times \frac{1}{2}$ BA; elle est donc équivalente à la surface latérale du

cône BOA (**610**); de même l'aire du triangle Baa' a pour mesure

$aa' \times \frac{1}{2}$ Ba ou circ. $oa \times \frac{1}{2}$ Ba et, par conséquent, elle est équiva-

lente à la surface latérale du cône Boa. Il résulte de là que la surface latérale du tronc de cône est équivalente à l'aire du trapèze
AA′$a'a$, différence des deux triangles BAA′, Baa'. Or ce trapèze a pour
mesure (**364**)

$$\frac{AA' + aa'}{2} \times Aa = \frac{\text{circ. OA} + \text{circ. } oa}{2} \times Aa;$$

donc enfin la surface latérale du tronc de cône a pour mesure le
produit de la demi-somme des circonférences des bases par le côté.
C. Q. F. D.

613. Corollaire I. — Si par le point D, milieu de Aa, nous menons un plan sécant parallèle aux plans des bases, il coupera le tronc de cône suivant une circonférence équidistante des deux bases, dont le rayon est CD. Par ce même point D, menons DD′ parallèle aux bases du trapèze ; on prouverait comme précédemment que DD′ = circ. CD. Mais on sait (**365**) que DD′ est égale à la demi-somme des bases AA′ et aa′ du trapèze ; donc circ. CD est égale à la demi-somme des circonférences des bases du tronc. On arriverait encore à ce résultat en remarquant que le rayon CD est la demi-somme des rayons OA et oa ; les circonférences étant proportionnelles à leurs rayons, circ. CD est égale à la demi-somme des circonférences OA et oa.

Donc *la surface latérale du tronc de cône a pour mesure le produit de la circonférence équidistante des bases par le côté.*

Il est à remarquer que cet énoncé s'applique aussi au cylindre et au cône ; car dans le cylindre la circonférence équidistante des bases est égale à la circonférence de base, et dans le cône elle est égale à la moitié de la circonférence de base.

614. Corollaire II. — Si l'on appelle R et r les rayons des deux bases et A le côté du tronc de cône, sa surface latérale est donnée par la formule

$$S = \pi (R + r) A.$$

615. Remarque I. — On peut arriver à la mesure de la surface latérale du tronc de cône en la regardant comme la différence des surfaces latérales de deux cônes. Désignons par R et r les rayons OA et oa (fig. 355) des deux bases, par C et c les côtés BA et Ba des deux cônes, par A le côté Aa du tronc de cône et par S sa surface latérale ; nous aurons (**611**)

$$S = \pi RC - \pi rc = \pi (RC - rc) ;$$

mais les triangles semblables BOA, Boa donnent la proportion

$$\frac{C}{R} = \frac{c}{r},$$

d'où l'on tire

$$\frac{C}{R} = \frac{c}{r} = \frac{C - c}{R - r} = \frac{A}{R - r},$$

et par suite

$$C = \frac{AR}{R - r} \qquad\qquad c = \frac{Ar}{R - r}.$$

Portons ces valeurs de C et de c dans l'expression de S, et nous aurons

$$S = \pi \left(\frac{AR^2}{R-r} - \frac{Ar^2}{R-r} \right) = \pi A \cdot \frac{R^2 - r^2}{R-r} = \pi A (R + r),$$

formule déjà trouvée ci-dessus.

616. Remarque II. — Considérons une pyramide régulière SABCDEF (fig. 554); on peut développer sa surface latérale sur un plan, comme on l'a fait pour le prisme. Il suffit de fendre la surface latérale le long de l'arête SA, puis de faire tourner la face SAB autour de SB pour l'amener dans le plan de la face SBC, de faire tourner ensuite l'ensemble de ces deux premières faces autour de SC pour l'amener dans le plan de la troisième, et ainsi de suite. On obtient ainsi une figure composée de triangles isocèles égaux juxtaposés et ayant même sommet (fig. 556); cette figure est un *secteur polygonal régulier* (**377**); il a pour *base* une ligne brisée régulière ABC... A dont

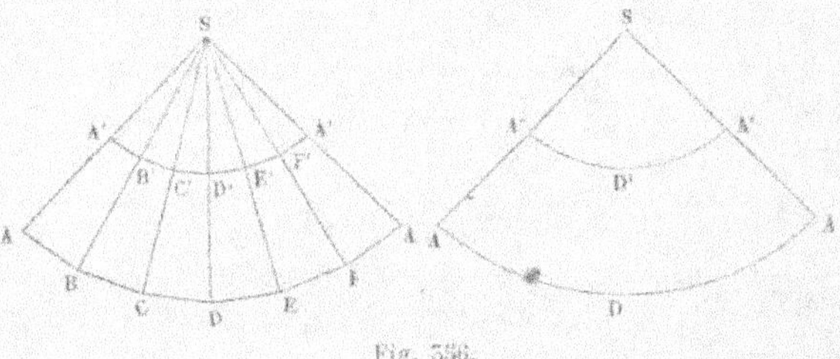

Fig. 556.

la longueur est égale au périmètre de la base de la pyramide, et il a pour *rayon* l'arête latérale de la pyramide.

Si la pyramide régulière est inscrite dans un cône et qu'on augmente indéfiniment le nombre de ses faces, le secteur polygonal régulier devient un secteur circulaire, dont l'arc ADA a la même longueur que la circonférence de base du cône et dont le rayon SA est égal au côté du cône. Ce secteur est dit le développement de la surface latérale du cône.

La surface latérale du tronc de pyramide régulière et celle du tronc de cône se développeraient de la même manière; la première donne un polygone composé de trapèzes isocèles égaux juxtaposés, qui est la différence de deux secteurs polygonaux réguliers semblables et concentriques SAB... A et SA'B'... A'; le développement de la surface latérale du tronc de cône est la figure comprise entre les arcs semblables et concentriques ADA, A'D'A', et les rayons aboutissant à leurs extrémités.

617. Théorème. — *Le volume d'un cône circulaire droit a pour mesure le tiers du produit de sa base par sa hauteur.*

Considérons deux polygones réguliers, l'un inscrit dans le cercle de base du cône, l'autre circonscrit à ce même cercle, et joignons les sommets de ces deux polygones au sommet du cône, nous formons ainsi deux pyramides de même hauteur que le cône, l'une inscrite, l'autre circonscrite au cône. Le volume du cône est évidemment compris entre les volumes de ces deux pyramides. Or, si l'on augmente indéfiniment le nombre des faces de ces deux pyramides, leurs bases tendent vers une limite commune qui est l'aire du cercle de base du cône (**374**); leur hauteur reste constante et la même pour toutes les deux; donc leurs volumes tendent vers la même limite, qui est le tiers du produit de la base du cône par sa hauteur. Mais le volume du cône est toujours compris entre les volumes des deux pyramides; donc il est égal à la limite commune vers laquelle ils tendent, c'est-à-dire au tiers du produit de l'aire de sa base par sa hauteur. c. q. f. d.

618. Corollaire. — Soient R le rayon de base du cône, H sa hauteur, V son volume; on a la formule

$$V = \frac{1}{3} \pi R^2 H.$$

619. Remarque. — Le volume d'un cône *quelconque* peut être regardé comme la limite vers laquelle tend le volume d'une pyramide inscrite, quand le nombre de ses faces augmente indéfiniment. Par suite, ce volume a pour mesure le tiers du produit de sa base par sa hauteur.

620. Théorème. — *Le volume d'un tronc de cône à bases parallèles est égal à la somme des volumes de trois cônes ayant pour hauteur commune la hauteur du tronc et pour bases respectives, le premier la base inférieure, le second la base supérieure du tronc et le troisième une moyenne proportionnelle entre ces deux bases.*

On démontre par un raisonnement identique à celui du n° **617** que le tronc de cône est la limite commune vers laquelle tendent les troncs de pyramide régulière inscrit et circonscrit quand on augmente indéfiniment le nombre de leurs faces; et en cherchant l'expression de cette limite, on arrive à l'énoncé ci-dessus.

621. Corollaire I. — Désignons par R et r les rayons des deux bases du tronc de cône et par H sa hauteur ; les bases des trois cônes seront égales, la première à πR^2, la seconde à πr^2 et la troisième à

$$\sqrt{\pi R^2 \times \pi r^2} = \sqrt{\pi^2 R^2 r^2} = \pi R r \; ;$$

le volume V du tronc de cône aura alors pour expression

$$V = \frac{1}{3} \pi R^2 H + \frac{1}{3} \pi r^2 H + \frac{1}{3} \pi R r H,$$

ou, si l'on met $\frac{1}{3} \pi H$ en facteur commun,

$$V = \frac{1}{3} \pi H (R^2 + r^2 + R r).$$

622. Corollaire II. — On a identiquement

$$R^2 + r^2 + R r = 3 \left(\frac{R + r}{2} \right)^2 + \left(\frac{R - r}{2} \right)^2 ;$$

donc la formule précédente peut s'écrire

$$V = \pi H \left(\frac{R + r}{2} \right)^2 + \frac{1}{3} \pi H \left(\frac{R - r}{2} \right)^2,$$

ce qui conduit à l'énoncé suivant :

Le tronc de cône est équivalent à la somme d'un cylindre et d'un cône ayant même hauteur que le tronc ; le cylindre a pour base la section faite à égale distance des deux bases du tronc, et le cône a pour base un cercle dont le rayon est égal à la demi-différence des rayons des deux bases du tronc.

Remarquons encore que le théorème du n° **565** s'applique au tronc de cône ; il donne pour le volume l'expression suivante

$$V = \frac{H}{6} \left[\pi R^2 + \pi r^2 + 4 \pi \left(\frac{R + r}{2} \right)^2 \right],$$

laquelle devient, après réduction, identique à celle du n° **621**.

623. Remarque I. — On peut encore trouver l'expression du volume du tronc de cône en le regardant comme la différence de deux cônes. Soient R et r les rayons de deux cônes, D et d leurs hauteurs, H la hauteur du tronc qui est égale à D — d et V le volume du tronc, on a

$$V = \frac{1}{3}\pi R^2 D - \frac{1}{3}\pi r^2 d.$$

D'autre part,

$$\frac{D}{R} = \frac{d}{r} = \frac{D - d}{R - r} = \frac{H}{R - r},$$

d'où l'on tire

$$D = \frac{RH}{R - r}, \qquad\qquad d = \frac{rH}{R - r};$$

En portant ces valeurs de D et de d dans l'expression du volume, on trouve

$$V = \frac{1}{3}\pi\,\frac{R^3 H}{R - r} - \frac{1}{3}\pi\,\frac{r^3 H}{R - r} = \frac{1}{3}\pi H \cdot \frac{R^3 - r^3}{R - r},$$

mais on sait (V. l'*Algèbre*) que $R^3 - r^3$ est divisible par $R - r$: le quotient est $R^2 + Rr + r^2$; donc enfin

$$V = \frac{1}{3}\pi H\,(R^2 + r^2 + Rr).$$

624. REMARQUE II. — Par un calcul analogue au précédent, on trouverait l'expression du volume du corps formé par la réunion de deux cônes opposés, corps auquel on donne souvent le nom de tronc de cône *de deuxième espèce* pour le distinguer du tronc de cône proprement dit. On arrive ainsi à la formule

$$V = \frac{1}{3}\pi H\,(R^2 + r^2 - Rr),$$

qui se déduit de la formule relative au tronc de cône proprement dit par le changement de r en $- r$.

APPLICATIONS. — I. Trouver la surface latérale d'un cône dont le rayon de base est égal à $2^m,5$ et le côté à $6^m,4$.

Cette surface est égale à

$$2,5 \times 6,4 \times \pi = 16 \times \pi = 50^{mq},2655,$$

à 1 centimètre carré près.

II. Les rayons des deux bases d'un tronc de cône sont $0^m,16$ et $0^m,05$, et le côté est égal à $0^m,15$; quelle est la surface latérale du tronc de cône?

La surface demandée est égale à

$$(0,16 + 0,05) \times 0,15 \times \pi = 0,0285 \times \pi = 0^{mq},0895,$$

à 1 centimètre carré près.

III. Le diamètre de la base d'un cône est égal à son côté; sachant que la surface totale de ce cône est égale à 1 mètre carré, calculer son diamètre.

La surface totale d'un cône a pour expression $\pi R (R + A)$, et comme ici $A = 2R$, cette expression devient $\pi R . 3R = 3\pi R^2$; on a donc

$$3\pi R^2 = 1;$$

d'où l'on tire

$$R^2 = \frac{1}{3\pi} = 0,106103,$$

et par suite

$$R = \sqrt{0,106103} = 0^m,326,$$

à 1 millimètre près : le diamètre du cône est le double de ce nombre, ou $0^m,652$.

IV. Le rayon de la base d'un cône est égal à $0^m,62$, et sa hauteur est égale à $1^m,50$; quel est son volume?

Il est égal à

$$\frac{1}{3} 0,62^2 \times 1,50 \times \pi = 0,1922 \times \pi = 0^{mc},603814,$$

à 1 centimètre cube près.

V. Le diamètre d'un cône est égal à 1 mètre, et son côté a la même longueur; calculer son volume.

La hauteur se calcule en remarquant que le côté est l'hypoténuse d'un triangle rectangle dont les côtés sont la hauteur et le rayon. Il résulte de là que la hauteur est égale à $\sqrt{1^2 - 0,5^2} = \sqrt{0,75}$; par conséquent, le volume est égal à

$$\frac{1}{3} 0,5^2 \times \sqrt{0,75} \times \pi = 0^{mc},3267,$$

à $0^{mc},0001$ près.

VI. Un cône dont la hauteur est égale à $0^m,42$ a un volume de 25 décimètres cubes; calculer le rayon de sa base.

Le volume est égal à $0^{mc},025$; alors, en appelant R le rayon, on a

$$\frac{1}{3}\pi R^2 \times 0,42 = 0,025;$$

d'où l'on tire

$$R^2 = \frac{0,025 \times 3}{0,42 \times \pi} = \frac{25}{140} \times \frac{1}{\pi} = 0,056841;$$

donc $\quad R = \sqrt{0,056841} = 0^m,238$, à 1 millimètre près.

VII. Un seau en zinc a la forme d'un tronc de cône et les dimensions suivantes :

Rayon de la grande base. . . . . $12^c,5$
Rayon de la petite base. . . . . 10^c
Hauteur. . . . . 25^c

Trouver sa capacité en litres.

Comme on demande le volume en litres ou en décimètres cubes, je rapporte toutes ces longueurs au décimètre, et j'applique la formule du n° **620**, ce qui donne

$$V = \frac{2,5 \times \pi}{3}(1,25^2 + 1^2 + 1,25 \times 1) = 9^{dc},981,$$

à 1 centimètre cube près.

§ XLIV. — Propriétés élémentaires de la sphère.

625. Définitions. — Une *sphère* est un corps limité par une surface dont tous les points sont également distants d'un point intérieur appelé *centre*; cette surface elle-même est dite *surface sphérique*.

On peut considérer la sphère comme engendrée par la révolution d'un demi-cercle MCN autour de son diamètre MN (fig. 357); la demi-circonférence engendre alors la surface sphérique.

On nomme *rayon* toute ligne joignant le centre à un point de la surface sphérique; tous les rayons sont égaux. Tout point extérieur

à la surface de la sphère est à une distance du centre plus grande
que le rayon, et tout point intérieur est à une distance du centre
moindre que le rayon.

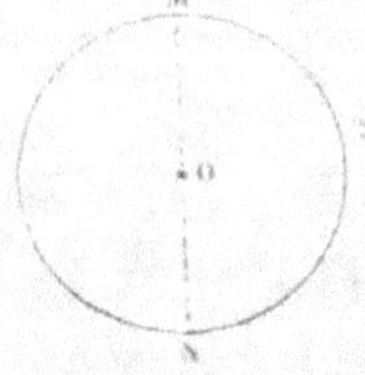
Fig. 357.

On appelle *diamètre* de la sphère toute droite
passant par le centre et terminée de part et
d'autre à la surface de la sphère. Tous les
diamètres sont égaux, parce que chacun d'eux
est le double du rayon.

Deux sphères de même rayon sont égales :
car si on les superpose de manière que les
centres coïncident, les surfaces des deux
sphères coïncideront évidemment, à cause de l'égalité des rayons. De
même, si l'on fait tourner une sphère autour de son centre, sa surface coïncide toujours avec elle-même.

626. Théorème. — *Toute section plane de la sphère est un cercle*
(fig. 358).

Tout plan passant par le centre O de la sphère la coupe suivant
une courbe dont tous les points sont à égale
distance du point O, c'est-à-dire suivant un
cercle de même rayon que la sphère.

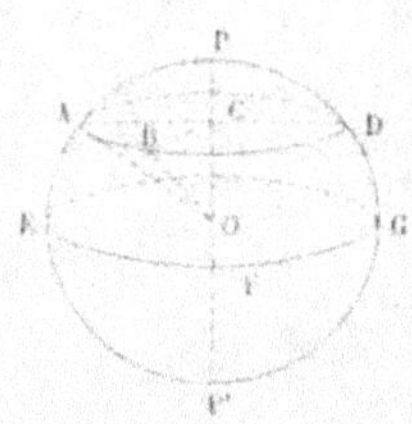
Fig. 358.

Prenons maintenant un plan sécant qui ne
passe pas par le centre, et soit ABD la section ;
menons les rayons OA, OB, OD, etc.; toutes
ces lignes sont égales ; donc les pieds A, B,
D de ces obliques au plan sécant sont sur
une circonférence de cercle, ayant pour centre
le pied C de la perpendiculaire OC abaissée
du centre sur le plan sécant (**423**). C. Q. F. D.

627. Corollaire I. — Lorsque le plan sécant passe par le centre
de la sphère, le rayon du cercle obtenu est égal à celui de la sphère.
Mais quand le plan sécant ne passe pas par le centre de la sphère,
le rayon CA du cercle ABD est plus petit que le rayon de la sphère ;
car le triangle OCA est rectangle en C. Pour cette raison, on donne
le nom de *petits cercles* aux cercles obtenus en coupant la sphère
par des plans qui ne passent pas par le centre ; et on appelle *grands
cercles* ceux qui sont déterminés par des plans passant par le centre.
Tous les grands cercles sont égaux, puisqu'ils ont tous le même
rayon.

Le rayon CA d'un petit cercle quelconque et la distance OC de son
plan au centre de la sphère sont les deux côtés de l'angle droit

d'un triangle rectangle, dont l'hypoténuse est constante et égale au rayon de la sphère. De là résulte : 1° que *deux petits cercles dont les plans sont également distants du centre de la sphère sont égaux ;* 2° que *le rayon d'un petit cercle est d'autant plus petit que son plan est plus éloigné du centre.*

628. Corollaire II. — *Une droite ne peut couper la surface d'une sphère en plus de deux points.* En effet, par la droite donnée et le centre de la sphère faisons passer un plan ; ce plan coupera la sphère suivant un grand cercle ; et l'on sait que la circonférence de ce cercle ne peut être rencontrée par la droite en plus de deux points.

629. Corollaire III. — *Deux grands cercles de la sphère se coupent mutuellement en deux parties égales.* En effet, les plans des deux grands cercles, passant tous les deux par le centre de la sphère, se coupent suivant un diamètre de la sphère, et cette droite, étant aussi un diamètre de chacun des deux cercles, les coupe l'un et l'autre en deux parties égales.

630. Corollaire IV. — *Tout grand cercle de la sphère divise sa surface et son volume en deux parties égales.* En effet, faisons tourner l'une des parties de la sphère de 180° autour d'un diamètre du grand cercle ; le cercle coïncidera avec lui-même ; et les deux portions de la surface sphérique s'appliqueront l'une sur l'autre, sans quoi tous les points de cette surface ne seraient pas également éloignés du centre.

On donne le nom d'*hémisphère* à la demi-sphère limitée par un grand cercle.

631. Corollaire V. — *Par deux points pris à volonté sur la surface d'une sphère, on peut toujours faire passer un grand cercle, et on n'en peut faire passer qu'un.* Car les deux points donnés et le centre de la sphère déterminent un plan, qui coupe la sphère suivant un grand cercle.

Toutefois, si les deux points donnés sur la sphère étaient les extrémités d'un même diamètre, ils seraient en ligne droite avec le centre de la sphère, et tout plan mené par ce diamètre couperait la sphère suivant un grand cercle passant par les points donnés.

632. Corollaire VI. — *Par trois points pris à volonté sur la surface de la sphère, on peut faire passer un cercle et on n'en peut faire passer qu'un.* Car les trois points donnés ne pouvant être en ligne droite (**628**) déterminent un plan et un seul; et ce plan coupe la sphère suivant un cercle qui passe par les trois points.

633. Définition. — On appelle *pôles* d'un cercle de la sphère les extrémités du diamètre de la sphère perpendiculaire au plan de ce cercle.

Deux cercles dont les plans sont parallèles ont les mêmes pôles.

634. Théorème. — *Chacun des pôles d'un cercle est également distant de tous les points de la circonférence de ce cercle.*

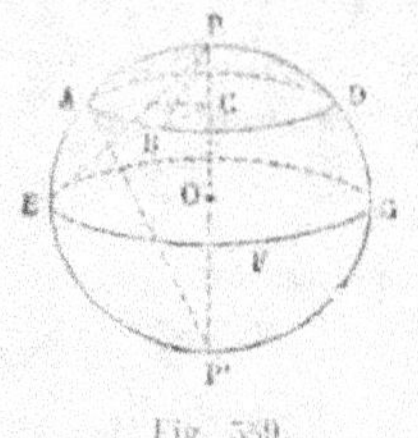

Fig. 359.

Soit P (fig. 359) l'un des pôles du cercle ABD; nous savons que le centre C de ce cercle se trouve sur le diamètre perpendiculaire au plan ABD, c'est-à-dire sur la ligne OP. Les droites PA, PB, PD,... sont alors des obliques au plan ABD également écartées du pied C de la perpendiculaire PC; ces droites sont donc égales. C. Q. F. D.

635. REMARQUE. — Il résulte de ce théorème que, si l'on place en P l'une des pointes d'un compas auquel on aura donné une ouverture égale à PA, et qu'on le fasse tourner de manière que la seconde pointe ne quitte pas la surface sphérique, cette seconde pointe décrira sur la surface la circonférence ABD. On trace donc des cercles sur la sphère comme sur un plan; seulement on emploie un compas à branches courbes dit *compas sphérique*.

La distance du pôle d'un cercle à tous les points de sa circonférence s'appelle la *distance polaire* de ce cercle; ainsi PA est la distance polaire du cercle ABD. Dans le cas d'un grand cercle tel que EFG, la distance polaire PE est le côté du carré inscrit dans le grand cercle PEP'G de la sphère; on l'appelle ordinairement la *corde d'un quadrant*.

Tout ce que nous avons dit du pôle P s'applique sans modification au pôle P'. Toutefois nous considèrerons toujours dans la suite celui des deux pôles d'un petit cercle qui est le plus voisin du plan de ce cercle. Pour un grand cercle, on prend l'un quelconque des deux pôles, parce qu'ils sont équidistants du plan du cercle.

Considérons tous les grands cercles qui passent par les points P et P'; les arcs de ces cercles compris entre le point P et les différents points de la circonférence ABD sont tous égaux comme étant sous-tendus par des cordes égales PA, PB, PD... On nomme *rayon sphérique* du cercle ABD l'arc de grand cercle PA qui joint le pôle à un point quelconque de la circonférence. Le rayon sphérique d'un grand cercle EFG est égal au quart de la circonférence d'un grand cercle ou à un quadrant.

636. Théorème. — *L'angle de deux arcs de grand cercle a pour mesure l'arc de grand cercle décrit de son sommet comme pôle et compris entre ses côtés.*

Lorsque deux arcs de cercle tracés sur une sphère se coupent, on appelle *angle* de ces arcs de cercle l'angle de leurs tangentes au point d'intersection. Les deux arcs de cercle sont les côtés de l'angle, et leur point d'intersection en est le *sommet*.

Considérons, en particulier, deux arcs de grand cercle AB et AC (fig. 360) qui se coupent en A, et soient AG et AH les tangentes à ces deux cercles en ce point. Ces droites sont toutes les deux perpendiculaires au diamètre AA', intersection des plans des deux grands cercles; et comme elles sont respectivement contenues dans ces deux plans, leur angle GAH n'est autre chose que l'angle rectiligne du dièdre des deux plans.

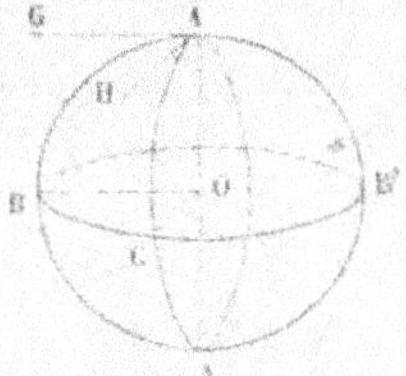

Fig. 360

Par le point O, menons un plan perpendiculaire à AA'; il coupe les plans des deux cercles considérés suivant des droites OB et OC, perpendiculaires à AA'; l'angle BOC est donc aussi l'angle rectiligne du dièdre des deux plans, et par conséquent il est égal à l'angle GAH des deux arcs de grand cercle. Mais le plan BOC coupe la sphère suivant un troisième grand cercle BCB', lequel a pour pôle le point A; et l'angle BOC a la même mesure que l'arc BC (**136**); donc enfin l'angle des deux arcs de grand cercle AB et AC a pour mesure l'arc de grand cercle BC décrit du sommet A comme pôle et compris entre les deux côtés de l'angle. C. Q. F. D.

637. Corollaire. — *Pour que deux grands cercles soient perpendiculaires, il faut et il suffit que les pôles du premier soient situés sur la circonférence du second.*

Deux grands cercles sont dits *perpendiculaires*, lorsque leur angle est droit, c'est-à-dire quand leurs plans sont perpendiculaires; nous venons de voir, en effet, que l'angle de deux grands cercles n'est autre chose que l'angle rectiligne du dièdre formé par leurs plans.

Cela posé, soit AA' (fig. 360) un diamètre perpendiculaire au plan du grand cercle BCB'; tout plan, tel que ABA'B', mené par ce diamètre, est perpendiculaire au plan BCB' (**463**); en d'autres termes, tout grand cercle passant par les pôles A et A′ du grand cercle BCB′ est perpendiculaire à ce grand cercle. C. Q. F. D.

Réciproquement, si deux grands cercles ABA′ et BCB′ sont perpendiculaires, le diamètre de la sphère perpendiculaire au plan BCB′ est contenu dans le plan ABA′ (**166**); ou, ce qui revient au même, les pôles du grand cercle BCB′ sont situés sur la circonférence du cercle ABA′. C. Q. F. D.

638. Définitions. — Un plan est dit *tangent* à une sphère lorsqu'il n'a qu'un point commun avec la surface de la sphère. Ce point s'appelle le point de *contact* ou de *tangence*.

Une droite est dite *tangente* à une sphère lorsqu'elle n'a qu'un point commun avec la surface de la sphère. Ce point s'appelle le point de *contact* ou de *tangence*.

639. Théorème. — *Tout plan M perpendiculaire à l'extrémité d'un rayon OA d'une sphère O est tangent à cette sphère, et réciproquement, tout plan tangent à la sphère est perpendiculaire à l'extrémité du rayon qui passe par le point de contact* (fig. 561).

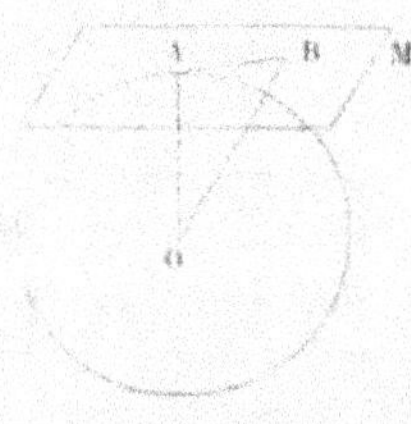

Fig. 561.

1° Puisque le plan M est perpendiculaire à OA, toute droite telle que OB qui joint le centre à un point quelconque du plan M, est oblique à ce plan, et par suite plus grande que le rayon OA. Tous les points du plan M, à l'exception du point A, sont donc extérieurs à la sphère; en d'autres termes, le plan M est tangent à la sphère. C. Q. F. D.

2° Réciproquement, supposons le plan M tangent à la sphère au point A; tous les autres points du plan seront extérieurs à la sphère. La droite OA est donc la plus courte ligne que l'on puisse mener du point O au plan M; par conséquent, elle est perpendiculaire à ce plan. C. Q. F. D.

640. Corollaire I. — *Par un point pris sur la surface d'une sphère, on peut toujours lui mener un plan tangent, et on n'en peut mener qu'un* (**414**).

641. Corollaire II. — *Le plan tangent à une sphère O en un point A est le lieu géométrique des tangentes menées par ce point à la sphère* (fig. 561).

1° Soit AB une tangente quelconque à la sphère et A le point de contact; si par cette droite et par le centre O nous faisons passer un plan, il coupe la sphère suivant un grand cercle qui est évidemment

tangent à la droite AB. Il résulte de là que cette droite est perpendiculaire à l'extrémité du rayon OA ; donc (**115**) elle est située dans
le plan tangent, qui est lui-même perpendiculaire à OA. c. q. f. d.

2° Réciproquement, toute droite telle que AB, menée dans le plan
tangent M par le point de contact A, n'a que ce point A de commun
avec la sphère ; elle est donc tangente à la sphère.

642. Théorème. — *Les tangentes menées à la sphère d'un point
extérieur sont égales et forment un cône cir-
culaire droit.*

Considérons une sphère O (fig. 362) et un
point extérieur P ; par le diamètre PB, con-
duisons un plan quelconque qui coupe la
sphère suivant un grand cercle ACB, et du
point P menons une tangente PC à ce cercle ;
elle sera évidemment tangente à la sphère.
Cela posé, faisons tourner la figure autour du
diamètre PB ; le cercle ACB engendrera la
sphère, et la droite PC décrira la surface latérale d'un cône droit en restant constam-

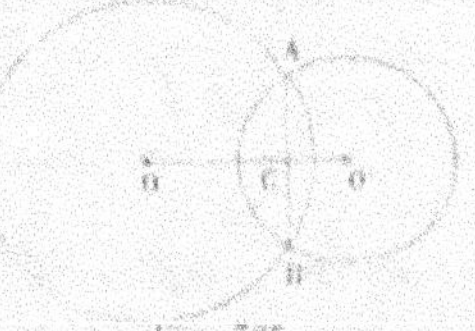

Fig. 362.

ment tangente à la sphère ; de plus la longueur de cette tangente
ne variera pas. c. q. f. d.

643. Remarque. — Le cône engendré par la révolution de la tangente PC autour du diamètre PB est dit *circonscrit* à la sphère, et
réciproquement, la sphère est dite *inscrite* dans ce cône ; le cercle
CMD, lieu des points de contact des tangentes issues du point P, s'appelle le *cercle de contact* de la sphère et du cône circonscrit.

Supposons que le point P, d'où partent les tangentes à la sphère,
s'éloigne indéfiniment sur le diamètre BA ; les tangentes tendront à
devenir parallèles à BA, et le cône PCD dégénèrera en un *cylindre
circonscrit* ; le cercle de contact est alors un grand cercle perpendiculaire à BA.

644. Théorème. — *L'intersection de deux sphères est une circonférence de cercle, dont le plan est perpen-
diculaire à la ligne des centres des deux
sphères et dont le centre est sur cette ligne.*

Soient O et O' (fig. 363) les deux sphères
données ; par la ligne des centres, je fais
passer un plan quelconque qui coupe
chacune des sphères suivant un grand cer-
cle. La ligne AB qui joint leurs points d'intersection est perpen-

Fig. 363.

diculaire à la ligne des centres et, de plus, est divisée par cette ligne en deux parties égales (**123**). Faisons tourner les deux cercles autour de OO'; chacun d'eux engendrera la sphère à laquelle il appartient; la ligne CA engendrera un plan perpendiculaire à OO' (**415**), et le point A commun aux deux circonférences décrira dans ce plan une circonférence qui sera l'intersection des deux surfaces sphériques. Cette circonférence a pour centre le point C situé sur OO', et son plan est perpendiculaire à OO'. c. q. f. d.

645. Remarques. — Lorsque deux sphères n'ont qu'un point commun, elles sont dites *tangentes*. Il est clair que le point de *contact* est sur la ligne des centres, et qu'en ce point les deux sphères ont le même plan tangent.

Deux sphères, comme deux cercles situés dans un même plan, peuvent occuper l'une par rapport à l'autre cinq positions différentes : elles peuvent être *extérieures, tangentes extérieurement, sécantes, tangentes intérieurement* ou *intérieures*. Chacune de ces positions est caractérisée par une relation entre les rayons et la distance des centres. Ces relations sont identiques à celles que nous avons établies pour deux cercles dans la Géométrie plane, et elles se démontrent de la même manière. (V. les n°ˢ **126** et **127**.)

646. **Théorème**. — *Par quatre points* A, B, C, D, *non situés dans un même plan, on peut toujours faire passer une surface sphérique, et on n'en peut faire passer qu'une.*

Tout revient à démontrer qu'il existe un point, et un seul, équidistant des quatre points A, B, C, D.

Considérons les trois points A, B, C ; ces points ne sont pas en ligne droite, sans quoi les quatre points A, B, C, D seraient dans un même plan, ce qui est contre l'hypothèse. Le lieu des points équidistants des points A, B, C est une ligne droite L perpendiculaire à leur plan (**426**); le lieu des points équidistants des points A et D est le plan P perpendiculaire au milieu de AD (**425**). Mais la droite L et le plan P se coupent; car s'ils étaient parallèles, le plan P serait perpendiculaire au plan ABC (**464**), et la ligne AD serait contenue dans le plan ABC (**466**), ce qui est contraire à l'hypothèse. Soit O le point d'intersection de la droite L et du plan P ; ce point est équidistant des quatre points donnés A, B, C, D, c'est le centre d'une surface sphérique passant par ces quatre points. D'ailleurs tout point équidistant des quatre points A, B, C, D doit se trouver à la fois sur la droite L et dans le plan P ; donc il n'y en a pas d'autre que le point O. c. q. f. d.

647. Corollaires. — La droite L, lieu des points équidistants de trois points A, B, C, est perpendiculaire au plan du triangle ABC et passe par le centre du cercle circonscrit à ce triangle; nous l'appellerons, pour abréger, l'*axe* de ce cercle. Si l'on considère les autres triangles ABD, ACD et BCD, ayant pour sommets trois des quatre points donnés, les axes des cercles circonscrits à ces triangles passent tous par le point O. Donc

Les perpendiculaires élevées aux quatre faces d'un tétraèdre par les centres des cercles circonscrits à ces faces concourent en un même point, qui est le centre de la sphère circonscrite au tétraèdre.

De même, les plans perpendiculaires aux droites AB, AC, AD, BC, BD et CD, en leurs milieux, passent tous par le point O. Donc

Les plans perpendiculaires aux milieux des six arêtes d'un tétraèdre concourent en un même point, qui est le centre de la sphère circonscrite au tétraèdre.

648. Problème. — *Trouver le rayon d'une sphère solide donnée.*

D'un point P (fig. 364) pris à volonté sur la surface de la sphère donnée comme pôle, on décrit, avec une distance polaire arbitraire PA, un cercle ABD. Soit C le centre de ce cercle, P' son second pôle, et A l'un des points de sa circonférence; joignons PA et P'A. On sait que PP' est un diamètre de la sphère;

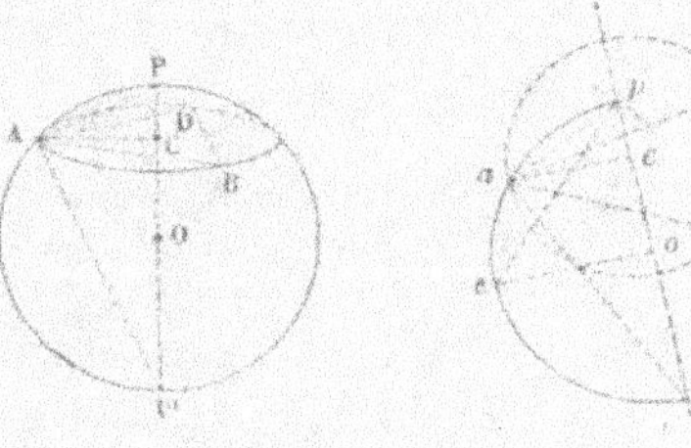

Fig. 364.

par suite, l'angle PAP', inscrit dans une demi-circonférence, est droit, et le triangle PAP' est rectangle en A. C'est ce triangle, dont l'hypoténuse est égale au diamètre de la sphère, que nous allons construire.

Le centre C du cercle ABD est sur le diamètre PP', et le rayon CA de ce cercle est perpendiculaire à PP'; je vais d'abord déterminer la longueur de ce rayon. A cet effet, je marque sur la circonférence du petit cercle trois points A, B, D, à volonté; je relève avec le compas les distances AB, AD et BD, et je construis sur une feuille de papier un triangle *abd* ayant pour côtés ces trois longueurs; puis je détermine le centre *c* du cercle circonscrit à ce triangle et je joins *ca*; cette ligne est évidemment égale à CA. Alors dans le triangle rectangle PAP' on connaît le côté PA de l'angle droit et la perpendiculaire AC abaissée du sommet de l'angle droit sur l'hypoténuse. Pour construire ce triangle, je mène par le point *c* une perpendiculaire à *ca* ; du point *a* comme centre, avec PA pour rayon, je décris un arc de cercle qui coupe cette perpendiculaire en *p* ; je joins *pa*, et j'élève par le point *a* une perpendiculaire à *pa* jusqu'à la rencontre de *pc* en *p'* ; le triangle *pap'* est égal au triangle PAP' ; et par conséquent *pp'* est le diamètre de la sphère donnée.

649. Corollaire. — Si l'on décrit un cercle sur *pp'* comme diamètre, ce cercle sera égal à un grand cercle de la sphère ; le côté *pe* du carré inscrit dans ce cercle sera la corde d'un quadrant, c'est-à-dire la distance polaire d'un grand cercle (**635**).

Remarque. — Les constructions qui précèdent pourraient être exécutées alors même qu'on n'aurait à sa disposition qu'une portion de la sphère solide.

650. Problème. — *Par deux points donnés* A *et* B *sur la surface d'une sphère, faire passer une circonférence de grand cercle* (fig. 365).

La question sera résolue si je détermine le pôle du grand cercle

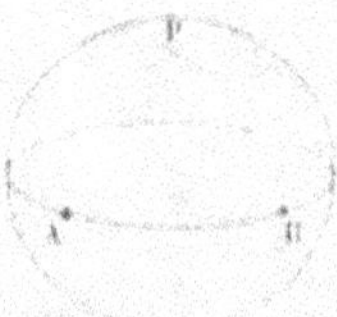
Fig. 365.

cherché. Or ce pôle est distant de chacun des points donnés A et B d'une longueur égale à la corde d'un quadrant, longueur que l'on sait construire (**649**). Alors, de chacun des points A et B comme pôle, avec une ouverture de compas égale à la corde d'un quadrant, on décrira deux arcs de cercle qui se couperont en un point P ; le cercle décrit de ce point comme pôle avec la même ouverture de compas est le grand cercle demandé.

Les cercles décrits des points A et B comme pôles sont des grands cercles ; donc ils se couperont toujours (**629**), à moins qu'ils ne se confondent. Ce dernier cas se présentera quand les deux points donnés seront diamétralement opposés ; mais alors le problème est indéterminé.

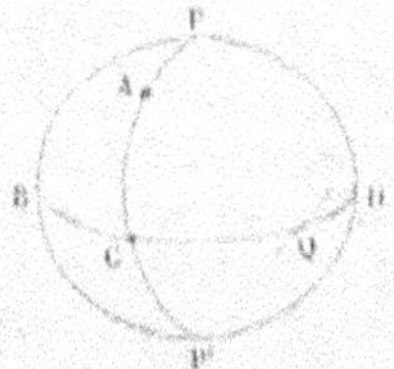
Fig. 366.

651. Problème. — *Par un point donné* A *mener un grand cercle perpendiculaire à un grand cercle donné* BCD (fig. 366).

Le pôle du grand cercle cherché est situé sur la circonférence BCD (**632**) ; de plus, sa distance au point A est égale à la corde d'un quadrant. On l'obtiendra donc en décrivant du point A comme pôle, avec une ouverture de compas égale à la corde d'un quadrant, un arc de cercle ; le point Q où cet arc rencontre la circonférence BCD est le pôle demandé.

Si le point A coïncidait avec l'un des pôles P ou P' du cercle BCD, le problème serait indéterminé, tout grand cercle passant par les points P et P' étant perpendiculaire au cercle BCD.

652. Problème. — *Par trois points donnés* A, B, C *sur la sphère, faire passer un cercle* (fig. 367).

Je vais construire le pôle P du cercle cherché. Ce pôle est le point de la surface sphérique équidistant des trois points donnés A, B, C. Or le lieu des points de l'espace équidistants de A et de B est un plan (**125**), et ce plan passe par le centre de la sphère qui est lui-même équidistant de A et de B ; donc il coupe la sphère suivant un grand cercle qui devra alors contenir le pôle P. Pour construire ce grand cercle, je décris des points

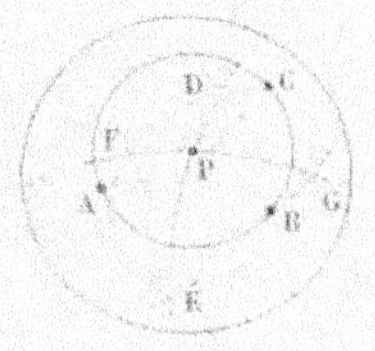

Fig. 367.

A et B comme pôles, avec la même ouverture de compas, deux petits cercles qui se coupent en deux points D et E ; ces deux points, étant également distants des points A et B, appartiennent au grand cercle cherché ; on pourra alors tracer ce grand cercle (**650**). On tracera de même le grand cercle FG qui contient tous les points équidistants de B et de C. L'intersection de ces deux grands cercles est le pôle P du cercle passant par les trois points donnés, et il suffira, pour achever la construction, de décrire un cercle du point P comme pôle avec une distance polaire égale à PA.

§ XLV. — SURFACE DE LA SPHÈRE.

653. Théorème. — *La surface engendrée par une ligne brisée régulière tournant autour d'un axe situé dans son plan, passant par son centre et ne rencontrant pas son périmètre, est égale au produit de la circonférence inscrite dans la ligne brisée par la projection de cette ligne sur l'axe.*

Soit ABCD (fig. 568) une ligne brisée régulière, et O son centre (**315**) ; soit MN une droite indéfinie, menée par le point O dans le plan de la ligne brisée et ne rencontrant pas son périmètre. Si l'on

fait tourner la figure autour de MN, chacun des côtés de la ligne
brisée décrit une surface dont nous allons déterminer la valeur.

Prenons d'abord le côté AB, et supposons qu'il ne
soit pas parallèle à l'axe ; la surface qu'il décrira en
tournant autour de l'axe sera la surface latérale d'un
cône si le point A est sur l'axe, d'un tronc de cône
si le point A est extérieur à l'axe. Dans l'un comme
dans l'autre cas, la surface engendrée a pour mesure
le produit de la longueur AB par la circonférence
que décrit son milieu E (**613**), c'est-à-dire

$$2\pi\,\mathrm{EE}' \times \mathrm{AB}.$$

Fig. 368.

Je joins OE, j'abaisse sur l'axe les perpendiculaires
AA' et BB' et je mène par le point A une parallèle à l'axe jusqu'à la
rencontre de BB' en H. Les triangles OEE', BAH sont semblables
comme ayant les côtés perpendiculaires ; on a donc la proportion

$$\frac{\mathrm{EE}'}{\mathrm{AH}} = \frac{\mathrm{OE}}{\mathrm{AB}};$$

d'où l'on tire

$$\mathrm{EE}' \times \mathrm{AB} = \mathrm{OE} \times \mathrm{AH} = \mathrm{OE} \times \mathrm{A'B'}.$$

Si, dans la mesure de la surface engendrée par AB, nous remplaçons
le produit EE' $\times$ AB par son égal OE $\times$ A'B', nous aurons

$$\text{surf. AB} = 2\pi\,\mathrm{OE} \times \mathrm{A'B'}\,[1].$$

Si le côté AB était parallèle à l'axe, il décrirait la surface latérale
d'un cylindre, dont la mesure serait (**598**)

$$2\pi\,\mathrm{EE}' \times \mathrm{AB};$$

mais dans ce cas EE' serait égal à OE et AB serait égal à A'B' ; on
aurait donc encore

$$\text{surf. AB} = 2\pi\,\mathrm{OE} \times \mathrm{A'B'}.$$

On peut donc dire, dans tous les cas, que la surface engendrée

---

1. Nous désignons par la notation abrégée surf. AB la surface engendrée par
le côté AB en tournant autour de l'axe.

par un côté de la ligne brisée tournant autour de l'axe a pour mesure le produit de la circonférence inscrite par la projection du côté sur l'axe.

Appliquons cette règle à tous les côtés de la ligne brisée régulière ; nous aurons :

$$\text{surf. AB} = 2\pi\, OE \times A'B',$$
$$\text{surf. BC} = 2\pi\, OF \times B'C',$$
$$\text{surf. CD} = 2\pi\, OG \times C'D' ;$$

ajoutons toutes ces égalités, en remarquant que $OE = OF = OG$; il viendra

$$\text{surf. ABCD} = 2\pi\, OE \times (A'B' + B'C' + C'D'),$$

ou

$$\text{surf. ABCD} = 2\pi\, OE \times A'D'. \qquad \text{C. Q. F. D.}$$

654. Définitions. — On appelle *zone* la portion de la surface de la sphère comprise entre deux plans sécants parallèles. Ces plans coupent la sphère suivant deux cercles AA' et BB' (fig. 369), qu'on nomme souvent les *deux bases* de la zone. La *hauteur* de la zone est la distance des plans des deux bases, ou, ce qui est la même chose, la distance CD des centres des deux bases.

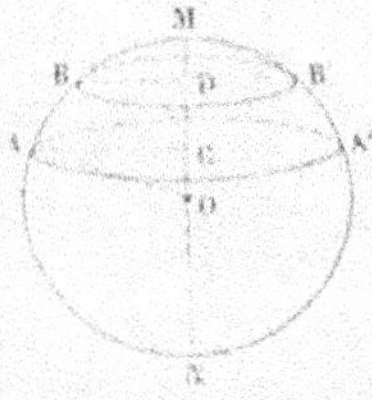

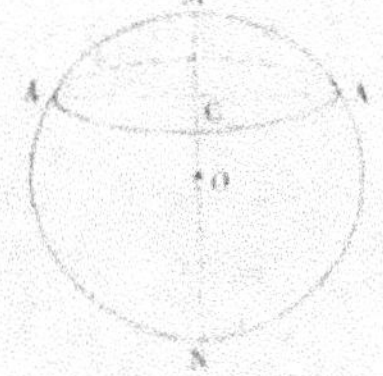
Fig. 369.

Soit MN le diamètre de la sphère perpendiculaire aux plans des bases ; si l'on fait tourner la demi-circonférence MBAN autour de MN pour engendrer la surface sphérique, l'arc AB, dans ce mouvement, décrira la zone considérée AA'B'B.

Si le plan de la base BB' se déplace parallèlement à lui-même jusqu'à devenir tangent à la sphère en M (fig. 370), la zone n'a plus qu'une base, et on lui donne souvent le nom de *calotte sphérique*. Sa hauteur est la portion CM du diamètre perpendiculaire au plan de la base, comprise entre le centre de cette base et la surface de la calotte.

Fig. 370.

655. Théorème. — *L'aire d'une zone a pour mesure le produit de sa hauteur par la circonférence d'un grand cercle.*

On ne peut pas comparer directement la surface d'une zone ou d'une portion quelconque de la surface sphérique au carré qui a été choisi pour unité d'aire; il est donc indispensable de donner une définition précise de ce qu'on entend par l'aire d'une zone.

Considérons la zone engendrée par la révolution de l'arc AB autour du diamètre MN (fig. 569); inscrivons dans l'arc AB une ligne brisée régulière; et faisons-la tourner autour de MN. Nous donnerons de l'aire de la zone la définition suivante : *l'aire de la zone est la limite vers laquelle tend la surface engendrée par une ligne brisée régulière inscrite dans l'arc générateur de la zone, lorsque le nombre des côtés de cette ligne brisée augmente indéfiniment.*

Mais, pour que cette définition soit acceptable, il faut prouver que la limite considérée existe et que sa valeur est indépendante de la loi suivant laquelle s'accroît le nombre des côtés de la ligne brisée. Or, si l'on désigne par r le rayon du cercle inscrit dans cette ligne, l'aire qu'elle engendrera en tournant autour de MN aura pour mesure (**653**)

$$2\pi r \times \text{CD}.$$

Supposons maintenant que le nombre des côtés de la ligne brisée régulière croisse indéfiniment suivant une loi quelconque, la longueur CD restera invariable, et le rayon r se rapprochera de plus en plus du rayon OA de la sphère; donc l'aire engendrée par la ligne brisée régulière tendra vers la valeur $2\pi\,\text{OA} \times \text{CD}$.

Donc enfin l'aire de la zone est égale au produit de sa hauteur CD par la circonférence d'un grand cercle, $2\pi\,\text{OA}$. c. q. f. d.

656. Corollaire. — *Sur une même sphère, deux zones sont proportionnelles à leurs hauteurs.* Il résulte de là que si l'on veut diviser une zone en parties équivalentes, il suffira de diviser sa hauteur en parties égales, et de mener par les points de division des plans parallèles aux bases de la zone.

657. Remarque. — Soit R le rayon de la sphère, H la hauteur de la zone; la longueur de la circonférence d'un grand cercle est $2\pi R$, et par conséquent l'aire de la zone est égale à $2\pi RH$.

658. Théorème. — *La surface d'une sphère est égale au produit de la circonférence d'un grand cercle par son diamètre.*

En effet, la sphère entière peut être considérée comme une zone engendrée par la révolution d'une demi-circonférence autour de son diamètre, et cette zone a pour hauteur le diamètre même de la sphère ; donc sa surface est égale au produit de son diamètre par la circonférence d'un grand cercle (**655**).

659. COROLLAIRE I. — *La surface d'une sphère est équivalente à quatre fois la surface d'un grand cercle.*

En effet, si nous désignons par R le rayon de la sphère, sa surface sera exprimée par le produit $2R \times 2\pi R$, ou $4\pi R^2$; or la surface d'un grand cercle est égale à πR^2 ; donc celle de la sphère est quatre fois plus grande.

660. REMARQUE. — On peut exprimer la surface d'une sphère, comme celle d'un cercle, en fonction de son rayon, de son diamètre ou de la circonférence d'un grand cercle. Je désignerai par les lettres R, D, C et S, le rayon, le diamètre, la circonférence d'un grand cercle, et la surface de la sphère ; on a d'abord

$$S = 4\pi R^2. \qquad [1]$$

Si dans cette formule nous remplaçons R par $\dfrac{D}{2}$, nous aurons

$$S = 4\pi \frac{D^2}{4} = \pi D. \qquad [2]$$

Enfin nous avons vu (**375**) que l'aire d'un cercle dont la circonférence est C est égale à $\dfrac{C^2}{4\pi}$; l'aire de la sphère, qui vaut quatre grands cercles, sera donc

$$S = \frac{C^2}{4\pi} \times 4 = \frac{C^2}{\pi}. \qquad [3]$$

661. COROLLAIRE II. — *Le rapport des surfaces de deux sphères est égal à celui des carrés de leurs rayons.*

En effet, soient R et R′ les rayons, S et S′ les surfaces des deux sphères ; nous aurons

$$S = 4\pi R^2, \quad S' = 4\pi R'^2.$$

Divisons ces deux égalités membre à membre et supprimons le facteur commun 4π ; nous avons

$$\frac{S}{S'} = \frac{R^2}{R'^2}. \qquad \text{C. Q. F. D.}$$

Applications. — I. La surface de la terre est divisée en cinq zones : la zone *torride*, comprise entre les deux tropiques, deux zones *tempérées*, comprises entre les tropiques et les cercles polaires, et deux zones *glaciales*, comprises entre les cercles polaires et les pôles. Chacune des zones tempérées a une hauteur égale à 3306 kilomètres environ ; quelle est la surface d'une de ces zones ?

La circonférence d'un grand cercle de la terre vaut, d'après la définition du mètre, 40 000 000 mètres, ou 40 000 kilomètres ; donc la surface d'une zone tempérée sera égale à

$$40\,000 \times 3306 = 132\,240\,000 \text{ kilomètres carrés environ.}$$

II. Trouver la surface de la terre en myriamètres carrés.

Puisque la circonférence d'un grand cercle est connue, j'emploierai la formule [3] : cette circonférence est égale à 4000 myriamètres ; donc la surface du globe terrestre est

$$\frac{4000^2}{\pi} = 16\,000\,000 \cdot \frac{1}{\pi} = 5\,092\,957 \text{ myriamètres carrés environ.}$$

III. Le diamètre d'un globe est de 22 centimètres ; quelle en est la surface ?

Elle est égale à

$$22^2 \times \pi = 1520^{cq},55,$$

à 1 millimètre carré près.

IV. L'étoffe d'un ballon sphérique a une superficie de 250 mètres carrés ; quel est le diamètre du ballon ?

On a

$$\pi D^2 = 250 ;$$

d'où l'on tire

$$D = \sqrt{\frac{250}{\pi}} = \sqrt{79,5775} = 8^m,92,$$

à 1 centimètre près.

§ XLVI. — Volume de la sphère.

662. Théorème. — *Le volume engendré par un triangle tournant autour d'un axe situé dans son plan et passant par un de ses sommets* *sans pénétrer à l'intérieur a pour mesure le produit de l'aire que décrit le côté opposé au sommet fixe par le tiers de la hauteur correspondante.*

Nous distinguerons trois cas :

1° Le triangle tourne autour d'un de ses côtés. Soit ABC le triangle qui tourne autour de AC (fig. 571). BD, AE les hauteurs abaissées des sommets B et A. Le volume engendré par ABC est la somme des deux cônes engendrés par les triangles rectangles ABD, CBD. On a donc (**618**)

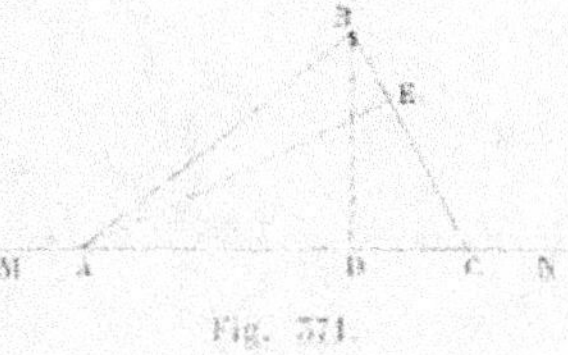

Fig. 571.

$$\text{vol. ABC} = \frac{1}{3}\pi\overline{BD}^2 \times AD + \frac{1}{3}\pi\overline{BD}^2 \times DC = \frac{1}{3}\pi\overline{BD}^2 \times AC$$

$$= \frac{1}{3}\pi BD \times BD \times AC ;$$

mais $BD \times AC = BC \times AE$; car ces deux produits représentent chacun le double de l'aire du triangle ABC ; donc

$$\text{vol. ABC} = \pi BD \times BC \times \frac{AE}{3} ;$$

or $\pi BD \times BC$ est la surface latérale du cône CBD (**611**) ; on peut donc écrire

$$\text{vol. ABC} = \text{surf. BC} \times \frac{1}{3}AE. \qquad \text{C. Q. F. D.}$$

Si l'angle C était obtus, le volume engendré par le triangle ABC serait la différence des deux cônes engendrés par les triangles rectangles ABD et CBD ; mais il aurait encore pour mesure le produit $\frac{1}{3}\pi\overline{BD}^2 \times AC$, produit que l'on transformerait comme précédemment.

et l'on aurait de même

$$\text{vol. ABC} = \text{surf. BC} \times \frac{1}{3}AE.$$

2° Le triangle ABC tourne autour d'un axe MN qui passe par le sommet A et rencontre le côté BC prolongé en un point D (fig. 572). Le volume engendré par le triangle ABC est la la différence des volumes engendrés par les triangles ABD, ACD; or

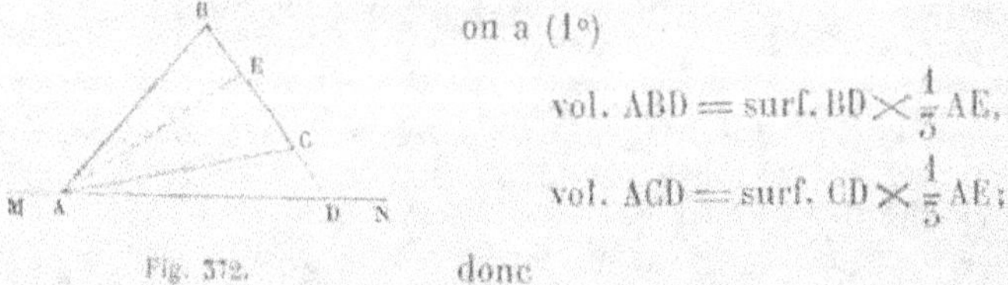

Fig. 372.

on a (1°)

$$\text{vol. ABD} = \text{surf. BD} \times \frac{1}{3}\,\text{AE},$$

$$\text{vol. ACD} = \text{surf. CD} \times \frac{1}{3}\,\text{AE};$$

donc

$$\text{vol. ABC} = (\text{surf. BD} - \text{surf. CD}) \times \frac{1}{3}\,\text{AE} = \text{surf. BC} \times \frac{1}{3}\,\text{AE}. \quad \text{c. q. f. d.}$$

3° L'axe MN est parallèle au côté BC (fig. 373). On a alors

$$\text{vol. ABC} = \text{vol. FBCG} - \text{vol. ABF} - \text{vol. ACG};$$

or

$$\text{vol. FBCG} = \pi\,\overline{\text{AE}}^{2} \times \text{BC},$$

$$\text{vol. ABF} = \frac{1}{3}\pi\,\overline{\text{AE}}^{2} \times \text{AF},$$

$$\text{vol. ACG} = \frac{1}{3}\pi\,\overline{\text{AE}}^{2} \times \text{AG};$$

donc

$$\text{vol. ABC} = \frac{1}{3}\pi\,\overline{\text{AE}}^{2}\,(3\text{BC} - \text{AF} - \text{AG})$$

$$= \frac{2}{3}\pi\,\overline{\text{AE}}^{2} \times \text{BC} = 2\pi\,\text{AE} \times \text{BC} \times \frac{1}{3}\,\text{AE}.$$

Mais $2\pi\,\text{AE} \times \text{BC}$ est la mesure de la surface latérale du cylindre décrite par le côté BC (**599**); donc enfin

$$\text{vol. ABC} = \text{surf. BC} \times \frac{1}{3}\,\text{AE}. \quad \text{c. q. f. d.}$$

Si l'un des angles B et C était obtus, la hauteur AE serait extérieure au triangle, et l'un des cônes engendrés par les triangles ABF, ACG devrait être ajouté au cylindre FBCG au lieu d'en être retranché; mais le résultat final ne serait pas changé. Nous laissons au lecteur le soin de faire la démonstration dans ce cas particulier.

663. Théorème. — *Le volume engendré par un secteur polygonal régulier tournant autour d'un axe, situé dans son plan, passant par son centre et extérieur à sa surface, a pour mesure le produit de l'aire* *que décrit la ligne brisée qui sert de base au secteur par le tiers de l'apothème de cette ligne brisée.*

Soit OABCD (fig. 374) un secteur polygonal régulier (**377**), qui tourne autour d'un axe MN, situé dans son plan, passant par son centre O et ne traversant pas la surface du secteur; soit OE l'apothème de la ligne brisée régulière qui sert de base au secteur. Pour déterminer le volume engendré par ce secteur, je le décompose en triangles par les rayons OB et OC, et j'évalue

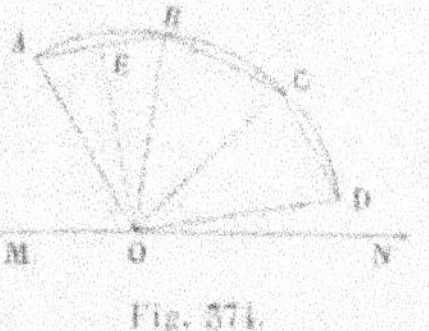

Fig. 374.

séparément le volume engendré par chacun de ces triangles; ils ont tous pour hauteur l'apothème de la ligne brisée régulière. Nous aurons ainsi (**662**) :

$$\text{vol. OAB} = \text{surf. AB} \times \tfrac{1}{3}\text{OE},$$

$$\text{vol. OBC} = \text{surf. BC} \times \tfrac{1}{3}\text{OE},$$

$$\text{vol. OCD} = \text{surf. CD} \times \tfrac{1}{3}\text{OE}.$$

Si l'on ajoute toutes ces égalités, en mettant $\tfrac{1}{3}$ OE en facteur commun, on a

$$\text{vol. OABCD} = (\text{surf. AB} + \text{surf. BC} + \text{surf. CD}) \times \tfrac{1}{3}\text{OE},$$

ou enfin

$$\text{vol. OABCD} = \text{surf. ABCD} \times \tfrac{1}{3}\text{OE}. \qquad \text{C. Q. F. D.}$$

664. Définition. — On appelle *secteur sphérique* le volume engendré par un secteur de cercle AOB tournant autour d'un diamètre MN extérieur à ce secteur (fig. 575). Ce volume est une portion de la sphère; il est limité, d'une part par les surfaces coniques décrites par les rayons OA et OB, d'autres part par la zone engendrée par l'arc AB; cette zone est dite la *base* du secteur.

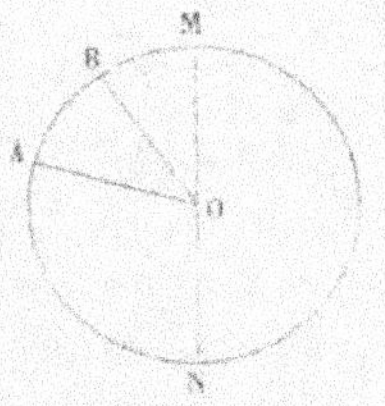

Fig. 575.

665. Théorème. — *Le volume d'un secteur sphérique a pour mesure le produit de la zone qui lui sert de base par le tiers du rayon.*

Inscrivons dans l'arc AB une ligne brisée régulière, et faisons tourner autour du diamètre MN le secteur polygonal régulier qui a pour base cette ligne brisée. On définit alors le volume du secteur sphérique en disant qu'il est *la limite vers laquelle tend le volume engendré par le secteur polygonal régulier, quand le nombre des côtés de sa base augmente indéfiniment.*

Il reste à démontrer que cette limite existe et qu'elle a une valeur indépendante de la loi d'accroissement du nombre des côtés de la ligne brisée régulière. Soit s l'aire engendrée par cette ligne en tournant autour de l'axe MN et r son apothème ; le volume engendré par le secteur polygonal régulier inscrit dans le secteur OAB aura pour

mesure (**663**) le produit $s \times \dfrac{r}{3}$. Supposons qu'on augmente indéfiniment suivant une loi quelconque le nombre des côtés de la ligne brisée régulière, l'apothème r se rapprochera de plus en plus du rayon OA de la sphère, et la surface s tendra vers l'aire de la zone engendrée par l'arc AB (**655**) ; le produit $s \times \dfrac{r}{3}$, qui mesure le volume engendré par le secteur polygonal régulier, aura donc pour limite le produit

$$\text{zone AB} \times \frac{1}{3}\, \text{OA}.$$

Par définition, le volume du secteur sphérique est mesuré par cette même quantité, ce qui est bien conforme à l'énoncé du théorème.

666. REMARQUE. — Si l'on désigne par R le rayon de la sphère, par H la hauteur de la zone qui sert de base à un secteur sphérique, l'aire de cette zone sera exprimée par le produit 2πRH (**657**), et, par conséquent, le volume du secteur aura pour mesure le produit

$$2\pi\text{RH} \times \frac{\text{R}}{3} = \frac{2}{3}\,\pi\text{R}^2\text{H}.$$

667. **Théorème**. — *Le volume de la sphère a pour mesure le produit de sa surface par le tiers du rayon.*

Supposons que le secteur circulaire qui engendre un secteur sphérique devienne un demi-cercle ; le secteur sphérique sera la sphère entière, et la zone qui lui sert de base sera la surface totale de la sphère. Donc, en vertu du théorème précédent, le volume de la sphère s'obtiendra en multipliant sa surface par le tiers du rayon. C. Q. F. D.

668. Remarque. — Soient V le volume d'une sphère, S sa surface, R son rayon et D son diamètre : on aura, d'après le théorème précédent,

$$V = S \times \frac{R}{3} ;$$

remplaçons S par sa valeur $4\pi R^2$ (**666**), et nous aurons

$$V = 4\pi R^2 \times \frac{R}{3} = \frac{4}{3} \pi R^3. \qquad [1]$$

Si nous remplaçons S par sa valeur πD^2 (**666**) et R par $\frac{D}{2}$, nous aurons

$$V = \pi D^2 \times \frac{D}{6} = \frac{1}{6} \pi D^3. \qquad [2]$$

669. Corollaire. — On déduit immédiatement des formules [1] et [2] que *les volumes de deux sphères sont proportionnels aux cubes de leurs rayons ou de leurs diamètres.*

670. Théorème. — *Le volume engendré par un segment de cercle tournant autour d'un diamètre extérieur à sa surface est égal au sixième du volume d'un cylindre ayant pour rayon de base la corde du segment et pour hauteur la projection de cette corde sur l'axe.*

Soit ABC (fig. 576) un segment de cercle, qu'on fait tourner autour du diamètre MN ; je joins OA et OC, j'abaisse du point O la perpendiculaire OI sur la corde AC, et je projette les points A et C sur l'axe aux points D et E. Le volume engendré par le segment ABC, en tournant autour de MN, est égal à la différence des volumes engendrés par le secteur OABC et par le triangle OAC. Le volume engendré par le secteur OABC a pour mesure (**666**)

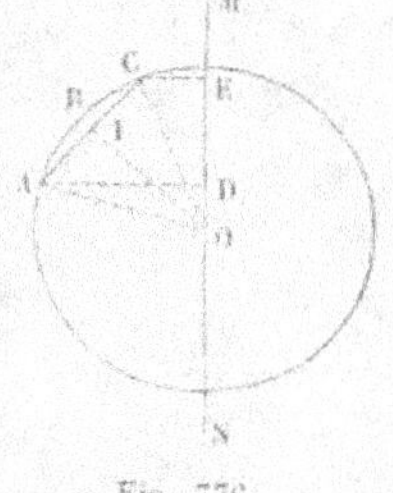

Fig. 576.

$$\frac{2}{3} \pi \overline{OA}^2 \times DE ;$$

le volume engendré par le triangle OAC a pour mesure (**662**) le produit de l'aire décrite par AC, c'est-à-dire $2\pi OI \times DE$ (**653**), par le tiers de OI, ou

$$\frac{2}{3}\pi\,\overline{\text{OI}}{}^2 \times \text{DE}.$$

Donc le volume engendré par le segment a pour mesure

$$\frac{2}{3}\pi\,\overline{\text{OA}}{}^2 \times \text{DE} - \frac{2}{3}\pi\,\overline{\text{OI}}{}^2 \times \text{DE} = \frac{2}{3}\pi\,(\overline{\text{OA}}{}^2 - \overline{\text{OI}}{}^2) \times \text{DE} ;$$

mais

$$\overline{\text{OA}}{}^2 - \overline{\text{OI}}{}^2 = \overline{\text{AI}}{}^2 = \frac{\overline{\text{AC}}{}^2}{4} ;$$

donc enfin

$$\text{vol. ABC} = \frac{1}{6}\pi\,\overline{\text{AC}}{}^2 \times \text{DE}. \qquad \text{c. q. f. d.}$$

671. Définitions. — On appelle *segment sphérique* la portion du volume de la sphère comprise entre deux plans sécants parallèles. Les cercles déterminés par ces plans sont les deux *bases* du segment et sa *hauteur* est la distance des plans des deux bases.

Si l'un des plans devient tangent à la sphère, le segment n'a plus qu'une base.

672. Théorème. — *Le volume d'un segment sphérique équivaut au volume d'un cylindre ayant pour base la demi-somme des bases du segment et pour hauteur la hauteur du segment, augmenté du volume d'une sphère ayant cette hauteur pour diamètre.*

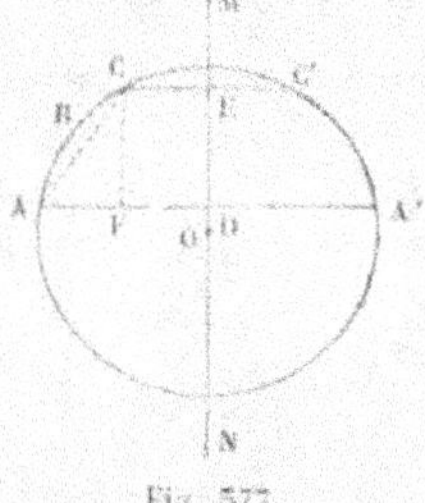

Fig. 577.

Considérons le diamètre MN (fig. 577) perpendiculaire aux deux bases du segment donné, et faisons passer un plan quelconque par ce diamètre ; ce plan coupe les bases du segment suivant les droites AA′ et CC′ et la sphère suivant un grand cercle. On peut regarder le segment comme engendré par la révolution du trapèze mixtiligne DABCE autour de MN ; son volume se compose donc du volume du tronc de cône engendré par le trapèze rectangle DACE et du volume engendré par le segment ABC. Or le tronc de cône a pour mesure (**621**)

$$\frac{1}{3}\pi\,\text{DE}\,(\overline{\text{AD}}{}^2 + \overline{\text{CE}}{}^2 + \text{AD} \times \text{CE}) ;$$

le volume engendré par le segment ABC a pour mesure (**670**)

$$\frac{1}{6}\,\pi\overline{AC}^2 \times DE.$$

En ajoutant ces deux quantités et en mettant $\frac{1}{6}\,\pi\,DE$ en facteur commun, on trouve pour le volume du segment

$$V = \frac{1}{6}\,\pi\,DE\,(2\overline{AD}^2 + 2\overline{CE}^2 + 2AD \times CE + \overline{AC}^2).$$

J'abaisse du point C la perpendiculaire CF sur AD ; le triangle rectangle ACF donne alors

$$\overline{AC}^2 = \overline{CF}^2 + \overline{AF}^2 = \overline{DE}^2 + (AD - CE)^2.$$

ou, en développant,

$$\overline{AC}^2 = \overline{DE}^2 + \overline{AD}^2 + \overline{CE}^2 - 2AD \times CE.$$

Remplaçons $\overline{AC}^2$ par cette valeur dans l'expression du volume et nous aurons

$$V = \frac{1}{6}\,\pi\,DE\,(3\overline{AD}^2 + 3\overline{CE}^2 + \overline{DE}^2),$$

ou enfin

$$V = \frac{1}{2}\,\pi\,DE\,(\overline{AD}^2 + \overline{CE}^2) + \frac{1}{6}\,\pi\,\overline{DE}^3.$$

Or la première partie de cette expression peut s'écrire

$$\frac{1}{2}\,(\pi\overline{AD}^2 + \pi\overline{CE}^2) \times DE,$$

et représente le volume d'un cylindre ayant pour base la demi-somme des bases du segment et pour hauteur la hauteur du segment ; la seconde partie exprime le volume d'une sphère ayant pour diamètre la hauteur DE du segment (**668**). Le théorème est donc démontré.

673. Corollaire. — Considérons un segment à une base ; désignons par r le rayon de cette base, par h la hauteur du segment et

par R le rayon de la sphère; le volume V de ce segment sera donné
par la formule

$$V = \frac{1}{2}\pi r^2 h + \frac{1}{6}\pi h^3 = \frac{1}{6}\pi h\,(3r^2 + h^2).$$

Mais on a évidemment (**221**, 2°)

$$r^2 = h\,(2R - h);$$

en remplaçant r^2 par cette valeur dans l'expression de V, on obtient, toutes réductions faites,

$$V = \frac{1}{3}\pi h^2 (3R - h),$$

formule qu'on pourrait d'ailleurs établir directement en considérant
le segment sphérique à une base comme la différence entre un secteur sphérique et un cône.

APPLICATIONS. — I. Trouver le volume d'une sphère qui a 1 mètre
de rayon.
On a

$$V = \frac{4}{3}\pi \times 1^3 = \frac{4}{3}\pi = 4^{\text{mc}},188790,$$

à 1 centimètre cube près.

II. Calculer le volume d'une sphère dont la surface est égale à
4 mètres carrés.
On a $S = 4\pi R^2$, et comme $S = 4$, on aura

$$4 = 4\pi R^2;$$

d'où

$$R = \sqrt{\frac{1}{\pi}};$$

d'autre part,

$$V = S \times \frac{R}{3};$$

donc

$$V = 4 \times \frac{1}{3}\sqrt{\frac{1}{\pi}} = \frac{4}{3}\sqrt{\frac{1}{\pi}} = 0^{\text{mc}},75225,$$

ou 752 décimètres cubes 250 centimètres cubes.

III. Calculer le volume du globe terrestre.

La circonférence d'un grand cercle est égale à 4000 myriamètres; le rayon est égal à

$$\frac{C}{2\pi} = \frac{2000^{\text{myr}}}{\pi};$$

donc

$$V = \frac{4}{3}\pi\,\frac{2000^3}{\pi^3} = \frac{4 \times 8000000000}{3\pi^2}$$

$$= \frac{32000000000}{3} \times \left(\frac{1}{\pi}\right)^2 = 1080731740^{\text{myr c.}}$$

IV. Calculer le rayon d'une sphère dont le volume est égal à 1 mètre cube.

On a

$$1 = \frac{4}{3}\pi R^3;$$

d'où l'on tire

$$R^3 = \frac{3}{4\pi} = \frac{3}{4}\cdot\frac{1}{\pi} = 0{,}238732414;$$

et par suite

$$R = \sqrt[3]{0{,}238732414} = 0^{\text{m}}{,}620,$$

à 1 millimètre près.

V. Une sphère a un volume de $3^{\text{mc}}{,}5$; on demande quelle est sa surface.

On a

$$V = S \times \frac{R}{3}$$

et aussi

$$S = 4\pi R^2.$$

Je tire la valeur de R de la première équation et je la porte dans la seconde, ce qui donne

$$S = 4\pi \times \frac{9V^2}{S^2}$$

ou bien

$$S^3 = 36\pi V^2.$$

Dans notre exemple, $V = 3{,}5$; donc

$$S^3 = 36 \times 3{,}5^2 \times \pi = 1385{,}442360234.$$

par suite,

$$S = \sqrt[3]{1385,442360234} = 11^{mq},15,$$

à 1 décimètre carré près.

VI. Le rapport du diamètre du soleil à celui de la terre est 108,556; quel est le rapport des volumes de ces deux astres?

Ce rapport est égal au cube du rapport des diamètres, c'est-à-dire au cube de 108,556, ce qui donne 1 279 268; le soleil est donc environ 1 279 000 fois plus gros que la terre.

VII. Trouver le volume d'une lentille biconvexe dont le diamètre est de 40 millimètres et l'épaisseur de 6 millimètres. On suppose que les deux surfaces sphériques qui limitent la lentille aient le même rayon.

La lentille est la somme de deux segments sphériques à une base, qui ont chacun pour hauteur la moitié de l'épaisseur de la lentille et pour rayon de base la moitié de son diamètre. Le volume, exprimé en millimètres cubes, sera donc

$$\pi \times 20^2 \times 3 + \frac{1}{3}\pi \times 3^3 = \pi \times 5 \times 403 = 3798^{mmc},186,$$

à $0^{mmc},001$ près par excès.

§ XLVII. — Notions sur les triangles sphériques.

674. Définitions. — On appelle *triangle sphérique* la portion ABC (fig. 378) de la surface de la sphère comprise entre trois arcs de

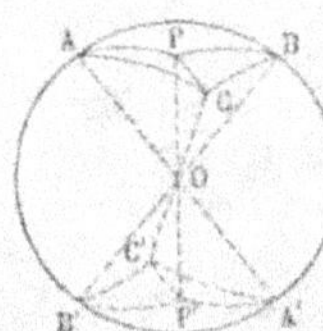
Fig. 378.

grand cercle AB, BC, CA, moindres chacun qu'une demi-circonférence. Ces arcs sont les *côtés* du triangle sphérique, et les angles qu'ils forment entre eux sont les *angles* de ce triangle; les points A, B, C en sont les *sommets*.

Un triangle sphérique est *isocèle*, *équilatéral*, *rectangle*, dans les mêmes circonstances qu'un triangle rectiligne.

Si nous joignons les sommets A, B, C d'un triangle sphérique au centre O de la sphère, nous obtenons un angle trièdre OABC, dont les faces AOB, BOC, COA ont la même mesure que les arcs AB, BC,

CA (**136**) et dont les angles dièdres OA, OB, OC ont la même mesure que les angles A, B et C du triangle sphérique (**634**). Il résulte de là qu'à toute propriété des trièdres correspond une propriété des triangles sphériques ; il suffit, pour obtenir les énoncés de ces théorèmes sur les triangles sphériques, de remplacer les mots *trièdre*, *face* et *angle dièdre* par les mots *triangle sphérique*, *côté* et *angle* dans les énoncés des théorèmes démontrés sur les angles trièdres.

675. Si l'on prolonge les rayons OA, OB et OC au delà du centre O jusqu'à leur rencontre avec la surface de la sphère en A′, B′ et C′, et qu'on joigne les points A′, B′ et C′ par des arcs de grand cercle, on forme un triangle sphérique A′B′C′, *symétrique* du triangle ABC.

Deux triangles sphériques symétriques ont les côtés égaux et les angles égaux chacun à chacun ; mais la disposition des éléments égaux est inverse dans les deux triangles, de sorte qu'ils ne sont pas superposables, en général. Cela résulte immédiatement de ce fait que les deux trièdres OABC, OA′B′C′ qui correspondent aux deux triangles sont symétriques, et des propriétés connues des trièdres symétriques (**189**).

676. Plus généralement, on appelle *polygone sphérique* la portion de la surface sphérique limitée par des arcs de grand cercle.

Si l'on joint au centre de la sphère tous les sommets d'un polygone sphérique, on forme un angle polyèdre, dont les faces ont la même mesure que les côtés du polygone et dont les angles dièdres ont la même mesure que les angles du polygone.

Si l'on prolonge un côté quelconque d'un polygone sphérique, on obtient un grand cercle qui divise la surface de la sphère en deux hémisphères. Le polygone est dit *convexe*, lorsque chaque côté ainsi prolongé laisse tout le polygone dans le même hémisphère. L'angle polyèdre correspondant à un polygone sphérique convexe est lui-même convexe ; car les plans des faces de l'angle polyèdre coïncident avec les plans des côtés du polygone, et, par conséquent, l'angle polyèdre est alors situé tout entier d'un même côté du plan de chacune des faces prolongé indéfiniment.

On voit aisément que chaque côté d'un polygone convexe est moindre qu'une demi-circonférence.

Un triangle sphérique est toujours convexe.

677. Théorème. — *Dans tout triangle sphérique, un côté quelconque est plus petit que la somme des deux autres.*

Soit ABC (fig. 578) un triangle sphérique. Dans le trièdre correspondant OABC, on a (**490**)

$$AOB < AOC + BOC;$$

d'où l'on tire, en remplaçant les angles AOB AOC, BOC par les arcs qui ont la même mesure,

$$\text{arc } AB < \text{arc } AC + \text{arc } BC. \qquad \text{c. q. f. d.}$$

678. Corollaire. — *Dans tout polygone sphérique convexe, un côté quelconque est plus petit que la somme de tous les autres.*

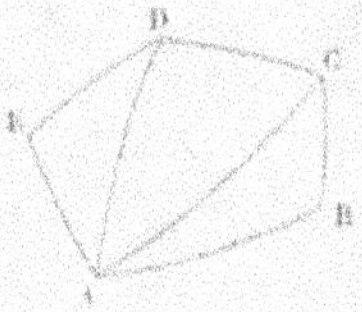

Considérons le polygone sphérique ABCDE (fig. 579) et l'un quelconque de ses côtés, AB. Joignons le sommet A aux sommets C et D par des arcs de grand cercle ; nous aurons alors, en vertu du théorème précédent,

Fig. 579.

$$AB < BC + AC,$$
$$AC < CD + AD,$$
$$AD < DE + AE ;$$

ajoutons ces inégalités membre à membre, et supprimons les termes AC et AD communs aux deux membres ; il viendra

$$AB < BC + CD + DE + AE. \qquad \text{c. q. f. d.}$$

679. Théorèmes. — 1° *Si deux angles d'un triangle sphérique sont égaux, les côtés opposés à ces angles sont égaux, et le triangle est isocèle.*

2° *Lorsqu'un triangle sphérique a deux angles égaux, il est superposable à son symétrique.*

3° *Si deux angles d'un triangle sphérique sont inégaux, les côtés opposés à ces angles sont inégaux, et le plus grand est opposé au plus grand angle.*

4° *Dans un triangle sphérique isocèle, les angles opposés aux côtés égaux sont égaux.*

5° *Si deux côtés d'un triangle sphérique sont inégaux, les angles opposés à ces côtés sont inégaux, et le plus grand angle est opposé au plus grand côté.*

Ces théorèmes se déduisent immédiatement des propriétés correspondantes des trièdres, démontrées aux n°s **192**, **193** et **194**.

680. Théorème. — *La somme des côtés d'un polygone sphérique convexe est moindre qu'une circonférence de grand cercle.*

Ce théorème est une conséquence immédiate de celui qui a été établi au n° **496** pour les angles polyèdres convexes ; mais on peut aussi en donner une démonstration directe.

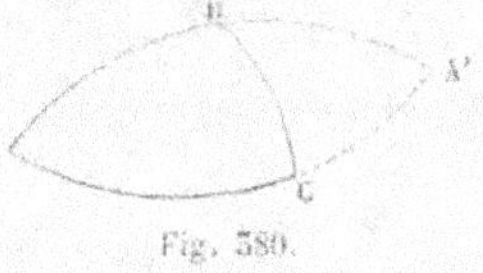

Fig. 580.

Considérons d'abord un triangle sphérique ABC (fig. 580). Prolongeons les côtés AB et AC jusqu'à leur second point de rencontre en A' ; les arcs de grand cercle ABA' et ACA' sont deux demi-circonférences (**629**). Cela posé, dans le triangle sphérique BCA', le côté BC est plus petit que la somme des deux autres,

$$BC > BA' + CA' ;$$

aux deux membres de cette inégalité ajoutons AB + AC, et nous aurons

$$AB + AC + BC < AB + BA' + AC + CA' ;$$

le second membre est la somme des deux arcs ABA', ACA' ; il équivaut donc à une circonférence de grand cercle ; par conséquent, la somme des côtés du triangle est moindre qu'une circonférence de grand cercle. c. Q. F. D.

Considérons maintenant un polygone sphérique convexe ABCDE (fig. 581). Prolongeons deux côtés AB et CD séparés par un troisième jusqu'à leur rencontre en F ; si nous remplaçons le côté BC par le contour BFC, nous obtenons un nouveau polygone AFDE, qui a un côté de moins que le polygone donné et un périmètre plus grand. En opérant de même sur le polygone AFDE et en continuant cette opération s'il est nécessaire, on arrivera à un triangle sphérique

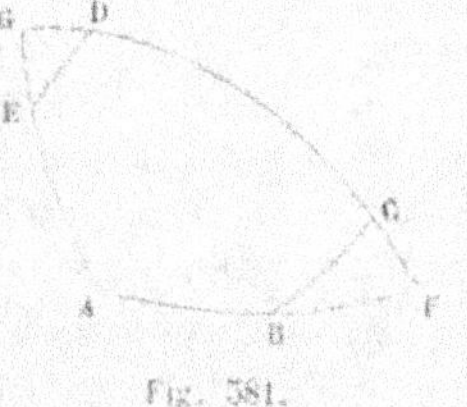

Fig. 581.

AFG, dont le périmètre sera plus grand que celui du polygone donné. Or la somme des côtés du triangle AFG est moindre qu'une circonférence du grand cercle ; donc il en est de même, à plus forte raison, de la somme des côtés du polygone ABCDE. c. Q. F. D.

681. Définition. — Considérons un triangle sphérique ABC (fig. 582) ; soit A′ celui des pôles du côté BC qui est situé dans le même hémisphère que le triangle ABC par rapport au cercle BC ;

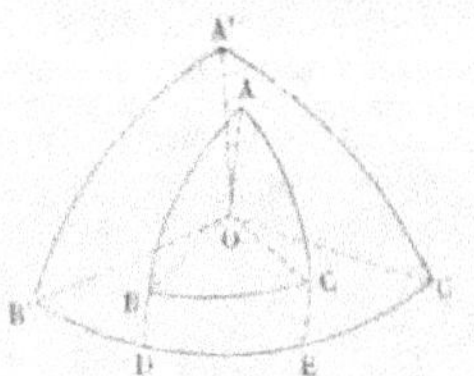

Fig. 582.

construisons de même les pôles B′ et C′ des côtés CA et AB, en prenant chacun d'eux dans le même hémisphère que le triangle ABC par rapport au côté correspondant ; les points A′, B′ et C′ sont les sommets d'un second triangle A′B′C′, qui s'appelle le *triangle polaire* du triangle ABC.

Construisons les trièdres OABC, OA′B′C′, correspondant aux deux triangles ABC, A′B′C′ ; la droite OA′ est perpendiculaire au plan OBC **(633)**, et comme le point A′ et le point A sont, d'après la définition précédente, situés dans un même hémisphère par rapport au cercle BC, les deux droites OA′ et OA sont du même côté du plan OBC. On verrait de la même manière que OB′ est perpendiculaire au plan OCA du même côté de ce plan que l'arête OB, et que OC′ est perpendiculaire au plan OAB du même côté de ce plan que l'arête OC. Donc **(496)** le trièdre OA′B′C′ est supplémentaire du trièdre OABC.

682. Théorème. — 1° *Si un triangle sphérique A′B′C′ est le triangle polaire du triangle sphérique ABC, réciproquement le triangle ABC est le triangle polaire du triangle A′B′C′.*

2° *Chaque angle de l'un de ces triangles a pour mesure une demi-circonférence de grand cercle moins le côté opposé de l'autre triangle* (fig. 582).

Ces deux propositions sont des conséquences immédiates des propriétés analogues des trièdres supplémentaires (**498, 500**) ; mais on peut aussi les démontrer directement.

1° Le point A, se trouvant à la fois sur les arcs CA et AB dont les pôles respectifs sont B′ et C′, est distant de chacun de ces points de la corde d'un quadrant ; donc il est l'un des pôles du cercle B′C′ **(635)**. D'autre part, les deux points A et A′ sont dans un même hémisphère par rapport au cercle BC, et le point A′ est le pôle de ce cercle ; il résulte évidemment de là que, si l'on joignait les points A et A′ par un arc de grand cercle, cet arc serait moindre qu'un quadrant et, par conséquent, moindre que l'un quelconque des arcs de grand cercle allant du point A, pôle du cercle B′C′, à ce cercle ; en d'autres termes, les deux points A et A′ sont dans un même hémisphère par rapport au cercle B′C′. Donc enfin le point A est, d'après la définition même, l'un des sommets du triangle polaire de A'B'C'; le même raisonnement s'appliquerait aux points B et C ; par conséquent, le triangle ABC est le triangle polaire du triangle A'B'C'. C. Q. F. D.

A cause de cette propriété, les triangles ABC, A'B'C' sont dits *polaires réciproques*.

2° Soient D et E les points d'intersection de l'arc B'C' avec les côtés AB et AC, prolongés s'il est nécessaire ; l'angle A a pour mesure l'arc DE (**636**). Or les arcs C'D et B'E sont égaux chacun à un quadrant, puisque le point C' est le pôle du cercle ABD et que le point B' est le pôle du cercle ACE ; on a donc

$$C'D + B'E = \frac{1}{2} \text{ circonférence de grand cercle,}$$

ou

$$C'D + DB' + DE = \frac{1}{2} \text{ circonférence de grand cercle.}$$

Donc enfin

$$DE = \frac{1}{2} \text{ circonférence de grand cercle} - B'C'. \quad \text{C. Q. F. D.}$$

*** 683.** COROLLAIRES. — *Dans un triangle sphérique,*

1° *Chacun des angles augmenté de deux droits surpasse la somme des deux autres ;*

2° *La somme des trois angles est comprise entre deux droits et six droits.*

Même démonstration que pour les angles trièdres (**502, 503**).

*** 684. Théorèmes.** — *Deux triangles sphériques tracés sur la même sphère ou sur deux sphères égales sont égaux ou symétriques :* 1° *lorsqu'ils ont un angle égal compris entre côtés égaux chacun à chacun ;* 2° *lorsqu'ils ont un côté égal adjacent à deux angles égaux chacun à chacun ;* 3° *lorsqu'ils ont les trois côtés égaux chacun à chacun ;* 4° *lorsqu'ils ont les trois angles égaux chacun à chacun. Ils sont égaux quand les éléments égaux sont disposés de la même manière dans les deux triangles, symétriques quand la disposition des éléments égaux est inverse.*

Ces théorèmes se déduisent immédiatement des cas d'égalité des trièdres (**505, 508, 512, 13**) : on peut aussi les démontrer directement en raisonnant comme dans la géométrie plane (**33, 34, 35,**

36 et **37**) pour les trois premiers cas, et en s'appuyant sur les propriétés des triangles polaires pour le quatrième cas.

* § XLVIII. — Polyèdres réguliers.

685 Définition. — Un *polyèdre régulier* est un polyèdre dont toutes les faces sont des polygones réguliers égaux assemblés en même nombre autour de chaque sommet, et dont tous les angles dièdres sont égaux. Il résulte évidemment de cette définition que tous les angles solides d'un polyèdre régulier sont égaux entre eux ; ils sont d'ailleurs convexes.

Comme exemples de polyèdres réguliers, nous citerons le cube et le tétraèdre, dont toutes les faces sont des triangles équilatéraux égaux.

686. Théorème. — *Tout polyèdre régulier peut être inscrit et circonscrit à une sphère.*

Soient C et C' (fig. 585) les centres de deux faces adjacentes du polyèdre régulier, AB l'arête qui leur est commune.

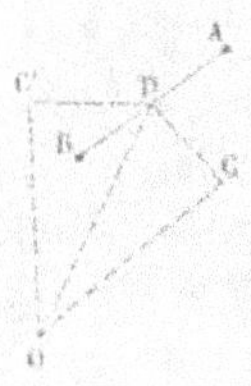
Fig. 585.

Par le point C, j'élève une perpendiculaire CO au plan de la première face ; tout point O pris sur cette perpendiculaire est à égale distance de tous les sommets de la face C, et en particulier des sommets A et B ; donc la droite CO est contenue dans le plan perpendiculaire au milieu de AB, lieu des points équidistants de A et de B (**125**). Pour la même raison, la perpendiculaire élevée au plan de la seconde face par son centre C' sera aussi contenue dans le plan perpendiculaire au milieu de AB. Les deux perpendiculaires se rencontreront donc en un point O, lequel sera également distant de tous les sommets des deux faces considérées.

Soit D le milieu du côté AB ; les droites CD et C'D sont les apothèmes des deux faces du polyèdre et, par conséquent, sont égales. Les deux triangles rectangles COD, C'OD sont alors égaux comme ayant l'hypoténuse OD commune et les côtés CD et C'D égaux ; donc l'angle CDO est égal à l'angle C'DO, et comme l'angle CDC' est l'angle rectiligne du dièdre AB, l'angle CDO a la même mesure que la moitié de ce dièdre. Il résulte de là que, quelles que soient les faces adjacentes que l'on choisisse dans le polyèdre, le triangle rectangle COD reste invariable, puisque l'un des côtés CD, qui est l'apothème d'une des faces du polyèdre, garde toujours la même longueur et que l'angle CDO, qui mesure la moitié d'un dièdre du polyèdre, est également constant. Donc les perpendiculaires élevées aux plans de toutes les faces adjacentes à la première par leurs centres respectifs rencontreront la première perpendiculaire CO au point O ; de même les perpendiculaires aux faces adjacentes à la seconde face passent au point O, et ainsi de suite. On en conclut que toutes les perpendiculaires élevées aux faces du polyèdre par leurs centres respectifs concourent en un même point O.

Ce point est également distant de tous les sommets du polyèdre ; il est donc le centre d'une sphère circonscrite à ce polyèdre. Ce même point est encore équidistant de toutes les faces du polyèdre ; il est donc le centre d'une sphère inscrite dans le polyèdre. On l'appelle le centre du polyèdre régulier.

687. Théorème. — *Il n'existe que cinq polyèdres réguliers.*

L'angle solide d'un polyèdre régulier a pour faces des angles plans égaux entre eux et égaux à l'angle plan d'un polygone régulier. Nous allons considérer les polygones réguliers successifs, en commençant par le triangle équilatéral, et chercher tous les angles solides convexes qu'on peut former en assemblant autour d'un même point plusieurs polygones réguliers égaux.

Triangle équilatéral. — L'angle d'un triangle équilatéral vaut $\frac{2}{3}$ de droit. On pourra d'abord construire un trièdre ayant pour faces trois de ces angles ; car chacun d'eux est plus petit que la somme des deux autres, et leur somme est inférieure à quatre droits (**514**). On conçoit aussi qu'on puisse former un angle polyèdre convexe en assemblant quatre ou cinq angles plans égaux à $\frac{2}{3}$ de droit : car la somme de ces angles sera égale à $\frac{8}{3}$ ou à $\frac{10}{3}$ de droit, et par suite inférieure à quatre droits. Mais si l'on prend plus de cinq angles égaux à $\frac{2}{3}$ de droit, leur somme sera égale ou supérieure à quatre droits ; par conséquent, ils ne pourront pas former un angle solide convexe (**493**). Il résulte de là qu'avec des triangles équilatéraux assemblés autour d'un même point on obtient au plus trois angles polyèdres convexes différents, un trièdre, un angle solide à quatre faces et un à cinq ; en d'autres termes, il y a au plus trois polyèdres réguliers dont les faces soient des triangles équilatéraux.

Carré. — L'angle du carré est droit ; donc avec trois de ces angles pris comme faces on pourra construire un trièdre. Mais si l'on en prend plus de trois, leur somme sera égale ou supérieure à quatre droits, et on ne pourra pas former un angle solide convexe ayant ces angles pour faces.

Pentagone régulier. — L'angle du pentagone régulier vaut $\frac{6}{5}$ de droit, et la somme de trois de ces angles est moindre que quatre droits ; on peut donc former un trièdre en assemblant trois pentagones réguliers. Mais c'est le seul angle solide convexe qui admette des faces égales à $\frac{6}{5}$ de droit ; car quatre de ces angles donnent une somme supérieure à quatre droits.

Il est inutile de considérer d'autres polygones réguliers, parce que la somme de trois angles d'un polygone régulier de plus de cinq côtés est égale ou supérieure à quatre droits.

Il existe donc au plus cinq polyèdres réguliers. Nous allons faire voir qu'ils existent effectivement ; trois sont formés avec des triangles équilatéraux, le *tétraèdre*, l'*octaèdre* et l'*icosaèdre* réguliers ; un a pour faces des carrés égaux, c'est le cube ou *hexaèdre* régulier ; enfin le cinquième est formé avec des pentagones, c'est le *dodécaèdre* régulier.

688. Problèmes. — *Construire les cinq polyèdres réguliers.*

1° *Tétraèdre.* — Construisons un triangle équilatéral ABC (fig. 384) ; par le centre P de ce triangle élevons une perpendiculaire PD à son plan ; puis du point A comme centre, avec AB comme rayon, décrivons un arc de cercle dans le plan APD ; il coupera la perpendiculaire PD en un point D ; joignons enfin DA, DB et DC ; le tétraèdre ABCD est régulier. En effet, les obliques DA, DB, DC sont égales, puisque le point P est le centre du triangle équilatéral ABC ; de plus, elles sont égales à AB d'après la construction ; donc les trois faces DAB, DBC, DCA sont des triangles équilatéraux égaux à ABC. D'ailleurs, les quatre angles trièdres sont égaux, comme ayant leurs faces égales chacune à chacune. Donc enfin le tétraèdre ABCD est régulier.

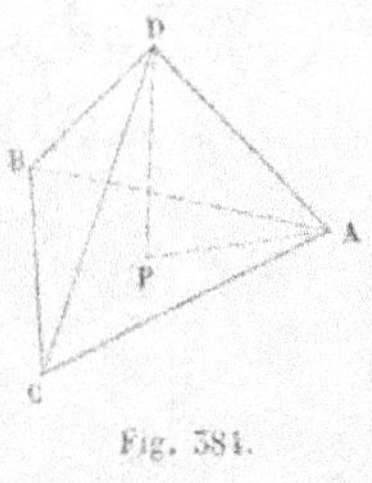

Fig. 384.

2° *Hexaèdre.* — L'hexaèdre régulier n'est autre chose qu'un cube ; on sait le construire.

3° *Octaèdre.* — Par le centre O d'un carré ABCD (fig. 585), élevons une perpendiculaire à son plan et prenons sur cette droite, de part et d'autre du point O, deux longueurs OE et OF égales à OA ; puis joignons les points E et F aux quatre sommets du carré ABCD ; je dis que l'oc- taèdre EABCDF ainsi construit est régulier. En effet, la figure AECF, dont les diagonales sont perpendiculaires et égales, et se cou- pent en deux parties égales, est un carré (94) ; de plus ce carré est égal au carré ABCD, avec

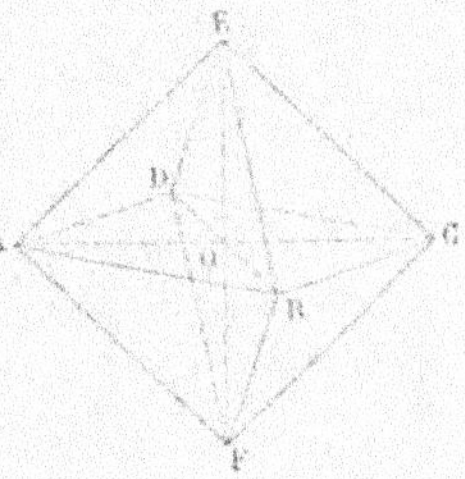

Fig. 585.

lequel il a une diagonale commune AC ; donc les arêtes AE, EC, CF et AF sont égales à AB ; il en est de même des arêtes BE, ED, DF et FB. L'octaèdre a donc toutes ses arêtes égales, et par consé- quent ses faces sont des triangles équilatéraux. D'autre part, les angles polyèdres sont tous égaux ; car on peut évidemment les superposer ; ainsi en transportant la pyramide EABCD sur la pyramide ABEDF, de manière que leurs bases égales ABCD, BEDF soient appliquées l'une sur l'autre, les angles polyèdres E et A coïncideront. L'octaèdre considéré a donc pour faces des poly- gones réguliers égaux, et ses angles solides sont tous égaux ; par conséquent, il est régulier.

4° *Dodécaèdre.* — Sur chacun des côtés d'un pentagone régulier *abcde* (fig. 586) et dans son plan, construisons un pentagone égal, et faisons tourner les plans de ces cinq po- lygones autour des côtés *ab*, *bc*, etc., jus- qu'à ce que les deux côtés issus de chacun des sommets *a*, *b*, *c*, *d*, *e* coïncident. Nous formerons ainsi une surface polyédrale ou- verte *abcde fi'gf'hf'ig'jh'*, formée de six pen- tagones réguliers égaux ; et les sommets du décagone gauche *fi'gf'hf'ig'jh'* qui la termine correspondent alternativement à deux et à un pentagone. Construisons une

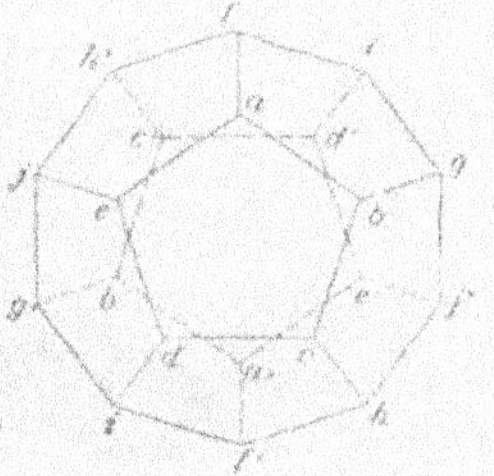

Fig. 586.

seconde surface polyédrale égale à la précédente, et opposons-la à la première de manière que les sommets correspondants à un seul pentagone dans l'une coïncident avec les sommets qui correspon- dent dans l'autre à deux pentagones. Il est facile de voir que cette superposition est possible. Elle donne un dodécaèdre dont toutes les

faces sont des pentagones réguliers égaux ; les angles solides de ce
polyèdre sont des trièdres tous égaux entre eux comme ayant leurs
faces égales ; ce dodécaèdre est donc régulier.

3° *Icosaèdre.* — Construisons une pyramide régulière *abcdef*
(fig. 387) ayant pour base un pentagone régulier *bcdef* et pour faces

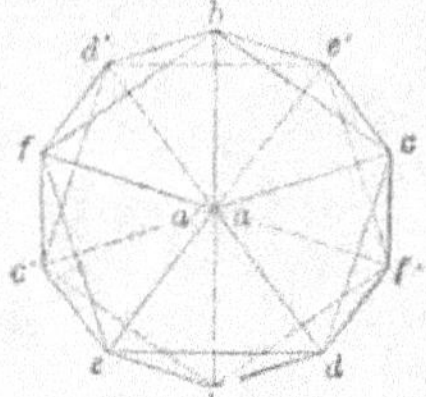

latérales des triangles équilatéraux *abc*,
acd, etc ; par chacun des côtés du pentagone,
menons des plans formant avec les plans des
faces latérales de la pyramide des angles dièdres égaux à ceux de l'angle solide *abcdef*, et
dans ces plans construisons des triangles
équilatéraux *bce'*, *cdf'*, *deb'*, *efc'*, *fbd'*. Nous
obtiendrons ainsi une surface polyédrale ou-
verte formée de dix triangles équilatéraux et

Fig. 387.

terminée par un décagone gauche, *be'cf'db'ec'fd'*, dont les sommets
correspondent alternativement à un et à quatre triangles ; au som-

Fig. 388. — Tétraèdre.

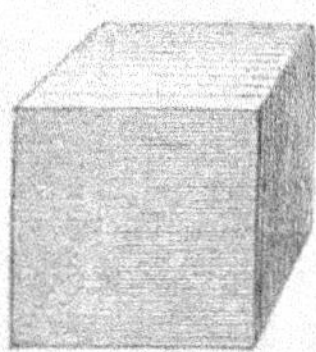

Fig. 389. — Hexaèdre.

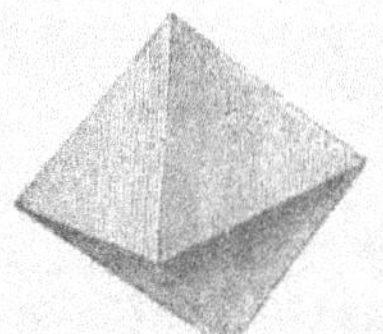

Fig. 590. — Octaèdre.

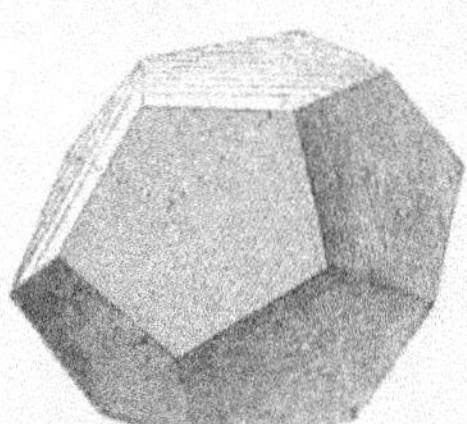

Fig. 391. — Dodécaèdre.

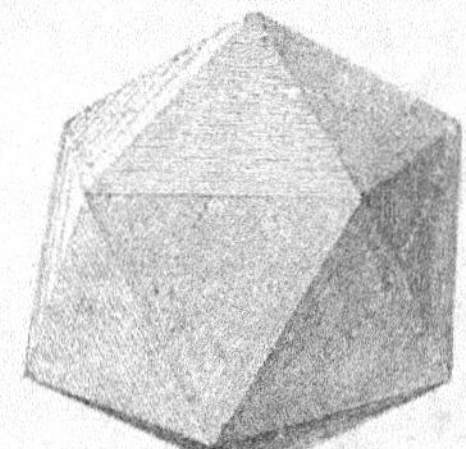

Fig. 592. — Icosaèdre.

met *b*, par exemple, sont réunis quatre triangles équilatéraux
d'bf, *fba*, *abc*, *cbe'*, dont les plans successifs forment des dièdres
tous égaux ; au sommet suivant *e'*, il n'y a, au contraire, qu'un triangle *be'c*.

Cela posé, prenons une deuxième figure égale à la précédente et retournons-la pour l'opposer à la première, de manière que les sommets qui correspondent à un triangle dans l'une des figures coïncident avec ceux qui correspondent à quatre triangles dans l'autre. On démontre aisément que ce mode de superposition est possible et que l'icosaèdre obtenu est régulier.

Ces cinq polyèdres réguliers sont représentés dans les figures 388, 389, 390, 391 et 392.

* **689**. Remarque I. — Il est facile de trouver le nombre des sommets et le nombre des arêtes de chacun des polyèdres réguliers ; nous avons réuni ces nombres dans le tableau suivant :

	FACES.	SOMMETS.	ARÊTES.
Tétraèdre.	4	4	6
Hexaèdre.	6	8	12
Octaèdre.	8	6	12
Dodécaèdre.	12	20	30
Icosaèdre.	20	12	30

* **690**. Remarque II. — On voit par le tableau précédent que le nombre des faces de l'octaèdre régulier est égal au nombre des sommets de l'hexaèdre et inversement. Les mêmes conditions sont remplies par le dodécaèdre et l'icosaèdre. On dit, pour cette raison que l'hexaèdre et l'octaèdre d'une part, le dodécaèdre et l'icosaèdre de l'autre, sont des polyèdres réguliers *conjugués*; le tétraèdre régulier, ayant autant de faces que de sommets, peut être regardé comme conjugué à lui-même.

On peut se rendre compte géométriquement de cette corrélation. Étant donné un polyèdre régulier, si l'on prend les centres de toutes ses faces, ces points sont les sommets d'un autre polyèdre régulier, qui a évidemment autant de sommets que le premier a de faces. On peut ainsi déduire l'octaèdre régulier de l'hexaèdre régulier et réciproquement; l'icosaèdre et le dodécaèdre se déduisent de même l'un de l'autre; quant au tétraèdre, il fournit de cette manière un autre tétraèdre.

EXERCICES SUR LE LIVRE VII

1. Le diamètre d'un cercle est de 4 mètres; une corde parallèle à ce diamètre est de 2 mètres. On demande quelle est la surface engendrée par cette corde en tournant autour du diamètre.

2. Avec une feuille de tôle pesant 45 grammes le décimètre carré, on a fait un tuyau cylindrique de $2^m,50$ de long et qui pèse $7^{kg},0686$. Quel est le diamètre de ce tuyau?

3. On a un réservoir cylindrique de $2^m,40$ de profondeur; il doit contenir 1200 litres d'eau; on demande son diamètre.

4. La hauteur d'un cylindre est de 1 mètre et son volume de 1 hectolitre. Calculer le rayon, à 1 millimètre près, sans logarithmes. (Saint-Cyr, 1874.)

5. Calculer le rayon du cylindre circonscrit à un bassin octogonal dont la capacité est de 5 mètres cubes, le côté de l'octogone régulier de base étant égal à la profondeur du bassin.

6. Calculer les dimensions du double décalitre employé pour les matières sèches, sachant que son diamètre est égal à sa hauteur.

7. Quel est le diamètre d'un fil de platine qui pèse 28 grammes par mètre de longueur? On sait que la densité du platine est 22,06.

8. La surface latérale d'un cylindre droit est a, son volume est b; calculer le rayon de base et la hauteur de ce cylindre.

9. Calculer le volume d'un cylindre de 1 mètre de hauteur et dont la surface totale est équivalente à celle d'un cercle de 2 mètres de rayon.

10. Le côté d'un cône est égal à $28^m,5$, et la surface de sa base est de 6 mètres carrés. On demande de calculer la surface du cercle dont le plan est distant de $2^m,75$ du plan de la base.

11. On donne la hauteur h d'un cône et le rayon R de sa base. A quelle distance du sommet faut-il couper le cône par un plan parallèle à la base, pour que la surface totale du petit cône obtenu soit équivalente à la surface latérale du grand? (*B*. Paris.)

12. Couper un cône par un plan parallèle à la base, de façon que

les surfaces totales du petit cône et du tronc soient équivalentes.

13. La hauteur et les rayons d'un tronc de cône étant 10, 18 et 8, calculer la distance à la grande base de la section qui est moyenne proportionnelle entre les deux bases.

14. Calculer, à 1 centimètre près, le côté du carré équivalent à la surface totale du cône d'un mètre de rayon et dont l'arête est égale au côté du carré inscrit dans la base.

15. Partager l'aire latérale d'un cône de révolution en parties équivalentes par des plans parallèles à la base.

16. On fait tourner un triangle équilatéral autour d'un de ses côtés, et on observe que la surface engendrée équivaut à la surface totale d'un cylindre de $0^m,6$ de rayon et $0^m,8$ de hauteur. On demande la longueur du côté de ce triangle. (Concours général de Philosophie, 1868.)

17. Construire le rayon d'un cône, connaissant son apothème et sachant que sa surface totale est équivalente à un cercle de rayon donné.

18. Dans un tronc de cône, on donne la hauteur $0^m,15$ et les diamètres des deux bases égaux à $0^m,27$ et $0^m,16$. Comment tracerait-on le contour d'une portion de surface plane pouvant s'enrouler sur la surface convexe de ce tronc de cône et la recouvrir exactement sans déchirure ni duplicature ? (Concours académique, Rhétorique, Douai, 1868.)

19. Le volume d'un cône est $72^{mc},645$ et sa hauteur $1^m,72$; calculer son rayon à $0^m,01$ près.

20. Le volume d'un cône est $\frac{1}{3}$ de mètre cube et son rayon 1 mètre. Calculer sa surface latérale. (B. Paris.)

21. Calculer le volume engendré par un triangle équilatéral d'un mètre de côté, tournant autour d'une parallèle distante d'un mètre de la base et extérieure au triangle. (B. Paris.)

22. Calculer le volume engendré par un losange de $3^m,79$ de côté, tournant autour d'une de ses diagonales qui a 6 mètres de longueur.

23. Calculer le volume d'un cône, sachant que le développement de sa surface latérale est un secteur de 3 mètres de rayon et dont l'angle au centre est de 120°.

24. Volume et surface latérale du tronc de cône obtenu en coupant à 3 mètres de la base un cône de 5 mètres de rayon et de 10 mètres de hauteur.

25. Les côtés d'un rectangle étant de 3 mètres et de 4 mètres,

calculer, à 1 décimètre cube près, le volume qu'il engendre en tournant autour d'un axe mené par un de ses sommets perpendiculairement à la diagonale qui y aboutit. (*B. Paris.*)

26. Un cône en liège a $0^m,6$ pour rayon de base et $0^m,8$ pour hauteur; il s'enfonce dans l'eau par son sommet. De quelle quantité, comptée sur sa hauteur, doit-il s'enfoncer, en supposant que la densité du liège soit 0,24?

27. La hauteur d'un tronc de cône est h; les diamètres de ses deux bases sont 4 décimètres et 22 décimètres. On demande quel diamètre il faudrait donner à un cylindre de même hauteur h pour que son volume fût équivalent à celui du tronc de cône.

28. Un vase a la forme d'un tronc de cône dont la base inférieure a 25 centimètres de diamètre; la surface supérieure de l'eau contenue dans ce vase est un cercle de 26 centimètres de diamètre, et la profondeur de cette eau est de $14^c,4$. On y laisse tomber un cube de pierre de 5 centimètres de côté; on demande à quelle hauteur s'élèvera le niveau de l'eau.

29. Un vase de forme conique a une capacité de 1 litre et un diamètre de 25 centimètres, et il est rempli par de l'eau et du mercure. Le poids des deux liquides est le même; on demande l'épaisseur de la couche d'eau et celle de la couche de mercure, la densité du mercure étant égale à 13,6.

30. On donne le volume $\frac{4}{3}\pi a^3$ et la surface totale πb^2 d'un cône; calculer son rayon et sa hauteur. (*B. Paris.*)

31. Connaissant le volume d'un tronc de cône de révolution, l'une des bases et la hauteur, trouver l'autre base.

32. Un cylindre et un tronc de cône ont une base commune et même hauteur; quel doit être le rapport des deux bases du tronc de cône pour que le volume du cylindre soit le double du tronc?

33. Lorsque l'apothème d'un tronc de cône est égal à la somme des rayons des bases, la moyenne géométrique entre ces rayons donne la moitié de la hauteur, et l'on obtient le volume en multipliant la surface totale par le sixième de cette hauteur.

34. Étant donné le carré ABCD et la droite AX menée par le sommet A dans le plan du carré, on demande de construire sur le côté BC comme base le triangle isocèle BCM, de telle manière que ce triangle et le carré donné engendrent des volumes équivalents en tournant autour de la droite AX. (Concours général, Rhétorique, 1867.)

35. Quelle erreur commet-on sur le volume d'un tronc de cône, lorsqu'on substitue à ce volume celui d'un cylindre de même hauteur que le tronc et ayant pour rayon la moyenne arithmétique entre les rayons des bases du tronc? Limite supérieure de cette erreur quand la différence entre ces deux rayons ne dépasse pas le quart du plus grand. (*B. Lille.*)

36. Un hexagone de côté a tourne successivement autour d'un de ses côtés et autour d'un axe extérieur, mené par un de ses sommets et également incliné sur les deux côtés adjacents. Calculer les surfaces et les volumes engendrés. (*B. Clermont.*)

37. Par un point S pris sur le prolongement du diamètre d'un cercle, on mène une tangente SA, et l'on fait tourner la figure autour du diamètre : le cercle décrit une sphère, et la ligne SA décrit un cône dont la base est le cercle décrit par la perpendiculaire AP an diamètre. On demande de calculer la surface et le volume de ce cône. Le rayon du cercle est égal à $0^m,035$, et la distance du point S au centre est égale à $0^m,125$.

38. On joint en croix les extrémités de deux parallèles, de longueurs a et b et de distance h. 1° Calculer la somme et la différence des aires des deux triangles obtenus ; 2° la somme et la différence des volumes que ces deux triangles engendrent, lorsque la figure tourne autour de l'une des parallèles. (*B. Paris.*)

39. Un pentagone, de côté donné, est formé d'un carré surmonté d'un triangle équilatéral ; calculer le volume qu'il engendre en tournant autour d'un de ses côtés. (Trois cas à considérer.)

40. Les volumes engendrés par un parallélogramme, tournant successivement autour de deux côtés adjacents, sont en raison inverse des longueurs de ces côtés.

41. V, V' et V" étant les volumes engendrés par un triangle rectangle tournant successivement autour de son hypoténuse et autour de ses deux autres côtés, on a $\dfrac{1}{V^2} = \dfrac{1}{V'^2} + \dfrac{1}{V''^2}$. (*B. Paris.*)

42. Étant donné un cercle, on lui circonscrit un parallélogramme que l'on fait tourner autour de l'une de ses diagonales. 1° Prouver que la surface et le volume ainsi engendrés sont proportionnels. 2° Calculer cette surface et ce volume, connaissant le rayon du cercle et l'aire du parallélogramme. (Concours général, Rhétorique, 1872.)

43. Un cylindre et un cône droits à bases circulaires ont des hauteurs égales, des surfaces totales égales et des volumes égaux. La hauteur est donnée et on demande de calculer les rayons.

44. Calculer, en fonction des bases, le rapport des volumes engendrés par un trapèze tournant successivement autour de chacune de ses bases.

45. Un triangle isocèle tourne successivement autour de sa base b et autour de son côté c; calculer les volumes engendrés et le rapport de ces volumes. Dans quel cas ces deux volumes sont-ils égaux? (*B.* Poitiers.)

46. Calculer le volume d'un tronc de cône, connaissant sa hauteur h, son grand rayon R et sachant que le côté est à une distance égale à h du centre de la grande base.

47. Construire un triangle dont on donne deux côtés b et c, sachant que le volume qu'il engendre en tournant autour du troisième côté est équivalent à la somme de ceux qu'il engendre en tournant autour des deux premiers.

48. On circonscrit à un cercle un hexagone régulier ABCDEF; on mène le diamètre FC et les diagonales AC et BF, qui se coupent en un point I, sur le rayon OH perpendiculaire à FC. Si l'on fait tourner la figure autour de OH comme diamètre, les triangles FIC, AIB engendrent des cônes. On demande l'expression de leur surface et celle de leur volume, en fonction du rayon du cercle. (Concours général, Seconde scientifique, 1857.)

49. Tout tétraèdre peut être inscrit et circonscrit à la sphère.

50. Quelles conditions doivent remplir deux cercles qui ne sont pas dans un même plan pour appartenir à une même sphère?

51. Trouver le lieu des centres des sections faites dans une sphère par tous les plans qui passent par une droite donnée.

52. Une sphère de rayon connu est posée sur un plan horizontal; sur le même plan repose par sa base un cône droit, dont la hauteur est égale au diamètre de la sphère et dont le rayon est donné; on demande de couper ces deux corps par un plan horizontal de telle sorte que les sections soient entre elles comme deux nombres donnés. (Concours général, Rhétorique, 1875.)

53. La Terre étant supposée sphérique, on considère les points M de la surface dont la latitude est égale à la longitude :

1° Déterminer le lieu des projections des points M sur le plan de l'équateur;

2° Déterminer le lieu des droites AM, A étant le point de l'équateur à partir duquel on compte les longitudes. (Concours général, Philosophie, 1880.)

54. Trouver le lieu géométrique des points de l'espace dont les distances à deux points fixes sont proportionnelles à des longueurs données.

55. Lieu des points d'une sphère dont les distances à deux points fixes sont proportionnelles à des longueurs données. — Discussion.

56. Lorsqu'un tétraèdre a ses arêtes opposées deux à deux perpendiculaires, les milieux des six arêtes et les pieds des plus courtes distances des arêtes opposées sont douze points d'une même sphère.

57. D'un point pris hors d'une sphère, on mène trois sécantes. Démontrer que le produit des distances de ce point aux deux points d'intersection de chaque sécante avec la sphère est constant. — La réciproque est-elle vraie? (*B. Poitiers.*)

58. Diviser un arc de cercle tracé sur une sphère solide en deux parties égales.

59. Construire sur une sphère solide l'arc de grand cercle qui divise en deux parties égales l'angle de deux grands cercles donnés.

60. Décrire sur la surface d'une sphère une circonférence dont le plan soit à une distance donnée du centre de la sphère.

61. On donne un point sur la surface d'une sphère; construire le point diamétralement opposé.

62. Le rayon de la surface des mers supposée sphérique est de 6 366 198 mètres. On demande à quelle distance peut s'étendre en pleine mer la vue d'un observateur élevé de 50 mètres au-dessus du niveau de l'eau.

63. L'axe d'un cône fait un angle de 30° avec la génératrice; on place à l'intérieur du cône une sphère d'un mètre de rayon touchant le cône suivant un cercle. On demande le rayon du cercle de contact. (*B. Clermont.*)

64. Par une droite donnée, mener un plan tangent à une sphère donnée.

65. Les plans tangents communs à deux sphères et qui laissent les deux sphères d'un même côté passent tous par un même point; il en est de même des plans tangents communs situés entre les deux sphères.

66. Mener par un point un plan tangent commun à deux sphères.

67. Mener un plan tangent commun à trois sphères. — Discussion.

68. Trois sphères étant données, on peut construire une infinité de sphères qui leur soient tangentes; par les points de contact de chacune de celles-ci et des proposées on peut faire passer un plan; prouver que tous ces plans passent par une même droite. (Concours général, 1865.)

69. Étant donnés deux plans P et P′ et un point A en dehors de ces plans, on considère toutes les sphères qui passent par le point

A et qui sont tangentes aux deux plans donnés. 1° Trouver le lieu de la droite qui joint le point A au centre de la sphère variable. 2° Trouver le lieu du point où cette sphère touche l'un des plans. (Concours général, 1877.)

70. Étant donnés une sphère et un plan, on considère chaque point du plan comme le sommet d'un cône circonscrit à la sphère, et qui a pour base, en conséquence, un petit cercle de cette sphère. On demande de trouver le lieu géométrique des centres des cercles ainsi déterminés. (Concours général, Rhétorique, 1866.)

71. Étant données trois sphères, trouver un point tel, que les cônes circonscrits aux trois sphères et ayant ce point pour sommet aient tous la même ouverture.

72. Trouver les relations qui doivent exister entre les longueurs des arêtes d'un tétraèdre pour qu'elles soient toutes tangentes à une même sphère.

73. Si par un point fixe on mène trois plans perpendiculaires deux à deux qui coupent une sphère donnée, la somme des aires des trois cercles de section est constante, quel que soit le système de plans rectangulaires mené par le point fixe.

74. Lieu des points d'égale puissance par rapport à deux sphères (plan radical).

75. Lieu des points d'égale puissance par rapport à trois sphères (axe radical).

76. Les axes radicaux de quatre sphères prises trois à trois concourent en un même point (centre radical).

77. Deux sphères sont homothétiques directement et inversement.

78. Couper une sphère par un plan tel, que l'aire de la section soit les $\frac{3}{4}$ de l'une des calottes sphériques déterminées par le plan sécant.

79. Calculer la longueur et le rayon d'une chaudière cylindrique terminée par deux hémisphères, connaissant la surface totale, 5 mètres carrés, et le périmètre, 4 mètres, de la section faite par un plan passant par l'axe.

80. Calculer à 1 millimètre près la hauteur d'une calotte sphérique dont l'aire est égale à $25^{mq},26$, le volume de la sphère entière étant égal à $405^{mc},23$. (B. Paris.)

81. Couper une sphère par un plan tel, que les surfaces latérales des deux cônes inscrits opposés par la base soient dans un rapport donné.

82. Inscrire dans une sphère un cône dont l'aire latérale soit

équivalente à celle de la calotte sphérique terminée au même cercle.

83. Couper une sphère par un plan tel, que l'aire de la section déterminée par ce plan soit équivalente à la différence des deux calottes dans lesquelles il divise la sphère.

84. Un cône circonscrit à une sphère de rayon R est tel que, si son sommet s'éloigne du centre d'une distance égale à la moitié du rayon, la surface de la calotte inscrite dans le cône augmente du douzième de la surface de la sphère. Trouver la distance du centre de la sphère au sommet de ce cône. (*B*. Poitiers.)

85. Si un cylindre est circonscrit à une sphère, et qu'on les coupe par des plans parallèles au grand cercle de contact, la zone comprise entre ces deux plans est équivalente à la portion de la surface cylindrique comprise entre ces mêmes plans.

86. Une calotte sphérique est équivalente au cercle qui a pour rayon la corde de l'arc qui engendre la calotte.

87. Sur une sphère de rayon donné, on considère une zone à deux bases ; on donne l'aire de cette zone et la distance d'une des bases au centre. Trouver le rayon de l'autre base.

88. Si on inscrit dans un demi-cercle un demi-polygone régulier d'un nombre pair de côtés et qu'on circonscrive un demi-polygone régulier semblable, la surface de la sphère engendrée par la révolution de la demi-circonférence autour de son diamètre est moyenne proportionnelle entre les surfaces engendrées par les deux polygones.

89. Un hexagone régulier de côté a est posé sur une sphère de telle sorte que tous ses côtés lui soient tangents. On donne le rapport des zones déterminées sur la sphère par le plan de l'hexagone. Quel est le rayon de la sphère ? (*B*. Alger.)

90. Un cône a un rayon R et un apothème A ; son sommet étant placé verticalement au-dessous de la base, on y laisse tomber une sphère de rayon *r*. Calculer : 1° le rayon de la circonférence de contact ; 2° la distance du sommet du cône au centre de la sphère ; 3° la portion de la surface de la sphère que l'on peut voir du sommet du cône.

91. Dans un tétraèdre régulier, les milieux des six arêtes sont sur une même sphère. Calculer, en fonction de l'arête du tétraèdre, la portion de la surface sphérique située en dehors du tétraèdre (Concours académique, Rhétorique, Douai, 1868.)

92. On peut imaginer une infinité de sphères de rayons différents tangentes à un même plan en un même point : sur chacune de ces sphères, on décrit un cercle ayant pour pôle le point de contact

commun et renfermant une zone constamment équivalente à un même cercle de rayon donné. Chercher la surface sur laquelle se trouvent tous les cercles ainsi décrits. (Concours académique, Rhétorique, Douai, 1868.)

93. Le volume engendré par un triangle tournant autour d'un axe situé dans son plan et extérieur à sa surface a pour mesure le produit de l'aire du triangle par la circonférence que décrit son centre de gravité (Théorème de Guldin).

94. Un triangle ABC tourne autour d'une droite donnée passant par le sommet A ; on demande de mener par ce sommet une droite AD telle, que les volumes engendrés par les triangles ABD et ACD soient équivalents.

95. Mener une parallèle à la base d'un triangle, de manière que les volumes engendrés par les deux parties du triangle tournant autour de sa base soient équivalents.

96. Un triangle équilatéral ABC, dont le côté est égal à a, tourne autour d'une droite MN située dans son plan et parallèle à l'un de ses côtés BC. Quelle doit être la distance des deux parallèles BC et MN pour que le volume engendré par le triangle en tournant autour de MN soit égal à quatre fois le volume engendré par le même triangle en tournant autour de son côté BC. (Concours général, Philosophie, 1870.)

97. Par le sommet A d'un triangle ABC, mener dans son plan un axe tel, que le volume engendré par le triangle en tournant autour de cet axe soit maximum.

98. Un creuset a la forme d'un tronc de cône dont le fond a $0^m,04$ de diamètre, le bord supérieur $0^m,7$ et la hauteur $0^m,10$. Ce creuset contient du métal en fusion dont la surface supérieure a $0^m,06$ de diamètre ; on veut couler le métal dans un moule sphérique. Quel doit être le rayon de ce moule pour que le métal le remplisse exactement ?

99. Une boule de verre pèse 1 kilogramme ; on demande quelle est la surface extérieure de cette boule, la densité du verre étant 2,58.

100. Trouver le volume d'une sphère dans laquelle on connaît la hauteur et la surface d'une zone. La hauteur est égale à $0^m,47$ et la surface à 2 mètres carrés.

101. Un morceau de cuivre de forme cubique et du poids de $1^{kg},75$ est placé sur un tour et réduit à une sphère dont le diamètre est égal aux 0,75 de la longueur du côté du cube primitif ; la densité du cuivre est de 8,85 ; calculer le poids de la tournure de cuivre obtenue.

102. Une sphère, un cylindre et un cône ont des volumes équivalents ; de plus la sphère, la base du cylindre et celle du cône ont des diamètres égaux entre eux et à 5 décimètres. On demande la hauteur du cylindre et celle du cône.

103. On veut faire avec du taffetas vernis qui pèse 250 grammes au mètre carré, un ballon sphérique propre à contenir 904 mètres cubes de gaz. On demande le poids du taffetas employé.

104. AB est le diamètre d'un demi-cercle ; on prend un point C sur ce diamètre et sur chacun des segments AC et BC comme diamètre, on décrit un demi-cercle. On demande le volume décrit par la surface comprise entre les trois demi-circonférences, lorsque la figure fait une révolution complète autour de AB.

105. Le volume d'un cône s'obtient en divisant le carré de la surface latérale par trois fois la circonférence de grand cercle de la sphère circonscrite.

106. Étant donnée une sphère, on construit sur un grand cercle comme base un cône équivalent à la moitié du volume de la sphère. 1° Trouver le rayon du petit cercle d'intersection ; 2° évaluer le volume de la portion du cône comprise entre la base et le plan de ce petit cercle. (Concours général, Rhétorique, 1876.)

107. Construire un triangle rectangle tel, que le volume engendré par la révolution autour de l'hypoténuse soit égal à $\frac{1}{8}$ de la sphère qui aurait cette hypoténuse pour diamètre. (B. Clermont.)

108. Sur trois axes rectangulaires passant par un point O, on prend des longueurs égales OA, OA', OB, OB', OC, OC' ; on joint deux à deux les six points. Démontrer qu'il y a une sphère qui touche les huit faces de l'octaèdre formé et calculer le volume de cette sphère en fonction de la longueur a de OA. (B. Lyon.)

109. On donne deux sphères tangentes extérieurement et dont l'une a un rayon double de l'autre. A l'ensemble de ces deux sphères on circonscrit un cône dont on demande le volume et la surface totale, connaissant le rayon de la petite sphère. (Concours général, Rhétorique, 1874.)

110. A quelle distance du sommet d'un cône faut-il mener un plan parallèle à la base pour que le volume du tronc soit égal au double de celui de la sphère ayant pour diamètre la distance du sommet au plan ? (B. Paris.)

111. Étant donné un demi-cercle AB, on demande de trouver sur sa circonférence un point M tel, que, si on mène la tangente MP jusqu'à la rencontre du diamètre AB prolongé, qu'on joigne le point

M au centre O, et qu'on fasse ensuite tourner la figure autour de AB, les volumes engendrés par le secteur AOM et par le triangle OMP soient entre eux dans un rapport donné. (Concours général, Rhétorique, 1870.)

112. Circonscrire à une sphère donnée un tronc de cône dont le volume soit à celui de la sphère dans un rapport donné. Trouver le rapport de la surface totale du tronc de cône à celle de la sphère. (Concours général, Rhétorique, 1869.)

113. Étant données deux sphères, on inscrit dans la première un cône droit à base circulaire dont le côté est égal au diamètre de la base, et l'on circonscrit à la seconde un cylindre. On trouve alors que le volume du cône est la dix-huitième partie du volume du cylindre ; on demande le rapport des rayons des deux sphères. (Concours général, Rhétorique, 1873.)

114. Calculer à un décimètre cube près le volume d'un cylindre de 1^m de hauteur inscrit dans une sphère de $1^m,19$ de diamètre.

115. Quel est le diamètre d'un bassin hémisphérique qui a un hectolitre de capacité?

116. Un secteur circulaire de 1 mètre de rayon et dont l'angle est de $120°$ tourne autour d'un des côtés de cet angle; calculer le volume du secteur sphérique engendré.

117. Le volume du cylindre circonscrit à une sphère est les $\frac{3}{2}$ du volume de la sphère, et la surface totale de ce cylindre est aussi les $\frac{3}{2}$ de celle de la sphère.

118. Un cône circonscrit à une sphère est tel, que son côté est égal au diamètre de sa base. Trouver le rapport de son volume à celui de la sphère et le rapport de sa surface totale à celle de la sphère.

119. Dans un parallélipipède rectangle dont les dimensions sont a, b, c, on empile des sphères égales dont le diamètre est contenu m fois dans a, n fois dans b et p fois dans c. Démontrer que, si le diamètre de ces sphères varie, la somme de leurs volumes reste constante, pourvu que m, n et p soient toujours entiers.

120. Étant donnée une série de cercles concentriques, on mène dans ces cercles des cordes toutes égales entre elles et parallèles à un diamètre commun. Les volumes engendrés par les segments correspondants en tournant autour du diamètre commun sont équivalents.

121. Un arc de $60°$, pris dans un cercle de $12^m,86$ de rayon, tourne

autour du diamètre qui passe par une de ses extrémités. Calculer l'aire de la zone engendrée, le volume du secteur sphérique qui a cette zone pour base et le volume du segment limité par cette zone.

122. Une sphère a 8 mètres de rayon; calculer le volume de chacun des segments obtenus en coupant la sphère par un plan perpendiculaire au milieu d'un rayon.

123. Deux sphères de rayon R et r sont concentriques, calculer le segment déterminé dans la grande sphère par un plan tangent à la petite. (*B.* Paris.)

124. Volume du segment sphérique détaché dans une sphère de 5 mètres de rayon par deux plans parallèles menés d'un même côté du centre à 1 mètre et à 2 mètres de ce point. (*B.* Paris.)

125. Une sphère creuse a un rayon intérieur de 6226 mètres et un rayon extérieur de 6636 mètres. Trouver le volume compris entre deux plans parallèles, situés d'un même côté du centre et à des distances de 500 mètres et de 5100 mètres. (*B.* Poitiers.)

126. Dans une sphère de $0^m,210$ de rayon pénètre un cylindre de $0^m,210$ de diamètre et dont l'axe est dirigé suivant un des diamètres de la sphère. Calculer le volume de la partie du cylindre comprise dans la sphère.

127. Étant donnée une sphère OA, déterminer une seconde sphère O'A tangente intérieurement à la première en A, et telle que, si on lui mène un plan tangent BC parallèle au plan tangent en A, et que, suivant le cercle d'intersection de ce plan et de la sphère donnée, on circonscrive un cône à cette sphère, le volume compris entre la surface latérale du cône et celle de la zone BAC soit égal à m fois le volume de la sphère O'A. (Concours général, Rhétorique, 1868.)

128. Un triangle équilatéral ABC est inscrit dans un cercle de rayon R; on fait tourner la figure autour du diamètre AD passant par le sommet A. Calculer le volume engendré par le segment de cercle AMB. (*B.* Paris.)

129. Étant donné un demi-cercle et un point sur son diamètre, mener par ce point une droite aboutissant à la circonférence et telle que, la figure tournant autour du diamètre, les deux portions du cercle engendrent des volumes équivalents. (Saint-Cyr, 1867.)

130. Inscrire dans une sphère un cône tel, que son volume soit la moitié du volume du segment dans lequel il est inscrit. (École navale, 1878.)

131. Calculer les dimensions d'un segment sphérique, sachant qu'il a pour l'une de ses bases un grand cercle et que son volume est sextuple de la sphère qui a pour diamètre la hauteur du segment.

132. Deux sphères O et O′ se coupent ; les rayons de ces deux sphères sont $b + a$ et $b - a$; la distance des centres est $2c$. Évaluer le volume compris dans la sphère O en dehors de la sphère O′ et le volume compris dans la sphère O′ en dehors de la sphère O. Comment varient ces volumes quand, a et c restant constants, on fait varier b ? (Concours académique, Poitiers.)

133. On donne un demi-cercle construit sur AB comme diamètre et on mène la tangente BT. Mener par A la sécante AMN (M et N étant les points où elle coupe la demi-circonférence et la tangente BT) telle que, la figure tournant autour de AB, le volume engendré par la surface MNB soit équivalent au volume engendré par la surface MAB qui est limitée par les droites MA et AB et l'arc MB. (Saint-Cyr, 1877.)

134. Si l'on désigne par H la hauteur d'un segment sphérique, par B et B′ ses deux bases et par B″ l'aire du cercle de la sphère équidistant des deux bases, le volume du segment est donné par la formule

$$V = \frac{H}{6}(B + B′ + 4B″).$$

135. L'arc de grand cercle tangent à un petit cercle est perpendiculaire à l'arc de grand cercle mené du pôle du petit cercle au point de contact.

136. Lorsque deux petits cercles d'une sphère se coupent, l'arc de grand cercle qui joint leurs pôles est perpendiculaire sur l'arc de grand cercle qui joint les points d'intersection et le divise en deux parties égales.

137. Construire un triangle sphérique, connaissant ses trois côtés.

138. Le triangle sphérique trirectangle est le huitième de la sphère.

139. Trouver l'aire d'un triangle sphérique birectangle dont le troisième angle est égal à 59°, le rayon de la sphère étant égal à 10 mètres.

140. Trouver les rayons des sphères inscrite et circonscrite à un tétraèdre régulier, à un cube, à un octaèdre régulier, connaissant le côté a de chacun de ces polyèdres.

141. Deux cubes sont, l'un inscrit, l'autre circonscrit à une même sphère ; trouver le rapport de leurs volumes.

142. Étant donné le côté a d'un cube, calculer le côté et le vo-

lume de l'octaèdre régulier qui a pour sommets les centres des faces du cube.

143. Le rayon de la sphère tangente aux six arêtes d'un tétraèdre régulier est une moyenne proportionnelle entre les rayons de la sphère inscrite et de la sphère circonscrite au même tétraèdre.

LIVRE VIII

LES SECTIONS CONIQUES ET L'HÉLICE

§ XLIX. — Ellipse.

691. Définitions. — Tangente a une courbe. — Considérons une courbe quelconque et un point M sur cette courbe (fig. 393); joignons le point M à un point voisin M' de la courbe et faisons tour-

Fig. 393.

ner la sécante SS' ainsi obtenue autour du point M, de manière que le second point d'intersection M' de cette sécante avec la courbe se rapproche de plus en plus du point M. Quand le point M' sera arrivé à se confondre avec le point M, la sécante occupera, en général, une position bien déterminée TT'; c'est cette position limite qui s'appelle la *tangente* à la courbe au point M; le point M est le *point de contact* ou *de tangence*.

La tangente à une courbe en un point donné est la limite des positions que prend une sécante passant par le point donné, lorsqu'elle tourne autour de ce point jusqu'à ce qu'un second point d'intersection vienne se confondre avec le premier.

On appelle *normale* à une courbe en un point la perpendiculaire à la tangente à ce point; ce point lui-même se nomme le *pied* de la normale.

Il est aisé de montrer que la définition particulière que nous avons donnée de la tangente au cercle (**118**) rentre dans la définition gé-

nérale. Soit, en effet, CD une sécante au cercle O (fig. 594) ; si on la
fait tourner autour d'un de ses points d'intersection A avec la circonférence jusqu'à ce que le second point B d'intersection soit confondu
avec le premier, elle occupera alors la
position EF et n'aura plus qu'un point
commun avec la circonférence. Si l'on
continuait le mouvement de la droite
mobile au delà de EF, elle redevien-
drait sécante ; mais le second point d'intersection B' passerait de l'autre côté du
point A.

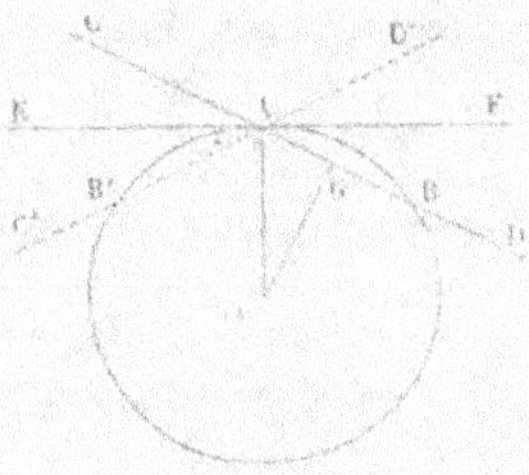

La définition générale conduit d'ailleurs très simplement à la propriété ca-

Fig. 594.

ractéristique de la tangente au cercle. Abaissons du centre la
perpendiculaire OG sur la sécante AB ; le point G est le milieu
de la corde AB. Supposons maintenant que la sécante AB tourne
autour du point A jusqu'à ce que le point B vienne se confondre
avec lui ; le point G, milieu de AB, coïncidera aussi avec le point A,
et la ligne OG se confondra avec le rayon OA. D'ailleurs OG reste
perpendiculaire à la sécante pendant tout le mouvement ; donc, à la
limite, le rayon OA est perpendiculaire à la tangente EF.

Mais la définition particulière donnée pour la tangente au cercle
ne conviendrait pas à toutes les courbes. Il peut arriver, en effet, et
nous en donnerons des exemples, qu'une droite n'ait qu'un point
commun avec une courbe, sans lui être tangente. D'autre part lorsqu'une courbe peut être coupée par une droite en plus de deux
points (fig. 595), une sécante SS', passant par deux points voisins M
et M', pourra rencontrer la courbe
en un troisième point B ; si l'on fait
tourner cette sécante autour du point
M de manière que le point M' se rapproche indéfiniment du point M, le
point B ne se confondra pas, en gé-

Fig. 595.

néral, avec les deux premiers, et la tangente TT' aura alors avec la
courbe un point commun A autre que le point de contact.

Une courbe plane est *convexe*, lorsqu'elle ne peut être rencontrée
par une droite en plus de deux points. Il est clair, d'après ce qui
précède, que la tangente à une courbe convexe n'a qu'un point commun avec la courbe.

697. AXE, SOMMETS, CENTRES. — On appelle *axe* d'une courbe une droite qui la divise en deux parties symétriques. Tout diamètre d'un cercle est un axe de ce cercle (**107**).

Lorsqu'une courbe est rencontrée par son axe, les points d'intersection se nomment des *sommets* de la courbe.

On appelle *centre* d'une courbe un point par rapport auquel les points de la courbe sont symétriques deux à deux.

693. ELLIPSE. — L'*ellipse* est une courbe plane telle, que la somme des distances de chacun de ses points à deux points fixes soit constante. Les deux points fixes s'appellent les *foyers* de l'ellipse, et les droites qui joignent un point de la courbe aux deux foyers se nomment les *rayons vecteurs* de ce point. La distance des deux foyers s'appelle la distance *focale*.

694. Problème. — *Construire une ellipse par points, connaissant les deux foyers et la somme des rayons vecteurs de chacun de ses points.*

Soient F et F' les deux foyers (fig. 596); portons sur la droite F'F une longueur F'K égale à la somme constante des rayons vecteurs de chaque point de l'ellipse; je désignerai cette somme par $2a$, et la distance focale FF' par $2c$. Il est clair que c est moindre que a; car, si l'on joint un point quelconque M de l'ellipse aux deux foyers F et F', le côté FF' du triangle MFF' est moindre que la somme des deux autres; on a donc : $2c < 2a$ ou $c < a$. Si c était égal ou supérieur à a, l'ellipse n'existerait pas, et le problème proposé serait impossible.

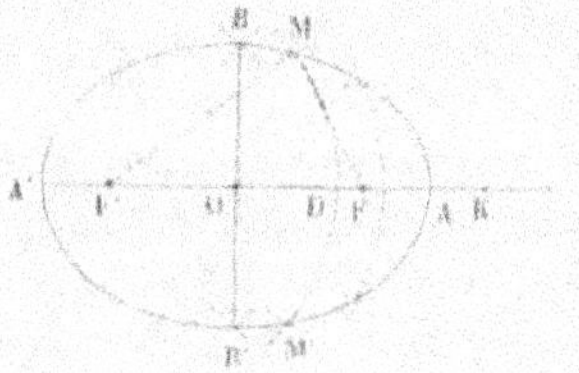

Fig. 596.

Cela posé, à partir du milieu O de la droite FF', portons sur cette droite, de part et d'autre du point O, deux longueurs OA et OA' égales à a; les points A et A' sont des points de l'ellipse. En effet, les longueurs FA et F'A' sont évidemment égales; par suite, la somme AF $+$ AF' des rayons vecteurs du point A est égale à A'F'$+$AF ou à AA', c'est-à-dire à $2a$; le point A appartient donc à l'ellipse, et il en est de même du point A'.

Des points F et F' comme centres, avec un rayon égal à a, décrivons deux circonférences; elles se couperont en deux points B et B', puisque les rayons sont égaux et que leur somme $2a$ surpasse la distance FF' des centres. Les points B et B' appartiennent aussi à l'ellipse; car, d'après la construction, la somme des rayons vecteurs de chacun de ces points est égale à $2a$. Remarquons, de plus, que la droite BB' est perpendiculaire à la droite FF' en son milieu.

Pour avoir d'autres points de la courbe en aussi grand nombre qu'on voudra, décrivons du foyer F' comme centre une série de cercles de rayons différents ; soit D le point où l'un d'eux coupe la droite F'F ; prenons une ouverture de compas égale à KD, et du foyer F comme centre, avec cette ouverture de compas, décrivons un second cercle ; il coupera le premier en deux points M et M' qui appartiendront à l'ellipse. Car, d'après la construction, la somme des rayons vecteurs MF' et MF de l'un de ces points est égale à F'D + DK, c'est-à-dire à la longueur donnée F'K. On répétera la même construction pour chacun des cercles décrits du point F' comme centre, et on obtiendra ainsi autant de points de la courbe qu'on voudra ; il suffira ensuite de les joindre par un trait continu, et on aura l'ellipse demandée.

Pour que cette construction fournisse des points de l'ellipse, il faut et il suffit que les deux cercles décrits des points F' et F comme centres, avec F'D et DK comme rayons, se coupent, c'est-à-dire que la distance des centres soit plus petite que la somme des rayons, et que chaque rayon soit plus petit que la distance des centres augmentée de l'autre. Or la première condition est toujours satisfaite, puisque $c < a$; il suffira donc qu'on ait les deux inégalités

$$F'D < FF' + DK, \quad DK < FF' + F'D.$$

Remplaçons, dans ces deux inégalités, FF' par $2c$ et DK par $2a - F'D$, et nous aurons

$$F'D < 2c + 2a - F'D, \quad 2a - F'D < 2c + F'D ;$$

en résolvant par rapport à F'D, nous obtenons enfin

$$F'D < a + c, \quad F'D > a - c.$$

Or $a + c = F'A$ et $a - c = F'A$; donc le rayon F'D doit être compris entre F'A' et F'A pour que la construction précédente donne des points de l'ellipse.

695. Problème. — *Tracer l'ellipse d'un mouvement continu, connaissant les deux foyers F et F' et la somme 2a des rayons vecteurs de chaque point* (fig. 597).

On fixe aux deux foyers F et F' deux pointes auxquelles on attache les deux extrémités d'un fil ayant une longueur égale à 2*a*. On tend

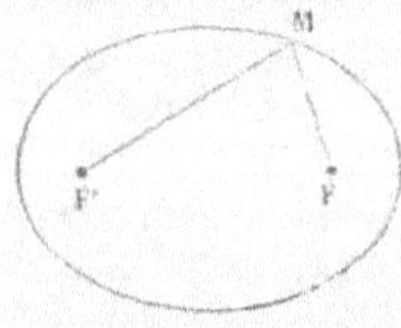

ensuite le fil à l'aide d'un crayon ou d'une pointe que l'on fait mouvoir sur le plan jusqu'à ce qu'on soit revenu au point de départ ; l'ellipse est alors tracée. En effet, dans chacune des positions du fil, la somme des distances MF et MF′ de la pointe aux deux foyers est égale à la longueur totale du fil, c'est-à-dire à 2*a*.

Fig. 597.

Ce procédé est surtout applicable sur le terrain ; il serait peu commode sur le papier.

696. Remarque. — *L'ellipse est une courbe fermée*. C'est une conséquence évidente du tracé continu de la courbe ; quand la pointe mobile revient à son point de départ, elle a décrit un circuit fermé.

697. Théorème. — *L'ellipse a pour axes la ligne droite qui joint les foyers et la perpendiculaire élevée au milieu de cette droite ; de plus elle a pour centre le milieu de la distance focale.*

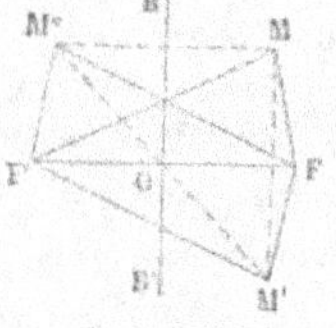

Soient F, F′ les deux foyers (fig. 598), O le milieu de leur distance, BB′ la perpendiculaire élevée au milieu de FF′, et M un point quelconque de la courbe.

Fig. 598.

Si la partie supérieure de la figure tourne autour de FF′, pour se rabattre sur la partie inférieure, le point M vient en M′, et l'on a évidemment

$$\mathrm{M'F} + \mathrm{M'F'} = \mathrm{MF} + \mathrm{MF'} ;$$

donc le point M′ est un point de la courbe. Ainsi à tout point M de l'ellipse correspond un point M′ symétrique du premier par rapport à FF′ ; en d'autres termes, FF′ est un axe de l'ellipse.

Faisons tourner de même la portion de droite de la figure autour de BB′ pour la rabattre sur la portion de gauche ; le point F tombera en F′, et le point M en un certain point M″ ; je dis que ce point appartient à l'ellipse. En effet, d'après la construction, M″F′ = MF, et l'angle M″F′F est égal à l'angle MFF′ ; par conséquent, les deux triangles MFF′ et M″F′F sont égaux comme ayant un angle égal compris entre côtés égaux, d'où il résulte que M″F = MF′. On aura donc

$$\mathrm{M''F} + \mathrm{M''F'} = \mathrm{MF'} + \mathrm{MF},$$

ce qui prouve que le point M″, symétrique du point M, appartient à l'ellipse. A tout point M de l'ellipse correspond un autre point M″ de cette courbe symétrique du premier par rapport à BB′; en d'autres termes, BB′ est un axe de la courbe.

Je dis enfin que le point O est le centre de l'ellipse. En effet, soit M″ un point quelconque de la courbe; je le joins au point O et je prolonge cette droite d'une longueur OM′ égale à elle-même; le point M′ sera symétrique du point M″ par rapport au point O. Menons les rayons vecteurs des deux points M″ et M′; nous formons ainsi un quadrilatère M″FM′F′ dont les diagonales se coupent mutuellement en parties égales; ce quadrilatère est donc un parallélogramme, et par conséquent M″F = M′F′ et M″F′ = M′F. La somme des rayons vecteurs du point M′ est donc égale à celle des rayons vecteurs du point M″; d'où il résulte que le point M′, symétrique d'un point quelconque M″ de l'ellipse par rapport au point O, appartient aussi à l'ellipse; en d'autres termes, l'ellipse admet le point O pour centre. C. Q. F. D.

698. REMARQUE I. — L'ellipse a quatre sommets, A, A′, B et B′ (fig. 599); nous avons vu au n° **694** comment on les construit. Les sommets A et A′ situés sur l'axe FF′ sont distants du centre O d'une longueur égale à a; les deux autres sommets B et B′, situés sur la perpendiculaire élevée au milieu de FF′, sont distants de chacun des foyers d'une longueur égale à a.

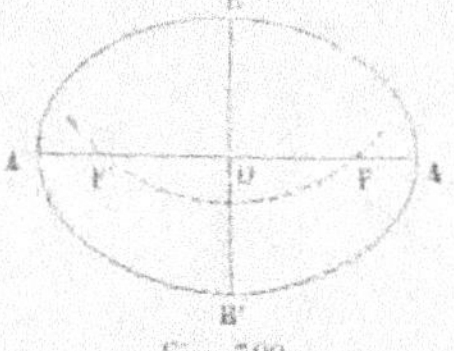
Fig. 599.

Il résulte de là que la longueur AA′ est plus grande que BB′; pour cette raison la droite AA′ s'appelle le *grand axe* de l'ellipse, et la droite BB′ en est le *petit axe*; nous désignerons la longueur BB′ par 2b, et par conséquent sa moitié OB par b.

Si l'on joignait BF, le triangle rectangle OBF donnerait la relation

$$\overline{BF}^2 = \overline{OB}^2 + \overline{OF}^2$$

ou

$$a^2 = b^2 + c^2,$$

relation importante entre les demi-longueurs des axes d'une ellipse et sa demi-distance focale.

Remarquons encore qu'une ellipse est déterminée quand on connaît ses deux axes AA′ et BB′ (fig. 597). On obtient alors les deux foyers F et F' en décrivant de l'une des extrémités B du petit axe comme centre un arc de cercle ayant pour rayon le demi grand axe ; les deux points où cet arc de cercle coupe le grand axe sont les foyers. Quand on a les deux foyers et la longueur du grand axe, on sait construire la courbe par points ou d'un mouvement continu.

699. Remarque II. — On appelle *excentricité* d'une ellipse le rapport de la distance focale FF' au grand axe AA', c'est-à-dire le rapport $\frac{c}{a}$; ce rapport est toujours plus petit que l'unité.

Lorsque l'excentricité est nulle, $c = 0$, les deux foyers se confondent avec le centre ; l'ellipse devient un cercle de rayon a. Si l'excentricité est très petite, les deux foyers sont très rapprochés, le petit axe est peu inférieur au grand ; l'ellipse a une forme arrondie et diffère peu du cercle ; c'est ce qui arrive pour les orbites elliptiques des planètes. Si l'excentricité augmente, et que le grand axe garde toujours la même longueur, les foyers s'écartent, le petit axe diminue et l'ellipse s'aplatit. Enfin lorsque l'excentricité se rapproche de plus en plus de l'unité, le petit axe tend vers zéro, et l'ellipse tend à se réduire à son grand axe.

700. Théorème. — *Lorsqu'un point est extérieur à l'ellipse, la somme de ses distances aux deux foyers est supérieure au grand axe ; et lorsqu'un point est intérieur à l'ellipse, la somme de ses distances aux deux foyers est moindre que le grand axe.*

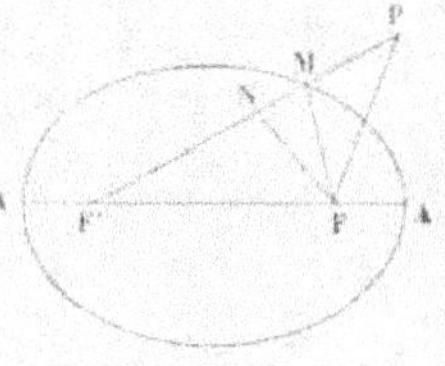
Fig. 400.

Soit P (fig. 400) un point extérieur à l'ellipse dont les deux foyers sont F et F' ; je joins PF et PF' ; cette dernière ligne coupe l'ellipse en un point M dont les rayons vecteurs sont MF et MF'. Dans le triangle PMF, on a

$$MF < PF + PM ;$$

ajoutons MF' aux deux membres de cette inégalité ; il viendra

$$MF + MF' < PF + PM + MF'.$$

ou

$$2a < PF + PF'. \qquad \text{c. q. f. d.}$$

Prenons maintenant un point N intérieur à l'ellipse, et joignons-le aux deux foyers ; la ligne NF prolongée rencontre la courbe en un point M, dont les rayons vecteurs sont MF et MF'. Dans le triangle NFM, on a

$$NF < MF + MN;$$

si l'on ajoute NF' aux deux membres de cette inégalité, il vient

$$NF + NF' < MF + MN + NF',$$

ou

$$NF + NF' < 2a. \qquad\qquad \text{C. Q. F. D.}$$

701. Corollaire. — Les réciproques des théorèmes précédents sont évidentes ; elles donnent une règle simple pour reconnaître la position d'un point du plan par rapport à l'ellipse, même quand cette courbe n'est pas effectivement tracée. *Un point est intérieur à l'ellipse, situé sur la courbe ou extérieur, suivant que la somme de ses distances aux foyers est inférieure, égale ou supérieure au grand axe.*

702. Théorème. — *L'ellipse est le lieu géométrique des points également distants d'un de ses foyers et de la circonférence de cercle décrite de l'autre foyer comme centre avec le grand axe pour rayon.*

Soient F et F' (fig. 401) les deux foyers d'une ellipse, M un point quelconque de la courbe ; je mène les rayons vecteurs MF et MF' et je prolonge le rayon vecteur F'M d'une longueur MH égale à MF ; la longueur F'H est alors constante et égale à 2a. Le point H est donc sur la circonférence décrite du point F' comme centre. Mais la plus courte distance du point M à

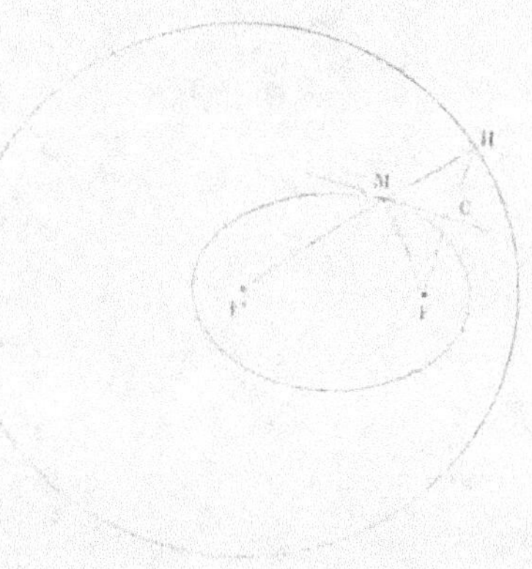

Fig. 401.

cette circonférence est la portion MH du rayon comprise entre le point M et la circonférence ; et comme MH = MF, le point M est également distant du foyer F et de la circonférence décrite de l'autre foyer F' comme centre avec 2a pour rayon.

Réciproquement, tout point également distant de cette circonférence et du foyer F appartient à l'ellipse ; car si $MF = MH$,

$$MF + MF' = F'H = 2a,$$

et par conséquent le point M est sur l'ellipse.

Donc enfin l'ellipse est le lieu géométrique des points équidistants du foyer F et de la circonférence décrite du point F' comme centre avec $2a$ pour rayon. c. q. f. d.

Le cercle qui a pour centre l'un des foyers d'une ellipse et pour rayon le grand axe porte le nom de *cercle directeur*; il y a évidemment deux cercles directeurs.

703. Corollaire. — On déduit de ce théorème un nouveau moyen de construire par points une ellipse dont on connaît deux foyers F et F' et le grand axe. On décrit le cercle directeur du foyer F' comme centre, on mène un rayon quelconque F'H de ce cercle, on joint FH, et on élève une perpendiculaire CM au milieu de cette droite; le point M où elle coupe le rayon F'H appartient à l'ellipse, en vertu du théorème précédent.

704. Problème. — *Étant donnés les foyers et le grand axe d'une ellipse, déterminer les points où elle rencontre une droite donnée, sans construire la courbe.*

Soient F, F' (fig. 402) les deux foyers, CD la droite donnée. Sup-

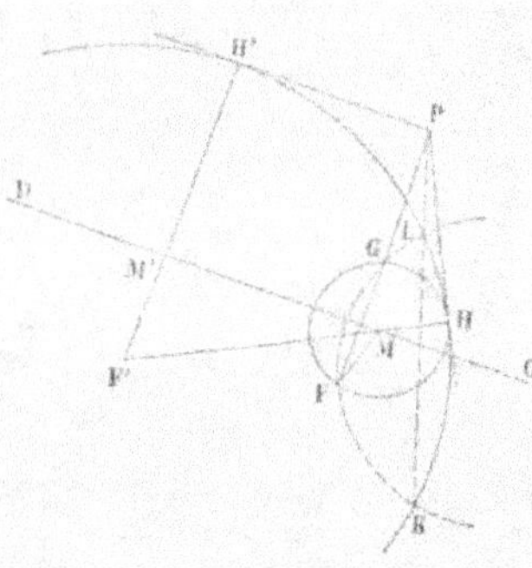

Fig. 402.

posons le problème résolu, et soit M un des points d'intersection de cette droite avec l'ellipse ; joignons-le aux deux foyers et prolongeons le rayon vecteur F'M d'une longueur MH égale à MF ; le point H est un point du cercle directeur ayant pour centre le foyer F'. Si du point M comme centre avec MF pour rayon nous décrivons un cercle, il passera par le point H et sera tangent au cercle directeur ; ce même cercle, ayant son centre sur la droite CD, passe aussi par le point G symétrique de F par rapport à CD. La question revient donc à trouver le centre d'un cercle passant par les points F et G et tangent au cercle directeur, problème que nous avons résolu (**307**). On sait qu'il faut mener par les deux points donnés F et G un cercle quelconque rencontrant le cercle directeur, prendre le point d'intersection P de la corde commune KL et de la droite FG et mener du point P une tangente PH au cercle directeur; le point H est le point de contact des deux cercles; par suite, le point de rencontre du rayon F'H avec la droite CD est le centre du cercle cherché, c'est-à-dire le point d'intersection de la droite CD avec l'ellipse.

Comme on peut mener du point P deux tangentes PH, PH' au cercle directeur, on trouvera deux points M et M' d'intersection.

Discussion. — Le point F étant à l'intérieur du cercle directeur, le problème sera impossible si le point G est à l'extérieur de ce cercle; dans ce cas, la droite CD ne coupe pas l'ellipse. Si le point G est à l'intérieur du cercle directeur, comme dans la figure, il y a deux solutions, la droite CD coupe l'ellipse en deux points Enfin, si le point G est sur le cercle directeur, le point P s'y trouve aussi, on ne peut mener par ce point qu'une tangente au cercle directeur, le problème n'a qu'une solution, la droite CD n'a qu'un point commun avec l'ellipse

705. Corollaire I. — *L'ellipse est une courbe convexe.* Car elle ne peut être coupée par une droite en plus de deux points.

706. Corollaire II. — Considérons la sécante CD (fig. 402) qui rencontre l'ellipse aux deux points M et M', et supposons qu'on fasse tourner cette droite autour du point M jusqu'à ce que le second point d'intersection M' vienne se confondre avec le premier; la sécante deviendra alors la tangente à l'ellipse au point M. Or, dans ce mouvement de la sécante CD, le point G, symétrique de F par rapport à CD, parcourt le cercle MF; quand les points M et M' coïncident, les points H' et P se confondent avec le point H, et par conséquent la ligne FG, qui passe toujours par le point P, prend la direction FH et le point G coïncide aussi avec le point H. Mais la sécante est perpendiculaire sur le milieu de FG; donc la tangente est perpendiculaire au milieu de FH, ou, en d'autres termes, elle est bissectrice de l'angle FMH, formé par l'un des rayons vecteurs du point de contact et le prolongement de l'autre. Cette propriété de la tangente à l'ellipse, que nous démontrerons directement, peut encore s'énoncer ainsi :

La tangente à l'ellipse fait des angles égaux avec les rayons vecteurs du point de contact, extérieurement à leur angle.

Il résulte de cette propriété que, lorsqu'on construit l'ellipse par points au moyen du cercle directeur (**703**), on obtient en même temps les tangentes à la courbe. Ainsi, dans la figure 401, la droite CM, perpendiculaire au milieu de FH, est tangente à l'ellipse en M.

707. Théorème. — *La tangente à l'ellipse fait des angles égaux avec les rayons vecteurs du point de contact, extérieurement à leur angle.*

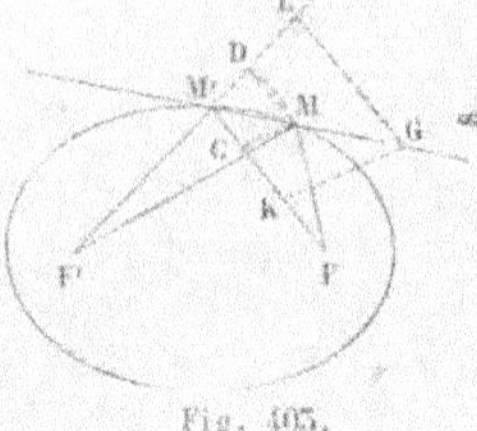
Fig. 403.

Soit M (fig. 403) un point quelconque de l'ellipse; je mène par ce point une sécante qui coupe la courbe en un second point M', et je construis les rayons vecteurs de ces deux points. On a, d'après la définition de l'ellipse,

$$MF' + MF = M'F' + M'F,$$

d'où l'on tire

$$MF' - M'F' = M'F - MF.$$

Cela posé, du point F' comme centre avec F'M comme rayon, décrivons un arc de cercle qui rencontre le prolongement de F'M' en D; et, du point F comme centre, avec FM comme rayon, décrivons un arc de cercle qui rencontre FM' en C; M'D sera l'excès de MF' sur M'F', et M'C sera de même l'excès de M'F sur MF; donc l'égalité précédente nous donnera

$$M'C = M'D.$$

Traçons les cordes MC et MD des deux arcs de cercle, et portons, à partir du point M, une longueur arbitraire MG sur la sécante MS; puis du point G menons les lignes GK et GL respectivement parallèles à MC et à MD. A cause de ces parallèles, on a les rapports égaux

$$\frac{M'C}{M'K} = \frac{M'M}{M'G} = \frac{M'D}{M'L},$$

et comme M'C = M'D, il en résulte

$$M'K = M'L.$$

Supposons maintenant que la sécante SM tourne autour du point M, de manière que le point M' se rapproche de plus en plus de M; les cordes MC et MD tendent vers les tangentes aux arcs MC et MD, et par conséquent deviennent, à la limite, perpendiculaires aux rayon

FM et F'M; les droites GK et GL, respectivement parallèles aux cordes
MC et MD, prennent aussi des directions perpendiculaires à ces mêmes
rayons. Les triangles M'GK, M'GL ont donc pour limites des triangles
rectangles, qui sont représentés sur la figure 404 en MGK et MGL.
D'un autre côté, les droites M'K et M'L
restent constamment égales entre elles
pendant le mouvement; par conséquent
leurs limites MK et ML (fig. 402) sont
égales. Les deux triangles rectangles
MGK, MGL sont alors égaux, comme ayant
l'hypoténuse MG commune et les côtés
MK et ML égaux; donc les angles KMG et
LMG sont égaux. La tangente MG est donc

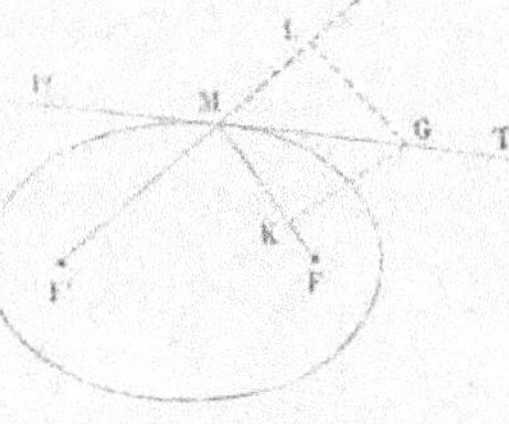

Fig. 404.

bissectrice de l'angle FML formé par le rayon vecteur FM et le prolongement de l'autre rayon vecteur F'M; l'an-
gle GML étant égal à son opposé par le sommet F'MT', les deux angles FMT, F'MT', que
la tangente TT' forme avec les rayons vecteurs du point M, extérieurement à leur angle, sont égaux. C. Q. F. D.

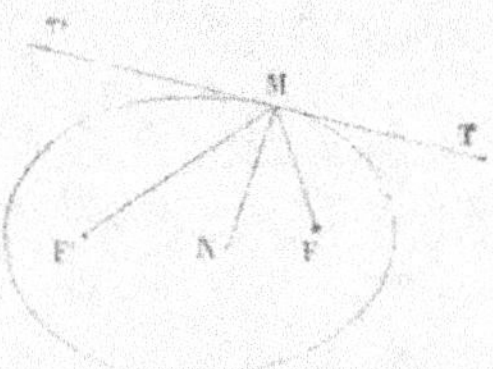

Fig. 405.

708. Corollaire I. — *La normale à l'ellipse
en un point M est bissectrice de l'angle FMF' des rayons vecteurs de
ce point* (fig. 405).

Soient TT' la tangente et MN la normale au point M; les angles
FMT et F'MT' étant égaux d'après le théorème précédent, leurs com-
pléments FMN, F'MN sont aussi égaux. C. Q. F. D.

709. Corollaire II. — *Les tangentes aux sommets d'une ellipse
sont perpendiculaires aux axes qui passent par ces sommets.*

Soit d'abord GL (fig. 406) la tangente à
l'un des sommets du grand axe, A; d'après
le théorème précédent, les angles GAF et
LAF' sont égaux; donc la droite AA' est
perpendiculaire à GL. C. Q. F. D.

Considérons maintenant la tangente GH
au sommet B du petit axe. Cet axe BB', à
cause de la symétrie de la figure, divise en

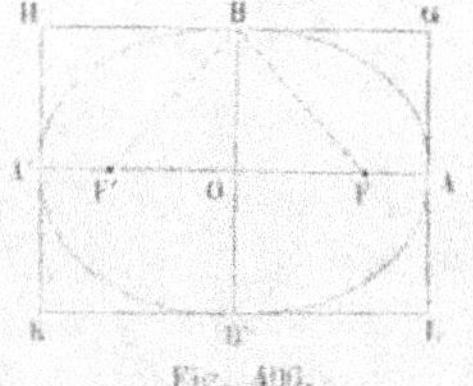

Fig. 406.

deux parties égales l'angle FBF'; il est donc normal à la courbe en B
(708); donc il est perpendiculaire à la tangente GH. C. Q. F. D.

Il résulte de là que les tangentes aux quatre sommets de l'ellipse forment un rectangle GHKL circonscrit à la courbe, et dont les côtés sont parallèles aux axes.

710. REMARQUE. — Supposons qu'une source de lumière ou de chaleur soit placée au foyer d'une ellipse ; tous les rayons émis par la source se réfléchiront sur l'ellipse en faisant un angle de réflexion égal à l'angle d'incidence. Mais la normale en un point quelconque de l'ellipse est bissectrice de l'angle des rayons vecteurs ; donc, si le rayon incident est dirigé suivant l'un des rayons vecteurs, le rayon réfléchi est dirigé suivant l'autre rayon vecteur. Par conséquent, après leur réflexion sur l'ellipse, tous les rayons émanés de l'un des foyers iront converger à l'autre ; d'où la dénomination de *foyer* appliquée à ces deux points.

711. Théorème. — *Le lieu des points symétriques du foyer F d'une ellipse par rapport à ses tangentes est le cercle directeur décrit de l'autre foyer F' comme centre* (fig. 407).

Soit M un point quelconque de l'ellipse ; je mène ses rayons vecteurs MF et MF', et je prolonge ce dernier d'une longueur MH égale à MF. On sait que la tangente au point M est bissectrice de l'angle FMH, et par conséquent qu'elle est perpendiculaire sur le milieu de la base du triangle isocèle MFH ; le point H est donc le point symétrique du foyer F par rapport à la tangente MC. Mais le point H est sur le cercle directeur, puisque F'H est égal à la somme des rayons vecteurs du point M, c'est-à-dire à $2a$. Donc tous

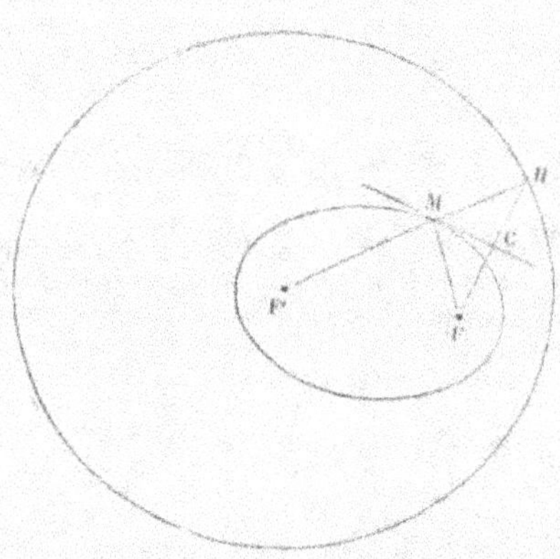

Fig. 407.

les points symétriques du foyer F par rapport aux tangentes appartiennent au cercle directeur.

Réciproquement, tout point H du cercle directeur est le symétrique du foyer F par rapport à une tangente. En effet, la perpendiculaire élevée au milieu de FH coupe la droite F'H en un point M qui appartient à l'ellipse (**702**), et de plus cette perpendiculaire MC est tangente à la courbe en M, puisqu'elle est bissectrice de l'angle formé par le rayon vecteur MF et le prolongement de l'autre rayon vecteur F'M. Le point H est donc symétrique du foyer F par rapport à une tangente.

712. Théorème. — *Le lieu des projections des foyers d'une ellipse sur ses tangentes est le cercle décrit sur le grand axe comme diamètre.*

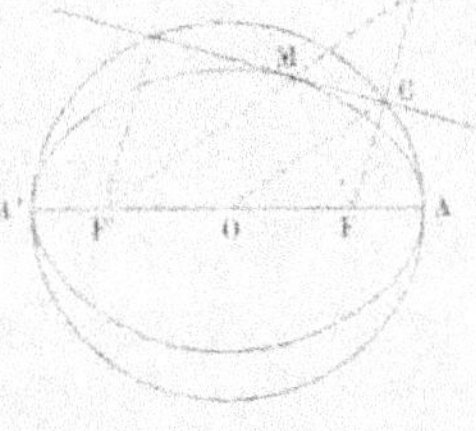

Fig. 408.

Soit M un point de l'ellipse (fig. 408) ; si l'on prolonge le rayon vecteur F'M d'une longueur MH égale à MF, et qu'on joigne FH, on sait que la tangente en M est perpendiculaire au milieu de FH ; le point C, milieu de FH, est donc la projection du foyer F sur la tangente en M. Or, le point O étant le milieu de FF', la longueur OC est la moitié de F'H (**100**) ; d'ailleurs F'H $= 2a$; donc OC $= a$. Le lieu du point C est donc la circonférence décrite du point O comme centre avec a pour rayon, c'est-à-dire la circonférence décrite sur AA' comme diamètre. C. Q. F. D.

713. Théorème. — *Le produit des distances des deux foyers d'une ellipse à une tangente quelconque est constant et égal au carré du demi petit axe.*

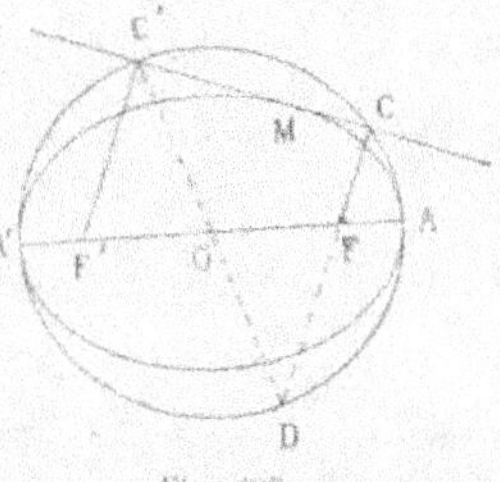

Fig. 409.

Soient FC, F'C' (fig. 409) les perpendiculaires abaissées des foyers F et F' sur une tangente quelconque ; les points C et C' appartiennent à la circonférence décrite sur le grand axe AA' comme diamètre. Je mène le diamètre de ce cercle qui passe par le point C' et je joins son extrémité D au foyer F. Les deux droites FF' et C'D se coupent mutuellement en deux parties égales ; donc les lignes F'C' et FD sont parallèles et égales (**93**) : il résulte de là que FD est le prolongement de FC. Cela posé, le produit FC $\times$ F'C' est égal à FC $\times$ FD ; mais dans le cercle O le produit FC $\times$ FD est égal à FA $\times$ FA' (**248**) ; on a donc

$$\text{FC} \times \text{F'C'} = \text{FA} \times \text{FA'} = (a - c)(a + c) = a^2 - c^2 = b^2. \quad \text{C. Q. F. D.}$$

714. Problème. — *Mener une tangente à l'ellipse en un point M donné sur la courbe* (fig. 410).

On mène les rayons vecteurs du point M, et on prolonge l'un d'eux,

F'M, en MH ; la bissectrice de l'angle FMH est la tangente demandée. Pour la construire, on peut prendre sur le prolongement de F'M une longueur MH égale à MF et élever une perpendiculaire TT' au milieu de FH.

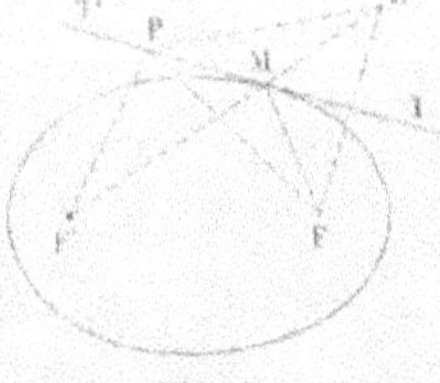

Fig. 410.

715. REMARQUE. — Tous les points de la tangente TT', à l'exception du point de contact M, sont extérieurs à l'ellipse. En effet, soit P un point quelconque de la tangente ; joignons ce point aux deux foyers et au point H. La tangente étant perpendiculaire au milieu de FH, la droite PF est égale à PH, et par conséquent la somme PF + PF' est égale à la longueur de la ligne brisée F'PH ; mais cette longueur est plus grande que celle de la ligne droite F'MH, laquelle est égale à $2a$; donc la somme des distances du point P aux deux foyers est plus grande que $2a$, et le point P est extérieur à l'ellipse (**701**).

716. Problème. — *Mener une tangente à l'ellipse par un point extérieur* P (fig. 411).

Supposons le problème résolu, et soit PM une tangente passant par le point P. Je mène les rayons vecteurs du point de contact M, et je prolonge F'M d'une longueur MH égale à MF ; on sait que la tangente PM est perpendiculaire au milieu de la droite FH ; par conséquent, la question revient à déterminer le point H. Or ce point appartient à la circonférence du cercle directeur décrit du point F' comme centre, puisque la longueur

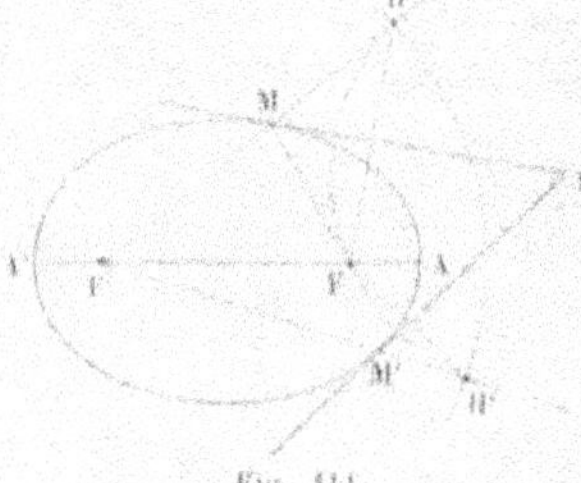

Fig. 411.

F'H est égale à F'M + MF ou à $2a$. D'autre part, le point P, situé sur la perpendiculaire élevée au milieu de FH, est également distant des points F et H ; par suite, le point H se trouve sur la circonférence décrite du point P comme centre avec PF pour rayon. Le point H est donc à l'intersection de ces deux circonférences. En résumé, la construction à exécuter pour résoudre le problème est la suivante :

Du foyer F' comme centre, avec un rayon égal au grand axe, on décrit une circonférence ; du point P comme centre, avec PF pour rayon, on décrit une deuxième circonférence, qui coupe la première en deux points H et H'. On joint ensuite ces points au foyer F, et l'on abaisse du point P des perpendiculaires sur les droites FH et FH'; ce sont les tangentes demandées. Les points de contact M et M' sont les points où les tangentes rencontrent les droites FH, FH' (**706**).

Discussion. — Pour que le problème soit possible, il faut et il suffit que les deux circonférences se coupent, c'est-à-dire que la distance des centres PF' soit moindre que la somme des rayons, PF et AA', et que chacun de ces rayons soit plus petit que l'autre augmenté de la distance des centres; ce qui nous donne les trois conditions :

$$PF' < PF + AA',$$
$$PF < PF' + AA',$$
$$AA' < PF + PF'.$$

Or les deux premières sont toujours satisfaites quand le point P n'est pas sur la droite FF'; car le triangle PFF' donne les deux inégalités

$$PF' < PF + FF',$$
$$PF < PF' + FF';$$

et comme FF' est moindre que AA', on aura *a fortiori*

$$PF' < PF + AA',$$
$$PF < PF' + AA'.$$

Si le point P est sur la droite FF' ou sur son prolongement, on reconnaît aisément que ces deux inégalités sont encore vérifiées. Les conditions de possibilité du problème se réduisent donc à une seule,

$$PF + PF' > AA',$$

laquelle exprime que le point P doit être extérieur à l'ellipse (**701**).

Lorsque cette condition est remplie, les circonférences se coupent en deux points, et le problème a deux solutions ; donc d'un point extérieur à une ellipse on peut lui mener deux tangentes, et on ne peut lui en mener que deux.

Si le point P est sur la courbe, la somme PF + PF' est égale à AA', les deux circonférences sont tangentes intérieurement, et le problème n'a plus qu'une solution.

Enfin, quand le point P est intérieur à l'ellipse, les deux circonférences sont intérieures, et le problème est impossible.

Remarquons que la construction précédente n'exige pas que l'ellipse soit tracée ; il suffit que l'on connaisse les foyers et le grand axe.

717. REMARQUE. — Si l'on suppose que l'ellipse devienne un cercle, c'est-à-dire que les deux foyers F et F′ se confondent, la construction précédente ne cesse pas d'être applicable et nous donne une nouvelle solution du problème déjà résolu au n° **182**. Voici cette solution :

Du centre O de la circonférence donnée, on décrit une seconde circonférence concentrique à la première et ayant un rayon double ; du point P comme centre, avec PO comme rayon, on décrit une circonférence qui coupe la seconde en deux points H et H′ ; on joint OH et OH′ ; ces deux droites coupent la circonférence donnée en deux points M et M′, qui sont les points de contact des tangentes issues du point P.

Cette construction se justifie d'ailleurs facilement à l'aide des seules propriétés élémentaires du cercle.

718. Problème. — *Mener à l'ellipse une tangente parallèle à une droite donnée* KL (fig. 412).

Supposons encore le problème résolu ; soit ST une tangente parallèle à KL, M le point de contact ; menons les rayons vecteurs FM, F′M et prolongeons ce dernier d'une longueur MH égale à MF. On sait que la tangente ST est perpendiculaire au milieu de FH, en sorte que la question est ramenée à trouver le point H. Or ce point appartient à la circonférence du cercle directeur décrit du point F′ comme centre, puisque la distance F′H est égale à F′M + MF ou à $2a$; de plus, la ligne FH, perpendiculaire à la tangente ST, l'est aussi à sa parallèle KL. On déduit de là la construction suivante :

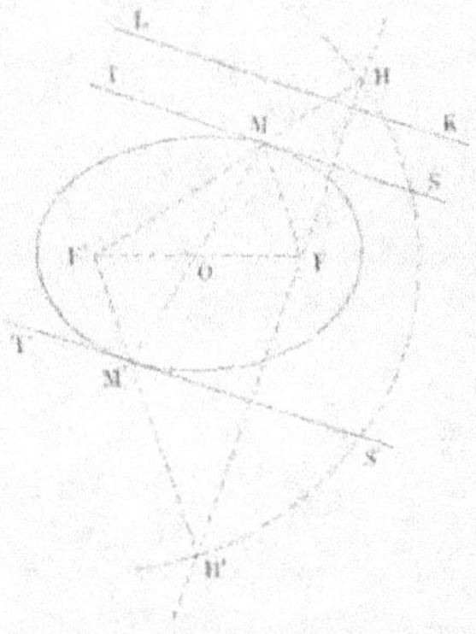

Fig. 412.

Du foyer F′ comme centre, avec un rayon égal au grand axe, on décrit le cercle directeur ; du point F on abaisse une perpendiculaire sur la ligne donnée KL ; cette droite coupe la circonférence en un point H ; au milieu de FH, on élève une perpendiculaire à cette ligne, et on a la tangente demandée. Le point de contact M est déterminé par l'intersection de cette tangente avec la ligne F′H. La droite FH prolongée rencontre la circonférence en un autre point H' qui donnera une seconde tangente S'T'.

Le problème est toujours possible ; car, le point F étant à l'intérieur du cercle directeur, une ligne menée par ce point rencontrera
toujours la circonférence de ce cercle.

Remarquons enfin que cette construction peut être effectuée sans
que l'ellipse soit tracée ; il suffit que l'on connaisse les foyers et le
grand axe.

719. Corollaire. — *Les points de contact* M *et* M' *de deux tan*
gentes parallèles ST *et* S'T' *à l'ellipse sont symétriques par rapport au*
centre O (fig. 412).

En effet le triangle HF'H' est isocèle, et par conséquent les angles
F'H'H et F'HH' sont égaux ; le triangle FMH est aussi isocèle et par
suite les angles MFH et FHM sont égaux ; il en résulte que les angles
MFH, F'H'H sont égaux ; or ces angles sont correspondants ; donc les
droites FM, HF' qui les forment sont parallèles. On ferait voir de
même que la droite FM' (cette ligne n'est pas tracée sur la figure) est
parallèle à F'M ; la figure FMF'M' est donc un parallélogramme, et par
conséquent la diagonale MM' passe par le milieu de l'autre diagonale FF', c'est-à-dire par le centre O ; les deux points M et M' sont
donc symétriques par rapport à ce point. C. Q. F. D.

720. Théorème. — *Si d'un point* P *extérieur à une ellipse on*
lui mène deux tangentes PM *et* PM'.

1° *La droite* FP *qui joint le point* P *au foyer* F *est bissectrice de*
l'angle des droites FM *et* FM' *qui joignent le même foyer aux deux*
points de contact M *et* M' ;

2° *Les deux tangentes* PM *et* PM' *sont également inclinées sur les*
droites PF *et* PF' *qui joignent le point* P
aux deux foyers (fig. 413).

1° Je mène les rayons vecteurs des deux
points de contact ; puis je prolonge F'M
d'une longueur MH égale à MF et FM'
d'une longueur M'H' égale à M'F' ; enfin
je joins PH et PH'. Les deux triangles
PHF', PFH' sont égaux comme ayant les
trois côtés égaux, savoir :

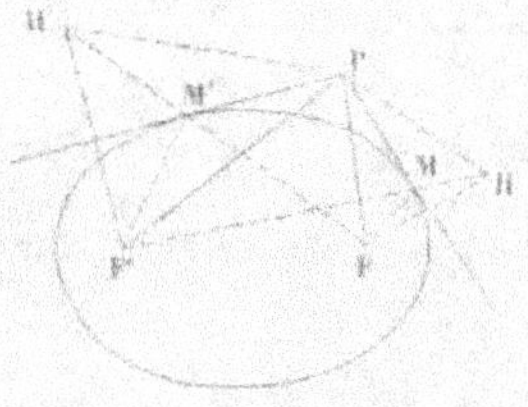

Fig. 413.

$$F'H = FH' = 2a, \quad PH = PF \quad \text{et} \quad PF' = PH',$$

puisque les droites PM et PM' sont respectivement perpendiculaires

aux milieux des droites FH et F'H'; donc les angles PHF' et PFH' sont
égaux. Mais l'angle PHF' est égal à l'angle PFM, à cause de l'égalité évidente des triangles PMH et PMF. Donc enfin les angles PFM
et PFM' sont égaux. c. q. f. d.

2° De l'égalité des triangles FHF', F'FH' on déduit l'égalité des
angles HPF' et FPH'; en retranchant de ces deux angles égaux la
partie commune FPF', on obtient deux angles égaux FPH et F'PH';
et enfin, en prenant les moitiés de ces deux angles, on a

$$\text{angle FPM} = \text{angle F'PM'.}$$ c. q. f. d.

*721. **Théorème**. — *La projection d'un cercle sur un plan est une
ellipse.*

Comme les projections d'une même figure sur deux plans

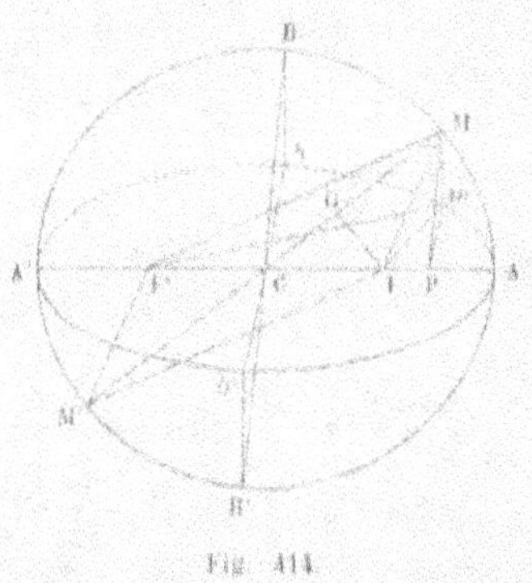

Fig. 414.

parallèles sont égales, nous pouvons supposer que le plan de projection passe par le centre du cercle. Soient alors ACA' (fig. 414)
le diamètre du cercle qui est situé
dans le plan de projection, BCB'
le diamètre perpendiculaire et bCb'
sa projection, laquelle sera perpendiculaire à AA' (**576**). Prenons
sur AA' à partir du point C deux
longueurs CF et CF' égales à Bb;
je vais démontrer que la projection du cercle sur le plan est
une ellipse ayant pour grand axe
la droite AA' et pour foyers les points F et F'.

Considérons un point quelconque M du cercle, et soit m sa projection; du point m j'abaisse une perpendiculaire mP sur AA', et je
joins MP; cette droite sera aussi perpendiculaire à AA' (**424**).
Du point F j'abaisse une perpendiculaire FG sur le diamètre MCM'
qui passe par le point M. Les deux triangles rectangles CMP, CFG
sont semblables et donnent la proportion

$$\frac{FG}{MP} = \frac{CF}{CM};$$

les deux triangles CFb, PMm sont aussi semblables et donnent la
proportion

$$\frac{Mm}{MP} = \frac{Bb}{CB};$$

Si l'on remarque que $Bb = CF$ et que $CB = CM$, on voit que ces deux proportions ont leurs trois derniers termes égaux ; donc les premiers le sont aussi, et

$$FG = Mm.$$

Cela posé, joignons mF, mF', MF, MF', M'F, M'F' ; les deux triangles rectangles MmF et FGM ont l'hypoténuse MF commune et les côtés Mm et FG égaux par démonstration ; donc ils sont égaux, et l'on a

$$m\text{F} = \text{MG}.$$

Les deux triangles rectangles MmF', M'GF ont les hypoténuses MF' et M'F égales comme droites symétriques par rapport au point C et les côtés Mm et FG égaux par démonstration ; donc ils sont égaux, et l'on a

$$m\text{F}' = \text{M}'\text{G}.$$

Si l'on ajoute membre à membre ces deux égalités, il vient

$$m\text{F} + m\text{F}' = \text{MG} + \text{M}'\text{G} = \text{MM}' = \text{AA}' ;$$

le lieu du point m est donc une ellipse ayant pour foyers les points F et F' et pour grand axe la droite AA'. c. q. f. d [1].

722. Corollaire. — La perpendiculaire MP, abaissée d'un point quelconque M du cercle sur le diamètre AA', se nomme l'*ordonnée* de ce point, et la distance CP de l'ordonnée au centre est dite l'*abscisse* du point. Pareillement, mP et CP sont l'ordonnée et l'abscisse du point m de l'ellipse.

Cela posé, les deux triangles semblables MmP et BbC nous donnent la proportion

$$\frac{m\text{P}}{\text{MP}} = \frac{b\text{C}}{\text{BC}},$$

ou, en désignant par a et b les demi-axes de l'ellipse,

$$\frac{m\text{P}}{\text{MP}} = \frac{b}{a}$$

Faisons maintenant tourner le plan du cercle autour de AA' pour

---

le rabattre sur le plan de l'ellipse; ce cercle sera alors le cercle décrit sur le grand axe de l'ellipse comme diamètre; on l'appelle souvent le cercle *principal* de l'ellipse ou le cercle *circonscrit* à l'ellipse. D'ailleurs, après le rabattement, les ordonnées Pm et PM seront appliquées l'une sur l'autre; et comme le rapport de ces ordonnées est constant et égal à $\dfrac{b}{a}$, nous pouvons énoncer la proposition suivante :

Les ordonnées des points d'une ellipse perpendiculaires au grand axe sont aux ordonnées correspondantes du cercle principal dans le rapport du petit axe au grand axe.

La réciproque de ce théorème est évidente, et peut s'énoncer ainsi :

Étant donnés une circonférence de cercle et un diamètre, si de tous les points de cette circonférence on abaisse des perpendiculaires sur le diamètre, et qu'on réduise toutes ces ordonnées dans le même rapport, le lieu des points ainsi obtenus est une ellipse qui a pour grand axe le diamètre du cercle.

On peut déduire de ce théorème de nouveaux moyens pour construire une ellipse par points, pour mener des tangentes à l'ellipse par un point de la courbe, par un point extérieur ou parallèlement à une droite donnée, et pour trouver les points d'intersection d'une droite et d'une ellipse. Nous n'insisterons pas davantage sur ces questions, qui ne rentrent pas directement dans notre programme.

' § L. — HYPERBOLE[1].

'**723. Définition.** — L'*hyperbole* est une courbe plane telle, que la différence des distances de chacun de ses points à deux points fixes soit constante. Les deux points fixes se nomment les *foyers* de l'hyperbole, et les droites qui joignent un point de la courbe aux deux foyers s'appellent les *rayons vecteurs* de ce point.

'**724. Problème.** — *Construire une hyperbole par points, connaissant les deux foyers* F *et* F' *et la différence constante des rayons vecteurs de ses points* (fig. 415).

Je porte sur la droite F'F une longueur F'K égale à la différence

---

1. L'étude de l'hyperbole n'est pas exigée des candidats au baccalauréat ès sciences; mais elle figure dans le programme d'admission à l'école Saint-Cyr.

constante des rayons vecteurs de chaque point de l'hyperbole; je
désignerai cette différence par $2a$ et la distance FF' des deux foyers
ou distance focale par $2c$. J'ob-
serve d'abord que c doit être plus
grand que a; car, dans le triangle
formé en joignant un point quelconque M de l'hyperbole aux deux
foyers, le côté FF' ou $2c$ est plus
grand que la différence de deux
autres ou $2a$; donc $c > a$.

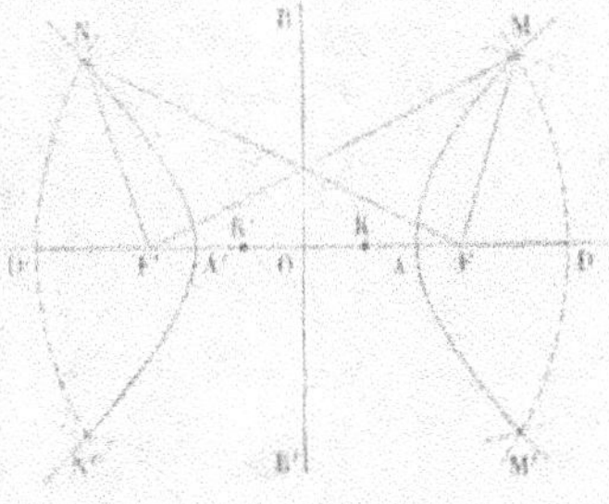

Fig. 443.

Cela posé, à partir du milieu O
de la droite FF', je porte sur cette
droite, de part et d'autre du point
O, deux longueurs OA et OA' égales
à a; les points A et A' sont des points de l'hyperbole. En effet, les
longueurs FA et F'A' sont évidemment égales; par suite, la différence AF'—AF des rayons vecteurs du point A est égale à AF'—A'F' ou
à AA', c'est-à-dire à $2a$; le point A appartient donc à l'hyperbole, et
il en est de même du point A'.

Pour avoir d'autres points de la courbe en aussi grand nombre
qu'on voudra, décrivons du foyer F' comme centre une série de
cercles de rayons différents; soit D le point où l'un d'eux coupe la
ligne FF'; prenons une ouverture de compas égale à KD, et du point
F comme centre, avec cette ouverture de compas, décrivons un second cercle qui coupe le premier en deux points M et M'; ces deux
points appartiennent à l'hyperbole; car, d'après la construction,
F'M = F'D et FM = KD; donc

$$F'M - FM = F'D - KD = F'K = 2a.$$

On répétera la même construction pour chacun des cercles décrits
de F' comme centre, et l'on aura une première branche d'hyperbole MAM'. Mais la courbe entière se compose de deux branches;
tous les points de la première MAM' sont plus rapprochés du foyer F
que du foyer F', tandis que les points de l'autre sont plus éloignés
du foyer F que du foyer F'. On obtiendra cette seconde branche NA'N'
en prenant FK' = F'K = $2a$, décrivant du foyer F comme centre des
cercles de rayons arbitraires, et les coupant par d'autres cercles
décrits de F' comme centre et ayant pour rayons respectifs les différences entre les rayons des premiers cercles et la distance constante
FK'; ainsi, pour avoir le point N, on a décrit un premier cercle

ayant pour centre F et pour rayon FD', et un second cercle ayant
pour centre F' et pour rayon D'K'.

Pour que cette construction fournisse des points de la courbe,
il faut et il suffit que les cercles décrits des points F' et F comme
centres, avec F'D et DK comme rayons, se coupent, c'est-à-dire que
la distance des centres FF' soit plus petite que la somme des
rayons et plus grande que leur différence. Or la deuxième condition
est toujours satisfaite, puisque $c > a$; il suffit donc qu'on ait

$$FF' < F'D + DK.$$

Remplaçons, dans cette inégalité, FF' par $2c$ et DK par $F'D - 2a$,
et nous aurons

$$2c < 2F'D - 2a,$$

ou, en résolvant par rapport à F'D,

$$F'D > a + c.$$

Or $a + c$, c'est F'A; donc le rayon F'D doit être plus grand que
F'A, c'est-à-dire que le point D doit être sur le prolongement de
F'A au delà du point A. On verrait de même, pour l'autre branche
de l'hyperbole, que le point D' doit se trouver à gauche du point A'.

725. Remarque. — Il résulte évidemment de cette construction
que l'hyperbole se compose de deux branches entièrement distinctes, et s'étendant l'une et l'autre indéfiniment de chaque côté
de la droite FF'.

726. Problème. — *Tracer un arc d'hyperbole d'un mouvement
continu, connaissant les deux foyers
F et F' et la différence des rayons
vecteurs de chaque point* (fig. 416).

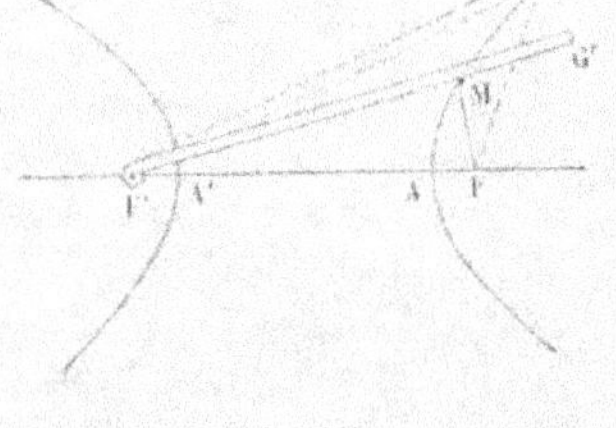

Proposons-nous de décrire un arc
appartenant à la branche de droite.
Au foyer de gauche F', fixons une
règle de manière qu'elle puisse pi-
voter autour de ce point; à l'autre
extrémité G de cette règle et au foyer
de droite attachons les deux extré-

Fig. 416.

mités d'un fil dont la longueur soit égale à F'G — 2a. Si, pendant
que la règle tourne autour du point F', un crayon M tient le fil

constamment tendu et appliqué contre la règle, il tracera un arc
d'hyperbole. Car, dans chacune de ses positions, la différence
MF′ — MF sera égale à GF′ — GF, c'est-à-dire à $2a$.

727. Théorème. — *L'hyperbole a pour axes la ligne droite qui
joint les foyers et la perpendiculaire élevée au milieu de cette droite;
de plus elle a pour centre le milieu de la distance focale.*

La démonstration est la même que pour l'ellipse (**697**), avec
cette seule différence qu'il faut remplacer partout la somme des
rayons vecteurs par leur différence.

728. Remarques. — Le premier axe FF′ rencontre l'hyperbole
en deux points A et A′ qui sont les sommets de la courbe; nous
avons vu au n° **724** comment on les construit. Le second axe,
perpendiculaire au milieu de FF′, ne rencontre pas l'hyperbole:
car tous ses points sont équidistants des deux foyers, la différence
de leurs distances aux deux foyers est constamment nulle et, par
conséquent, ne peut pas être égale à $2a$. Le premier axe, qui coupe
la courbe, porte le nom d'*axe transverse;* l'autre s'appelle *axe non
transverse.*

On nomme *excentricité* de l'hyperbole le rapport de la distance
focale à l'axe transverse, c'est-à-dire le rapport $\dfrac{c}{a}$; ce rapport est
toujours plus grand que l'unité. Lorsque l'excentricité tend vers
l'unité, les foyers se rapprochent de plus en plus des sommets,
et l'hyperbole tend à se confondre avec la portion de son axe
transverse non comprise entre les sommets. Si l'excentricité augmente, sans que a varie, les foyers s'éloignent des sommets, et
le branches de l'hyperbole s'écartent de l'axe transverse.

729. Théorème. — *Lorsqu'un point est extérieur à l'hyperbole,
la différence de ses distances aux deux foyers est moindre que
l'axe transverse; et lorsqu'un point est intérieur à l'hyperbole,
la différence de ses distances aux deux foyers est plus grande que
l'axe transverse.*

Les deux branches de l'hyperbole divisent le plan en trois régions :
l'une, comprise entre les deux branches et qui contient le centre,
est dite *extérieure* à la courbe; les deux autres, où se trouvent les
deux foyers, sont *intérieures* à la courbe.

Cela posé, soit P (fig. 417) un point extérieur à l'hyperbole; je
le joins aux deux foyers, et je suppose que PF′ soit la plus longue
des droites PF et PF′. Je considère le point M où la droite PF ren-

contré la branche de droite de l'hyperbole, et je joins MF′; dans le triangle PMF′, on a

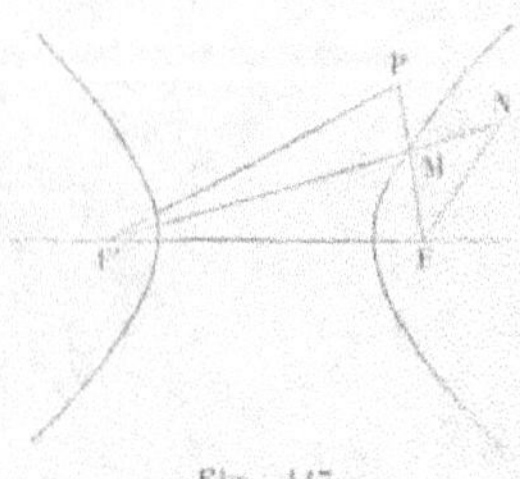

Fig. 417.

$$PF' < MF' + PM.$$

Si l'on retranche PF aux deux membres de cette inégalité, il vient

$$PF' - PF < MF' + PM - PM - MF,$$

ou

$$PF' - PF < MF' - MF,$$
$$PF' - PF < 2a. \qquad \text{c. q. f. d.}$$

Prenons maintenant un point N situé à l'intérieur de la branche de droite, par exemple, et joignons NF′ et NF; la droite NF′, qui est la plus longue des deux, rencontre la branche de droite de l'hyperbole en un point M, que je joins au foyer F. On a, dans le triangle NMF,

$$NF < NM + MF.$$

Si je retranche les deux membres de cette inégalité de NF′, le sens de l'inégalité sera changé, et l'on aura

$$NF' - NF > NF' - NM - MF,$$

ou

$$NF' - NF > MF' - MF = 2a. \qquad \text{c. q. f. d.}$$

*730. Corollaire. — *Un point est extérieur à l'hyperbole, situé sur la courbe ou intérieur, suivant que la différence de ses distances aux deux foyers est inférieure, égale ou supérieure à l'axe transverse.*

*731. Théorème. — *La distance d'un point quelconque de l'hyperbole à l'un de ses foyers F est égale à l'une des deux normales mendes de ce point au cercle décrit de l'autre foyer F′ comme centre avec l'axe transverse pour rayon (fig. 418).*

Prenons d'abord un point M de la branche à l'intérieur de laquelle se trouve le foyer F, et menons les rayons vecteurs MF′ et MF. Si nous portons sur MF′ une longueur MH égale à MF, F′H sera égale à la différence MF′ — MF, c'est-à-dire à $2a$; par consé-

quent le point H appartiendra au cercle décrit du point F′ comme
centre avec 2*a* pour rayon. D'ailleurs MH est la plus courte des
deux normales qu'on peut mener du point M à ce cercle, et comme
elle est égale à MF, on peut dire que le point M est à égale distance
du foyer F et de la circonférence.
Réciproquement, tout point M, également distant du foyer F et de la
circonférence, appartient à la branche de droite de l'hyperbole; car la
différence MF′ — MF est alors égale
à F′H ou à 2*a*. Donc la branche
de droite de l'hyperbole est le lieu
géométrique des points également
distants du foyer F et de la circon-

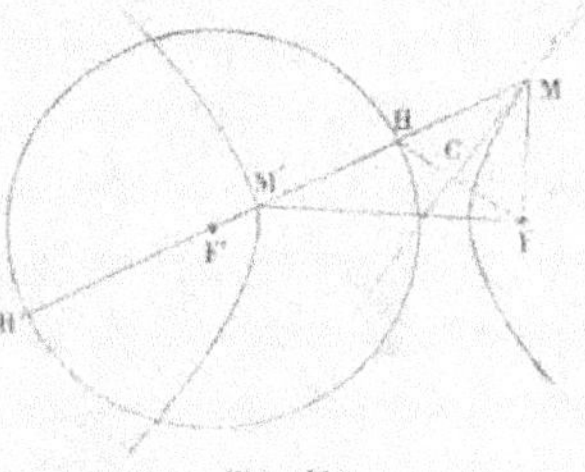

Fig. 418.

férence décrite du point F′ comme centre avec 2*a* pour rayon.

Prenons maintenant un point M′ sur la branche de gauche. Sur
le rayon vecteur M′F′ prolongé prenons une longueur M′H′ égale
à M′F; F′H′ sera égale à M′F — M′F′, c'est-à-dire à 2*a*; donc le
point H′ est encore sur la circonférence décrite du point F′ comme
centre avec 2*a* pour rayon. Mais ici la distance M′F est égale à la
plus longue des deux normales menées du point M′ à la circonférence, et l'on ne peut plus dire que ce point M′ est également
distant du foyer F et de cette circonférence.

Comme dans le cas de l'ellipse, on donne le nom de *cercle directeur*
au cercle décrit de l'un des foyers comme centre avec 2*a* pour
rayon; il y a deux cercles directeurs.

732. Corollaire. — On déduit de ce théorème un nouveau
moyen de construire une hyperbole par points, lorsqu'on connaît
ses deux foyers F et F′ et son axe transverse 2*a*. On décrit le cercle
directeur du foyer F′ comme centre; on joint le foyer F à un point
quelconque H de la circonférence; au milieu C de la droite FH on
lui élève une perpendiculaire jusqu'à la rencontre du rayon F′H
prolongé, s'il est nécessaire. Le point M ainsi obtenu appartient à
l'hyperbole; car la différence MF′ — MF est égale à 2*a*.

Remarquons que, si la droite FH devenait tangente au cercle
directeur, le rayon F′H et la perpendiculaire au milieu de FH
seraient parallèles et que leur point d'intersection serait transporté
à l'infini. Nous reviendrons sur cette remarque.

733. Problème. — *Étant donnés les deux foyers et l'axe* *transverse d'une hyperbole, déterminer les points où elle rencontre une droite donnée, sans construire la courbe.*

Supposons le problème résolu, et soit M (fig. 419) l'un des points d'intersection de la droite MM′ avec l'hyperbole, dont les deux foyers sont F et F′. On verrait comme au n° **704** que le point M est le centre d'un cercle passant par le foyer F′ et par le point F_1 symétrique de F′ par rapport à la droite donnée et, de plus, tangent au cercle directeur qui a le point F pour centre. Voici alors la suite des constructions à exécuter : par les deux points F′ et F_1 on fait passer une circonférence qui coupe le cercle

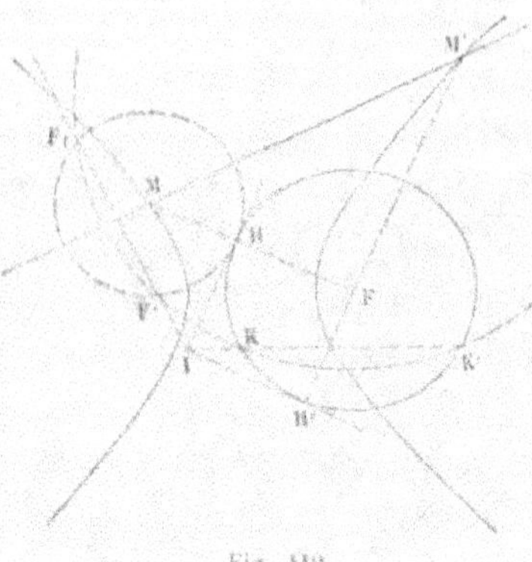

Fig. 419.

directeur en deux points K et K′; par le point I où se coupent les deux droites KK′ et $F'F_1$, on mène une tangente III au cercle directeur, et on joint FII; cette droite rencontre la droite donnée au point M cherché.

Comme on peut mener du point I deux tangentes III, III′ au cercle directeur, on trouvera deux points d'intersection M et M′.

La discussion de ce problème n'offre aucune difficulté et présente quelques particularités intéressantes; nous engageons le lecteur à la faire, en s'aidant de ce qui a été dit dans le cas de l'ellipse (**704** et **706**), et à examiner spécialement le cas où la droite $F'F_1$ est tangente au cercle directeur.

734. Corollaire. — *L'hyperbole est une courbe convexe.* Car elle ne peut être coupée par une droite en plus de deux points.

735. Théorème. — *La tangente à l'hyperbole est bissectrice de l'angle des rayons vecteurs du point de contact.*

Soit M (fig. 420) un point quelconque de l'hyperbole ; je le joins à un point voisin M′, et je construis les rayons vecteurs de ces deux points. On a, d'après la définition de l'hyperbole,

$$MF' - MF = M'F' - M'F;$$

d'où l'on tire

$$M'F - MF = M'F' - MF'.$$

Cela posé, du point F comme centre, avec FM comme rayon, je
décris un arc de cercle qui rencontre FM′ en C; et du point F′
comme centre, avec F′M comme rayon,
je décris un autre arc de cercle qui
rencontre F′M′ en D; M′C est égal à
M′F — MF et M′D est égal à M′F′ — MF′;
donc, en vertu de l'égalité précédente,

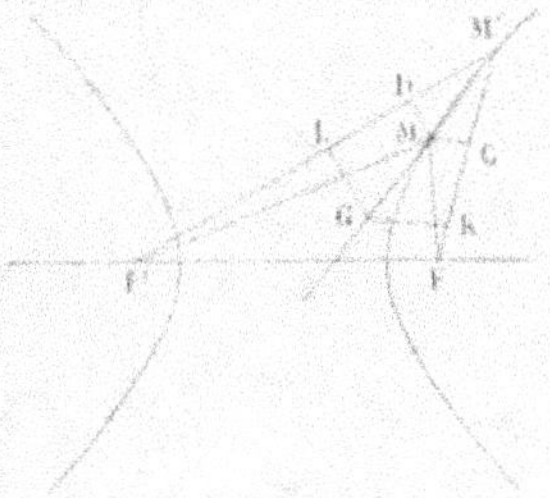

$$M'C = M'D.$$

Sur la sécante M′M, prenons à partir
du point M une longueur arbitraire MG,
et par le point G menons des parallèles

Fig. 420.

GK et GL aux cordes des arcs MC et MD. A cause de ces parallèles,
on a la suite de rapports égaux

$$\frac{M'C}{M'K} = \frac{M'M}{M'G} = \frac{M'D}{M'L},$$

d'où l'on tire, à cause de l'égalité des droites M′C et M′D,

$$M'K = M'L.$$

Supposons maintenant que la sécante M′M tourne autour du
point M de manière que M′ se rapproche de plus en plus de M; les
cordes MC et MD tendent à devenir tangentes aux arcs correspondants au point M; à la limite, elles sont respectivement perpendiculaires aux rayons FM et F′M, et il en est de même de leurs
parallèles GK et GL. Les triangles M′GK, M′GL, qui ont un côté
commun M′G et les côtés M′K et M′L égaux, deviennent alors rectangles, en même temps que leur sommet M′ se transporte
en M; ils sont donc égaux, et par suite les angles GM′K et GM′L
deviennent égaux. La sécante M′M tend donc vers une position
limite, qui est la bissectrice de l'angle FMF′; c'est cette position
limite qui est la tangente à l'hyperbole au point M; le théorème est
donc démontré.

*735. Corollaire I. — *La normale en un point de l'hyperbole fait
des angles égaux avec les rayons vecteurs de ce point, extérieurement à leur angle.*

Corollaire II. — *Les tangentes aux sommets de l'hyperbole sont
perpendiculaires à l'axe transverse.*

Démonstrations analogues à celles des n°ˢ **708** et **709**.

737. Corollaire III. — *Une hyperbole et une ellipse homofocales se coupent à angle droit.*

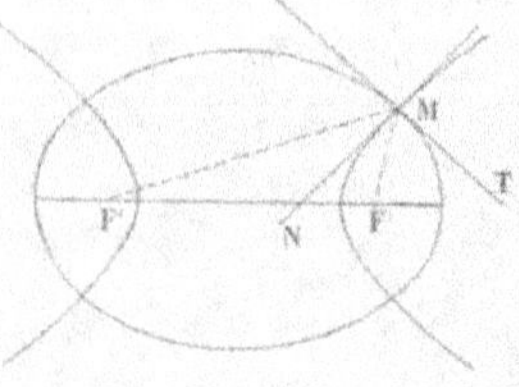

Fig. 421.

Soit M (fig. 421) un des points d'intersection d'une ellipse et d'une hyperbole *homofocales*, c'est-à-dire ayant les mêmes foyers F et F'. La bissectrice MN de l'angle des rayons vecteurs est tangente à l'hyperbole et normale à l'ellipse; la tangente MT à l'ellipse et la tangente MN à l'hyperbole sont donc perpendiculaires. c. q. f. d.

738. Théorème. — *Le lieu des points symétriques de l'un des foyers d'une hyperbole par rapport aux tangentes est le cercle directeur décrit de l'autre foyer comme centre.*

Même démonstration que pour l'ellipse (**711**).

739. Corollaire. — Quand on construit l'hyperbole par le procédé indiqué au n° **732**, la perpendiculaire élevée au milieu de FH est la tangente à la courbe au point M; car elle est évidemment bissectrice de l'angle FMF'.

Supposons maintenant que la ligne FH tourne autour du point F en se rapprochant de plus en plus de la tangente FK au cercle directeur (fig. 422); la perpendiculaire élevée au milieu de FH

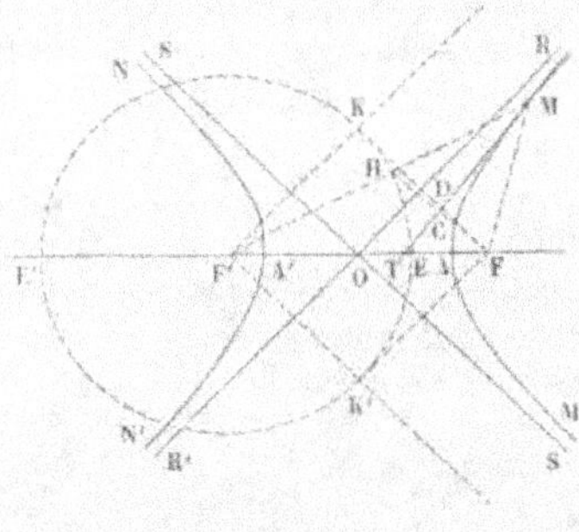

Fig. 422.

fait un angle de plus en plus petit avec F'H et le point M s'éloigne indéfiniment. Lorsque le point H coïncide avec le point K, le rayon F'K et la perpendiculaire au milieu de FK sont parallèles, le point M est transporté à l'infini. De plus, la tangente CM à la courbe a pour limite une droite DR parallèle à F'K. Cette droite s'appelle l'*asymptote* de la branche d'hyperbole AM; c'est, comme on le voit, *la limite vers laquelle tend la tangente à l'hyperbole quand le point de contact s'éloigne indéfiniment sur la branche de courbe.*

Remarquons que la ligne DR, menée parallèlement à F'K par le milieu D de FK, passe par le centre O, milieu de FF'.

Le même raisonnement, appliqué aux branches infinies A'N', AM, A'N, montrerait que chacune de ces branches a aussi une asymptote passant par le centre ; l'asymptote OR' est perpendiculaire au milieu de FK, comme la première OR, et lui est alors directement opposée ; de même, les asymptotes OS et OS', toutes les deux perpendiculaires au milieu de la seconde tangente FK' au cercle directeur, ne forment qu'une seule et même ligne droite. La symétrie de la courbe par rapport à ses axes conduirait à des conclusions identiques. Donc

L'hyperbole a deux asymptotes, qui passent par le centre et qui sont symétriques par rapport aux axes.

On les construit en menant de l'un des foyers des tangentes au cercle directeur qui a l'autre foyer pour centre et en abaissant du centre de l'hyperbole des perpendiculaires sur ces tangentes.

740. Remarque. — *La distance d'un point quelconque pris sur une des branches de l'hyperbole à l'asymptote correspondante tend vers zéro quand le point s'éloigne indéfiniment sur la branche de courbe.*

Je vais faire voir que la distance du point M à l'asymptote OR tend vers zéro quand le point M s'éloigne indéfiniment sur la branche de courbe. En effet, le point T, où la tangente en M rencontre l'axe transverse, est situé entre O et F ; car ce point partage F'F en segments proportionnels à MF' et MF (**199**), et MF' est plus grand que MF. D'autre part, l'angle aigu MTF que forme la tangente en M avec l'axe transverse est le complément de l'angle OFH ; l'angle ROF est de même le complément de l'angle OFK ; et comme l'angle OFK est plus grand que OFH, inversement l'angle ROF est plus petit que MTF ; donc la droite TM rencontre l'asymptote OR au delà du point M. Il en résulte que la distance du point M à l'asymptote est moindre que OT ; et comme cette dernière droite tend vers zéro quand le point M s'éloigne indéfiniment sur la branche de courbe, il en est est de même, à plus forte raison, de la distance de ce point à l'asymptote. C. Q. F. D.

741. Théorème. — *Le lieu des projections des foyers d'une hyperbole sur les tangentes à la courbe est le cercle décrit sur l'axe transverse comme diamètre.* Ce cercle s'appelle le cercle *principal* de l'hyperbole.

Même démonstration que pour l'ellipse (**712**). Il faut toutefois remarquer ici que les seules portions du cercle principal qui fassent partie du lieu sont celles qui sont comprises dans les angles des asymptotes où se trouve la courbe, c'est-à-dire dans les angles ROS, R'O'S' (fig. 422).

742. Remarqué. — Les asymptotes étant des tangentes à l'infini, les projections des foyers sur les asymptotes appartiennent aussi au cercle principal. Il résulte de là que les perpendiculaires abaissées des foyers sur les asymptotes touchent le cercle principal aux points où il est coupé par les asymptotes, ce qui nous fournit un nouveau moyen de construire les asymptotes.

743. Théorème. — *Le produit des distances des deux foyers d'une hyperbole à une tangente quelconque est constant.*

Même démonstration que pour l'ellipse (**713**). La valeur constante du produit des deux distances est égale au carré de la distance de l'un des foyers à l'une des asymptotes, c'est-à-dire à $c^2 - a^2$.

744. Problème. — *Mener une tangente à l'hyperbole en un point M donné sur la courbe* (fig. 423).

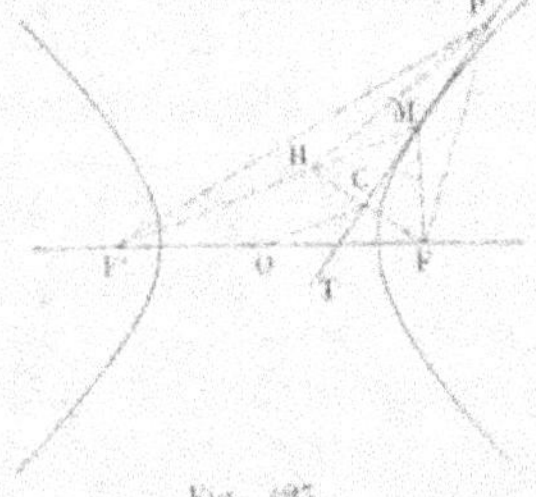

Fig. 423.

Je mène les rayons vecteurs FM et F'M du point donné ; la bissectrice de l'angle FMF' est la tangente demandée (**735**). Pour la construire, on peut prendre sur MF' une longueur MH égale à MF, et abaisser du point M une perpendiculaire MT sur FH ; car cette droite est bissectrice de l'angle FMF' du triangle isocèle FMH.

745. Remarque. — Tous les points de la tangente MT, à l'exception du point de contact M, sont extérieurs à l'hyperbole. En effet, soit P un point quelconque de la tangente ; je le joins aux deux foyers F, F' et au point H ; la tangente étant perpendiculaire au milieu de FH, la droite PF est égale à PH, et par conséquent la différence PF' — PF est égale à PF' — PH. Or, dans le triangle PF'H, le côté F'H est plus grand que la différence des deux autres,

$$F'H > PF' - PH ;$$

d'où l'on tire, en remplaçant F'H par $2a$ et PH par PF,

$$PF' - PF < 2a ;$$

donc le point P est extérieur à l'hyperbole (**730**). c. q. f. d.

316. Problème. — *Mener une tangente à l'hyperbole par un point extérieur* P (fig. 424).

Supposons le problème résolu, et soit PM une tangente passant par le point P. Si l'on prend sur le rayon vecteur F'M une longueur MH égale à MF, on sait que la tangente est perpendiculaire au milieu de la ligne FH ; la question revient donc à déterminer le point H. Or ce point appartient d'abord à la circonférence du cercle directeur décrit du point F' comme centre, puisque F'H est égale à F'M — FM ou à l'axe transverse 2*a* ; de plus le point P, se trouvant sur la perpendiculaire élevée au milieu de FH, est également distant des points F et H, et par suite le point H se trouve sur la

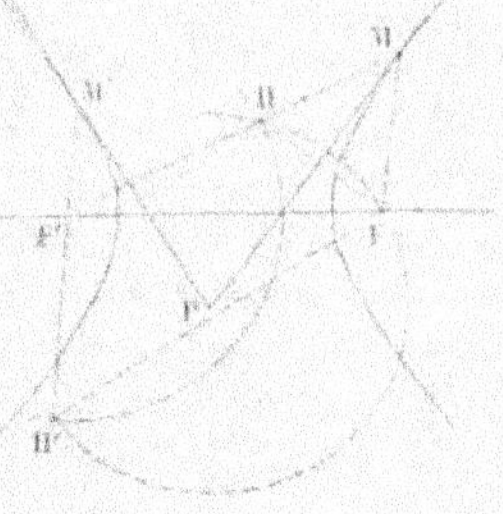

Fig. 424.

circonférence décrite du point P comme centre avec PF comme rayon. On déduit de là la construction suivante :

Du point F' comme centre, avec un rayon égal à l'axe transverse, décrivons un cercle ; du point P comme centre, avec PF comme rayon, décrivons un second cercle qui coupera le premier au point H ; joignons FH et abaissons du point P une perpendiculaire sur cette ligne, ce sera la tangente demandée ; le point de contact M sera déterminé par l'intersection de cette tangente avec la ligne F'H. Les deux cercles se coupent en un second point H'. au moyen duquel on construira une deuxième tangente PM' passant par le point P.

Discussion. — Pour que le problème soit possible, il faut et il suffit que les deux circonférences se coupent, c'est-à-dire que la distance des centres PF' soit moindre que la somme des rayons, PF et 2*a*, et que chacun de ces rayons soit plus petit que l'autre augmenté de la distance des centres ; ce qui nous donne les trois conditions :

$$PF' < PF + 2a,$$
$$PF < PF' + 2a,$$
$$2a < PF + PF'.$$

La dernière condition est toujours satisfaite quand le point P n'est pas sur l'axe FF' ; car, dans le triangle PFF', la somme PF + PF' est plus grande que 2*c*, et *a fortiori* plus grande que 2*a*. On vérifie d'ailleurs aisément que l'inégalité est encore vérifiée quand le point P est sur l'axe FF' ou sur son prolongement. Les inégalités précédentes se réduisent donc aux deux premières, que l'on peut écrire :

$$PF' - PF < 2a,$$
$$PF - PF' < 2a;$$

l'une des deux est toujours vérifiée, la première si $PF > PF'$, la seconde si $PF' > PF$; l'autre exprime la condition pour que le point P soit extérieur à l'hyperbole (**730**).

Lorsque cette condition est remplie, les circonférences se coupent en deux points et le problème a deux solutions ; donc d'un point extérieur à une hyperbole on peut lui mener deux tangentes, et on n'en peut mener que deux.

Si le point P est sur la courbe, sur la branche de droite par exemple, $PF' = 2a + PF$, les deux circonférences sont tangentes extérieurement et le problème n'a qu'une solution.

Enfin, quand le point P est à l'intérieur de l'hyperbole, les deux circonférences sont extérieures et le problème est impossible.

Remarquons que la construction précédente n'exige point que l'hyperbole soit tracée ; il suffit de connaître les deux foyers et la longueur de l'axe transverse.

747. Problème. — *Mener à l'hyperbole une tangente parallèle à une droite donnée* OL (fig. 425).

Du foyer F' comme centre, avec un rayon égal à $2a$, on décrit le

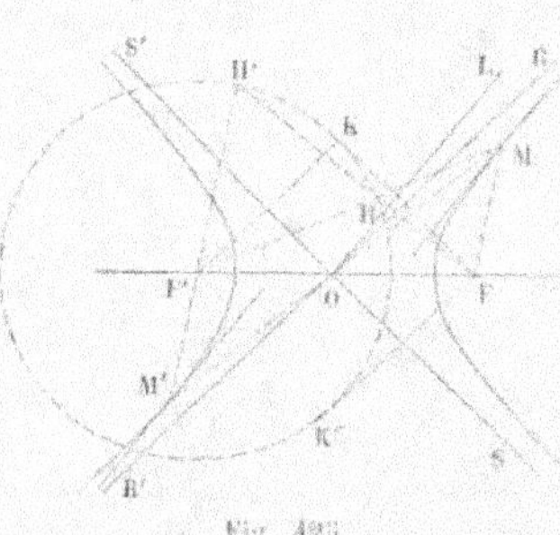

Fig. 425.

cercle directeur ; du foyer F, on mène une droite perpendiculaire à OL ; cette droite coupe le cercle en deux points H et H' ; par les milieux des droites FH et FH', on mène des parallèles à OL ; ces parallèles sont les tangentes demandées ; et les points de contact M et M' sont les points d'intersection des tangentes avec les droites F'H et F'H'. La démonstration est la même que pour l'ellipse (**718**).

On démontrera aussi, comme on l'a fait pour l'ellipse, que les points de contact M et M' des deux tangentes parallèles sont symétriques par rapport au centre O (**719**).

Discussion. — Pour que le problème soit possible, il faut et il suffit que la perpendiculaire abaissée du foyer F sur la droite OL rencontre le cercle directeur. Menons du foyer F les tangentes FK, FK' au cercle directeur ; la droite FH coupera le cercle directeur si elle est comprise dans l'angle KFK' ; mais les asymptotes RR', SS' sont respectivement perpendiculaires aux droites FK, FK' et la droite OH est perpendiculaire à OL. On conclut de là que la condition nécessaire et suffisante pour que OH soit comprise dans l'angle KFK', c'est que la droite donnée OL soit comprise dans l'angle ROS' ou dans son opposé par le sommet, c'est-à-dire dans l'angle des asymptotes qui ne contient pas la courbe.

La construction précédente n'exige point que l'hyperbole soit tracée.

748. Théorème. — *Si d'un point extérieur à une hyperbole on lui mène deux tangentes,*

1° La droite qui joint le point de concours des tangentes à l'un des foyers fait des angles égaux avec les droites qui joignent ce même foyer aux deux points de contact ;

2° Les deux tangentes font des angles égaux avec les droites qui joignent leur point de concours aux deux foyers.

La démonstration de ce théorème est la même que celle qui a été donnée au n° **720** pour l'ellipse. Mais la disposition des lignes varie, suivant que les deux tangentes touchent la même branche de l'hyperbole ou deux branches différentes ; on devra donc distinguer ces deux cas dans la démonstration.

§ LI. — PARABOLE.

749. Définitions. — La *parabole* est une courbe plane, dont chaque point est également distant d'un point fixe appelé *foyer*, et d'une droite fixe appelée *directrice*.

On appelle *rayon vecteur* d'un point de la parabole, la ligne qui joint ce point au foyer. Enfin, on nomme *paramètre* de la parabole la distance du foyer à la directrice.

750. Problème. — *Construire une parabole par points, connaissant le foyer F et la directrice* DD' (fig. 426).

Première méthode.— Je mène d'abord par le foyer F une perpendiculaire BD à la directrice, et je prends le milieu A de la ligne FD ; c'est un premier point de la parabole. Menons ensuite une série de parallèles à la directrice; soit P le point où l'une d'elles rencontre la droite BD; du foyer F comme centre, avec un rayon égal à PD, décrivons un cercle qui coupera la parallèle en deux points M et M', je dis que ces points appartiennent à la parabole. Car la perpendiculaire MH, abaissée du point M sur la directrice, est égale à PD, et par suite au rayon vecteur MF; le point M est donc également distant du foyer F et de la directrice DD', et par conséquent c'est un point de la parabole. Quand on aura déterminé de cette manière un nombre suffisant de points, on les réunira par un trait continu.

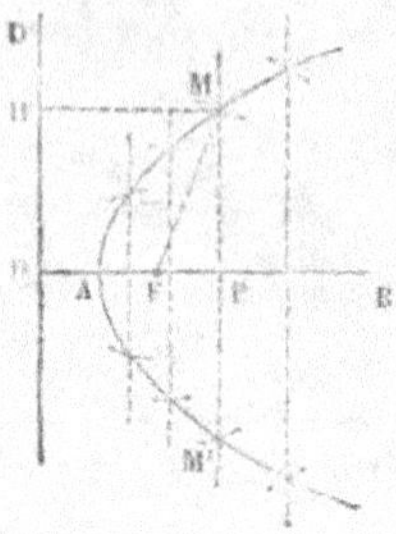

Discussion. — Pour que le cercle décrit du point F comme centre, avec DP pour rayon, rencontre la parallèle à la directrice menée par le point P, il faut évidemment que FP soit moindre que le rayon du cercle, PD; et pour cela il faut que le point P soit plus éloigné de la directrice que le point A et du même côté. Il résulte de là que, si par le point A on menait une parallèle à la directrice, la parabole n'aurait aucun point à gauche de cette parallèle.

Fig. 426.

Deuxième méthode. — Menons une perpendiculaire quelconque GK à la directrice (fig. 427); soit H le point où elle coupe la directrice. Si l'on élève une perpendiculaire au milieu de la droite FH, le point M où elle coupera la droite GK sera un point de la parabole; car le point M est à égale distance des points F et H, MF = MH; donc ce point est également distant du foyer et de la directrice.

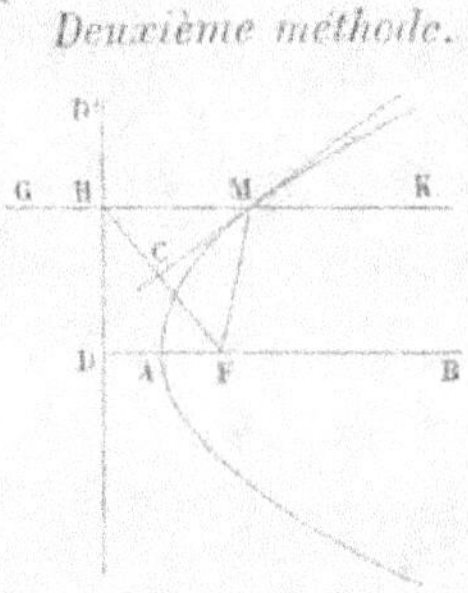

Il est clair, en outre, que le point M est le seul point de la droite GK qui soit à égale distance du foyer et de la directrice; donc toute droite perpendiculaire à la directrice n'a qu'un point commun avec la parabole.

Fig. 427.

751. Problème. — *Tracer un arc de parabole d'un mouvement continu, connaissant le foyer F et la directrice DD'* (fig. 428).

On place une règle de manière que son bord coïncide avec la directrice DD', et on applique contre cette règle le petit côté KH d'une équerre KHG; un fil, d'une longueur égale au côté perpendiculaire

HG de l'équerre, est fixé d'un bout à l'extrémité G de ce côté et de l'autre au foyer F. Si maintenant l'on fait glisser l'équerre le long de la règle en tenant à l'aide d'un crayon le fil tendu et appliqué contre le côté GH de l'équerre, la pointe M de ce crayon tracera un arc de parabole. En effet, soit M l'une des positions de la pointe du crayon ; la longueur du fil GM + MF est égale au côté GH de l'équerre ou à GM + MH ; donc MF = MH, et le point M est également distant du foyer et de la directrice.

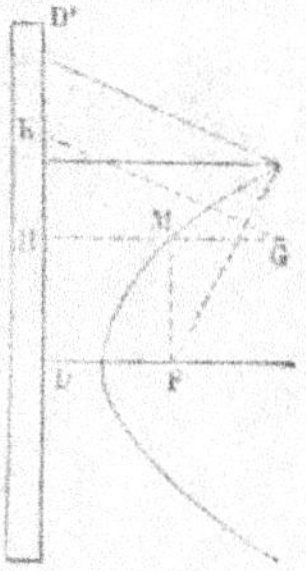

L'arc de parabole qu'on peut tracer de cette manière est tout entier d'un même côté de la perpendiculaire FD menée du foyer à la directrice ; pour avoir l'arc placé de l'autre côté de cette ligne, il

Fig. 428.

faut retourner l'équerre sans toucher à la règle et refaire la même opération avec cette nouvelle disposition de l'équerre.

752. Théorème. — *La parabole a pour axe la perpendiculaire abaissée du foyer sur la directrice.*

En effet, si nous nous reportons à la première construction que nous avons donnée pour la parabole (**750**), nous voyons qu'à un point quelconque M de la courbe (fig. 426) correspond un autre point M' symétrique du premier par rapport à la ligne FD ; cette droite est donc un axe de la courbe. c. q. f. d.

753. Remarques. — Le point A, milieu de la distance FD, est un point de la parabole, et comme il est sur l'axe, c'est le sommet de la courbe.

Il résulte évidemment des constructions précédentes que la parabole se compose de deux branches infinies qui s'écartent de plus en plus de l'axe, sur lequel elles viennent se raccorder au sommet.

La parabole n'a pas de centre.

754. Théorème. — *Tout point intérieur à la parabole est plus rapproché du foyer que de la directrice ; tout point extérieur est plus rapproché de la directrice que du foyer.*

La parabole partage le plan en deux régions ; l'une, qui contient le foyer, est dite *intérieure* à la parabole ; l'autre, qui contient la directrice, est dite *extérieure* à la courbe.

Cela posé, soit N (fig. 429) un point intérieur ; joignons-le au foyer et abaissons de ce point une perpendiculaire NH sur la directrice ; cette perpendiculaire rencontre la courbe en un point M, que je joins au foyer ; on a évidemment

$$NF < MF + MN ;$$

mais le point M, étant sur la parabole, est également distant du foyer et de la directrice, et l'on a MF = MH ; l'inégalité précédente peut alors s'écrire

$$NF < MH + MN$$

ou

$$NF < NH. \qquad \text{C. Q. F. D.}$$

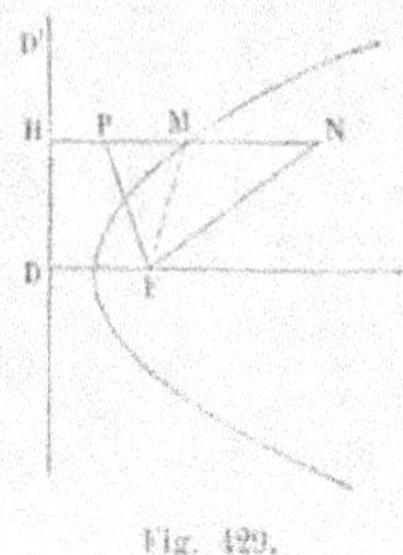

Fig. 429.

Considérons maintenant un point extérieur P, et supposons-le d'abord situé entre la parabole et sa directrice ; joignons-le au foyer, et abaissons de ce point la perpendiculaire PH sur la directrice ; cette ligne PH prolongée rencontre la courbe en un point M, que nous joignons au foyer ; on a évidemment

$$MF < MP + PF ;$$

et comme MF = MH,

$$MH < MP + PF ;$$

ou bien, en retranchant MP aux deux membres,

$$PH < PF. \qquad \text{C. Q. F. D.}$$

Si l'on supposait le point P placé de l'autre côté de la directrice, le théorème serait tout à fait évident.

755. Corollaire. — Les réciproques sont vraies et nous donnent le moyen de distinguer les points intérieurs à la parabole des points extérieurs.

Un point est intérieur à une parabole, situé sur la courbe ou extérieur, suivant que la distance de ce point au foyer est inférieure, égale ou supérieure à sa distance à la directrice.

756. Problème. — *Étant donnés le foyer et la directrice d'une parabole, déterminer les points où elle est coupée par une droite donnée CE (fig. 430).*

1° Je supposerai d'abord que la droite donnée ne soit pas parallèle à l'axe. Soit alors M l'un des points où elle coupe la parabole ;

je le joins au foyer et j'abaisse la perpendiculaire MH sur la directrice ; les deux lignes MF et MH étant égales, le point M est le centre d'un cercle passant par le point F et tangent à la directrice en H. Ce cercle, ayant son centre sur la droite CE, contient aussi le point G, symétrique du point F par rapport à cette droite. La question est ainsi ramenée à construire un cercle passant par deux points donnés F et G et tangent à une droite donnée, problème que nous savons résoudre (**306**). Voici les constructions à effectuer :

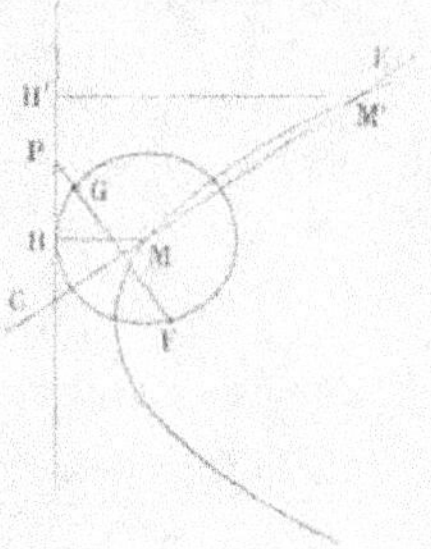

On prolonge la ligne FG jusqu'à sa rencontre avec la directrice en P ; à partir du point P, on porte sur la directrice une longueur PH égale à la moyenne proportionnelle entre PF et PG ; enfin, par le point H, on mène une perpendiculaire à la directrice ; elle rencontre la droite CE au point M cherché. En prenant de l'autre côté du point P une longueur PH' égale à PH sur la directrice, on obtiendra un second point d'intersection M'.

Fig. 430.

Discussion. — Pour que le problème soit possible, il faut et il suffit que les points F et G soient du même côté de la directrice ; dans ce cas, le problème a deux solutions, la droite CE coupe la parabole en deux points.

Quand le point G se trouve sur la directrice, les deux points H et H' se confondent, ainsi que les points M et M' ; la droite CE n'a plus qu'un point commun avec la parabole.

2° Supposons maintenant la droite donnée parallèle à l'axe. La construction précédente ne s'applique plus ; mais nous avons vu (**750**) qu'on obtient le point d'intersection de la parabole avec une parallèle GK à l'axe en joignant au foyer le point de rencontre H de la droite donnée avec la directrice et en élevant une perpendiculaire au milieu de FH (fig. 427). Le problème est toujours possible et n'admet qu'une solution.

757. COROLLAIRE I. — *La parabole est une courbe convexe ;* car elle ne peut être coupée par une droite en plus de deux points.

758. COROLLAIRE II. — Considérons une droite CE qui coupe la parabole en deux points M et M' (fig. 430) et faisons tourner cette droite autour du point M, de manière que le second point d'intersection M' se rapproche indéfiniment du premier ; la sécante tendra alors vers la tangente à la parabole au point M. Mais quand le point

M' viendra coïncider avec le point M, les points H' et P se confondront avec le point H et il en sera de même du point G. Comme la sécante est perpendiculaire sur le milieu de FG, la tangente en M sera perpendiculaire sur le milieu de FH, ou, en d'autres termes, elle sera la bissectrice de l'angle FMH formé par le rayon vecteur du point M et la perpendiculaire abaissée de ce point sur la dissectrice : propriété importante, que nous allons du reste, démontrer directement.

Il résulte de cette propriété que la deuxième méthode donnée au n° **750** pour construire la parabole par points nous fait connaître en même temps la tangente en chaque point ; ainsi la tangente au point M (fig. 427) est la droite CM perpendiculaire au milieu de FH. On voit par là que la droite GK, parallèle à l'axe, n'est pas tangente à la parabole, bien qu'elle n'ait qu'un point commun avec cette courbe.

759. Théorème. — *La tangente à la parabole fait des angles égaux avec le rayon vecteur du point de contact et la parallèle à l'axe menée par ce point à l'intérieur de la courbe.*

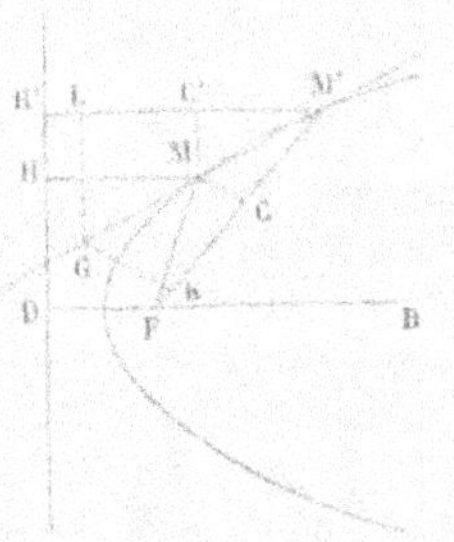

Soit M (fig. 451) un point de la parabole ; je le joins à un point voisin M' de la courbe ; de ces deux points j'abaisse des perpendiculaires MH, M'H', sur la directrice, et je mène leurs rayons vecteurs MF, M'F. Les distances M'F et M'H' étant égales ainsi que les distances MF et MH, on a

Fig. 451.

$$M'F - MF = M'H' - MH.$$

Du point F comme centre, avec FM comme rayon, je décris un arc de cercle qui coupe FM' en G ; et par le point M je mène une parallèle à la directrice jusqu'à la rencontre de M'H' en C' ; la longueur M'G est égale à M'F — MF, et la longueur M'C' est égale à la différence M'H' — MH ; donc

$$M'G = M'C'.$$

Portons sur la sécante MS, à partir du point M, une longueur arbitraire MG, et menons par le point G des parallèles à la corde de l'arc MC et à la droite MC' ; la première coupe FM' au point K et l'autre rencontre M'H' en L. On a alors, à cause des parallèles,

$$\frac{M'G}{M'K} = \frac{M'M}{M'G} = \frac{M'C'}{M'L},$$

et comme M'C = M'C', on en déduit

$$M'K = M'L.$$

Supposons maintenant que la sécante MS tourne autour du point M de manière que le second point d'intersection M' se rapproche de plus en plus du premier ; la corde MC tend vers la tangente à l'arc de cercle MC en M, c'est-à-dire vers la perpendiculaire au rayon FM, et il en est de même de la droite GK parallèle à la corde MC. A la limite, quand le point M' sera confondu avec le point M, la sécante MS sera devenue la tangente MT (fig. 452), le triangle M'GK sera devenu rectangle en K, et l'on aura, au lieu des triangles M'GK et M'GL de la première figure, les deux triangles rectangles MGK et MGL. Les côtés MK et ML de ces triangles sont égaux comme limites des longueurs égales M'K et M'L ; l'hypoténuse

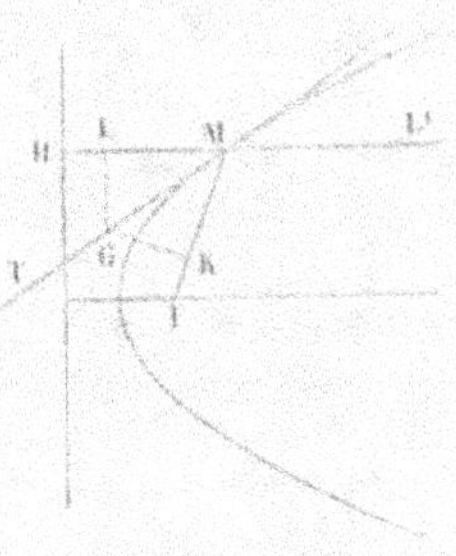

Fig. 452.

MG est commune ; donc les deux triangles sont égaux, et l'angle FMT est égal à l'angle HMT ; mais ce dernier est égal à son opposé par le sommet, L'MT' ; donc enfin les angles FMT et L'MT' sont égaux. c. q. f. d.

760. Corollaire I. — *La normale en un point d'une parabole est bissectrice de l'angle formé par le rayon vecteur de ce point et la parallèle à l'axe menée à l'intérieur de la courbe.*

Corollaire II. — *La tangente au sommet de la parabole est perpendiculaire à l'axe.*

Mêmes démonstrations que pour l'ellipse (**708** et **709**).

761. Remarque. — Supposons qu'une source de lumière ou de chaleur soit placée au foyer F d'une parabole (fig. 453) ; les rayons émanés du point F se réfléchiront sur la courbe en faisant un angle de réflexion égal à l'angle d'incidence ; soit FM un rayon incident, TT' la tangente en M et ML la parallèle à l'axe ; les deux angles

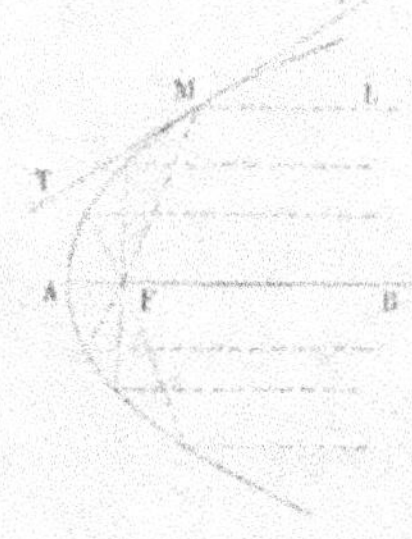

Fig. 453.

FMT, LMT' sont égaux (en vertu du théorème précédent ; donc

le rayon réfléchi prendra la direction ML. Ainsi, tous les rayons émanés du foyer se réfléchissent parallèlement à l'axe.

Réciproquement, si des rayons de lumière ou de chaleur arrivent sur la parabole parallèlement à l'axe, les rayons réfléchis convergeront tous au foyer.

Tel est le principe des miroirs paraboliques. Faisons tourner la parabole autour de son axe, et supposons que la surface engendrée soit bien polie à l'intérieur; nous aurons un miroir parabolique qui jouira des propriétés que nous venons [d'établir. Ces miroirs sont employés de deux façons, soit pour porter à une grande distance un faisceau de rayons lumineux parallèles, soit au contraire pour concentrer en un même point des rayons parallèles ou sensiblement parallèles, comme ceux qui proviennent d'une étoile. C'est cette dernière application que L. Foucault a réalisée dans ses télescopes.

762. Théorème. — *La directrice d'une parabole est le lieu des points symétriques du foyer par rapport aux tangentes à la courbe.*

Soit MT (fig. 434) une tangente à la parabole en M; abaissons de ce point la perpendiculaire MH sur la directrice et joignons FM et FH. La tangente MT, bissectrice de l'angle FMH, est perpendiculaire au milieu de la base du triangle isocèle MFH; par conséquent le point H est symétrique du foyer F par rapport à la tangente. Donc la directrice contient tous les points symétriques du foyer par rapport aux tangentes.

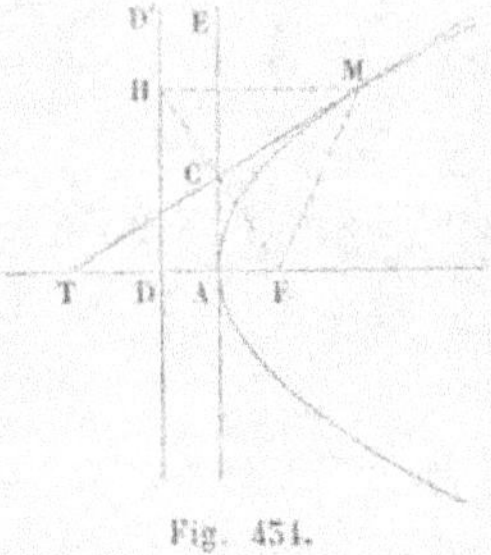

Fig. 434.

Réciproquement, tout point H pris sur la directrice est symétrique du foyer par rapport à une tangente; car la perpendiculaire élevée au milieu de FH est tangente à la parabole au point M où cette perpendiculaire rencontre la parallèle à l'axe menée par le point H.

763. Théorème. — *Le lieu des projections du foyer d'une parabole sur les tangentes est la tangente au sommet de la parabole.*

Reprenons la figure précédente; le point C, milieu de FH, est la projection du foyer sur la tangente MT, puisque cette tangente est perpendiculaire au milieu de FH; le sommet A est le milieu de FD; donc la droite AC est parallèle à la directrice, c'est la tangente au

sommet. Le lieu du point C est donc la tangente au sommet.
C. Q. F. D.

764. Définitions. — On appelle *sous-tangente* la projection PT sur l'axe de la portion MT de la tangente comprise entre l'axe et le point de contact (fig. 435).

On appelle de même *sous-normale* la projection PN sur l'axe de la portion MN de la normale comprise entre l'axe et le pied de la normale.

765. Théorème. — *Le sommet* A *de la parabole divise la sous-tangente* TP *en deux parties égales* (fig. 435).

D'après la propriété connue de la tangente à la parabole, l'angle FMT est égal à l'angle HMT ; mais les angles HMT et MTF sont égaux comme alternes-internes ; donc les angles FMT, MTF sont égaux, le triangle FMT est isocèle et FM = FT. D'autre part, FM = MH = PD ; donc FT = PD. Si de ces deux longueurs égales nous retranchons les longueurs égales AF et AD, il vient AT = AP. C. Q. F. D.

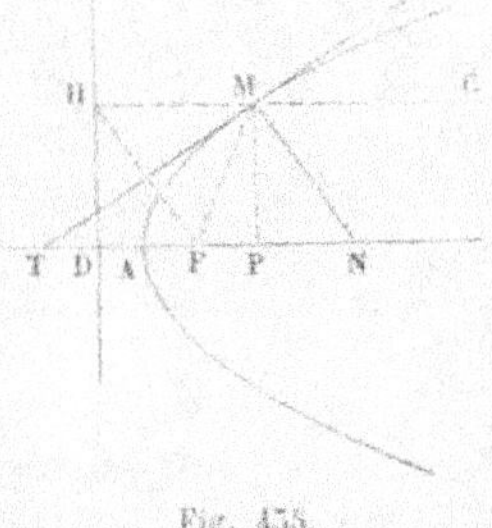

Fig. 435.

766. Remarque. — La perpendiculaire MP abaissée du point M sur l'axe s'appelle l'*ordonnée* de ce point, et la distance AP du sommet au pied de l'ordonnée se nomme l'*abscisse* du point M. On peut alors énoncer le théorème précédent comme il suit :

Dans la parabole, la sous-tangente est double de l'abscisse du point de contact.

Car la longueur AT étant égale à AP, la longueur TP est double de AP.

767. Théorème. — *Dans la parabole, la sous-normale est constante et égale au paramètre.*

Soient MN la normale, PN la sous-normale (fig. 435) ; je joins FH. Cette droite, étant perpendiculaire à la tangente, est parallèle à la normale ; la figure FNMH est donc un parallélogramme, et FN = MH. Mais MH = PD ; donc FN = PD ; si nous retranchons ces deux longueurs égales de la longueur totale DN, les restes FD et PN sont égaux. Donc enfin la sous-normale PN est égale au paramètre FD. C. Q. F. D.

768. Théorème. — *Dans la parabole, les carrés des cordes per-*

pendiculaires à l'axe sont proportionnels aux distances de ces cordes au sommet.

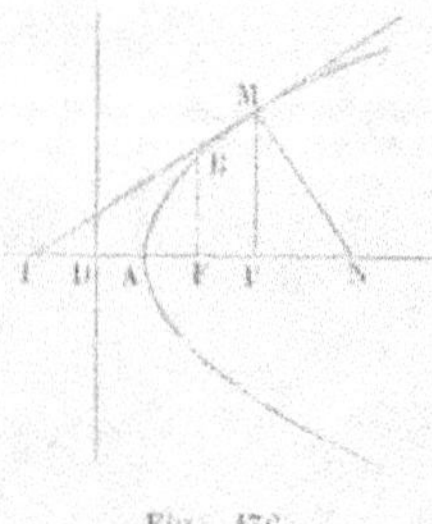

Fig. 436.

Soient M (fig. 436) un point de la parabole, MP l'ordonnée de ce point, MT et MN la tangente et la normale; si l'on prolongeait MP jusqu'à sa rencontre avec la parabole de l'autre côté de l'axe, on aurait une corde perpendiculaire à l'axe, et cette corde serait double de l'ordonnée MP (**752**). Cela posé, dans le triangle rectangle TMN, la perpendiculaire MP est moyenne proportionnelle entre les deux segments de l'hypoténuse,

$$\overline{MP}^2 = TP \times PN\,;$$

mais TP = 2AP (**766**) et PN = FD (**767**); donc

$$\overline{MP}^2 = 2FD \times AP.$$

FD étant une longueur constante, cette égalité exprime que le carré de l'ordonnée MP est proportionnel à l'abscisse AP. La corde perpendiculaire à l'axe étant double de l'ordonnée MP, le carré de cette corde est égal à $4\overline{MP}^2$ ou à $8FD \times AP$; donc le carré de la corde perpendiculaire à l'axe est proportionnel à la distance AP de cette corde au sommet. C. Q. F. D.

769. REMARQUE. — Désignons par x et par y l'abscisse et l'ordonnée d'un point de la parabole, par p le paramètre; on aura

$$y^2 = 2px,$$

relation qui pourra servir à construire la parabole par points, et qu'on nomme, pour cette raison, l'*équation* de la parabole.

Cherchons, en particulier, la valeur de l'ordonnée du point B de la courbe qui se projette sur l'axe au foyer F; il faut, dans l'équation précédente, faire $x = AF = \dfrac{p}{2}$; on a alors $y^2 = p^2$, d'où $y = p$. Ainsi l'*ordonnée* FB *menée par le foyer est égale au paramètre.* La tangente au point B fait un angle de 45° avec l'axe et passe au point D.

770. Problème. — *Mener une tangente à la parabole en un point* M *donné sur la courbe* (fig. 437).

Du point M on abaisse une perpendiculaire MH sur la directrice et on joint MF ; la tangente demandée est la bissectrice de l'angle FMH. Comme MF = MH, cette bissectrice peut se construire en abaissant du point M une perpendiculaire sur FH.

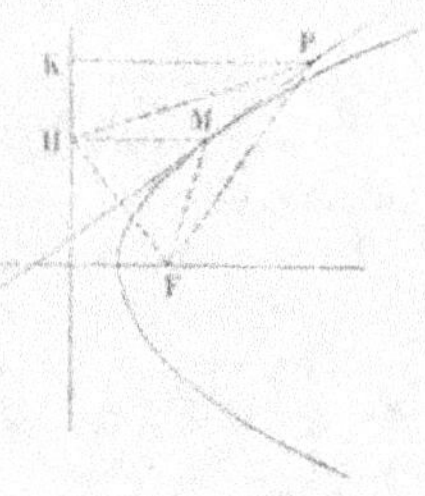

Fig. 437.

771. Remarque. — Tous les points de la tangente, à l'exception du point de contact, sont extérieurs à la parabole. En effet, soit P un point quelconque de la tangente ; j'abaisse de ce point une perpendiculaire PK sur la directrice et je joins PF et PH. La tangente étant perpendiculaire au milieu de FH, les distances PF et PH sont égales ; mais la perpendiculaire PK est plus courte que l'oblique PH ; donc PK < PF, et par conséquent le point P est extérieur à la parabole (**755**). c. q. f. d.

772. Problème. — *Mener une tangente à la parabole par un point extérieur* P (fig. 438).

Supposons le problème résolu et soit PM une tangente menée du point P à la parabole ; abaissons du point de contact M une perpendiculaire MH sur la directrice et joignons FH. La tangente étant perpendiculaire au milieu de la ligne FH, les distances PF et PH sont égales ; donc le point H est sur la circonférence décrite du point P comme centre, avec PF pour rayon ; ce point, devant en même temps se trouver sur la directrice, est complètement déterminé. On déduit de cette analyse la construction suivante :

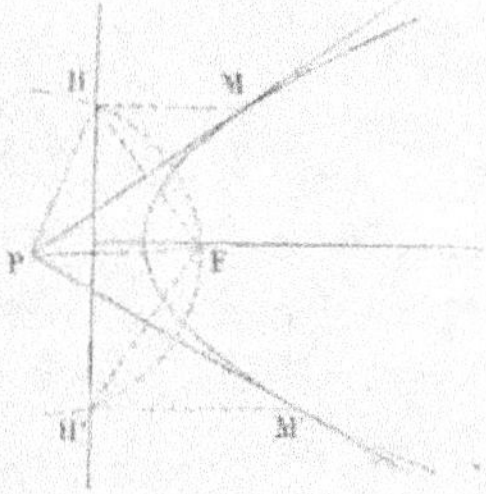

Fig. 438.

Du point P comme centre, avec un rayon égal à PF, décrivez un cercle ; il coupe la directrice en deux points H et H' ; joignez FH et FH' et abaissez du point P des perpendiculaires sur ces deux lignes ; ce sont les tangentes demandées. Les points de contact M et M' se trouvent sur les parallèles à l'axe menées par les points H et H'.

Discussion. — Pour que le problème soit possible, il faut et il suffit que la directrice coupe le cercle décrit du point P comme centre avec PF comme rayon, et pour cela que la distance du point P à la directrice soit moindre que PF, c'est-à-dire que le point P soit extérieur à la parabole. Quand cette condition est remplie, le pro-

blème a deux solutions ; donc d'un point extérieur à une parabole
on peut lui mener deux tangentes, et on n'en peut mener que deux.

Si le point P est sur la parabole, il est également distant du foyer
et de la directrice, le cercle décrit du point P comme centre avec
l'PH pour rayon est tangent à la directrice, et le problème n'a plus
qu'une solution.

Enfin, quand le point P est intérieur à la parabole, le problème
est impossible.

Remarquons que la construction précédente ne suppose pas que
la courbe soit tracée ; il suffit qu'on donne son foyer et sa directrice.

773. Problème. — *Mener à la parabole une tangente parallèle
à une droite donnée KL* (fig. 439).

Du foyer F, abaissons sur la droite donnée une perpendiculaire qui rencontre la directrice en H ;
la tangente demandée est la perpendiculaire élevée au milieu de FH, et le point de
contact M est le point où cette tangente est
coupée par la parallèle à l'axe menée par le
point H.

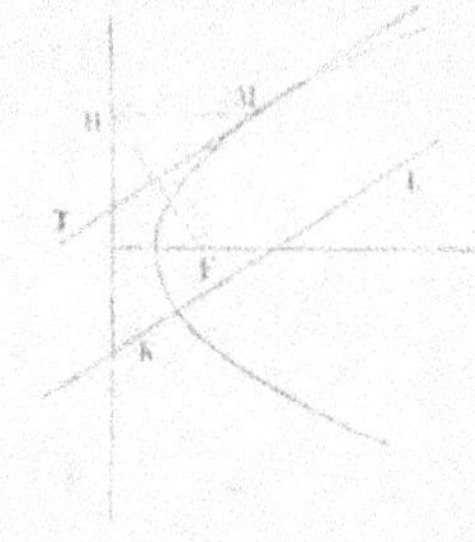

Le problème n'a qu'une solution, et il est
toujours possible, sauf dans le cas où la droite
donnée KL est parallèle à l'axe. Le point H
s'éloigne alors à l'infini, et la tangente est
aussi transportée à l'infini. Nous avons déjà

Fig. 439.

vu (**756**) qu'une parallèle à l'axe coupe toujours la courbe en un
point et ne peut pas lui être tangente.

774. Théorème. — *Si d'un point P extérieur à une parabole on
lui mène deux tangentes PM et PM',*

*1° La ligne PF qui joint le point P au foyer
est bissectrice de l'angle des rayons vecteurs
FM et FM' des points de contact ;*

*2° Les deux tangentes PM et PM' sont éga-
lement inclinées sur la droite PF et sur la
parallèle à l'axe menée par le point P*
(fig. 440).

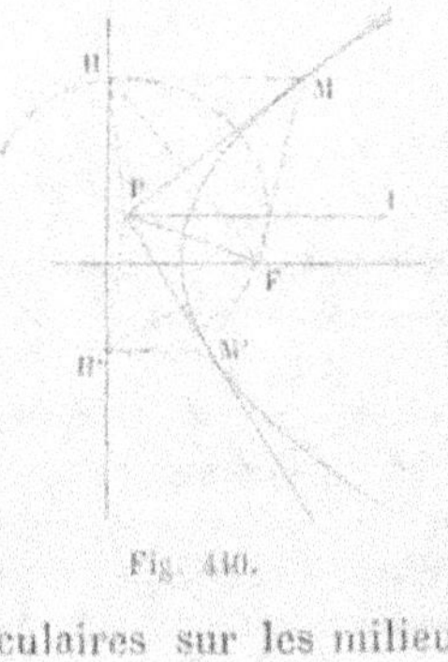

1° Des points de contact M et M' j'abaisse
des perpendiculaires MH, M'H' sur la directrice, et je joins PH, PH', FH, FH', MF, M'F.

Fig. 440.

Les tangentes étant respectivement perpen-

diculaires sur les milieux des droites FH, FH', les angles PFM et

PFM' sont respectivement égaux aux angles PHM et PH'M'. D'autre part, les droites PF et PH sont égales, ainsi que les droites PF et PH'; il en résulte que PH = PH'; par suite le triangle PHH' est isocèle et les angles PHH' et PH'H sont égaux. Mais l'angle PHM est égal à 1 dr. — PHH', ou à 1 dr. + PHH', suivant que le point P est à droite ou à gauche de la directrice, et de même l'angle PH'M' est égal à 1 dr. — PH'H ou à 1 dr. + PH'H; les angles PHH' et PH'H étant égaux, les angles PHM et PH'M' le sont aussi; par conséquent, les angles PFM, PFM', respectivement égaux aux angles PHM et PH'M', sont égaux entre eux. c. q. f. d.

2° Soit PI la parallèle à l'axe menée par le point P; je dis que l'angle MPI est égal à l'angle M'PF. En effet, du point P comme centre, avec PF pour rayon, décrivons une circonférence; elle passera par les points H et H'. Cela posé, les angles aigus MPI, FHH' sont égaux comme ayant les côtés perpendiculaires; l'angle inscrit FHH' est la moitié de l'angle au centre FPH'; mais ce dernier est double de FPM'; donc FHH' = FPM', et comme FHH' = MPI, on a enfin FPM' = MPI.   c. q. f. d.

*775. Corollaire. — Supposons que le point P soit sur la directrice; les angles FPH et FPH' sont alors supplémentaires; leur demi-somme MPF + M'PF est égale à un droit et les tangentes PM et PM' sont perpendiculaires. De plus, les angles PHM, PH'M' sont droits et, par suite, les angles PFM et PFM', qui leur sont respectivement égaux, sont droits aussi; donc FM' est le prolongement de FM et la droite PF est perpendiculaire sur la droite MFM'. Toutes ces propriétés s'énoncent ainsi :

Les tangentes menées à la parabole par un point de la directrice sont perpendiculaires ; la corde qui joint les points de contact passe par le foyer et est perpendiculaire à la droite qui joint le foyer au point de concours des tangentes.

On démontrerait facilement les réciproques.

776. Théorème. — La parabole est la limite d'une ellipse dont un foyer et le sommet voisin restent fixes, tandis que l'autre foyer s'éloigne indéfiniment.

Soient F et F' (fig. 441) les foyers d'une ellipse dont le grand axe est AA'; du point F' comme centre, je décris le cercle directeur, qui coupe la ligne A'A prolongée en D. Tout point de l'ellipse est également distant du foyer F et de la circonférence de ce cercle (702); en particulier, le sommet A est le milieu de FD. Supposons maintenant que, les points A et F restant fixes, le foyer F' s'éloigne

indéfiniment sur l'axe AF ; le cercle directeur passera toujours par
le point D ; mais son rayon grandira de plus en plus, et l'arc
voisin du point D tendra
à se confondre avec sa tangente EE' ; en même temps,
l'arc d'ellipse voisin du
point A aura pour limite un
arc de courbe CAC' tel, que
tous ses points seront également distants du point F et
de la droite EE'. Cette courbe
est donc une parabole ayant
pour foyer le point F et
pour directrice la droite EE'.
C. Q. F. D.

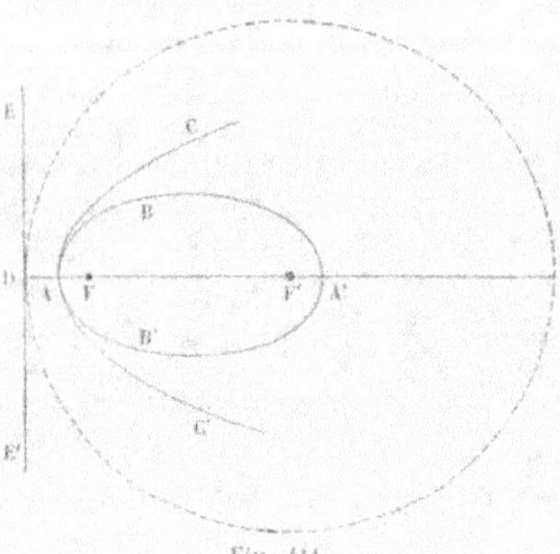

Fig. 441.

777. REMARQUE. — On
peut, à l'aide de ce théorème,
déduire la plupart des propriétés de la parabole des propriétés correspondantes de l'ellipse. Ainsi, nous avons démontré que la tangente
à l'ellipse fait des angles égaux avec les rayons vecteurs du point
de contact ; si l'un des foyers s'éloigne indéfiniment, le rayon vecteur correspondant devient parallèle à l'axe, et nous obtenons la propriété caractéristique de la tangente à la parabole. De même, le
théorème démontré pour l'ellipse au n° **720** conduit immédiatement
au théorème du n° **774**.

§ LII. — SECTIONS CYLINDRIQUES ET CONIQUES.

778. Théorème. — *La section d'un cylindre de révolution par un
plan oblique à son axe est une ellipse.*

Par l'axe CC' du cylindre (fig. 442), je mène un plan perpendiculaire au plan sécant. Ce plan, que j'appellerai le *plan méridien principal*, coupe la surface cylindrique suivant deux génératrices GG', HH',
et le plan sécant suivant une droite AA'. Décrivons, dans le plan
méridien principal, deux cercles C et C' tangents à la fois aux trois
droites GG', HH' et AA' ; leurs centres C et C' seront à l'intersection
de l'axe du cylindre avec les bissectrices des angles GAA', H'A'A ;
soient F et F' les points de contact de ces deux cercles avec la droite
AA'. Faisons maintenant tourner ces deux cercles et la génératrice

GG' autour de l'axe du cylindre ; la génératrice GG' engendrera la surface cylindrique, et les deux cercles engendreront deux sphères de même rayon que le cylindre et qui toucheront sa surface, la première suivant la circonférence GLH, la seconde suivant la circonférence G'L'H' (**643**). Ces deux sphères seront de plus tangentes au plan sécant AMA', la première en F, la seconde en F' ; en effet, la droite CF, située dans le plan méridien principal qui est perpendiculaire au plan sécant, est en outre perpendiculaire à l'intersection AA' de ces deux plans ; elle est donc perpen-

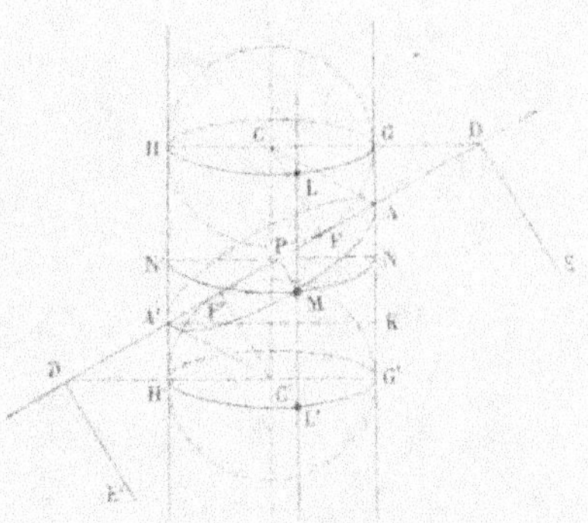

Fig. 442.

diculaire au plan sécant (**465**), et par conséquent ce plan AMA' est tangent à la sphère C au point F, puisqu'il est perpendiculaire à l'extrémité du rayon CF (**639**). On verrait de même que ce plan est tangent à la sphère C' au point F'.

Cela posé, soit M un point de la courbe suivant laquelle le plan sécant coupe le cylindre ; je joins ce point aux deux points F et F' et je trace la génératrice LML' qui passe par ce même point ; cette génératrice touche la sphère C au point L et la sphère C' au point L'. Les deux droites MF et ML sont alors des tangentes menées du même point M à la sphère C et, par conséquent, sont égales (**642**) ; il en est de même des droites MF' et ML', tangentes menées du point M à la sphère C' ; donc la somme MF + MF' est égale à ML + ML', c'est-à-dire à la portion LL' de la génératrice du cylindre comprise entre les deux cercles de contact, longueur constante et égale à la distance CC' des centres des deux sphères. Il résulte de là que la courbe AMA' est telle, que la somme des distances de chacun de ses points aux deux points fixes F et F' est constante ; cette courbe est donc une ellipse dont les points F et F' sont les foyers. c. q. f. d.

*779. REMARQUES. — Le grand axe de l'ellipse est la droite AA' ; et il est aisé de montrer que sa longueur est égale à la distance CC'. En effet, AF = AG, A'F = A'H, AF' = AG', A'F' = A'H' ; en ajoutant ces quatre égalités membre à membre, on a

$$2AA' = GG' + HH' = 2CC',$$

d'où $AA' = GG'$.

Le centre de l'ellipse est le milieu de AA', c'est-à-dire le point d'intersection de cette ligne AA' et de l'axe du cylindre.

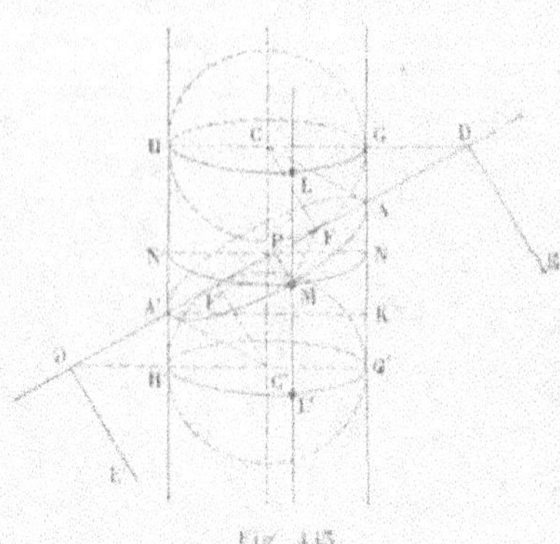

Fig. 445.

Le petit axe est la perpendiculaire à la droite AA' menée par le centre dans le plan sécant ; cette ligne est donc perpendiculaire au plan méridien principal, et comme elle passe par un point de l'axe, elle se confond avec un diamètre du cylindre.

Si, du point A' et dans le plan méridien principal, on abaisse A'K perpendiculaire sur GG', la longueur AK est égale à la distance focale FF'. En effet, $AK = GG' - AG - KG'$; or $GG' = AA'$; $AG = AF$; $KG' = A'H' = A'F'$; donc $AK = AA' - AF - A'F' = FF'$.

'780. Corollaire I. — *Une ellipse étant donnée, on peut toujours la placer sur un cylindre de révolution dont le diamètre est égal au petit axe de cette ellipse.*

En effet, si l'on inscrit entre deux génératrices opposées GG' et HH' de ce cylindre une droite AA' égale au grand axe de l'ellipse donnée, le plan mené par AA' perpendiculairement au plan des génératrices GG' et HH' coupe le cylindre suivant une ellipse qui a les mêmes axes que l'ellipse donnée et qui, par conséquent, lui est égale.

'781. Corollaire II. — Soient DE et D'E' les droites d'intersection du plan de l'ellipse avec les plans des cercles de contact GLH, G'L'H' ; ces droites sont perpendiculaires à l'axe AA' ; on les appelle les *directrices* de l'ellipse. Chacune d'elles jouit de la propriété suivante :

Le rapport des distances d'un point quelconque de l'ellipse à l'un des foyers et à la directrice voisine est constant et égal à l'excentricité de l'ellipse.

En effet, prenons, par exemple, le foyer F et la directrice voisine DE. Soit M un point quelconque de l'ellipse ; je mène par ce point un plan NMN' perpendiculaire à l'axe du cylindre ; l'intersection MP de ce plan avec le plan de l'ellipse est perpendiculaire à AA' et, par suite, parallèle à DE. Cela posé, $MF = ML = NG$, et la distance du point M à la directrice est égale à PD ; il faut donc démontrer que le rapport $\dfrac{NG}{PD}$ est constant. Or les triangles semblables AGD, ANP donnent

$$\frac{AG}{AD} = \frac{AN}{AP} = \frac{AG + AN}{AD + AP} = \frac{NG}{PD} ;$$

d'ailleurs $\dfrac{AG}{AD}$ est constant, quel que soit le point M ; donc il en est de même du rapport $\dfrac{NG}{PD}$.   c. q. f. d.

Il reste à trouver la valeur de ce rapport ; les triangles semblables AGD, AKA' donnent

$$\frac{AG}{AD} = \frac{AK}{AA'} = \frac{FF'}{AA'} = \frac{c}{a},$$

puisque $AK = FF'$ (**779**) ; donc enfin le rapport $\dfrac{NG}{PD}$ est égal à l'excentricité de l'ellipse.

Même démonstration pour l'autre foyer et l'autre directrice.

Comme une ellipse peut toujours être placée sur un cylindre de révolution (**780**), toute ellipse a des directrices. Quand on connaît les foyers F, F' et le grand axe AA' d'une ellipse, il est facile de construire ses directrices. On a, en effet,

$$\frac{AF}{DA} = \frac{A'F}{DA'} ;$$

d'où

$$\frac{DA}{DA'} = \frac{FA}{FA'} ;$$

ainsi le rapport des distances du point D aux deux points A et A' est connu, ce qui permet de déterminer ce point D (**262**) et par suite la directrice DE.

782. Théorème. — *La section d'un cône de révolution par un plan est une ellipse, lorsque le plan sécant rencontre toutes les génératrices du cône d'un même côté du sommet ; une hyperbole, quand il coupe les deux nappes du cône, et une parabole, lorsqu'il est parallèle à un plan tangent au cône.*

1° Supposons d'abord que le plan sécant rencontre toutes les génératrices du cône d'un même côté du sommet. Par l'axe du cône, je mène un plan perpendiculaire au plan sécant ; ce plan, que je nommerai comme précédemment le *plan méridien*

principal du cône, coupe le cône suivant deux génératrices opposées
SG', SH' (fig. 444), et le plan sécant suivant une droite AA', qui
rencontre, par hypothèse, les deux génératrices SG' et SH' d'un
même côté du sommet. J'inscris dans le triangle SAA' un cercle O
qui touche le côté AA' en F et les côtés SA et SA' aux points G et H;
je construis un second cercle O' tangent à la droite AA' en F', et aux
prolongements des lignes SA et SA' aux deux points G' et H'. Si nous

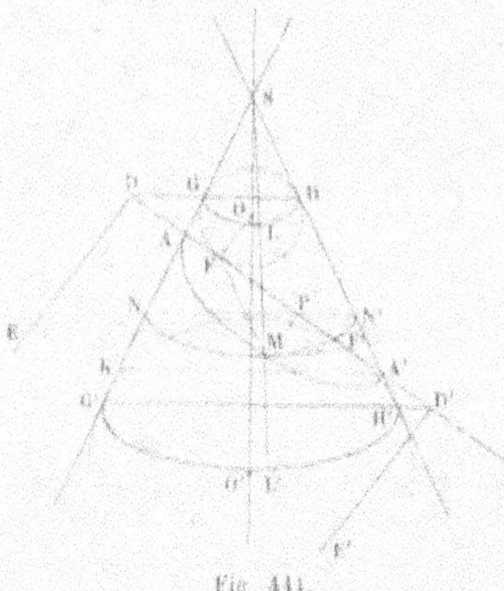

faisons tourner ces deux cercles
autour de l'axe, en même temps
que la génératrice SG' engendre
le cône, chacun de ces cercles
engendre une sphère; ces deux
sphères sont inscrites dans le
cône, et le touchent, la première tout le long du cercle LHG
décrit par le point G, et la seconde tout le long du cercle
G'L'H'. De plus, ces deux sphères sont tangentes au plan sécant AMA'; car la droite OF, située dans le plan méridien principal perpendiculaire au plan
AMA', est perpendiculaire à
leur intersection AA'; donc elle est perpendiculaire au plan AMA'
(**465**); par conséquent, ce plan, étant perpendiculaire à l'extrémité
du rayon OF, est tangent à la sphère O au point F. On verrait de
même que le plan sécant est tangent à la sphère O' au point F'.

Cela posé, soit M un point quelconque de la courbe suivant
laquelle le plan sécant coupe le cône; joignons MF et MF', et menons
la génératrice SM du cône; cette ligne touche les deux sphères O
et O' aux points L et L', où elle rencontre les cercles GLH, G'L'H';
alors les deux droites MF et ML sont toutes les deux tangentes à la
sphère O, et, par conséquent, sont égales; il en est de même des
deux droites MF' et ML'; donc la somme MF + MF' est égale à
ML + ML', ou à LL'; mais cette longueur LL' est constante et égale
à GG', parce que la ligne GG' vient s'appliquer sur LL' quand on fait
tourner la génératrice SG' autour de l'axe pour engendrer le cône;
donc la courbe AMA' est telle, que la somme des distances de chacun de ses points aux deux points fixes F et F' est constante; c'est-
à-dire que cette courbe est une ellipse dont les points F et F' sont
les foyers. c. q. f. d.

Fig. 444.

La droite AA' est le grand axe de l'ellipse, et sa longueur est égale à GG'; car AF = AG, A'F = A'H, AF' = AG', A'F' = A'H'; en ajoutant membre à membre, on a $2AA' = GG' + HH' = 2GG'$.

Si du point A' on mène A'K parallèle à GH, la longueur AK est égale à la distance focale FF'; en effet, AK = GG' — AG — KG'; or GG' = AA', AG = AF, et KG' = A'H' = A'F'; donc AK = AA' — AF — A'F' = FF'.

Les intersections DE, D'E' du plan sécant par les plans des cercles de contact GLH, G'L'H' sont des droites perpendiculaires à AA', qui ne sont autre chose que les directrices de l'ellipse. En effet, par le point M menons un plan perpendiculaire à l'axe du cône ; il coupe le plan sécant suivant une droite MP perpendiculaire à AA' et le plan méridien principal suivant une droite NN' parallèle à GH. La distance du point M au foyer F est égale à ML ou à NG, et la distance du point M à la droite DE est égale à PD, puisque MP est parallèle à DE ; donc le rapport des distances du point M au foyer F et à la droite DE est égal à $\dfrac{NG}{PD}$. Or les triangles semblables AGD, ANP donnent

$$\frac{AG}{AD} = \frac{AN}{AP} = \frac{AG + AN}{AD + AP} = \frac{NG}{PD};$$

d'autre part, les triangles semblables AGD, AKA' nous donnent

$$\frac{AG}{AD} = \frac{AK}{AA'} = \frac{FF'}{AA'} = \frac{c}{a};$$

donc

$$\frac{NG}{PD} = \frac{c}{a}.$$

La droite DE est donc telle, que le rapport des distances d'un point de l'ellipse au foyer F et à cette droite est constant et égal à l'excentricité ; par conséquent, la droite DE est une des directrices de l'ellipse. On verrait de même que D'E' est l'autre directrice.

2° Supposons maintenant que le plan sécant rencontre les deux nappes du cône. Le plan méridien principal coupe alors le plan sécant suivant une droite AA', dont les points d'intersection avec les génératrices opposées GG' et HH' sont de côtés différents du sommet S (fig. 445); je dis que la section est une hyperbole.

En effet, décrivons, dans le plan méridien principal, deux cercles O et O' tangents aux génératrices GG' et HH' et à la droite AA'; soient

F et F′ les points de contact de ces cercles avec AA′. Si nous les faisons tourner autour de l'axe, ils engendreront deux sphères inscrites l'une dans la nappe inférieure, l'autre dans la nappe supérieure du cône, et touchant la surface conique suivant les circonférences GLH et G′L′H′. Ces deux sphères sont, de plus,

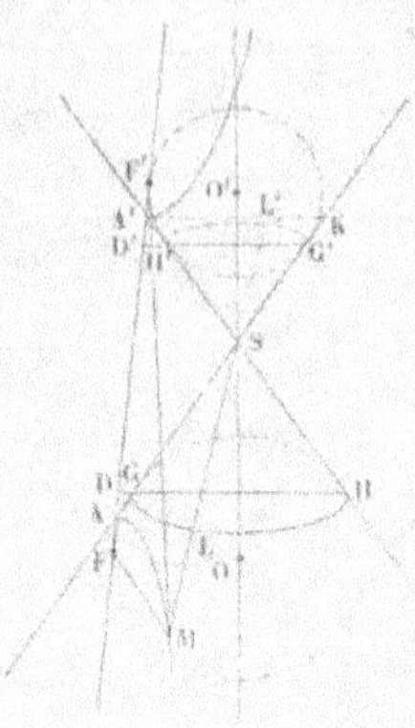

tangentes au plan sécant, l'une en F, l'autre en F′. Cela posé, soit M un point quelconque de la section ; la génératrice SM du cône passant par ce point est tangente en L à la sphère O et en L′ à la sphère O′ ; les deux droites MF et ML sont alors égales comme tangentes menées du point M à la sphère O ; les deux droites MF′ et ML′ sont égales pour la même raison ; donc

$$MF' - MF = ML' - ML = LL' = GG'.$$

La courbe est donc telle, que la différence des distances de chacun de ses points aux deux points fixes F et F′ est constante ; par conséquent, c'est une hyperbole dont les points F et F′ sont les foyers. c. q. f. d.

Fig. 415.

L'axe transverse de l'hyperbole est la droite AA′ ; les sommets sont les points A et A′. La longueur AA′ est égale à GG′ ; car AF′ = AG′, AF = AG ; d'où AF′ − AF = AG′ − AG = GG′ ; on trouve de même A′F − A′F′ = HH′ ; en ajoutant membre à membre, on a

$$AF' - A'F' + A'F - AF = GG' + HH',$$

ou

$$2AA' = 2GG', \quad AA' = GG'.$$

Si du point A′ nous menons A′K parallèle à GH, la longueur AK est égale à FF′. En effet, AK = GG′ + AG + G′K ; mais GG′ = AA′, AG = AF, G′K = A′H′ = A′F′ ; donc AK = AA′ + AF + A′F′ = FF′.

On verrait aussi, comme dans le cas de l'ellipse, que les droites d'intersection du plan sécant avec les plans des cercles de contact sont les directrices de l'hyperbole ; le rapport des distances d'un point quelconque de la courbe à l'un des foyers et à la directrice voisine est égal à l'excentricité, c'est-à-dire à $\dfrac{c}{a}$; mais dans l'hyperbole ce rapport est plus grand que l'unité, tandis que dans l'ellipse il est plus petit que l'unité.

On peut encore trouver les asymptotes de l'hyperbole. Remarquons d'abord que, si l'on mène par le sommet du cône un plan parallèle au plan sécant, il coupe le cône suivant deux génératrices parallèles toutes les deux au plan sécant et, par conséquent, le rencontrant à une distance infinie. Cela posé, joignons un point quelconque M de l'hyperbole au centre de la courbe, et faisons tourner la génératrice SM sur le cône jusqu'à ce qu'elle devienne parallèle au plan sécant ; le point M s'éloignera indéfiniment ; la droite qui joint le centre au point M et la génératrice SM deviendront parallèles ; d'où l'on conclut que *les asymptotes de l'hyperbole sont parallèles aux génératrices du cône qui ne rencontrent pas le plan sécant*. Il résulte de là que *l'angle de ces asymptotes est au plus égal à l'angle formé par deux génératrices opposées du cône ;* car l'angle de deux génératrices qui ne sont pas dans un même plan passant par l'axe est toujours inférieur à l'angle de deux génératrices opposées.

3° Supposons enfin que le plan sécant soit parallèle à un plan tangent au cône. Un plan est dit *tangent* à un cône de révolution, lorsqu'il contient une génératrice SH de ce cône (fig. 446) et qu'il n'en contient pas d'autre ; la génératrice SH est dite alors *génératrice de contact*. On démontre facilement que le plan tangent suivant SH est perpendiculaire au plan qui passe par l'axe et par la génératrice de contact.

Si le plan sécant est parallèle au plan tangent suivant SH, le plan passant par l'axe et par la génératrice SH est perpendiculaire au plan sécant et coupe ce plan suivant une droite AA' parallèle à SH ; c'est le plan méridien principal. Il coupe d'ailleurs le cône suivant deux génératrices opposées SG et SH.

Décrivons un cercle O tangent aux deux parallèles SH et AA', et à la droite SA, et faisons tourner ce cercle autour de l'axe SO du cône ; il engendrera une sphère tangente au cône tout le long du cercle GLH, et touchant le plan sécant au point F. Soit DE l'intersection du plan sécant avec le plan du cercle de contact GH ; cette droite, intersection de deux plans perpendiculaires au plan méridien principal, sera elle-même perpendiculaire à ce plan, et, par conséquent, sera perpendiculaire à la ligne AA'.

Cela posé, soit M un point quelconque de la section ; je le joins au point F, et j'abaisse de ce point la perpendiculaire ME sur la droite DE ; cette droite ME sera parallèle aux droites AA' et SH ; le plan des deux parallèles ME et SH contiendra la génératrice SM qui passe au point M, et coupera le plan du cercle de contact GLH suivant la

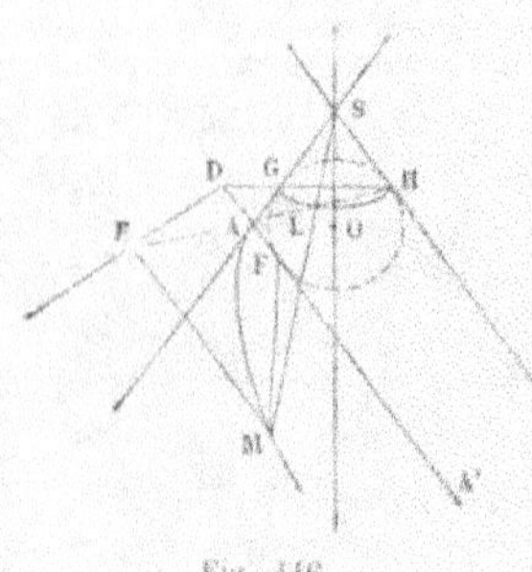
Fig. 446.

droite HE, qui rencontre en L le cercle GLH et la génératrice SM. Les deux triangles MLE, SLH sont alors semblables, et comme SH = SL, il en résulte que ME = ML. D'ailleurs les lignes MF et ML sont égales comme tangentes menées d'un même point M à une sphère; donc MF = ME, le point M est également distant du point F et de la droite DE, et par suite la courbe est une parabole qui a pour foyer le point F et pour directrice la droite DE.

783. Théorèmes. — 1° *On peut toujours placer une ellipse donnée sur un cône de révolution donné.*

2° *On peut toujours placer une hyperbole donnée sur un cône donné, pourvu que l'angle des asymptotes de cette hyperbole ne surpasse pas l'angle au sommet du cône.*

3° *On peut toujours placer une parabole donnée sur un cône donné.*

1° Si l'ellipse donnée était placée sur le cône donné en AMA' (fig. 444), les longueurs AA' et AK seraient égales, l'une au grand axe, l'autre à la distance focale de l'ellipse donnée; ce sont donc des longueurs connues. D'autre part, l'angle AKA' est aussi connu, puisqu'il est le complément du demi-angle au sommet du cône. Le triangle AKA' est donc déterminé par deux côtés AA' et AK et par l'angle AKA' opposé au premier; et comme le côté opposé à l'angle donné est plus grand que l'autre, on pourra toujours construire ce triangle (**179**), et le problème n'aura qu'une solution. Ce triangle construit, on prolongera le côté KA jusqu'à sa rencontre en S avec la perpendiculaire élevée au milieu de KA', et on joindra SA'. Le cône dont les génératrices opposées sont SA et SA', est égal au cône donné, et la section faite dans ce cône par un plan mené par AA' perpendiculairement au plan ASA' est une ellipse, qui a pour grand axe AA' et pour distance focale AK et qui est égale, par conséquent, à l'ellipse donnée. On peut donc toujours placer une ellipse donnée sur un cône donné quelconque. c. q. f. d.

2° Passons au cas de l'hyperbole. On voit aisément, comme dans le cas de l'ellipse, que l'hyperbole pourra être placée sur le cône si on peut construire le triangle AKA' (fig. 445), dans lequel on connaît le côté AA' qui est égal à l'axe transverse $2a$ de l'hyperbole, le côté AK qui est égal à la distance focale $2c$ et l'angle aigu AKA' qui est le complément du demi-angle au sommet du cône. Comme AA' est moindre que AK, le problème n'est pas toujours possible (**179**). Pour trouver les conditions de possibilité, reportons-nous à la figure 422 du n° **739**; nous voyons que le triangle rectangle F'FK a pour hypoténuse F'F ou $2c$, un côté F'K égal à $2a$ et l'angle opposé F'FK complémentaire du demi-angle ROF des asymptotes; si l'angle opposé au côté égal à $2a$ est moindre que F'FK, en pourra encore construire le triangle, comme on le voit en FFH; mais si cet angle était supérieur à F'FK, le triangle ne serait plus possible. Si nous revenons maintenant à la figure 445, nous voyons que la condition nécessaire et suffisante pour qu'on puisse construire le triangle AKA' avec les éléments donnés, est que l'angle AKA' soit au plus égal au complément du demi-angle des asymptotes, ce qui revient à dire que l'angle des asymptotes de l'hyperbole donnée ne doit pas surpasser l'angle de deux génératrices opposées du cône. Si cette condition est remplie, on pourra placer l'hyperbole donnée sur le cône donné. c. q. f. d.

3° Considérons enfin le cas où l'on donne une parabole et où l'on veut la placer sur un cône donné. Reportons-nous à la figure 446. Le triangle ADG est isocèle, parce qu'il est semblable au triangle SGH. Or, dans ce triangle ADG, nous connaissons l'angle A, qui est égal à l'angle au sommet du cône, et les côtés AD et AG, tous les deux égaux au demi-paramètre AF de la parabole. On pourra donc construire ce triangle; on prolongera ensuite le côté DA, et on cherchera le centre O du cercle tangent au côté AG en G, et à la ligne AA', prolongement de DA; par le point O, on mènera une perpendiculaire à DG, qui rencontrera AG en S. Si l'on considère alors le cône qui a pour sommet le point S, pour axe la ligne SO, et pour génératrice SG, cône qui est égal au cône donné, la section de ce cône par un plan perpendiculaire au plan du triangle ADG et passant par la ligne AA' sera une parabole égale à la parabole donnée. c. q. f. d.

784. Corollaire I. — Il résulte du théorème précédent que toutes les ellipses, toutes les hyperboles et toutes les paraboles peuvent être obtenues en coupant un cône par des plans convenablement choisis. C'est pourquoi on désigne ordinairement ces trois courbes sous le nom de *sections coniques*. Cette communauté d'origine explique l'analogie que nous avons remarquée entre les propriétés de l'ellipse, de l'hyperbole et de la parabole.

785. Corollaire II. — De l'étude que nous venons de faire des sections du cône on déduit la propriété suivante, qui appartient également à l'ellipse, à l'hyperbole et à la parabole, et qui pourrait être prise comme définition commune de ces trois courbes :

Une section conique est le lieu géométrique des points tels, que le rapport des distances de chacun de ces points à un point fixe appelé foyer et à une droite fixe appelée directrice soit constant.

La section conique est une ellipse, une hyperbole ou une parabole, suivant que ce rapport est inférieur, supérieur ou égal à l'unité.

Quand on connaît le foyer et la directrice d'une ellipse ou d'une hyperbole et le rapport constant des distances d'un point de la courbe au foyer et à la directrice, il est facile de déterminer les sommets situés sur l'axe focal et le second foyer. Soit F le foyer donné, DD' la directrice (le lecteur est prié de faire la figure) et e le rapport donné. Du point F on abaisse sur la directrice la perpendiculaire FD ; on construit ensuite les deux points A et A' de cette droite, qui soient tels, qu'on ait

$$\frac{AF}{AD} = \frac{A'F}{A'D} = e ;$$

les points A et A' sont les deux sommets situés sur l'axe focal ; le centre est le milieu O de la droite AA' et le second foyer F' est symétrique du premier par rapport au point O.

Connaissant les deux foyers et la longueur de l'axe focal, on pourrait construire la courbe par points ; elle est donc complètement déterminée.

§ LIII. — Hélice.

786. Définitions et notions préliminaires. — Si l'on enroule un plan sur la surface d'un cylindre droit à base circulaire, une droite quelconque tracée dans ce plan se transforme sur la surface cylindrique en une ligne courbe, qui s'appelle une *hélice*.

787. Pour se rendre un compte exact de la forme et des propriétés de cette courbe, on peut considérer d'abord, au lieu d'un cylindre, un prisme régulier $abcdefa_3b'c'd'e'f'$ (fig. 447) inscrit dans le cylindre et supposer qu'un plan indéfini s'enroule sur ce prisme ; une droite quelconque tracée dans le plan donnera sur la surface du prisme une ligne brisée gauche, que nous allons étudier. Sur la droite indéfinie aA perpendiculaire à l'arête aa_5 du prisme, je prends des longueurs aB, BC, CD,... égales aux côtés ab, bc, cd,... de la base du prisme; par les points B, C, D,... je mène des droites BB', CC', DD',... égales et parallèles aux arêtes; j'obtiens ainsi le développement de la surface latérale du prisme (**600**); c'est un rectangle aAA_3a_3, dont la base aA est égale au périmètre du po-

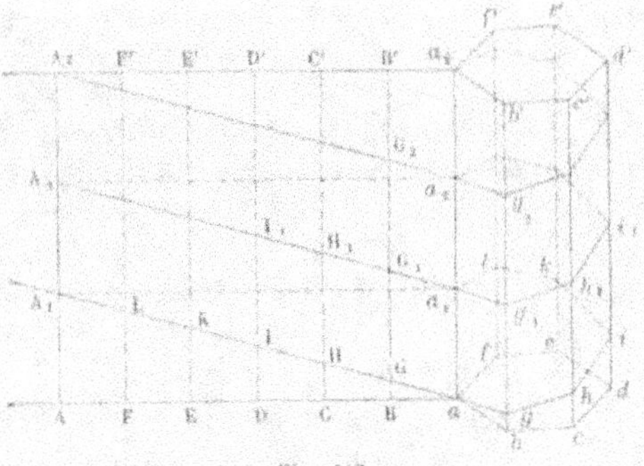

Fig. 447.

lygone $abcdef$ et dont la hauteur est la même que celle du prisme. Inversement, ce rectangle peut être enroulé sur le prisme de manière à recouvrir entièrement sa surface, les rectangles partiels aBB'a_3, BCC'B',.... s'appliquant l'un après l'autre sur les faces latérales consécutives $abb'a_3$, $bcc'b'$,...

Supposons qu'une droite indéfinie quelconque aA$_1$ soit tracée dans le plan mobile; les segments aG, GH, HI.... de cette droite, compris entre deux parallèles consécutives à l'arête aa_3, se placeront en ag, gh, hi.... dans les faces du prisme et formeront une ligne brisée $aghikla_1$. Les côtés de cette ligne brisée, respectivement égaux aux segments aG, GH, HI...., sont égaux entre eux; et les angles qu'ils forment avec les arêtes successives sont égaux entre eux et à l'angle que fait la droite aA$_1$ avec l'arête aa_3.

Réciproquement, si l'on trace sur la surface latérale du prisme une ligne brisée $aghkila_1$ dont tous les côtés soient également inclinés sur les arêtes, et qu'on développe sur un plan la surface latérale du prisme, la ligne brisée se transformera évidemment en une ligne droite aGHIKLA$_1$.

On peut supposer le plan indéfini et l'enrouler plusieurs fois de suite sur la surface du prisme; alors le prolongement de la droite aA$_1$ au delà du point A$_1$ donnera une ligne brisée a_1 g_1 h_1...., qui continuera la précédente, et qui se prolongera indéfiniment en serpentant autour du prisme. Quand le plan a recouvert une première fois la surface du prisme, le point A$_1$ vient se placer en a_1, sur la première arête, et le prolongement de la droite aA$_1$ prend la position a_1A_2 parallèle à aA_1; de même, à la fin du second tour, la droite indéfinie occupe la position a_2A_3 parallèle à a_1A_2, et ainsi de suite. Il résulte de là qu'on pourra obtenir toutes les parties de la ligne brisée en enroulant une seule fois le plan mobile autour du prisme et en construisant les lignes brisées qui proviennent des lignes droites parallèles et équidistantes aA_1, a_1A_2, a_2A_3,.... La portion de ligne brisée engendrée par chacune d'elles s'appelle une *spire*; il est clair que toutes les spires sont égales. De plus, la distance des points où deux spires consécutives rencontrent une même arête est constante; ainsi aa_1, gg_1, hh_1,..., sont des longueurs égales entre elles, comme étant respectivement égales à AA_1, GG_1, HG_1,....; cette longueur constante s'appelle le *pas* de la ligne brisée.

788. Supposons maintenant que le nombre des côtés de la base du prisme inscrit dans le cylindre augmente indéfiniment ; la ligne brisée tracée sur la surface latérale du prisme aura pour limite une courbe ama_1m_1..., tracée sur la surface du cylindre (fig. 448); cette courbe est une hélice, dont les *spires* successives ama_1, $a_1m_1a_2$... proviennent de l'enroulement sur le cylindre des

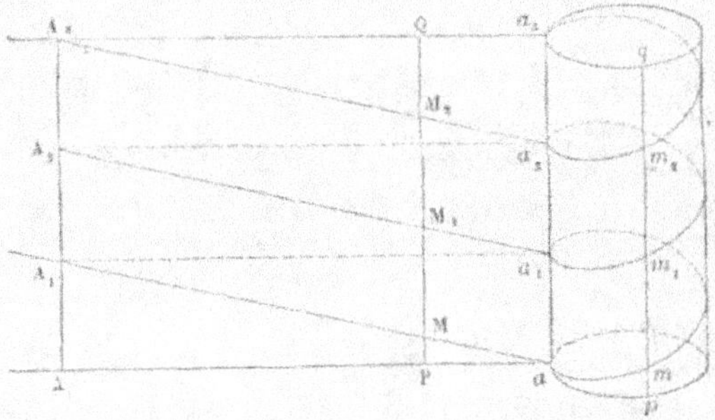

Fig. 448.

droites parallèles et équidistantes aA_1, a_1A_2,.... Remarquons d'ailleurs que la droite aA a la même longueur que la circonférence de la base du cylindre.

La portion mm_1 de génératrice comprise entre deux spires consécutives de l'hélice a une longueur constante; car, si PP' est la droite du plan mobile qui s'applique sur la génératrice pp' du cylindre, MM_1 s'applique sur mm_1 et, par conséquent, ces deux droites sont égales; or $MM_1 = aa_1$; donc mm_1 a une longueur con-

stante et égale à aa_1. Cette longueur constante s'appelle le *pas* de
l'hélice.

Si deux hélices tracées sur un cylindre ont le même pas et tour-
nent dans le même sens, on peut les superposer : il suffit de
faire glisser le cylindre le long de son axe de manière qu'un
point de la seconde hélice coïncide avec l'un des points de la
première situés sur la même génératrice ; les deux hélices sont
alors confondues. Il résulte de là qu'une hélice est complètement
déterminée quand on en connaît le pas, ainsi que le rayon du cylindre sur lequel elle est tracée.

789. Quoique l'hélice soit évidemment une courbe indéfinie dans
les deux sens, nous la supposerons limitée à l'un de ses points a,
et nous ne considèrerons que les spires situées d'un même côté de ce
point ; nous supposerons en même temps le cylindre terminé à la
section droite qui passe par ce point a, et que nous nommerons la
base du cylindre. On appelle alors *ordonnée* d'un point de l'hélice
la distance de ce point au plan de la base ; ainsi mp est l'ordonnée
du point m, $m_1 p$ est l'ordonnée du point m_1, etc. On appelle *abscisse
curviligne* d'un point de l'hélice l'arc de la base du cylindre compris entre l'origine a et le pied de l'ordonnée ; l'abscisse curviligne
du point m est l'arc de cercle ap. Toutefois, pour que cette définition soit complète, il faut ajouter que l'abscisse curviligne d'un
point qui n'appartient pas à la première spire surpasse la circonférence ; si deux points sont situés sur la même génératrice et sur
deux spires différentes, et qu'il faille faire n fois le tour du cylindre
pour aller du premier au second en suivant l'hélice, les abscisses
curvilignes de ces deux points diffèrent de n circonférences ; ainsi,
l'abscisse curviligne du point m_1 pris sur la seconde spire est égale
à l'arc ap augmenté d'une circonférence ; celle du point m_2 de la
deuxième spire est égale à l'arc ap augmenté de deux circonférences, et ainsi de suite.

790. Théorème. — *Le rapport de l'ordonnée d'un point de l'hélice
à son abscisse curviligne est constant.*

Considérons d'abord un point m de la première spire, dont l'ordonnée est mp et l'abscisse curviligne arc ap (fig. 448). Prenons sur
la droite aA une longueur aP égale à l'arc ap, et menons PM perpendiculaire à aA jusqu'à la rencontre de la droite aA$_1$ qui engendre
l'hélice ; lorsqu'on enroulera le plan sur le cylindre, le point P tombera au point p, et la droite PM coïncidera avec pm. Il résulte
de là que l'abscisse curviligne du point m est égale à aP et que

son ordonnée est égale à MP; on a donc

$$\frac{mp}{\text{arc } ap} = \frac{MP}{a\text{P}} = \frac{A_1A}{aA} = \frac{aa_1}{aA};$$

le rapport de l'ordonnée du point m à son abscisse curviligne est donc égal au rapport constant $\dfrac{aa_1}{aA}$.   C. Q. F. D.

Prenons maintenant un point m_n sur la $(n+1)^e$ spire; soit m le point de rencontre de l'ordonnée du point m_n avec la première spire; désignons, pour abréger, par x et y l'abscisse curviligne et l'ordonnée de ce point. On aura

$$y = mp + n \cdot aa_1.$$
$$x = \text{arc } ap + n \cdot aA.$$

Mais nous avons démontré qu'on a

$$\frac{mp}{\text{arc } ap} = \frac{aa_1}{aA};$$

on en déduit

$$\frac{mp + n \cdot aa_1}{\text{arc } ap + n \cdot aA} = \frac{aa_1}{aA}$$

ou

$$\frac{y}{x} = \frac{aa_1}{aA}.$$ C. Q. F. D.

791. Remarque I. — Désignons par h le pas aa_1 de l'hélice et par r le rayon du cylindre; aA est alors égal à $2\pi r$, et le rapport constant de l'ordonnée d'un point de l'hélice à son abscisse curviligne est $\dfrac{h}{2\pi r}$.

792. Remarque II. — La propriété que nous venons de démontrer pourrait servir de définition à l'hélice; on dirait alors que *l'hélice est la courbe décrite par un point qui se meut sur un cylindre, de manière que sa hauteur au-dessus du plan de la base soit proportionnelle à l'arc que décrit la projection du point mobile sur le plan de la base.* On suppose que le mobile parte d'un point de la circonférence de base.

793. Définition. — On appelle *sous-tangente* de l'hélice la projection sur le plan de la base du cylindre de la portion de la tangente comprise entre ce plan et le point de contact.

794. Théorème. — *Dans l'hélice, la sous-tangente est égale à l'abscisse curviligne du point de contact.*

Soit mm' (fig. 449) une sécante qui rencontre l'hélice en deux points voisins m et m'; je trace les génératrices mp, $m'p'$ de ces deux points et je joins pp'; cette droite est la projection de mm' sur le plan de la base; soit s le point de rencontre de ces deux droites; on aura

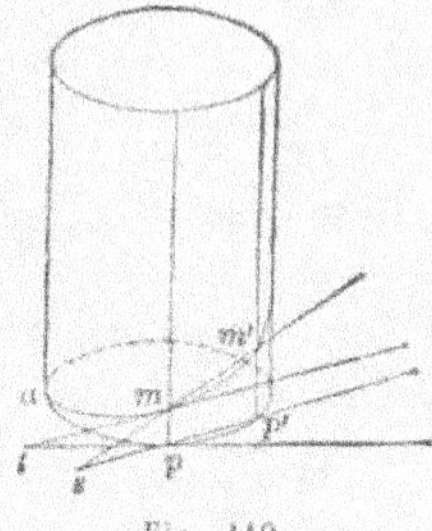

Fig. 449.

$$\frac{sp}{mp} = \frac{sp'}{m'p'};$$

mais on a aussi (**790**)

$$\frac{mp}{\text{arc } ap} = \frac{m'p'}{\text{arc } ap'};$$

en multipliant ces deux proportions membre à membre, on obtient la nouvelle proportion

$$\frac{sp}{\text{arc } ap} = \frac{sp'}{\text{arc } ap'},$$

d'où l'on tire

$$\frac{sp}{\text{arc } ap} = \frac{sp' - sp}{\text{arc } ap' - \text{arc } ap} = \frac{pp'}{\text{arc } pp'}.$$

Supposons maintenant que la sécante ms tourne autour du point m de manière que les points m et m' se rapprochent de plus en plus; la sécante ms aura pour limite la tangente mt, la droite sp aura pour limite la sous-tangente tp, laquelle sera tangente au cercle de base en p, l'arc pp' et sa corde tendront vers zéro, et leur rapport aura pour limite l'unité. La proportion précédente devient alors

$$\frac{tp}{\text{arc } ap} = 1, \qquad \text{ou } tp = \text{arc } ap. \qquad \text{c. q. f. d.}$$

795. Corollaire. — *La tangente à l'hélice fait un angle constant avec la génératrice du cylindre.*

En effet, dans le triangle rectangle tmp (fig. 449), le rapport des deux côtés mp et tp reste constant, en vertu des théorèmes précédents ; ce triangle est donc toujours semblable à lui-même et, par conséquent, l'angle tmp est constant. C. Q. F. D.

Cet angle est égal à l'angle que forme avec la génératrice du cylindre la droite qui engendre l'hélice en s'enroulant sur le cylindre ; car le rapport $\dfrac{mp}{tp} = \dfrac{h}{2\pi r}$, et dans le triangle rectangle $a\mathrm{A A_1}$ de la figure 448, $\mathrm{A A_1} = h$ et $a\mathrm{A} = 2\pi r$; donc $\dfrac{mp}{tp} = \dfrac{\mathrm{A A_1}}{a\mathrm{A}}$, les triangles tmp, $a\mathrm{A A_1}$ sont semblables, et l'angle tmp est égal à l'angle $a\mathrm{A_1 A}$. C. Q. F. D.

796. Problème. — *Construire la projection d'une hélice sur un plan perpendiculaire à la base du cylindre.*

Je prends pour plan horizontal de projection le plan de la base

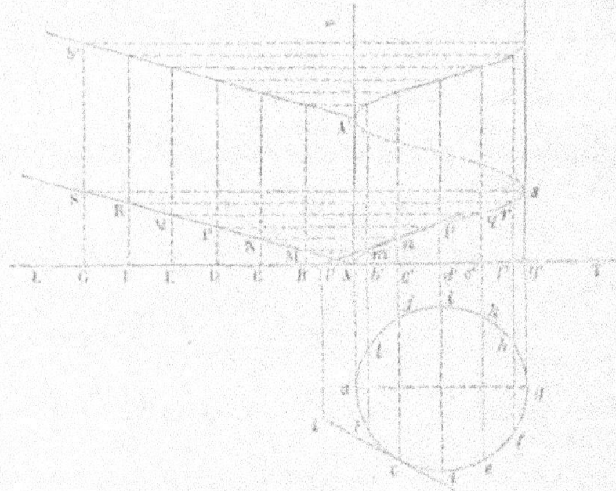

Fig. 450.

du cylindre et pour plan vertical un plan parallèle au plan menè par l'axe et par l'origine a de l'hélice (fig. 450). Soit AS la droite qui produit l'hélice en s'enroulant sur le cylindre ; je vais chercher la projection verticale d'un point quelconque de l'hélice, par exemple de celui qui se projete horizontalement en c. Je remarque, pour cela, que si l'on prend sur la ligne de terre une longueur AC égale à l'arc ac, c'est-à-dire à l'abscisse curviligne du point cherché, CN sera l'ordonnée de ce même point ; on aura donc sa projection verticale en prenant sur la ligne de rappel menée par le point c, à partir de la ligne de terre, une longueur $c'n$ égale à CN. Le même procédé servira à trouver les projections verticales d'autant de points de la courbe qu'on voudra.

Cherchons maintenant les projections de la tangente au point (c,n). On sait que la sous-tangente de l'hélice est tangente à la base du cylindre et que sa longueur est la même que celle de l'abscisse curviligne du point de contact (**794**). D'après cela, prenons sur la tangente en c au cercle de base une longueur ct égale à celle de l'arc ac ou à AC, et le point t sera la trace horizontale de la tangente cherchée; en projetant ce point en t' sur la ligne de terre et en joignant $t'n_i$, on aura la projection verticale de la tangente au point (c,n). Au point A, la tangente à l'hélice est dans un plan de profil; sa projection verticale est donc perpendiculaire à la ligne de terre, elle coïncide avec la génératrice AA'. Il en est de même à tous les points où l'hélice rencontre les génératrices AA' et $g's$.

Lorsqu'on veut construire la projection d'une spire entière de l'hélice, il convient d'espacer régulièrement les points que l'on détermine successivement. A cet effet, on divise la circonférence de base en un certain nombre de parties égales, en douze par exemple, aux points a, b, c, d,....; puis on porte sur la ligne de terre des longueurs AB, BC, CD,... toutes égales au douzième de la circonférence; par les points B, C, D,.... on mène des perpendiculaires à la ligne de terre jusqu'à la rencontre de la ligne AS aux points M, N, P, Q.... et enfin par ces points on mène des parallèles à la ligne de terre jusqu'à leur rencontre avec les projections verticales des génératrices correspondantes. On a ainsi les points a, m, n, p,... de la projection verticale de la première spire de l'hélice, et, en les joignant par un trait continu, on a la courbe demandée. Les spires suivantes s'obtiendraient de la même manière (sur la figure, la construction n'est indiquée que pour la première moitié de chacune des deux premières spires).

Si l'on donnait le pas AA' de l'hélice, au lieu de donner la droite AS, on partagerait AA' en douze parties égales, et on porterait ensuite un, deux, trois, etc., de ces douzièmes sur les génératrices $b'm$, $c'n$, $d'p$, etc

EXERCICES SUR LE LIVRE VIII

1. On donne, dans une ellipse, le grand axe $2a = 126^m$ et la distance focale $2c = 84^m$; calculer les rayons vecteurs du point de la courbe qui se projette au foyer. (*B*. Paris.)

2. Le méridien de la Terre est sensiblement une ellipse dont les demi-axes ont pour longueurs, $a = 6377^{km}$ et $b = 6356^{km}$; calculer la distance focale à un kilomètre près. (*B*. Paris.)

3. Une ellipse étant donnée par ses deux axes, calculer la distance au centre d'une corde parallèle au grand axe et dont la longueur est connue. (*B*. Toulouse).

4. Lieu des centres des cercles tangents à deux cercles donnés. Discussion.

5. Des cercles de rayon variable touchent une droite donnée AB en un point fixe C; trouver le lieu des points d'intersection des tangentes menées à chacun de ces cercles par les points fixes A et B.

6. Construire une ellipse, connaissant :

1° Les deux foyers et un point;

2° Les deux foyers et une tangente;

3° Un foyer, la longueur du grand axe, une tangente et le point de contact;

4° Un foyer et trois tangentes;

5° Un foyer, un sommet et une tangente;

6° Le centre, deux tangentes et la longueur du grand axe.

7. Mêmes problèmes pour l'hyperbole.

8. Si deux tangentes fixes à une ellipse sont coupées par une tangente variable, le segment de cette tangente compris entre les deux premières est vu du foyer sous un angle constant.

9. Lieu des points d'où l'on peut mener à une ellipse ou à une hyperbole deux tangentes perpendiculaires.

10. Tout point du cercle directeur d'une ellipse est le sommet

d'un triangle inscrit dans le cercle directeur et circonscrit à l'ellipse. (Concours académique, Poitiers.)

11. La distance focale d'une ellipse étant $2c$, et les rayons vecteurs d'un point de la courbe étant ρ et ρ', calculer à quelle distance du centre la normale en ce point rencontre le grand axe. (*B.* Poitiers.)

12. Si l'on projette la portion d'une normale à l'ellipse comprise entre son pied et le grand axe sur l'un des rayons vecteurs de son pied, la longueur de cette projection est constante.

13. Lieu des foyers des ellipses ayant pour grand axe un diamètre quelconque d'une circonférence donnée et passant par un point fixe intérieur à cette circonférence.

14. Si d'un point M quelconque d'une ellipse on abaisse une perpendiculaire MP sur le grand axe, le carré de cette perpendiculaire est proportionnel au produit AP $\times$ A'P des distances du point P aux deux sommets situés sur cet axe.

15. Si l'on désigne par y la perpendiculaire abaissée d'un point quelconque d'une ellipse sur le grand axe, et par x la distance du pied de cette perpendiculaire au centre, on a entre ces deux longueurs la relation $\dfrac{x^2}{a^2} + \dfrac{y^2}{b^2} = 1$.

16. En conservant les notations du problème précédent, et en désignant par r et r' les rayons vecteurs d'un point quelconque de l'ellipse, on a : $r = a - \dfrac{cx}{a}$, $r' = a + \dfrac{cx}{a}$.

17. Soit MT une tangente quelconque à l'ellipse, T son point de rencontre avec le grand axe, MP la perpendiculaire abaissée du point de contact M sur le même axe et O le centre. Démontrer qu'on a OP $\times$ OT $= a^2$.

18. Démontrer que si une droite de longueur constante se meut dans un plan de manière que ses deux extrémités parcourent deux droites rectangulaires, un point quelconque de la droite mobile décrit une ellipse.

19. Plus généralement, lorsqu'un triangle se meut dans un plan de manière que deux de ses sommets parcourent deux droites rectangulaires, le troisième sommet décrit une ellipse.

20. Le lieu des milieux des cordes d'une ellipse parallèles à une direction donnée est une droite passant par le centre de l'ellipse. Cette droite s'appelle un *diamètre*.

21. La tangente à l'extrémité d'un diamètre de l'ellipse est parallèle aux cordes que ce diamètre partage en deux parties égales.

22. Le cercle décrit sur la distance focale d'une hyperbole comme diamètre passe par les points de rencontre des asymptotes avec les tangentes aux sommets.

23. Construire une hyperbole, connaissant :

1° Les deux foyers, et une asymptote ;

2° Un foyer, une asymptote et la longueur de l'axe transverse;

3° Les deux asymptotes et la longueur de l'axe transverse;

4° Une asymptote, un foyer et une tangente.

24. On mène à une hyperbole une tangente quelconque qui rencontre en C et en C' les tangentes aux sommets de la courbe ; démontrez que le cercle décrit sur CC' comme diamètre passe par les foyers.

25. Construire une hyperbole, connaissant les deux sommets et une tangente ou une asymptote.

26. Lieu des points également distants d'une droite et d'une circonférence données.

27. Mener à une parabole donnée une tangente telle, que le segment compris entre l'axe et le point de contact ait une longueur donnée. (*B.* Dijon.)

28. Mener par le foyer d'une parabole une corde de longueur donnée.

29. Lieu des foyers des paraboles tangentes à trois droites données.

30. Parmi toutes les paraboles tangentes aux trois côtés d'un triangle équilatéral, quelle est celle qui a le plus grand paramètre ?

31. La distance du foyer d'une parabole au point de rencontre de deux tangentes perpendiculaires est moyenne proportionnelle entre les rayons vecteurs des points de contact.

32. Construire une parabole, connaissant :

1° Le foyer et deux points;

2° La directrice et deux points ;

3° Le foyer et deux tangentes ;

4° La directrice et deux tangentes;

5° La directrice, une tangente et un point ;

6° Quatre tangentes.

33. Le lieu des milieux des cordes de la parabole parallèles à une direction donnée est une droite parallèle à l'axe. Cette droite s'appelle un *diamètre*.

34. La parallèle à l'axe d'une parabole menée par le point de con-

cours de deux tangentes divise en deux parties égales la corde qui joint les points de contact.

35. Construire une parabole, connaissant deux tangentes et les points de contact.

36. Étant donnés le foyer et la directrice d'une parabole, trouver sur l'axe un point d'où l'on puisse mener à la courbe deux normales comprenant entre elles un angle donné. (Concours général, Rhétorique scientifique, 1857.)

37. Étant donnés une droite indéfinie AB et un point fixe O sur cette droite, on décrit du point O comme centre une circonférence de rayon variable; à partir de l'un des points C, où cette circonférence coupe la droite AB, on porte sur cette droite, du côté du centre, une longueur CP égale à une longueur donnée, et l'on élève en P une perpendiculaire à AB; trouver le lieu des points M et M' où elle coupe la circonférence. (Concours général, Rhétorique scientifique, 1864.)

38. Calculer le rayon d'un cercle ayant son centre sur l'axe d'une parabole, passant par un point donné sur cet axe et tangent à la parabole.

39. AB étant un diamètre fixe d'une circonférence donnée, on mène deux tangentes quelconques interceptant sur la tangente en B une longueur égale à AB; du point M où se coupent ces deux tangentes mobiles, on abaisse une perpendiculaire MP sur le diamètre AB. Démontrer que MP est une moyenne proportionnelle entre AB et AP et trouver le lieu du point M. (Concours académique, Aix.)

40. Lieu des sommets des cônes de révolution qui passent par une ellipse, par une hyperbole ou par une parabole données.

41. Si l'on projette sur le plan de la base une section plane d'un cône de révolution, la projection est elle-même une section conique qui a pour foyer le centre de la base du cône.

42. Le lieu des points tels, que la différence des carrés de leurs distances aux deux foyers d'une ellipse ou d'une hyperbole soit égale à $4a^2$, est la directrice de la courbe.

43. On donne une circonférence O et un point intérieur F; on joint ce point à un point quelconque H de la circonférence et on élève une perpendiculaire au milieu C de FH; cette perpendiculaire rencontre OH en un point M; on sait que le lieu du point M est une ellipse. Cela posé, on propose : 1° de démontrer que le lieu du point de rencontre N de la droite CM et de la tangente en H à la circonférence est une droite; 2° de démontrer que le rapport des distances de chaque point de l'ellipse au foyer F et à la droite précédente est constant. (Concours académique, Dijon.)

44. Par un point M quelconque d'une ellipse ou d'une hyperbole, on mène à la courbe une tangente qui rencontre la directrice au point P ; on joint les deux points M et P au foyer correspondant F. Démontrer que les deux droites FM et FP sont perpendiculaires.

45. Si d'un point quelconque de la directrice d'une section conique on mène deux tangentes à la courbe, la corde qui joint les points de contact passe au foyer. — Réciproque.

46. Construire une section conique, connaissant :

1° Un foyer et trois points ;

2° La directrice et trois points.

47. Si par un point de l'espace on mène des parallèles aux tangentes à une hélice, ces parallèles sont les génératrices d'un cône de révolution.

48. Mener à une hélice une tangente parallèle à un plan donné.

49. L'arc d'hélice moindre qu'une spire qui réunit deux points d'une surface cylindrique est la plus courte ligne qu'on puisse tracer sur la surface entre ces deux points.

FIN

TABLE DES MATIÈRES

LIVRE VI

LES POLYÈDRES

LIVRE VII.

LES CORPS RONDS

LIVRE VIII

LES SECTIONS CONIQUES ET L'HÉLICE

FIN DE LA TABLE DES MATIÈRES.

24537. — PARIS, IMPRIMERIE A. LAHURE

9, rue de Fleurus, 9